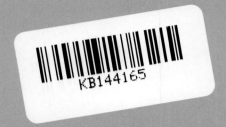

과학
원리

DK

사이언스북스
SCIENCE BOOKS

과학 원리

HOW SCIENCE WORKS

DK 『과학 원리』 편집 위원회

편집 자문 | 로버트 딘위디Robert Dinwiddie, 힐러리 햄Hilary Lamb, 도널드 프랜체티Professor Donald R. Franceschetti, 마크 비니 Professor Mark Viney

참여 필자 | 데릭 하비Derek Harvey, 톰 잭슨Tom Jackson, 지니 스미스Ginny Smith, 앨리슨 스터전Alison Sturgeon, 존 우드워드 John Woodward

주필 | Peter Frances, 롭 휴스턴Rob Houston

프로젝트 편집 | Lili Bryant, Martyn Page, Miezan van Zyl

편집 | Claire Gell, Nathan Joyce, Francesco Piscitelli

주간 | 앙헬라스 가비라 게레로Angeles Gavira Guerrero

프로젝트 미술 편집 | 프랜시스 웡Francis Wong, 클레어 조이스 Clare Joyce, 덩컨 터너Duncan Turner, 스티브 우즈넘새비지Steve Woosnam-Savage

디자인 | 그레고리 매카시Gregory McCarthy

일러스트레이션 | 에드우드 번Edwood Burn, 도미닉 클리퍼드 Dominic Clifford, 마크 클리프턴Mark Clifton, 필 갬블Phil Gamble, 거스 스콧Gus Scott

미술 편집 주간 | 마이클 더피Michael Duffy

사전 제작 | 데이비드 아먼드David Almond

수석 제작 | 알렉스 벨Alex Bell

제작 | 안나 발라리노Anna Vallarino

아트 디렉터 | 캐런 셀프Karen Self

발행 | 리즈 휠러Liz Wheeler

퍼블리싱 디렉터 | 조너선 멧캐프Jonathan Metcalf

김홍표 | 서울 대학교 약학 대학 약학과를 졸업하고 동 대학원에서 석사 학위와 박사 학위를 받았다. 국립보건원 박사 후 연구원과 인하 대학교 의과 대학 연구 교수를 지내고 피츠버그 의과 대학, 하버드 의과 대학에서 연구했으며 현재 아주 대학교 약학 대학 교수로 있다. 『작고 거대한 것들의 과학』, 『김홍표의 크리스퍼 혁명』, 『가장 먼저 증명한 것들의 과학』, 『먹고 사는 것의 생물학』 등을 쓰고, 『진화하는 물』, 『우리는 어떻게 태어나는가』, 『장 건강과 면역의 과학』, 『태양을 먹다』 등을 옮겼다.

한국어판 책 디자인 | 한나은

DK Penguin Random House

HOW SCIENCE WORKS

www.dk.com

사이언스 SCIENCE BOOKS 북스

과학 원리

1판 1쇄 펴냄 2018년 12월 15일
1판 2쇄 펴냄 2024년 12월 31일

지은이 DK 『과학 원리』 편집 위원회
옮긴이 김홍표
펴낸이 박상준
펴낸곳 (주)사이언스북스

출판등록 1997. 3. 24.(제16-1444호)
(06027) 서울특별시 강남구 도산대로1길 62
대표전화 515-2000 팩시밀리 515-2007
편집부 517-4263 팩시밀리 514-2329

www.sciencebooks.co.kr
한국어판 © (주)사이언스북스, 2018.
Printed in China.

ISBN 979-11-89198-18-3 04400
ISBN 978-89-8371-824-2 (세트)

이 책은 지속 가능한 미래를 위한 DK의 작은 발걸음의 일환으로 Forest Stewardship Council® 인증을 받은 종이로 제작했습니다. 자세한 내용은 다음을 참조하십시오.
www.dk.com/our-green-pledge

FSC www.fsc.org 혼합 책임 있는 | 종이 산림 지원 FSC® C018179

물질

에너지와 힘

생명

우주

지구

무엇이 과학을 특별하게 만드는 것일까?

과학은 그저 사실을 모아놓은 것이 아니다. 증거와 논리에 바탕을 두고 계통적으로 사고하는 방식이 곧 과학이다. 완전하지 않을 수 있지만 과학은 우리가 우주를 이해하는 최선의 방법이다.

과학은 무엇인가?

과학은 자연 세계와 사회를 이해하고 그 이면에 작동하는 원리를 밝히며 새로 습득한 정보를 적용하는 발견의 방식이다. 정보는 끊임없이 축적되어 세계에 대한 우리의 이해를 깊게 한다. 측정할 수 있는 증거에 바탕을 둔 과학은 논리적 순서에 따라 확보한 증거를 일반화하고 이를 바탕으로 또 다른 가정을 세운다. 과학적 방법론에 근거해 축적된 인류의 지식 체계를 일컬을 때도 '과학'이라는 단어가 사용된다.

과학적 방법

학문 분야에 따라 달라지기는 하지만 과학적 방법론은 보편적으로 다음과 같은 과정을 포함한다. 가설을 세우고 검증한다. 실험을 통해 데이터를 확보하고 가설을 수정한다. 가능하다면 가설이 왜 사실인지 설명하고 그것을 일반화할 수 있는 이론을 정립한다. 확실한 데이터를 얻기 위해서 실험을 반복하는 일은 필수적이다. 다른 실험실에서 반복 수행하면 더 좋다. 두 번째 실험에서 선행 연구와 다른 결과가 나오면 이전의 실험 결과에 대한 신빙성이 떨어지고 일반화할 수도 없게 된다.

1 관찰

과학은 주로 세계를 관찰하면서 시작된다. 어떤 현상이 특정한 실험 조건에서만 관찰되는 기이한 현상인지 아니면 늘 관찰할 수 있는 일인지 살핀다. 가령 과일 바구니와 냉장고, 어느 쪽에서 복숭아가 더 빨리 상하는지 관찰한다.

2 질문

관찰이 질문으로 이어진다. 가령 과학자는 왜 특정 조건에서 어떤 세균이 더 잘 자라는지 궁금해 할 수 있다. 왜 과일 바구니에 있는 복숭아가 더 빨리 상하는 것일까?

3 논문 연구

다른 과학자들이 이미 같은 질문을 하고 답을 알아냈는지 확인해야 한다. 관련된 연구를 살펴보면 새로운 생각이 떠오를 수도 있다. 복숭아는 아니지만 다른 과일이 상하는 과정을 연구한 과학자가 있을지도 모른다.

10 동료 심사와 발표

과학자들이 밝힌 사실은 동료 심사를 거쳐 발표된다. 비슷한 분야의 전문가들은 실험 방법에 문제가 없는지 그로부터 이끌어 낸 결론이 올바른지 판단해 출판을 결정한다. 다른 과학자들은 그 논문을 읽을 기회를 얻게 된다.

진행 중인 과정

과학은 끝이 없다. 새로운 데이터가 끊임없이 만들어지고 이 정보들에 따라 이론은 수정된다. 과학자들은 자신이 수행하고 이론화했던 작업이 새로운 실험에 의해 언제든 대체될 수 있음을 이해하는 사람들이다.

4 가설 정립

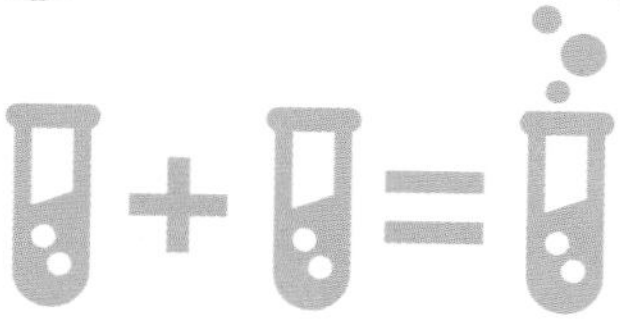

실험으로 확인할 수 있는 가설을 세우는 것이 다음 단계다. 어떤 현상이 나타나는 이유가 무엇인지 예측한다. "냉장고 안처럼 차가운 온도에서는 복숭아의 부패가 중단된다."라는 가설을 세울 수 있다.

5 실험 가능한 예측 수립

예측은 가설에서 논리적으로 추론되어야 하며 구체적이며 실험 가능해야 한다. 예를 들어 "온도가 복숭아 변질에 영향을 준다면 섭씨 8도(화씨 46도)보다 섭씨 22도(화씨 72도)에서 빨리 상할 것이다."라고 예측할 수 있다.

6 실험 데이터 수집

가설에 부합하는지 확인하기 위해 실험 데이터를 수집한다. 묻고자 하는 질문의 답을 얻을 수 있는 실험을 세심하게 고안해야 한다.

7 데이터 분석

무작위적인 변동에 의한 결과가 아닌지 통계적으로 데이터를 분석해야 한다. 이런 우연적 사건을 피하기 위해 표본의 수는 가능한 한 많을수록 좋다.

8 데이터가 가설을 뒷받침하는가?

실험 결과가 예측한 것과 일치하면 가설에 대한 신뢰도가 커질 것이다. 다른 실험에서 이를 논박하는 결과가 나온다면 가설은 입증되지 못한다. 반대로 비슷한 실험 결과가 여러 차례 성공적으로 재현된다면 가설의 신뢰도는 더욱 커진다.

9 가설 수정, 변경, 혹은 기각

최초의 실험 결과가 예측과 전혀 일치하지 않는다면 왜 그런 일이 발생했는지 지금까지의 과정을 살펴보고 가설을 수정해야 할지도 모른다. 기존 가설을 버리고 새 가설을 세울 수도 있다.

중요한 용어

가설
당대의 지식에 바탕 두고 관찰한 사실을 가장 그럴듯하게 기술하는 설명이다. 과학적이기 위해 가설은 반증할 수 있어야 한다.

이론
알려진 사실을 설명하는 방법이다. 방대한 양의 관련된 가설이 발전된 것이다. 증거로 뒷받침된다.

법칙
법칙은 어떤 것도 설명하지 않는다. 실험할 때마다 언제나 진실이라고 관찰되는 것을 법칙은 단지 기술할 뿐이다.

가설의 특징

지적 범위
지적 범위(scope)가 큰 가설은 다양한 범위의 현상을 설명한다. 지적 범위가 협소한 가설은 특정한 사실만을 설명한다.

검증 가능
가설은 검증할 수 있어야 한다. 증거의 뒷받침을 받지 못하는 가설은 기각된다.

반증 가능
가설이 잘못되었다는 사실을 증명할 수 있어야 한다. "귀신은 존재한다."라는 가설은 실험적으로 반증할 수 없기 때문에 과학적이지 않다.

물질

물질이란 무엇일까?

일반적으로 물질은 공간을 차지하고 질량을 갖는 어떤 실체이다. 물질은 이 두 가지 특성을 갖지 않는 에너지, 빛 혹은 소리와는 구분된다.

물질의 구조

가장 기본적인 수준에서 물질은 쿼크와 전자 같은 기본 입자로 구성되어 있다. 이런 기본 입자들이 조합되어 원자를 형성하고 이 원자들이 결합하면 분자가 된다. 구성하는 원자에 따라 물질의 특성이 결정된다. 원자나 분자가 강하게 결합한 물질은 상온에서 고체 상태다. 약하게 결합하면 액체 혹은 기체로 존재한다.

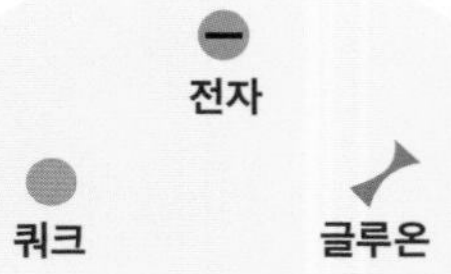

기본 입자

기본 입자로 알려진 쿼크는 원자 내의 중성자와 양성자를 구성한다. 글루온(gluon)은 원자핵 안에 쿼크를 붙잡아 둔다. 전자, 쿼크, 글루온이 지금껏 알려진 모든 물질을 만든다.

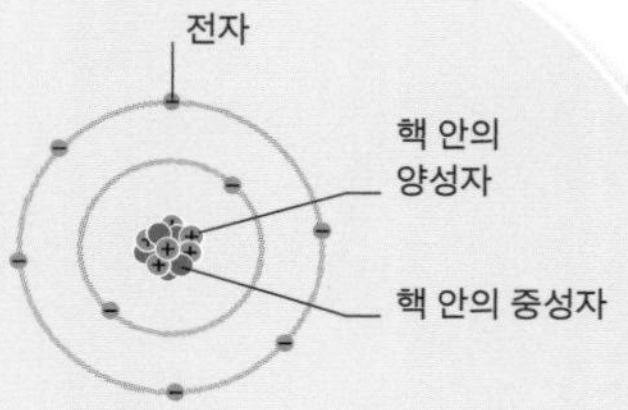

원자

원자는 양성자와 중성자를 포함하는 원자핵과 그 주변을 궤도 운동하는 전자를 가지고 있다. 핵 안의 양성자 수가 다르면 각기 다른 원소이다.

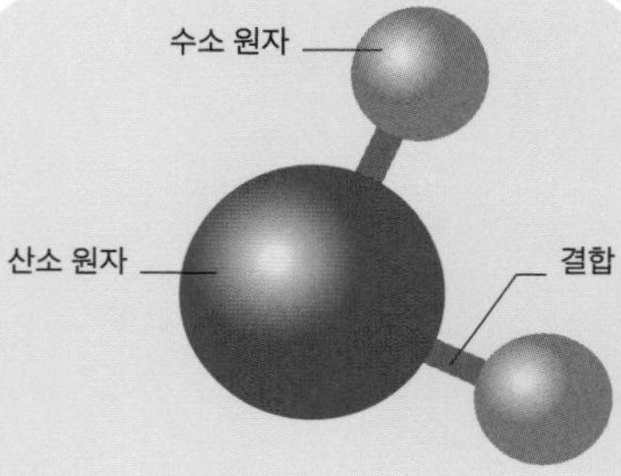

분자

서로 다른 원자가 결합해 분자를 형성할 수 있다. 가령 물은 산소 원자 1개가 수소 원자 2개와 결합한 것이다. 산소 분자는 산소 원자 2개가 결합한 것으로 동일한 원자로 만들어졌다.

물질의 상태

일상에서 우리가 마주하는 물질들은 고체, 액체 또는 기체 상태다. 하지만 물체가 극도로 차갑거나 뜨거운 경우에 또 다른 상태로도 존재한다. 물질은 가지고 있는 에너지와 그것을 구성하는 원자 혹은 분자의 결합력에 따라 상태를 바꿀 수 있다. 예컨대 원자 간 결합력이 적은 알루미늄은 구리보다 낮은 온도에서 녹는다.

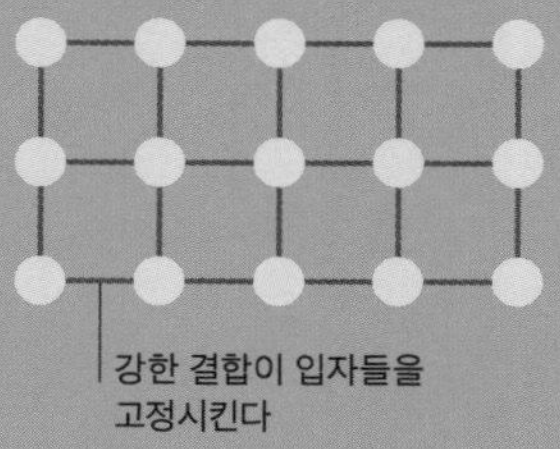

고체

고체 상태의 원자나 분자는 강한 결합으로 묶인 경직성 구조를 이룬다. 입자가 움직이지 않기 때문에 고체는 딱딱한 형태를 유지한다.

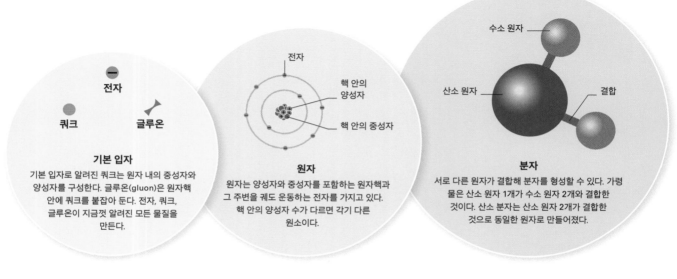

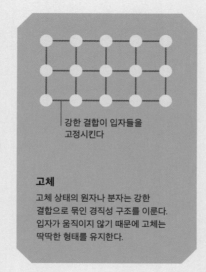

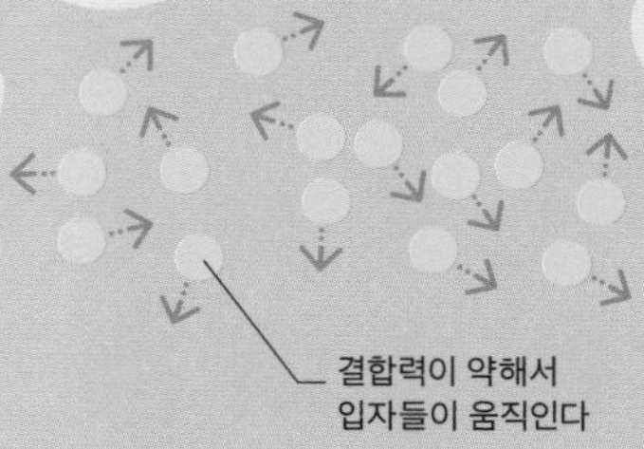

액체

액체 상태의 원자 혹은 분자들 사이에는 결합력이 약해 입자들은 움직일 수 있다. 흐를 수 있다는 뜻이다. 하지만 강하게 겹쳐 있어서 쉽사리 압축되지 않는다.

혼합물과 화합물

원자는 매우 다양한 방식으로 결합해 다른 유형의 물질로 변할 수 있다. 원자가 화학적으로 결합하면 화합물이 만들어진다. 산소와 수소로 만들어진 물이 그러한 예이다. 하지만 많은 종류의 원자들은 다른 원자와 결합하지 못해 화학적인 변화 없이 섞인 혼합물로 존재한다. 모래와 소금 또는 기체의 혼합물인 공기가 여기에 속한다.

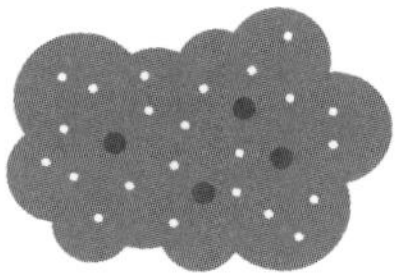

우주 전체 물질의 99퍼센트 정도가 플라스마 형태로 존재한다

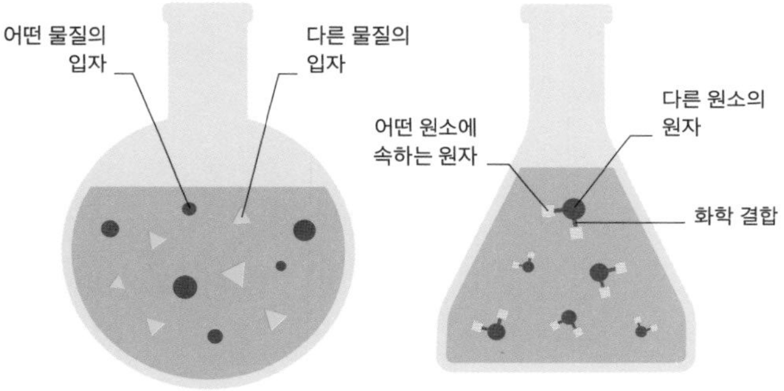

혼합물

혼합물 안에서 원래의 화학 성분은 변하지 않는다. 체로 거르거나 여과 혹은 증류에 의해 물리적으로 개별 성분을 분리하는 일이 가능하다.

화합물

원자 혹은 분자가 반응할 때 이들은 새로운 화합물을 만들어 낸다. 물리적으로 이들은 원래 원자로 돌아가지 못한다. 이들을 분리하려면 화학 결합을 분해해야 한다.

질량 보존

일반적인 화학적 반응 혹은 물리적 변화(초가 타는 경우)에서 생성물의 질량은 반응물의 그것과 같다. 어떤 것도 사라지거나 만들어지지 않는다. 하지만 극단적인 경우에는 이 '법칙'이 깨진다. 가령 핵융합(37쪽 참조) 반응이 일어나면 질량이 에너지로 변환된다.

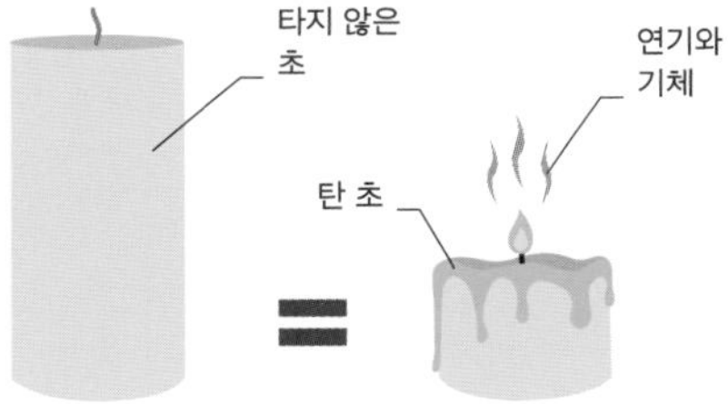

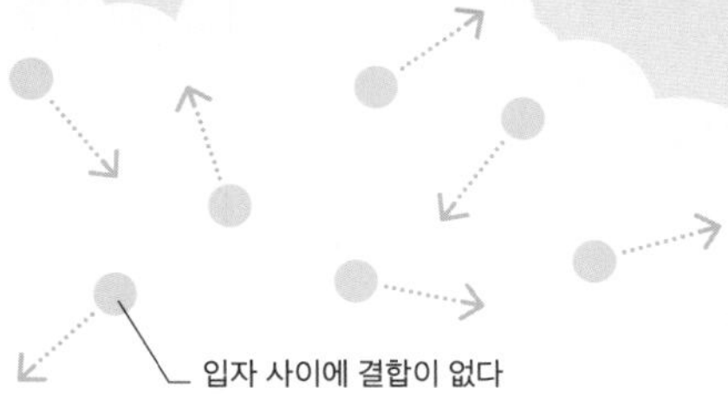

기체

기체 상태에서는 원자 혹은 분자들끼리 서로 결합하지 않는다. 이들은 퍼져 나가 용기를 채울 수 있다. 입자들이 멀리 떨어져 있기 때문에 이들을 압축해 압력을 높일 수 있다.

고온 혹은 저온 상태

매우 높은 온도에서 기체 원자는 이온(40쪽 참조)과 전자로 갈라져 전기를 전도하는 플라스마가 된다. 매우 낮은 온도에서는 보스-아인슈타인 응축물(22쪽 참조)이 만들어져서 물질의 특성이 급격하게 변한다. 이런 상태에서 물질은 마치 1개의 원자인 것처럼 이상하게 작용한다.

보스-아인슈타인 응축물

플라스마

고체

고체는 가장 질서 있게 정돈된 물질의 상태이다. 모든 원자 혹은 분자가 서로 연결되어 고정된 형상을 이루고 부피도 일정하다. (힘을 가하면 모양이 변할 수는 있다.) 그러나 고체는 다양한 종류의 물질을 포함하고 있으며 어떤 고체가 관여하느냐에 따라 그 특징도 현저하게 달라진다.

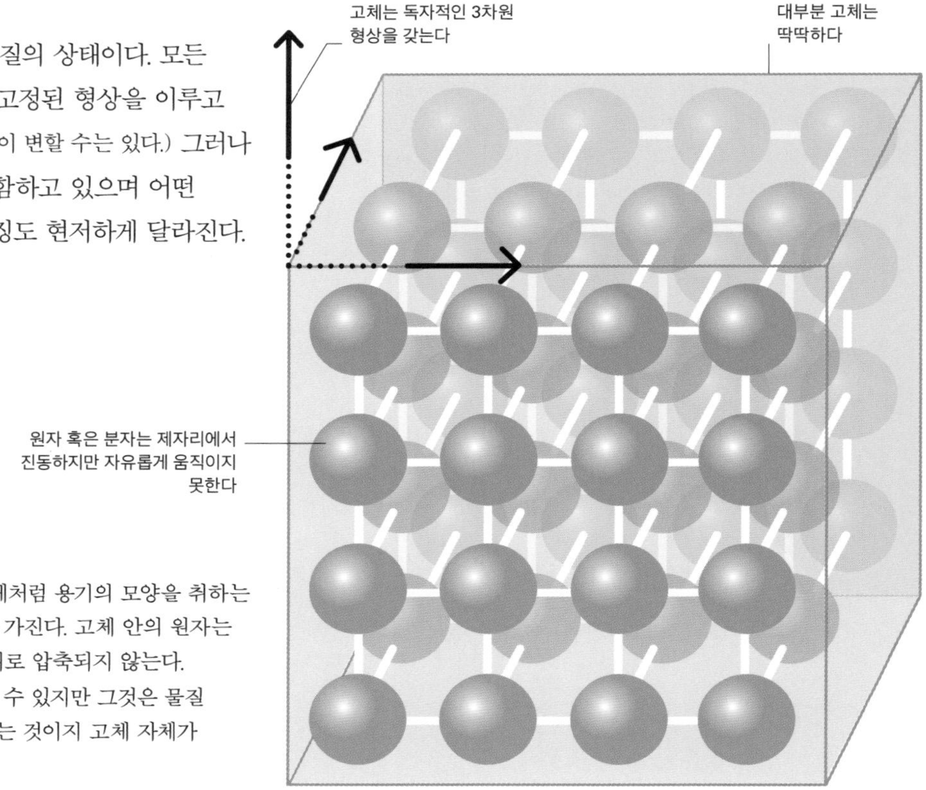

고체는 독자적인 3차원 형상을 갖는다
대부분 고체는 딱딱하다
원자 혹은 분자는 제자리에서 진동하지만 자유롭게 움직이지 못한다

고체란 무엇인가?

고체는 만졌을 때 견고하고, 액체나 기체처럼 용기의 모양을 취하는 것이 아니라 자신만의 독자적인 형태를 가진다. 고체 안의 원자는 서로 강하게 결합하고 있어서 작은 부피로 압축되지 않는다. 스펀지와 같은 일부 고체는 찌그러뜨릴 수 있지만 그것은 물질 내부에 존재하는 공기가 압축되어 나오는 것이지 고체 자체가 변하는 것은 아니다.

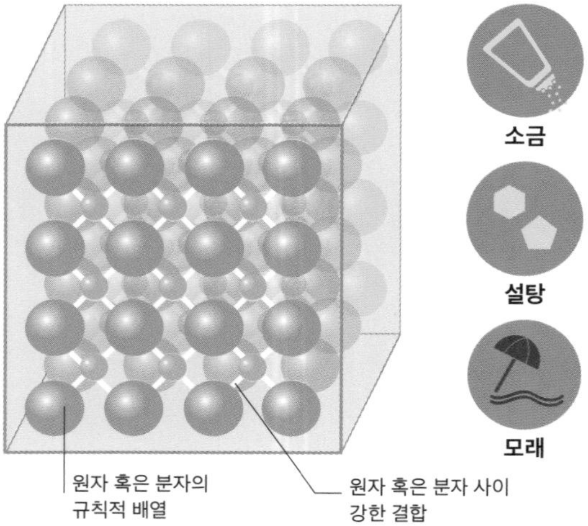

결정성 고체

결정성 고체 내부의 원자 혹은 분자는 규칙적인 형태로 배열되어 있다. 다이아몬드(탄소 결정)와 같은 일부 물질은 커다란 결정을 형성하기도 한다. 하지만 대부분은 작은 결정을 만들 뿐이다.

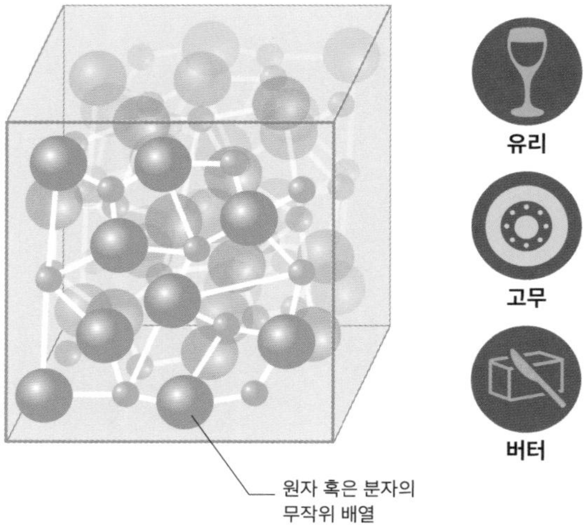

무정형 고체

결정형 고체와 달리 무정형 고체를 구성하는 원자 혹은 분자들은 규칙적으로 배열되어 있지 않다. 주변으로 움직일 수는 없지만 다소 액체처럼 배열되어 있다.

고체의 성질

고체는 매우 다양한 성질을 지닌다. 강하기도 하고 약하기도 하다. 단단할 수도 있고 무를 수도 있으며 가해 준 힘이 사라지면 원래 형태로 돌아가지만 형태가 영구히 변하기도 한다. 고체의 성질은 그것을 구성하는 원자 혹은 분자에 따라 달라진다. 결정형일 수도 있지만 무정형 고체도 많다. 빈틈이 많을 수도 적을 수도 있다.

지금껏 알려진 다이아몬드 중 가장 경도가 큰 론스달라이트는 일반 다이아몬드보다 60퍼센트 더 단단하다

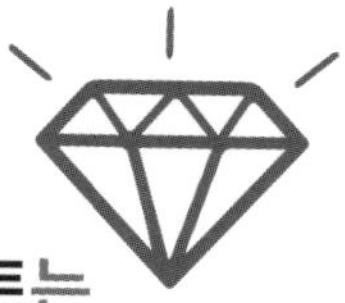

부서지기 쉽다

변형력을 가하면 깨지기 쉬운 세라믹 물질은 모양이 변하지 않는다. 원자들이 움직이지 못해 변형을 견디지 못하기 때문에 쉽게 금이 간다. 물질의 형태가 변하면 잘 깨지지 않겠지만 단단하지도 않을 것이다.

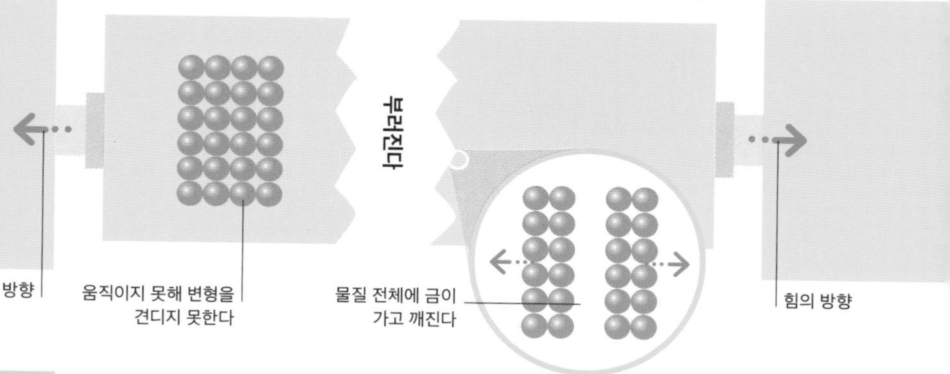
부러진다
힘의 방향
움직이지 못해 변형을
견디지 못한다
물질 전체에 금이
가고 깨진다
힘의 방향

늘일 수 있다

연성이 있는 물질은 잡아당기면 모양이 변한다. 따라서 긴 줄로 만들 수 있다. 탄성 변형(plastic deformation)이라고 칭하는 이러한 변화는 물질이 형태를 영구히 변화시킬 수 있기에 가능하다. 늘일 수 있는 물질은 꽤 많다. 층이 서로 미끄러질 수 있게 원자들이 결합하고 있기 때문이다.

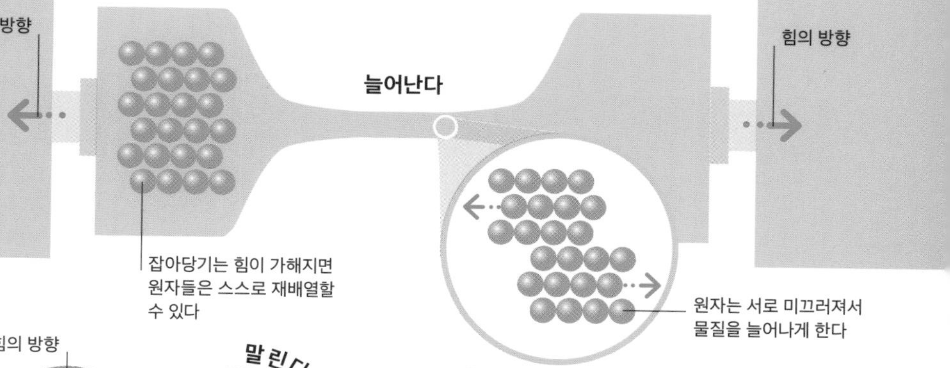
힘의 방향
늘어난다
힘의 방향
잡아당기는 힘이 가해지면
원자들은 스스로 재배열할
수 있다
원자는 서로 미끄러져서
물질을 늘어나게 한다

벼릴 수 있다

벼릴 수 있는 물질은 압착했을 때 탄성적으로 형태가 변한다. 그 결과 말거나 망치로 쳤을 때 판처럼 편평해진다. 벼릴 수 있는 물질 다수는 연성을 가지고 있기도 하지만 두 가지 성질이 항상 함께 나타나는 것은 아니다. 예를 들어 납은 벼릴 수 있지만 잡아당기면 쉽게 끊어진다.

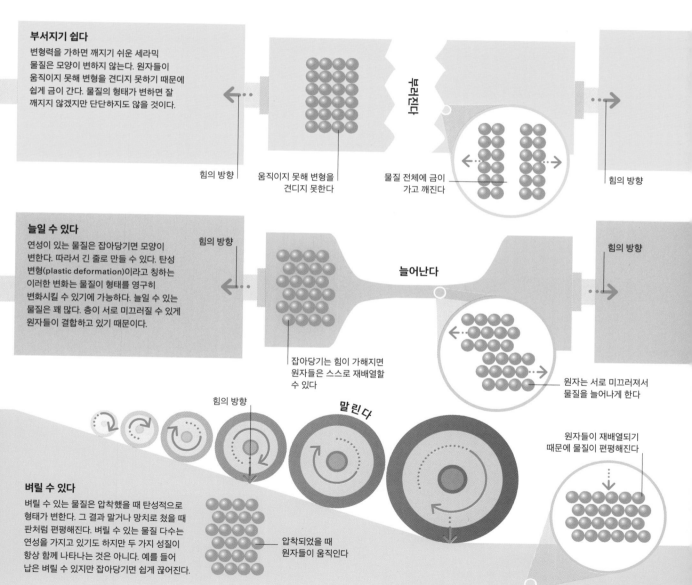

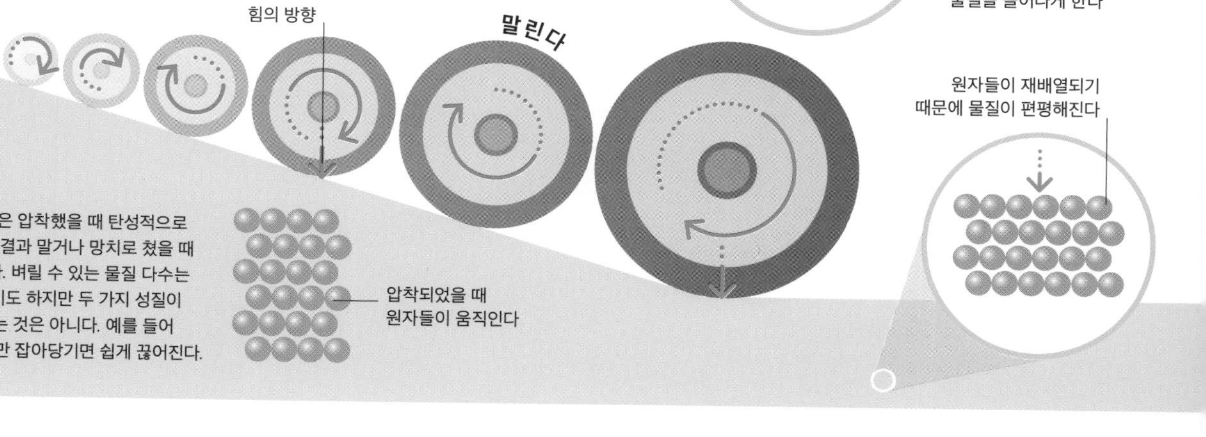
힘의 방향
말린다
원자들이 재배열되기
때문에 물질이 편평해진다
압착되었을 때
원자들이 움직인다

젖음

액체가 고체 표면에 붙어 있을 수 있는 정도가 젖음(wetting)이다. 액체 내부의 인력과 액체와 표면 간 인력의 상대적 크기에 따라 액체가 표면을 젖게 할 수 있는지 아닌지가 결정된다.

점도가 가장 높은 액체는 무엇일까?

도로의 표면에 까는 아스팔트의 점도가 가장 높다. 같은 온도에서 물보다 점도가 200억 배 높다고 알려져 있다.

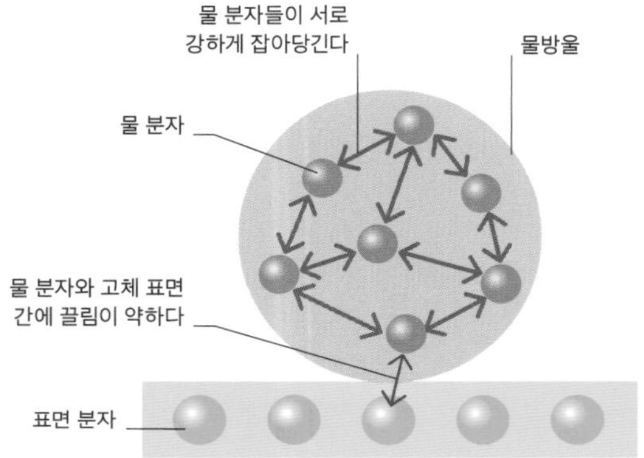
물 분자들이 서로
강하게 잡아당긴다
물방울
물 분자
물 분자와 고체 표면
간에 끌림이 약하다
표면 분자

젖지 않음

방수 표면에서 물은 방울 모양을 형성한다. 물 분자끼리의 결합력이 물과 표면의 결합력보다 크기 때문이다.

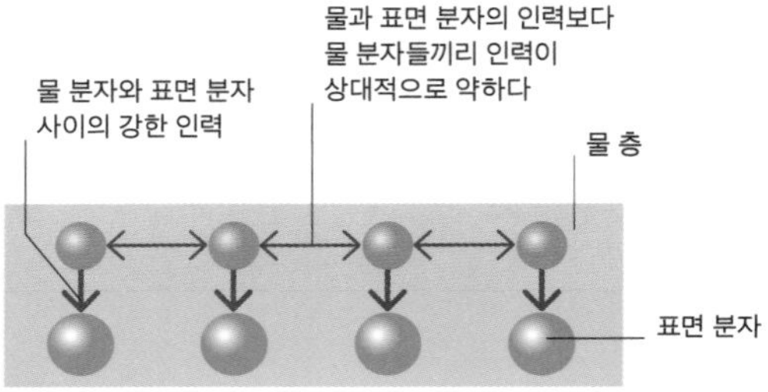
물과 표면 분자의 인력보다
물 분자들끼리 인력이
상대적으로 약하다
물 분자와 표면 분자
사이의 강한 인력
물 층
표면 분자

젖음

물 분자들 간의 인력보다 물 분자와 표면 분자의 인력이 강할 때 물이 표면을 적시고 층을 형성한다.

액체

액체 상태에서 원자 또는 분자는 서로 빽빽이 들어차 있다. 그들 사이의 결합은 기체에서보다 강하지만 고체에서보다는 약하다. 입자가 비교적 자유롭게 움직일 수 있다는 뜻이다.

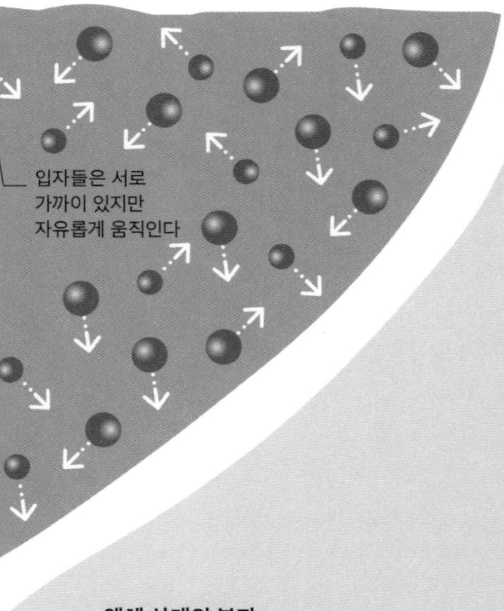
입자들은 서로
가까이 있지만
자유롭게 움직인다

자유롭게 흐르다

액체는 흐르기 때문에 용기와 같은 형태를 취한다. 원자와 분자는 가까이 있어서 압축되지 않는다. 밀도는 기체보다 높지만 고체와는 비슷하거나 좀 적다. 물은 예외이다.(56~57쪽 참조)

액체 상태의 분자

고체와 달리 액체 상태의 원자 혹은 분자는 무작위로 배열된다. 입자 간 결합이 있지만 약하고 입자가 움직일 때마다 끊임없이 깨졌다가 형성되기를 반복한다.

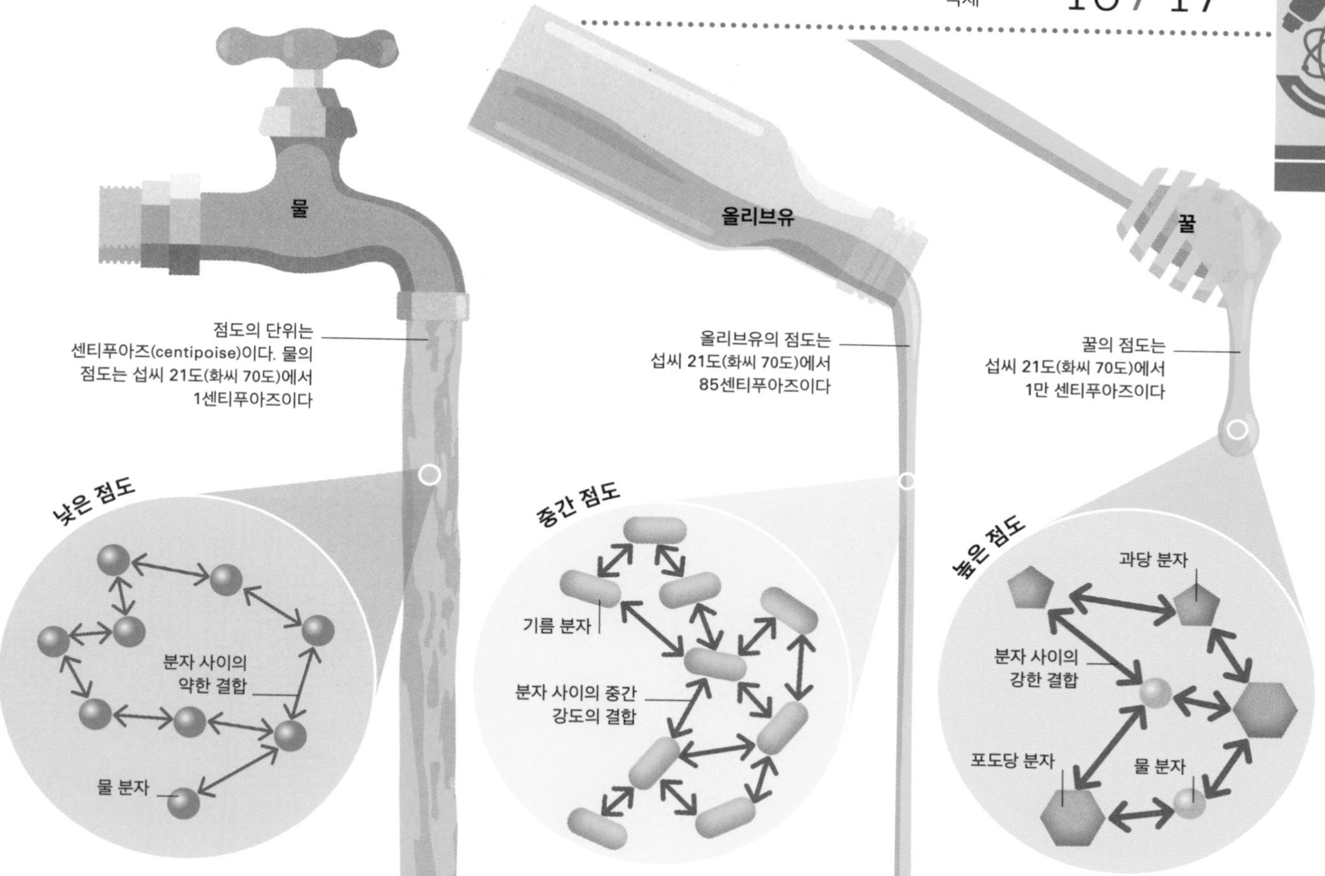
물
올리브유
꿀
점도의 단위는 센티푸아즈(centipoise)이다. 물의 점도는 섭씨 21도(화씨 70도)에서 1센티푸아즈이다
올리브유의 점도는 섭씨 21도(화씨 70도)에서 85센티푸아즈이다
꿀의 점도는 섭씨 21도(화씨 70도)에서 1만 센티푸아즈이다
낮은 점도
분자 사이의 약한 결합
물 분자
중간 점도
기름 분자
분자 사이의 중간 강도의 결합
높은 점도
과당 분자
분자 사이의 강한 결합
포도당 분자
물 분자

흐르는 액체

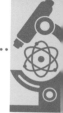

물처럼 점도가 낮은 액체는 쉽게 흐른다. 분자 사이의 결합이 약하기 때문이다. 반면 같은 온도에서 꿀은 더 천천히 흐른다. 분자 사이의 결합이 강한 까닭이다.

점도

액체가 얼마나 쉽게 흐를 수 있는지 보여 주는 지표가 바로 점도(viscosity)이다. 점도가 낮은 액체는 쉽게 흐르고 '묽다고' 한다. 하지만 '두텁고' 점도가 높은 액체는 잘 흐르지 못한다. 점도는 액체 분자들 사이의 결합에 의해 결정된다. 온도가 올라가면 액체의 점도가 떨어진다. 물질들이 분자 간의 결합을 극복할 에너지를 얻기 때문이다.

뉴턴 법칙을 따르지 않는 액체

물처럼 뉴턴 법칙을 따르는 액체와 달리 비뉴턴 액체는 가해 주는 힘에 따라 점도가 달라진다. 예를 들어 옥수수 녹말 가루와 물의 혼합물은 커다란 힘을 가하면 두터워진다. (점도가 올라간다.) 낮은 곳에서 떨어뜨린 공은 가라앉겠지만 높은 곳에서 떨어뜨린 공은 튈 정도다.

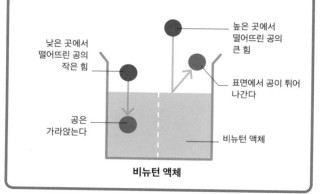

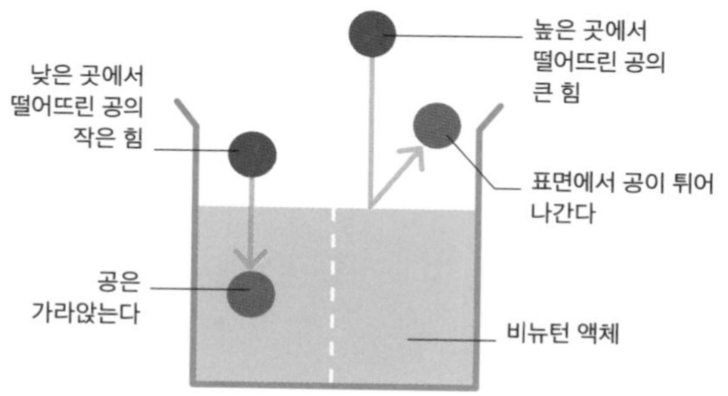
낮은 곳에서 떨어뜨린 공의 작은 힘
공은 가라앉는다
높은 곳에서 떨어뜨린 공의 큰 힘
표면에서 공이 튀어 나간다
비뉴턴 액체

비뉴턴 액체

기체

주변 어디에나 있지만 우리는 기체에 대해 별로 생각하지 않는다. 그러나 기체는 액체, 고체와 함께 물질의 주요한 상태이고 그것이 작용하는 방식은 지구 생명체가 살아가는 데 매우 중요하다. 예컨대 숨을 쉴 때도, 폐의 부피가 커지면 내부의 압력이 줄어 공기가 들어올 수 있다.

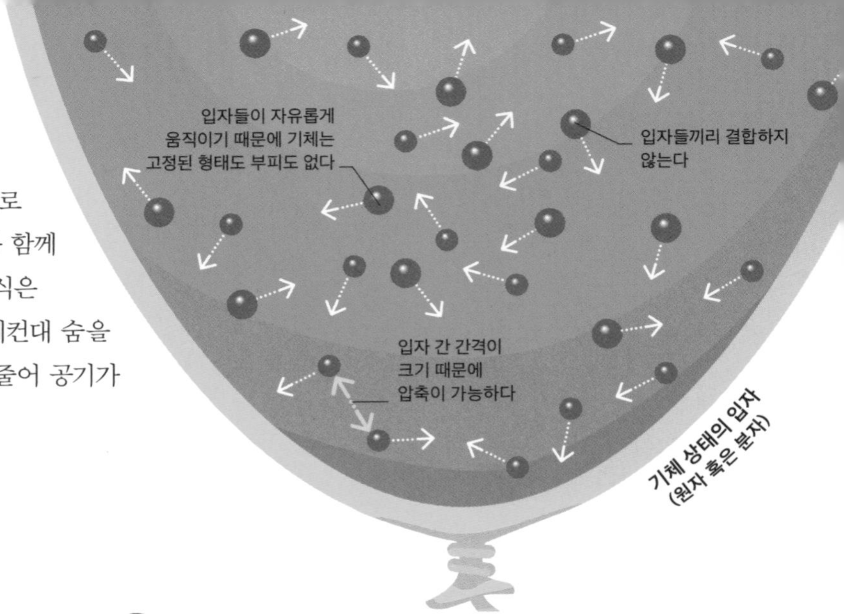

입자들이 자유롭게 움직이기 때문에 기체는 고정된 형태도 부피도 없다
입자들끼리 결합하지 않는다
입자 간 간격이 크기 때문에 압축이 가능하다
기체 상태의 입자 (원자 혹은 분자)

기체란 무엇인가?

기체(gas)는 개별 원자 혹은 2개 이상의 원자로 만들어진 분자로 구성된다. 입자들은 큰 에너지를 가지고 빠르게 움직이며 용기를 채우고 그 형태를 취한다. 입자들 사이의 공간이 넓기 때문에 기체는 압축될 수 있다.

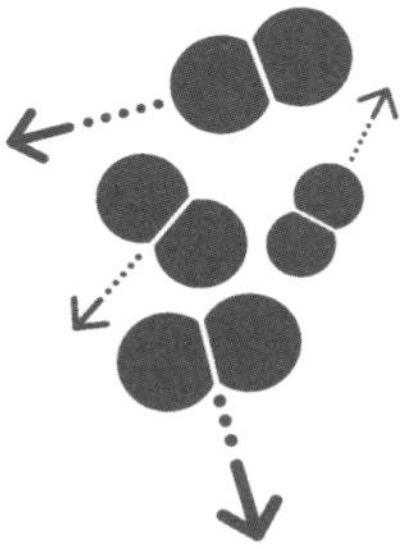

시속 1,700킬로미터

실온에서 산소 분자가 움직이는 속도

기체는 어떻게 작용하는가?

기체가 작용하는 방식은 세 종류의 기체 법칙으로 정리할 수 있다. 기체의 부피, 압력 그리고 온도와 관련된 이 법칙은 특정 요소가 변할 때 다른 요소는 어떠한지 이해할 수 있게 한다. 이 법칙에서 모든 기체는 '이상적으로' 작용한다고 간주한다. 이상 기체는 개별 기체 입자 간 상호 작용이 없고 무작위로 움직이며 공간을 차지하지 않는다. 사실 이상 기체란 존재하지 않지만 기체 법칙은 정상적인 온도와 압력에서 대부분의 기체가 어떻게 작용하는지 설명해 준다.

온도와 압력

다이버의 공기 탱크처럼 단단한 용기에 담긴 기체의 부피가 일정할 때 기체의 온도가 올라가면 압력도 올라간다. 높은 온도에서 기체 분자들이 빠르게 움직이며 용기 내부에 빈번하게 충돌하기 때문에 압력이 올라간다.

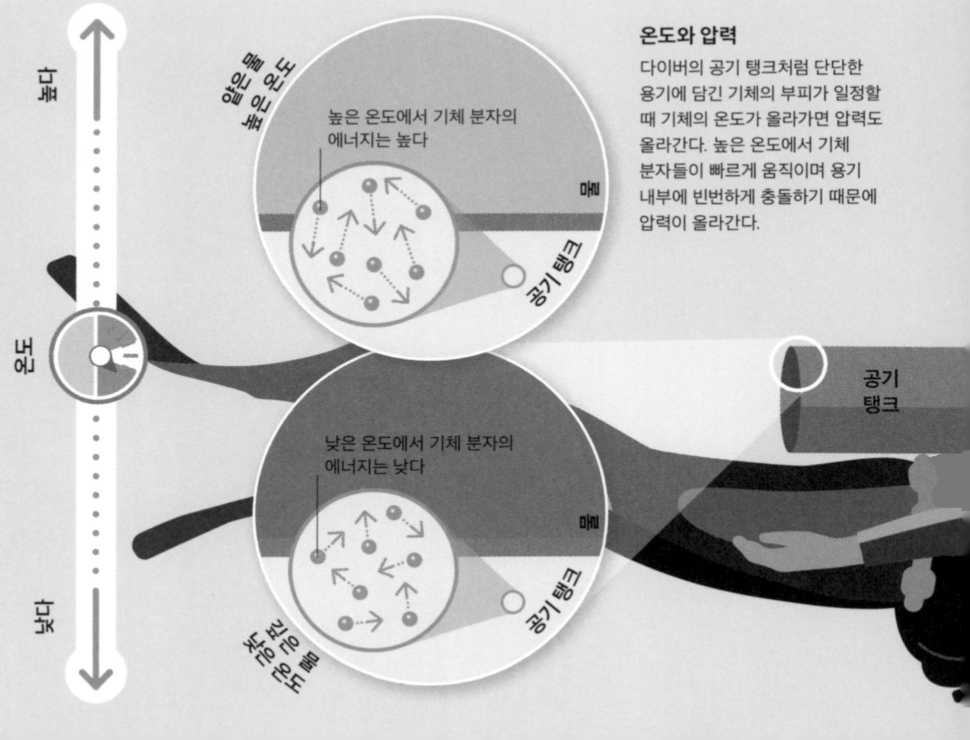

높다
온도
낮다
높은 온도
얕은 물
높은 온도에서 기체 분자의 에너지는 높다
물
공기 탱크
공기 탱크
낮은 온도에서 기체 분자의 에너지는 낮다
물
공기 탱크
낮은 온도
깊은 물

아보가드로 법칙

온도와 압력이 같을 때 동일한 부피의 모든 기체는 같은 수의 분자를 갖는다는 것이 아보가드로 법칙(Avogadro's Law)이다. 비록 염소 기체의 질량은 산소의 2배 정도지만 온도와 압력이 일정할 때 같은 크기의 용기 안에 들어 있는 분자의 수는 같을 것이다.

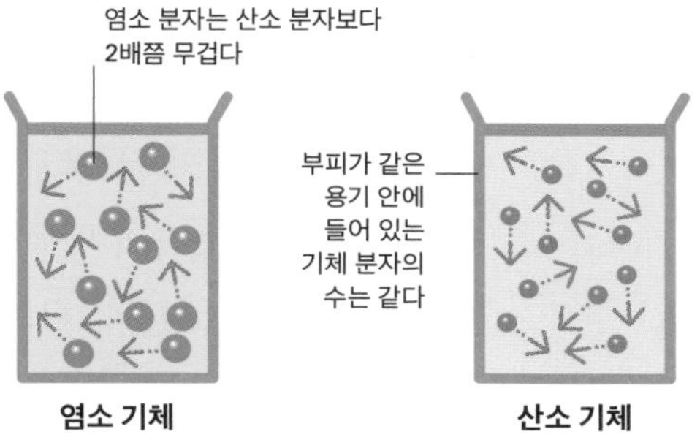
염소 분자는 산소 분자보다 2배쯤 무겁다
부피가 같은 용기 안에 들어 있는 기체 분자의 수는 같다
염소 기체
산소 기체

온도와 부피

부피가 제한된 것이 아니라면(튼튼한 용기 안에 있는 식으로) 가열할 때 분자의 에너지양이 증가하면서 기체는 팽창할 것이다. 기체의 온도가 높을수록 부피도 늘어난다. 예를 들어 팽팽한 고무 보트가 햇볕을 쬐면 공기가 팽창해서 보트가 더 팽팽해질 것이다.

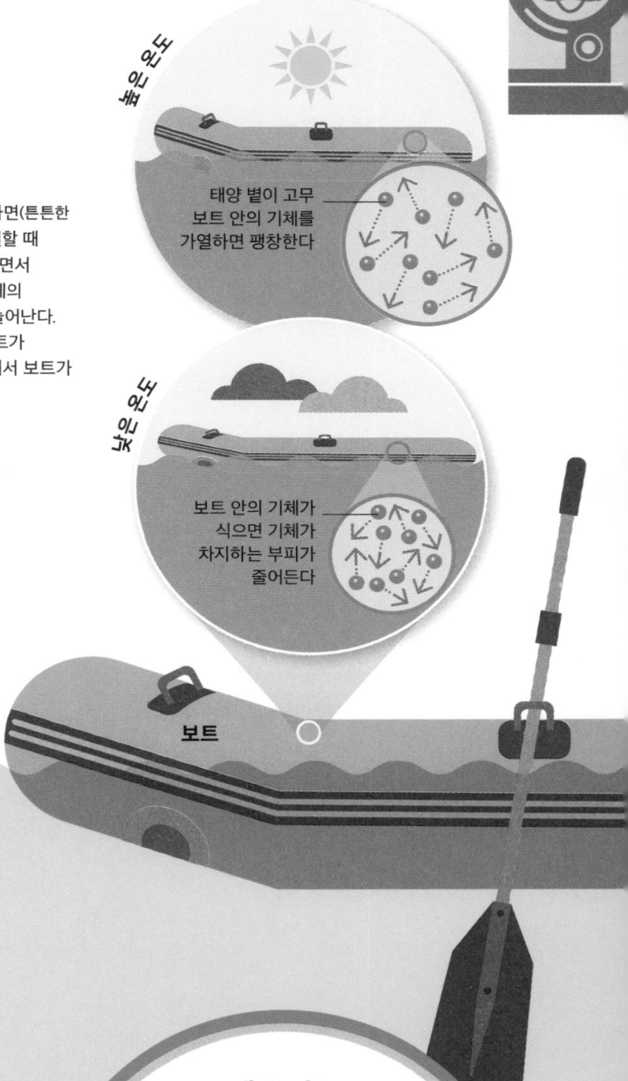
높은 온도
태양 볕이 고무 보트 안의 기체를 가열하면 팽창한다
낮은 온도
보트 안의 기체가 식으면 기체가 차지하는 부피가 줄어든다
보트

압력과 부피

기체의 온도가 일정할 때 기체의 압력을 높이면 부피가 줄어든다. 반대로 기체의 압력이 줄면 부피는 커진다. 액체 표면으로 올라올 때 공기 방울이 팽창하는 이유이다.

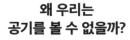

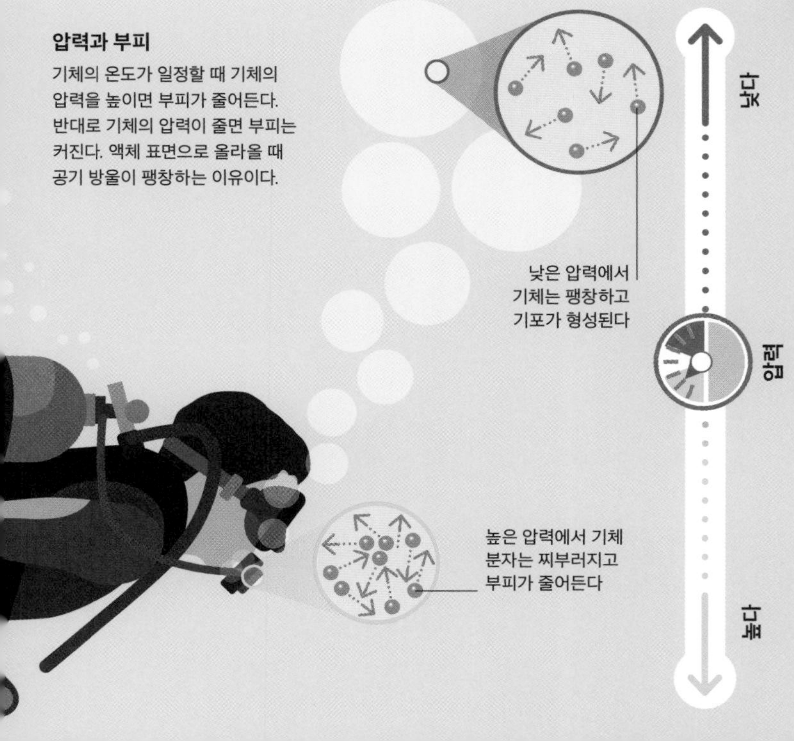
낮다
낮은 압력에서 기체는 팽창하고 기포가 형성된다
압력
높은 압력에서 기체 분자는 찌부러지고 부피가 줄어든다
높다

왜 우리는 공기를 볼 수 없을까?

어떤 물질이 빛을 반사한다거나 하는 식으로 빛에 영향을 줄 때만 우리는 뭔가를 볼 수 있다. 공기는 빛에 거의 영향을 끼치지 않기 때문에 보통은 잘 보이지 않는다. 하지만 많은 양의 공기는 푸른빛을 산란한다. 하늘이 푸른 이유이다.

이상한 상태

고체, 액체, 기체는 우리에게 가장 익숙한 물질의 상태이지만 그것만이 전부는 아니다. 과도하게 가열된 기체는 전기를 운반하는 고에너지 전하 입자인 플라스마가 될 수 있다. 극저온에서 일부 물질은 전기 저항이 전혀 없거나 점도가 없는 매우 이상한 성질을 갖는 초전도체 혹은 초유체가 된다.

어디에서 플라스마를 찾을 수 있을까?

플라스마는 태양에서 흔히 발견된다. 번개 칠 때 혹은 오로라(북극광 또는 남극광)에서 플라스마가 발견되기는 하지만 지구에서 자연적인 플라스마는 드물다. 기체에 전기를 주입해 인공적으로 플라스마를 만들 수 있다. 아크 용접이나 네온 불빛이 그러한 예이다.

항성

태양과 같은 항성은 너무 뜨거워 별의 질량 대부분을 차지하는 수소와 헬륨이 이온화되면서 플라스마 형태를 띤다.

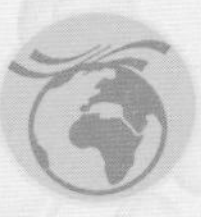

오로라

태양에서 지구로 도달한 플라스마가 대기와 반응해 극지방에서 볼 수 있는 오묘한 빛을 만든다.

번개

번개의 전압은 번개 구름에서 땅으로 전기 전하가 통과하며 남기는 플라스마의 경로이다.

네온 불빛

등 안에서 전기로 네온을 가열하면 플라스마가 형성된다. 전류에 의해 들뜬 플라스마가 빛을 발산한다.

플라스마 아크 용접

전기로 섭씨 2만 8000도 (화씨 5만 도)에 이르는 플라스마 분출물을 만들어 금속을 녹일 수 있다.

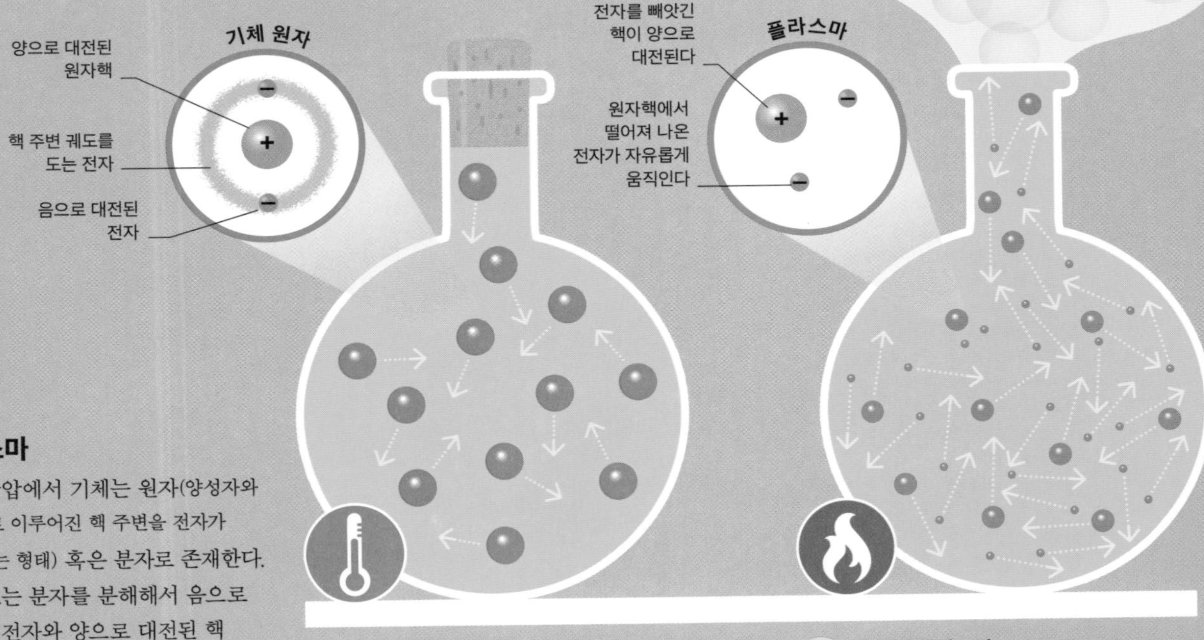

기체 원자
양으로 대전된 원자핵
핵 주변 궤도를 도는 전자
음으로 대전된 전자
플라스마
전자를 빼앗긴 핵이 양으로 대전된다
원자핵에서 떨어져 나온 전자가 자유롭게 움직인다

1 상온에서의 기체

상온에서 기체는 전기적으로 음을 띠는 전자가 원자핵 주위를 돌면서 양을 띠는 양성자와 균형을 맞춘다. 그래서 원자는 중성이다.

2 대전된 플라스마

플라스마 상태에서 전자는 원자핵으로부터 벗어나 음으로 대전된 채 떠돌고 원자핵(이온)은 양으로 대전된 채 남겨져 있다. 전자와 이온 모두 자유롭게 움직이기 때문에 플라스마는 전도성을 띤다.

플라스마

상온 상압에서 기체는 원자(양성자와 중성자로 이루어진 핵 주변을 전자가 돌고 있는 형태) 혹은 분자로 존재한다. 원자 또는 분자를 분해해서 음으로 대전된 전자와 양으로 대전된 핵 혹은 이온(40쪽 참조)으로 구성된 플라스마를 만든다. 기체를 매우 높은 온도로 가열하거나 혹은 전류를 흘려 플라스마를 만들 수 있다.

초전도체와 초유체

130켈빈(섭씨 영하 143도, 화씨 영하 226도)보다 낮은 온도에서 초전도체로 변하는 물질이 있다. 초전도체는 저항 없이 전기를 운반하는 성질을 갖는다. 낮은 온도에서, 가장 흔한 헬륨의 동위 원소(34쪽 참조)인 헬륨-4는 초유체가 되고 점도가 0으로 떨어진다. 저항 없이 흐른다는 뜻이다. 절대 온도 근처(0켈빈, 섭씨 영하 273도, 화씨 영하 459.67도)에서 일부 물질은 보스-아인슈타인 응축물(22쪽 참조)로 변한다. 정상적인 경우 물질 안에서 원자들은 개별적으로 작용하지만 보스-아인슈타인 응축물에서는 모든 원자가 거대한 하나의 원자처럼 작용한다.

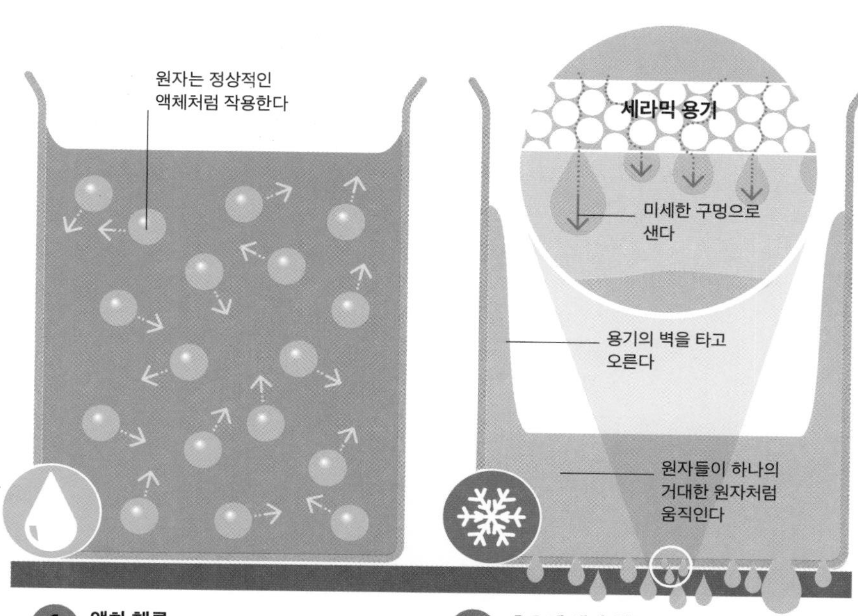
원자는 정상적인
액체처럼 작용한다
세라믹 용기
미세한 구멍으로
샌다
용기의 벽을 타고
오른다
원자들이 하나의
거대한 원자처럼
움직인다

1 액화 헬륨

상압일 때 헬륨-4는 약 4켈빈(섭씨 영하 269도, 화씨 영하 452도)에서 액화된다. 이 온도에서 헬륨은 정상 액체처럼 작용한다. 용기에 채울 수 있고 거기에 머무른다.

2 초유체 액화 헬륨

2켈빈(섭씨 영하 271도, 화씨 영하 456도)에서 헬륨-4는 초유체로 변한다. 고체 물질의 미세한 구멍으로 흐르거나 용기의 벽을 타고 오르는 등 매우 기이한 작용을 보인다.

초전도체의 이용

초전도체는 매우 강력한 전자석을 만드는 데 사용된다. 이런 자석은 자기 공명 이미지(MRI) 스캐너, 자기 부상 열차(maglev) 또는 물질의 구조 분석에 필요한 입자 가속기에 사용된다.

MRI 스캐너

초전도체 자석을 장착한 MRI 스캐너는 뇌와 같은 신체 부위의 자세한 이미지를 얻는 데 적용된다.

입자 가속기

입자 가속기는 초전도체 자석의 강력한 힘에 의존해 가속기 주위로 입자를 유도한다.

전자 폭탄

초전도체는 강력한 전자기파를 만들어 주변의 전자 장비를 망가뜨린다.

자기 부상 열차

고속의 자기 부상 열차는 초전도체 전자석을 이용해 기차를 들어 올리고 전방으로 향하는 힘을 얻는다.

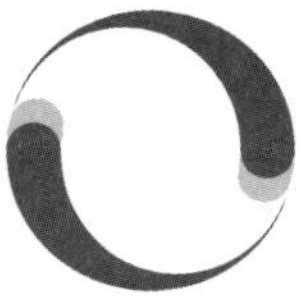

초유체 헬륨을 저으면 영구히 회전할 것이다

마이스너 효과

초전도체는 자기장이 흐르지 않는다. 사실 그것은 자기장을 배척한다. 이런 현상을 마이스너 효과(Meissner effect)라고 한다. 초전도체 물질 위에 자석을 놓고 초전도체가 형성될 때까지 온도를 내리면 자기를 밀어내 공중 부양시킨다.

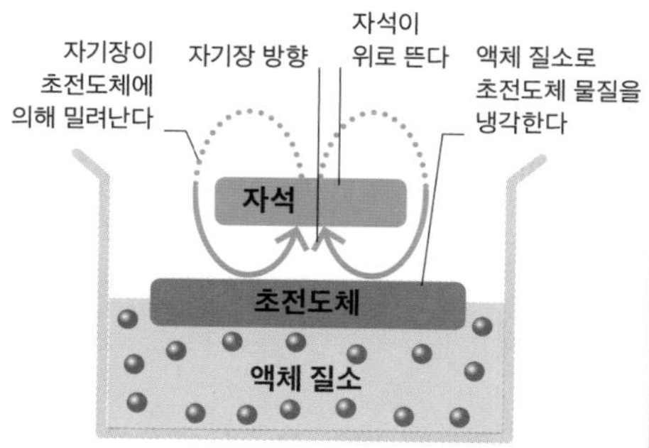
자기장이
초전도체에
의해 밀려난다
자기장 방향
자석이
위로 뜬다
액체 질소로
초전도체 물질을
냉각한다
자석
초전도체
액체 질소

물질 변환

고체, 액체, 기체 그리고 플라스마는 잘 알려진 물질의 상태이지만 그것 말고도 괴이하기 짝이 없는 보스-아인슈타인 응축물이라는 상태도 있다. 물질에 에너지를 더하거나 빼서 다른 상태로 변환이 가능하다.

에너지를 얻다

물질이 에너지를 얻으면 입자들은 진동하거나 보다 자유롭게 움직인다. 충분한 양의 에너지를 얻으면 고체나 액체 입자들 사이의 결합이 끊어지며 물질의 상태가 변한다. 기체에 가해 준 에너지는 입자의 전자를 떼어 내 플라스마를 만들 수 있다.

섭씨 0.01도

물의 삼중점. 물이 고체, 액체, 기체로 동시에 존재 가능한 온도

승화

얼린 이산화 탄소(드라이아이스)와 같은 일부 고체는 고체 상태에서 바로 기체로 승화(sublimation)한다. 특정한 온도와 압력에서 승화할 수 있는 물질은 더러 있지만 정상 상태에서 승화하는 물질은 상대적으로 드물다.

용해

고체 물질의 에너지가 증가하면 입자를 붙들고 있는 결합이 더 많이 진동한다. 궁극적으로 결합이 깨지면 물질은 액체로 용해(melting)된다. 입자들끼리 서로 끌어당기기는 하지만 훨씬 더 자유롭게 움직인다.

액체

액체 안의 원자 혹은 분자는 고체에서보다 서로 덜 완강하게 결합하고 있어서 자유롭게 흐를 수 있다.

에너지 수준

낮다

고체

고체 안의 원자 혹은 분자는 서로 강하게 결합해 고정된 형태를 갖는다.

보스-아인슈타인 응축물

원자의 에너지가 거의 없는 매우 기이한 상태이며 모든 원자가 마치 하나의 원자처럼 한꺼번에 모든 곳에 존재하는 듯이 작용한다. 대부분의 물질은 보스-아인슈타인 응축물이 되지 못한다.

냉각

액체가 냉각(freezing)되어 에너지를 잃으면 원자 혹은 분자의 움직임이 느려지고 서로 강하게 끌어당기며 입자들끼리 가까워진다. 질서 있게 배열되고 입자들은 결정을 형성한다. 보다 무작위로 배열되면 무정형의 물질이 만들어진다.

과냉각

기체 상태의 어떤 물질을 절대 영도보다 수백만분의 1도 정도 높은 온도(0켈빈, 섭씨 영하 273.15도, 화씨 영하 459.67도)로 냉각하면 원자는 대부분의 에너지를 잃고 움직이지도 않으면서 서로 엉키는 과냉각(supercooling) 상태가 된다.

기체

기체의 원자 혹은 분자는 자유롭게 움직인다. 그들 사이에 결합력이 없기 때문이다.

기화

낮은 온도에서도 표면 근처의 어떤 액체 입자들은 기포로 변해 도망친다. 에너지가 많으면 더 많이 기화(evaporation)한다. 물질의 끓는점에서는 표면 근처의 입자가 아니더라도 기포가 되어 날아갈 수 있다.

이온화

에너지양이 많을 때 원자 혹은 분자로부터 전자가 분리되면 이온화(ionization)되어 플라스마가 형성된다. 음으로 대전된 전자와 양으로 대전된 이온(전자를 잃어버린 원자 혹은 분자)으로 구성된 플라스마는 항성, 네온의 불빛이나 오로라에서 관찰된다.

높다

플라스마

가끔 물질의 제 4의 상으로 불리는 플라스마는 자유 전자와 양으로 대전된 이온 구름이다.

재결합

플라스마가 다시 기체로 돌아가는 과정을 재결합(recombination)이라고 한다. 플라스마의 에너지 수준이 떨어지면 양이온이 다시 전자를 잡아들이고 물질은 기체로 돌아간다. 네온 불빛의 전원을 껐을 때 나타나는 현상이다.

응결

기화와 반대 현상이다. 온도가 떨어지면 기체 원자 혹은 분자들은 주변에 에너지를 뺏기고 움직임이 줄어들면서 응결(condensation)해 액체로 변한다.

증착

기체가 액체를 거치지 않고 곧바로 고체로 변하는 증착(deposition)은 승화와 반대되는 현상이다. 서리가 대표적인 예이다. 아주 추운 날 공기 중에 있는 수증기가 표면에서 고체로 변한다.

에너지를 잃다

물질이 에너지를 잃으면 원자 혹은 분자는 천천히 움직인다. 일반적으로 에너지 손실이 클수록 물질은 플라스마에서 기체, 액체, 고체 순으로 상태를 바꾼다. 하지만 어떤 조건에서 어떤 물질은 상태를 넘어뛸 수 있다. 수증기가 증착해 서리가 되는 경우가 그런 예이다.

잠열

물질이 상태를 바꿀 때 방출하거나 흡수하는 에너지를 잠열(latent heat)이라고 부른다. 땀을 흘리면 시원함을 느끼는데 땀이 기화하면서 피부의 열을 흡수하기 때문이다.

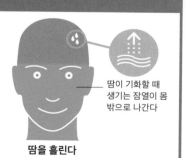

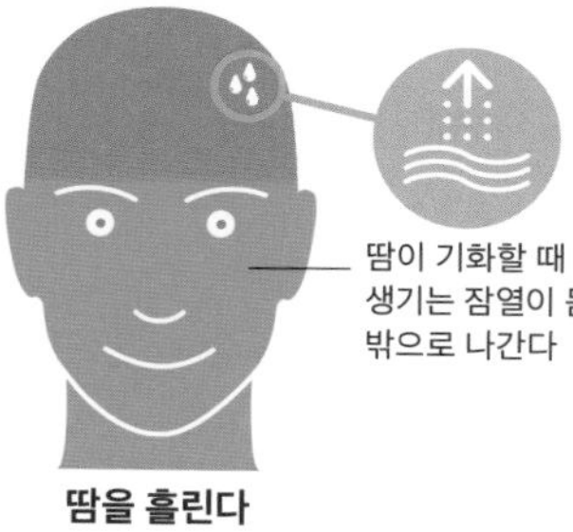
땀이 기화할 때 생기는 잠열이 몸 밖으로 나간다

땀을 흘린다

원자의 안쪽

오랫동안 원자는 쪼개지지 않는다고 알려져 있었다. 하지만 이제 우리는 원자가 양성자, 중성자, 전자로 이루어진다는 사실을 알고 있다. 이런 입자들의 수에 따라 원자의 종류와 물리·화학적 성질이 결정된다.

원자의 구조

원자는 중심부의 핵과 그 주변을 돌고 있는 1개 이상의 전자로 이루어져 있다. 핵에는 양전하를 띠는 양성자, 전기적으로 중성인 중성자가 들어 있다.(수소는 예외이다.) 원자의 질량 대부분은 원자핵이 차지한다. 핵 주변에 음전하를 띤 아주 작은 전자가 궤도 운동을 하고 있다. 양전하인 양성자와 인력이 작용하기 때문이다. 원자 내 전자와 양성자의 수는 같다. 양과 음, 두 전하가 상쇄되기 때문에 원자는 전기적으로 중성이다.

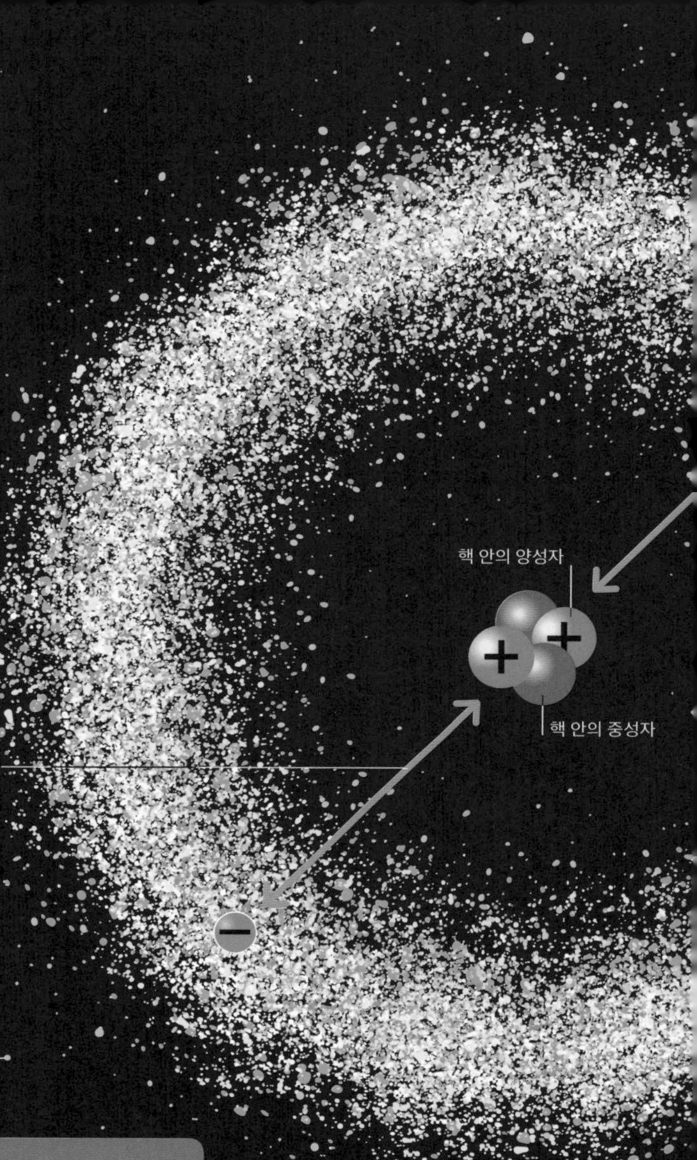

헬륨 원자의 구조

헬륨 원자는 2개의 양성자와 2개의 중성자가 핵에 있고 2개의 전자가 주변의 궤도를 돌고 있다.

원자의 크기

가장 작은 원자는 수소이다. 수소는 오직 1개의 양성자와 1개의 전자를 갖는다. 수소 원자의 지름은 106피코미터(pico meter, 1조분의 1미터)이다. 가장 큰 원자 중 하나인 세슘은 55개의 전자가 있고 수소보다 6배 크다. 지름이 약 596피코미터이다.

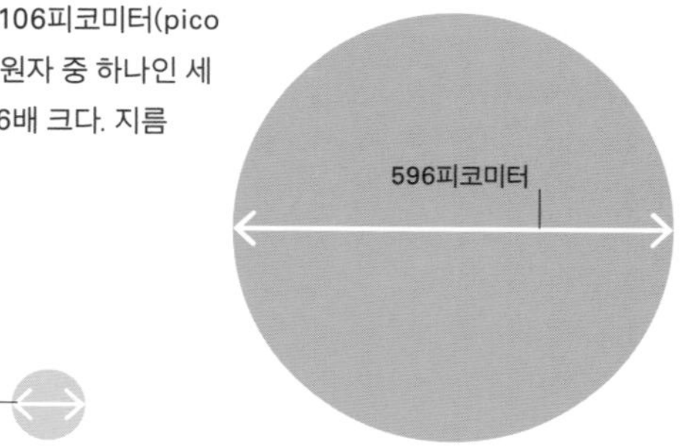

수소 원자 99퍼센트는 빈 공간이다

전자 오비탈

태양 주위를 도는 행성처럼 전자가 핵의 주변을 돌지는 않는다. 양자 효과(30쪽 참조) 때문에 전자의 정확한 위치를 파악하는 것은 불가능하다. 대신 그들은 오비탈(orbital)이라고 하는 영역에 존재한다. 핵 주위의 전자가 발견될 가능성이 높은 지역이다. 네 종류의 오비탈이 있다. 원형인 s-오비탈, 아령 모양의 p-오비탈 그리고 더욱 복잡한 d, f-오비탈이 있다. 각각의 오비탈에는 2개의 전자가 끼어들 수 있다. 핵에서 가까운 오비탈에서부터 차례대로 오비탈이 채워진다.

플루오린의 궤도

플루오린(불소) 원자는 9개의 양성자와 오비탈에 있는 9개의 전자로 구성된다. 처음 4개의 전자가 s-오비탈 2개에 들어간다. 각 오비탈에 2개씩이다. 나머지 5개의 전자는 3개의 p-오비탈에 나누어 들어간다.

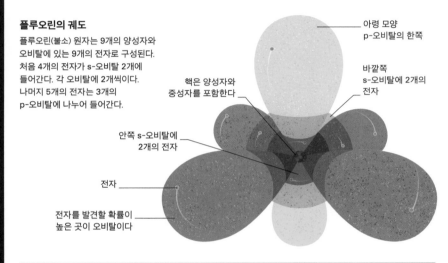

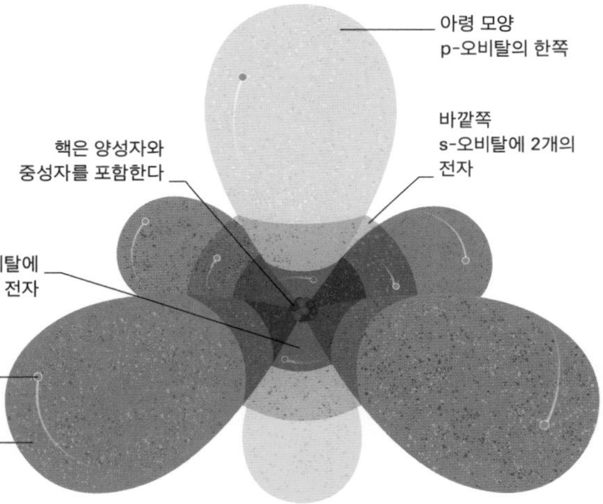

원자 번호와 원자의 질량

과학자들은 원자의 성질을 정량화하기 위해 여러 숫자와 측정법을 사용한다. 아래는 원자 번호와 질량을 측정하는 다양한 방법이다.

양	정의
원자 번호	원자 내 양성자의 수. 원소는 원자 번호에 의해 정의된다. 같은 원소는 모두 같은 수의 양성자를 갖기 때문이다. 예를 들어 8개의 양성자를 가진 원소는 모두 산소이다.
원자 질량	양성자, 중성자, 전자의 질량을 합친 양이다. 같은 원소라도 중성자의 숫자가 다를 수도 있다. 이들은 동위 원소라 부른다.(34쪽 참조) 따라서 동위 원소들의 질량은 같지 않다. 원자의 질량을 표시하는 단위는 원자 질량 단위(atomic mass unit, amu)이다. 1amu는 가장 흔한 탄소 동위 원소인 탄소-12 질량의 12분의 1이다.
원자의 상대 질량	모든 동위 원소 질량의 평균.
질량수	원자 내 양성자와 중성자의 총 수.

전자의 질량은 얼마일까?

전자는 엄청나게 가볍다. 양성자 질량의 약 2,000분의 1이다.

아원자 세계

원자는 아원자 입자로 불리는 보다 작은 단위로 구성되어 있다. 이들은 두 가지 종류로 나뉘는데 하나는 물질을 형성하는 것이고 다른 하나는 힘을 운반하는 것들이다. 아원자 입자들이 모여 원자와 힘을 만들어 낸다. 또 의외의 성질을 만들어 내기도 한다.

중력 입자는 있을까?

과학자들은 중력자(graviton)라는 입자가 중력을 운반할 것이라고 생각한다. 하지만 아직까지 실험적으로 중력자의 존재가 확인되지는 않았다.

아원자의 구조

원자 내부의 전자는 더 이상 쪼개지지 않지만 양성자와 중성자는 더 작은 입자로 나뉜다. 각각은 3개의 쿼크로 이루어지는데, 쿼크는 페르미온이라는 아원자 입자(subatomic particle)의 무리에 속한다. 페르미온은 물질 입자고 모든 물질은 쿼크(향미 혹은 형태의 조합이라는 뜻)와 렙톤(전자를 포함하는 페르미온)으로 만들어진다. 각각의 페르미온은 그에 해당하는 반입자가 있다. 이들은 입자와 질량은 같지만 반대로 대전되어 있다. 예를 들어 전자의 반입자는 양전자(positron)이다. 반입자들끼리 모여서 반물질을 형성한다.

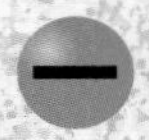
전자를 발견할 확률이 높은 전자 오비탈
전자

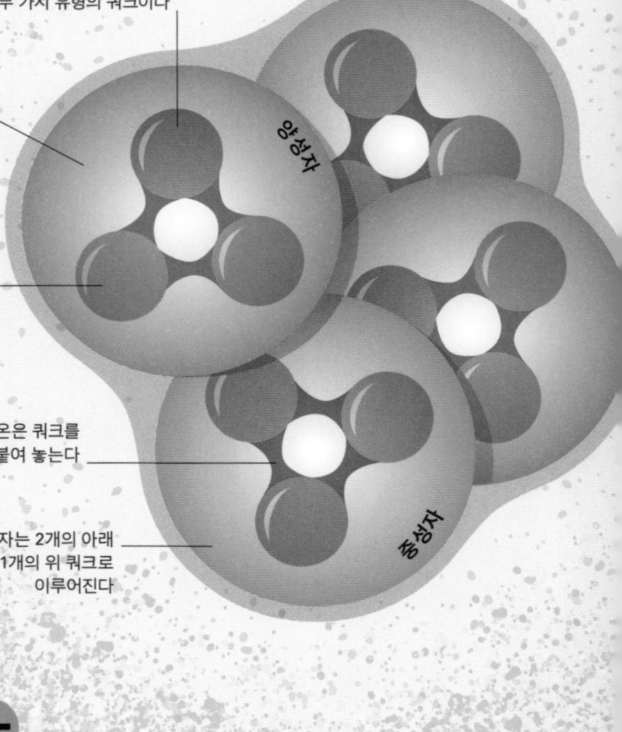
핵
아래 쿼크와 위 쿼크는 일반적인 물질에서 발견되는 두 가지 유형의 쿼크이다
양성자는 2개의 위 쿼크와 1개의 아래 쿼크로 이루어진다
양성자
위 쿼크
글루온은 쿼크를 함께 붙여 놓는다
중성자는 2개의 아래 쿼크와 1개의 위 쿼크로 이루어진다
중성자

기본 입자

오랫동안 과학자들은 양성자와 중성자가 더 이상 쪼개질 수 없는 기본 입자(elementary particle)라 생각했다. 그러나 오늘날 우리는 그것들이 쿼크로 이루어졌다는 사실을 알고 있다. 전자는 그 자체로 기본 입자다.

쿼크라는 용어는 제임스 조이스의 소설 『피네간의 경야』에 나온 단어에서 유래했다

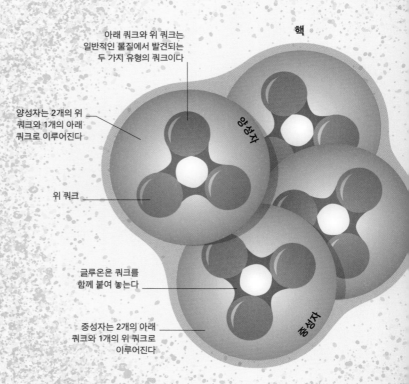

아원자 입자

페르미온(fermion)은 물질 입자이다.
이들은 원자의 물질 성분이며 양성자, 중성자, 전자가 포함된다.

보손(boson)은 힘을 운반하는 입자이며
서로 다른 입자 간에 힘을 전달하는 역할을 한다.

기본 페르미온(elementary fermion)은
물질 입자로 다른 입자로 나뉘지 않는다.

강입자(hadron)는 합성(composite) 소립자며
여러 개의 쿼크로 이루어진다.

쿼크
- 위
- 아래
- 맵시
- 기묘
- 꼭대기
- 바닥

렙톤
- 전자
- 전자 뉴트리노
- 뮤온
- 뮤온 뉴트리노
- 타우 입자
- 타우 뉴트리노

중입자(baryon)는
합성 페르미온이며 3개의
쿼크로 이루어진다.
- **양성자**
  2개의 위 쿼크 +
  1개의 아래 쿼크 +
  3개의 글루온
- **중성자**
  2개의 아래 쿼크 +
  1개의 위 쿼크 +
  3개의 글루온
- **람다 입자**
  1개의 아래 쿼크 +
  1개의 위 쿼크 +
  1개의 기묘 쿼크 +
  3개의 글루온
- **기타**

중간자(meson)는
합성 보손이며 1개의
쿼크와 1개의 반쿼크를
포함한다.
- **양성 파이온**
  1개의 위 쿼크 +
  1개의 아래 반쿼크
- **음성 카온**
  1개의 기묘 쿼크 +
  1개의 위 반쿼크
- **기타**

기본(elementary) 보손은
힘을 운반하는 입자이며
다른 입자로 나뉘지 않는다.
- 광자
- 글루온
- W- 보손
- W+ 보손
- Z 보손
- 힉스 보손

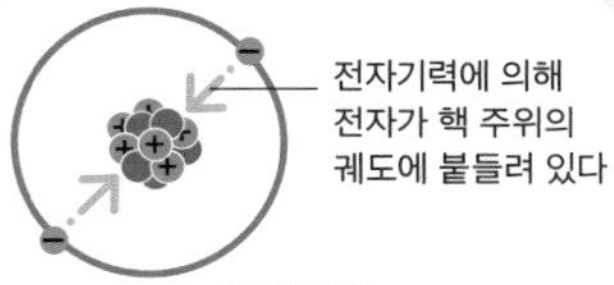
전자기력에 의해
전자가 핵 주위의
궤도에 붙들려 있다

전자기력

대전된 입자 사이에 작용하는 전자기력 (electromagentic force)을 운반하는 광자는 질량이 없는 입자이며 빛의 속도로 움직인다.

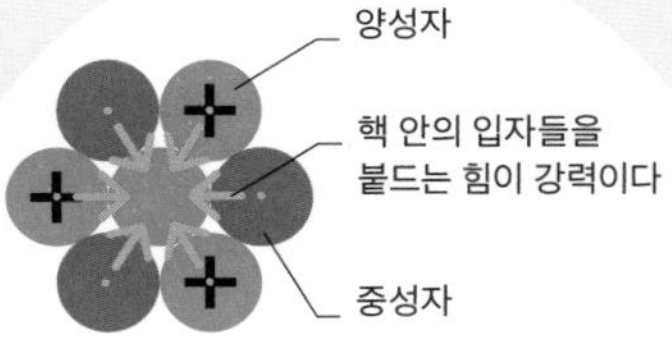
양성자
핵 안의 입자들을
붙드는 힘이 강력이다
중성자

강력

강력(strong force)에 의해 양성자와 중성자 내부에서 전자기적으로 강하게 반발하고 있는 쿼크가 서로 결합할 수 있다. 글루온이 매개하는, 짧은 거리에서 작용하는 힘이다.

기본적인 힘

단순히 밀고 당기는 대신 아원자 세계의 힘은 입자에 의해 운반된다. 아이스 링크에서 스케이트 선수 2명이 공을 던진다고 생각해 보자. 첫 선수가 던진 공은 에너지를 운반하고 두 번째 선수에게 힘을 작용한다. 따라서 공을 받은 두 번째 선수는 움직인다.

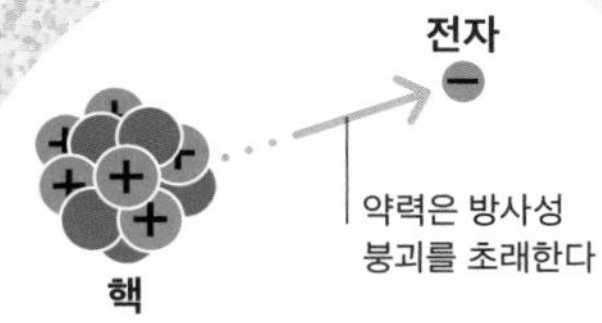
전자
약력은 방사성
붕괴를 초래한다
핵

약력

방사성 물질이 붕괴할 때 입자들이 핵에서 떨어져 나오면서 쿼크의 유형이 변한다. 약력(weak force)을 운반하는 W 보손과 Z 보손이 이를 매개한다.

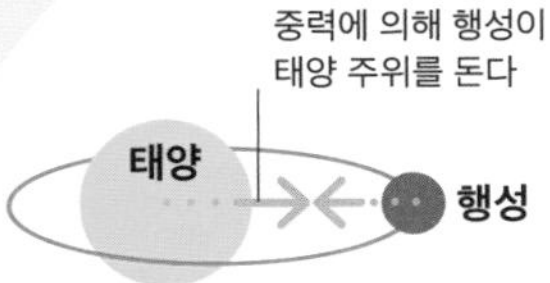
중력에 의해 행성이
태양 주위를 돈다
태양
행성

중력

중력(gravity)은 무한한 영역에 걸쳐 작용하는 인력이다. 따라서 아직 발견되지 않은 중력의 입자는 빛의 속도로 움직여야 한다.

파동과 입자

파동(wave)과 입자(particle)는 완전히 다른 것처럼 보인다. 빛은 파동이고 원자는 입자이다. 그러나 간혹 빛과 같은 파동이 입자처럼, 그리고 전자와 같은 입자가 파동처럼 작용한다. 이를 파동-입자 이중성이라고 부른다.

모든 입자가 파동처럼 작용할까?

전자와 같이 아주 작은 입자만이 파동처럼 작용하는 것 같지는 않다. 800개의 원자를 가진 커다란 분자도 이중 슬릿 실험에서 파동처럼 작용한다. 하지만 거대 분자 모두가 그런 방식으로 작용하는지는 잘 알려지지 않았다.

파동으로서의 빛

이중 슬릿 실험은 빛이 파동처럼 작용하는 모습을 보이는 간단한 방법이다. 빛을 2개의 스크린에 투사할 때 단일 슬릿이 있는 첫 번째 스크린을 지나 폭이 좁아진 빛이 슬릿이 2개인 두 번째 스크린을 지나며 2개의 빛으로 나뉜다. 나뉜 빛이 비친 스크린에는 반복되는 밝고 어두운 띠가 연속해서 나타난다. 빛이 입자처럼 작용했다면 결과는 매우 달랐을 것이다.

빛 입자

빛이 모래 알갱이와 같은 단순한 입자처럼 작용했다면 한쪽 슬릿으로 일부의 입자가, 다른 슬릿으로는 나머지 입자들이 빠져나간 모습이 스크린에 보일 것이다. 하지만 2개의 슬릿을 지나간 빛은 다른 양상을 선보인다.

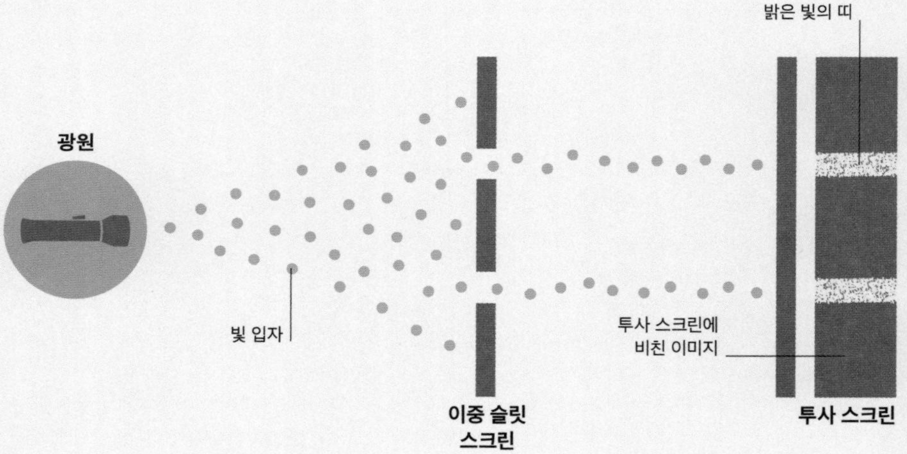

빛 파동

슬릿을 지날 때 파동은 돌을 던진 호수의 파문처럼 물결 모양으로 나아간다. 이들 파동은 서로 영향을 미치면서 어둡고 밝은 띠를 연속적으로 만들어 낸다. 간섭 패턴이 스크린에 보일 것이다.

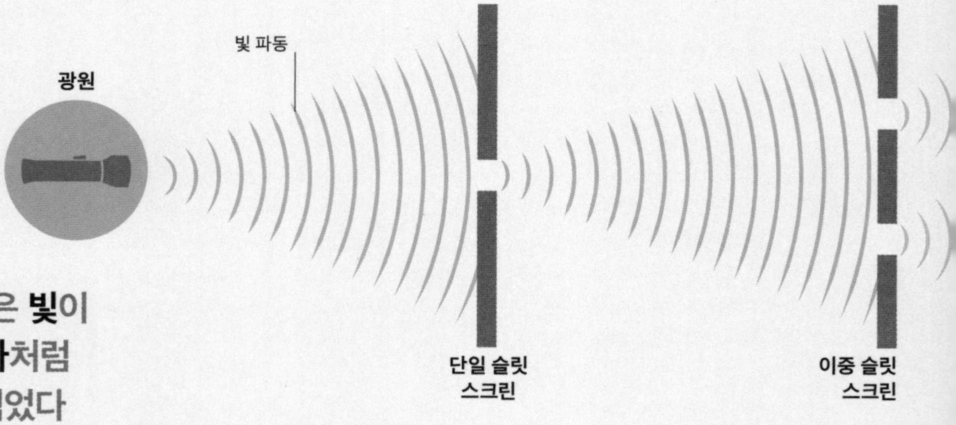

2015년 과학자들은 빛이 동시에 파동과 입자처럼 작용하는 사진을 최초로 찍었다

입자로서의 빛

빛을 쬐어 주면 금속은 전자를 내놓는다. 하지만 그 빛은 적당한 파장(색깔)을 가져야만 한다. 광전 효과로 알려진 이 현상은 빛이 입자처럼 작용하기에 가능한 것이다. 적색광의 장파장 광자(입자)는 짧은 파장의 광자(녹색광 혹은 자외선)보다 에너지양이 적어서 금속에서 전자를 탈출시키기 쉽지 않다.

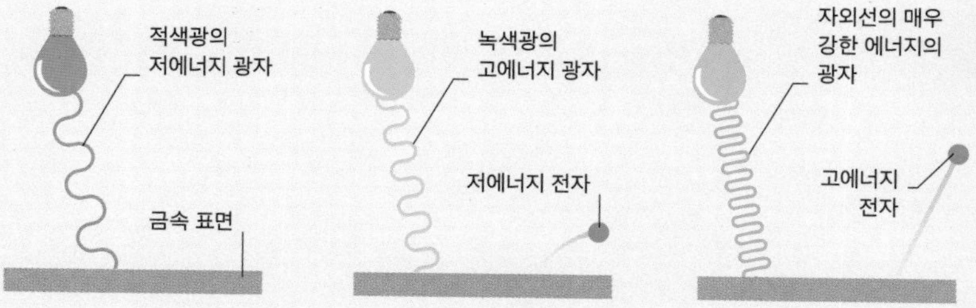
적색광의
저에너지 광자
금속 표면
녹색광의
고에너지 광자
저에너지 전자
자외선의 매우
강한 에너지의
광자
고에너지
전자

적색광
적색광 광자는 아무리 밝게 하더라도 금속 표면에서 전자를 내놓게 하기에 에너지가 부족하다.

녹색광
녹색광 광자는 적색광보다 많은 양의 에너지를 갖고 있어 금속 표면에서 전자를 탈출시킬 수 있다.

자외선
자외선의 광자가 가진 에너지는 매우 커서 금속 표면에서 고에너지 전자를 방출시킨다.

파동-입자 이중성

전자와 원자와 같은 입자를 이용해서 이중 슬릿 실험을 수행하면 어둡고 밝은 띠가 반복되는 간섭 패턴을 얻을 수 있다. 입자가 파동처럼 작용할 수 있다는 의미이다. 그것이 파동-입자 이중성이다. 전자가 하나씩 방출되어도 같은 간섭 패턴이 만들어질 것이다. 입자의 파동성이 서로 간섭(interference)하게 할 것이기 때문이다.

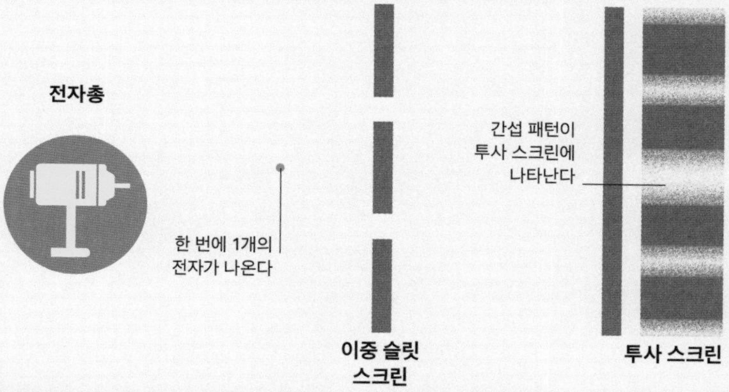
전자총
한 번에 1개의
전자가 나온다
간섭 패턴이
투사 스크린에
나타난다
이중 슬릿
스크린
투사 스크린

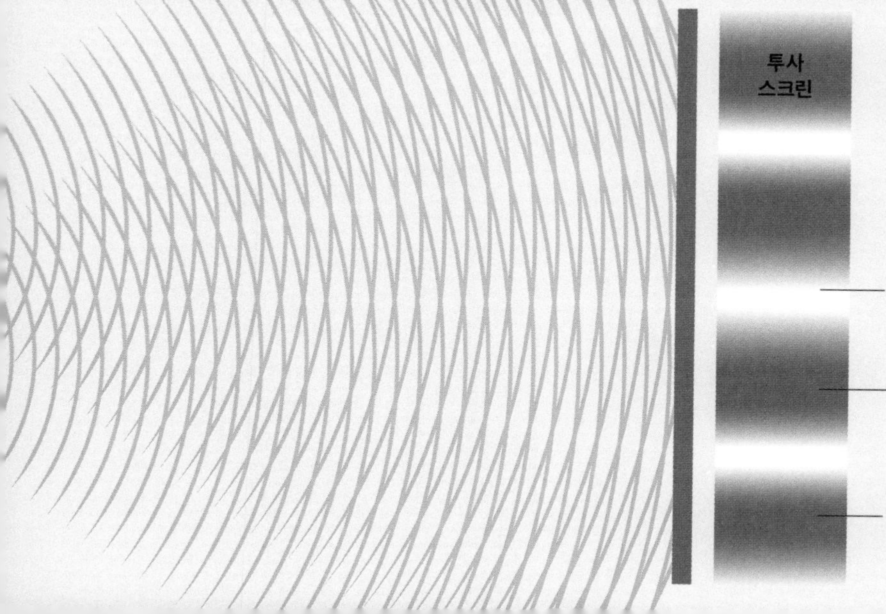
투사
스크린

간섭
2개의 파동이 같은 위상, 다시 말해 주기의 같은 부분에서 만났을 때(마루와 마루 그리고 골와 골) 둘은 보강된다. 하지만 다른 위상에서 만났을 때(마루와 골) 둘은 서로 상쇄된다.

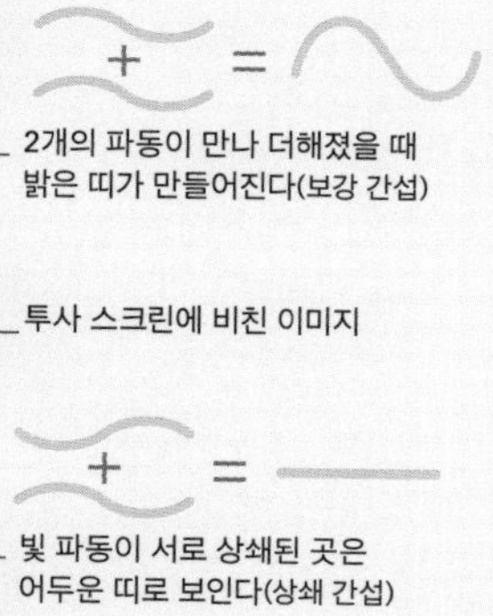
+
=
2개의 파동이 만나 더해졌을 때
밝은 띠가 만들어진다(보강 간섭)
투사 스크린에 비친 이미지
+
=
빛 파동이 서로 상쇄된 곳은
어두운 띠로 보인다(상쇄 간섭)

양자의 세계

아원자 세계에서는 우리가 일상에서 보는 것과 같은 익숙한 모습으로 사물이 작용하지 않는다. 입자는 입자뿐만 아니라 파동처럼 작용할 수 있고 에너지는 양자 도약을 한다. 또한 입자는 관측하기 전까지는 불확정적이다.

에너지 묶음

양자는 에너지와 물질 등 모든 물리적 특성의 가장 작은 값이다. 예를 들어 빛의 전자기 복사의 최솟값은 광자이다. 양자들은 단일 양자의 자연수 배로만 존재한다.

양자 도약

전자는 한 에너지 준위 혹은 껍질에서 다른 에너지 준위로 튀어 오른다. 양자 도약(quantum leap)이다. 그들은 두 준위 사이의 에너지 상태에 머물지 못한다. 각 에너지 준위를 오갈 때 전자는 에너지를 흡수하거나 방출한다.

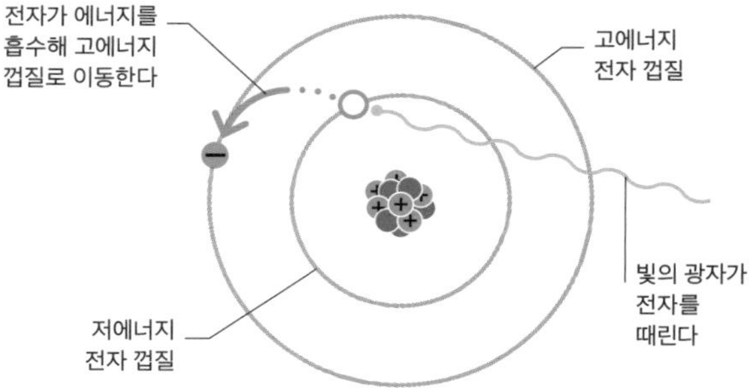

전자가 에너지를
흡수해 고에너지
껍질로 이동한다
고에너지
전자 껍질
빛의 광자가
전자를
때린다
저에너지
전자 껍질

불확정성의 원리

양자 세계에서 아원자 입자, 즉 전자 혹은 광자의 정확한 위치와 정확한 속도 두 가지를 동시에 아는 일은 불가능하다. 이런 불확정성의 원리가 적용되는 이유는 한 성질을 측정하는 행위 자체가 다른 측정을 부정확하게 만들기 때문이다.

위치 혹은 속도?

전자의 위치와 속도 모두를 정확히 알 수 없다. 위치를 정확하게 알면 알수록 속도의 불확실성은 더 커진다. 그 반대도 마찬가지다.

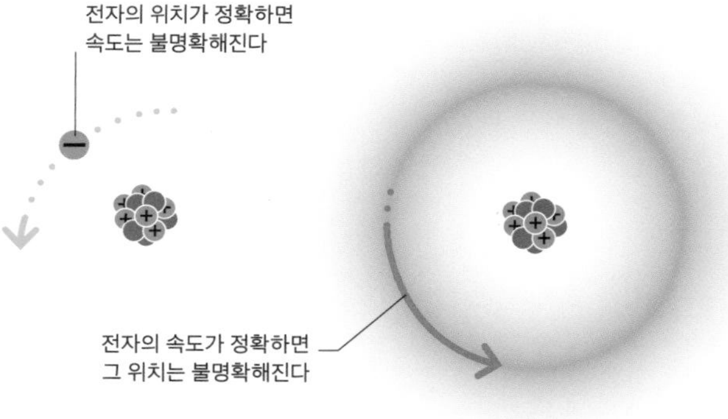

전자의 위치가 정확하면
속도는 불명확해진다
전자의 속도가 정확하면
그 위치는 불명확해진다

양자 얽힘

전자와 같은 아원자 입자의 쌍이 엄청난 거리(예컨대 서로 다른 은하 간 거리)를 두고 물리적으로 떨어져 있어도 서로 연결되어 있거나 혹은 얽혀 있어 연관성을 나타내는 이상한 효과를 양자 얽힘(quantum entanglement)이라고 한다. 그러므로 한 입자를 건드리면 그 효과가 즉시 다른 입자에게 전달된다. 또한 한 입자의 성질을 측정하면 다른 입자의 특성에 관한 정보를 알 수 있다.

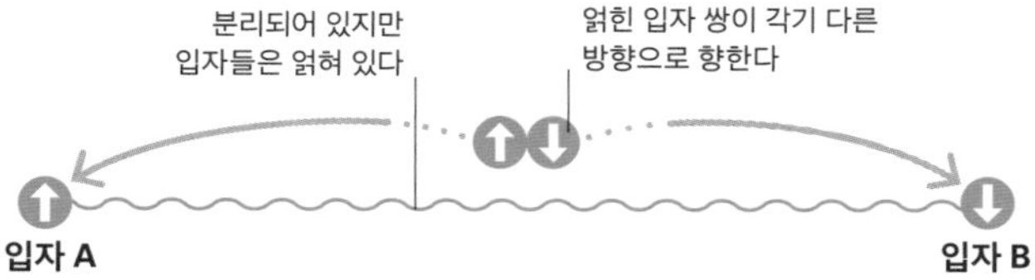

분리되어 있지만
입자들은 얽혀 있다
얽힌 입자 쌍이 각기 다른
방향으로 향한다
입자 A
입자 B

순간 이동은 가능할까?

양자 얽힘 현상을 이용해서 과학자들은 약 1,200킬로미터(750마일) 떨어진 곳에 정보를 전달할 수 있었다. 하지만 물체의 순간 이동(teleportation)은 공상 과학에서만 가능하다.

양자 림보

양자 세계에서는 입자는 관측될 때까지 림보(limbo)처럼 존재할 수 있다. 예를 들어 방사능 원자는 복사선을 내놓고 붕괴된 상태와 붕괴되지 않은 비결정 상태의 중간으로 존재할 수 있다. 이런 중간 상태를 중첩(superposition)이라고 한다. 입자를 관찰 혹은 측정할 때만 입자는 어느 한쪽에 있을지 '결정'한다. 좀 더 정확히 말하면 중첩이 망가진다. 중첩이 의미하는 바는 아원자 세계에서 사건은 관측될 때까지 어떤 결정도 이루어지지 않는다는 것이다. 에르빈 슈뢰딩거가 제안한 이 가설은 슈뢰딩거의 고양이라는 유명한 사고 실험으로 이어졌다.

슈뢰딩거의 고양이

독극물 한 병, 방사능 물질과 함께 박스 안에 고양이가 갇혀 있다. 방사능 물질이 붕괴하면 유출된 방사선이 가이거 계수기에서 검출될 것이다. 그 결과 망치가 움직여 병을 깨뜨리면 독극물이 흘러나와 고양이를 죽일 것이다. 그러나 방사능 물질의 붕괴가 무작위로 일어난다면 박스를 보기 전에는 고양이가 살아 있을지 아니면 죽어 있을지 결정할 수 없다. 그렇다면 박스를 열기 전까지 고양이는 살아 있고 또한 죽은 것이다.

에르빈 **슈뢰딩거**의 이름이 붙은 **달 분화구**가 있다

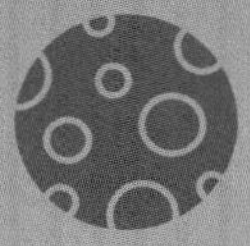

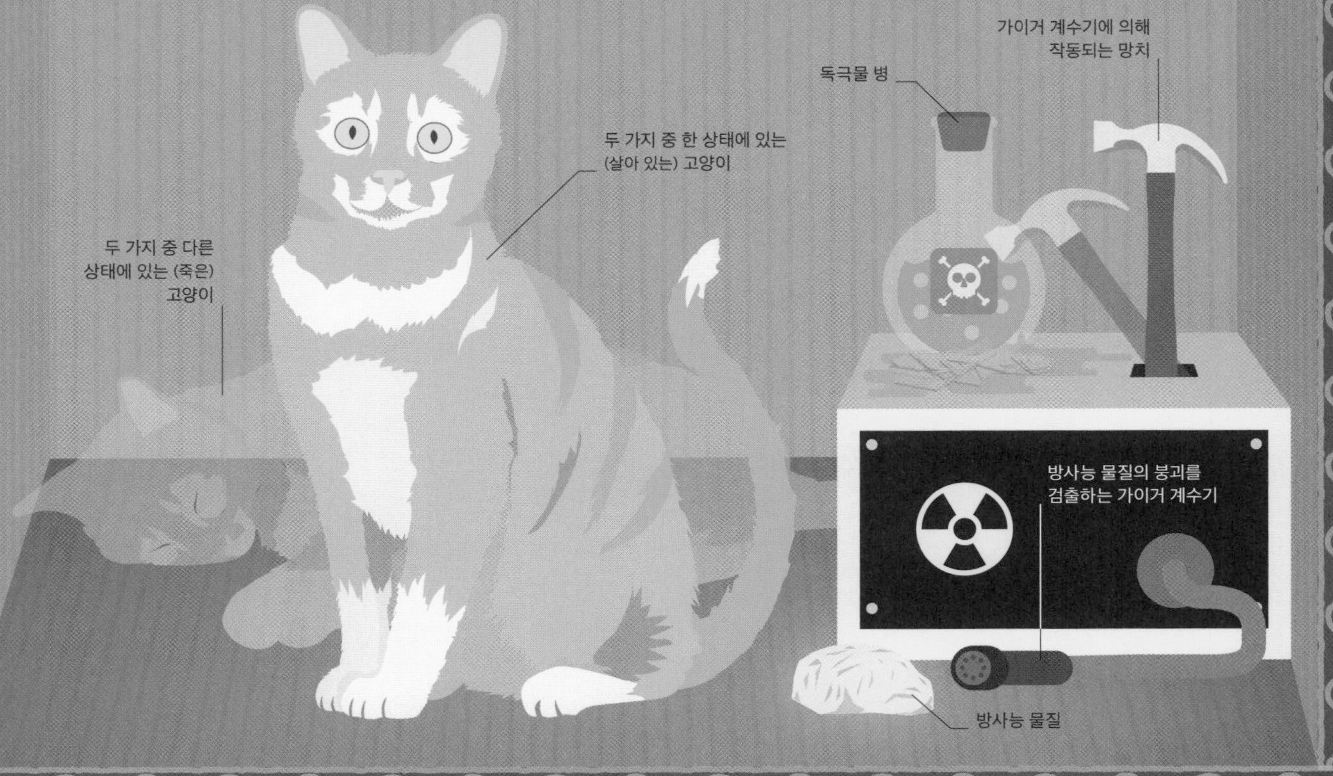

가이거 계수기에 의해 작동되는 망치
독극물 병
두 가지 중 한 상태에 있는 (살아 있는) 고양이
두 가지 중 다른 상태에 있는 (죽은) 고양이
방사능 물질의 붕괴를 검출하는 가이거 계수기
방사능 물질

입자 가속기

입자 가속기는 물질, 에너지 그리고 우주에 대한 근본적인 질문을 연구하기 위해 아원자 입자를 빛의 속도에 가깝게 가속시키는 장치다.

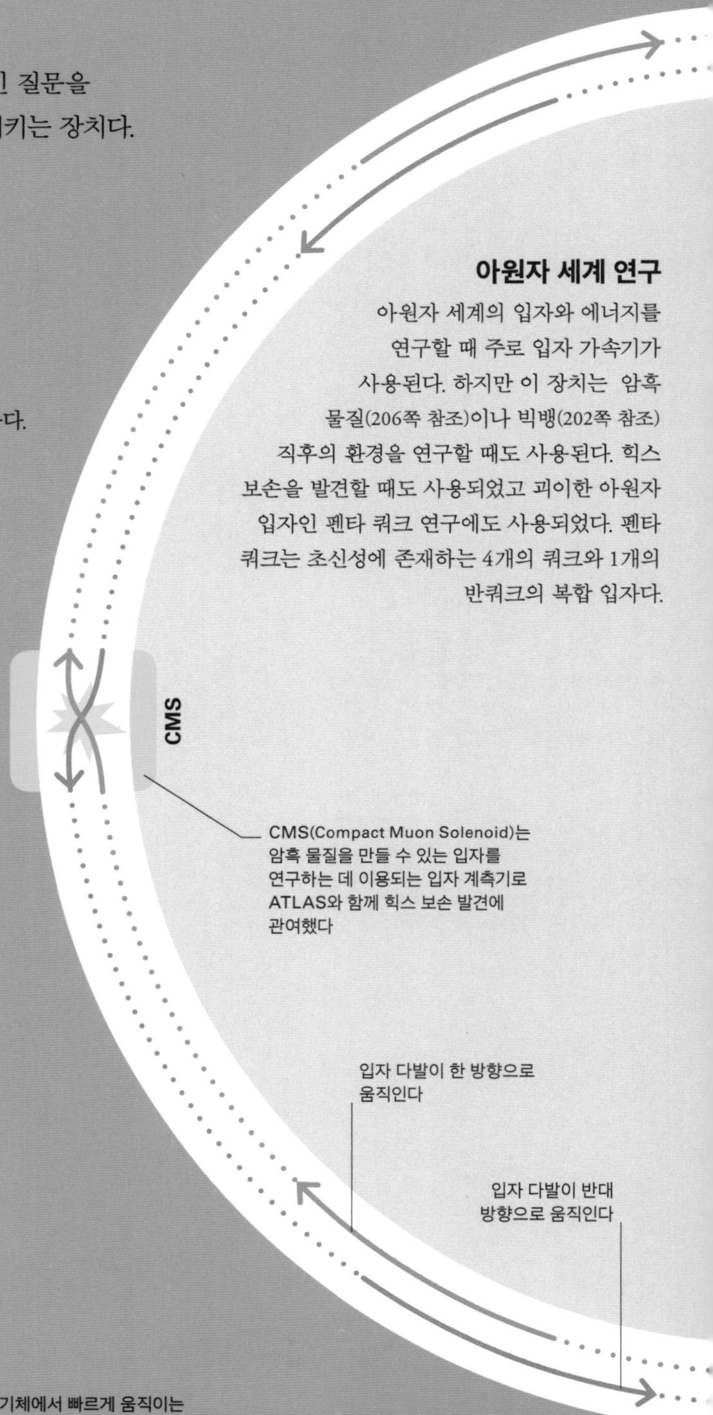

CMS
CMS(Compact Muon Solenoid)는 암흑 물질을 만들 수 있는 입자를 연구하는 데 이용되는 입자 계측기로 ATLAS와 함께 힉스 보손 발견에 관여했다
입자 다발이 한 방향으로 움직인다
입자 다발이 반대 방향으로 움직인다

아원자 세계 연구

아원자 세계의 입자와 에너지를 연구할 때 주로 입자 가속기가 사용된다. 하지만 이 장치는 암흑 물질(206쪽 참조)이나 빅뱅(202쪽 참조) 직후의 환경을 연구할 때도 사용된다. 힉스 보손을 발견할 때도 사용되었고 괴이한 아원자 입자인 펜타 쿼크 연구에도 사용되었다. 펜타 쿼크는 초신성에 존재하는 4개의 쿼크와 1개의 반쿼크의 복합 입자다.

어떻게 가속하는가?

입자 가속기(particle accelerators)는 높은 전압의 전기장과 강력한 자기장을 걸어서 양성자 혹은 전자를 고에너지 상태로 만들고 이 아원자 입자들이 서로 부딪치거나 금속 과녁을 향해 치닫도록 만든다. 대부분의 입자 가속기는 원형이어서 충돌하기 전에 입자들은 여러 바퀴를 돌며 에너지양을 최대로 늘린다.

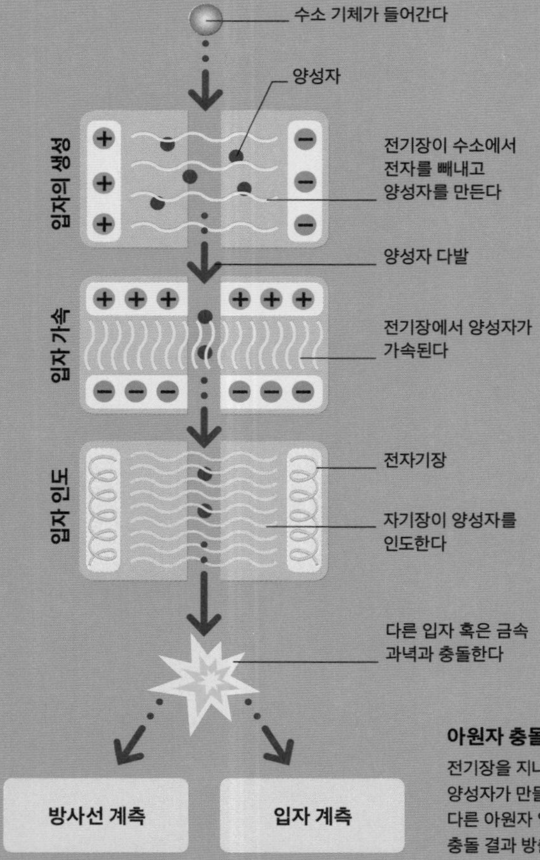

수소 기체가 들어간다
양성자
입자의 생성
전기장이 수소에서 전자를 빼내고 양성자를 만든다
양성자 다발
입자 가속
전기장에서 양성자가 가속된다
입자 인도
전자기장
자기장이 양성자를 인도한다
다른 입자 혹은 금속 과녁과 충돌한다
방사선 계측
입자 계측

아원자 충돌

전기장을 지나던 수소 기체에서 빠르게 움직이는 양성자가 만들어진다. 자기장에 의해 인도된 양성자는 다른 아원자 입자 혹은 금속 조각과 충돌한다. 계측기는 충돌 결과 방출된 방사선 혹은 입자를 포착한다.

27킬로미터의 대형 강입자 충돌기 고리를 도는 입자는 초당 1만 1000번 회전한다

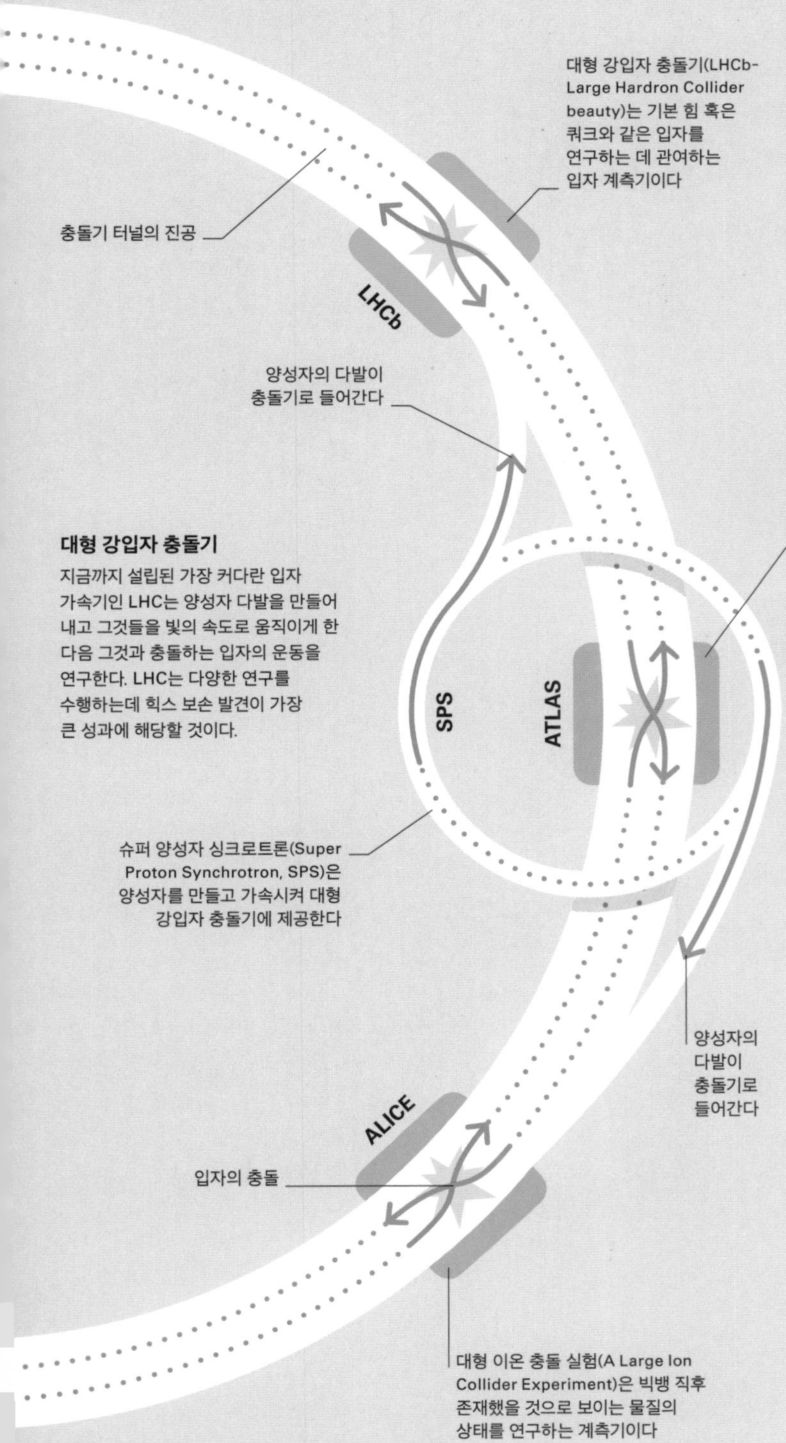
대형 강입자 충돌기(LHCb-Large Hardron Collider beauty)는 기본 힘 혹은 쿼크와 같은 입자를 연구하는 데 관여하는 입자 계측기이다
충돌기 터널의 진공
LHCb
양성자의 다발이 충돌기로 들어간다
아틀라스(A Toroidal LHC Apparatus, ATLAS)는 고에너지 입자 계측기로 CMS와 더불어 힉스 보손을 발견하는 데 관여했다
SPS
ATLAS
슈퍼 양성자 싱크로트론(Super Proton Synchrotron, SPS)은 양성자를 만들고 가속시켜 대형 강입자 충돌기에 제공한다
양성자의 다발이 충돌기로 들어간다
ALICE
입자의 충돌
대형 이온 충돌 실험(A Large Ion Collider Experiment)은 빅뱅 직후 존재했을 것으로 보이는 물질의 상태를 연구하는 계측기이다

대형 강입자 충돌기

지금까지 설립된 가장 커다란 입자 가속기인 LHC는 양성자 다발을 만들어 내고 그것들을 빛의 속도로 움직이게 한 다음 그것과 충돌하는 입자의 운동을 연구한다. LHC는 다양한 연구를 수행하는데 힉스 보손 발견이 가장 큰 성과에 해당할 것이다.

힉스 보손

힉스 보손(Higgs boson)은 힉스 장이라 불리는 장의 일부로 다른 입자들, 가령 양성자 혹은 전자와의 상호 작용을 통해 질량을 만들어 낸다. 힉스 보손은 눈밭에 있는 눈송이와 비슷하다. 눈밭에 비유되는 힉스 장은 입자들마다 다르게 반응한다. 장과 깊이 상호 작용하는 물체는 무겁다. (눈 속으로 깊이 빠진다.) 약하게 상호 작용하는 물질은 가볍다. (눈의 표면에 놓여 있다.) 질량이 없는 것들은 힉스 장과 전혀 상호 작용하지 않는다.

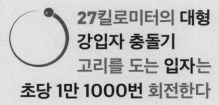

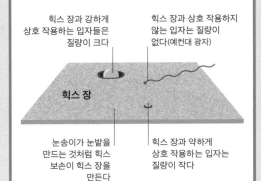

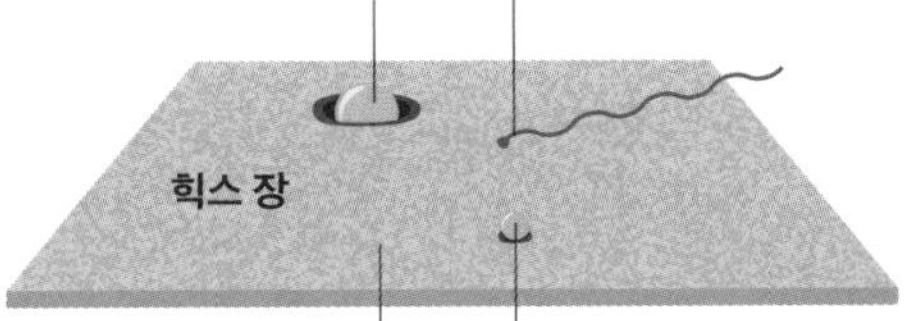
힉스 장과 강하게 상호 작용하는 입자들은 질량이 크다
힉스 장과 상호 작용하지 않는 입자는 질량이 없다(예컨대 광자)
힉스 장
눈송이가 눈밭을 만드는 것처럼 힉스 보손이 힉스 장을 만든다
힉스 장과 약하게 상호 작용하는 입자는 질량이 작다

원소

원소는 한 종류의 원자만을 포함하며 화학적으로 더 작게 분해되지 않는다. 원자는 지니고 있는 양성자, 중성자, 전자의 수가 각기 다르지만 양성자의 수로 원소를 정의한다. 원자의 핵에 있는 양성자의 수에 따라 원소를 조직하고 배열한 방식이 곧 주기율표이다.

상대적인 원자의 질량이자, 동위 원소 평균 원자량(25쪽 참조)으로 괄호 안의 숫자는 가장 안정한 방사성 동위 원소의 원자량이다

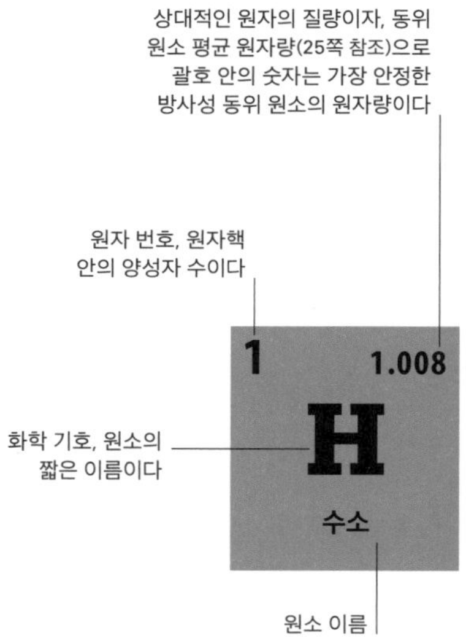

주기율표

원자 번호, 즉 양성자의 수에 따라 주기율표(periodic table)에 원소들을 배치한다. 이 표에서 원자 번호는 열의 왼쪽에서 오른쪽으로 갈수록 증가한다. 주기율표에서 원소의 위치는 그보다 더 많은 것을 얘기한다. 예컨대 같은 행에 있는 원소들은 비슷한 방식으로 반응한다.

주기(period), 1에서 7까지 번호가 붙은 열로 같은 주기에 있는 원소들은 모두 같은 수의 전자 궤도를 갖는다

족(group), 1에서 18까지 번호가 붙은 행으로 같은 족의 원소들은 맨 바깥 전자 궤도에 같은 수의 전자를 갖고 있으며 화학적 성질도 비슷하다

주기	1	2		3	4	5	6	7
1	1 1.008 H 수소							
2	3 6.94 Li 리튬	4 9.0122 Be 베릴륨						
3	11 22.990 Na 소듐(나트륨)	12 24.305 Mg 마그네슘						
4	19 39.098 K 포타슘(칼륨)	20 40.078 Ca 칼슘		21 44.956 Sc 스칸듐	22 47.867 Ti 타이타늄	23 50.942 V 바나듐	24 51.996 Cr 크로뮴	25 54.938 Mn 망가니즈
5	37 85.468 Rb 루비듐	38 87.62 Sr 스트론튬		39 88.906 Y 이트륨	40 91.224 Zr 지르코늄	41 92.906 Nb 나이오븀	42 95.95 Mo 몰리브데넘	43 (98) Tc 테크네튬
6	55 132.91 Cs 세슘	56 137.33 Ba 바륨	57~71		72 178.49 Hf 하프늄	73 180.95 Ta 탄탈럼	74 183.84 W 텅스텐	75 186.21 Re 레늄
7	87 (223) Fr 프랑슘	88 (226) Ra 라듐	89~103		104 (267) Rf 러더포듐	105 (268) Db 두브늄	106 (269) Sg 시보귬	107 (270) Bh 보륨

57~71	57 138.91 La 란타늄	58 140.12 Ce 세륨	59 140.91 Pr 프라세오디뮴	60 144.24 Nd 네오디뮴
89~103	89 (227) Ac 악티늄	90 232.04 Th 토륨	91 231.04 Pa 프로트악티늄	92 238.03 U 우라늄

원소의 배치

왼쪽에서 오른쪽으로 갈수록, 아래로 내려올수록 원자 번호가 증가한다. 금속은 주기율표의 왼쪽에 있고 비금속은 오른쪽에 위치한다.

동위 원소

동위 원소(isotope)는 동일한 수의 양성자를 갖지만 중성자의 수가 다르다. 따라서 이들은 원자량이 각기 다르다. 예컨대 자연계에 존재하는 탄소의 중성자 수는 6, 7, 8개다. 동위 원소는 화학적으로 동일한 방식의 반응을 하지만 다소 다른 방식으로 작용한다. 예컨대 어떤 동위 원소는 방사성을 갖는다.

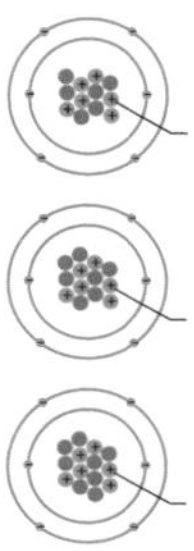

탄소-12
양성자 6개 + 중성자 6개 = 12

탄소-13
양성자 6개 + 중성자 7개 = 13

탄소-14
양성자 6개 + 중성자 8개 = 14

일러두기

수소 활성 기체

활성 금속

알칼리 금속 부드럽고 반응성이 큰 금속

알칼리 토류 금속 중간 정도의 반응성을 갖는 금속

전이 원소

전이 금속 다양한 집단의 금속으로 매우 유용한 성질을 띤다

주로 비금속

준금속 금속과 비금속의 중간 성질을 갖는 원소

기타 금속 반응성이 큰 부드러운 금속이며 녹는점이 낮다

탄소와 기타 비금속

할로겐 반응성이 무척 좋은 비금속

비활성 기체 무색, 반응성이 매우 적은 기체

희토류 금속

란탄, 악티늄 계열 반응성이 좋으며, 희귀하고 일부 원소는 합성물이다

주기, 족, 블록

같은 열 혹은 주기에 있는 원소는 같은 수의 전자 오비탈(25쪽 참조)을 갖는다. 주기율표의 동일한 행에 있는 동일한 족의 원소는 가장 바깥 궤도에 있는 전자의 숫자가 서로 같아서 비슷한 방식으로 반응한다. 네 종류의 주요한 블록(block, 왼쪽 상자 참조)은 비슷한 성질을 갖는 원소들끼리 묶여 있다. 예컨대 전이 원소는 단단하고 광택이 있는 금속이다. 단독으로 분류된 수소는 독특한 성질을 갖는다.

8	9	10	11	12	13	14	15	16	17	18
										2 He 헬륨 4.0026
					5 B 붕소 10.81	6 C 탄소 12.011	7 N 질소 14.007	8 O 산소 15.999	9 F 플루오린(불소) 18.998	10 Ne 네온 20.180
					13 Al 알루미늄 26.982	14 Si 규소 28.085	15 P 인 30.974	16 S 황 32.06	17 Cl 염소 35.45	18 Ar 아르곤 39.948
26 Fe 철 55.845	27 Co 코발트 58.933	28 Ni 니켈 58.693	29 Cu 구리 63.546	30 Zn 아연 65.38	31 Ga 갈륨 69.723	32 Ge 저마늄 72.63	33 As 비소 74.922	34 Se 셀레늄 78.97	35 Br 브로민 79.904	36 Kr 크립톤 83.80
44 Ru 루테늄 101.07	45 Rh 로듐 102.91	46 Pd 팔라듐 106.42	47 Ag 은 107.87	48 Cd 카드뮴 112.41	49 In 인듐 114.82	50 Sn 주석 118.71	51 Sb 안티모니 121.76	52 Te 텔루륨 127.60	53 I 아이오딘 126.90	54 Xe 제논 131.29
76 Os 오스뮴 190.23	77 Ir 이리듐 192.22	78 Pt 백금 195.08	79 Au 금 196.97	80 Hg 수은 200.59	81 Tl 탈륨 204.38	82 Pb 납 207.2	83 Bi 비스무트 208.98	84 Po 폴로늄 (209)	85 At 아스타틴 (210)	86 Rn 라돈 (222)
108 Hs 하슘 (277)	109 Mt 마이트너륨 (278)	110 Ds 다름슈타튬 (281)	111 Rg 뢴트게늄 (282)	112 Cn 코페르니슘 (285)	113 Nh 니호늄 (286)	114 Fl 플레로븀 (289)	115 Mc 모스코븀 (289)	116 Lv 리버모륨 (293)	117 Ts 테네신 (294)	118 Og 오가네손 (294)

61 Pm 프로메튬 (145)	62 Sm 사마륨 150.36	63 Eu 유로퓸 151.96	64 Gd 가돌리늄 157.25	65 Tb 터븀 158.93	66 Dy 디스프로슘 162.50	67 Ho 홀뮴 164.93	68 Er 어븀 167.26	69 Tm 툴륨 168.93	70 Yb 이터븀 173.05	71 Lu 루테튬 174.97
93 Np 넵투늄 (237)	94 Pu 플루토늄 (244)	95 Am 아메리슘 (243)	96 Cm 퀴륨 (247)	97 Bk 버클륨 (247)	98 Cf 캘리포늄 (251)	99 Es 아인슈타이늄 (252)	100 Fm 페르뮴 (257)	101 Md 멘델레븀 (258)	102 No 노벨륨 (259)	103 Lr 로렌슘 (262)

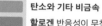

방사능

방사능 물질의 핵은 불안정해 에너지 혹은 방사선을 방출한다. 방사능은 위험한 것으로 간주되고 잘못 다루었을 때 실제로 그렇다. 그러나 환경 오염을 불러오는 화석 연료에 대한 의존도를 줄일 수도 있다.

방사선의 종류

알파 입자는 2개의 중성자와 2개의 양성자(헬륨의 핵과 같다.)로 구성된다. 베타 입자는 전자 혹은 양전자이다. 감마선은 고에너지 전자기파이다.

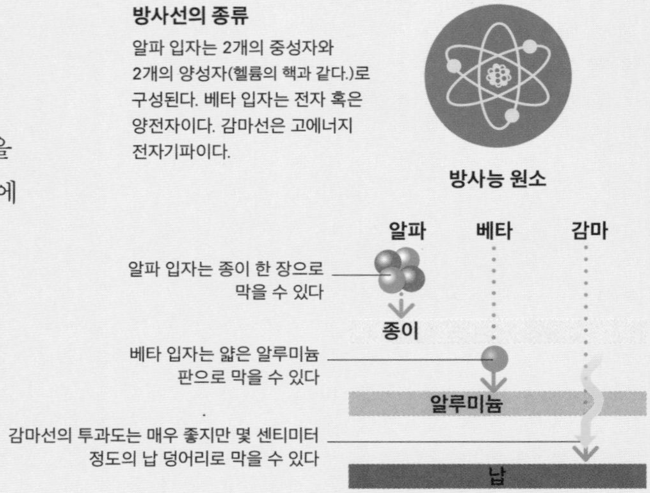

방사능 원소
알파
베타
감마
알파 입자는 종이 한 장으로 막을 수 있다
종이
베타 입자는 얇은 알루미늄 판으로 막을 수 있다
알루미늄
감마선의 투과도는 매우 좋지만 몇 센티미터 정도의 납 덩어리로 막을 수 있다
납

방사선이란 무엇인가?

방사선(radiation)은 에너지를 가진 파동 혹은 입자의 흐름으로 구성된다. 이들이 가진 에너지는 다른 원자에서 전자를 튕겨낼 수도 있다. 과량의 방사선은 세포 안의 DNA에 상처를 남기기도 한다. 게다가 이들은 반응성이 좋은 라디칼(radical)을 만들어 세포에 손상을 가한다.

핵 에너지

원자가 쪼개지거나 합쳐질 때 핵 에너지(nuclear energy)가 방출된다. 열의 형태로 유리된 에너지는 물을 끓이고 터빈을 돌려 화석 연료와 마찬가지 방식으로 전기를 생산할 수 있다.(84쪽 참조)

분할 반응

분할 반응(fission reaction)에서 원자핵이 깨지며 에너지를 방출한다. 원자력 발전소에서는 이 과정을 세심하게 조절해 연쇄 반응이 일어나는 일을 방지한다.

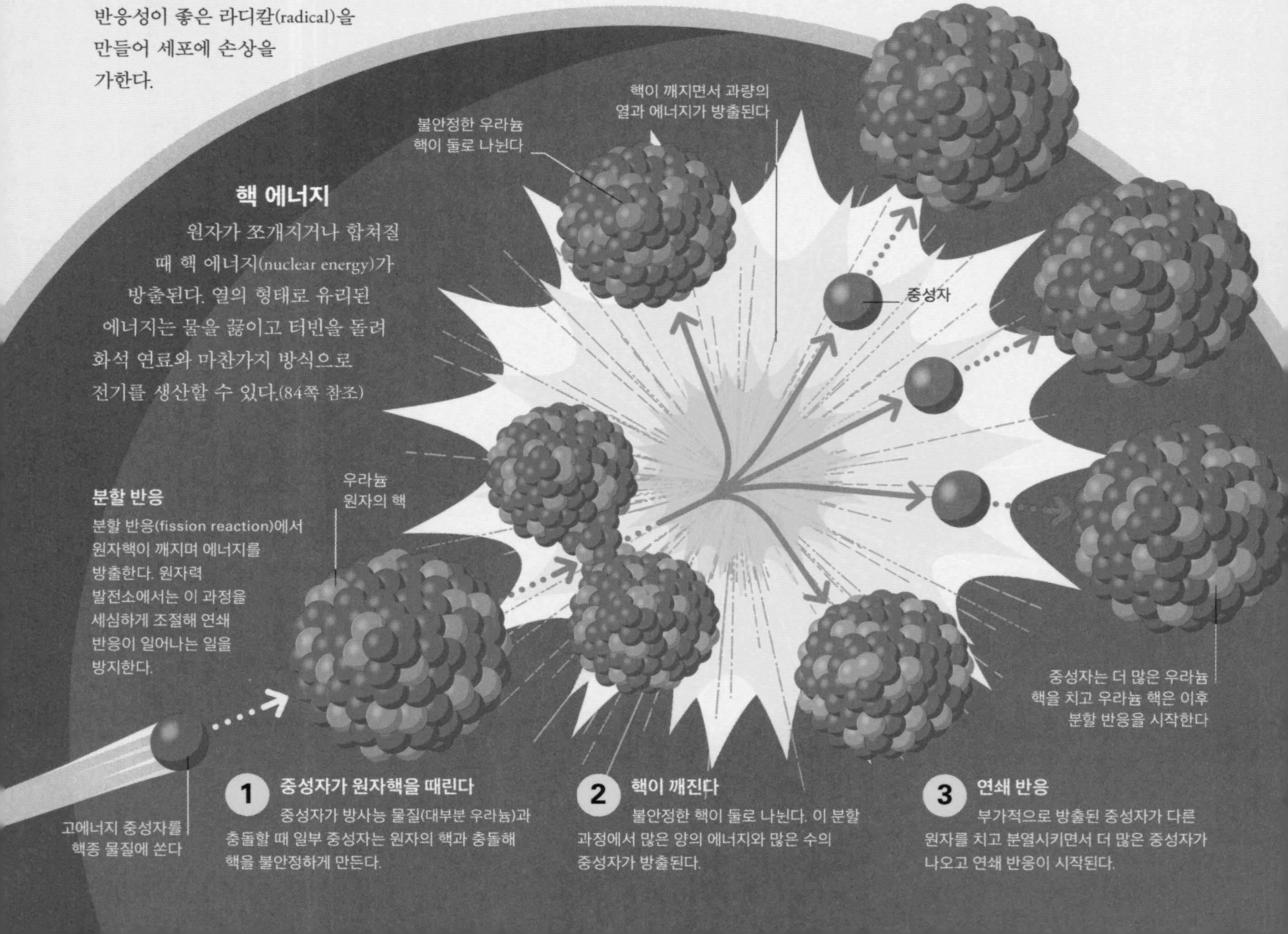

핵이 깨지면서 과량의 열과 에너지가 방출된다
불안정한 우라늄 핵이 둘로 나뉜다
중성자
우라늄 원자의 핵
중성자는 더 많은 우라늄 핵을 치고 우라늄 핵은 이후 분할 반응을 시작한다
고에너지 중성자를 핵종 물질에 쏜다

1 중성자가 원자핵을 때린다

중성자가 방사능 물질(대부분 우라늄)과 충돌할 때 일부 중성자는 원자의 핵과 충돌해 핵을 불안정하게 만든다.

2 핵이 깨진다

불안정한 핵이 둘로 나뉜다. 이 분할 과정에서 많은 양의 에너지와 많은 수의 중성자가 방출된다.

3 연쇄 반응

부가적으로 방출된 중성자가 다른 원자를 치고 분열시키면서 더 많은 중성자가 나오고 연쇄 반응이 시작된다.

반감기와 붕괴

방사능 물질이 붕괴(decay)해 그 양이 출발 상태의 절반으로 줄었을 때까지 걸리는 시간을 반감기(half-life)라고 한다. 어떤 물질은 빠르게 붕괴하지만 반으로 줄어드는 데 수백만 년이 걸리는 원소도 있다. 예를 들어 핵분열 반응에 사용하는 우라늄-235의 반감기는 7억 400만 년이다. 핵 폐기물 처분이 문제가 되는 이유이다.

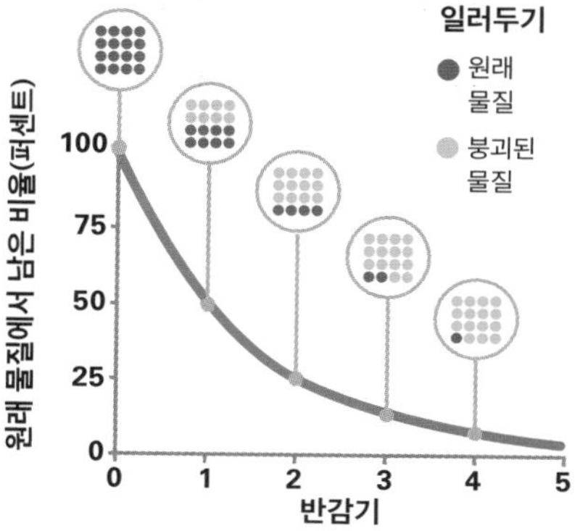

핵융합은 안전한가?

핵융합 반응기가 녹아내리는 일은 (분할 반응기와 달리) 위험하지 않다. 오작동에 의해 플라스마가 식고 반응이 정지될 것이기 때문이다.

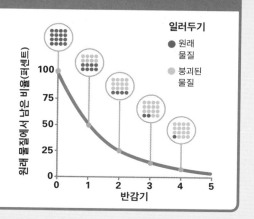

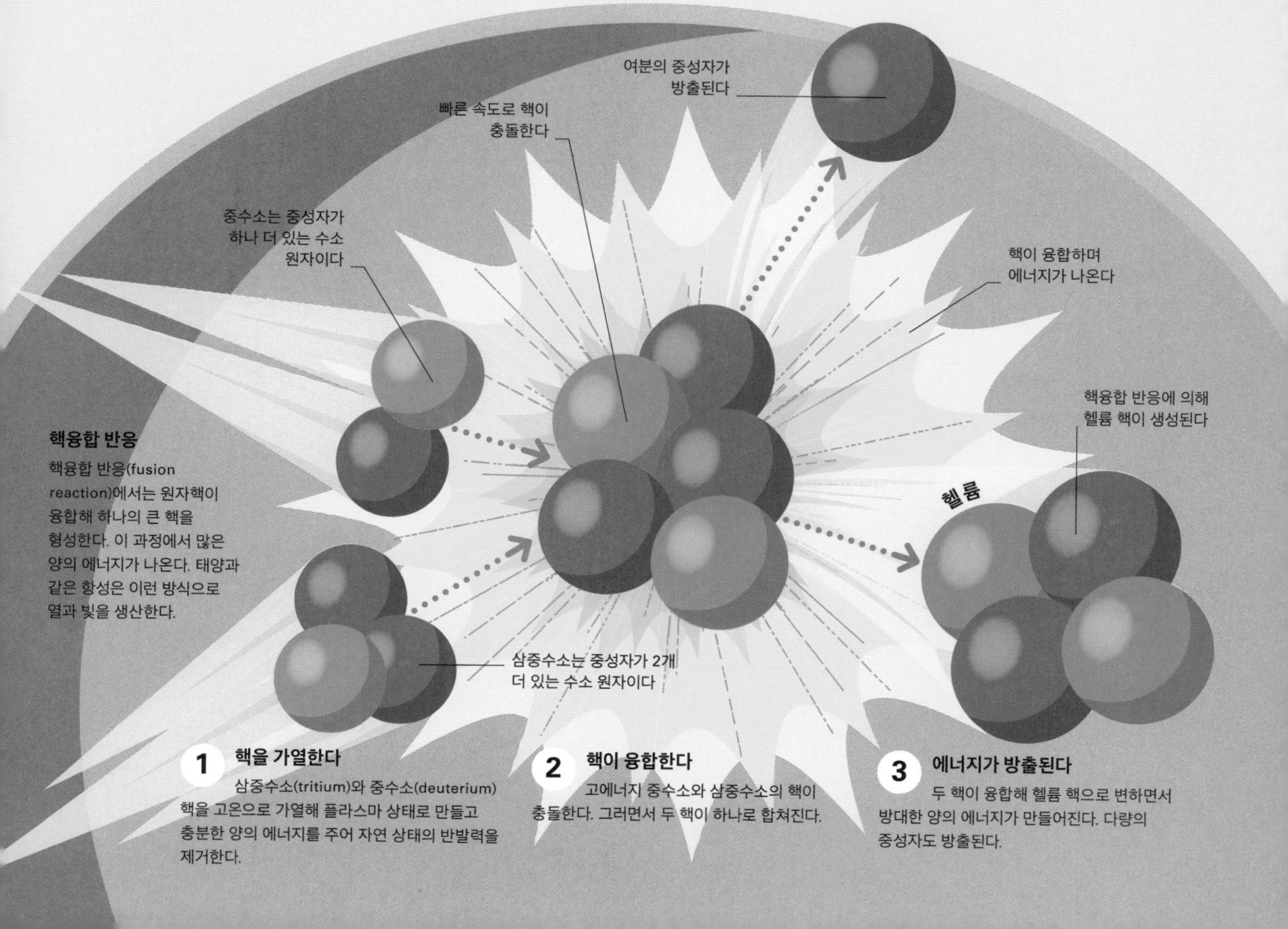
여분의 중성자가 방출된다
빠른 속도로 핵이 충돌한다
중수소는 중성자가 하나 더 있는 수소 원자이다
핵이 융합하며 에너지가 나온다
핵융합 반응에 의해 헬륨 핵이 생성된다
헬륨
삼중수소는 중성자가 2개 더 있는 수소 원자이다

핵융합 반응

핵융합 반응(fusion reaction)에서는 원자핵이 융합해 하나의 큰 핵을 형성한다. 이 과정에서 많은 양의 에너지가 나온다. 태양과 같은 항성은 이런 방식으로 열과 빛을 생산한다.

1 핵을 가열한다

삼중수소(tritium)와 중수소(deuterium) 핵을 고온으로 가열해 플라스마 상태로 만들고 충분한 양의 에너지를 주어 자연 상태의 반발력을 제거한다.

2 핵이 융합한다

고에너지 중수소와 삼중수소의 핵이 충돌한다. 그러면서 두 핵이 하나로 합쳐진다.

3 에너지가 방출된다

두 핵이 융합해 헬륨 핵으로 변하면서 방대한 양의 에너지가 만들어진다. 다량의 중성자도 방출된다.

혼합물과 화합물

여러 개 다른 물질이 섞일 때는 두 가지 중 하나의 사건이 벌어진다. 반응해서 새로운 물질이 만들어지거나(화합물) 또는 개별 성분이 그대로 남아서 단지 섞이기만 하는 경우다.

화합물

화합물(compound)은 2개 혹은 여러 개의 원소가 화학적으로 결합한 물질이다. 화합물의 특성은 개별 구성 원소와는 크게 다르다. 예를 들면 수소와 산소는 모두 기체지만 결합하면 액체인 물로 변한다.

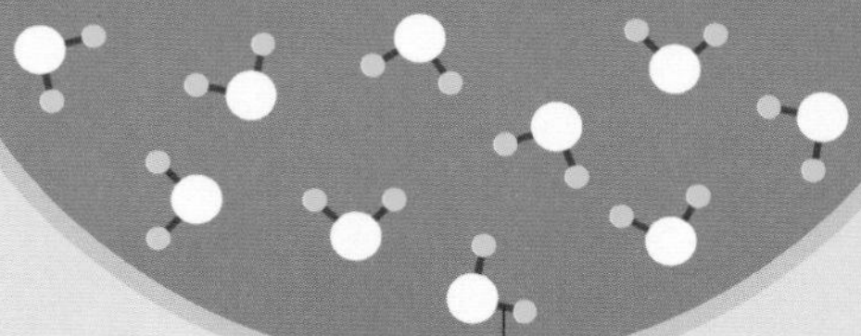

혼합물

모래와 소금이 그렇듯 섞일 때 혼합물(mixture)에서 성분들은 서로 반응하지 않고 화학적으로 동일한 상태에 머문다. 이런 성분들은 개별 원자일 수도 있고 하나의 원소 혹은 여러 개의 원소로 구성된 분자일 수도 있다.

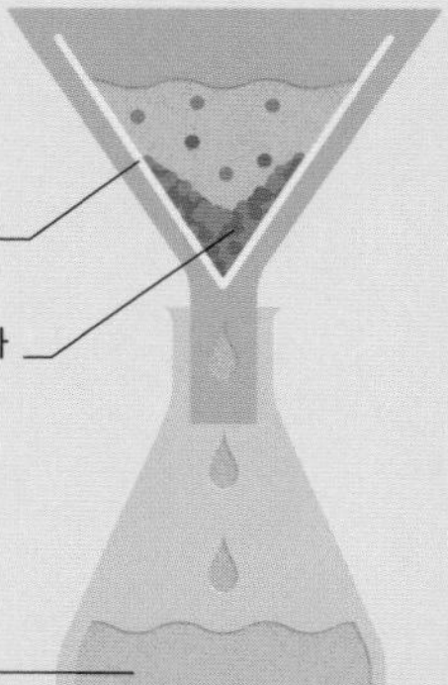

혼합물의 분리

혼합물은 물리적인 방법으로 분리할 수 있다. 구성 성분이 화학적으로 결합하지 않았기 때문이다. 혼합물의 유형에 따라 분리 방식이 달라진다. 예컨대 오직 한 성분만 용해된다면 여과에 의해 분리가 가능하다. 다른 유형의 혼합물을 분리하려면 훨씬 복잡한 방식이 사용된다. 크로마토그래피, 증류 혹은 원심 분리가 그런 방식이다.

여과

매우 작거나 용해되는 물질은 여과지를 통과하지만 크고 용해되지 않는 입자는 여과지를 통과하지 못해 여과(filtration)되지 못한다. 예를 들어 소금 용액은 여과지를 통과하지만 혼합물 속의 모래는 여과지에 걸린다.

혼합물의 유형

개별 성분의 용해도와 입자의 크기에 따라 혼합물을 몇 가지 유형으로 나눌 수 있다. 설탕이 물에 녹듯(62~63쪽 참조) 용액은 구성 성분이 녹을 때 만들어진다. 콜로이드와 현탁액에서는 구성 입자가 녹지 않고 떠다닌다.

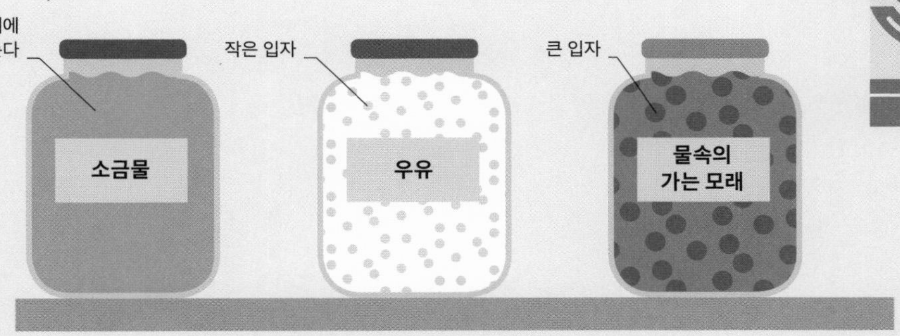

용액
소금이 물에 녹은 경우처럼 진짜 용액에서는 모든 구성 성분이 같은 상태로 존재한다. 여기서는 액체 상태다.

콜로이드
콜로이드는 미세한 입자가 혼합물에 균등하게 분포되어 있다. 눈에 보이지 않을 정도로 작은 입자가 균질하게 섞여 있다.

현탁액
현탁액에는 먼지 티끌 크기의 입자들이 떠 있다. 맨눈으로 이 입자들을 볼 수 있다. 가라앉기도 한다.

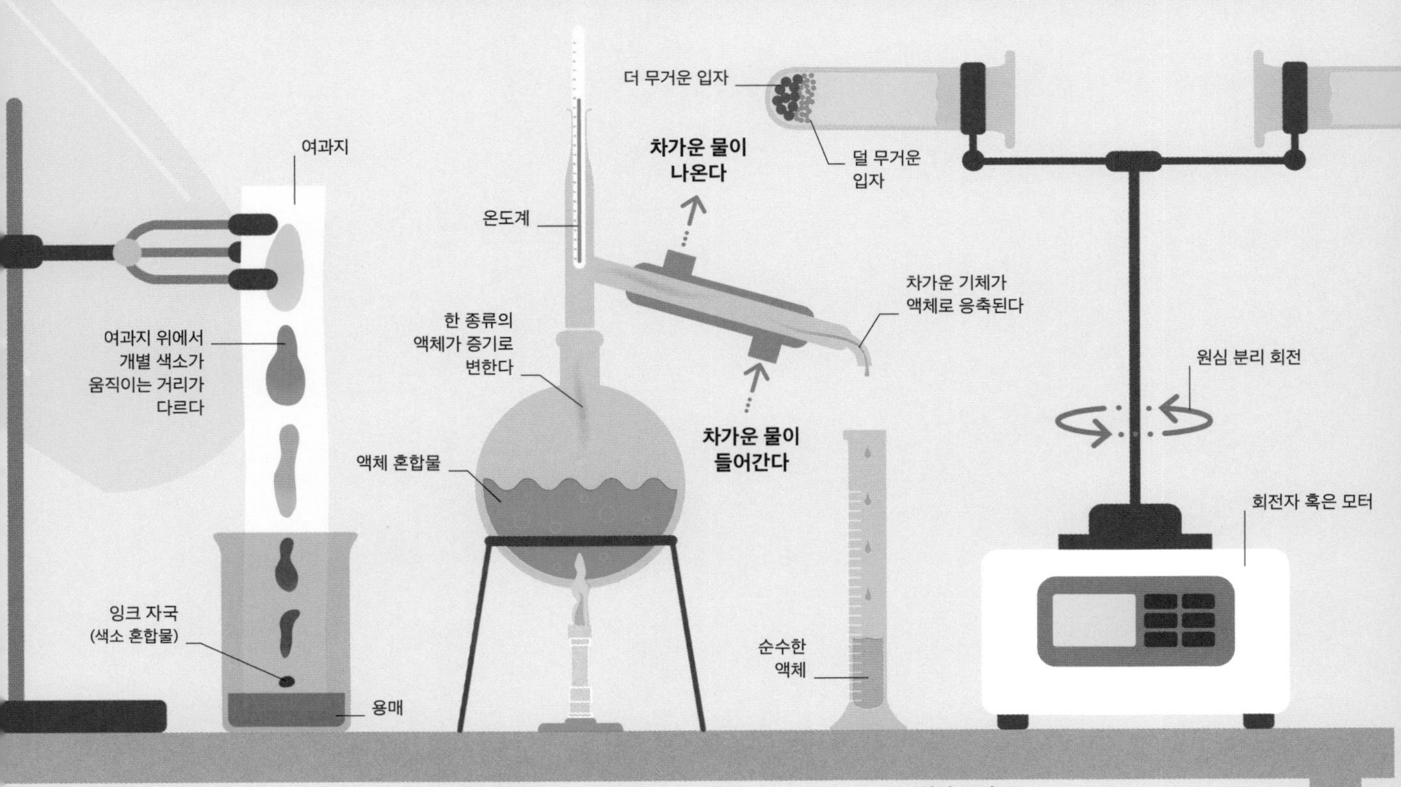

크로마토그래피
크로마토그래피(chromatography)로 혼합물의 성분들을 분리할 수도 있다. 여과지 띠 위에서 용매가 개별 성분들을 각기 다른 거리만큼 끌고 가기 때문이다.

증류
증류(distillation)는 끓는점이 서로 다른 액체 혼합물을 분리하는 방법이다. 혼합물을 끓이면 한 번에 한 성분씩 끓게 된다. 이들을 응축해 다시 액체로 되돌린다.

원심 분리
혼합물 입자들이 서로 다른 밀도를 가졌거나 입자가 용매에 섞여 있다면 원심 분리(centrifuging)로 분리할 수 있다. 원심 분리기를 돌리면 더 무거운 것이나 현탁 입자가 아래로 깔릴 것이다.

분자와 이온

분자는 둘 혹은 그 이상의 원자가 서로 결합한 물질이다. 원자는 동일한 원소일 수도 있고 아닐 수도 있다. 전자를 주고받거나 공유하면서 생긴 결합력에 의해 대전된 입자들이 결합한다.

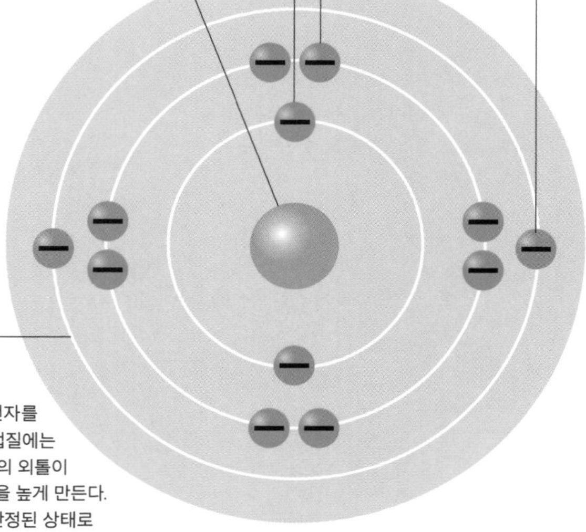
핵에는 12개의 양성자가 있어서 전자의 하전과 균형을 맞추므로 원자는 중성이다
첫 번째 궤도에는 2개의 전자가 있다
두 번째 궤도에는 8개의 전자가 있다
세 번째 궤도에는 2개의 전자가 있다
단순화를 위해 껍질을 원으로 표시했지만 실제 모양은 훨씬 복잡하다
마그네슘 원자: Mg

전자 껍질

핵의 주변을 도는 전자는 각기 다른 에너지 준위, 혹은 껍질을 갖는다. 각 껍질이 가질 수 있는 전자의 최대 수는 정해져 있다. 첫 번째 껍질은 2개까지, 두 번째와 세 번째 껍질은 8개까지 전자를 소유할 수 있다. 가장 바깥쪽 껍질에 전자를 가득 채우는 방식으로 원자는 에너지 면에서 가장 안정된 배치를 찾는다.

마그네슘 전자 껍질

마그네슘 원자는 12개의 전자를 갖고 있지만 가장 바깥쪽 껍질에는 2개의 전자만 있다. 이 2개의 외톨이 전자가 마그네슘의 반응성을 높게 만든다. 쉽게 이 전자들을 버리고 안정된 상태로 존재하려 들기 때문이다.

이온이란 무엇인가?

원자는 전기적으로 중성이다. 양을 띠는 양성자가 핵에 있고 그 주위를 음을 띠는 전자가 둘러싸고 있다. 안정한 전자의 배치를 위해 원자는 전기 전하를 변화시킬 수 있다. 대전된 원자(또는 대전된 분자)를 이온이라고 한다. 어떤 원자는 하나 혹은 그 이상의 전자를 얻어서 가장 바깥쪽 껍질의 빈자리를 메운다. 다른 경우, 예를 들어 1족의 알칼리 금속인 소듐(34쪽 참조)은 전자 하나를 버리는 것이 안정해지는 방식이다. 양성자와 전자의 수가 더 이상 같지 않게 되면 원자는 대전된 것이다.

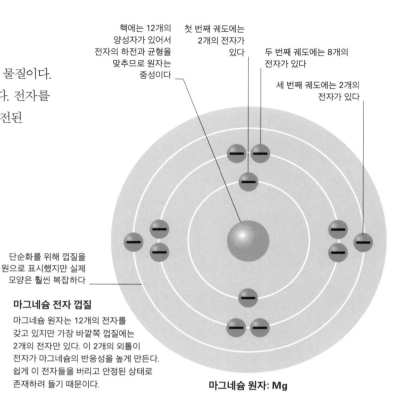

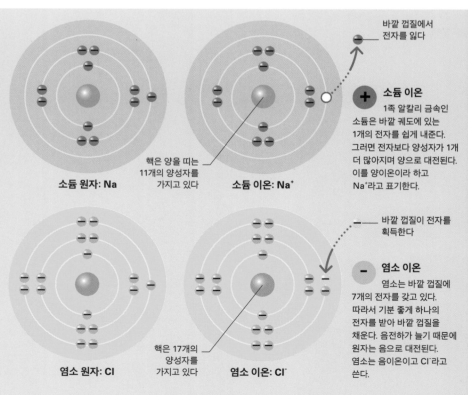

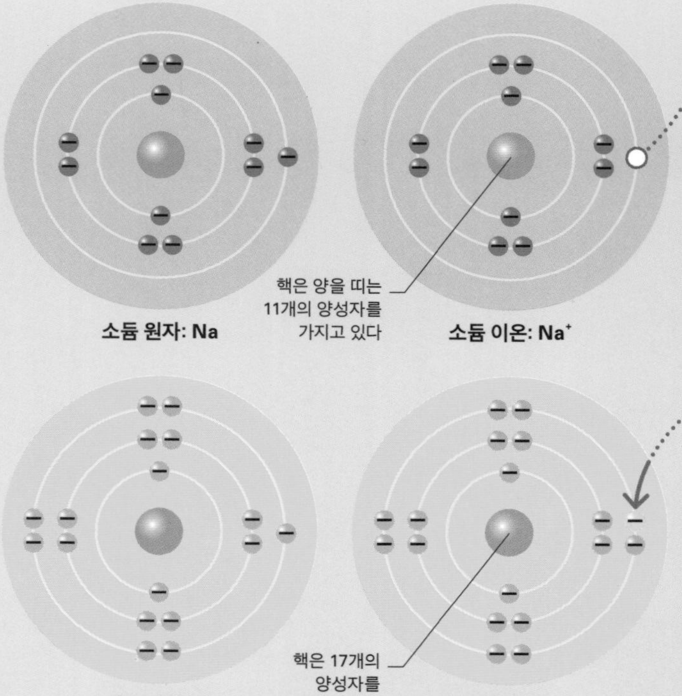
바깥 껍질에서 전자를 잃다
핵은 양을 띠는 11개의 양성자를 가지고 있다
소듐 원자: Na
소듐 이온: Na⁺
바깥 껍질이 전자를 획득한다
핵은 17개의 양성자를 가지고 있다
염소 원자: Cl
염소 이온: Cl⁻

소듐 이온

1족 알칼리 금속인 소듐은 바깥 궤도에 있는 1개의 전자를 쉽게 내준다. 그러면 전자보다 양성자가 1개 더 많아지며 양으로 대전된다. 이를 양이온이라 하고 Na^+라고 표기한다.

염소 이온

염소는 바깥 껍질에 7개의 전자를 갖고 있다. 따라서 기분 좋게 하나의 전자를 받아 바깥 껍질을 채운다. 음전하가 늘기 때문에 원자는 음으로 대전된다. 염소는 음이온이고 Cl^-라고 쓴다.

전자의 공유

어떤 원자 쌍은 전자를 공유함으로써 손쉽게 안정화된다. 이렇게 전자를 공유해 결합하는 원자들을 공유 결합을 한다고 말한다. 같은 원자 사이에서, 혹은 주기율표에서 가까운 거리에 있는 원자들 사이에서 흔히 이런 결합이 일어난다.

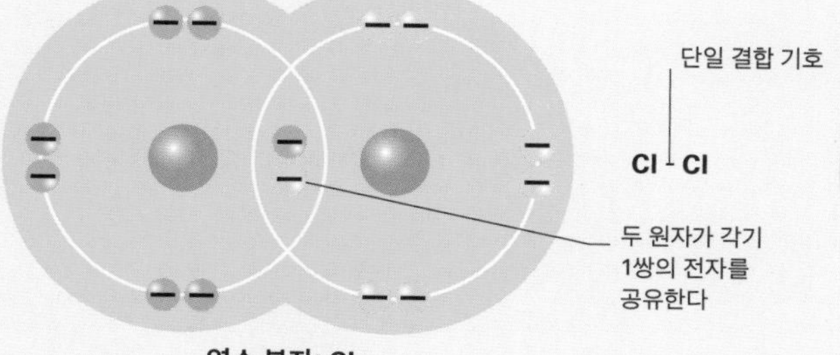
단일 결합 기호
Cl - Cl
두 원자가 각기
1쌍의 전자를
공유한다

염소 분자: Cl_2

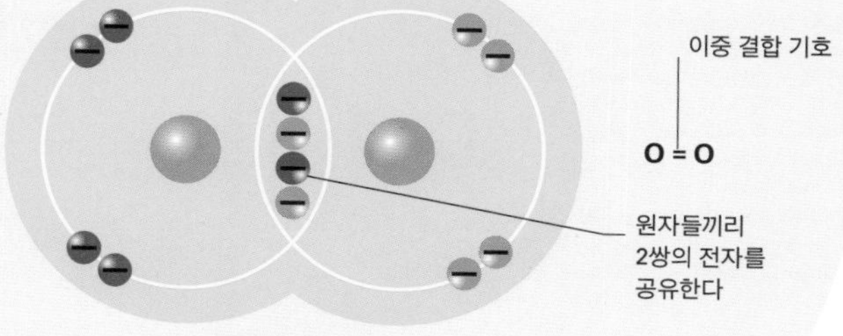
이중 결합 기호
O = O
원자들끼리
2쌍의 전자를
공유한다

산소 분자: O_2

단일 결합

염소는 바깥 껍질에 7개의 전자를 갖는다. 따라서 이 원자들은 하나의 전자를 서로 공유해 바깥의 껍질을 채운다. 이 단일 결합에 의해 염소 분자가 형성된다.

이중 결합

산소는 바깥 껍질에 6개의 전자를 갖는다. 따라서 반드시 2쌍의 전자를 공유해야 안정해진다. 2쌍의 전자를 공유하면서 이중 결합이 성사된다.

전자 전달

하나 혹은 소수의 최외각 전자를 갖는 원자는 그 수만큼의 최외각 전자 자리가 빈 원자를 만날 수 있다. 이때 최외각 전자를 내놓거나 받으면 각각 양이온 혹은 음이온이 된다. 반대 전하는 서로 끌어당기기 때문에 이들 두 이온은 전기적으로 안정하게 결합하며 이온 화합물이 된다.

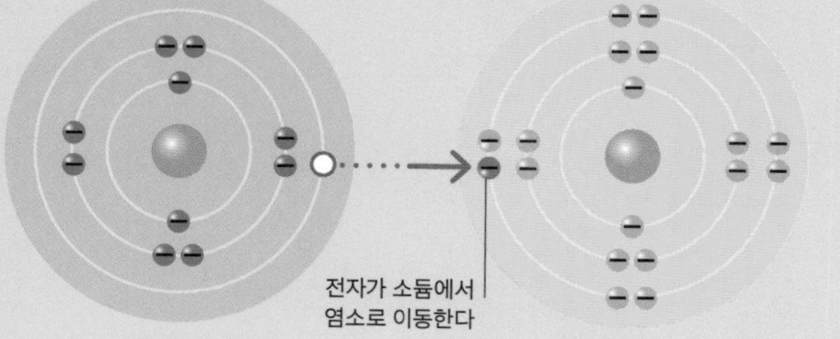
전자가 소듐에서
염소로 이동한다

소듐 이온: Na^+ **염소 이온: Cl^-**

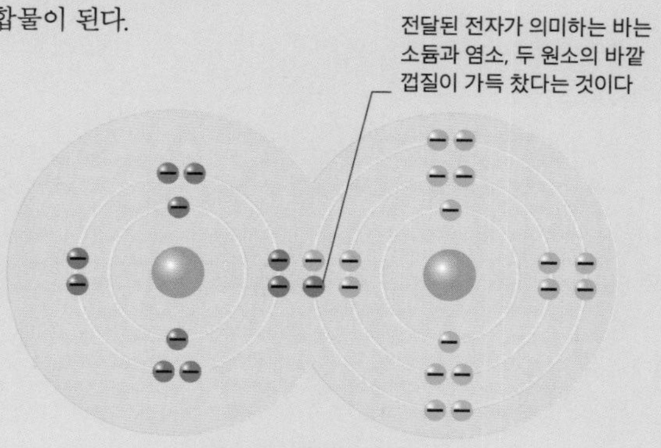
전달된 전자가 의미하는 바는
소듐과 염소, 두 원소의 바깥
껍질이 가득 찼다는 것이다

염화 소듐 화합물: NaCl

1 전자의 전달

소듐의 최외각 전자가 염소에게 전달되면 두 원자 모두 바깥 껍질이 가득 찬 상태가 된다. 두 원자 모두 이온화되어 소듐 양이온과 염소 음이온이 만들어진다. 어떤 원자 쌍들의 경우에는 둘, 셋 혹은 그보다 많은 전자가 움직일 수도 있다.

2 이온 결합의 형성

양이온과 음이온이 서로 끌어당겨 염화 소듐(염화 나트륨, 소금)이라는 화합물로 변한다. 전하가 균형을 이루기 때문에 전체적으로 화합물은 중성이다. 이온 화합물은 거대한 격자 구조를 형성하는 경향이 있고 가끔 결정을 만들기도 한다.(60쪽 참조)

반응하기

화학 반응은 원자 결합을 깨고 새로운 결합을 만드는 과정이다. 우리 생존에 필수적인 화학 반응은 우리 몸 안에서도 빈번하게 일어난다.

소금은 어떻게 만드는가?

소듐과 염소를 섞어서 소금을 만들 수 있다. 이러한 화학 반응을 통해 염화 소듐(소금)이라는 화합물이 형성된다.

반응이란 무엇인가?

화학 물질이 반응할 때 그들의 원자는 재배열된다. 레고 블록과 마찬가지로 이 원자들은 서로 다른 방식으로 맞춰 간다. 하지만 블록의 수와 형태는 일정하게 유지된다. 원자가 어떻게 재배열되는지는 어떤 물질들이 반응하느냐에 따라 달라진다. 반응하는 성분들은 반응물(reactant), 새롭게 형성된 물질은 생성물(product)이라고 부른다.

비가역 반응

대부분의 반응은 비가역적(irreversible)이다. 한 방향으로만 진행된다는 뜻이다. 예를 들어 염산을 수산화 소듐과 섞으면 염화 소듐과 물이 생성된다.

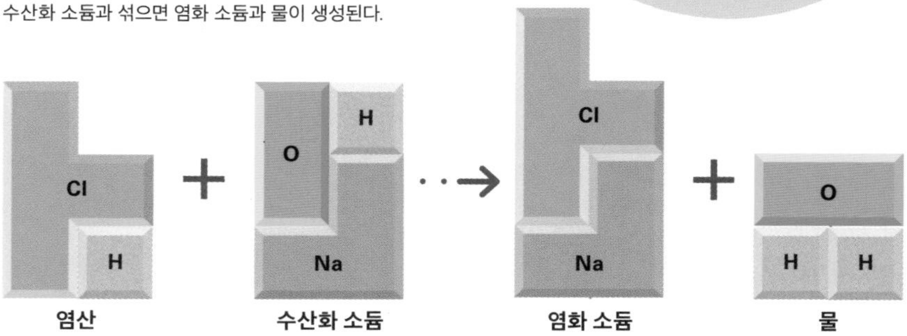

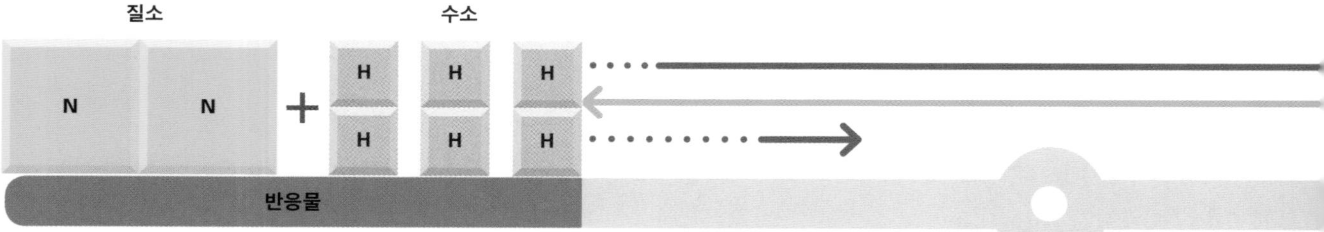

동적 평형

가역 반응에서는 반응물을 섞으면 반응이 시작되고 생성물(예시의 암모니아)이 만들어진다. 하지만 시간이 지난 후, 무엇을 추가로 더하거나 빼지 않으면 생성물의 양은 더 늘어나지 않는다. 이 지점에서는 반응이 양방향으로 일어날 수 있다. 하지만 그 두 반응은 균형이 맞춰져 있다. 이 상태를 동적 평형(dynamic equilibrium)이라고 한다.

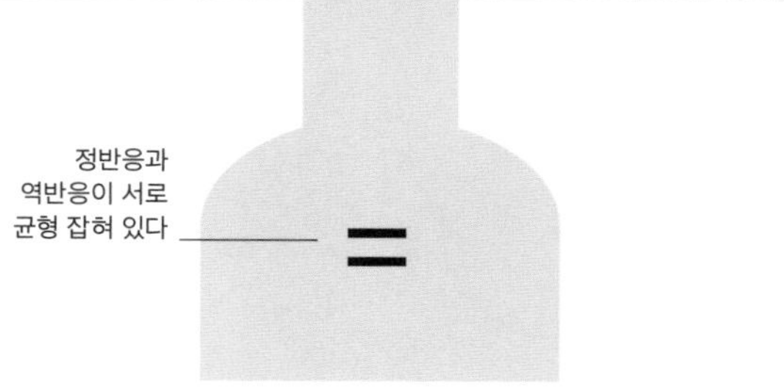

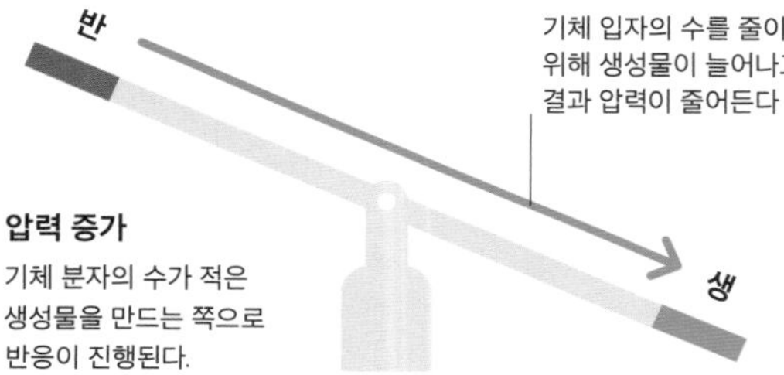

역반응이 서로
균형 잡혀 있다

기체 입자의 수를 줄이기 위해 생성물이 늘어나고 그 결과 압력이 줄어든다

압력 증가

기체 분자의 수가 적은 생성물을 만드는 쪽으로 반응이 진행된다.

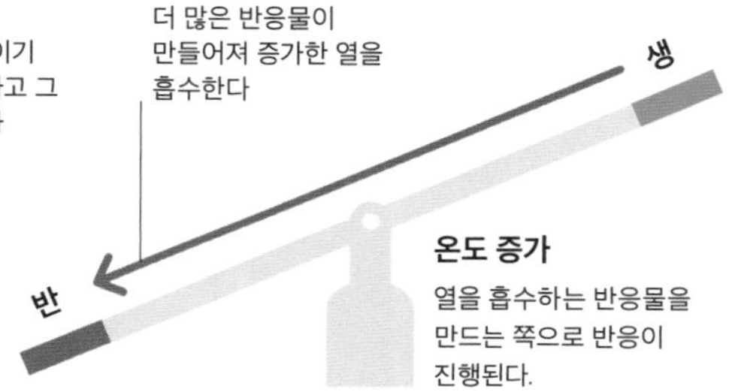

더 많은 반응물이 만들어져 증가한 열을 흡수한다
생
반

온도 증가

열을 흡수하는 반응물을 만드는 쪽으로 반응이 진행된다.

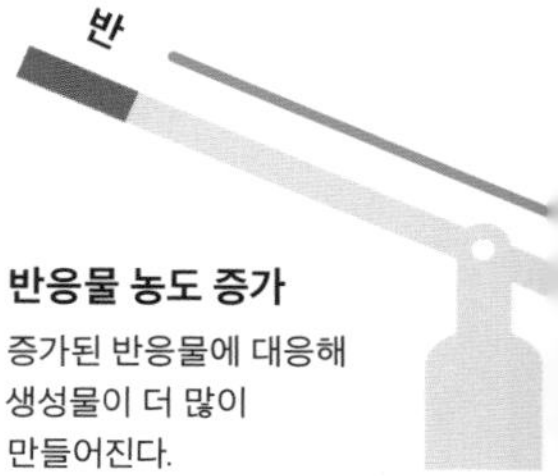

반응물 농도 증가

증가된 반응물에 대응해 생성물이 더 많이 만들어진다.

일러두기

- 산소(O)
- 염소(Cl)
- 수소(H)
- 소듐(Na)
- 질소(N)

가역 반응

어떤 반응은 가역적이라서 생성물로부터 다시 반응물이 생기기도 한다. 예를 들어 질소와 수소로부터 만들어진 암모니아가 그렇다.

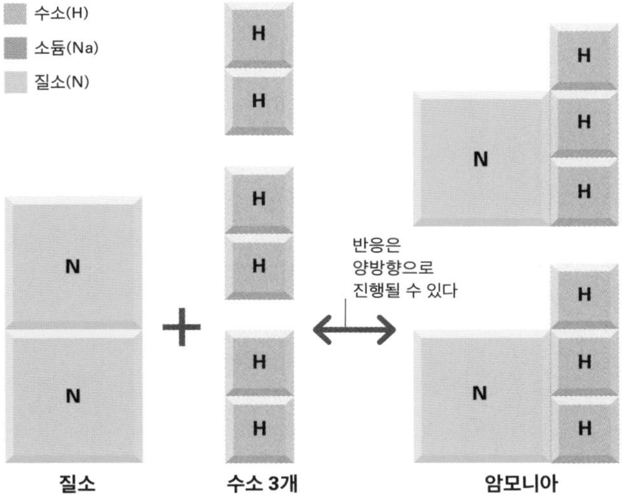

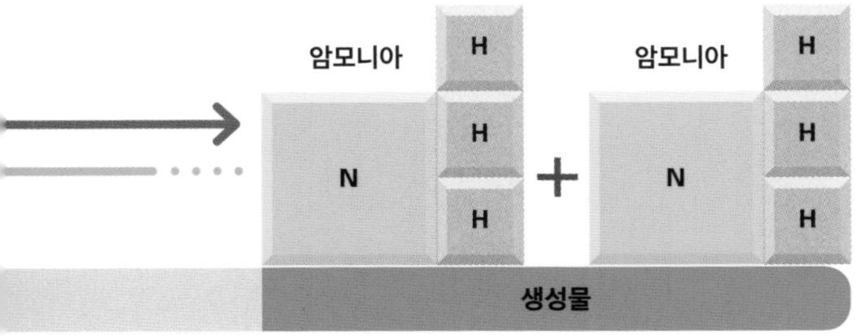

반응의 진행 방향

양쪽 반응이 균형을 맞추고 있을 때 어떤 변화를 주면 평형은 그 변화를 상쇄하는 쪽으로 기울어진다. 아래 제시한 예들은 서로 다른 네 가지 요인이 변화할 때 암모니아의 형성이 어떻게 변화하는지 보여 준다.

우리 몸을 구성하는 37조 2000억 개 세포 안에서 화학 반응은 쉴 새 없이 진행된다

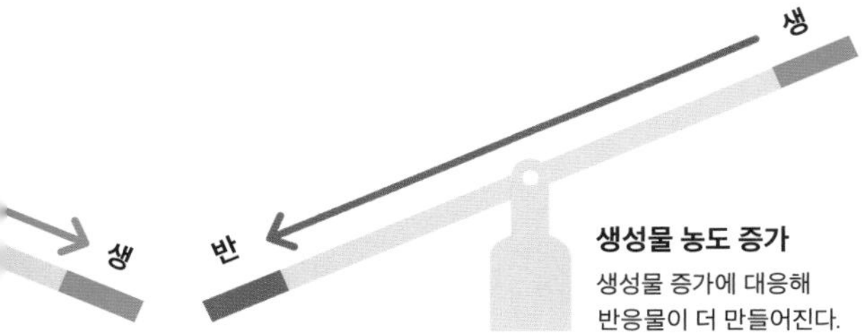

생성물 농도 증가

생성물 증가에 대응해 반응물이 더 만들어진다.

일반적인 반응 유형

화학 반응은 몇 가지 범주에 따라 분류할 수 있다. 어떤 경우는 분자들이 합쳐지고 어떤 경우는 복잡한 분자가 단순한 것으로 나뉜다. 원자가 자리를 바꾸어 새로운 화합물이 만들어지기도 한다. 어떤 물질이 산소와 반응해 충분한 열과 타오르는 빛을 내는 연소(55쪽 참조)도 반응의 한 유형이다.

반응 유형	정의	반응식
결합	둘 혹은 그 이상의 성분이 합쳐 더 복잡한 성분이 만들어짐	A + B ↓ AB
분해	화합물이 깨져 단순한 성분으로 변함	AB ↓ A + B
치환	한 성분이 화합물의 다른 성분을 대체함	AB + C ↓ AC + B
이중 치환	두 성분이 서로 자리를 바꿈	AB + CD ↓ AC + BD

불꽃놀이

불꽃놀이에서는 기체가 방출되고 색색의 섬광이 외부로 터지는 매우 빠른 화학 반응이 진행된다. 불꽃의 색은 사용한 금속에 따라 달라진다. 예를 들어 탄산 스트론튬은 붉은색 불꽃을 낼 때 사용한다.

반응과 에너지

화학 반응은 참여하는 원자가 결합을 끊거나 새로 만들 충분한 양의 에너지가 있을 때만 진행된다. 매우 반응성이 좋은 물질들은 반응을 시작하기 위해 필요한 에너지가 많지 않지만 결합력이 매우 강한 물질이라면 열을 가해 고온으로 만들어 반응을 진행시키기도 한다.

반응이 통제 불가능해질 수도 있을까?

발열 반응(exothermic)을 제어하지 않으면 온도가 올라가면서 위험할 정도로 활발해지다가 폭발이 일어날 수 있다. 1984년 인도 보팔에서 일어난 폭발에서 유독한 화학 물질이 대량 방출되었다.

활성화 에너지

반응을 시작하기 위해 투입해야 하는 에너지를 활성화 에너지라고 한다. 이는 스노보더가 언덕을 올라 맞은편 계곡으로 내려오는 것과 흡사하다. 어떤 반응은 반응물을 넣자마자 진행되기도 한다. 이때는 활성화 에너지가 낮다. 강산과 알칼리의 반응이 그러하다.

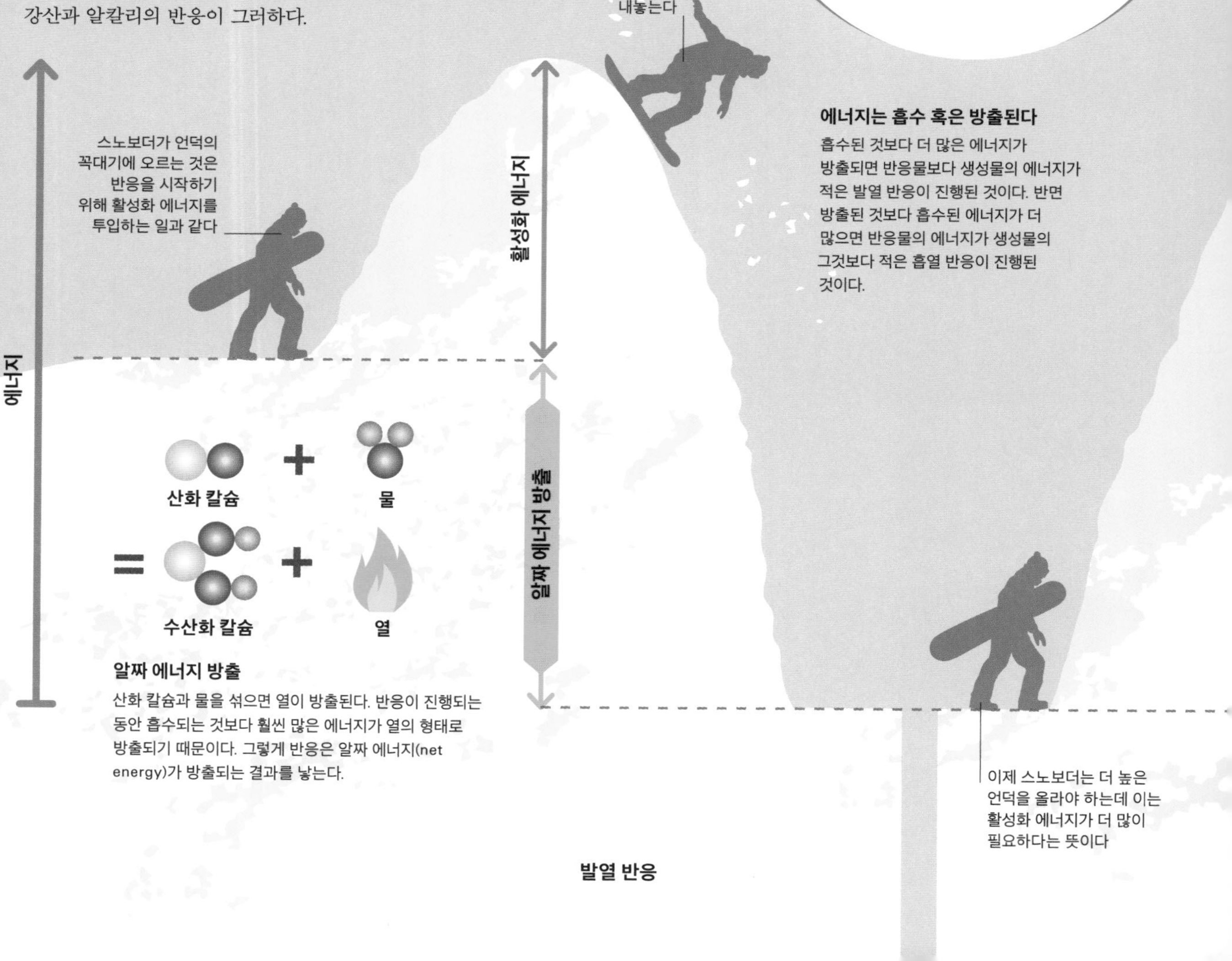

스노보더가 꼭대기에 오르면 미끄러져 내려올 수 있는 것과 마찬가지로 반응물들도 반응을 개시할 충분한 양의 에너지를 가지면 생성물을 만들 수 있고, 그러면서 에너지를 내놓는다
에너지
스노보더가 언덕의 꼭대기에 오르는 것은 반응을 시작하기 위해 활성화 에너지를 투입하는 일과 같다
활성화 에너지
알짜 에너지 방출
산화 칼슘
물
수산화 칼슘
열
이제 스노보더는 더 높은 언덕을 올라야 하는데 이는 활성화 에너지가 더 많이 필요하다는 뜻이다

발열 반응

에너지는 흡수 혹은 방출된다

흡수된 것보다 더 많은 에너지가 방출되면 반응물보다 생성물의 에너지가 적은 발열 반응이 진행된 것이다. 반면 방출된 것보다 흡수된 에너지가 더 많으면 반응물의 에너지가 생성물의 그것보다 적은 흡열 반응이 진행된 것이다.

알짜 에너지 방출

산화 칼슘과 물을 섞으면 열이 방출된다. 반응이 진행되는 동안 흡수되는 것보다 훨씬 많은 에너지가 열의 형태로 방출되기 때문이다. 그렇게 반응은 알짜 에너지(net energy)가 방출되는 결과를 낳는다.

셔벗

침이 셔벗 안에 들어 있는 구연산과 중탄산 소듐(중탄산 나트륨)과 접촉하면 그것들이 녹으면서 반응해 이산화 탄소 기포를 만들어 낸다. 탄산음료 느낌이 나는 것이다. 열을 흡수하는 반응이기 때문에 녹은 셔벗 혼합물은 우리 혀에 차갑게 느껴진다.

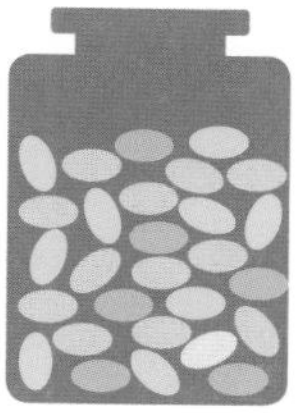

세슘은 매우 반응성이 좋아서 공기와 접촉하면 **불꽃**을 **내며 폭발**한다

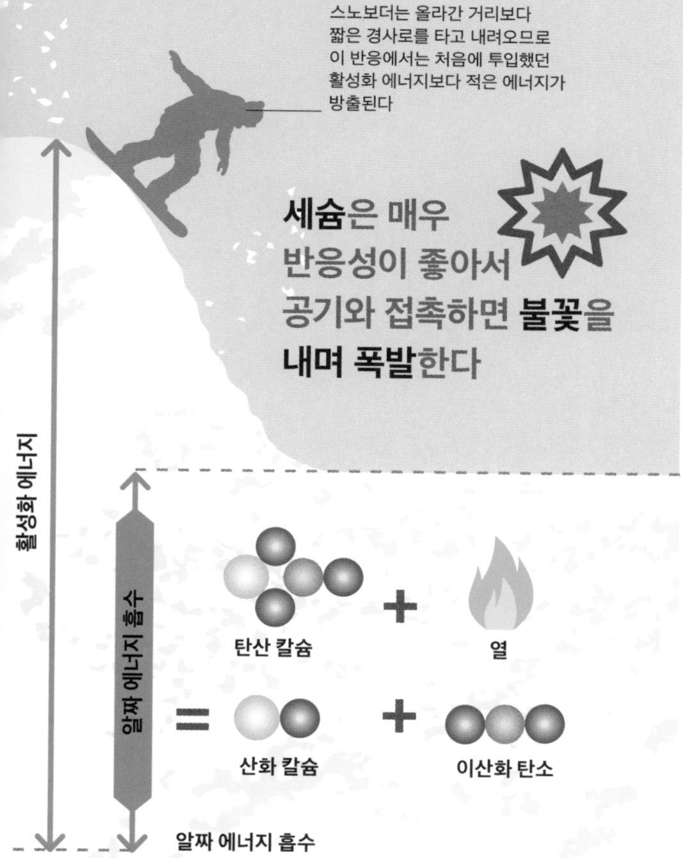
스노보더는 올라간 거리보다 짧은 경사로를 타고 내려오므로 이 반응에서는 처음에 투입했던 활성화 에너지보다 적은 에너지가 방출된다
활성화 에너지
알짜 에너지 흡수
탄산 칼슘
열
산화 칼슘
이산화 탄소

알짜 에너지 흡수

탄산 칼슘을 가열하는 일은 흡열 반응(endothermic)의 한 예이다. 반응하는 동안 방출하는 양보다 더 많은 에너지를 (열의 형태로) 넣어 주어야만 한다. 따라서 반응의 결과는 알짜 에너지 흡수이다.

흡열 반응

반응 속도

충분한 에너지를 가진 반응물 원자들끼리 부딪쳐야 반응이 일어날 수 있다. 온도, 농도 혹은 반응물의 표면적을 증가시키거나 반응 용기의 부피를 줄여서 충돌 횟수를 늘리고 반응 속도(rate of reaction)를 빠르게 할 수 있다.

농도 높이기

반응물이 많을수록 원자들 사이의 충돌이 빈번해진다. 반응 속도가 증가한다.

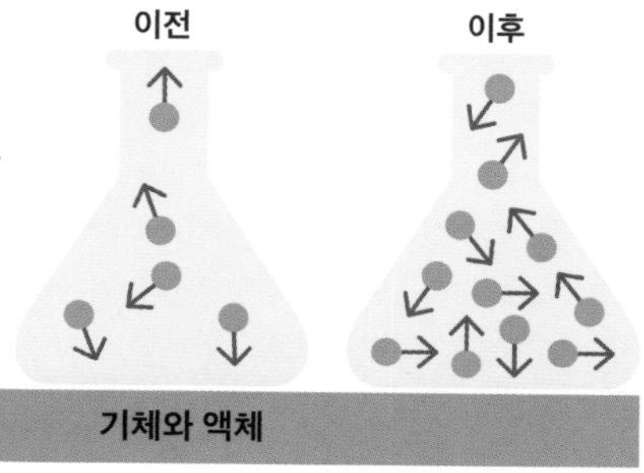
이전
이후
기체와 액체

온도 높이기

원자들이 더 빨리 움직이게 되므로 더 많이 충돌하고 에너지양도 크다.

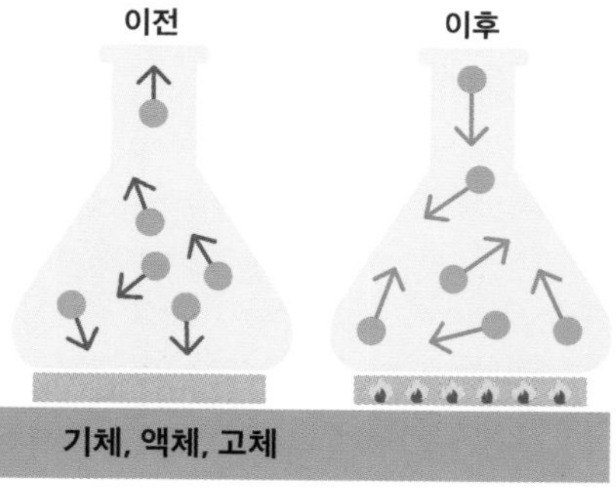
이전
이후
기체, 액체, 고체

부피 줄이기

용기가 작으면 원자들이 더 자주 충돌한다.

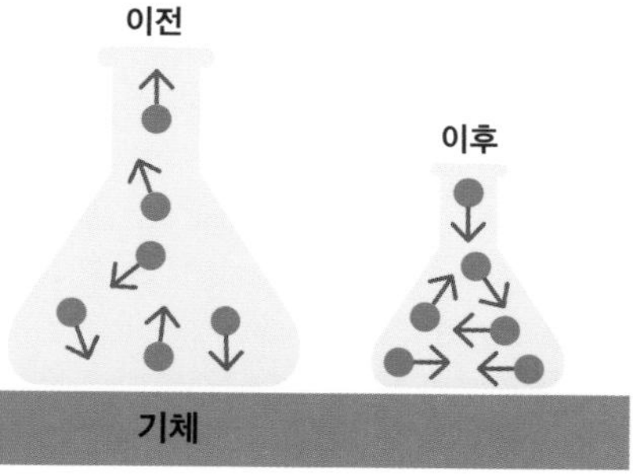
이전
이후
기체

표면적 늘리기

고체의 표면에서만 충돌이 일어날 경우, 표면적이 증가하면 반응 속도가 빨라진다.

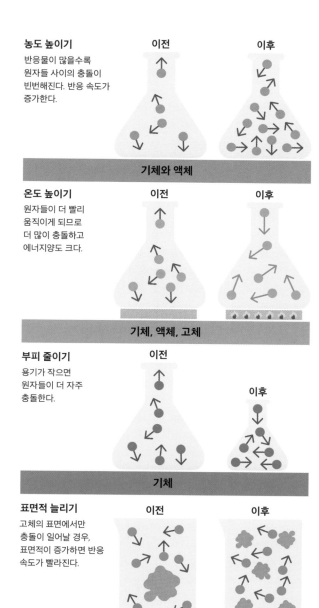

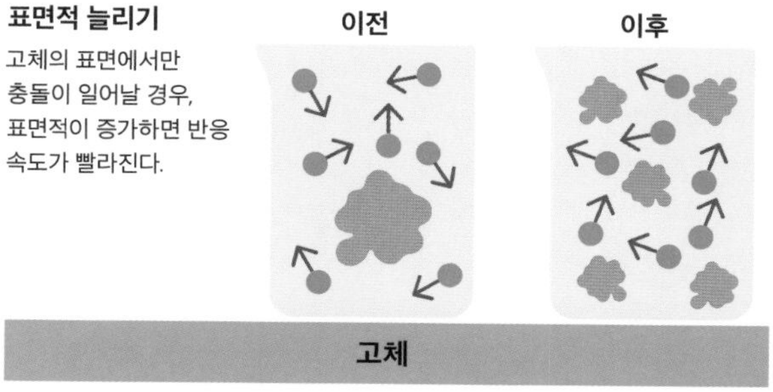
이전
이후
고체

강하다

대부분의 금속은 상대적으로 강하고 거칠다. 힘을 가해도 이전 위치로 되돌아가기 전에 원자들이 눌리는 정도는 매우 적다.

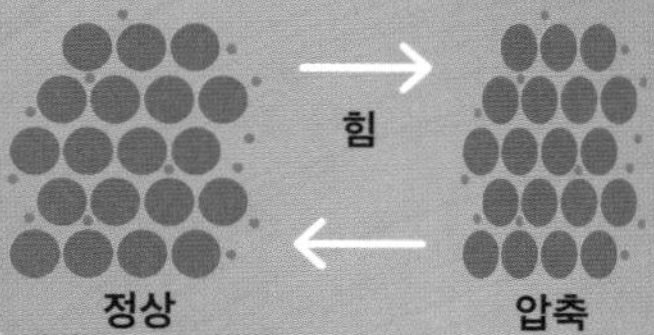

예
- 강철
- 텅스텐
- 타이타늄

무겁다

대부분의 금속 안에 있는 원자들은 서로 가깝게 위치한다. 비편재화된 전자와 금속 양이온이 강하게 끌어당기기 때문이다. 밀도가 높고 크기에 비해 무겁다.

예
- 오스뮴
- 백금
- 플루토늄

다량의 전자
쉽게 움직이면
원자가 재배열되기
때문에 금속은 길게 늘
펼 수 있다. 금속을 늘여 신
만들 때에도 결합을 깨야 할
필요가 없다.

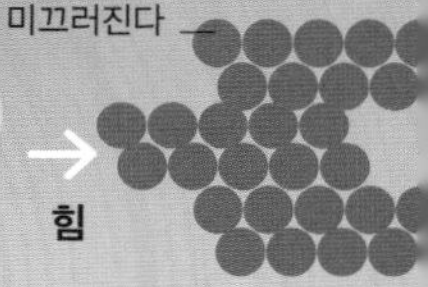

열 전도

금속의 한쪽에 열을 가하면 전자가 반대편으로 자유롭게 움직인다. 원자에서 원자로 전달되는 것보다 훨씬 빠른 속도로 열이 전달된다.

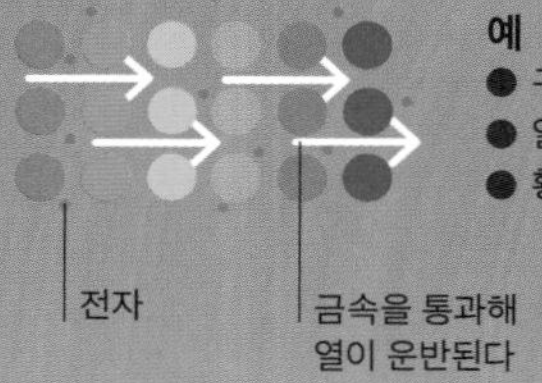

예
- 구리
- 알루미늄
- 황동

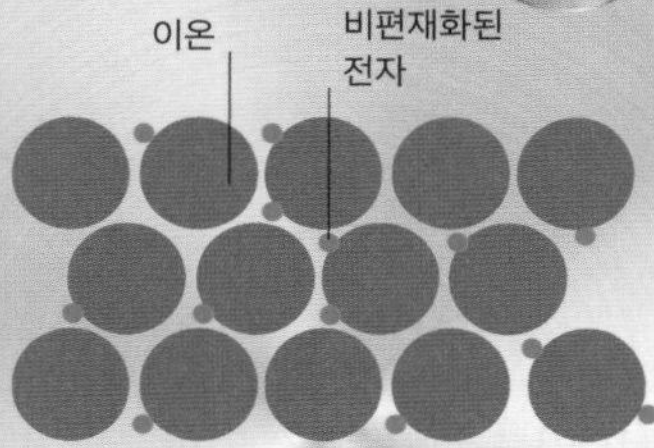

금속의 구조

각 원소의 맨 바깥에 비편재화(delocalize)된 전자들은 이온 사이 또는 이온 주변을 따라 쉽게 움직일 수 있다. 금속이 독특한 특성을 갖는 이유이다.

결합을 깨지 않고도 전자와 이온이 잘 움직이기 때문에 망치로 두드려 원하는 모양을 만들 수 있다.

힘을 가하면 원자들은 새로운 위치로 밀려 들어갈 수 있다

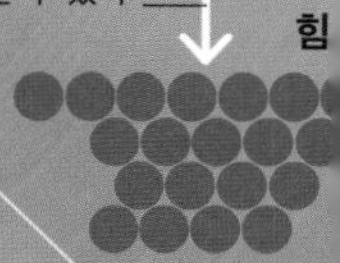

전기 전도

금속 안의 전자가 움직이며 전하를 운반하기 때문에 금속은 전기 전도체이다. 그중에서도 은과 구리는 다른 금속보다 더 효율이 좋다.

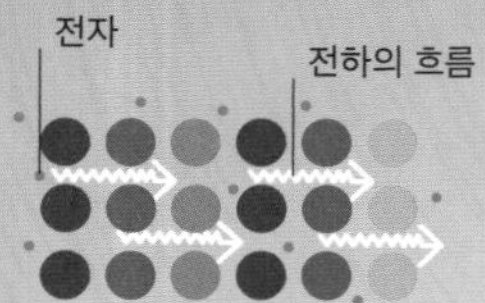

예
- 은
- 구리
- 금

높은 녹는점과 끓는점

금속을 녹이려면 풍부한 전자와 금속 양이온의 매우 강한 결합을 끊어 낼 큰 힘이 필요하다. 상당한 양의 열을 가해 주어야 가능한 작업이다.

예
- 텅스텐
- 레늄
- 오스뮴

반짝인다

금속의 가장자리에는 많은 수의 전자가 돌고 있다. 빛이 이들을 만나면 전자에 흡수되었다가 다시 방출된다. 그러면 금속이 반짝이는 것처럼 보인다.

예
- 로듐
- 알루미늄
- 은

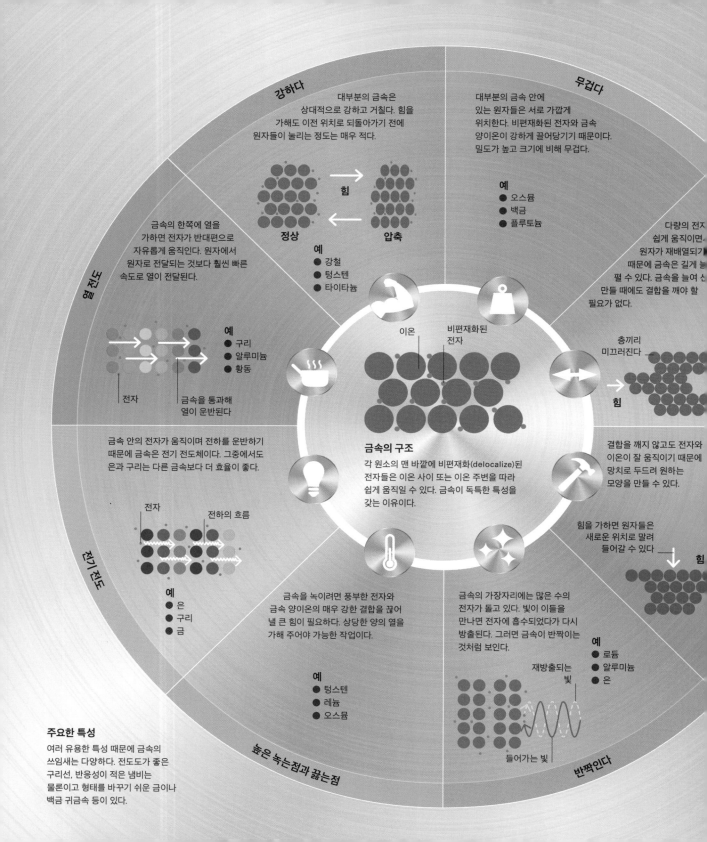

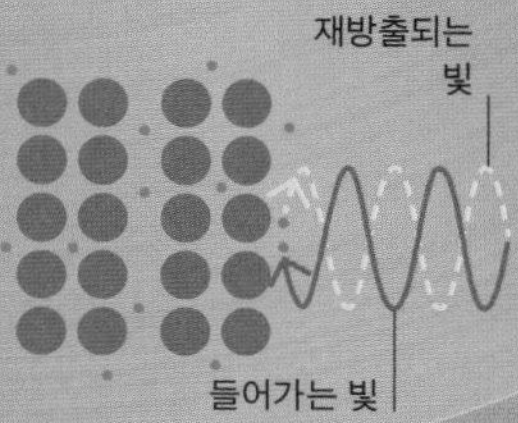

주요한 특성

여러 유용한 특성 때문에 금속의 쓰임새는 다양하다. 전도도가 좋은 구리선, 반응성이 적은 냄비는 물론이고 형태를 바꾸기 쉬운 금이나 백금 귀금속 등이 있다.

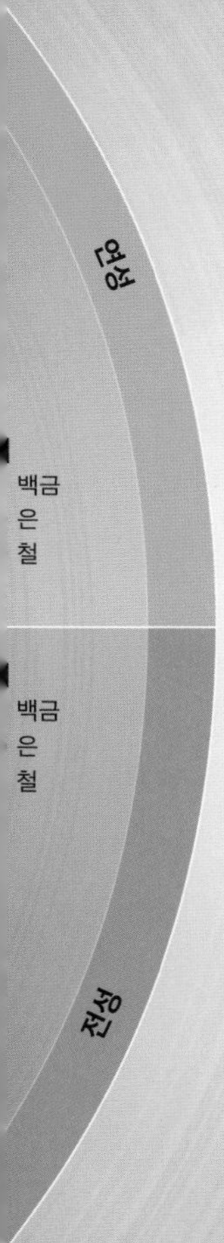

금속

지구에서 자연적으로 발견되는 원소의 4분의 3인 금속은 모양이나 움직임에서 매우 다양한 특성을 보인다. 하지만 대부분의 금속이 공유하는 핵심적인 특성도 있다.

녹

반응성이 좋은 다수의 금속들, 특히 1족 금속(34~35쪽 참조)은 산소와 결합해 쉽게 산화물을 만든다. 예를 들어 철이 공기 혹은 물속에 있는 산소에 노출되면 산화물인 산화 철을 만든다. 이것을 녹(rust)이라고 한다.

금속의 특성

금속(metal)은 결정을 이루고 경도가 높으며 반짝이고 전기와 열의 양호한 전도체이다. 무겁고 녹는점과 끓는점이 높지만 여러 가지 방법으로 모양을 변화시킬 수 있다. 하지만 이 경향에서 벗어난 예외도 있다. 예컨대 수은은 상온에서 액체이다. 최외각 전자가 매우 안정하기 때문에 다른 원자들과 굳이 결합하려 들지 않기 때문이다.

합금

대부분 순수한 금속은 부드럽고 부서지기 쉬운데다 실용적인 목적으로 쓰기에는 반응성이 너무 크다. 금속끼리 합치거나 비금속 물질과 섞어서 더 나은 특성을 얻을 수 있다. 섞는 금속의 비율과 종류를 바꾸면 합금(alloy)의 특성이 달라진다. 대표적인 합금은 강철이다. 이것은 철과 탄소, 다른 원소를 섞은 물질이다. 탄소의 양이 많으면 경도가 높아져 건축 재료로 사용하기 적합하다. 크로뮴을 첨가하면 부식에 저항성이 생겨 스테인리스 스틸이 된다. 열 저항성, 내구성 혹은 강도를 증가시켜 차량의 부품이나 드릴과 같은 도구를 만드는 데 사용하기도 한다.

올림픽 금메달은 진짜 금일까?

메달을 도금하느라 쓰는 약 6그램(0.2온스)의 금이 전부이다. 진짜 고체 금으로 만든 금메달이 마지막으로 수여된 해는 1912년이다.

합금의 구성

청동(bronze, 경도를 높이기 위해 주석을 첨가한다.)과 황동(brass, 아연을 첨가하면 전성과 내구성이 커진다.)을 만드는 데 구리가 들어간다. 스테인리스 스틸도 대표적인 합금이며 그 구성이 다양하다.

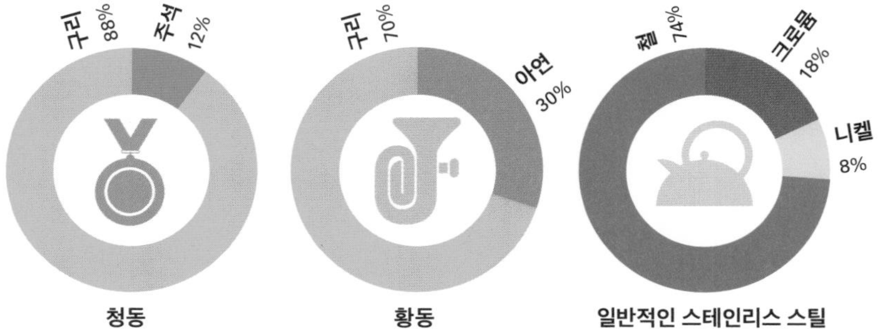

수소

눈에 보이는 우주의 90퍼센트는 수소로 구성되어 있다. 수소는 지구 생명체의 생존에 필수적이다. 물과 탄화 수소라 불리는 화합물 형성에 반드시 필요한 원소이기 때문이다. 수소는 미래의 청정 에너지원이 될 수도 있다.

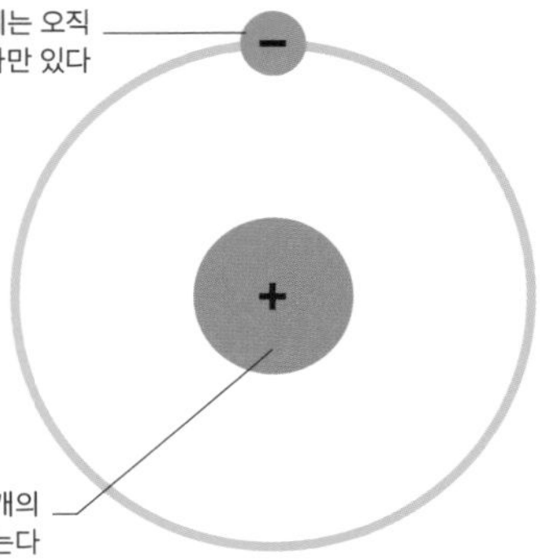

수소의 껍질에는 오직 1개의 전자만 있다
−
+
핵은 1개의 양성자를 갖는다

수소는 무엇인가?

수소(hydrogen)는 항성과 목성, 토성, 천왕성, 해왕성 같은 행성의 주요 구성 원소이다. 상온 상압의 지구에서 수소는 색도 맛도 향기도 없는 기체이다. 가연성이 크고 반응성이 좋아서 지구에서는 주로 산소와 결합한 물의 형태로 존재한다. 탄소와 결합해 수백만 종에 이르는 탄화 수소를 구성하기도 한다. 이 화합물은 생명체의 기본적인 요소다.

가장 단순한 원소

오직 양성자 1개와 전자 1개를 가진 수소는 주기율표(34~35쪽 참조)에 등재된 원소 중 가장 작고 가벼우며 단순한 원자이다. 하지만 수소는 복잡한 방식으로 반응해 여러 유형의 원자 결합을 하고 산과 염기 사이의 반응을 매개한다.

연료 전지의 내부

전자가 양극으로 이동하면서 전류가 형성된다

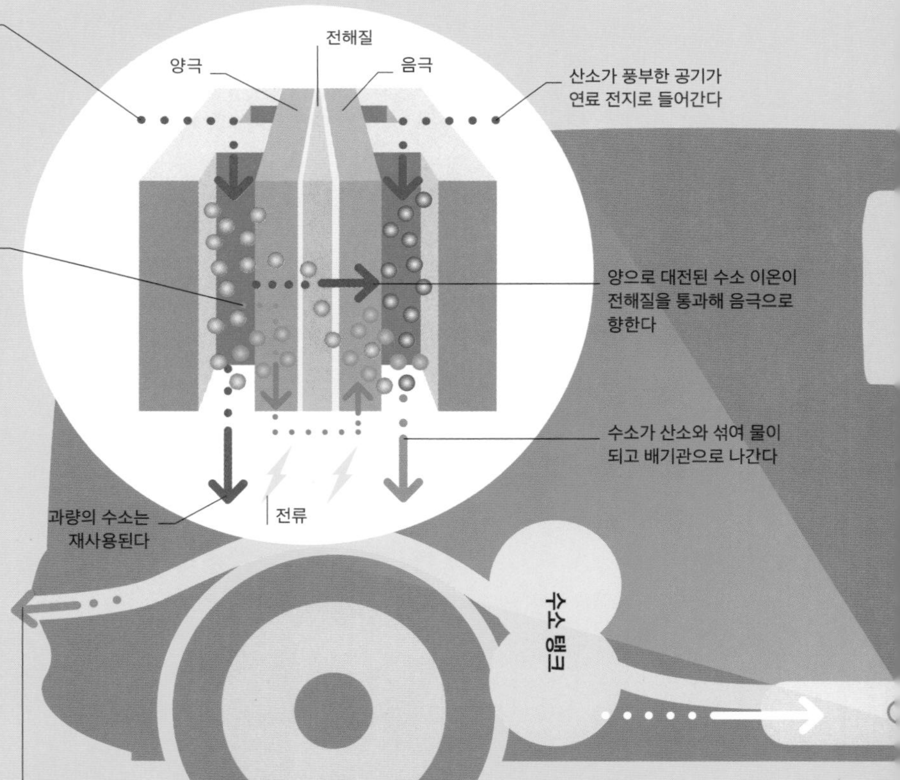

수소가 연료 전지로 들어가 양으로 대전된 수소 이온과 음으로 대전된 전자로 나뉜다
전해질
양극
음극
산소가 풍부한 공기가 연료 전지로 들어간다
전자가 외부 회로를 따라 양극으로 가면서 모터를 구동할 전류를 만들어 낸다
양으로 대전된 수소 이온이 전해질을 통과해 음극으로 향한다
수소가 산소와 섞여 물이 되고 배기관으로 나간다
과량의 수소는 재사용된다
전류
수소 탱크
배기관을 통해 물이 나온다

1 연료 전지를 충전한다

고온 고압의 극한 조건을 견딜 수 있게 수소는 고압 탱크에 압축되어 있다. 탱크에서 연료 전지(fuel cell)까지 수소 기체가 운반된다.

연료 보급소

자동차 수소 탱크는 5분이면 충전할 수 있고 충전소도 늘어나고 있다. 하지만 고압의 탱크와 파이프가 필요하기 때문에 현재는 수소 기체 운송에 어려움을 겪고 있다.

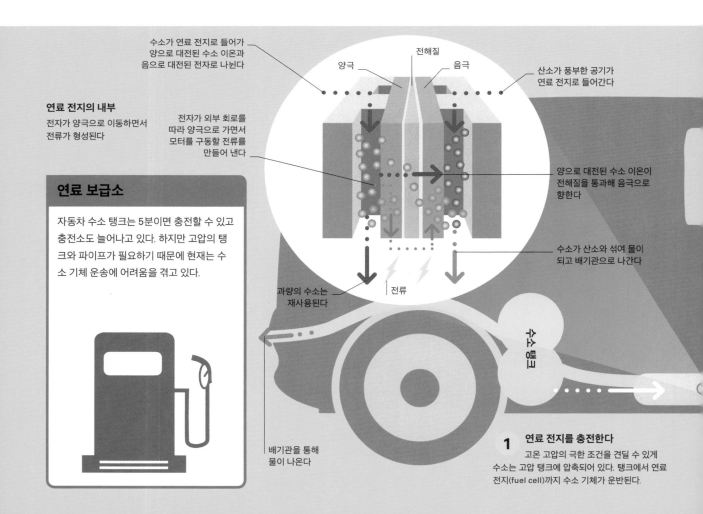

수소의 효과적 활용

연료로 수소를 이용하기 전 그것을 분리해야 한다. 증기를 메테인과 반응시키면 수소를 얻을 수 있지만 이 과정에서는 온실 기체가 방출된다. 물을 산소와 수소로 분해하기 위한 전기 분해 과정에서는 전기를 사용한다. 하지만 이 과정은 비효율적이고 에너지 소모가 많다. 따라서 특별한 촉매를 사용해 물을 분해하는 또 다른 방법을 개발 중이다.

전기 분해는 어떻게 작동하는가?

물에 전류를 흘려주면 수소와 산소 원자가 각각 전자를 잃거나 얻어서 이온이 된다. 이 이온들은 양극과 음극을 향해 가서 다시 전자와 결합한다. 수소와 산소로 돌아가는 것이다.

포획된 산소를 모으는 시험관

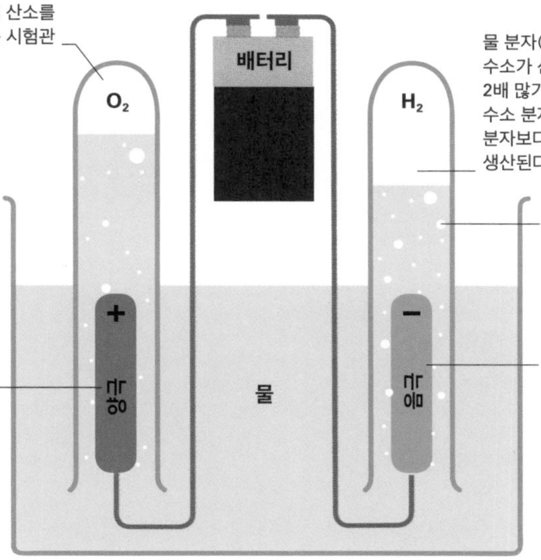

물 분자(H_2O) 안에 수소가 산소보다 2배 많기 때문에 수소 분자가 산소 분자보다 2배 많이 생산된다

수소 기체의 기포가 위로 움직인다

음을 띠는 산소 이온(O^{2-})이 양극(anode)으로 몰려들고, 이 이온들은 전자를 잃고 산소 원자(O)를 거쳐 산소 분자(O_2)가 된다

양으로 대전된 수소가 음극(cathod)으로 몰려들고, 수소 이온(H^+)은 전자를 얻어 수소 원자(H), 수소 분자(H_2)가 된다

수소 자동차

수소에 저장된 에너지는 석유를 대체할 대안 연료가 될 수 있다. 하지만 수소는 기체이기 때문에 석유보다 단위 부피당 에너지 함유량이 적어 압축해서 공급해 주어야만 한다. 이런 특별한 장비를 유지하는 데 에너지가 쓰이고 배출물이 생긴다. 과학자들은 수소 기체 저장 용기와 금속 수소화물과 같은 새로운 운송 방식을 개발하고 있다. 고체 형태로 수소를 저장하면 이는 가역적인 화학 반응(42~43쪽 참조)을 진행하므로 필요할 때마다 순수한 수소를 공급할 수 있다. 이것이 상용화되면 저장 문제를 피해갈 수 있지만 무겁다는 단점을 해결해야 한다.

미래의 연료

수소 자동차는 압축 수소 탱크를 사용하는데, 여기서 수소를 연료 전지로 공급한다. 전지에서 수소는 산소와 결합해 전기 화학 반응을 진행하고 모터를 구동할 전기를 생산한다.

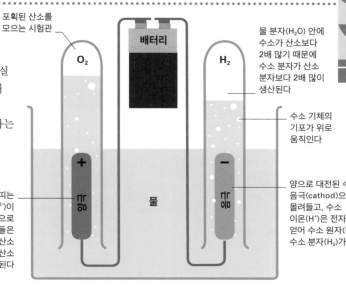

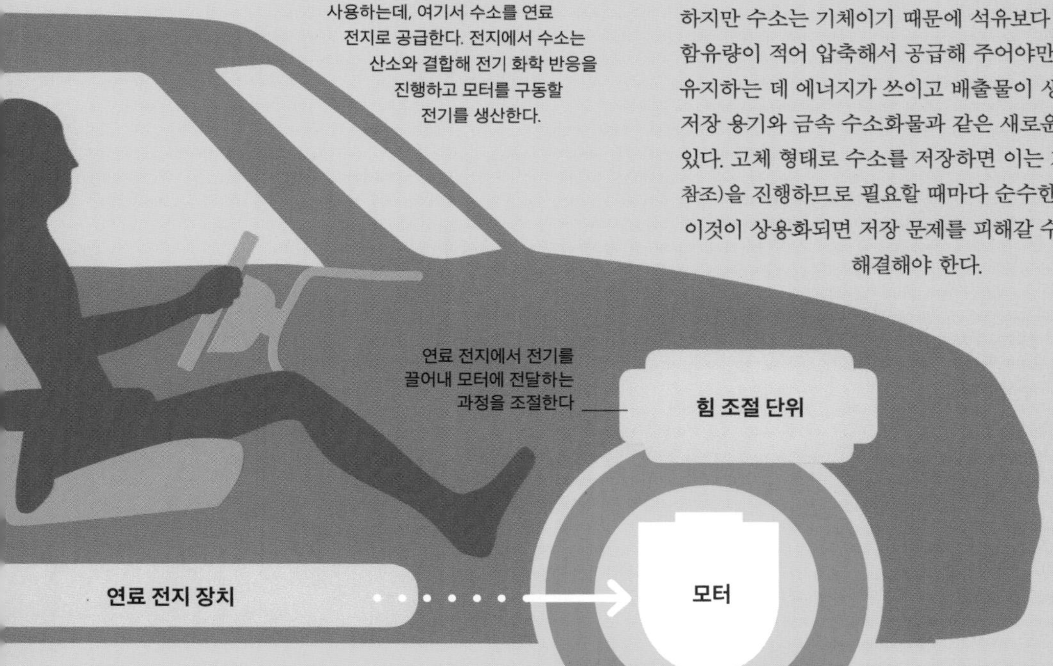

연료 전지에서 전기를 끌어내 모터에 전달하는 과정을 조절한다

2 전기로 전환된다

수백 개의 개별 연료 전지로 구성된 장치의 전지에서 수소와 산소가 결합해 전기를 생산한다. 이 과정은 석유에 의한 엔진보다 연소 효율이 더 좋다.

3 모터를 구동하다

전기 모터가 바퀴에 바로 전달되기 때문에 내연 기관보다 조용하고 버려지는 에너지도 적다. 효율적이다.

탄소

살아 있는 생명체의 약 20퍼센트를 구성하는 탄소는 과학계에 알려진 대부분의 고분자 화합물의 뼈대를 이룬다. 탄소만큼 동일한 방식으로 작동하면서도 구조적 다양성을 가진 원자는 존재하지 않는다.

유기는 무엇을 의미하는가?

화학적 의미에서 '유기(organic)' 화합물은 탄소를 함유한다. 가끔 이 용어는 탄소와 수소의 조합으로 이루어진 탄화 수소를 지칭하는 좁은 의미로 쓰이기도 한다.

탄소가 특별한 까닭은?

탄소(carbon) 원자는 4개의 가지를 뻗어 다른 원소들과 결합할 수 있기 때문에 믿을 수 없을 정도로 다양한 분자 형태를 띨 수 있다. 탄소 원자는 바깥 껍질에 4개의 전자를 갖기 때문에 4개의 강한 결합을 형성할 수 있다. 탄소는 수소와 흔히 결합하지만 자기 자신을 포함해 다른 원자와도 언제든 결합할 수 있다. 이런 방식으로 탄소 '골격'에 수소 '피부'를 가진 물질이 만들어진다. 탄소를 1개 가진 가장 단순한 분자인 메테인을 포함해서 수없이 많은 긴 사슬 화합물이 만들어진다.

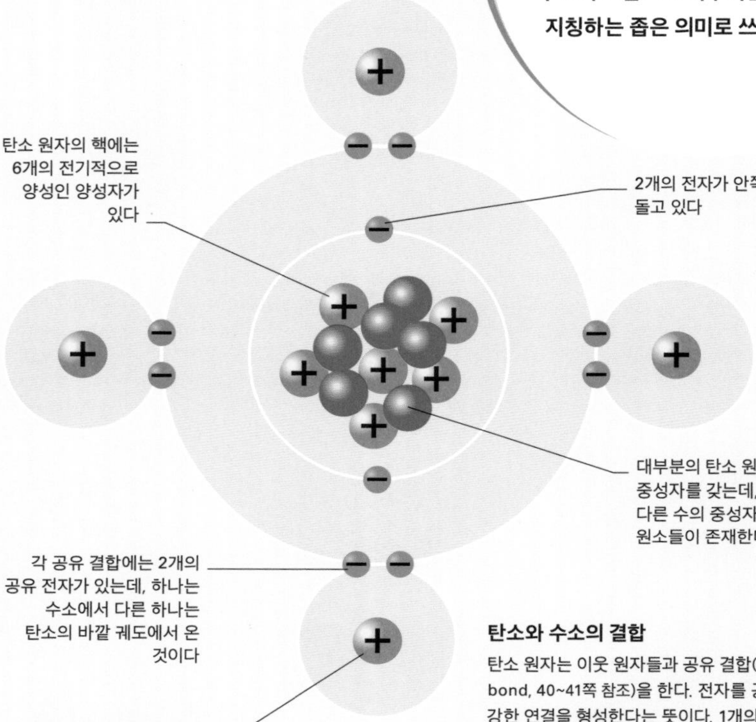

탄소 원자의 핵에는 6개의 전기적으로 양성인 양성자가 있다
2개의 전자가 안쪽 궤도를 돌고 있다
대부분의 탄소 원자는 핵에 6개의 중성자를 갖는데, 드물기는 하지만 다른 수의 중성자를 갖는 동위 원소들이 존재한다
각 공유 결합에는 2개의 공유 전자가 있는데, 하나는 수소에서 다른 하나는 탄소의 바깥 궤도에서 온 것이다
수소 핵에는 양성자 1개가 있다

탄소와 수소의 결합

탄소 원자는 이웃 원자들과 공유 결합(covalent bond, 40~41쪽 참조)을 한다. 전자를 공유해 강한 연결을 형성한다는 뜻이다. 1개의 탄소가 4개의 수소와 결합하면 메테인이 된다.

사슬과 고리

탄소가 다른 원자들과 결합해 분자를 만드는 방식은 셀 수 없이 많다. 개별 형태는 고유한 특성을 가진 화합물에 독자적인 것이다. 탄소를 2개 가진 가장 짧은 천연 기체는 에테인(C_2H_6)이다. 사슬의 길이가 충분히 길면 끝에 있는 탄소가 만나 고리를 형성하기도 한다. 기름 속에 들어 있는 벤젠(C_6H_6) 같은 것이다.

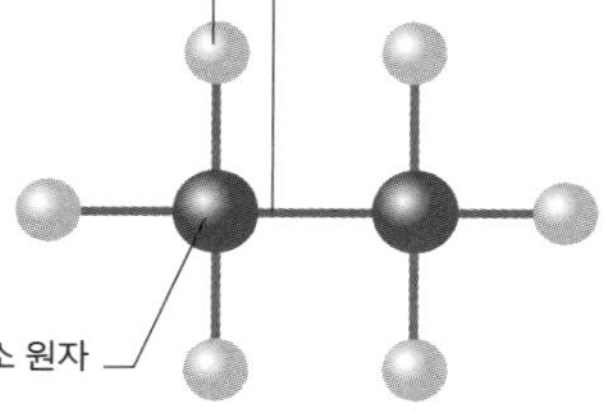

단일 결합에 의해 긴 사슬이 만들어질 수 있다
수소 원자
탄소 원자

에테인(C_2H_6)

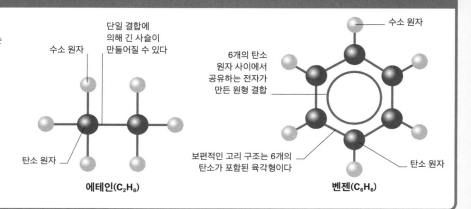

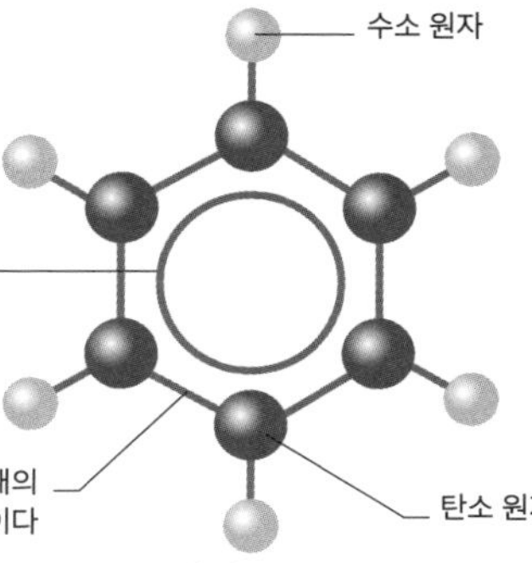

수소 원자
6개의 탄소 원자 사이에서 공유하는 전자가 만든 원형 결합
보편적인 고리 구조는 6개의 탄소가 포함된 육각형이다
탄소 원자

벤젠(C_6H_6)

탄소의 한원소 화합물

어떤 원소의 원자들은 가장 순수한 형태일 때 자신들끼리 여러 가지 방식으로 결합함으로써 다양한 물리적 특성을 갖는 한원소 화합물(allotrope, 동소체)을 형성한다. 고체 탄소는 세 종류의 대표적인 한원소 화합물을 갖는다. 각기 다른 층 구조를 갖는 흑연(graphite), 경도가 매우 높은 다이아몬드(diamond) 그리고 속이 빈 공 구조인 풀러린(fullerene)이 그것이다.

흑연

탄소 원자가 종이처럼 배열되어 있어서 흑연은 여러 층을 이루고 있다. 이들 층은 서로 미끄러진다. 각 원자는 4개가 아니라 3개의 단일 결합을 이루고 나머지 전자는 평면 사이를 떠돈다. 흑연이 전도체인 이유이다.

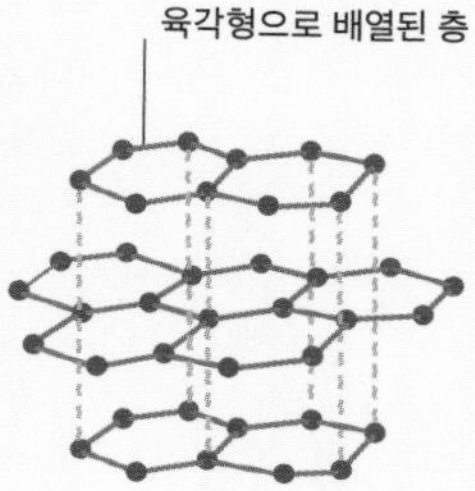

다이아몬드

다이아몬드 안에서 탄소는 3차원 결정을 이룬다. 각 원자는 4개의 결합을 한다. 이렇게 형성된 결정은 무척 강하고 단단하다. 흑연과 달리 자유 전자가 없어서 전기를 잘 전도하지 못한다.

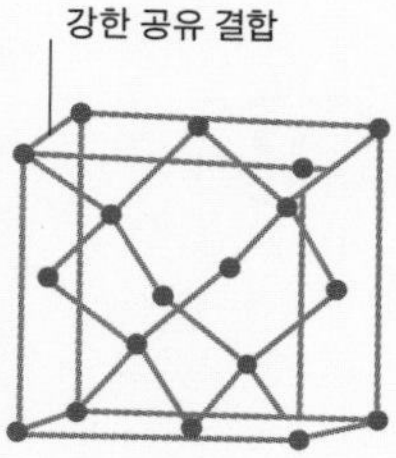

풀러린

구형 혹은 통모양 '새장'처럼 원자가 배열된 구조가 풀러린이다. 속이 비어 있지만 단단하고 강하며, 독특한 원자 배열을 이루는 구조 때문에 테니스 라켓에 사용되는 흑연을 강화하는 데에 사용하기도 한다.

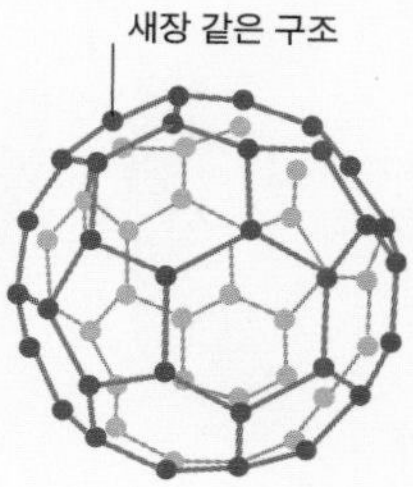

세계에서 가장 큰 컬리넌 다이아몬드의 무게는 621.35그램이다

생명의 구성 요소

탄소를 포함하는 가장 정교한 분자들은 모두 생체 내부에 존재한다. 탄소 원자는 흔히 산소, 질소 그리고 일부 원자들을 자신의 구조에 끌어들여서 생명의 분자들인 생화학 물질을 만든다. 이들 대부분은 네 집단으로 분류된다. 단백질, 탄수화물, 지질, 핵산이 그것이다. 이들은 대사라 불리는 복잡한 반응을 거쳐 형성된다.

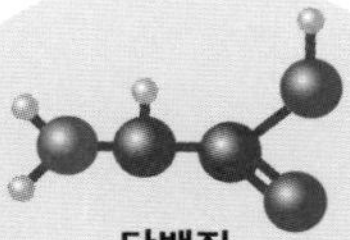

단백질

탄소를 포함하는 아미노산이 단백질 사슬을 만든다. 이들은 근육과 같은 조직을 만들기도 하고 세포 내에서 반응 속도를 증진시키기도 한다.

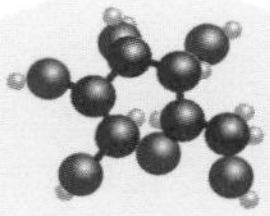

탄수화물

탄소는 탄수화물의 주요 구성 요소이다. 가장 단순한 형태는 포도당으로, 깨지면서 에너지를 방출한다.

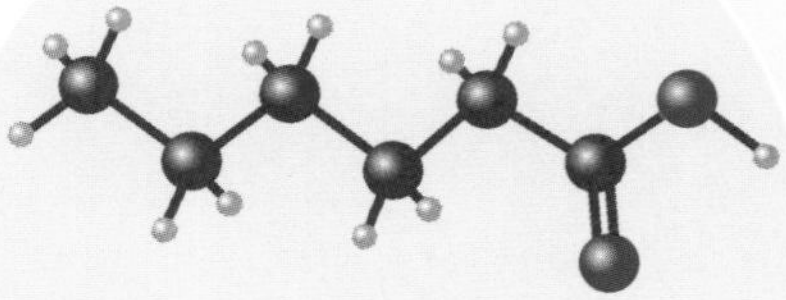

지질

고체 지방과 기름을 통틀어 지질이라 칭한다. 탄소, 수소, 산소 같은 분자로 구성된다. 에너지를 저장하는 수단이기도 하다.

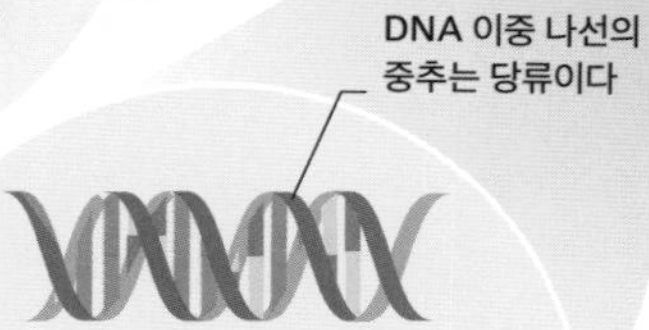

핵산

DNA와 같은 핵산은 유전 정보를 운반하는 복잡한 분자이다. 이 화합물은 질소, 인, 탄소로 구성된다.

일러두기

- 탄소
- 수소
- 산소
- 질소

공기

공기는 대기권에 있는 기체들의 혼합물이다. 생존에 필수적인 공기는 동물의 호흡에 필요한 산소와 식물이 광합성할 때 사용하는 이산화 탄소를 공급한다. 그러나 오염된 공기는 위 과정에 영향을 끼치고 우리 건강을 해칠 수 있다.

공기의 조성

공기의 대부분은 질소이다. 거기에 약 20퍼센트의 산소, 1퍼센트의 아르곤과 이산화 탄소를 포함하는 미량 기체들이 들어 있다. 장소에 따라 수증기의 양은 가변적이기 때문에 함량 계산에서 빠진다. 하지만 습한 지역에서 수증기의 양은 5퍼센트에 이르기도 한다. 인간 행동은 공기의 조성에 변화를 가져왔다. 특히 이산화 탄소의 양이 눈에 띄게 늘었다.

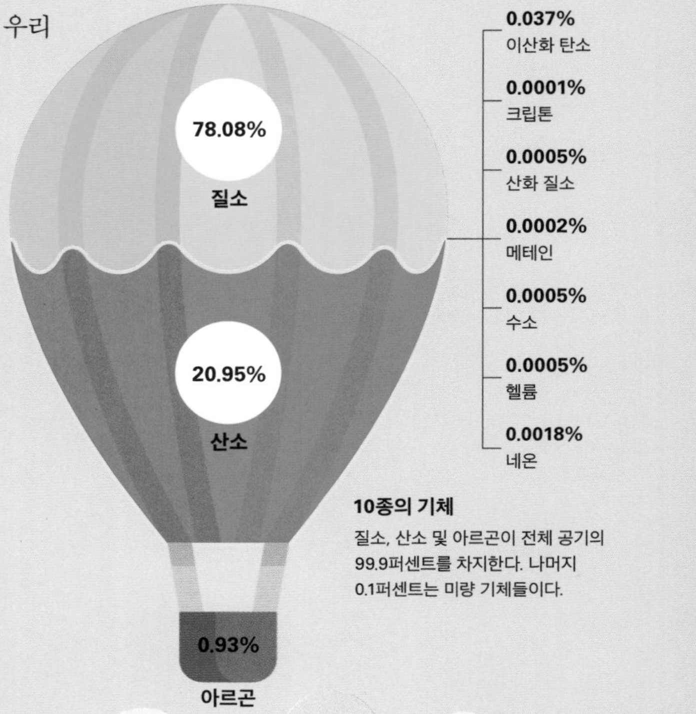

10종의 기체

질소, 산소 및 아르곤이 전체 공기의 99.9퍼센트를 차지한다. 나머지 0.1퍼센트는 미량 기체들이다.

세계 인구 92퍼센트는 세계 보건 기구가 정한 대기 안전 제한치를 넘어선 곳에서 숨을 쉬고 있다

대기 오염

대기 오염(air pollution)은 큰 문제다. 세계 보건 기구는 결핵, 에이즈, 교통사고를 합한 것보다 오염된 대기 때문에 더 많은 사람들이 죽는다고 밝혔다. 개발 도상 국가에서 대기 오염원은 목재 연소 등 가정용 연료이다. 도시에서는 자동차 매연, 가정이나 공장에서 나오는 연소 배기가스 등이 주 오염원이다. 이런 오염 물질은 천식이나 호흡기 질환을 악화시킨다. 공기 중에 떠돌아다니는 미립자와 액체 방울들의 혼합물인 미세 먼지는 폐 깊숙한 곳까지 침입하기 때문에 특히 더 위험하다.

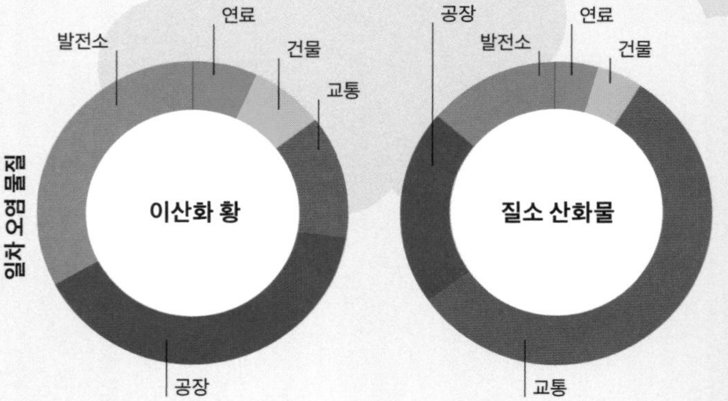

일차 대기 오염 물질과 공급원

대기 중으로 직접 방출되는 6종의 일차 오염 물질과 오염원이다. 오염원은 각기 다른 색으로 표시했다.

오염원

발전소

화석 연료를 태워 전기를 생산하는 화력 발전소가 가장 많은 양의 이산화 황을 대기로 내뿜는다.

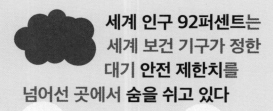

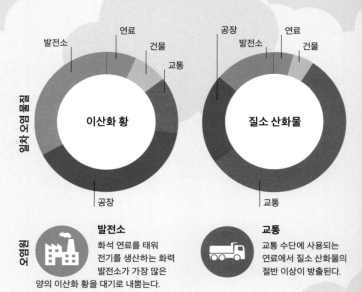

교통

교통 수단에 사용되는 연료에서 질소 산화물의 절반 이상이 방출된다.

하늘의 색 변화

가시광선의 색은 어떤 파장의 빛이 우리 눈에 도달하느냐에 따라 달라진다. 짧은 파장의 푸른빛은 대기 입자에 충돌해 산란된다. 그래서 낮에 하늘이 푸르게 보이는 것이다.(107쪽 참조) 긴 파장의 붉은빛, 주황빛은 가장 적게 산란되기 때문에 낮에는 잘 보이지 않지만 일몰과 함께 우리 눈에 들어온다. 도시 주변에서 볼 수 있는 선홍색 일몰은 내연 기관의 연소에서 나온 현탁 입자들 때문에 만들어진다. 이들 입자는 보랏빛과 푸른빛을 산란시키고 붉은빛을 눈에 띄게 한다.

붉은색 노을

해가 질 때 태양빛의 각도가 줄어든다. 대기를 더 많이 통과해야 한다는 뜻이다. 그래서 붉은빛과 주황빛 광선만이 도달한다.

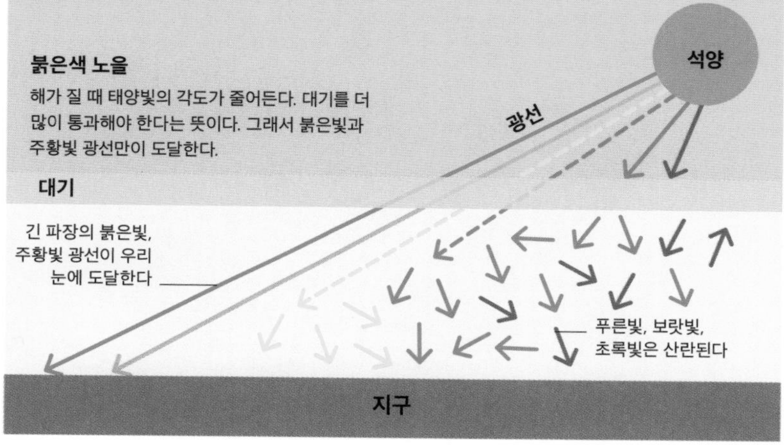

가정에서의 오염

집 안의 공기도 상당히 오염될 수 있다. 담배, 페인트, 향이 든 초에서 나오는 벤젠, 난로의 불완전 연소 결과 방출되는 산화 질소, 보일러 내부 단열재에서 나오는 폼알데하이드 등은 모두 우리 건강에 좋지 않다. 집에 유해한 화학 물질을 흡수할 수 있는 식물을 많이 키우고 공기 정화기를 쓰면 공기의 질을 개선할 수 있다.

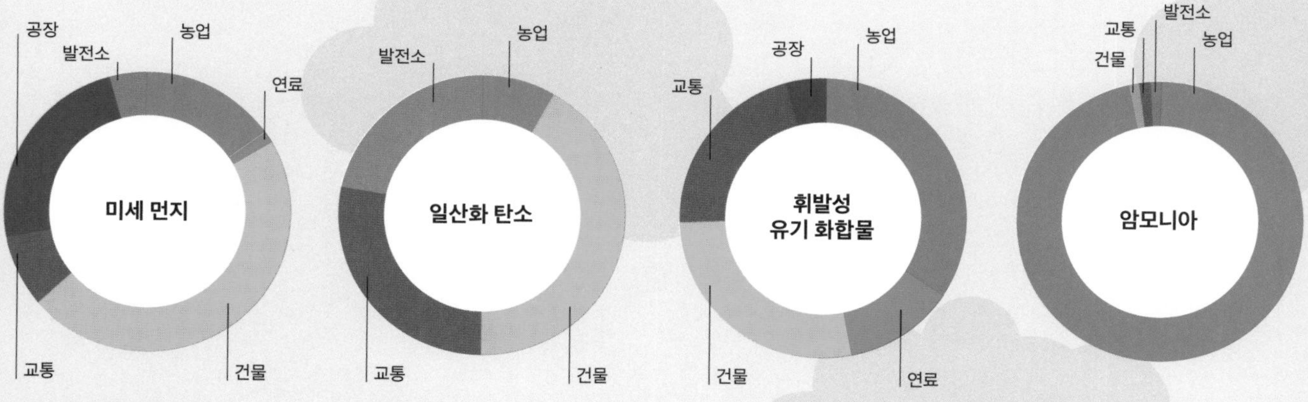

공장

많은 양의 이산화황, 산화 질소, 미세 먼지가 공장으로부터 나온다.

건물

요리와 난방 중 나오는 일산화 탄소는 가정에서 주로 방출된다. 고체 연료를 쓰는 난로가 주범이다.

연료

연료를 추출하고 운반하고 가공하는 과정에서 다량의 휘발성 유기 화합물이 생산된다.

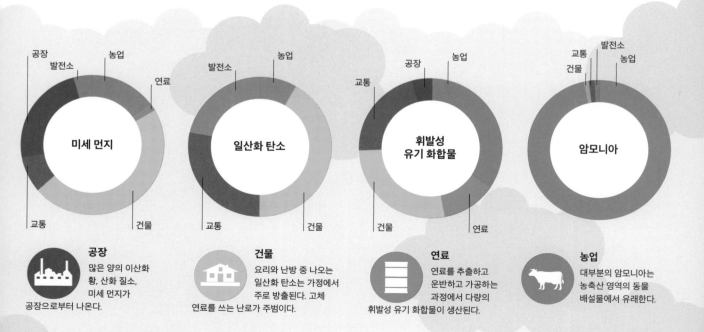

농업

대부분의 암모니아는 농축산 영역의 동물 배설물에서 유래한다.

연소와 폭발

불을 다루게 된 인류는 요리를 하고 위험한 동물을 쫓을 수 있었다. 전기를 생산하고 엔진을 발명하기도 했다. 하지만 통제를 벗어난 불은 무척 위험하다. 단순한 연소가 거대 폭발로 연결될 수 있다. 그렇기에 불이 어떻게 작동하는지 이해하는 것은 필수적이다.

연소

연소(combustion) 혹은 불태우기는 화학 반응이다. 대개 석탄이나 메테인과 같은 탄화 수소가 공기 중 산소와 반응해 빛과 열 에너지를 방출한다. 다량의 산소를 써서 완전히 연소되면 이산화 탄소와 물이 생성된다. 일단 시작되면 연소는 불이 꺼지지 않거나 연료 혹은 산소가 공급되는 한 계속된다.

산불 온도는 섭씨 800도 이상이다

자연 발화

정상적인 조건에서 연소는 불꽃이나 불똥 형태의 에너지의 유입이 필요하지만, 말린 풀과 일부 기름 또는 루비듐같이 반응성이 좋은 물질은 충분히 뜨겁다면 자연적으로 점화되면서 탄다.

건초와 밀짚
아마씨 기름
루비듐

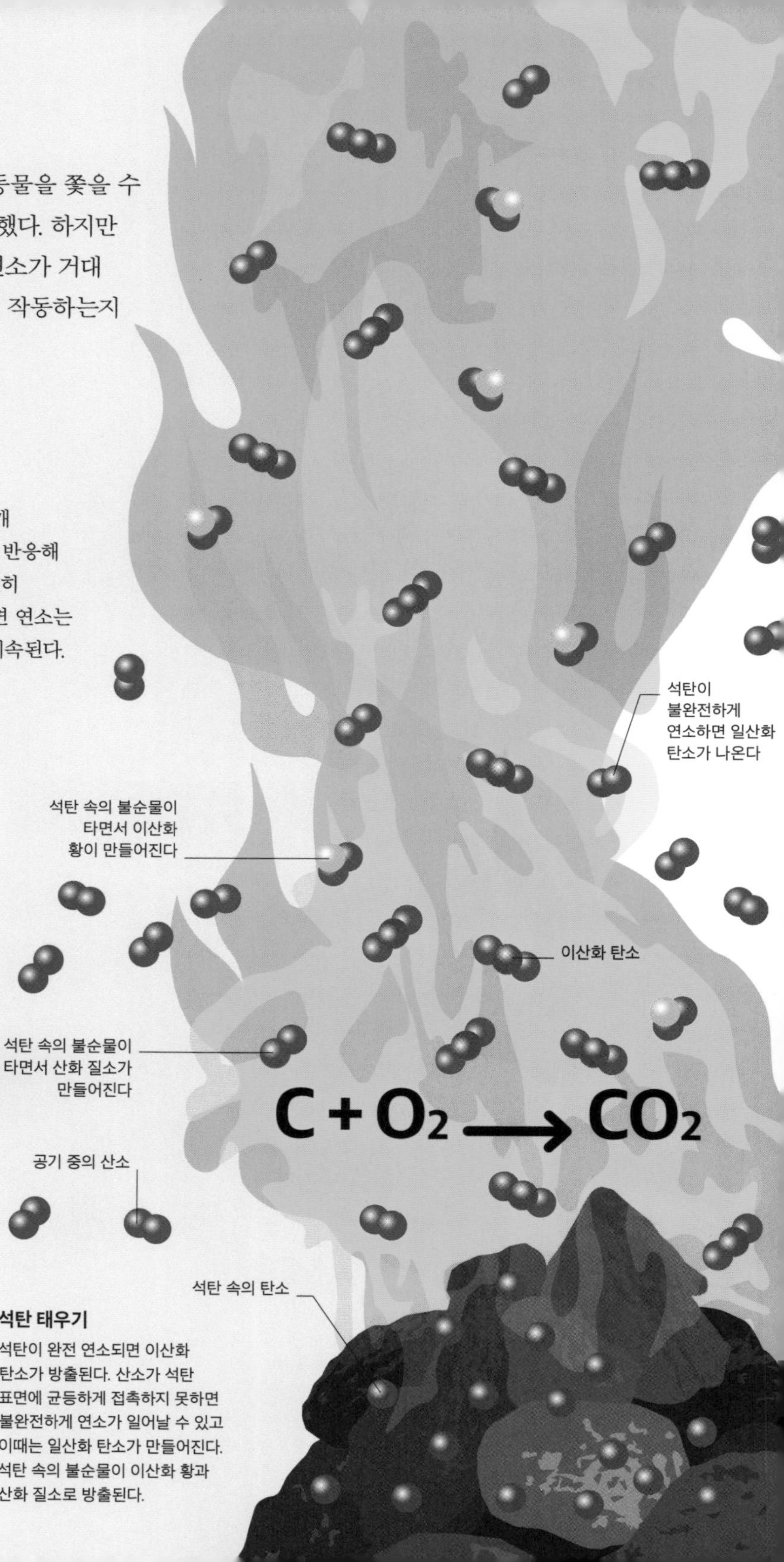
석탄이 불완전하게 연소하면 일산화 탄소가 나온다
석탄 속의 불순물이 타면서 이산화 황이 만들어진다
이산화 탄소
석탄 속의 불순물이 타면서 산화 질소가 만들어진다
C + O2 → CO2
공기 중의 산소
석탄 속의 탄소

석탄 태우기

석탄이 완전 연소되면 이산화 탄소가 방출된다. 산소가 석탄 표면에 균등하게 접촉하지 못하면 불완전하게 연소가 일어날 수 있고 이때는 일산화 탄소가 만들어진다. 석탄 속의 불순물이 이산화 황과 산화 질소로 방출된다.

불 끄기

불이 타려면 세 가지, 즉 열, 연료, 산소(대체로 공기 속에 존재한다.)가 필요하다. 그중 하나만 없어도 불을 끌 수 있다. 그러나 불을 끄는 가장 좋은 방법은 경우에 따라 다르다. 예를 들어 전기로 인한 화재를 물로 진압하려다 감전사(electrocution)할 수 있다. 기름이나 윤활유가 탈 때 물을 쓰면 화재가 확산될 수 있다.

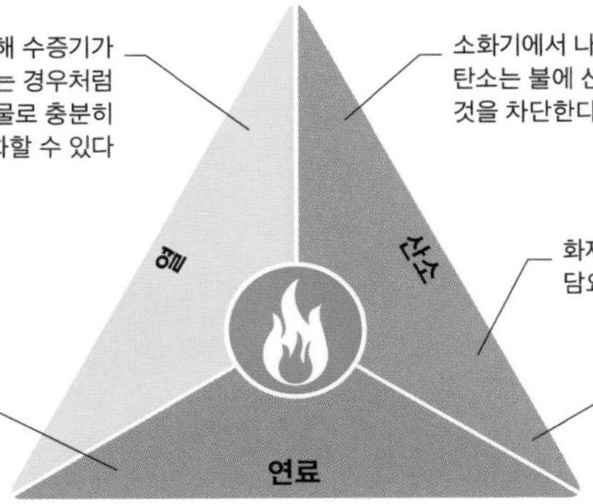
물은 불의 열을 흡수해 수증기가 된다. 나무나 섬유가 타는 경우처럼 어떤 종류의 화재는 물로 충분히 진화할 수 있다
소화기에서 나오는 이산화 탄소는 불에 산소가 공급되는 것을 차단한다
열
산소
화재에 강한 재질로 만든 화재 담요로 불꽃을 덮어 버린다
거대한 산불에 맞서 불길이 진행하는 방향에 있는 나무를 잘라 내는 일은 연료를 제거해 불이 번지는 것을 막는 행위이다
연료
타는 물질의 표면을 막아 버리는 소화기 분말 혹은 거품이 산소 공급을 차단한다

발화의 3요소

폭발

폭발(explosion)은 열, 빛, 기체 혹은 압력이 갑작스레 분출되는 현상이다. 폭발은 연소보다 훨씬 빠르게 진행된다. 폭발에 의해 생긴 열은 흩어지지 않고 기체는 빠르게 확산되기 때문에 폭발에 의한 충격파는 인명에 상해를 입히고 재산 피해를 주기도 한다. 밖으로 튀어 나간 파편은 추가적인 위험 요소가 된다.

폭발보다 더 빨리 달아날 수 있는가?

그것은 불가능하다. 화학적 폭발에서 폭발물은 초속 8킬로미터(초속 5마일)로 움직인다. 인간이 움직이는 속도보다 훨씬 빠르다.

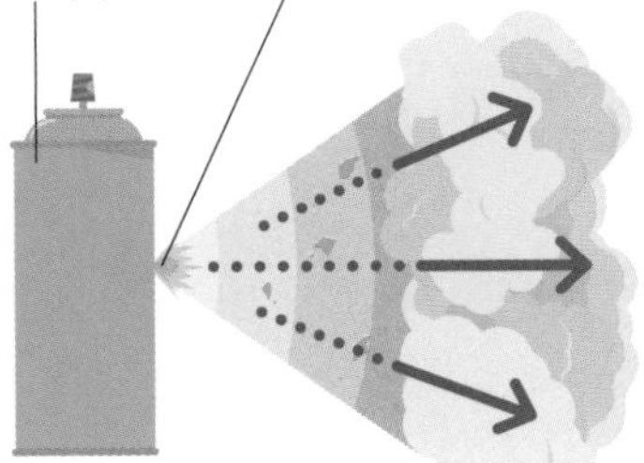
고압 용기 안의 액체 혹은 기체
용기의 약한 부위가 터지면서 폭발한다

물리적 폭발

압력을 가한 용기의 약한 부위가 터지면서 그 내용물이 갑자기 밀려 나오는 경우다. 압력이 급감하면서 기체가 매우 빠르게 분출되며 폭발한다.

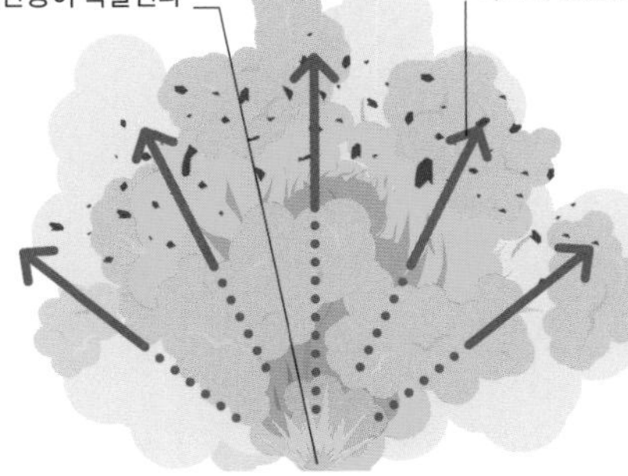
열 에너지를 가했을 때 화학 반응이 촉발된다
다량의 에너지가 빠르게 분출된다

화학적 폭발

화학적 폭발에서는 다량의 기체와 열이 나오는 빠른 반응이 일어난다. 열 때문에 총탄이 터지거나 충격에 의해 나이트로글리세린이 폭발하는 경우가 있다.

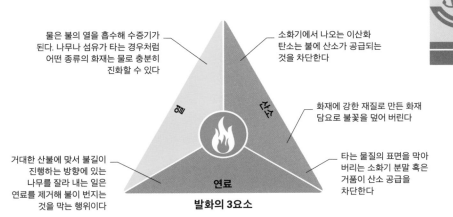

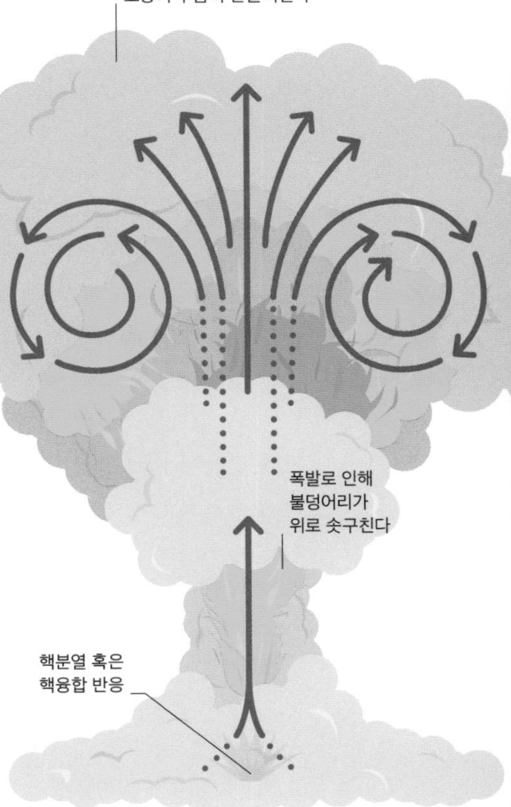
불덩어리가 식고 응축되면서 버섯 모양의 구름이 만들어진다
폭발로 인해 불덩어리가 위로 솟구친다
핵분열 혹은 핵융합 반응

핵폭발

원자핵의 분열(fission) 또는 융합(fusion)에 의해 핵폭발이 힘을 얻는다. 엄청난 양의 에너지가 빠르게 형성되고 방사능 물질도 방출된다.

얼음

물이 차가워지면 분자들의 움직임이 줄어들어 더 많은 수소 결합이 형성된다. 이 결합에 의해 분자들은 액체일 때보다 멀리 떨어져서 열린 구조 안에 고정된다. 얼면서 물의 부피가 커지는 이유다.

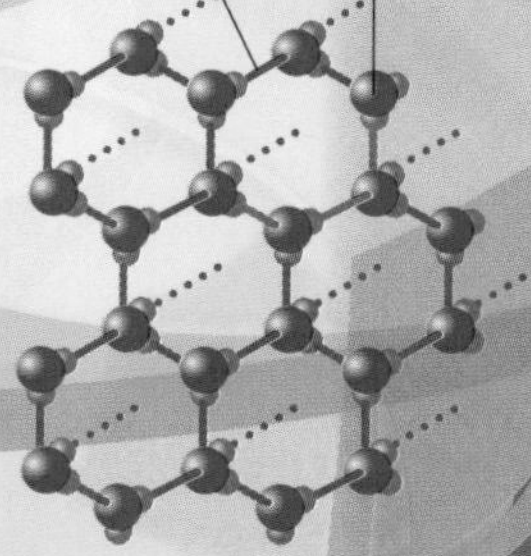

물

액체인 물 분자들끼리 움직이고 부딪히며 수소 결합이 반복적으로 만들어지고 깨진다. 이런 결합이 없다면 물은 실온에서 기체일 것이다.

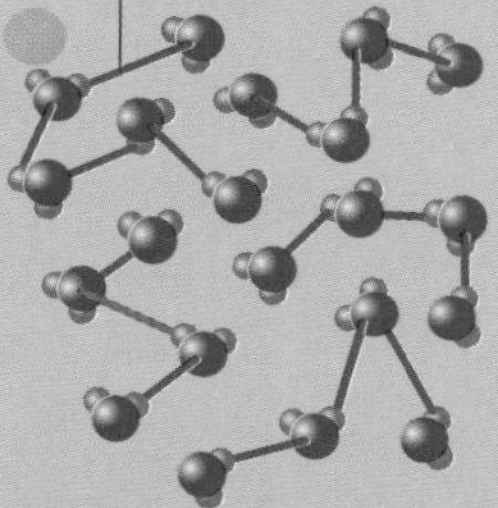

물

물은 우리가 매일 접하는 물질이지만 특이하기 그지없는 물질이다. 물은 상온 상압에서 기체, 액체, 고체로 존재할 수 있는 유일한 물질이다. 또한 고체 상체일 때가 액체 상태일 때보다 밀도가 낮은 유일한 물질이다.

독특한 성질

개별 물 분자는 2개의 수소와 1개의 산소 원자로 구성된다. 분자의 한쪽은(산소가 있는 쪽) 약하게 음으로 대전되어 있고 다른 부분은 약하게 양으로 대전되어 있다. 이런 전하의 차이가 분자 간 수소 결합을 가능하게 한다. 물의 독특한 성질은 이 수소 결합으로부터 나온다.

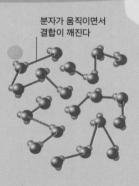

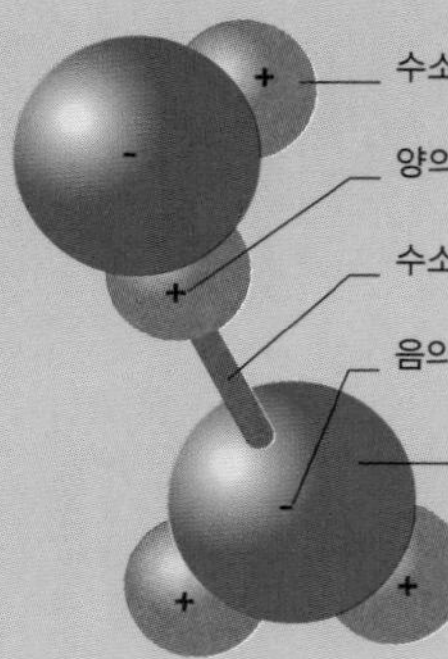

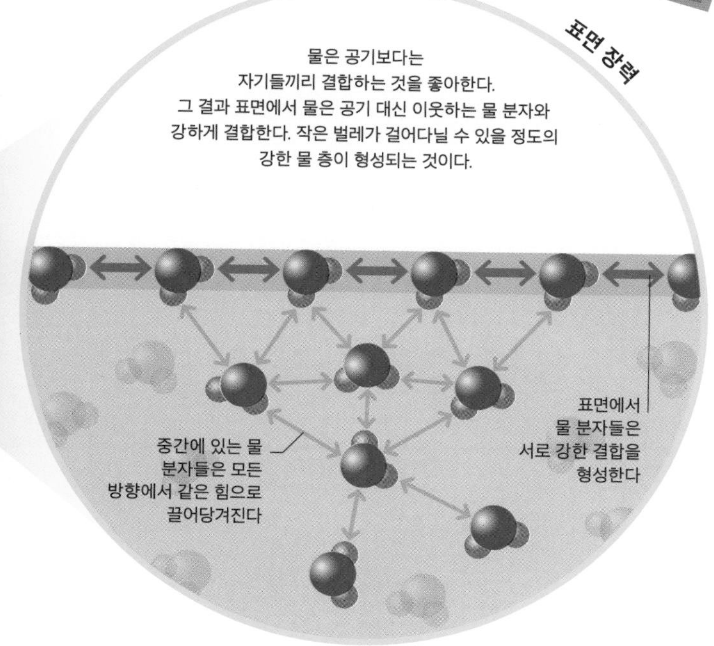
표면 장력
물은 공기보다는 자기들끼리 결합하는 것을 좋아한다. 그 결과 표면에서 물은 공기 대신 이웃하는 물 분자와 강하게 결합한다. 작은 벌레가 걸어다닐 수 있을 정도의 강한 물 층이 형성되는 것이다.
중간에 있는 물 분자들은 모든 방향에서 같은 힘으로 끌어당겨진다
표면에서 물 분자들은 서로 강한 결합을 형성한다

신체 안의 물

남성은 체중의 약 60퍼센트, 여성은 체중의 약 55퍼센트가 물이다. 다른 조직에 비해 수분의 양이 적은 체지방이 더 많은 여성의 신체가 물을 더 적게 함유한다. 오줌이나 땀 혹은 호흡을 통해 줄어든 양을 대체하기 위해 평균적으로 우리는 하루 1.5~2리터의 물을 마셔야 한다. 기후와 활동하는 정도에 따라 필요한 물의 양이 달라진다.

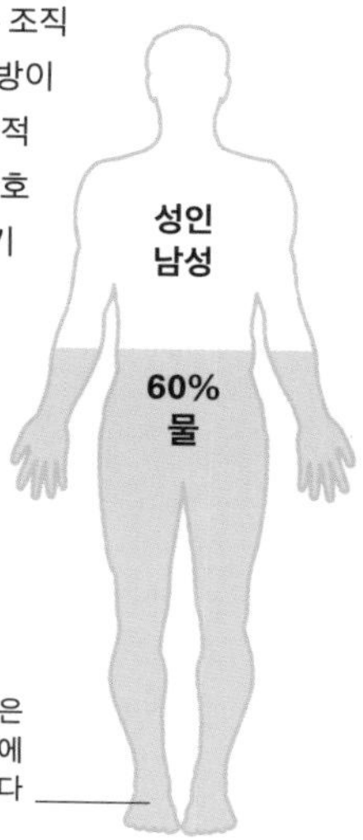
성인 남성
60% 물
신체 내부의 물은 대부분 세포 안에 존재한다

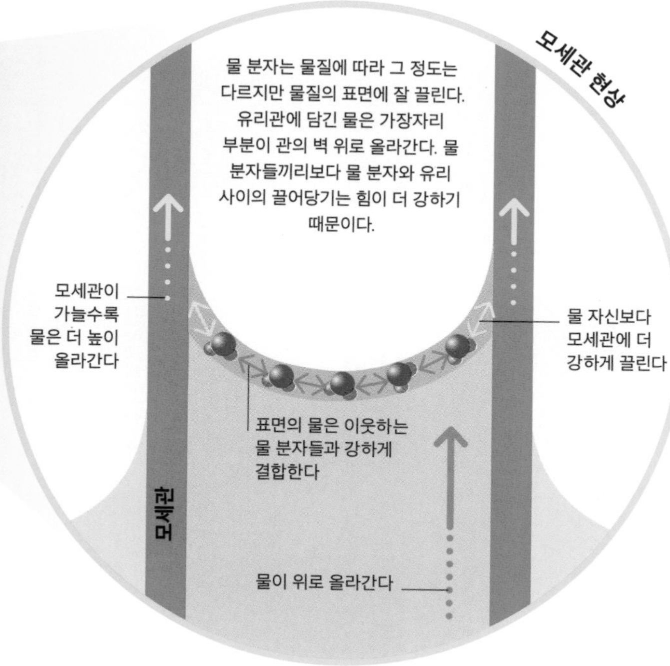
모세관 현상
물 분자는 물질에 따라 그 정도는 다르지만 물질의 표면에 잘 끌린다. 유리관에 담긴 물은 가장자리 부분이 관의 벽 위로 올라간다. 물 분자들끼리보다 물 분자와 유리 사이의 끌어당기는 힘이 더 강하기 때문이다.
모세관이 가늘수록 물은 더 높이 올라간다
물 자신보다 모세관에 더 강하게 끌린다
표면의 물은 이웃하는 물 분자들과 강하게 결합한다
모세관
물이 위로 올라간다

간혹 물이 푸르게 보이는 까닭은?

물은 스펙트럼의 붉은색 쪽 끝에 있는 장파장의 빛을 흡수한다. 따라서 우리가 보는 빛은 흡수되지 않은 짧은 파장의 푸른색이다.

9퍼센트

얼 때 물이 팽창하는 정도

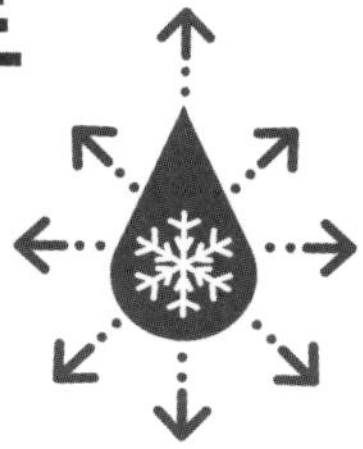

산과 염기

화학적으로 반대되는 효과를 가졌지만 산과 염기는 피부를 아리게 하고 위험할 정도로 부식성이 강한 것으로 잘 알려져 있다. 산과 염기의 강도는 매우 폭넓게 변한다.

산은 무엇인가?

물에 녹았을 때 양으로 대전된 수소 이온 형태로 수소 원자를 방출하는 물질이 산(acid)이다. 이런 이온을 더 많이 내놓을수록 강한 산이다. 예를 들면 염화 수소는 물에 녹아 염산 용액이 되고 강산으로 작용한다. 가장 강력한 산 중 하나인 염산이 내놓은 수소 이온의 농도는 과일에 함유된 약산 농도의 1,000배가 넘는다.

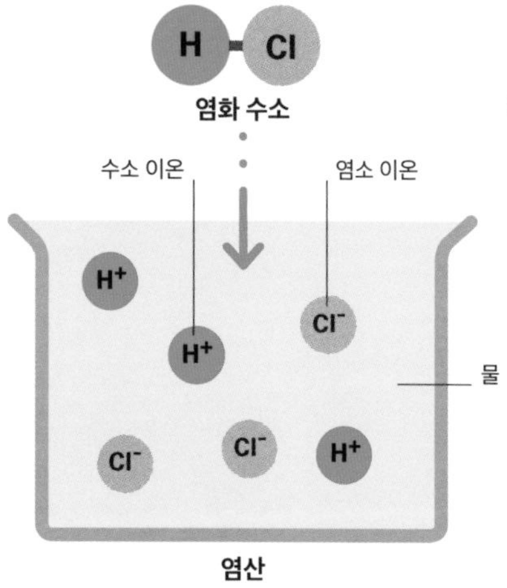

산성비

산의 부식성은 수소 이온에서 비롯된다. 매우 반응성이 좋은 이 이온은 다른 물질을 분해한다. 공장의 오염 물질인 이산화 황은 대기 중 물방울과 반응해 황산이 된다. 산성비로 이 물질이 떨어지면 석회암을 부식시킬 뿐만 아니라 잎과 식물에게도 해를 끼친다.

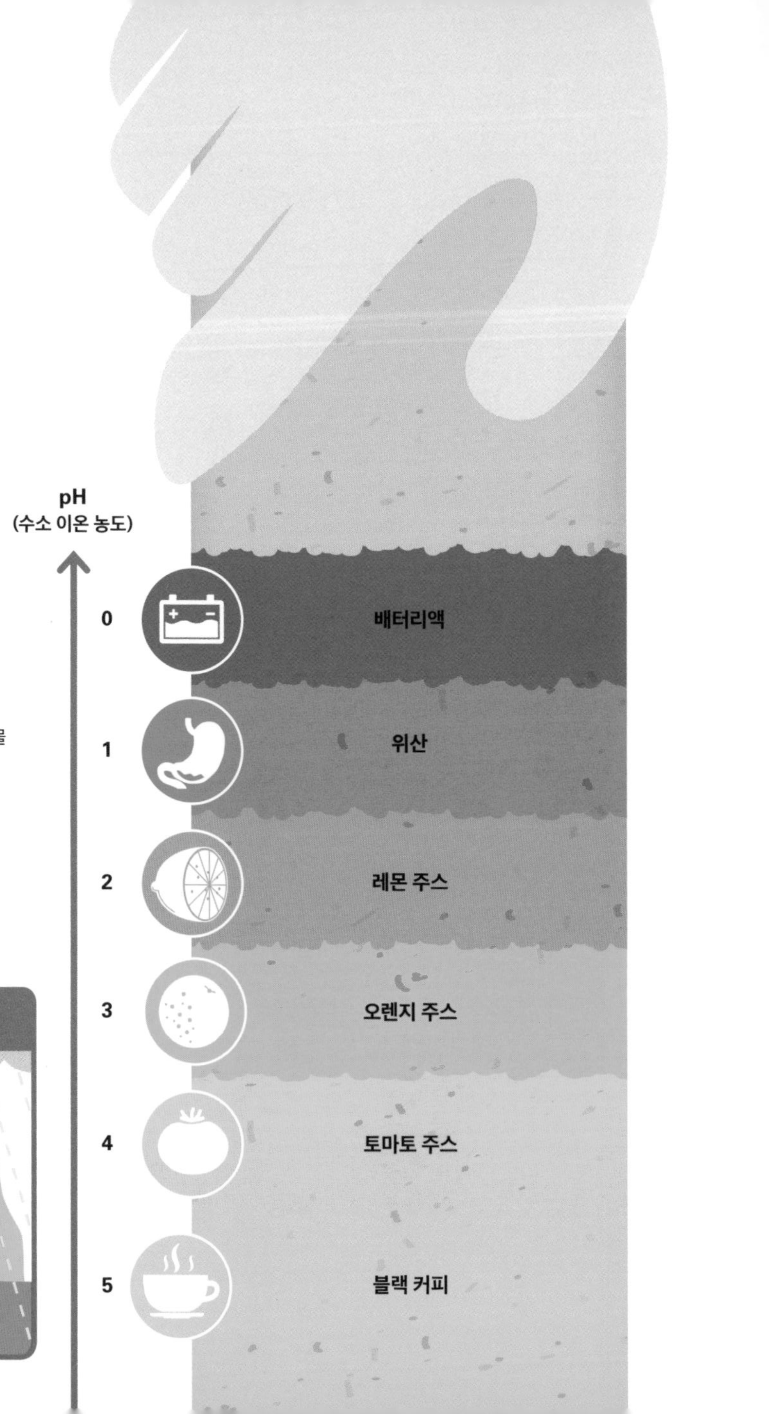

염기는 무엇인가?

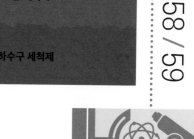

염기(base)는 화학적으로 산에 길항(반대)할 수 있는 물질이지만 역시 반응성이 좋다. 이들은 산과 반응해서 수소 이온을 중화할 수 있다. 석회석과 백악(chalk)은 염기성 암석이다. 산과 반응하기 때문이다. 수산화 소듐(가성소다)과 같은 강한 염기가 물에 녹은 것을 알칼리(alkali)라고 부른다. 물에서 이들은 음으로 대전된 수산 이온을 방출한다.

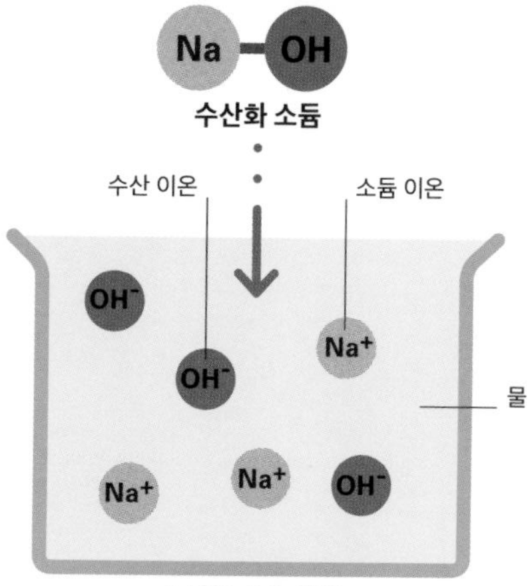

산-염기 반응

산과 염기가 반응하면 물과 염(salt)이라 불리는 다른 종류의 화합물이 생성된다. 어떤 산과 염기가 반응했느냐에 따라 염의 유형이 달라진다. 염산과 수산화 소듐이 반응하면 염화 소듐(소금)과 더불어 수소 이온과 수산 이온이 결합한 물이 만들어진다.

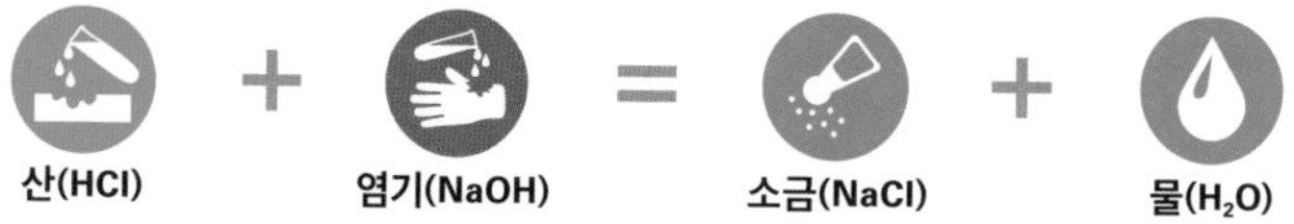

산과 알칼리는 어떻게 화상을 입히는가?

산과 알칼리 모두 우리 피부를 구성하는 단백질에 손상을 입혀 피부 세포를 죽인다. 산과는 달리 염기는 피부를 녹일 수 있어서 피하로 깊이 침투해 들어가 산보다 더 큰 손상을 입힐 수 있다.

산도의 측정

pH 미터는 물질의 산성 혹은 염기성의 세기를 측정한다. 강한 산성은 0에 가깝고 강한 염기는 14에 가깝다. 눈금 하나마다 수소 이온의 농도가 10배씩 차이가 난다. 지시약이라고 알려진 색소로 물질의 pH를 측정하기도 한다. 지시약과 반응해 발색하기 때문이다. 예컨대 어떤 색소는 강한 산성(pH 0)일 때 붉은색, 중성(pH 7)일 때 녹색, 강한 염기(pH 14)일 때 보라색을 띤다.

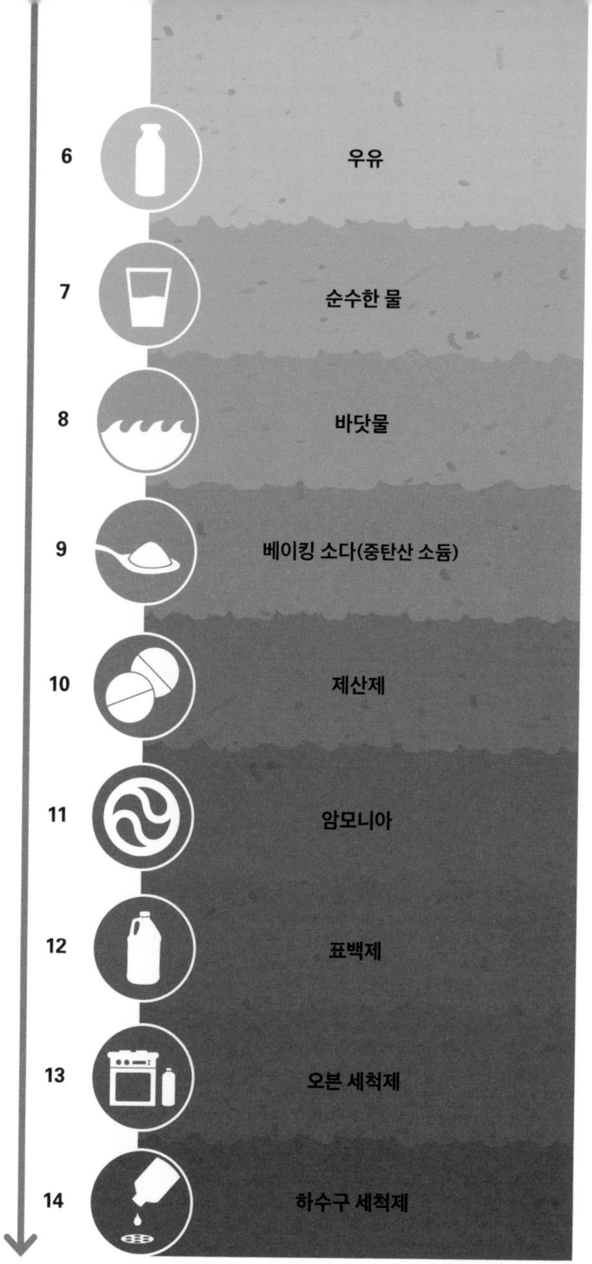

결정

아주 단단한 보석에서 순간의 우아한 눈꽃송이에 이르기까지 결정의 구조는 미적 존재로 여겨진다. 이런 특성은 원자 혹은 구성 입자 사이에 정교하게 조직화된 미세 배열에서 온다.

어떤 결정은 왜 색을 띠는 것일까?

다른 물질들과 마찬가지로 구성하는 원자들이 특정 파장의 빛을 흡수하거나 반사하면 결정도 색을 띤다. 예컨대 크로뮴 원자가 붉은빛을 반사하기 때문에 루비는 붉다.

결정이란 무엇일까?

결정형 고체(14쪽 참조)는 질서정연하게 배열된 입자로 만들어진다. 원자, 이온 혹은 분자들의 반복되는 패턴이 구조를 형성한다. 이 구조는 입자들이 무작위로 섞여 있는 무정형(비결정) 폴리에틸렌, 유리(70~71쪽 참조)와 다르다. 대부분의 금속 고체들은 부분적으로만 결정형이다. 과립(grain)이라 불리는 작은 결정이 있지만 이 과립들끼리 무작위로 결합하고 있다.

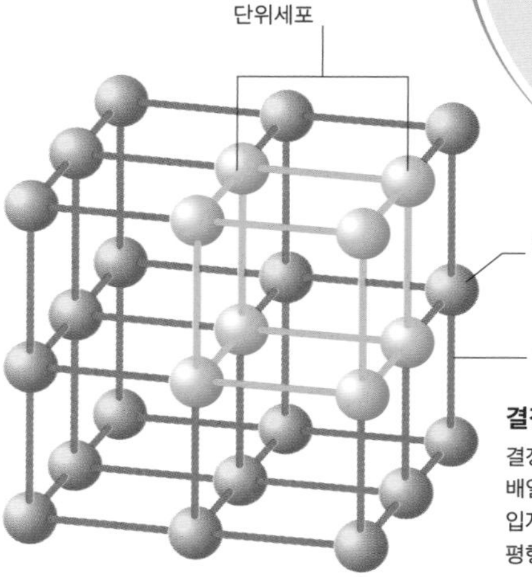

단위세포
원자
원자 간 결합

결정 구조

결정(crystal)은 단위세포라 불리는 반복되는 원자의 배열로 이루어진다. 가장 단순한 단위세포는 8개의 입자가 정육면체를 이루는 것이다. 원소의 평면은 평행하고 결정은 이들 평면에 따라 쪼개질 수 있다.

광물 결정

암석의 화학 성분인 무기 염류(mineral)는 지구의 기반암이 지질학적 과정을 거쳐 결정화한 것이다. 녹은 바위가 고형화할 때 또는 고체 부스러기가 고온 고압에서 재결정화할 때 형성된다. 용액에서 결정이 자라날 때도 있는데 물에 녹아 있던 무기 염류가 농축되었을 때 가능한 사건이다. 이런 결정이 오랜 세월 안정된 상태에 머무르면 거대한 크기로 자라기도 한다.(오른쪽 참조)

자연적인 거대 석고 결정은 55톤에 이른다

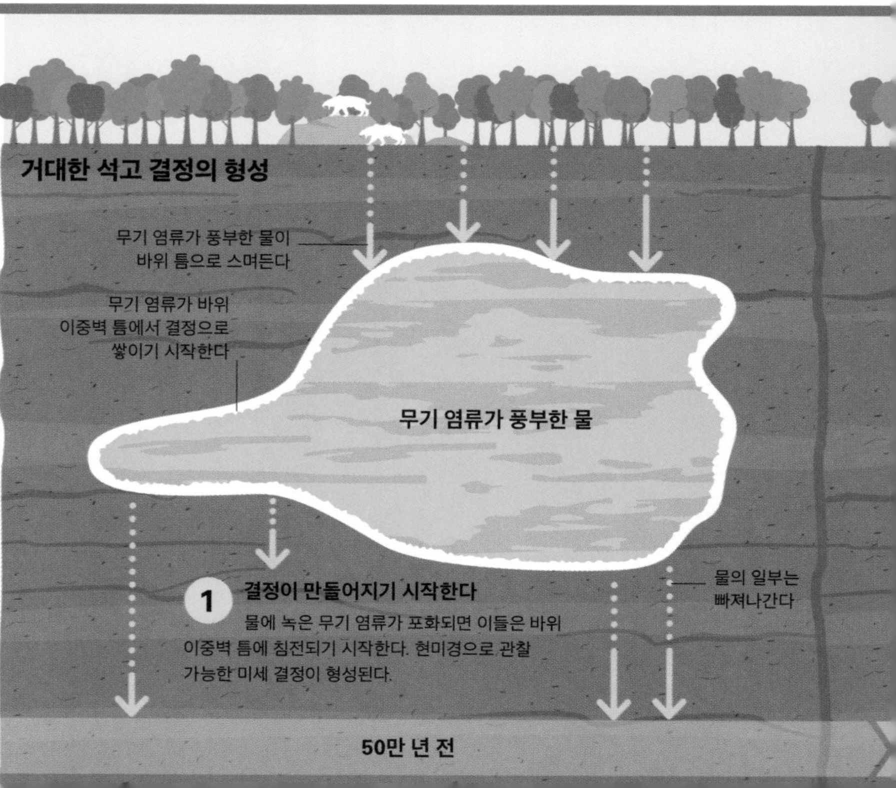

거대한 석고 결정의 형성
무기 염류가 풍부한 물이 바위 틈으로 스며든다
무기 염류가 바위 이중벽 틈에서 결정으로 쌓이기 시작한다
무기 염류가 풍부한 물
물의 일부는 빠져나간다
1 결정이 만들어지기 시작한다
물에 녹은 무기 염류가 포화되면 이들은 바위 이중벽 틈에 침전되기 시작한다. 현미경으로 관찰 가능한 미세 결정이 형성된다.
50만 년 전

액체 결정

어떤 물질은 액체처럼 흐르지만 고체처럼 결정 성질을 갖는다. 이런 액체 결정(liquid crystal)은 액체와 고체의 중간 성질을 띤다. 이들 입자는 잘 정돈되어 있지만 서로 다른 방향으로 움직일 수 있다. 고체 결정 속의 입자들처럼 그들도 빛이 투과되는 방식에 영향을 끼친다. 회전하는 분자들은 편광(한 방향으로 빛이 진동한다.)의 방향을 비틀 수 있다. 이런 특성이 액정 화면의 기본 원리이다. 전기적으로 분자의 배치를 조절하면 일부 픽셀만 빛을 내게 할 수 있다.

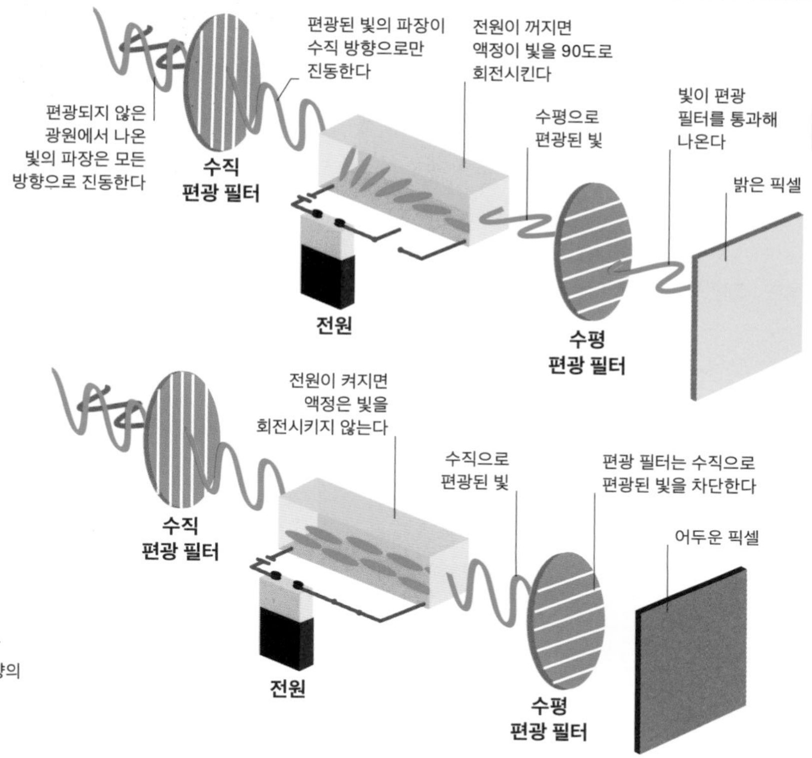

액정 화면

'휴지기' 상태일 때 액체 결정 분자는 픽셀을 비추기 위해 편광 빛을 회전시키지만 전기장이 걸리면 빛은 직진한다. 수직 방향의 진동이 수평 필터에 차단되어 어두운 픽셀이 나타난다.

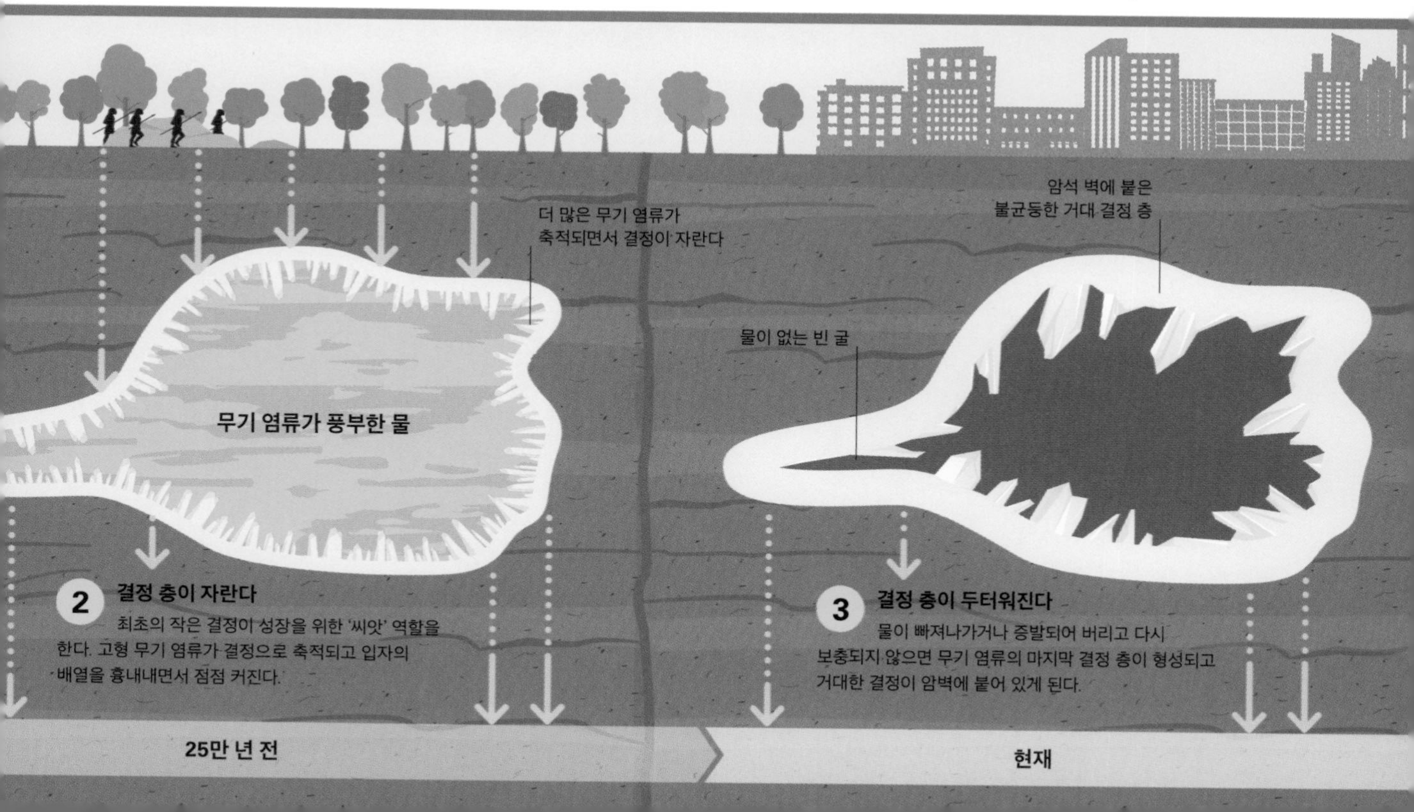

2 결정 층이 자란다

최초의 작은 결정이 성장을 위한 '씨앗' 역할을 한다. 고형 무기 염류가 결정으로 축적되고 입자의 배열을 흉내내면서 점점 커진다.

3 결정 층이 두터워진다

물이 빠져나가거나 증발되어 버리고 다시 보충되지 않으면 무기 염류의 마지막 결정 층이 형성되고 거대한 결정이 암벽에 붙어 있게 된다.

용액과 용매

물에 소금 혹은 설탕을 더하면 형체가 사라진다. 하지만 맛은 살아 있어서 그것이 물에 녹아 들어가 용액 상태로 잘 퍼져 있음을 증명한다.

물체를 산이나 염기 용액에 넣어서 폐기 처리할 수 있을까?

산이나 염기 용액(알칼리)에 물체를 넣으면 궁극적으로 완전히 녹는다. 하지만 산이나 염기 용액의 강도 혹은 온도에 따라 녹는 데 며칠이 걸릴 수도 있다.

용매의 종류

어떤 성분이 다른 성분에 용해될 때 녹는 물질을 용질(solute)이라 하고 녹이는 물질은 용매(solvent)라고 한다. 크게 극성(polar) 혹은 비극성(nonpolar) 두 종류의 용매가 있다. 물 같은 극성 용매는 분자들 내에 약간의 전기적 전하 차이가 있어서 극성 용질의 반대되는 전하와 반응한다. 반면 헥세인(hexane, C_6H_{14}) 같은 비극성 용매는 하전이 없다. 따라서 이들은 기름이나 윤활유처럼 대전되지 않은 원자 혹은 분자를 잘 녹인다.

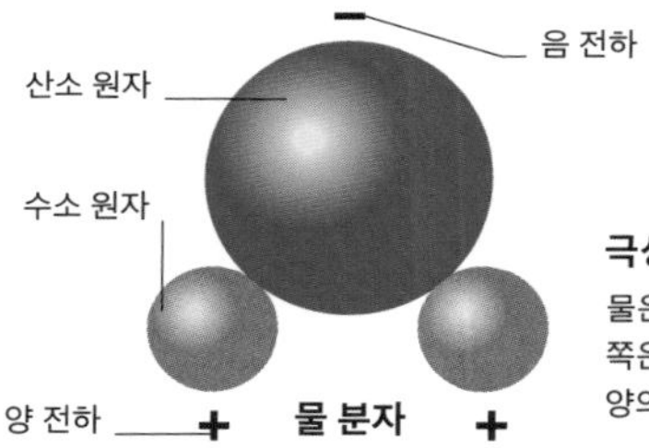

극성 용매

물은 극성 물질이다. 분자 한 쪽은 음의 하전을 다른 쪽은 양의 하전을 띤다.

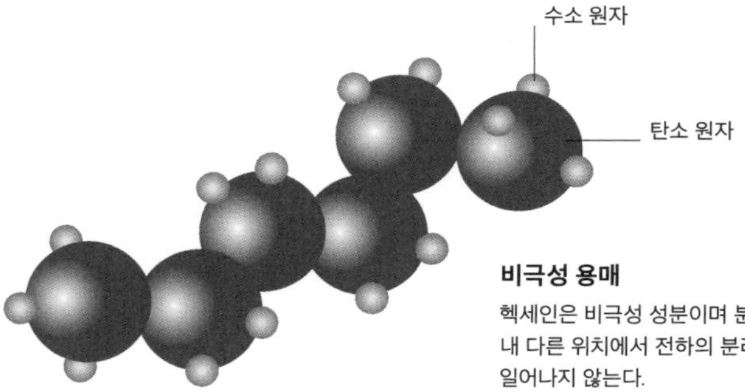

헥세인 분자

비극성 용매

헥세인은 비극성 성분이며 분자 내 다른 위치에서 전하의 분리가 일어나지 않는다.

용액의 종류

용질이 용매에 녹으면 용액(solution)이 된다. 두 성분이 섞여서 입자(원자, 분자 혹은 이온)가 완전히 하나처럼 보이는 것이다. 하지만 이들 성분이 반응한 것은 아니기 때문에 화학적으로는 변한 것이 없다. 액체 용매 안에 고체 용질이 들어있는 형태가 우리에게 가장 익숙하다. 하지만 기체가 액체에 녹아 있기도 하고 고체가 고체에 용해되어 있기도 하다. 용질이 녹을 때 용액은 용매와 같은 상(액체, 고체 혹은 기체)으로 존재한다.

액체에 용해된 고체

설탕을 넣은 커피는 고체(설탕)가 커피 액체(향미가 나는 물질이 과량의 물에 녹아 있다.)에 녹은 용액이다.

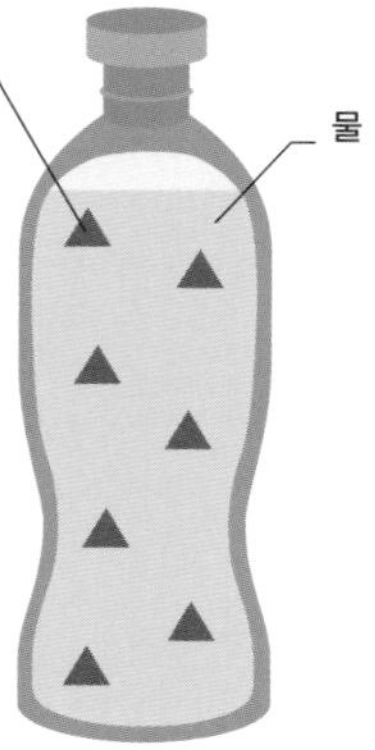

액체에 용해된 기체

암모니아 기체는 쉽게 물에 녹아 알칼리 용액이 된다. 이 용액은 주로 가정용 세정제로 사용된다.

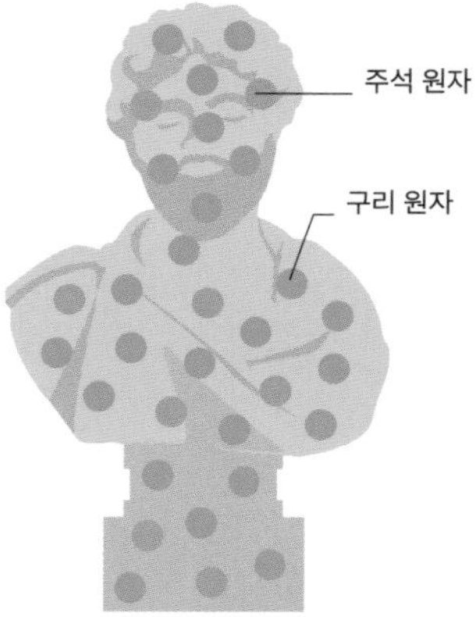

고체에 용해된 고체

청동은 구리 안에 주석이 들어 있는 용액이다. 용매인 구리는 용액의 대부분을 차지한다. 88퍼센트는 구리, 12퍼센트는 주석이다.

같은 것끼리 녹는다

극성 용매는 극성 용질을 녹인다. 반대되는 전하가 서로를 끌어당기며 약한 결합을 형성하기 때문이다. 물은 극성이다. 산소 원자가 부분적으로 음, 수소 원자가 부분적으로 양의 하전을 띠기 때문이다. 비극성 용매는 극성 용질과 잘 섞이지 않는다. 기름과 물이 잘 섞이지 않는 것을 봐도 알 수 있다. 오직 비극성 용매만이 기름을 녹일 수 있다.

물은 어떤 액체보다 많은 물질을 녹이기 때문에 보편적 용매라 불린다

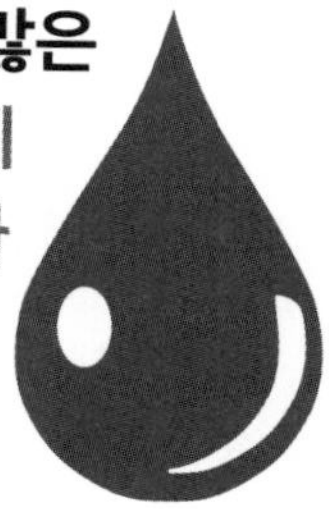

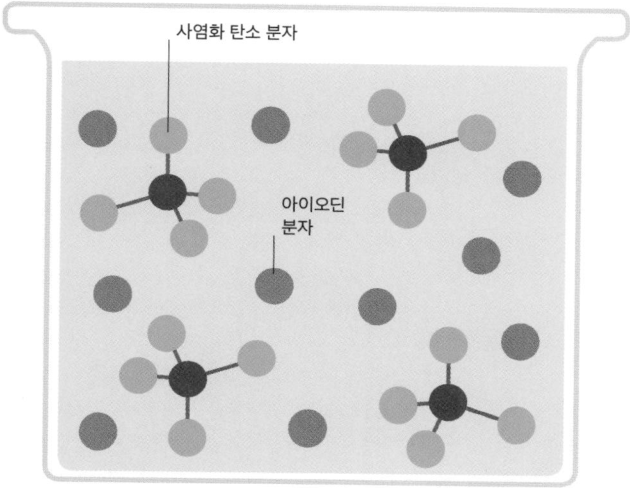

비극성 용매에 용해된 비극성 용질

사염화 탄소는 비극성 용매로 마찬가지로 비극성인 용질 아이오딘을 녹인다.

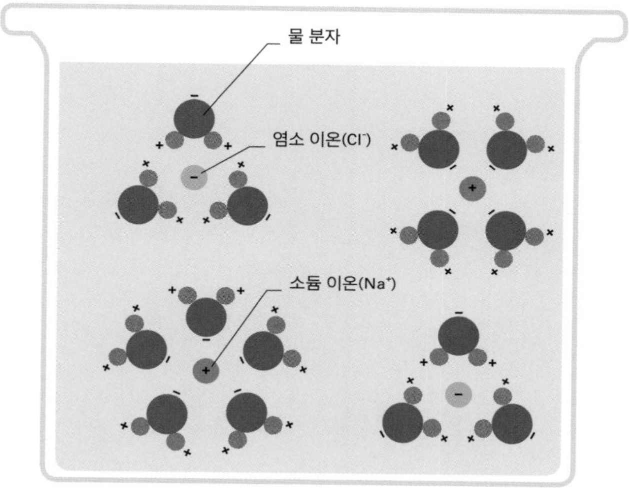

극성 용매에 용해된 극성 용질

극성 용매인 물은 전하가 있는 물질인 소금(NaCl)과 설탕을 녹일 수 있다.

용해도

용해도(solubility)는 물질이 녹는 정도이다. 용해도는 온도에 따라 달라진다. 기체는 압력의 영향을 크게 받는다. 예컨대 찬물보다 따뜻한 물에 설탕이 더 많이 녹고 고압에서 기체는 액체에 더 많이 녹아 들어간다. 특정 온도와 압력에서 용매에 녹는 용질의 최대량을 포화 농도라고 한다.

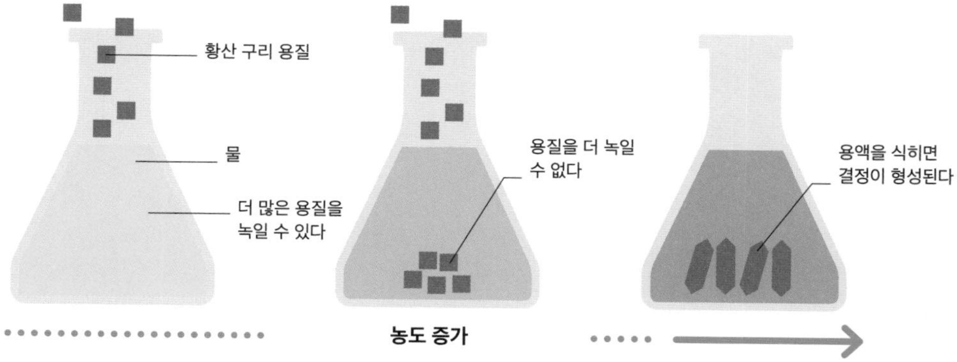

불포화 용액

불포화 용액(unsaturated solution)에는 더 많은 용질(여기서는 황산 구리 결정)을 녹일 수 있다.

포화 용액

포화 용액(saturated solution)에는 해당 온도에서 가능한 가장 많은 양의 용질이 녹아 있다.

과포화 용액

끓이면 용질을 더 녹일 수 있다. 갑자기 식히면 과포화 용액(supersaturated solution)이 되어 결정이 석출된다.

촉매

높은 온도에서 화학 반응의 속도는 빨라진다. 원자와 분자가 더 빨리 충돌하는 상황이기 때문이다. 촉매라 불리는 화학 물질들도 반응 속도를 빠르게 한다. 촉매 스스로는 반응 중에 변하지 않아 재사용될 수 있다.

촉매는 어떻게 작동하는가

서로 반응하기 위해서 입자들은 충분한 에너지를 가져야 한다. 이 활성화 에너지(44쪽 참조)가 너무 커서 정상적인 조건에서 반응이 절대 진행되지 않는 경우가 있다. 촉매는 활성화 에너지를 낮추어 반응이 진행되도록 한다. 아주 적은 양의 촉매(catalyst)로도 이런 일을 할 수 있다.

반응 촉진

입자는 물리적으로 가깝게 위치해야 할 뿐 아니라 반응이 잘 일어날 수 있는 방식으로 존재해야 한다. 촉매가 이 과정을 돕는다. 촉매는 보통 중간 단계에서 반응물과 결합하면서 일을 수행한다. 반응의 마지막에 촉매는 변하지 않은 채로 회수된다.

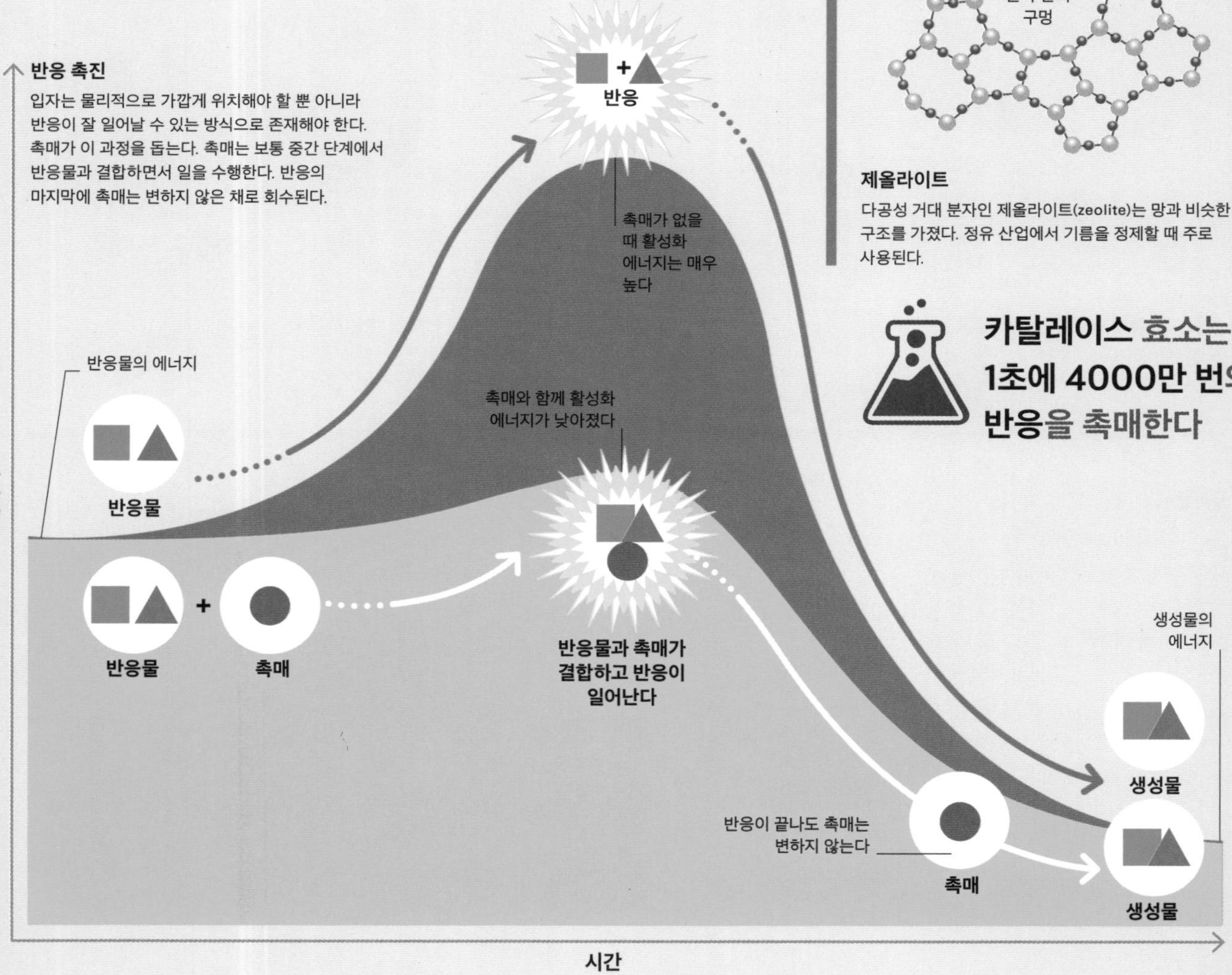

+
반응
촉매가 없을 때 활성화 에너지는 매우 높다
반응물의 에너지
반응물
촉매와 함께 활성화 에너지가 낮아졌다
에너지
반응물
+
촉매
반응물과 촉매가 결합하고 반응이 일어난다
생성물의 에너지
생성물
반응이 끝나도 촉매는 변하지 않는다
촉매
생성물
시간

공업용 촉매

생산성 높은 화학 반응을 진행하기 위해 공장에서도 빈번히 촉매를 사용한다. 금속과 산화 금속들이 그런 물질들이다. 하버 공정(67쪽 참조)에서는 암모니아를 만들 때 철을 촉매로 사용한다. 대부분 공업용 촉매는 고체이며 쉽게 분리해 재활용할 수 있다.

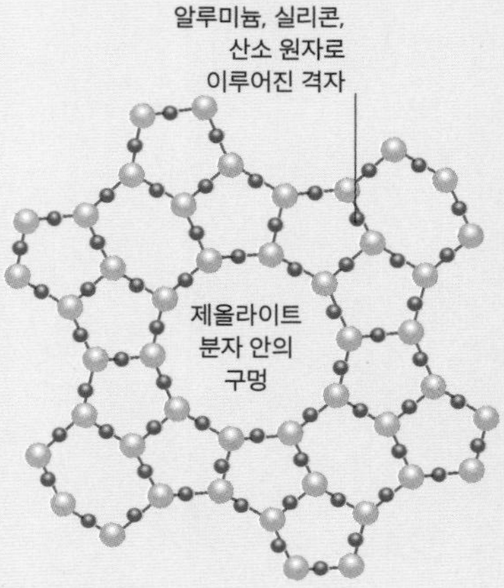

알루미늄, 실리콘, 산소 원자로 이루어진 격자
제올라이트 분자 안의 구멍

제올라이트

다공성 거대 분자인 제올라이트(zeolite)는 망과 비슷한 구조를 가졌다. 정유 산업에서 기름을 정제할 때 주로 사용된다.

카탈레이스 효소는 1초에 4000만 번의 반응을 촉매한다

촉매 변환기

현대의 자동차에 장착되는 촉매 변환기(catalytic converter)는 표면에 백금과 로듐 촉매가 있는 벌집 모양으로 세라믹 재질이다. 이 장치는 표면적이 큰 변환기를 통과하는 배기가스의 독성 기체를 보다 덜 해로운 이산화 탄소와 물, 산소와 질소로 변환한다. 자동차 엔진에서 나오는 열 때문에 촉매 반응의 속도가 빨라진다.

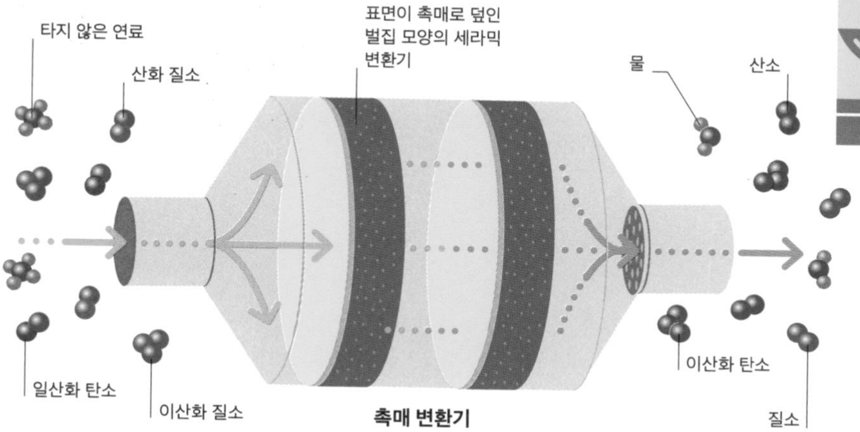
타지 않은 연료
산화 질소
표면이 촉매로 덮인
벌집 모양의 세라믹
변환기
물
산소
일산화 탄소
이산화 질소
이산화 탄소
질소
촉매 변환기

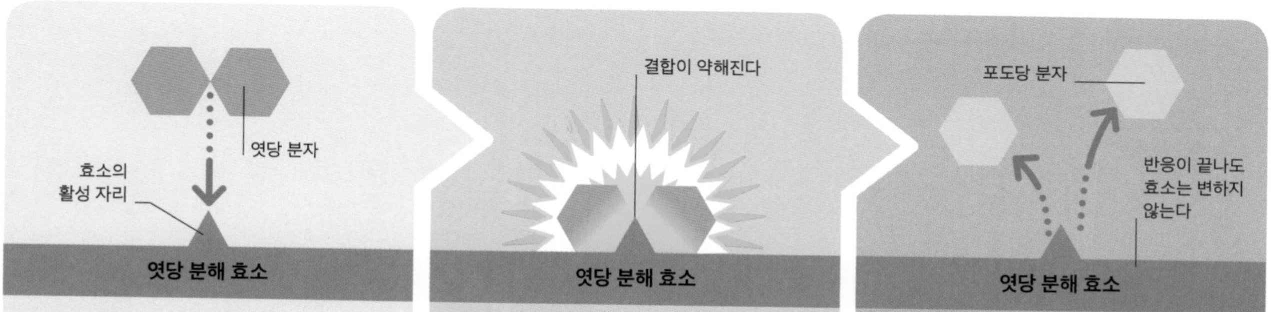
엿당 분자
효소의
활성 자리
엿당 분해 효소
결합이 약해진다
엿당 분해 효소
포도당 분자
반응이 끝나도
효소는 변하지
않는다
엿당 분해 효소

1 엿당이 효소에 결합한다
반응물인 엿당(maltose)이 일시적으로 효소의 활성 자리(촉매 반응이 진행되는 곳)에 결합한다. 오직 엿당만이 엿당 분해 효소(maltase) 활성 자리와 구조가 일치한다.

2 엿당의 결합이 약해진다
엿당이 효소의 활성 자리에 결합하면 엿당의 분해에 필요한 활성화 에너지가 낮아진다. 엿당이 엿당 분해 효소에 의해 쉽게 분해될 수 있다는 뜻이다.

3 포도당이 쪼개져 나온다
활성 자리에서 일어나는 화학 반응에 의해 화학 결합이 재배열되고 엿당이 분해되면서 2개의 포도당이 생성물로 나온다. 이제 효소는 다시 반응에 참여할 수 있다.

생물학적 촉매

대부분 공업용으로 사용되는 무기 촉매는 다양한 반응을 매개하지만 유기체는 그와 다른 방식을 쓴다. 효소라 불리는 단백질이 DNA를 복제하거나 음식물을 소화하는 특별한 생물학적 과정에서 촉매 작용을 한다. 각 효소는 특정한 반응물과 결합할 수 있는 형태이다. 대사가 진행되기 위해 필요한 수천 개의 효소는 생명체가 살아가는 데 없어서는 안 되는 물질들이다.

생물학적 세정제

다른 촉매와 마찬가지로 효소도 쓰임새가 다양하다. 생물학적 반응이 일어나는 곳이라면 어디든 응용이 가능하기 때문이다. 옷에서 때를 제거하는 것도 한 예이다. 생물학적 세정제는 기름 성분인 지방과 핏속의 단백질을 분해하는 효소를 포함하고 있다. 이들 효소는 체온에서 활성화되기 때문에 (너무 뜨거우면 파괴되기도 한다.) 에너지를 절약하면서도 부드러운 직물이 손상되는 것을 막을 수 있다.

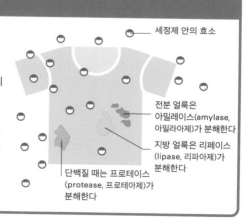

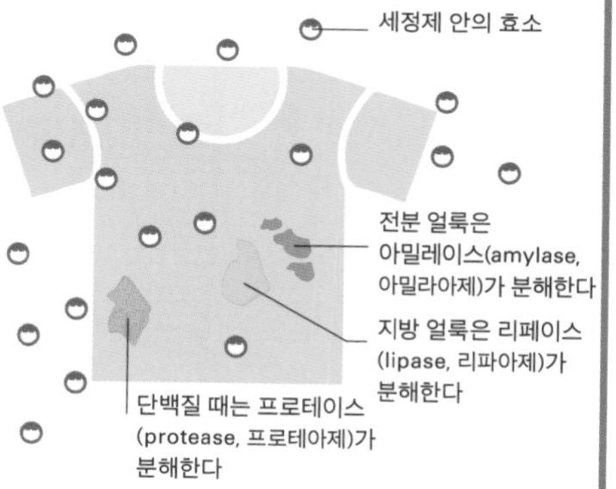
세정제 안의 효소
전분 얼룩은
아밀레이스(amylase,
아밀라아제)가 분해한다
지방 얼룩은 리페이스
(lipase, 리파아제)가
분해한다
단백질 때는 프로테이스
(protease, 프로테아제)가
분해한다

화학 물질 만들기

우리는 늘 인간이 만든 공산품에 둘러 싸여 있다. 플라스틱과 연료, 의약품도 마찬가지다. 이런 물질을 만들기 위해서는 기본 재료가 되는 화학 물질이 있어야 한다. 황산, 암모니아, 질소, 염소, 소듐이 그런 것들이다.

황산

황산(sulphuric acid)은 가장 널리 사용되는 기본 재료 물질이다. 배터리에도 하수구 세척제에도 사용된다. 종이나 비료를 만들 때는 물론이고 주석 통조림 캔을 만들 때도 사용한다. 다양한 방식으로 황산을 생산할 수 있지만 가장 잘 알려진 것은 접촉법(contact process)이다.

접촉 과정

액체 황을 공기와 반응시켜 이산화 황 기체를 만든다. 이 물질을 씻고 말린 후 바나듐 촉매를 써서 삼산화 황을 만든다. 황산을 이 기체에 넣어서 이황산을 만든 다음 물로 희석하면 황산이 만들어진다.

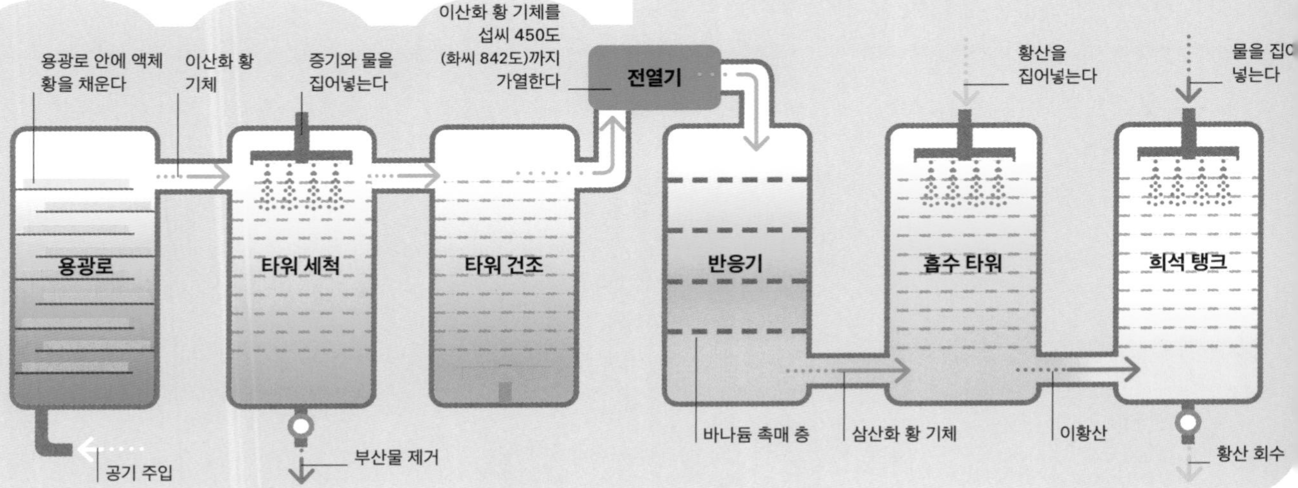

용광로 안에 액체 황을 채운다
이산화 황 기체
증기와 물을 집어넣는다
이산화 황 기체를 섭씨 450도 (화씨 842도)까지 가열한다
전열기
황산을 집어넣는다
물을 집어넣는다
용광로
타워 세척
타워 건조
반응기
흡수 타워
희석 탱크
공기 주입
부산물 제거
바나듐 촉매 층
삼산화 황 기체
이황산
황산 회수

염소와 소듐

다운스 셀(Downs cell)이라는 산업형 규모의 탱크 안에서 전기 분해 과정을 거쳐 소금에서 염소(chlorine)와 소듐(sodium)을 제조한다. 이 탱크 안에는 녹은 소금이 들어 있고 철과 탄소 전극이 설치되어 있다. 전극에 전류가 흐르면 소듐과 염소 이온이 움직여 전극을 향하고 각각 소듐, 염소 원자가 된다. 이를 회수한다.

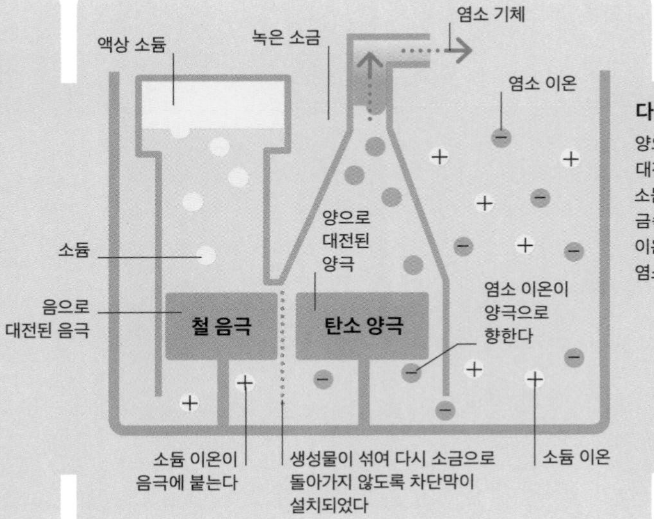

액상 소듐
녹은 소금
염소 기체
염소 이온
소듐
양으로 대전된 양극
음으로 대전된 음극
철 음극
탄소 양극
염소 이온이 양극으로 향한다
소듐 이온이 음극에 붙는다
생성물이 섞여 다시 소금으로 돌아가지 않도록 차단막이 설치되었다
소듐 이온

다운스 셀

양으로 대전된 소듐 이온이 음으로 대전된 음극으로 가서 전자를 만나 소듐 금속이 된다. 녹은 소금의 표면에 금속이 떠 있다. 음으로 대전된 염소 이온은 양극으로 가서 전자를 잃고 염소가 되어 기체 형태로 솟아오른다.

질소

전체의 78퍼센트가 질소(nitrogen)인 공기는 순수한 질소 기체의 공급원이다. 분별 증류(fractional distillation)로 공기 중에서 질소를 분리한다. 공기를 액화시킨 후 다시 덥히는 과정을 거친다. 이때 서로 다른 온도에서 각기 다른 높이의 증류 기둥을 거쳐 공기의 각 성분이 기체로 돌아간다. 산소는 맨 아래 액체로 남는다.

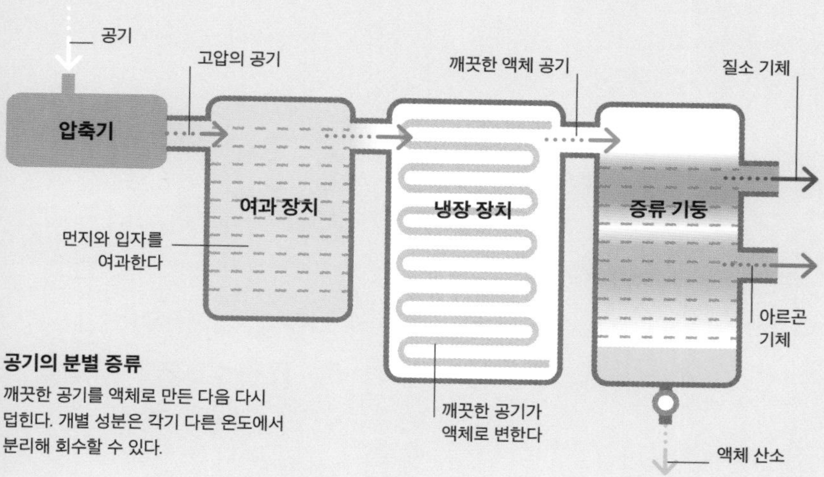

공기의 분별 증류

깨끗한 공기를 액체로 만든 다음 다시 덥힌다. 개별 성분은 각기 다른 온도에서 분리해 회수할 수 있다.

석유로 만든 생산품

원유를 분별 증류해 다양한 생산품을 만든다. 어떤 것은 곧바로 사용할 수도 있다. 예를 들어 천연 가스, 휘발유와 디젤, 윤활유, 도로 포장에 사용하는 역청(bitumen)이 그런 것들이다. 부가적인 과정을 거쳐 플라스틱이나 용제를 만들기도 한다.

전 세계적으로 매년 2억 5000만 톤 이상의 황산이 생산된다

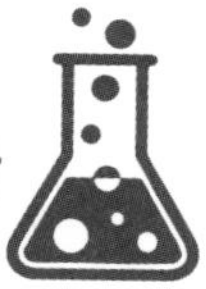

암모니아

하버 공정(Haber process)은 질소와 수소 기체로부터 암모니아를 만드는 방법이다. 비료와 색소, 폭발물과 세제를 만들 때 반드시 필요한 재료가 암모니아이다. 질소는 반응성이 낮아 하버 공정은 철 촉매와 고온 고압 반응기를 써서 반응 속도를 올리고 고효율로 암모니아를 생산한다.

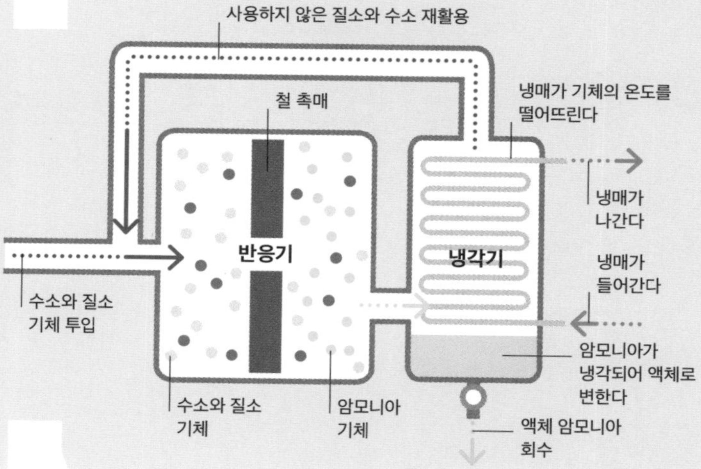

하버 공정

수소와 질소 기체를 섞은 다음 철 촉매에 통과시켜 암모니아를 생성하는 반응을 촉진한다. 혼합물을 냉각하면 액상 암모니아를 회수할 수 있다. 반응하지 않은 질소와 수소는 재사용된다.

플라스틱

강하고 가볍고 싼 플라스틱은 현대 인류의 삶의 양식을 바꾸어 놓았다. 하지만 대부분 화석 연료로 만들어지고 생분해되지 않기 때문에 환경 문제를 불러 일으키고 있다.

단위체와 고분자 중합체

플라스틱은 합성 고분자 중합체(polymer)이다. 단위체(monomer)라 불리는 반복 단위로 긴 사슬을 이룬 분자이며 분자 수백 개만큼 길 수도 있다. 플라스틱에 사용되는 다양한 단위체는 서로 다른 특성과 쓰임새를 갖는다. 예를 들어 강한 섬유인 나일론은 칫솔에 사용되지만 폴리에틸렌은 가벼운 플라스틱 봉지의 재료다.

단위체
많은 플라스틱의 단위체는 탄소-탄소 이중 결합(41쪽 참조)을 갖는다.

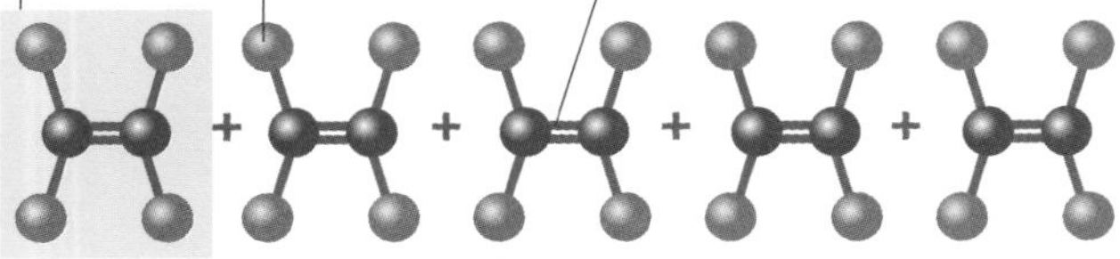

중합체
고분자 중합체를 만들 때 이중 결합이 깨지고 각 단위체는 이웃 분자와 결합해 긴 사슬을 만든다.

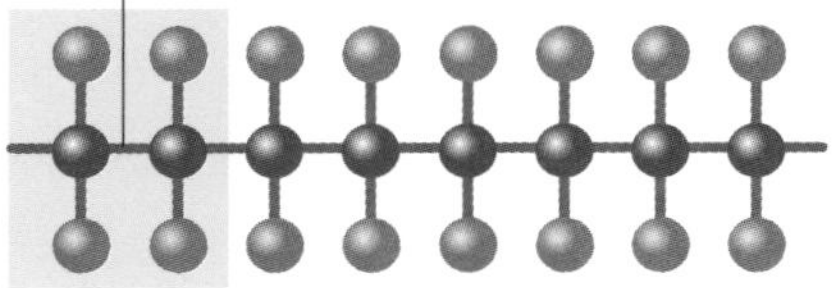

천연 중합체

자연계에도 중합체가 있다. 탄수화물, 고무, DNA가 그러한 예이다. DNA는 당과 인산에 염기라 불리는 질소 화합물로 구성된 핵산 단위체로 이루어져 있고 단백질을 만드는 암호를 저장한다.

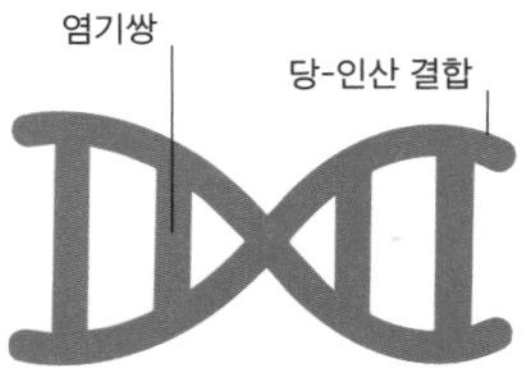

지구를 네 바퀴씩 돌 정도로 많은 양의 플라스틱이 매년 버려진다

플라스틱의 제조

대부분의 플라스틱은 원유를 증류한 석유 화학 제품으로부터 만들어진다. 온도와 압력을 조절하고 촉매를 첨가해 단위체를 고분자 중합체로 만든다. 플라스틱의 성질을 변형시키기 위해 다른 물질을 첨가하기도 한다. 만들어진 플라스틱은 여러 모습으로 변형이 가능하다. 생플라스틱(bioplastic)은 재생 가능한 나무나 재생 에탄올을 재료로 만들지만 오늘날 거의 통용되지 않는다. 플라스틱은 열경화성이거나 열가소성이다. 열경화성 플라스틱은 한번 쓰면 끝이지만 열가소성을 갖는 물질은 녹여서 여러 번 다시 쓸 수 있다.

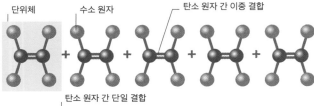

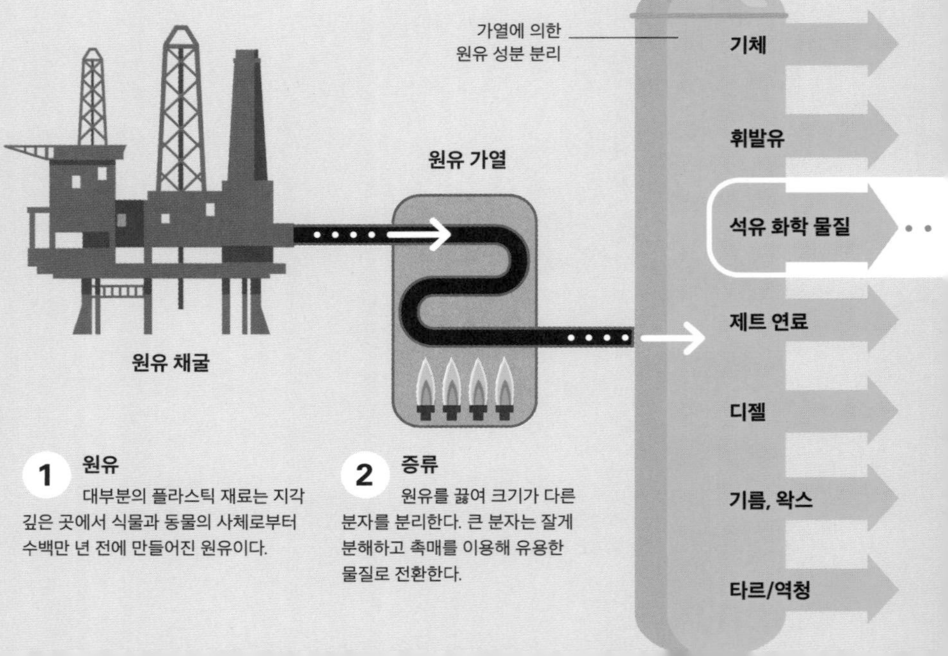

1 원유
대부분의 플라스틱 재료는 지각 깊은 곳에서 식물과 동물의 사체로부터 수백만 년 전에 만들어진 원유이다.

2 증류
원유를 끓여 크기가 다른 분자를 분리한다. 큰 분자는 잘게 분해하고 촉매를 이용해 유용한 물질로 전환한다.

재활용

어떤 플라스틱은 잘게 쪼갠 다음 녹여서 다시 형태를 만드는 방식으로 쉽게 재활용된다. 다른 방식의 재활용 공정이 필요한 플라스틱도 있다. 플라스틱을 액체 연료로 전환시키거나 태워서 직접 에너지를 얻기도 한다. 세균이 소화할 만한 플라스틱을 개발하는 경우도 있지만 아직 대규모로 생산되지는 않는다.

플라스틱의 장점과 단점

장점	단점
제조 가격이 싸고 농업 생산물 수확이나 동물 혹은 다른 자원에 의존하지 않는다.	재생 가능하지 않은 재료로 만들어지기 때문에 원유를 채굴하는 일 자체가 환경을 손상시킨다.
플라스틱은 가볍고 강하다. 따라서 적은 양으로도 다양하고 유용한 생산품을 만들 수 있다.	플라스틱이 잘게 잘려 유입되면 야생 생명체나 우리 식품에 영향을 끼친다.
경도, 탄력성, 거칠기 등 플라스틱의 특성을 조절하고 변화시킬 수 있다.	플라스틱 제품은 쉽게 노후되고 여러 번 사용하면 깨질 수 있다. 자외선에 노출되면 쉽게 부서진다.
합성 섬유는 잘 늘어나고 주름이 잘 생기지 않고 천연 섬유보다 염색하기 쉽다.	합성 의류는 땀을 흡수하지 않고 증발도 되지 않아 더운 날 불편하다. 정전기가 발생한다.
어떤 플라스틱은 재활용되어 환경 친화적일 수 있다.	생분해되지 않는 플라스틱은 땅, 바다 할 것 없이 전 지구적 오염원이고 매립지를 채우고 있다.

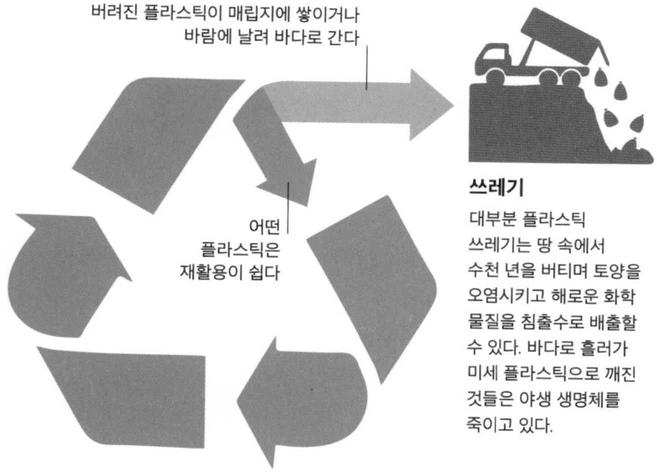
버려진 플라스틱이 매립지에 쌓이거나
바람에 날려 바다로 간다
어떤
플라스틱은
재활용이 쉽다
쓰레기
대부분 플라스틱 쓰레기는 땅 속에서 수천 년을 버티며 토양을 오염시키고 해로운 화학 물질을 침출수로 배출할 수 있다. 바다로 흘러가 미세 플라스틱으로 깨진 것들은 야생 생명체를 죽이고 있다.

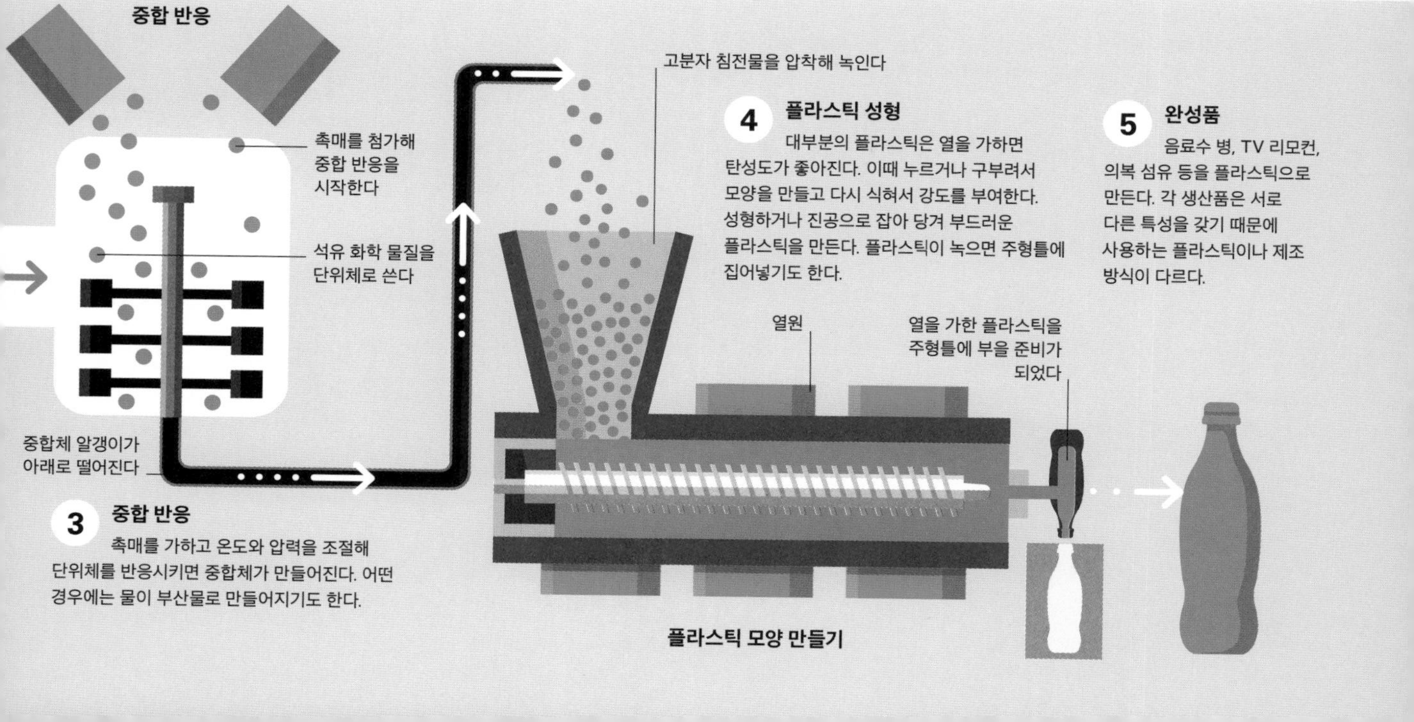
중합 반응
촉매를 첨가해
중합 반응을
시작한다
석유 화학 물질을
단위체로 쓴다
중합체 알갱이가
아래로 떨어진다
3 중합 반응
촉매를 가하고 온도와 압력을 조절해 단위체를 반응시키면 중합체가 만들어진다. 어떤 경우에는 물이 부산물로 만들어지기도 한다.
고분자 침전물을 압착해 녹인다
4 플라스틱 성형
대부분의 플라스틱은 열을 가하면 탄성도가 좋아진다. 이때 누르거나 구부려서 모양을 만들고 다시 식혀서 강도를 부여한다. 성형하거나 진공으로 잡아 당겨 부드러운 플라스틱을 만든다. 플라스틱이 녹으면 주형틀에 집어넣기도 한다.
열원
열을 가한 플라스틱을
주형틀에 부을 준비가
되었다
플라스틱 모양 만들기
5 완성품
음료수 병, TV 리모컨, 의복 섬유 등을 플라스틱으로 만든다. 각 생산품은 서로 다른 특성을 갖기 때문에 사용하는 플라스틱이나 제조 방식이 다르다.

유리와 세라믹

부식에 강하고 단단한데다 대부분 투명한 유리는 알다시피 모래의 주요 성분인 이산화 규소가 주성분이다. 하지만 '유리'라는 용어는 모든 종류의 세라믹을 가리키는 등 더 폭넓게 사용되기도 한다.

유리의 구조

무정형 구조인 유리는 분자(혹은 원자) 배열에 질서가 없거나 적은 물질이다. 원자 수준에서 유리는 움직이지 않는 액체처럼 보인다.(16~17쪽 참조) 하지만 유리는 고체이다. 유리는 재료를 녹인 다음 급히 냉각시켜 만들기 때문에 원자(혹은 분자)들이 결정이든 금속이든 그들의 원래 구조로 돌아가지 못한다. 대신 입자들은 액체 상태로 존재할 때처럼 무질서한 형태로 자리를 잡는다.

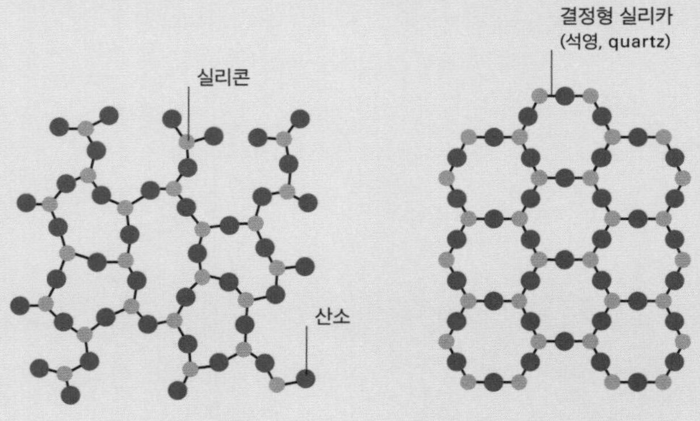

무정형 구조 결정형 구조

유리의 종류

창문에 흔히 사용되는 유리는 투명하고 깨지기 쉽다. 유리는 주로 이산화 규소로 이루어져 있다. 하지만 유리는 다른 물질로도 만들 수 있다. 금속이나 어떤 종류의 고분자, 플라스틱도 기술적으로 유리가 될 수 있다. 규소에 다른 화합물을 첨가해 유리의 특성을 변화시킬 수 있다. 이런 화합물은 유리의 색과 투명도에 영향을 끼치며 내열성을 증가시키기도 한다. 붕규산염 유리는 파이렉스(Pyrex)라 불리며 열에 매우 강하다. 스마트폰 화면 재질인 고릴라 유리(Gorilla Glass)는 잘 긁히지 않는다.

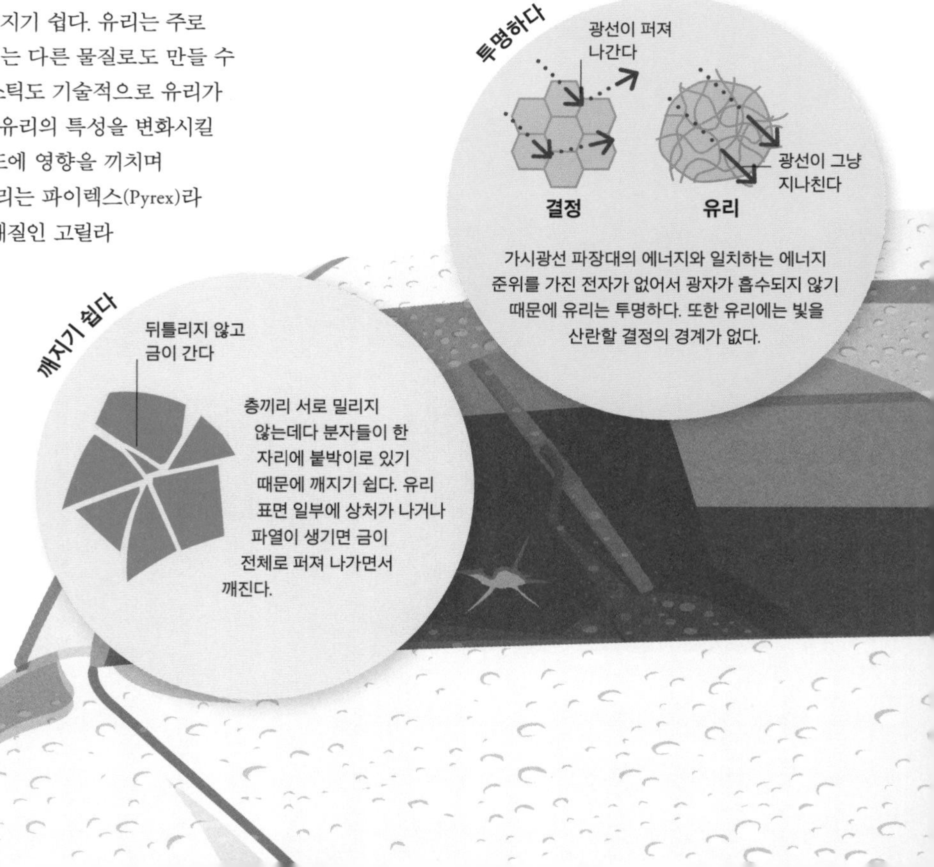

투명하다
광선이 퍼져
나간다
광선이 그냥
지나친다
결정
유리
가시광선 파장대의 에너지와 일치하는 에너지 준위를 가진 전자가 없어서 광자가 흡수되지 않기 때문에 유리는 투명하다. 또한 유리에는 빛을 산란할 결정의 경계가 없다.
깨지기 쉽다
뒤틀리지 않고
금이 간다
층끼리 서로 밀리지 않는데다 분자들이 한 자리에 붙박이로 있기 때문에 깨지기 쉽다. 유리 표면 일부에 상처가 나거나 파열이 생기면 금이 전체로 퍼져 나가면서 깨진다.

유리의 특성

강하고 부식되지 않으며 반응성이 적은 유리는 다양한 용도로 쓰이는데, 가장 유용한 특성인 투명함 때문에 건축이나 차량의 유리에 주로 사용된다.

다른 종류의 세라믹

유리는 세라믹의 한 종류이다. 전통적으로 '세라믹'은 점토에 기반한 물건들을 가리켰지만 과학적으로는 금속이 아닌 고체에 열을 가해 형태를 만들고 강도를 부여한 물질을 뜻한다. 다양한 재질로 만들 수 있는 세라믹은 결정을 이룰 수도 있지만 무정형일 수도 있다. 유리처럼 세라믹은 강하지만 부서지기 쉽고 녹는점이 매우 높다. 이런 특성 때문에 세라믹은 열이나 전기를 차단할 때 이상적으로 사용된다. 우주선 열 차단제로 사용되는 타이타늄 탄화물(titanium carbide) 세라믹이 바로 그런 예이다.

긁히지 않음 **압축을 견디는 힘** **낮은 반응성** **절연성**

유리는 흐를 수 있는가?

유리를 천천히 흐르는 액체로 묘사한 것은 잘못되었다. 아주 오래된 유리는 아래쪽이 더 두터운데 안전성을 높이기 위해 옛날에는 그런 방식으로 설계했기 때문이다.

유리는 약 5,000년 전 이집트에서 처음 만들어졌다

방수성이 있다

일반적인 유리는 물을 끌어들여 표면에 막을 형성한다. 물과 섞이지 않는 물질을 바르면 물방울이 맺히지 않고 떨어져 나가면서 유리를 청소하는 효과를 내기 때문에 시야가 좋아진다.

고체 유리는 물을 통과시키지 않는다

강화 유리

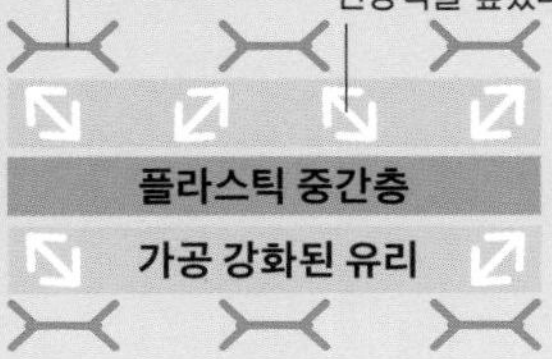
바깥 표면을 압축시켰다
가운데의 인장력을 높였다
플라스틱 중간층
가공 강화된 유리

강화 유리는 표면을 압축시키고 내부에 장력을 부여해서 강도를 높인 것이다. 깨지더라도 가운데의 플라스틱 층이 유리 조각을 꽉 잡고 있다.

투명한 알루미늄

일반적으로 투명한 알루미늄으로 알려진 산질화 알루미늄(aluminum oxynitride)은 아주 강하고 투명한 세라믹이다. 가루 혼합물을 압축하고 섭씨 2,000도(화씨 3,630도)까지 가열한 다음 냉각시켜 무정형으로 만든 물질이다. 갑옷을 뚫는 총알에도 끄떡없이 투명도를 유지한다. 지금은 가격이 비싸 특별한 군사용 무기 제작에만 사용되지만 미래에는 널리 이용될 것이다.

강한데다 투명하기 때문에 이 세라믹은 호송 차량의 방탄 유리 제조에 최적의 물질이다

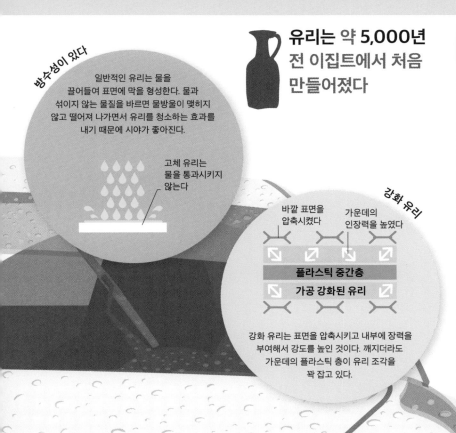

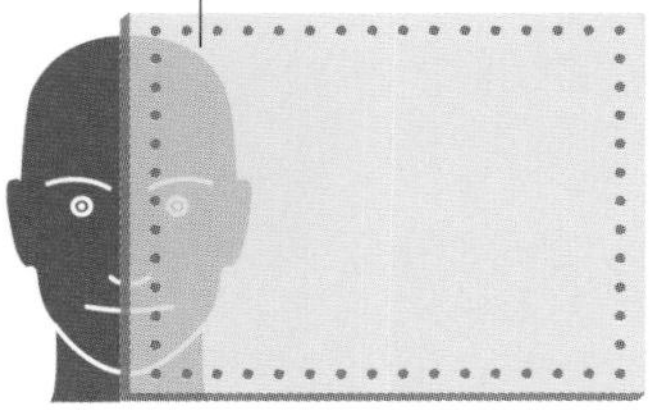

투명한 세라믹

놀라운 물질

초강도 물질에서 극도로 가벼운 물질에 이르기까지 어떤 물질들은 대단히 경이로운 특성이 있다. 발명된 것이 대부분이지만 자연적으로 존재하는 것들도 있으며 어떤 합성품은 자연에서 영감을 받는 생체 모방학 과정을 통해 만들어진다.

합성품

한 가지 구성 물질로는 생산물로서의 균형 잡힌 특성을 갖지 못한다. 이런 문제를 해결하기 위해 2개 이상의 물질을 합해 완성한 최종 물질이 최적의 특성을 보이기도 한다. 이런 물질을 통틀어 합성품(composite)이라고 한다. 콘크리트는 가장 보편적인 현대 합성품이다. 벽을 치장하기 위해 6,000년 전 쓰였던 볏짚과 황토 흙도 마찬가지다. 새로운 물질과 기술이 더 나은 합성품을 만드는 데 사용된다.

모든 합성품은 인간이 만든 것인가?

아니다. 나무와 뼈는 모두 자연에서 관찰 가능한 합성품이다. 뼈는 강하지만 부서지기 쉬운 수산화 아파타이트와 부드럽고 탄력성이 있는 콜라겐(collagen)으로 만들어졌다.

상대적인 강도

콘크리트는 암석의 가루가 시멘트 기질에 들어간 것이다. 누르는 힘에 대해서는 강하지만 좌우로 당기는 힘(인장력)에 대해서는 약하다. 건축 시 콘크리트만을 단독 사용해서 건물을 짓지 않는다.

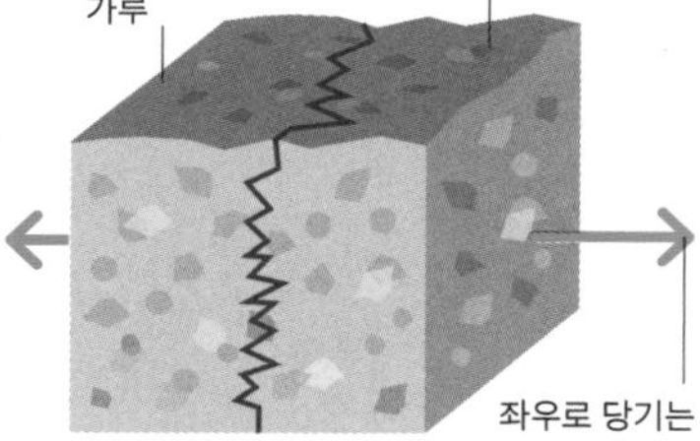

시멘트 가루
골재
좌우로 당기는 힘에 약하다
콘크리트

인장력 높이기

콘크리트에 철근을 심어서 인장력을 키운 재료를 건축에 사용한다. 이 재질은 현대 건축에서 가장 많이 사용되는 재질이 되었다.

콘크리트
강화된 콘크리트
철근이 인장력을 높인다

진보된 합성품

강화된 고분자, 예컨대 탄소 섬유와 유리 섬유는 탄소와 유리 섬유 층 사이에 다른 고분자 층을 엇갈려 채우거나 액상 수지와 섞은 것들이다. 강하지만 가볍다. 하지만 가격도 만만치 않다.

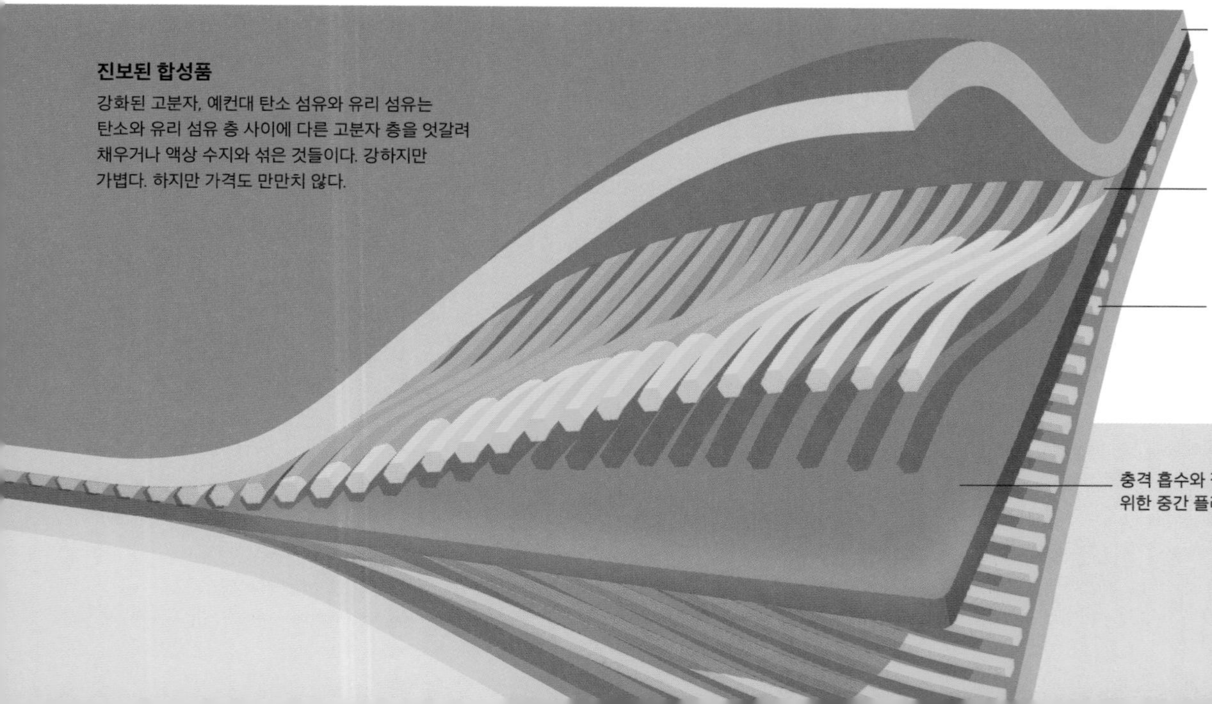

바깥쪽 수지 혹은 에폭시 층은 열이나 압력에 대한 내구성을 높인다
탄소와 유리 같은 강한 섬유로 이루어진 첫 번째 층
두 번째 층의 강한 섬유는 첫 번째 층 섬유와 날실과 씨실처럼 다른 방향으로 놓 전체적인 강도를 높인다
충격 흡수와 절연을 위한 중간 플라스틱

놀라운 특성

천연이든 인공이든 어떤 물질들은 믿기 힘든 특성을 선보인다. 탄력성이 있지만 총알이 뚫지 못하는 케블라부터 자기 치유 플라스틱까지 그 종류는 다양하다. 이런 물질들은 인간의 삶을 안전하고 간편하게 만들 것이다. 예를 들어 체내 이식에 쓸 새로운 뼈를 금속 거품으로 만들 수 있다. 유리창 표면을 소수성이 아주 큰 물질로 가공하면 높은 곳에 올라가 청소하는 위험한 일은 사라질 것이다.

거미줄

거미줄(spider silk)을 대량으로 생산해 방탄 물질로 사용한다. 강철만큼 강하지만 훨씬 가볍고 쉽게 늘어나며 잘 깨지지 않는다.

연무제

겔의 액체를 기체로 치환해 아주 가벼운 무게의 고체를 만들었다. 98퍼센트 이상이 공기인 연무제(aerosol)는 매우 좋은 단열재이다.

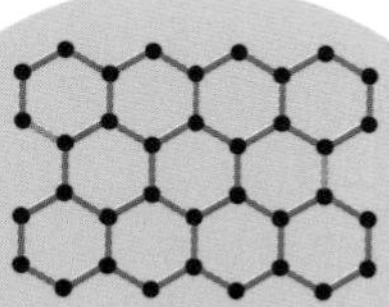

그래핀

원자 1개 두께의 흑연 층을 가진 그래핀(graphene)은 강철보다 강하고 양호한 전도체이다. 투명하고 탄력성이 있으며 매우 가볍다.

자기 치유 플라스틱

플라스틱이 상처를 입으면 캡슐이 터지고 그 안에 있던 액체가 반응해 굳으며 구멍을 메운다.

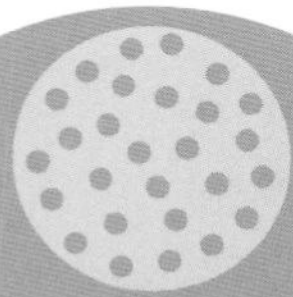

금속 거품

녹은 금속에 기체 거품을 강제로 집어넣어 금속 거품(metal foam)을 만들 수 있다. 가볍지만 금속의 여러 가지 성질을 보유하고 있다.

케블라

매우 강한 플라스틱인 케블라(Kevlar) 섬유는 의복 혹은 고분자 중합체에 함유되어 새로운 합성품을 만들 수 있다.

아주 소수성인 물질

소수성 물질 표면에는 미세 돌기가 있어서 물이 내려앉지 못하기 때문에 젖지 않는다.

4킬로그램짜리 고양이가 올라서도 끄떡없는 **한 장의 그래핀**은 **고양이 수염보다** 가볍다

에너지와 힘

에너지란 무엇인가?

물리학자들은 시공간에 주어진 물질과 에너지를 통해 우주를 이해한다. 에너지는 다양한 형태로 존재하고 한 형태에서 다른 형태로 변환될 수 있다. 사물을 움직이는 데 어떤 힘이 사용되었다면 우리는 그 물체에 일을 했다고 말한다.

에너지의 형태

에너지는 어디에든 있고 파괴되지 않으며 시간이 시작되었을 때부터 존재했다. 하지만 쉽게 이해하고 측정하기 위해 과학자들은 에너지를 여러 형태로 구분했다. 모든 자연 현상과 기계, 기술의 인공적 현상이 일어날 수 있는 까닭은 한 형태의 에너지가 일을 하면서 다른 형태의 에너지로 변하기 때문이다.

위치 에너지
어떤 종류의 일도 하지 않지만 유용한 에너지로 변환될 수 있는 잠재(potential) 에너지를 말한다.

탄성 위치 에너지
늘리거나 줄일 수 있는 용수철 같은 물질은 원래의 형태로 돌아가면서 위치 에너지를 방출한다.

전기 위치 에너지
배터리는 전류로 전환될 수 있는 위치 에너지를 갖는다.

중력 위치 에너지
높은 곳에 있는 물체는 아래로 떨어지면서 운동의 형태로 에너지를 방출한다.

화학 에너지
연소와 같은 화학 반응은 원자를 서로 붙들고 있는 에너지에 의해 일어난다.

방사성 에너지
빛 혹은 복사 에너지는 변화하는 전기장 혹은 자기장의 형태로 존재한다.

음향 에너지
음파가 공기(또는 다른 매질)를 압착하거나 펼치면서 전달된다.

핵 에너지
방사능 혹은 핵폭발은 핵을 붙들고 있는 원자 내부의 에너지를 사용한다.

전기 에너지
전자처럼 하전된 입자가 무리지어 움직일 때 전류는 에너지를 운반한다.

열 에너지
진동과 같은 원자의 움직임을 열 에너지라고 한다. '뜨거운' 원자는 더 많이 진동한다.

운동 에너지
전자에서 은하에 이르기까지 모든 움직이는 물체는 운동 혹은 역학 에너지를 갖는다.

화학 에너지 방출
사람이 무거운 것을 움직일 때 에너지 변환의 연쇄 반응이 일어난다. 처음에 신체는 음식물에 저장된 화학 에너지를 운동 에너지로 바꾼다.

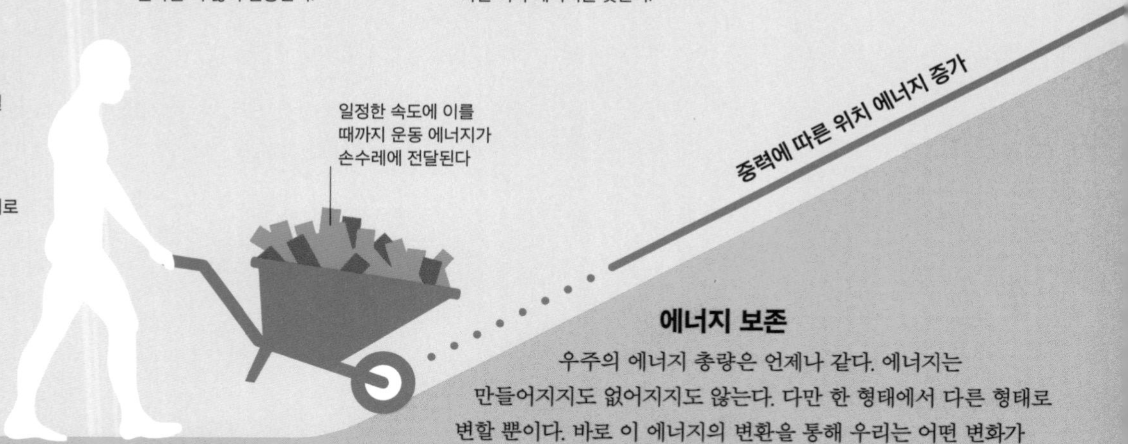

일정한 속도에 이를 때까지 운동 에너지가 손수레에 전달된다
중력에 따른 위치 에너지 증가

에너지 보존

우주의 에너지 총량은 언제나 같다. 에너지는 만들어지지도 없어지지도 않는다. 다만 한 형태에서 다른 형태로 변할 뿐이다. 바로 이 에너지의 변환을 통해 우리는 어떤 변화가 일어나는 과정을 관찰할 수 있다. 에너지는 보다 무질서하고 보다 덜 '유용하게' 퍼져 나갈 수 있다. 모든 과정이 진행될 때마다 열이라는 형태로 에너지가 소실된다. 따라서 어떤 과정을 지속시키려면 에너지원이 필요하다.

1 움직인다.
신체의 운동 에너지가 손수레에 전달된다. 이 에너지는 손수레가 마찰을 극복하고 움직이는 데 사용된다. 에너지 일부가 열로 변하기 때문에 신체는 뜨거워진다.

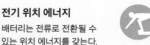

초콜릿 바에는 얼마나 많은 에너지가 있을까?

50그램(1.75온스)짜리 밀크 초콜릿 바에는 약 250칼로리의 열량이 들어 있다. 이는 평균적인 인간이 2.5시간 동안 쓸 수 있는 에너지와 양이 같다.

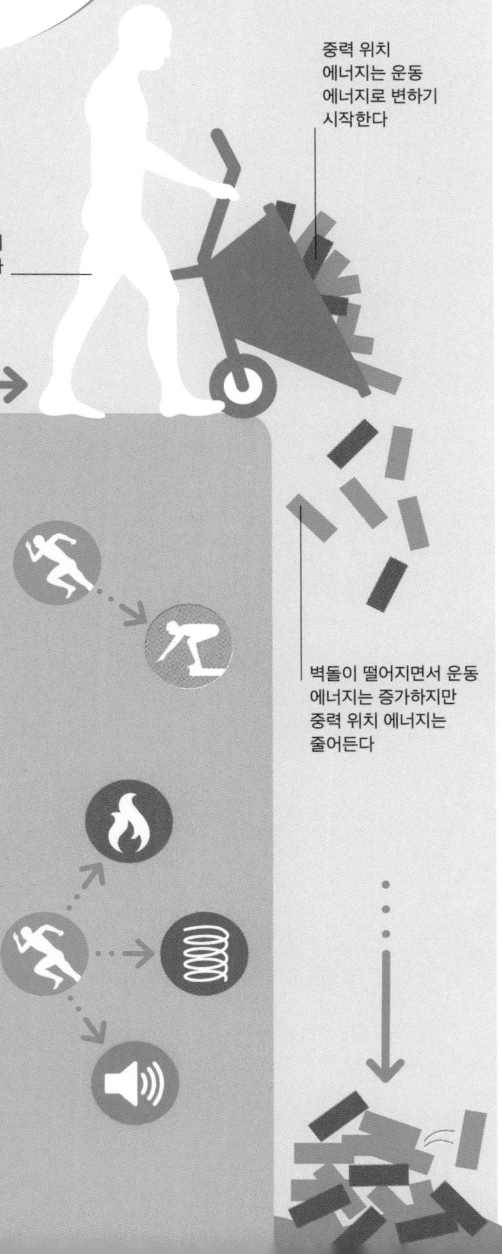
중력 위치
에너지는 운동
에너지로 변하기
시작한다
신체에 저장된 화학 위치
에너지는 줄어든다
벽돌이 떨어지면서 운동
에너지는 증가하지만
중력 위치 에너지는
줄어든다

2 위로 올라간다. 중력에 역행해 수레를 끌어올리기 위해 사람은 힘을 쓴다. 비탈길을 오를 때 사람의 운동 에너지는 사람과 손수레의 중력 위치 에너지로 변환된다.

3 위치 에너지를 사용한다. 손수레를 기울여 짐을 부리면 위치 에너지는 운동 에너지로 변환된다. 땅에 부딪히면서 운동 에너지는 열, 소리 혹은 벽돌을 튀어오르게 하는 탄성 에너지로 변할 것이다.

에너지의 측정

에너지는 줄(joule, J)이라는 단위로 측정된다. 1줄은 약 100그램의 물체를 1미터 들어 올리는 데 필요한 에너지이다. 음식물 속에 들어 있는 에너지는 보통 칼로리(calorie, 1칼로리=4.2줄)라는 단위로 표시한다. 열량계(calorimeter) 안에서 연소할 때 얼마나 많은 열을 내는지 측정한 것이다.

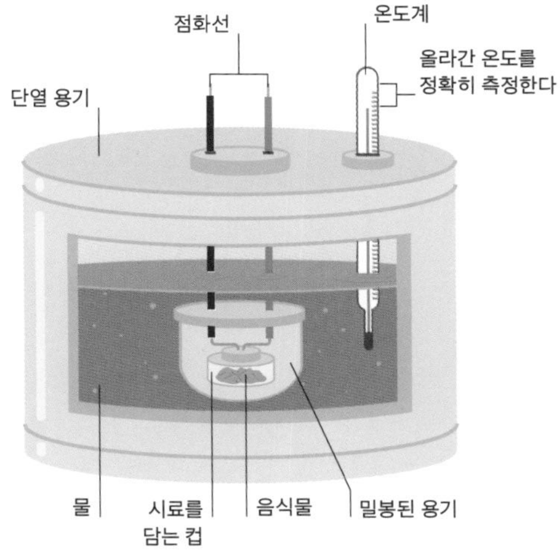
점화선
온도계
올라간 온도를
정확히 측정한다
단열 용기
물
시료를
담는 컵
음식물
밀봉된 용기

열량의 측정
음식물 시료가 타면서 물의 온도를 올린다. 올라간 온도를 측정해 음식물에 포함된 열량을 계측한다.

일률

일률은 에너지 변환 속도로 정의된다. 단위는 와트(W)이다. 1와트는 초당 1줄과 같다. 일률이 높은 경우에 에너지는 빠르게 사용된다. 100와트 전구는 성인 여성과 같은 에너지 변환 속도, 즉 일률을 갖는다.

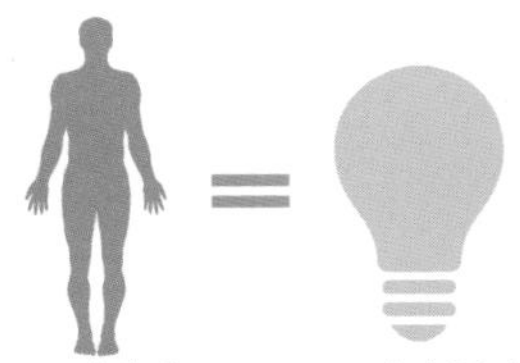
24시간에
2,000칼로리
24시간 동안
100와트

정전기

전기의 가장 익숙한 형태는 가정에 공급되는 전류이다. 이는 대부분 인공적인 것이다. 번개와 같은 자연 상태의 전기 효과는 정전기 때문에 생긴다.

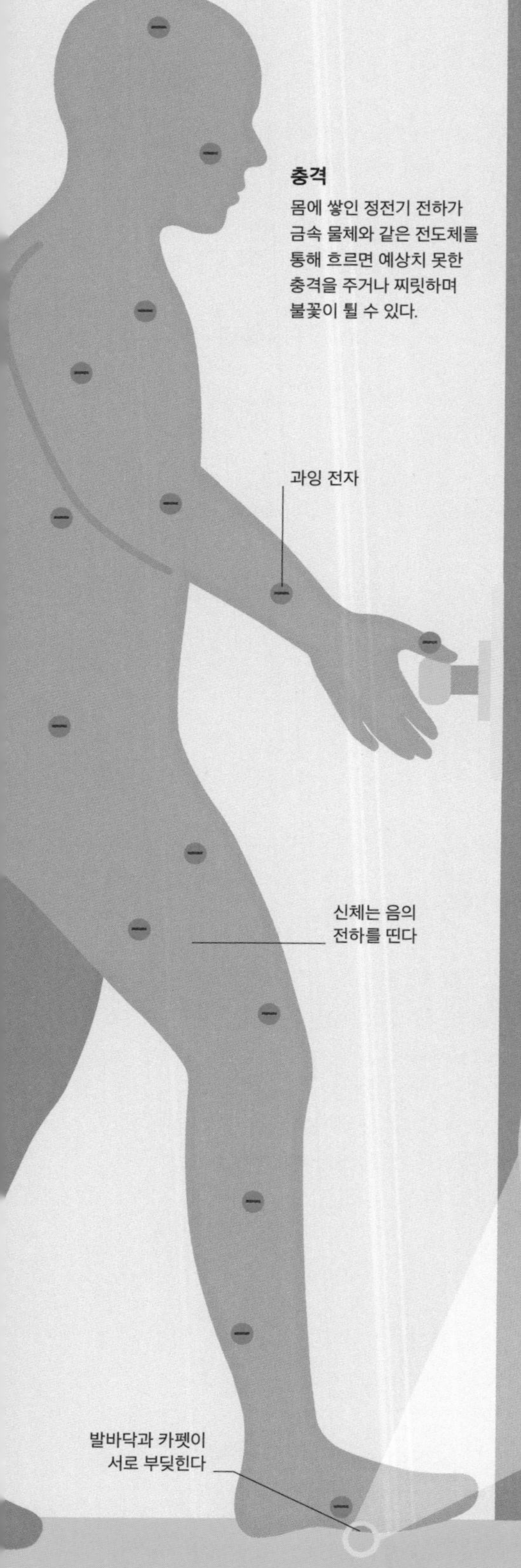

과잉 전자
신체는 음의 전하를 띤다
발바닥과 카펫이 서로 부딪힌다

충격

몸에 쌓인 정전기 전하가 금속 물체와 같은 전도체를 통해 흐르면 예상치 못한 충격을 주거나 찌릿하며 불꽃이 튈 수 있다.

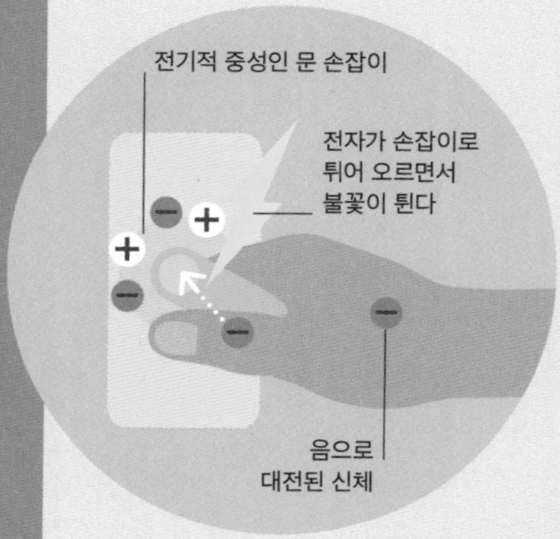

전기적 중성인 문 손잡이
전자가 손잡이로 튀어 오르면서 불꽃이 튄다
음으로 대전된 신체

2 방전

전하가 문 손잡이와 같은 금속을 통해 빠져나간다. 손으로 손잡이를 돌리거나 가까이 접근하는 순간 초과량의 전자가 금속으로 튀어 오른다. 그때 충격이 오는 것이다.

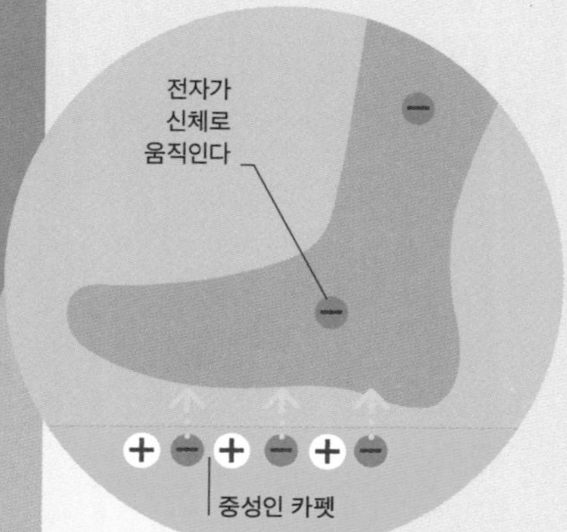

전자가 신체로 움직인다
중성인 카펫

1 마찰에 의해 생긴 전하

카펫 같은 인공 피륙과 발이 맞닿을 때 바닥의 전자가 몸으로 이동해 신체가 약간 음의 하전을 띠게 된다.

정전기

전기는 전하라는 물질의 특성에서 비롯된다. 모든 원자에는 전기적으로 양을 띤 양성자가 떡하니 자리하고 있지만 음을 띠는 전자는 다른 물체로 쉽게 움직일 수 있다. 어떤 물체에 전자가 늘어나면 음전하를 띠게 되고 전자가 부족하면 양으로 대전된 물질을 끌어당길 수 있다. 또한 이 힘은 전자끼리 반발할 수 있게 하는데, 전자는 최종적으로 대전된 물체를 벗어나는 길을 찾는다. 그 과정에서 불꽃이 튀기도 한다.

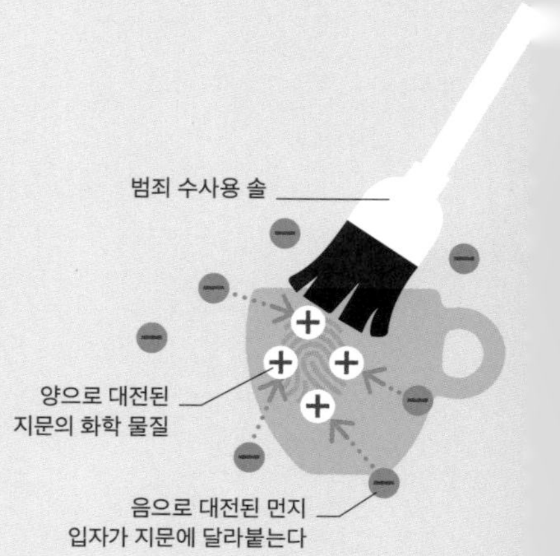

범죄 수사용 솔
양으로 대전된 지문의 화학 물질
음으로 대전된 먼지 입자가 지문에 달라붙는다

지문 감식을 위한 먼지 털기

범죄 현장의 지문 채취자들도 정전기를 사용한다. 이들은 지문에 남아 있는, 양으로 대전된 화학 물질을 감식하기 위해 음으로 대전된 분말을 뿌려 솔질한다.

정전기의 사용

정전기 전하는 일상생활에서 빈번하게 사용된다. 일반적으로 정전하는 작고 조절이 손쉬운 역장(force field)을 만드는 데 사용된다. 다른 물질을 밀거나 당기는데 역장을 사용할 수 있다. 많은 양의 전하는 위험하지만 심장 충격기와 같은 나름의 쓰임새가 있다.

컨디셔너

샴푸는 머릿결을 대전시킨다. 머리카락이 서로 반발할 때 컨디셔너가 그 전하를 중화한다.

페인트 분무기

전문가용 페인트 분무기에는 양의 전하가 공급되어 있어 음으로 대전된 물체에 강하게 달라붙는다.

심장 충격기

기계가 생성하는 많은 양의 전하가 심장에 작용해 불규칙하게 뛰던 심장을 다시 고르게 뛰게 한다.

전자책

화면은 기름 입자가 포함된 소체를 끌어당기거나 밀어낸다. 흰 소체는 양전하를, 검은 소체는 음전하를 띤다.

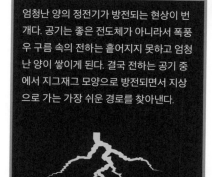

랩 필름

말지 않은 랩에 소량의 전하를 부여한다. 그러면 랩이 다른 물건에 잘 달라붙는다.

먼지 여과기

매연과 같은 해로운 입자는 대전되어 있으므로 반대의 전하를 강하게 띤 판에 모을 수 있다.

번개가 치다

엄청난 양의 정전기가 방전되는 현상이 번개다. 공기는 좋은 전도체가 아니라서 폭풍우 구름 속의 전하는 흩어지지 못하고 엄청난 양이 쌓이게 된다. 결국 전하는 공기 중에서 지그재그 모양으로 방전되면서 지상으로 가는 가장 쉬운 경로를 찾아낸다.

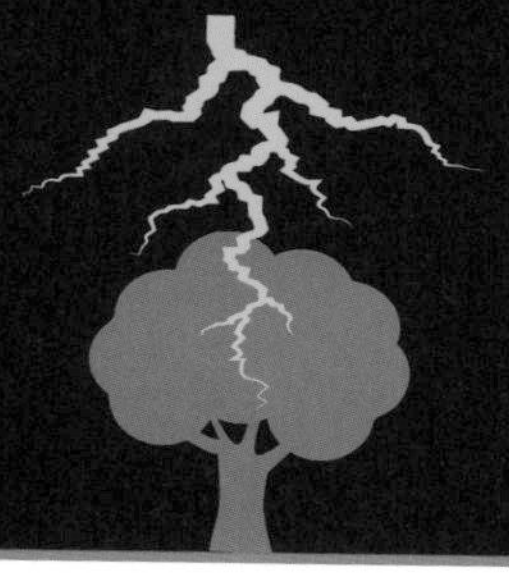

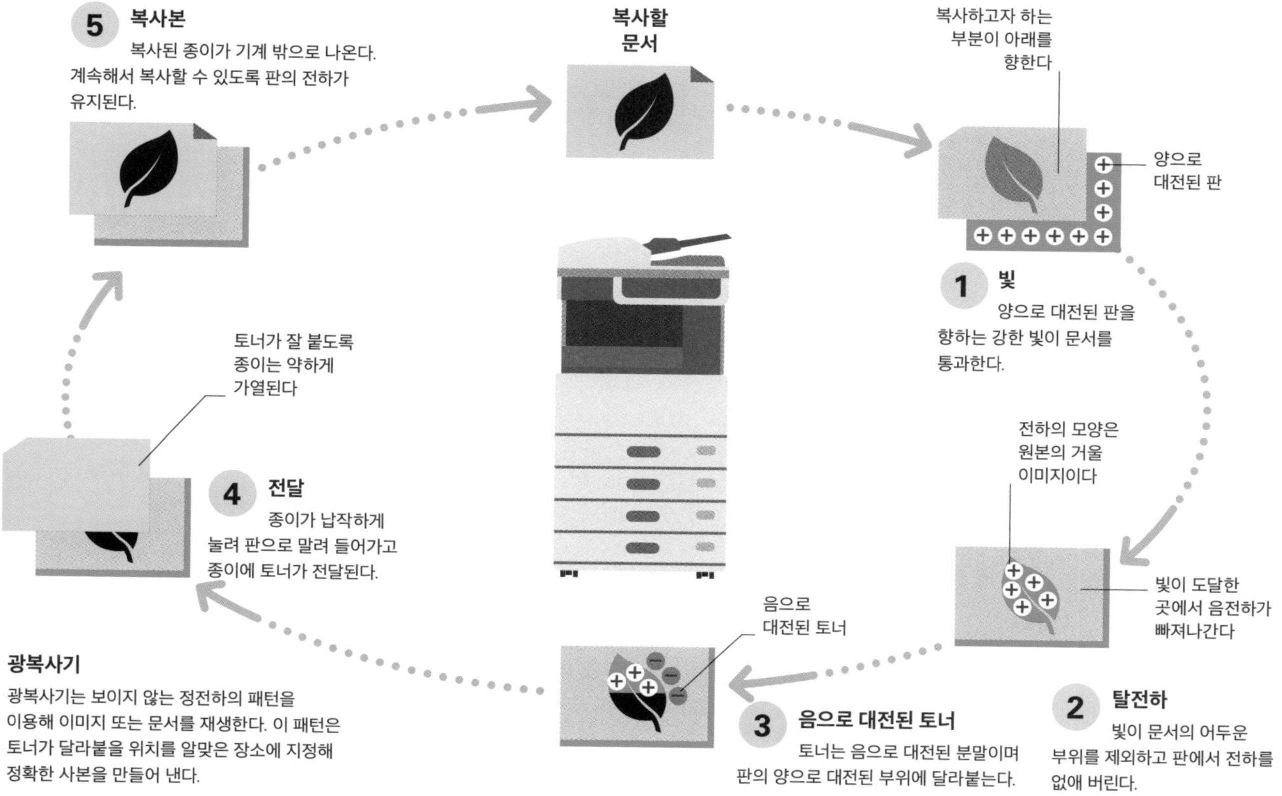
복사할 문서
복사하고자 하는 부분이 아래를 향한다
양으로 대전된 판
1 빛
양으로 대전된 판을 향하는 강한 빛이 문서를 통과한다.
전하의 모양은 원본의 거울 이미지이다
빛이 도달한 곳에서 음전하가 빠져나간다
2 탈전하
빛이 문서의 어두운 부위를 제외하고 판에서 전하를 없애 버린다.
음으로 대전된 토너
3 음으로 대전된 토너
토너는 음으로 대전된 분말이며 판의 양으로 대전된 부위에 달라붙는다.
토너가 잘 붙도록 종이는 약하게 가열된다
4 전달
종이가 납작하게 눌려 판으로 말려 들어가고 종이에 토너가 전달된다.
5 복사본
복사된 종이가 기계 밖으로 나온다. 계속해서 복사할 수 있도록 판의 전하가 유지된다.

광복사기

광복사기는 보이지 않는 정전하의 패턴을 이용해 이미지 또는 문서를 재생한다. 이 패턴은 토너가 달라붙을 위치를 알맞은 장소에 지정해 정확한 사본을 만들어 낸다.

전류

전하의 흐름이 전류다. 구리선과 같은 금속을 통한 전자의 움직임에 의해 전하가 운반된다. 전류를 잘 운반하는 물체는 전도체라고 불린다. 절연체는 전류가 잘 흐르지 않는다.

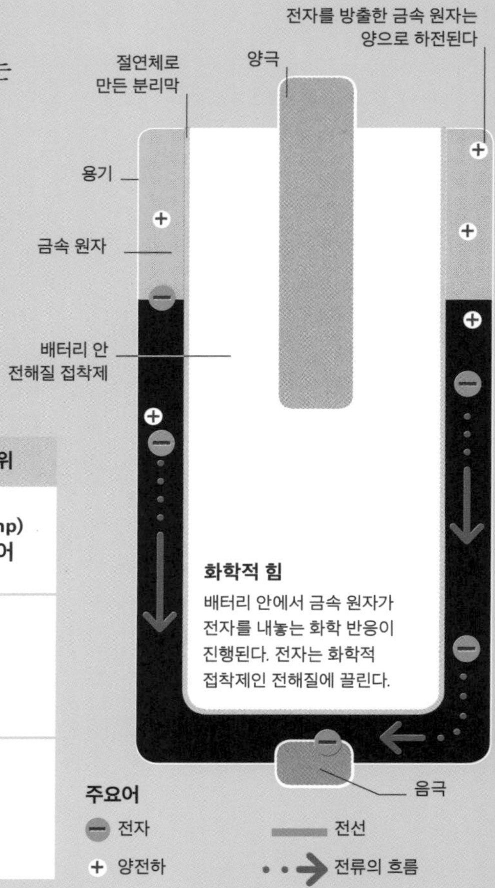
전자를 방출한 금속 원자는 양으로 하전된다
절연체로 만든 분리막
양극
용기
금속 원자
배터리 안 전해질 접착제
화학적 힘
배터리 안에서 금속 원자가 전자를 내놓는 화학 반응이 진행된다. 전자는 화학적 접착제인 전해질에 끌린다.
음극
주요어
전자
전선
양전하
전류의 흐름

전류 만들기

번개 혹은 정전기로 인한 불꽃(78~79쪽 참조)과 달리 전류는 계속해서 흐른다. 반대 전하를 띤 쪽을 향해 계속 끌리기 때문이다. 한 장소와 다른 장소의 큰 전하 차 때문에 생겨난 불꽃은 튀면서 전하의 차이를 해소한다. 반면 배터리에서 생긴 전류는 전하의 차이가 지속적인 흐름을 만들어 낸다.

양	단위
전류는 전하의 흐름이다	A(amp) 암페어
전압 혹은 위치 에너지의 차이는 전하를 흐르게 하는 힘이다.	V 볼트
저항은 전류의 흐름을 억제한다.	Ω 옴

회로

전류는 에너지를 지니고 있어 일을 할 수 있다. 전류의 흐름은 아래로 흐르는 물과 흡사하다. 흐르는 물이 가진 에너지는 물레방아를 돌려 기계를 움직인다. 수로 대신 전류는 회로를 따라 움직이고 에너지는 전구, 전열기를 작동시키거나 모터를 구동한다. 회로를 따라 에너지가 퍼지는 방식은 어떻게 회로를 구성하느냐에 따라 달라진다. 대표적인 두 가지 방식이 있다. 직렬과 병렬이다.

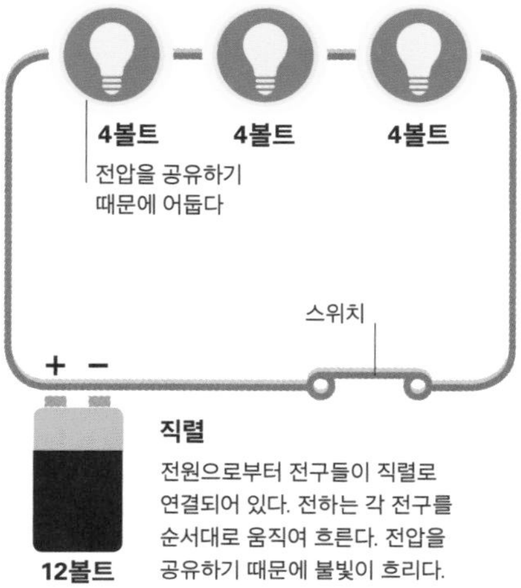
4볼트
4볼트
4볼트
전압을 공유하기 때문에 어둡다
스위치
+ −
12볼트

직렬

전원으로부터 전구들이 직렬로 연결되어 있다. 전하는 각 전구를 순서대로 움직여 흐른다. 전압을 공유하기 때문에 불빛이 흐리다.

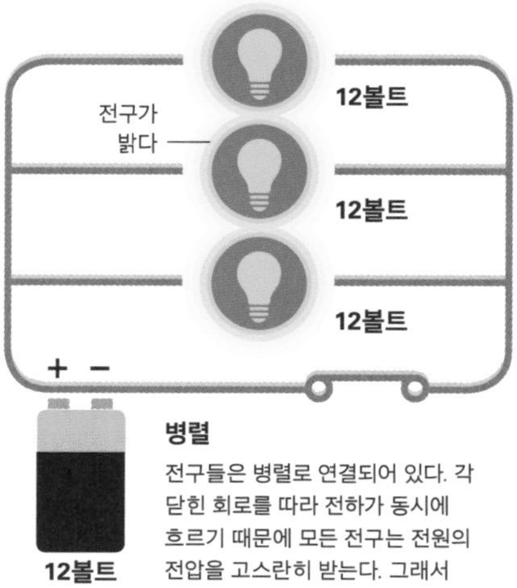
12볼트
전구가 밝다
12볼트
12볼트
+ −
12볼트

병렬

전구들은 병렬로 연결되어 있다. 각 닫힌 회로를 따라 전하가 동시에 흐르기 때문에 모든 전구는 전원의 전압을 고스란히 받는다. 그래서 전구는 밝게 빛난다.

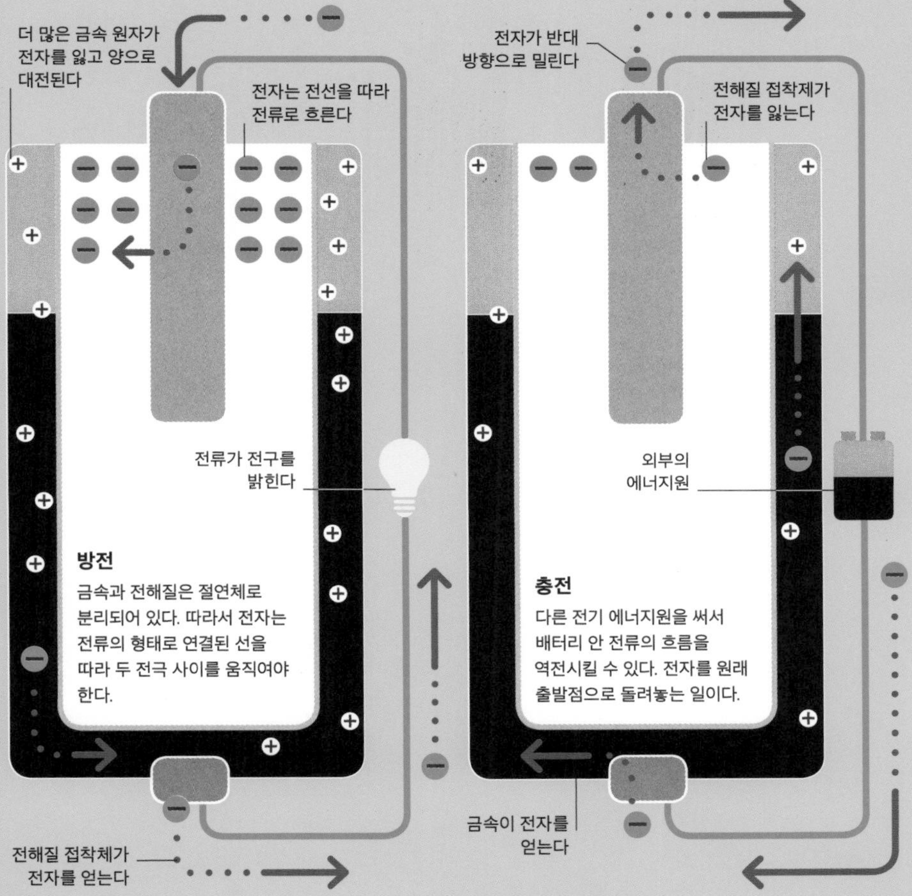
더 많은 금속 원자가 전자를 잃고 양으로 대전된다
전자는 전선을 따라 전류로 흐른다
전류가 전구를 밝힌다
방전
금속과 전해질은 절연체로 분리되어 있다. 따라서 전자는 전류의 형태로 연결된 선을 따라 두 전극 사이를 움직여야 한다.
전해질 접착체가 전자를 얻는다
전자가 반대 방향으로 밀린다
전해질 접착제가 전자를 잃는다
외부의 에너지원
충전
다른 전기 에너지원을 써서 배터리 안 전류의 흐름을 역전시킬 수 있다. 전자를 원래 출발점으로 돌려놓는 일이다.
금속이 전자를 얻는다

자유 전자

철과 같은 금속 원자는 좋은 전도체(conductor)이다. 원자의 외곽에 있는 전자들이 다른 원자의 외곽을 자유롭게 움직이기 때문이다. 전자가 충분한 에너지를 갖고 있다면 전류가 형성될 것이다. 고무 같은 절연체(insulator) 안의 원소는 전자를 꽉 부여잡고 있기 때문에 전류가 흐르기 어렵다.

전도체
절연체

옴의 법칙

옴의 법칙(Ohm's law)은 전압과 전류, 저항 사이의 관계를 정의한다. 옴의 공식으로 전원의 전압과 회로에 걸린 저항으로부터 전류의 세기를 계산할 수 있다.

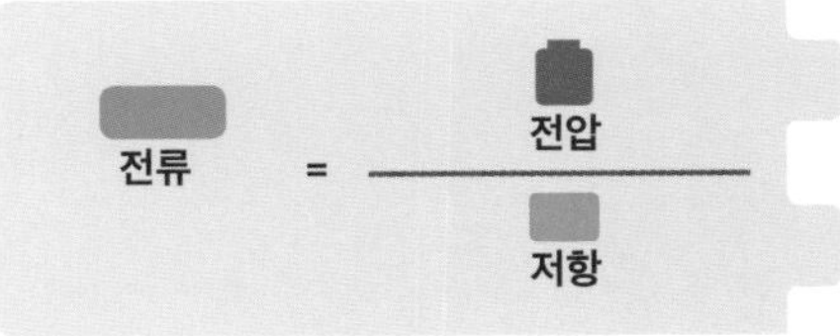
전류
=
전압
저항

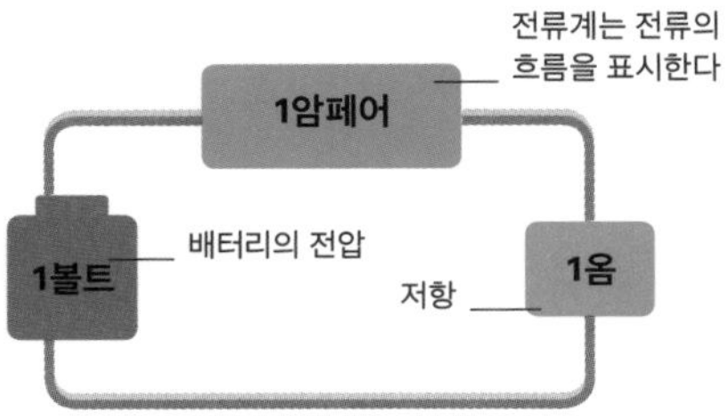
1암페어
전류계는 전류의 흐름을 표시한다
1볼트
배터리의 전압
저항
1옴

옴

저항의 단위는 옴이다. 1옴은 1볼트의 전압으로 1암페어의 전류가 흐르게 한다.

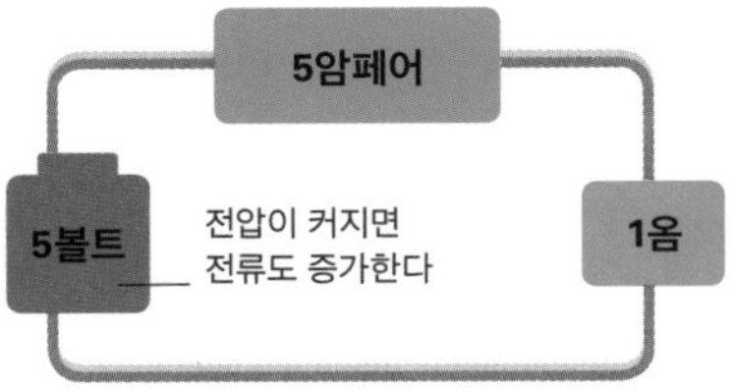
5암페어
5볼트
전압이 커지면 전류도 증가한다
1옴

비례

전류는 전압에 비례한다. 저항이 일정할 때 전압이 커지면 전류도 증가한다.

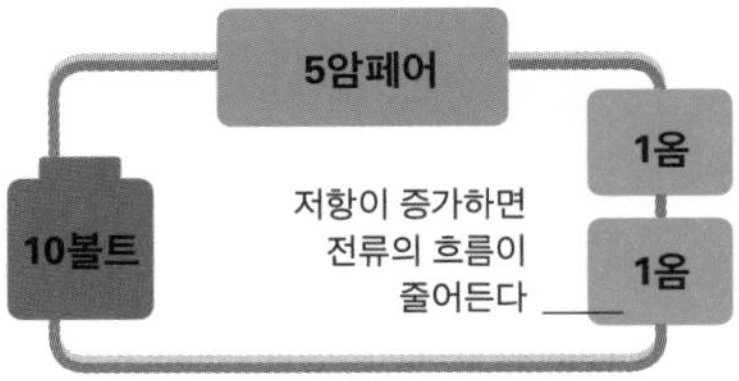
5암페어
10볼트
저항이 증가하면 전류의 흐름이 줄어든다
1옴
1옴

저항의 증가

저항이 추가되면 전압은 전류를 흐르게 하는 데에 어려움을 겪는다. 전압은 늘었지만 전류는 일정하다.

자기장

물질 사이의 자기력은 물질 내 입자들 사이에서 벌어지는 아원자 수준 움직임의 거시적 결과이다. 자석은 용도가 다양해 여러 장치에서 사용된다.

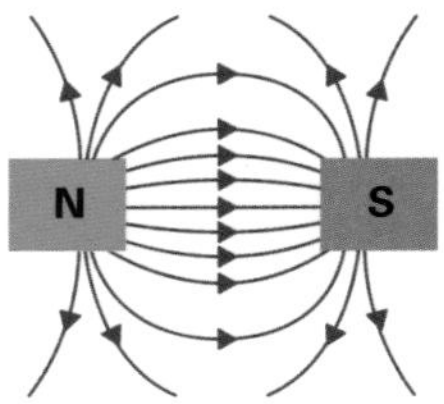

다른 극은 끌어당긴다

자장의 힘은 "반대끼리 끌어당긴다."라는 원칙을 고수한다. 자석의 북극은 다른 자석의 남극을 끌어당긴다. 끌어당기는 힘이 자석을 붙인다.

자기장

자석의 힘이 미치는 영역은 모든 방향으로 뻗어 있지만 거리가 멀어질수록 급격히 감소한다. 자기장의 힘은 방향성이 있고 자기장은 자석의 N극에서 시작해 S극을 향한다. 극지방에서 자기장의 밀도가 높아져 자력이 세고 힘의 효과도 가장 강하다.

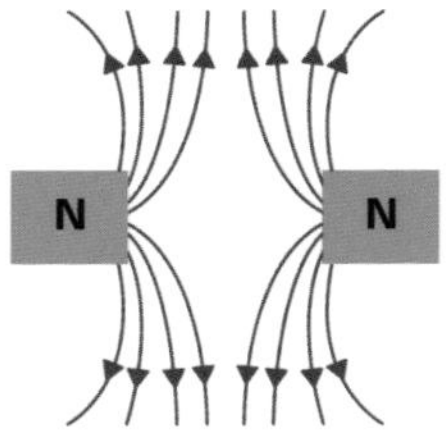

같은 극끼리 밀친다

북극과 북극처럼 같은 극은 서로 밀어낸다. 역선의 방향이 같기 때문에 서로 어긋나는 것이다.

역선

자기장을 자석의 주변에 존재하는 역선으로 상상할 수 있다. 자석 주변에 쇳가루를 뿌리면 힘의 세기가 같은 점을 연결한 역선을 눈으로 볼 수 있다.

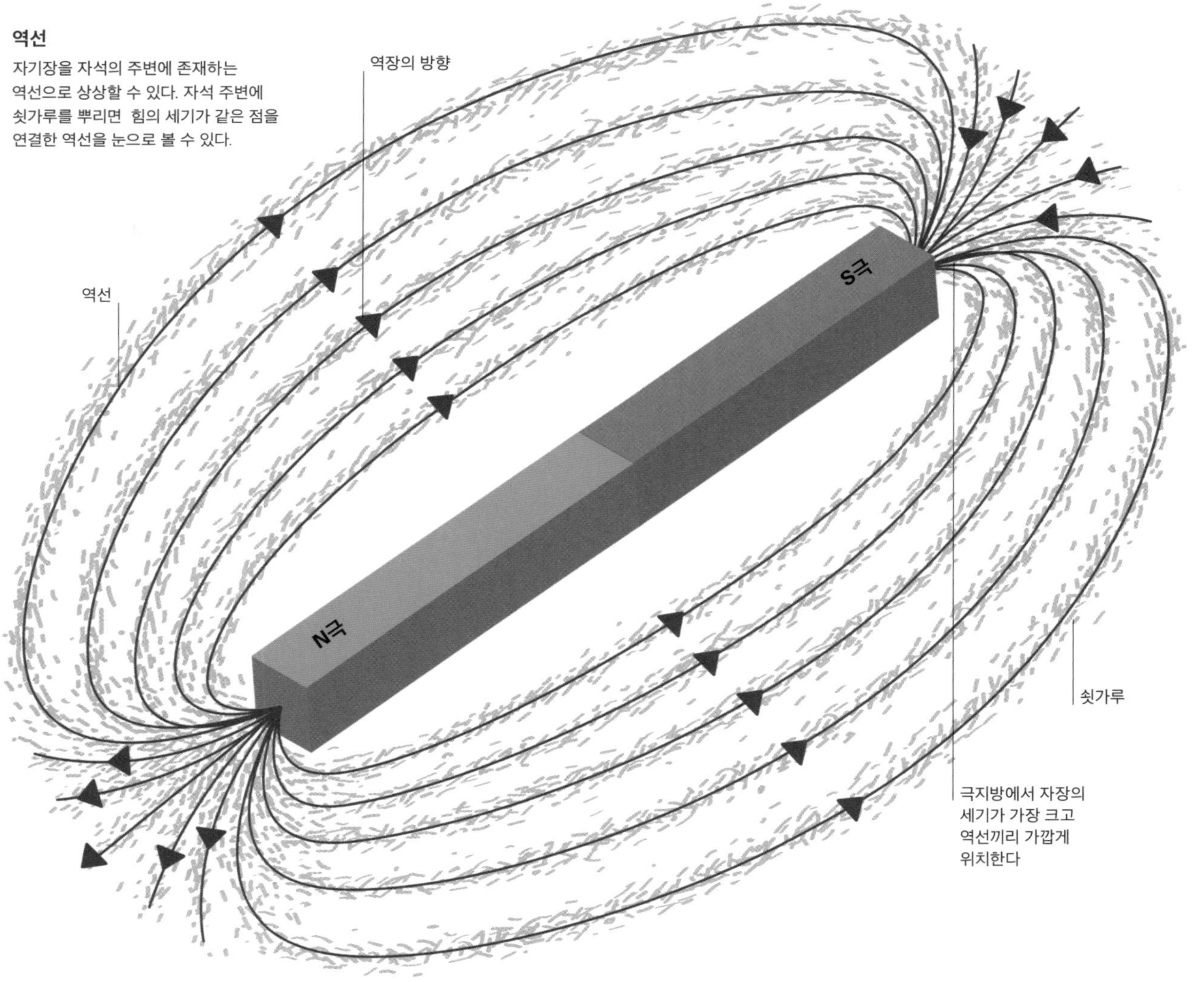

역장의 방향
역선
S극
N극
쇳가루
극지방에서 자장의 세기가 가장 크고 역선끼리 가깝게 위치한다

자장의 종류

모든 원자는 자신만의 작은 자기장을 갖는다. 일반적으로 그것들은 무작위로 배열되어 있어 통합적인 효과를 나타내지 못한다. 만일 물질 속의 원자가 외부의 자장에 의해 일정하게 배열된다면 작은 자장들이 모여 하나의 커다란 역장을 이룰 수 있다.

반자성 물질

탄소 혹은 구리와 같은 반자성(diamagnetic, 反磁性) 물질은 외부 자장과 반대의 자장을 만들어 자석을 밀쳐낸다.

상자성 물질

대부분의 금속은 상자성(paramegnetic, 常磁性)이다. 외부 자장과 같은 방향으로 배열되고 자석을 끌어당긴다.

강자성 물질

철과 같은 일부 금속은 강자성(ferromagnetic, 強磁性)으로 외부 자장과 같은 방향으로 배열되고 외부 자장이 사라져도 자성이 사라지지 않는다.

자장이 없다
자장이 적용된다
자장이 사라진다
N
S
무작위 배열
외부 자장과 반대로 배열
다시 무작위 배열
무작위 배열
외부 자장과 같은 방향으로 배열
다시 무작위 배열
전부가 그렇지는 않지만 일부 원소는 자화되어 있다
외부 자장과 같은 방향으로 배열
원자 배열 유지

가장 강한 자석은 무엇일까?

빠르게 회전하는 중성자별 마그네타(magnetar)는 자기장이 지구보다 10^{15}배 강하다.

MRI 스캐너는 섭씨 영하 265도까지 떨어뜨린 냉동 자석을 사용해 1초가 되기도 전에 전신을 자화한다

전자석

전자석의 자기는 철심 주변을 흐르는 전류에 의해 생성된다. 자기장을 껐다 켰다 할 수 있다는 뜻이다. 전자석은 현대적 장비에 빈번히 사용된다.

전기 모터

영구 자석의 극을 밀어내 필요할 때 회전력을 얻기 위해 전기 모터는 전자석을 사용한다.

컴퓨터 하드 드라이브

자화된 영역과 그렇지 않은 영역으로 구분되는 암호 패턴을 가진 하드 드라이브에 데이터가 저장된다. 전자석은 암호를 읽고 쓰고 지운다.

고성능 스피커

전자기력은 스피커 진동판을 떨게 한다. 이는 공기의 떨림으로 변해 정확한 음파를 만든다.

전기레인지

강력한 전자기가 금속으로 된 조리 기구의 자기장을 요동시켜 냄비를 가열한다.

지구의 자장

지구의 외핵에 있는 액상 철은 강한 자장을 형성한다. 나침반의 바늘은 북극을 향한다. 지구의 자장과 나란히 배열하는 방향이기 때문이다. 자장은 지구 밖 공간에까지 영향을 미치며 매우 뜨겁고 전자화된 기체인 태양풍이 들어오는 것을 차단한다.

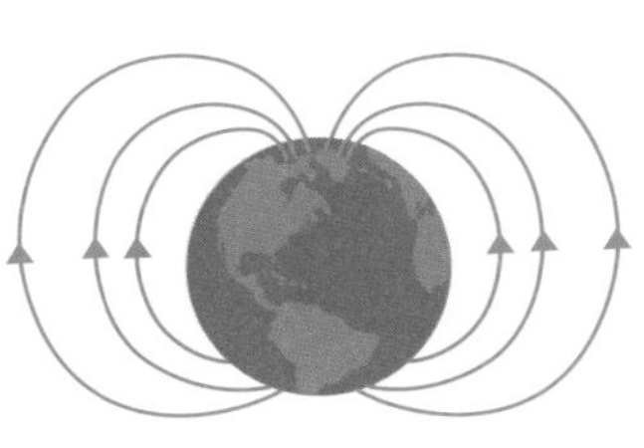

전력 생산

전기는 매우 유용한 형태의 에너지다. 만들어진 곳에서 먼 곳까지 공급할 수 있고 컴퓨터에서 자동차에 이르기까지 모든 종류의 기계에 전력을 공급할 수 있다.

유도 전류

발전기는 전류를 만들기 위해 유도 과정을 거친다. 자기장 안에서 전선이 움직이면 그 안에서 전압과 전류가 생긴다. 전선의 운동 에너지가 전기 에너지로 변환되면서 그 안을 흐르는 전류가 형성되는 것이다. 간단한 발전기는 강력한 자석의 두 극 사이에서 고리 모양의 전선을 빠르게 회전시켜 이런 일을 한다.

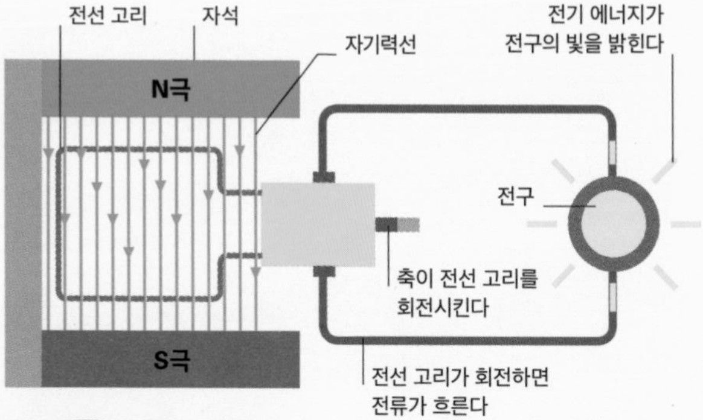

전선 고리
자석
자기력선
전기 에너지가 전구의 빛을 밝힌다
N극
전구
축이 전선 고리를 회전시킨다
S극
전선 고리가 회전하면 전류가 흐른다

교류와 직류

전선 고리가 자기장을 통과할 때마다 전류의 방향이 바뀐다. 이것이 교류(AC)이다. 발전소는 교류를 생산하는데 이차 코일에 전류를 유도하기 위해 변압기가 방향이 계속 바뀌는 교류를 필요로 하기 때문이다. 직류(DC) 장치에서는 전선 고리와 회로와의 연결이 회전할 때마다 바뀌기 때문에 전하가 한 방향으로만 흐른다.

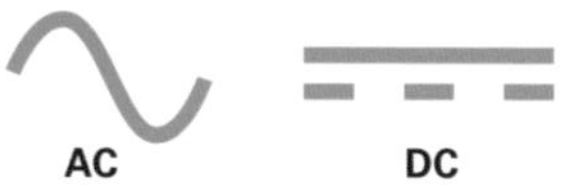

AC
DC

화력 발전소

화력 발전소는 생성된 열 에너지를 발전기 회전자를 돌리는 데 쓴다. 증기 터빈을 사용해 연료를 태울 때 나오는 열을 회전 에너지로 전환시키는 것이다. 핵 발전소는 원자를 쪼갤 때 생기는 열을 사용한다.

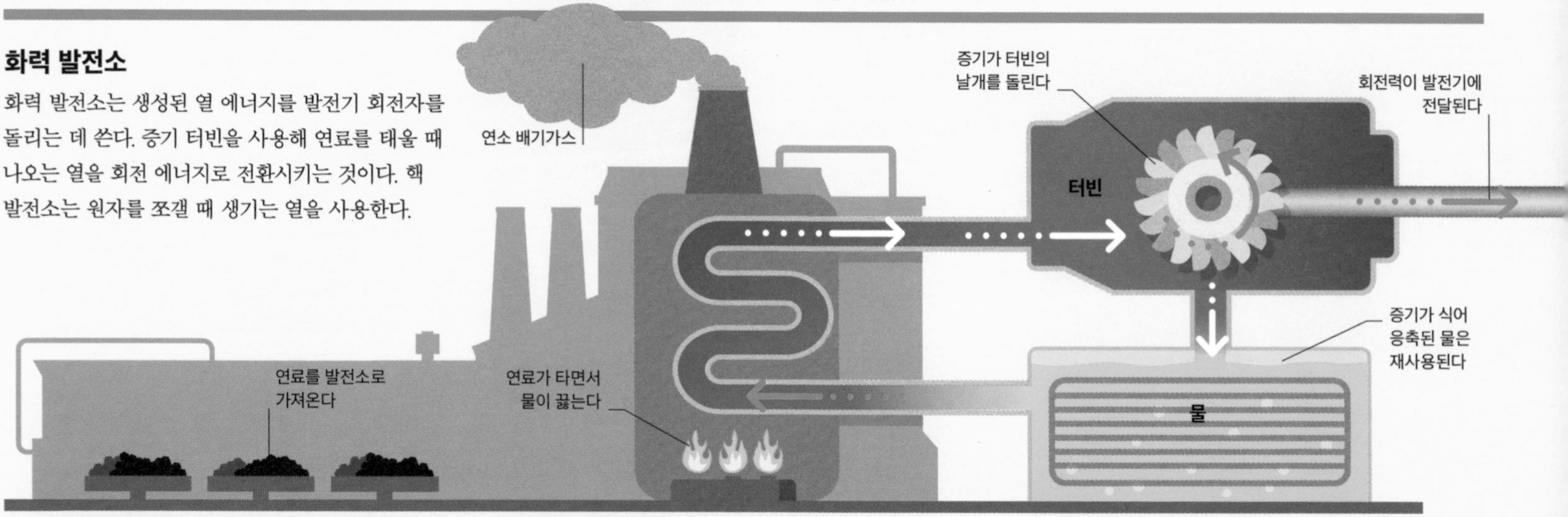

연소 배기가스
증기가 터빈의 날개를 돌린다
회전력이 발전기에 전달된다
터빈
증기가 식어 응축된 물은 재사용된다
연료를 발전소로 가져온다
연료가 타면서 물이 끓는다
물

1 연료의 사용
연소하면서 많은 양의 열을 내는 물질이 연료로 사용된다. 석탄, 천연 가스 및 석유가 흔히 사용된다. 나무, 이탄(peat) 혹은 재활용 쓰레기를 태우기도 한다.

2 용광로
연료가 타면서 용광로 관을 따라 흐르는 물이 끓는다. 고압의 증기가 터빈으로 간다.

3 터빈
터빈을 따라 증기가 흐르면서 날개를 돌린다. 증기의 압력이 운동 에너지로 변하면서 발전기에 전해진다.

4 전기 생산

발전기 안의 회전자(rotor)는 분당 약 3,600번 돌며 약 2만 5000볼트의 교류 전기를 생산한다. 먼 거리까지 수송될 수 있도록 변압기가 전압을 40만 볼트로 올린다.

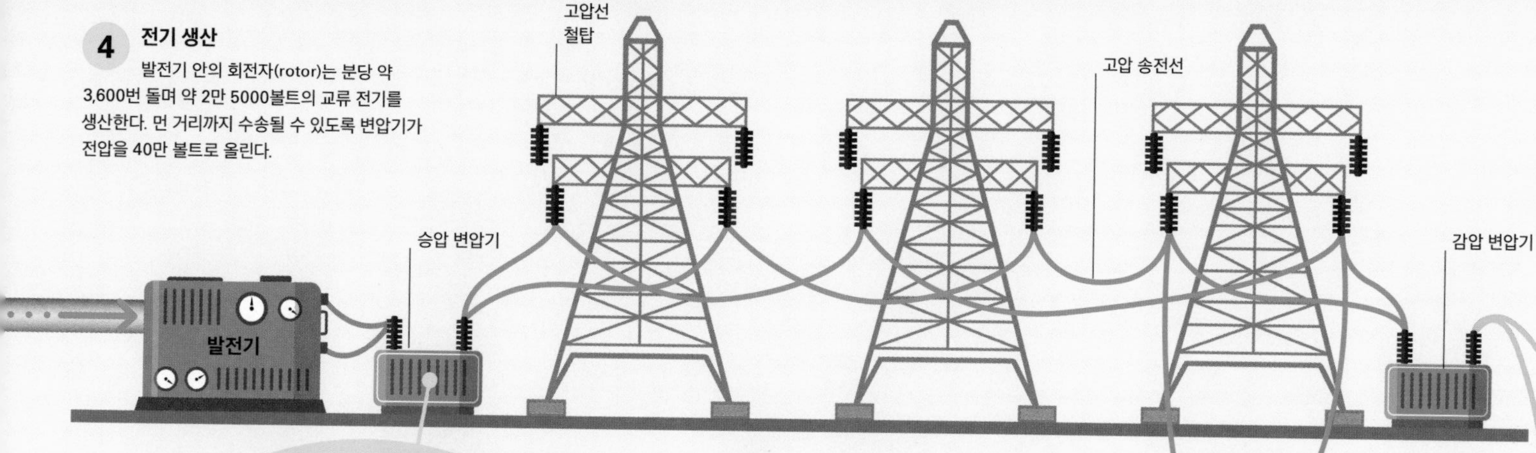

이차 코일에서 교류가 유도된다

이차 코일선의 수가 더 많으면 전압과 전류가 증가한다

일차 코일을 따라 교류가 흐른다

이차 코일선의 수가 더 적으면 전압과 전류가 줄어든다

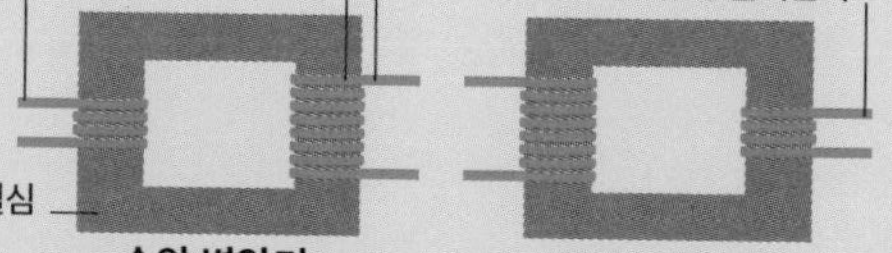

변압기

변압기는 전류와 전압을 바꾸는 장치로 철심에 코일선이 감긴 부위가 각기 양쪽에 존재한다. 전기장을 일정하게 변화시키기 때문에 이 장치에는 교류 전류를 공급해주어야 한다. 일차 코일에서 전기장을 변화시키면 이차 코일에서 교류가 유도된다.

카타르에 사는 사람들은 세네갈에 사는 사람들보다 매년 89배 많은 에너지를 사용한다

공장

공장에서는 3만 3000볼트 정도의 전기를 사용한다. 이들은 따로 변압기를 가진 설비를 갖고 있다.

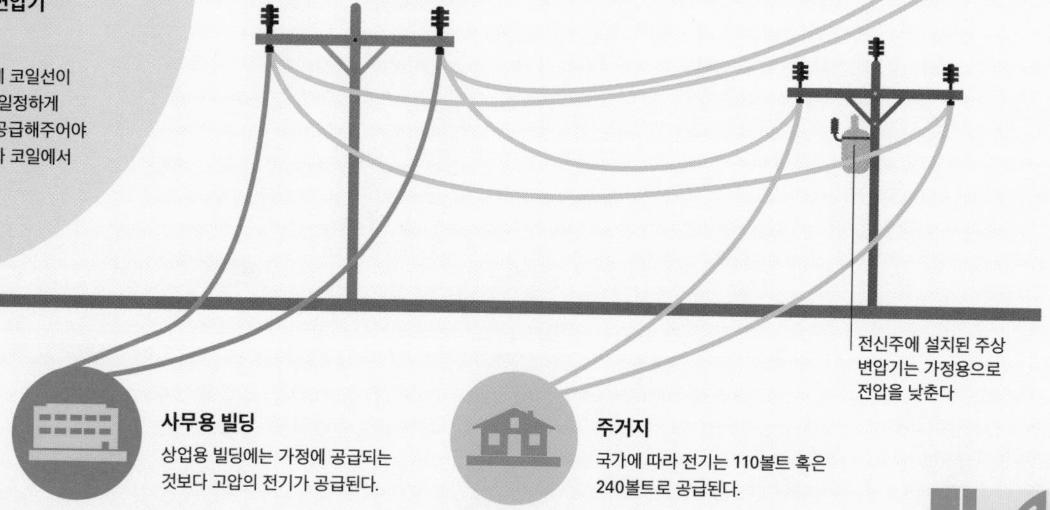

5 전기의 공급

고압 전류는 가정에서 사용하기에 너무 세다. 각 지역에 있는 변압 설비가 전압을 줄이고 가정용으로 쓸 수 있게 조정한다.

사무용 빌딩

상업용 빌딩에는 가정에 공급되는 것보다 고압의 전기가 공급된다.

주거지

국가에 따라 전기는 110볼트 혹은 240볼트로 공급된다.

대체 에너지

화석 연료를 대체할 수 있는 에너지 시스템은 공기와 물의 자연적 움직임에서 그 동력을 얻는다. 지열이나 태양열도 대체 에너지다. 이들은 환경에 해를 덜 끼친다.

바람

풍력 발전

바람은 고기압에서 저기압인 곳으로 움직인다. 기압차는 태양에 의해 대기가 불균등하게 덥혀지기 때문에 생기는 현상이다. 이 공기의 흐름에서 터빈을 움직이는 동력을 얻을 수 있다.

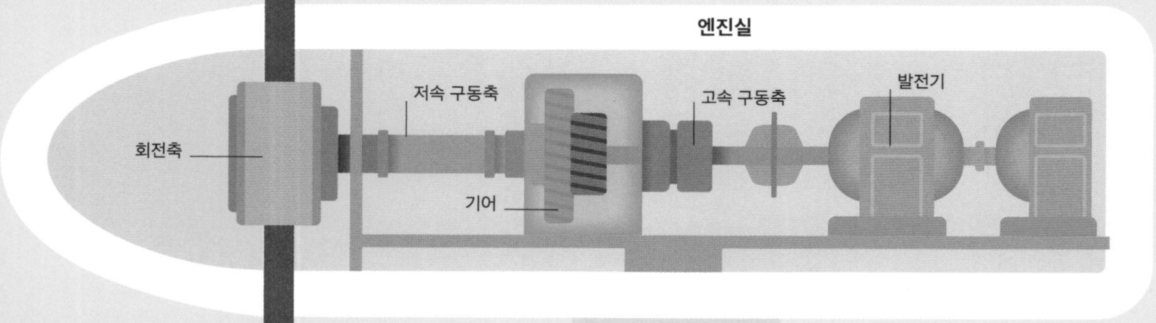

1 터빈 날개

굽은 날개는 거꾸로 된 프로펠러처럼 움직인다. 이 장치는 앞으로 나아가는 움직임을 회전 운동으로 전환시키기 위한 모양으로 설계되어 있다.

2 기어 구동

날개는 분당 약 15회 움직인다. 이는 너무 느려서 유용한 전기를 만들기 어렵다. 기어를 바꾸어 가면서 이 속도를 분당 1,800회까지 늘린다.

3 발전기

구동축의 회전 운동이 발전기에서 전기로 변환된다. 발전기는 또한 전기 시동기 모터로 쓸 수 있다. 바람이 약할 때 반대 방향으로 돌려 터빈 날개를 돌리기도 한다.

화석 연료의 사용을 중단할 수 있을까?

대체 에너지의 공급이 인류의 에너지 수요를 만족시킬 수 있다 해도 화석 연료 없이 살 수 있으려면 우리는 반드시 전기를 대량 저장하는 방법을 개발해야 한다.

수력 발전

대체 에너지를 확보하는 데 걸림돌이 되는 문제는 믿을 만한 에너지원을 발견하는 일이다. 수력 발전은 보통 강을 막은 댐에서 이루어진다. 이로부터 대체 에너지의 3분의 2, 전체 전력의 5분의 1이 생산된다. 물이 흐르면서 그 위치 에너지가 운동 에너지로 변한다. 이것이 댐 내부에 있는 수력 발전소의 터빈을 돌리고 전기 생산에 사용되는 것이다.

지열

공기 혹은 물의 동력과 함께 지열도 전기를 얻는 데 쓸 수 있다. 농축된 태양광 발전소는 태양의 빛을 한데 모아 물을 덥히고 끓여 터빈을 돌린다. 화산 지역에 분포하는 지열 발전소는 지각 근처 지구 내부의 열을 에너지원으로 사용한다.

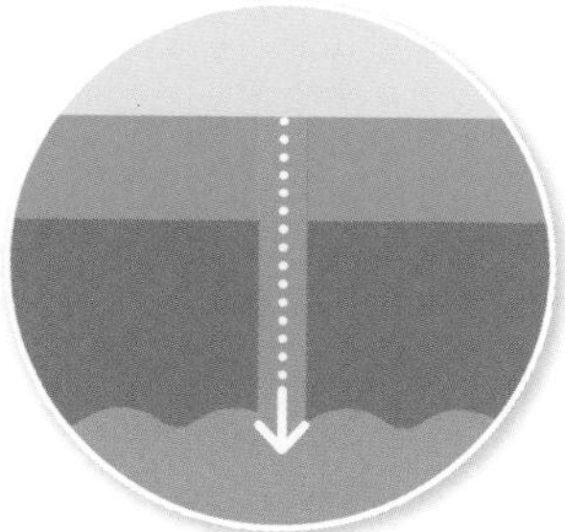

1 물이 들어간다
찬 물을 우물 혹은 시추공에 고압으로 집어넣어 지하 2,000미터(6,600피트)의 지하수에 다다르게 한다.

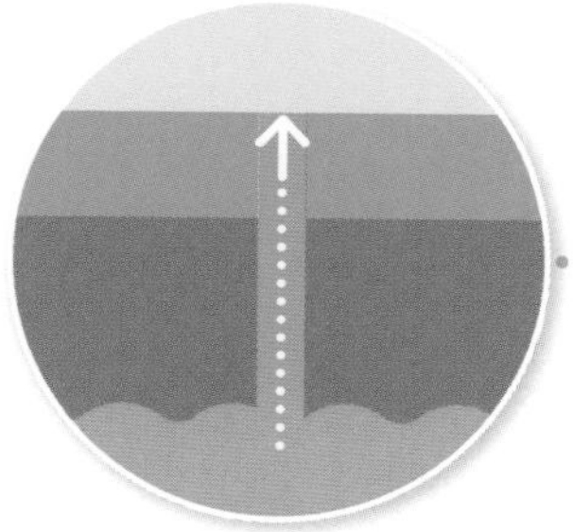

2 물이 나온다
화산의 열이 섭씨 100도(화씨 212도)이상으로 물을 덥힌다. 하지만 고압 상태이기 때문에 대부분이 액체 상태인 물과 증기의 혼합물이 지표면에 도달한다.

3 증기를 만든다
물과 증기를 분리해 고압 증기가 터빈으로 흐르게 만든다. 지표면에 도달한 물은 냉각탑으로 흘려 보낸다.

4 발전기
고압의 증기가 화력 발전소와 마찬가지로 터빈 날개를 돌리고 그 회전 에너지를 전력으로 전환한다.

5 냉각탑
증기를 식히고 응축시켜 액체로 포집한다. 이렇게 모은 물은 다시 지하로 내려 보내 순환을 되풀이한다.

바이오 연료

화석 연료에 비해 바이오 연료는 오염이 덜하다. 곡물, 나무 혹은 조류와 같이 살아 있는 생명체를 화학적으로 변형시켜 바이오 연료를 만든다. 곡물과 나무 사용은 환경에 문제가 있는 것으로 밝혀졌다. 조류는 아직 발전 단계이기는 하지만 저비용에다 오염도 적어서 희망적이다.

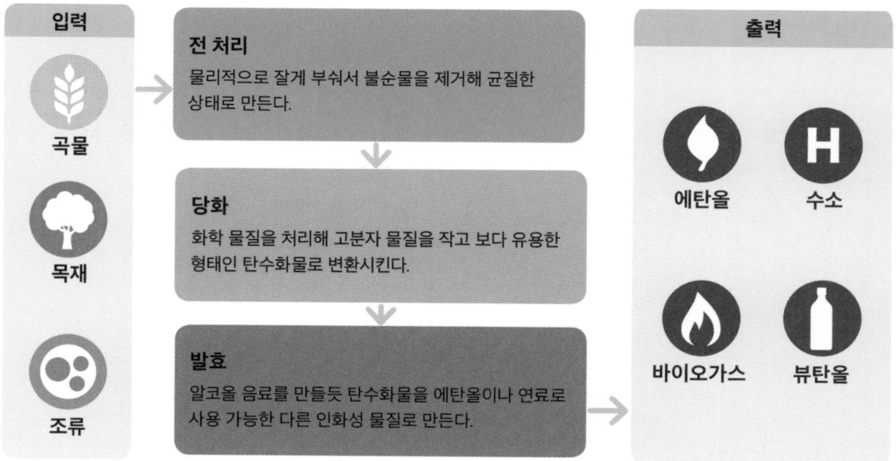

입력
곡물
목재
조류
전 처리
물리적으로 잘게 부숴서 불순물을 제거해 균질한 상태로 만든다.
당화
화학 물질을 처리해 고분자 물질을 작고 보다 유용한 형태인 탄수화물로 변환시킨다.
발효
알코올 음료를 만들듯 탄수화물을 에탄올이나 연료로 사용 가능한 다른 인화성 물질로 만든다.
출력
에탄올
수소
바이오가스
뷰탄올

전자 공학의 원리

전자 공학은 전기 부품과 그것이 사용되는 회로에 관한 기술이다. 전기의 흐름을 조절하는 트랜지스터가 포함된다. 움직이는 요소는 거의 없다.

반도체를 만드는 것은 무엇인가?

전도체(81쪽 참조)는 자유롭게 움직이는 전자가 있어 전류를 운반한다. 반면 절연체는 전류의 흐름을 멈추고 전류가 형성되는 것을 막는 거대한 방패막 혹은 띠 틈(band gap)이 있다. 실리콘과 같은 반도체는 띠 틈이 작기 때문에 절연체가 될 수도 있고 전도체가 될 수도 있다.

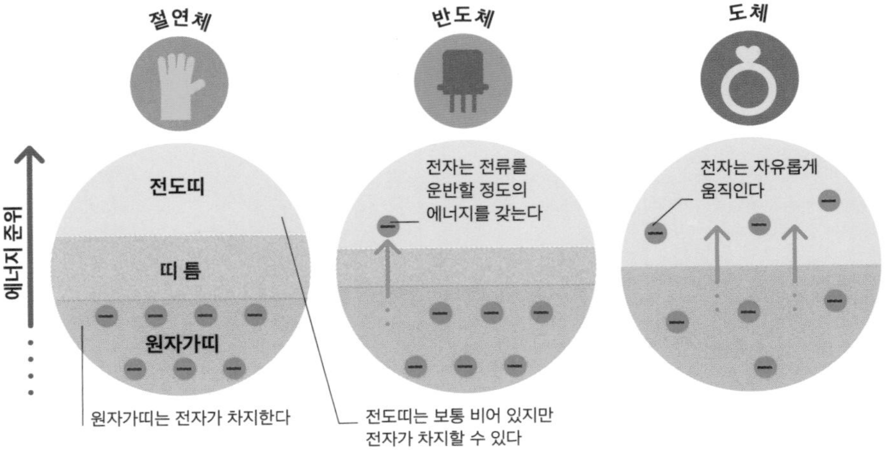

절연체
반도체
도체
에너지 준위
전도띠
띠 틈
원자가띠
전자는 전류를 운반할 정도의 에너지를 갖는다
전자는 자유롭게 움직인다
원자가띠는 전자가 차지한다
전도띠는 보통 비어 있지만 전자가 차지할 수 있다

트랜지스터 내부

컴퓨터의 핵심부는 칩에 있는 전자 회로로 구성된다. 이 회로들에 무엇을 해야 하는지 지침이 있고 그 지침이 프로그램이다. 1940년대 후반 반도체 장치인 트랜지스터가 등장해 무척 불안정한 진공관을 사용하던 전자 장치를 대체했다. 트랜지스터는 실리콘 결정에 전기적 성질을 변화시킬 수 있는 소량의 물질을 첨가하거나 도핑시킨 것으로 전류의 흐름을 정교하게 조절할 수 있다.

트랜지스터의 최소 크기는 설탕 분자 2개 정도로 예상된다

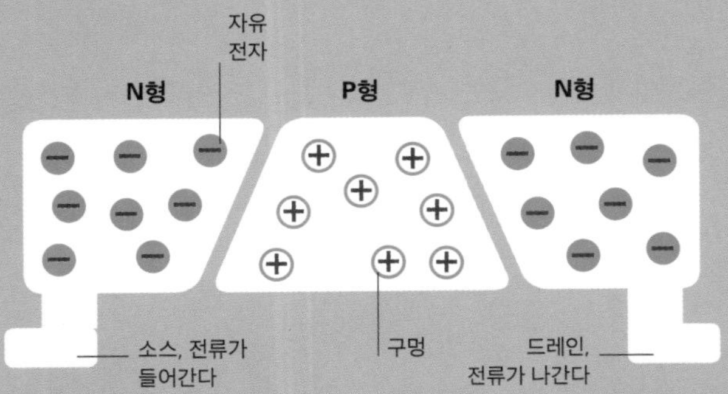

자유 전자
N형
P형
N형
소스, 전류가 들어간다
구멍
드레인, 전류가 나간다

1 **기본 구조**
트랜지스터는 N형 반도체 사이에 P형 반도체가 끼어 있다. N형은 전자가 많고 음으로 대전되어 있다. P형은 '구멍(hole)'이 있고 양전하가 많다.

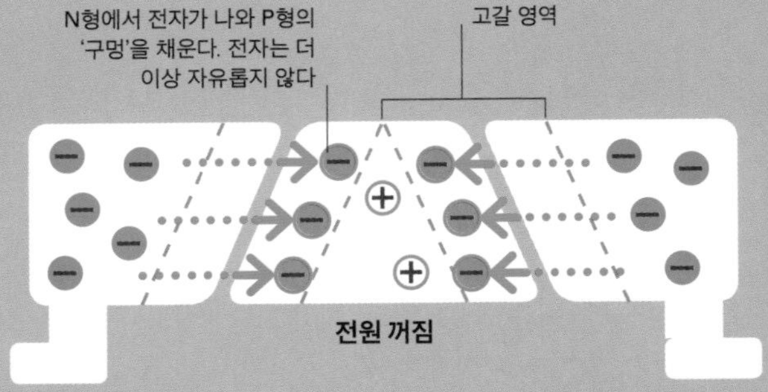

N형에서 전자가 나와 P형의 '구멍'을 채운다. 전자는 더 이상 자유롭지 않다
고갈 영역
전원 꺼짐

2 **고갈 영역**
N형 영역의 전자가 양전하에 끌려 P형 지역으로 가면 전류를 운반할 전자가 없는 지역(depletion zone)이 생긴다. 이런 상태에서는 전류가 흐르지 않고 트랜지스터 스위치는 '꺼진다.'

무어의 법칙

1965년 인텔 전자의 공동 창립자인 고든 무어는 2년마다 트랜지스터의 크기가 절반으로 줄어들 것이라고 예측했다. 지금껏 그 예측은 대체로 틀리지 않았다. 오늘날 표준적인 트랜지스터의 크기는 14나노미터다. 이 크기는 계속 줄어들겠지만 앞으로 10년이 지나지 않아 그 한계에 이를 것이다. 베이스의 크기가 너무 줄어들면 전류의 효과적인 흐름에 방해가 될 것이기 때문이다.

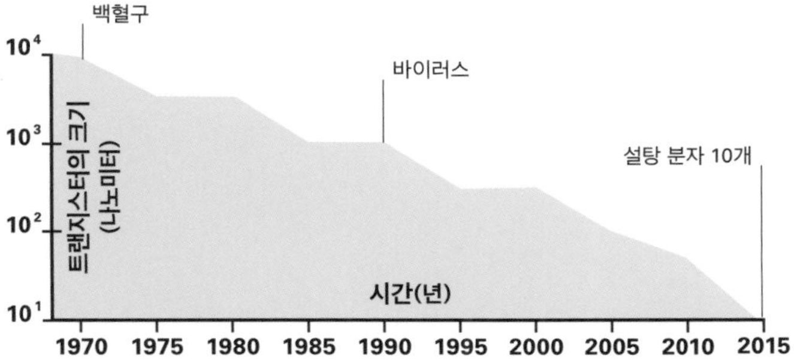

실리콘은 어디에서 왔는가?

지각에서 두 번째로 풍부한 원자가 실리콘이다. 모래를 태워서 정제하면 실리콘과 녹은 철을 추출할 수 있다.

실리콘 도핑

실리콘 도핑의 목적은 전자를 늘리거나 줄이는 일이다. 여분의 전자를 가진 인 원자를 더하거나 전자를 제거하기 위해 붕소를 첨가하기도 한다. 이렇게 실리콘 결정에 빈 공간 혹은 '구멍'을 만든다.

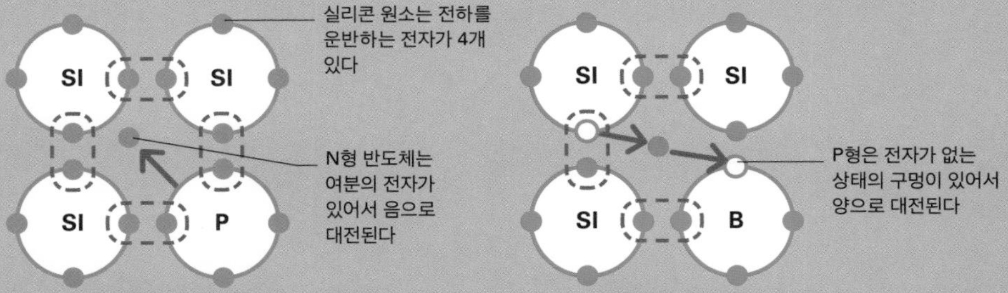
SI
SI
SI
P
실리콘 원소는 전하를 운반하는 전자가 4개 있다
N형 반도체는 여분의 전자가 있어서 음으로 대전된다
SI
SI
SI
B
P형은 전자가 없는 상태의 구멍이 있어서 양으로 대전된다

인으로 도핑된
N형 실리콘

붕소로 도핑된
P형 실리콘

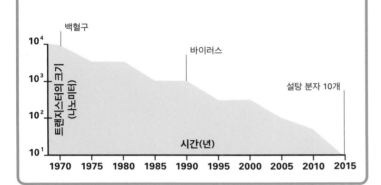

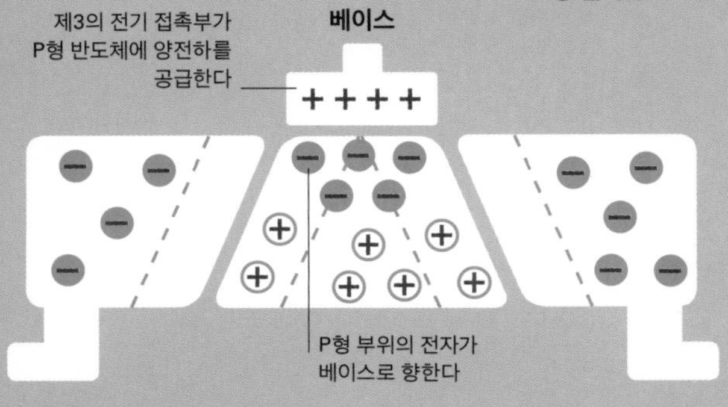
제3의 전기 접촉부가 P형 반도체에 양전하를 공급한다
베이스
++++
P형 부위의 전자가 베이스로 향한다

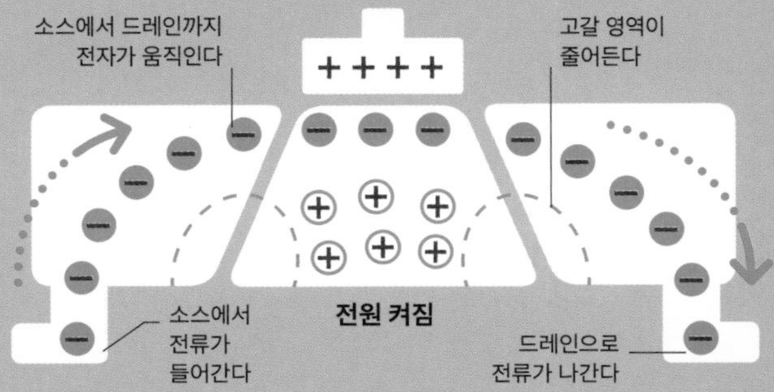
소스에서 드레인까지 전자가 움직인다
++++
고갈 영역이 줄어든다
소스에서 전류가 들어간다
전원 켜짐
드레인으로 전류가 나간다

3 전하 더하기

전류가 들어오고 나가는 소스(source)와 드레인(drain) 외에도 트랜지스터에는 베이스(base)라 불리는 제3의 장치가 있어서 P형 영역이 양전하를 띠게 한다. 베이스가 켜지면 고갈 영역의 전자를 끌어 온다.

4 전류의 흐름

고갈 영역을 줄여 베이스는 트랜지스터에 자유 전자가 있는 공간을 창출하고 그 공간으로 전류가 흐른다. 이 상태의 트랜지스터는 '켜져' 있다. 베이스가 꺼지면 전자가 멈추고 트랜지스터는 다시 '꺼진다.'

마이크로칩

전화기에서 토스터기에 이르기까지 마이크로칩은 어디에서나 찾아볼 수 있다. 순수한 실리콘 조각에 작은 전자 부품을 집어넣어 마이크로칩을 만든다.

반려동물에 있는 마이크로칩은 무엇인가?

미세한 라디오 송신기가 있는 마이크로칩을 동물의 피부 아래 집어넣는다. 판독기는 반려동물 소유자에 관한 정보를 읽어 낸다.

마이크로칩 만들기

마이크로칩은 집적 회로로서 모든 구성 요소와 그들 사이의 전기적 연결이 물질 한 조각 내에 들어 있다. 마이크로칩의 회로는 실리콘 표면 위에 새겨져 있다. 미세한 도선은 구리 혹은 다른 금속으로 만들어지고 트랜지스터와 다른 부품은 도핑된 실리콘으로 만들어진다.

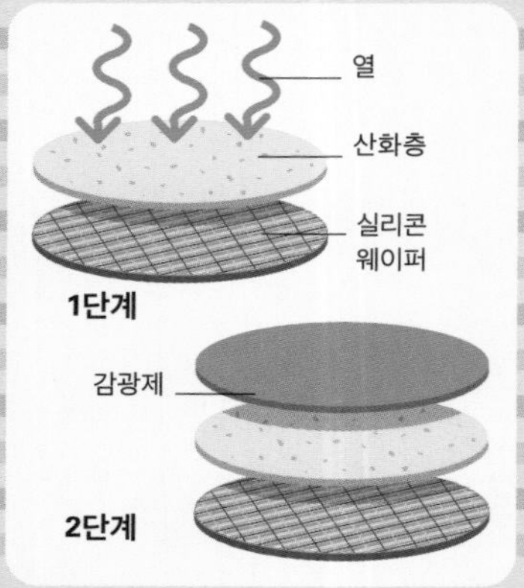

1 표면 처리
순수한 실리콘 웨이퍼를 가열해 표면에 산화(oxide)층을 만든다. 빛에 민감한 감광제를 추가한다.

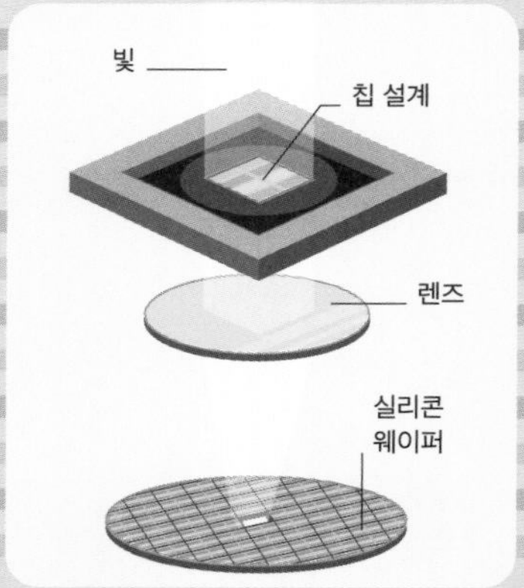

2 노출
칩 디자인의 음화를 투명한 물질에 그린다. 빛은 그 디자인을 감광제에 투사한다. 실리콘 웨이퍼에는 동일한 칩을 여러 개 넣을 공간이 있다.

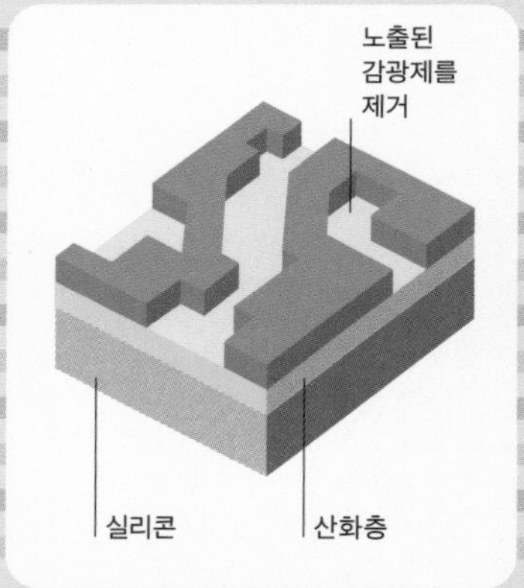

3 현상
빛에 노출된 실리콘 웨이퍼를 씻어 내고 아래쪽 산화층에 패턴을 노출시킨다. 설계된 것의 어떤 부분은 원자 수십 개 넓이이다.

논리의 사용

집적 회로는 논리 회로를 구성하는 다이오드와 트랜지스터의 조합을 통해 판단을 내린다. 논리 회로는 투입되는 전기 전류를 비교해 논리 수식에 따라 새로운 전류를 내보낸다. 불 대수(Boolean algebra)라고 알려진 이 논리 회로는 언제든 답이 참이거나 거짓으로 판별되며 각각 1과 0으로 표시되는 작동 체계다.

AND 회로
여기에선 입력값이 2개이며 2개 다 1일 때만 1을 출력한다.

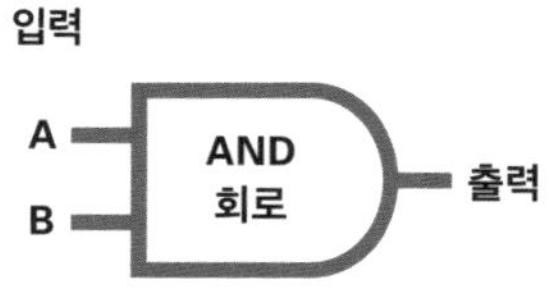

입력 A	입력 B	출력
0	0	0
0	1	0
1	0	0
1	1	1

OR 회로
AND 회로와 달리 입력값 2개 모두가 0이 아니라면 1을 출력한다.

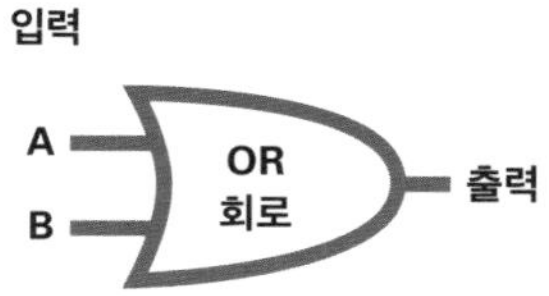

입력 A	입력 B	출력
0	0	0
0	1	1
1	0	1
1	1	1

전자 부품

다른 회로 구성 요소와 마찬가지로 전자 부품도 기호를 사용한다. 칩을 고안하는 사람들은 새로운 집적 회로를 만들 때 이 기호를 사용한다. 근대의 칩은 수십억 개의 구성 요소가 있기 때문에 인간은 고도의 건축가처럼 칩을 설계하고 컴퓨터로 그것을 논리 게이트 회로로 전환한다. 새로운 칩 디자인과 검사에 수천 명이 참여한다.

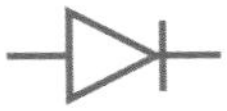

다이오드
전류가 한 방향으로 흐르게 하는 채널

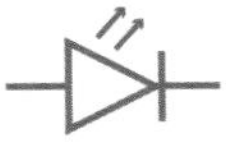

발광 다이오드
전자가 색이 있는 빛을 내도록 하는 반도체를 사용한다

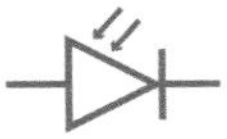

광다이오드
빛이 비칠 때만 전류가 흐른다

NPN 트랜지스터
베이스에 전류가 흐를 때만 스위치가 켜진다

PNP 트랜지스터
베이스에 전류가 없을 때 스위치가 켜진다

축전기
전하를 보관하다가 필요하면 회로로 다시 내보낸다

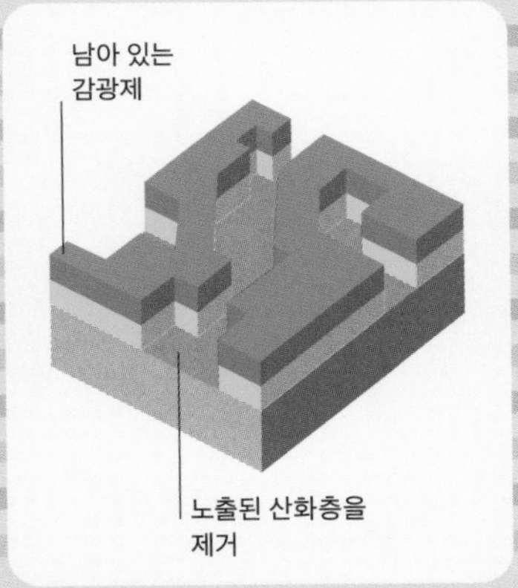

4 에칭
노출된 산화층을 제거하기 위해 화학 물질을 사용한다. 빈 채널의 정확한 형태가 실리콘 웨이퍼 표면에 새겨진다.

5 도핑
유용한 특성을 갖도록 실리콘 표면을 도핑한다. 화학 물질 복합체를 이용해 빈 채널을 채우고 구성 요소를 완성한다.

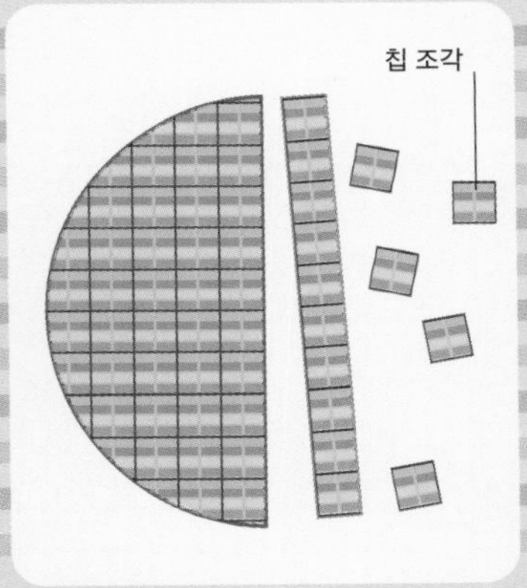

6 자르고 장착하기
실리콘 웨이퍼에서 칩을 잘라 낸 다음 플라스틱이나 유리로 보호막을 두른다. 회로판에 장착할 때 이것들은 다른 칩들과 연결되어 강력한 에너지원이 된다.

NOT 회로
항상 입력한 것이 아닌 출력 값이 나온다.

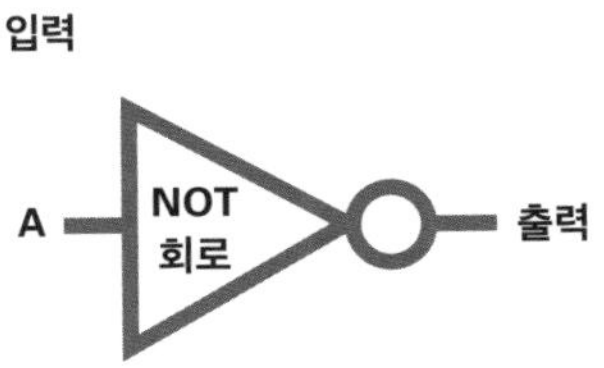

입력	출력
0	1
1	0

XOR 회로
입력한 것이 같은지 다른지 판단하며 같으면 0이 된다.

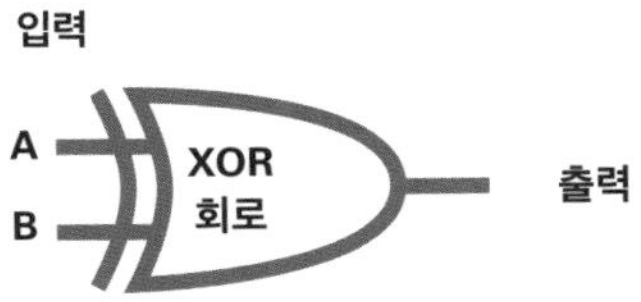

입력 A	입력 B	출력
0	0	0
0	1	1
1	0	1
1	1	0

요즘은 **수억 개의 트랜지스터**가 **얇은 핀의 머리**만 한 공간에 들어갈 수 있다

컴퓨터의 기초

컴퓨터의 입력 장치는 마우스, 키보드, 마이크이다. 이 장치들은 사용자 활동을 일련의 숫자로 변환시켜 임의 접근 기억 장치(random acess memory, RAM)로 보낸다. 이제 입력값은 중앙 처리 장치(CPU)로 와서 출력값을 내놓기 위해 계산에 들어간다. 나중에 사용할 수 있도록 출력값은 하드 드라이브에 저장되거나 소리 신호 혹은 스크린 문자와 같은 출력 장치로 보내진다.

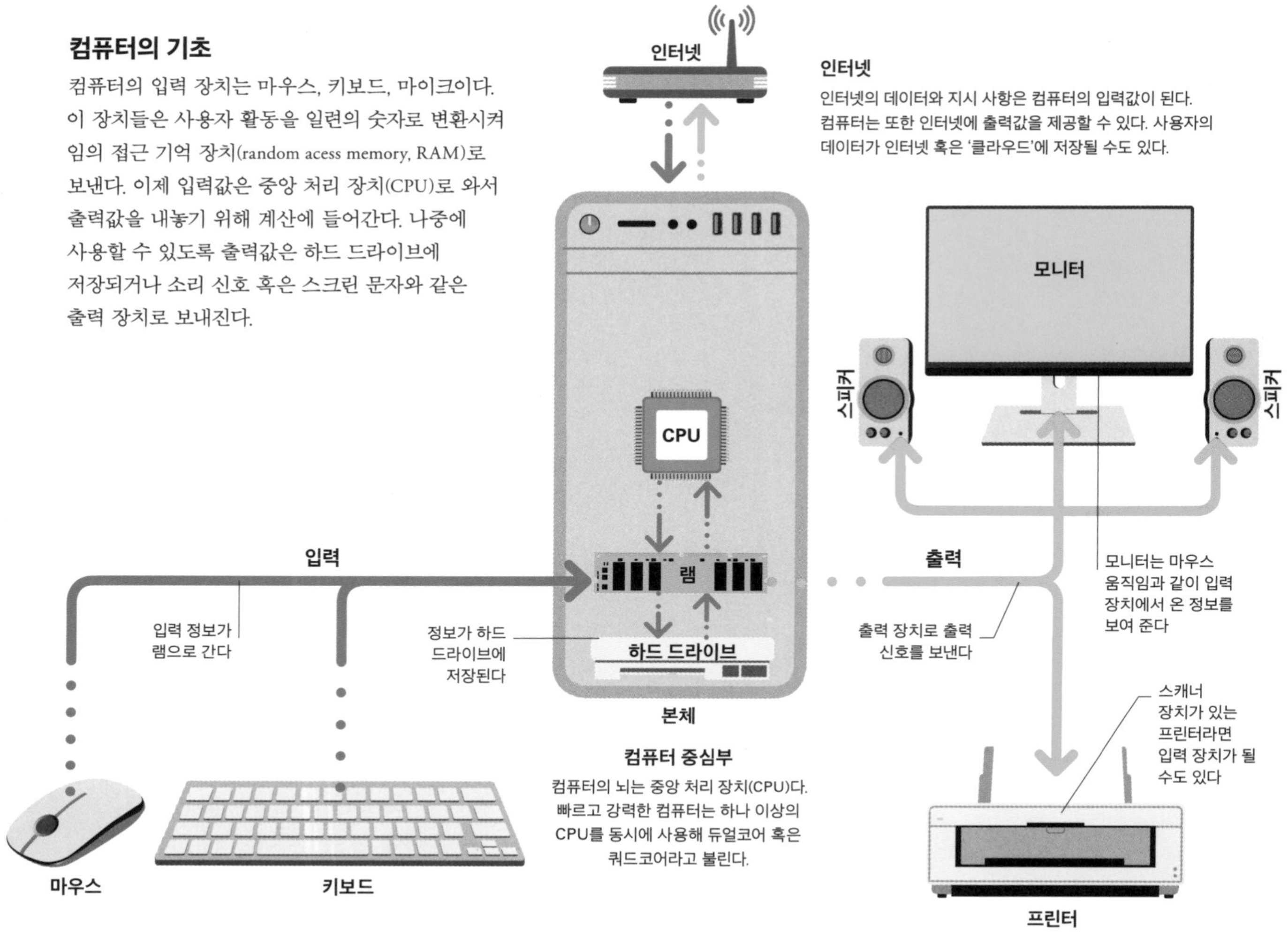

인터넷
CPU
램
하드 드라이브
본체
입력
입력 정보가 램으로 간다
정보가 하드 드라이브에 저장된다
마우스
키보드
출력
출력 장치로 출력 신호를 보낸다
모니터
스피커
스피커
모니터는 마우스 움직임과 같이 입력 장치에서 온 정보를 보여 준다
스캐너 장치가 있는 프린터라면 입력 장치가 될 수도 있다
프린터

인터넷

인터넷의 데이터와 지시 사항은 컴퓨터의 입력값이 된다. 컴퓨터는 또한 인터넷에 출력값을 제공할 수 있다. 사용자의 데이터가 인터넷 혹은 '클라우드'에 저장될 수도 있다.

컴퓨터 중심부

컴퓨터의 뇌는 중앙 처리 장치(CPU)다. 빠르고 강력한 컴퓨터는 하나 이상의 CPU를 동시에 사용해 듀얼코어 혹은 쿼드코어라고 불린다.

컴퓨터의 원리

가장 단순한 컴퓨터는 입력값을 미리 프로그램된 법칙에 따라 출력값으로 변환시키는 장치이다. 이런 장치의 위력은 사람보다 훨씬 더 빠르고 정확하게 계산한다는 데 있다.

컴퓨터 암호

중앙 처리 장치는 오직 0과 1을 8, 16, 32 혹은 64회 사용해 데이터를 처리한다. 사람들은 간혹 긴 이진수 암호를 16진법으로 바꾸어 사용하기도 한다. 0에서 9 다음의 10~15는 A~F로 표현한다.

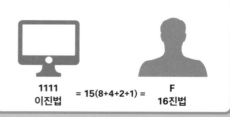

1111 이진법 = 15(8+4+2+1) = F 16진법

인터넷은 어떻게 작동하는가?

컴퓨터 연결망에서 컴퓨터는 직접적으로 다른 컴퓨터와 연결되어 교신할 수 있다. 인터넷은 중앙 관리 본부가 없는 연결망이다. 대신 데이터는 원천 장치에서 받는 사람에게로 송신된다.

세계에서 가장 빠른 컴퓨터는 1초에 2해(10^{20}) 번 계산한다

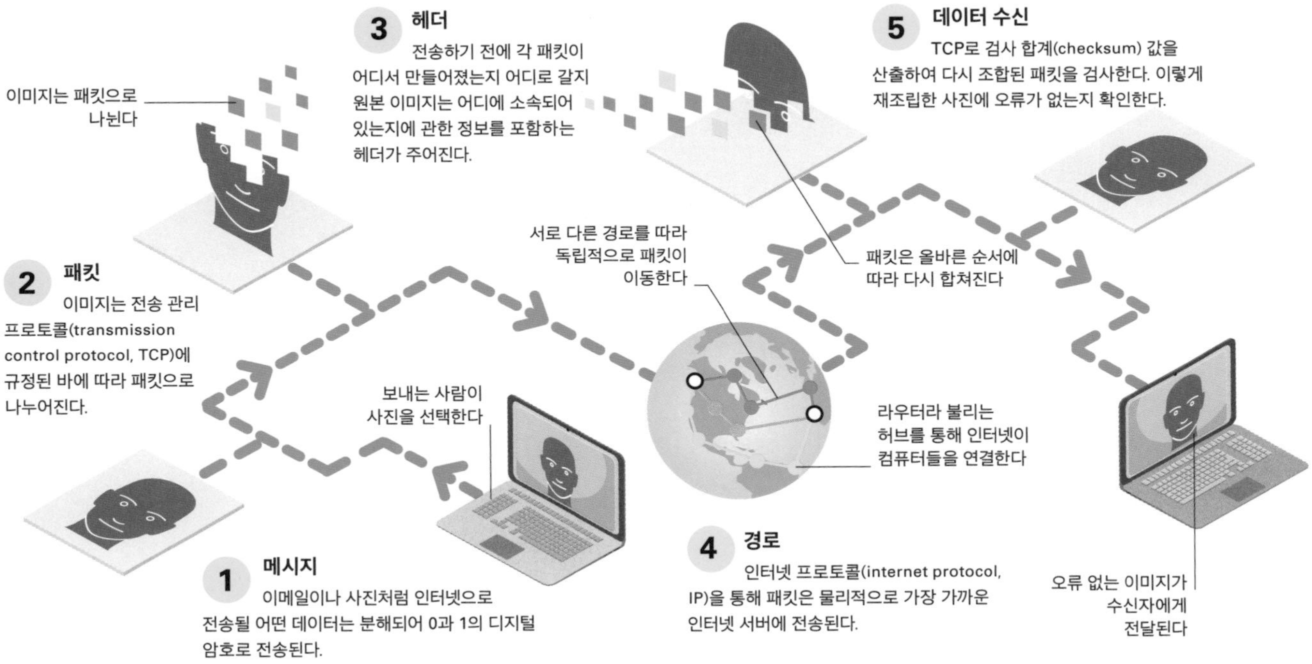
이미지는 패킷으로 나뉜다
3 헤더
전송하기 전에 각 패킷이 어디서 만들어졌는지 어디로 갈지 원본 이미지는 어디에 소속되어 있는지에 관한 정보를 포함하는 헤더가 주어진다.
5 데이터 수신
TCP로 검사 합계(checksum) 값을 산출하여 다시 조합된 패킷을 검사한다. 이렇게 재조립한 사진에 오류가 없는지 확인한다.
2 패킷
이미지는 전송 관리 프로토콜(transmission control protocol, TCP)에 규정된 바에 따라 패킷으로 나누어진다.
서로 다른 경로를 따라 독립적으로 패킷이 이동한다
패킷은 올바른 순서에 따라 다시 합쳐진다
보내는 사람이 사진을 선택한다
라우터라 불리는 허브를 통해 인터넷이 컴퓨터들을 연결한다
1 메시지
이메일이나 사진처럼 인터넷으로 전송될 어떤 데이터는 분해되어 0과 1의 디지털 암호로 전송된다.
4 경로
인터넷 프로토콜(internet protocol, IP)을 통해 패킷은 물리적으로 가장 가까운 인터넷 서버에 전송된다.
오류 없는 이미지가 수신자에게 전달된다

하드 디스크 드라이브

대부분의 컴퓨터는 주 저장 장치로 하드 디스크를 사용한다. 여기서는 데이터를 자화되거나 탈자화된 영역의 물리적 형태로 기록한다. 이런 물리적 형태는 전원이 꺼져도 그대로 남아 있다. 하드 드라이브에는 1분에 수천 번 회전하는 플래터(platter)가 여러 개 있다. 최신 전화기나 얇은 노트북 컴퓨터는 하드 디스크 대신 고형 플래시 메모리가 사용된다. 여기서 데이터는 서로 연결된 메모리 칩에 저장된다.

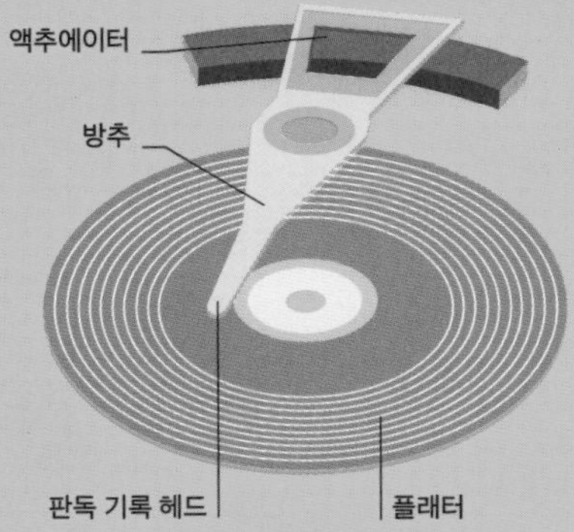
액추에이터
방추
판독 기록 헤드
플래터

읽고 쓰기

판독 기록 헤드가 데이터가 기록되는 각 플래터를 쓱 훑는다. 헤드의 전자기는 플래터의 유형을 살펴보고 새로운 유형을 기록한다.

바이트는 무엇인가?

컴퓨터 암호에서 숫자 하나는 1비트의 데이터이다. 컴퓨터는 8비트 서열을 흔히 사용하기 때문에 연속된 8개 숫자의 집합을 1바이트 데이터라고 한다. 4비트는 0.5 바이트이고 니블(nibble)이라고 불린다.

가상 현실

오랫동안 가상 현실 기술은 가상 현실이 이룩할 것이라고 기대되던 바에 미치지 못했지만 최근 광범위하게 퍼져 나가기 시작했다. 가상 현실 헤드셋을 쓴 사용자들은 다른 세계에 와 있는 경험을 할 수 있다.

가상 현실 헤드셋의 내부

여기서 '가상(virtual)'이란 실재는 아니지만 볼 수 있고 조정이 가능하며 마치 실제인 양 상호 작용이 가능한 뭔가를 의미한다. 물체가 '뒤에 있는' 것처럼 보이는 거울에 비친 이미지도 하나의 좋은 예이다. 가상 현실 헤드셋은 가상 영상으로서 사용자의 시야를 채울 스크린을 사용한다. 헤드셋을 움직이면 반응에 따라 영상이 변하는 것을 볼 수 있다.

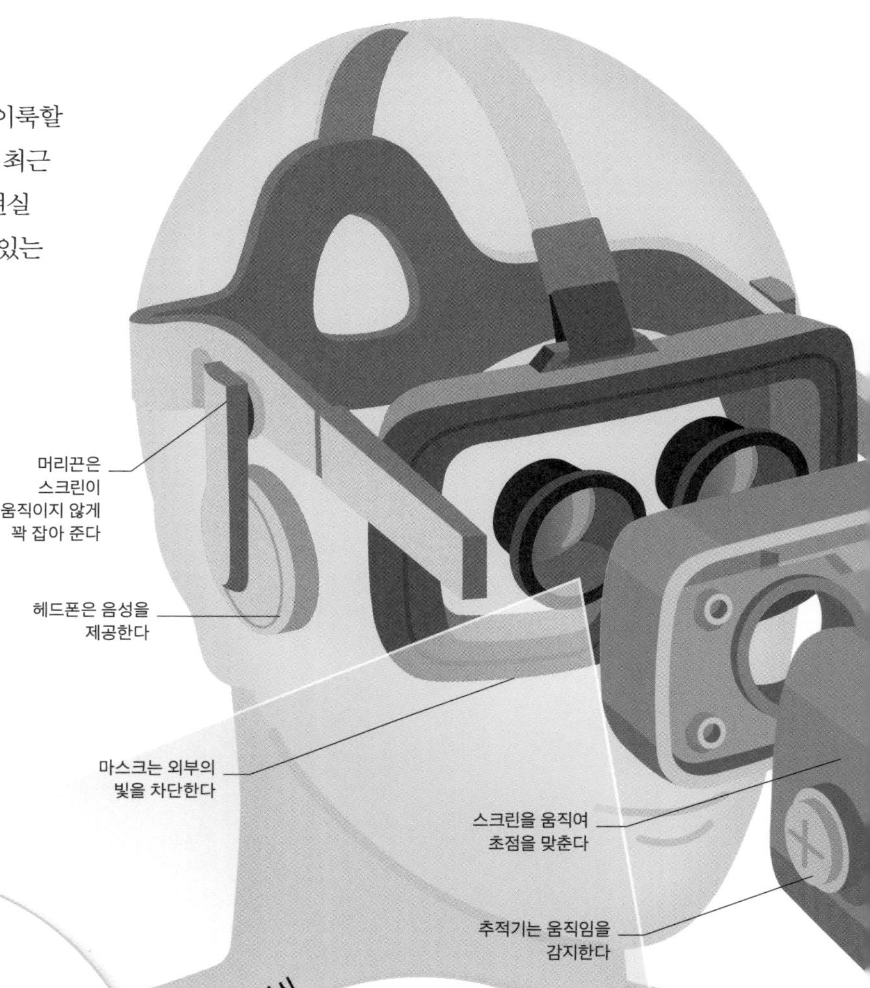
머리끈은 스크린이 움직이지 않게 꽉 잡아 준다
헤드폰은 음성을 제공한다
마스크는 외부의 빛을 차단한다
스크린을 움직여 초점을 맞춘다
추적기는 움직임을 감지한다

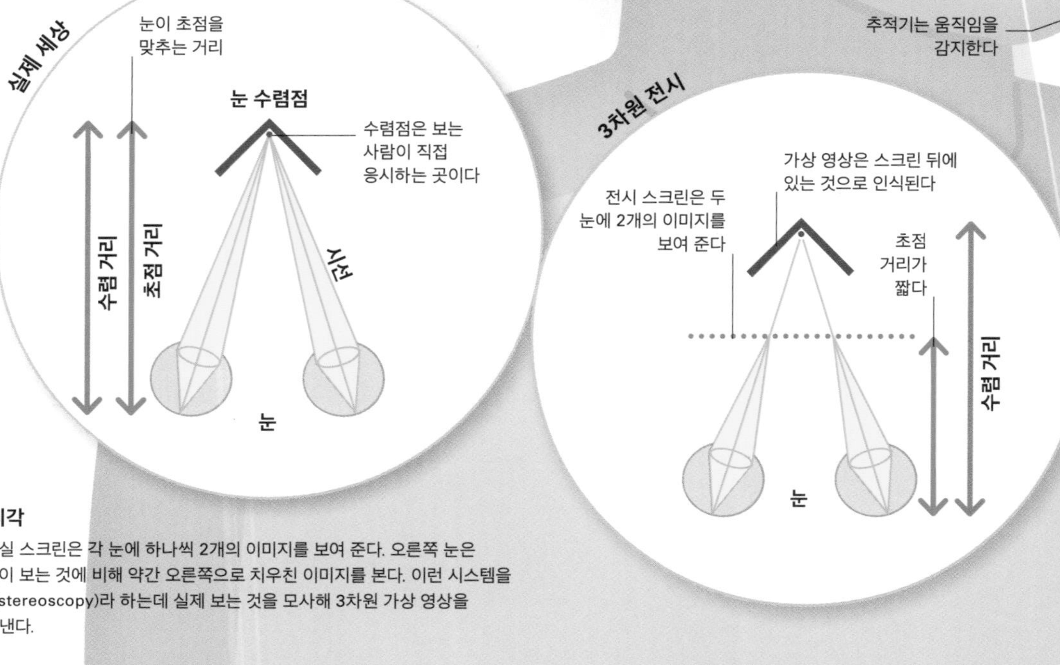
실제 세상
눈이 초점을 맞추는 거리
눈 수렴점
수렴점은 보는 사람이 직접 응시하는 곳이다
수렴 거리
초점 거리
시선
눈
3차원 전시
가상 영상은 스크린 뒤에 있는 것으로 인식된다
전시 스크린은 두 눈에 2개의 이미지를 보여 준다
초점 거리가 짧다
수렴 거리
눈

양안 시각

가상 현실 스크린은 각 눈에 하나씩 2개의 이미지를 보여 준다. 오른쪽 눈은 왼쪽 눈이 보는 것에 비해 약간 오른쪽으로 치우친 이미지를 본다. 이런 시스템을 입체시(stereoscopy)라 하는데 실제 보는 것을 모사해 3차원 가상 영상을 만들어 낸다.

추적

가상 현실 경험에 더 몰입하기 위해서 헤드셋은 사용자의 머리와 눈의 움직임을 추적하고 그에 따라 변경된 영상을 제공한다. 사용자가 자연스럽게 가상 공간을 둘러본다는 뜻이다. 사용자의 팔과 다리의 움직임을 추적하기 위해 신체에서 나오는 적외선을 반사시키는 별도의 장치가 사용되기도 한다. 이렇게 사용자는 가상 환경과 더 긴밀히 상호 작용할 수 있다.

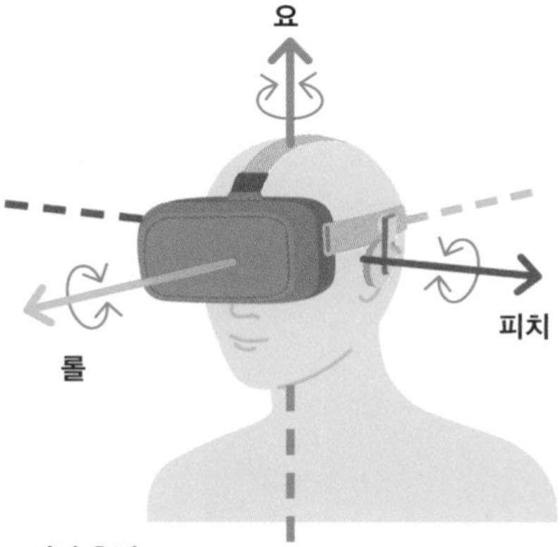

머리 추적

스마트폰에 있는 것과 비슷한 헤드셋의 감지 장치는 사용자의 머리 움직임을 3개의 축으로 추적한다. 이 정보는 가상 영상을 큰 범주에서 조정하는 데 사용된다.

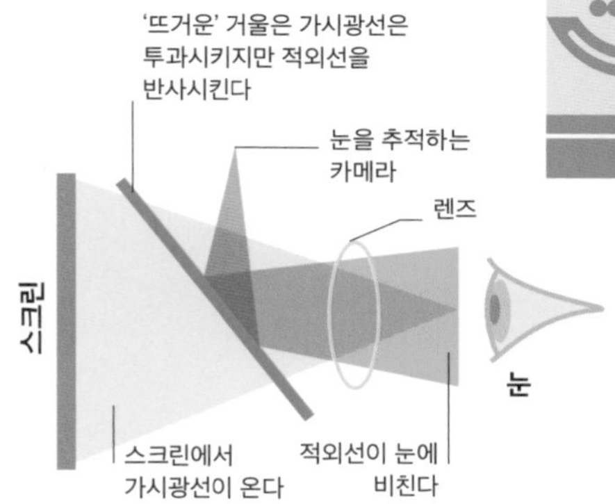
'뜨거운' 거울은 가시광선은 투과시키지만 적외선을 반사시킨다
눈을 추적하는 카메라
렌즈
스크린
눈
스크린에서 가시광선이 온다
적외선이 눈에 비친다

눈 추적

인간의 눈은 풍경의 아주 작은 부분에만 초점을 맞춘다. 그래서 어떤 가상 현실은 그 지점에서 아주 선명하고 정교한 영상을 제시한다. 적외선 빛을 눈과 카메라에 비춰 시선이 향하는 방향을 감지한다.

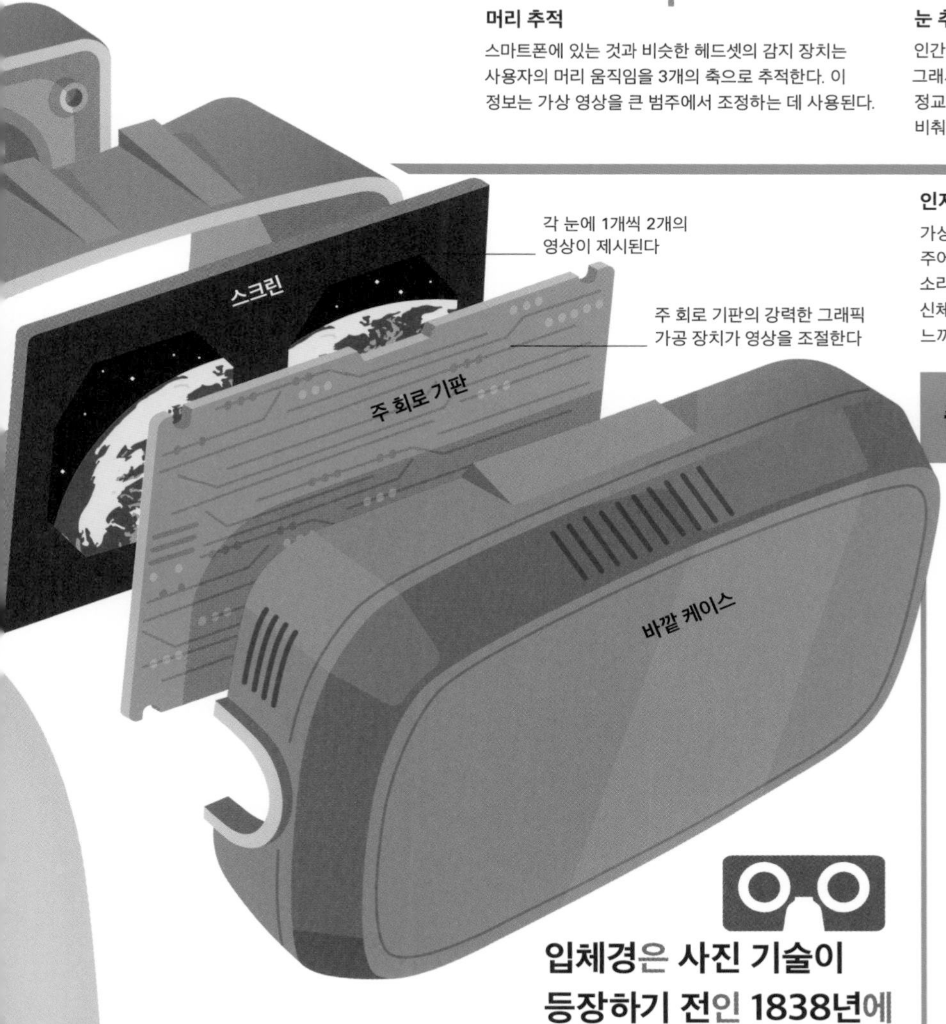
각 눈에 1개씩 2개의 영상이 제시된다
스크린
주 회로 기판의 강력한 그래픽 가공 장치가 영상을 조절한다
주 회로 기판
바깥 케이스

인지 변화

가상 현실의 헤드셋은 사용자의 인지 체계에 혼돈을 주어 컴퓨터가 제공하는 3차원 공간을 경험하게 한다. 소리와 영상 외에도 '컴퓨터 촉각 기능' 장치가 장갑이나 신체 다른 부위에 위치해 사용자가 가상의 물체를 느끼도록 한다.

증강 현실

가상 현실과 비슷한 기술을 이용하지만 증강 현실 컴퓨터가 생산하는 영상은 훨씬 실제에 가깝다. 증강 현실 사용자는 스마트폰에 장착된 라이브 카메라를 보는 것처럼 영상을 볼 수 있다. 또는 영상이 안경과 같은 투명한 스크린으로 투사되기도 한다.

입체경은 사진 기술이 등장하기 전인 1838년에 발명되었다

나노관

탄소 나노관(nanotube)은 지름이 몇 나노미터인 원통형 구조이다. 현재 나노관은 밀리미터 크기에 국한되지만 긴 나노관은 강철보다 강하게 만들 수 있으며 낮은 밀도로 만들어 유용하게 사용할 수도 있다.

달까지 닿는 길이의 나노관을 양귀비 씨앗 크기 정도로 돌돌 말 수 있다

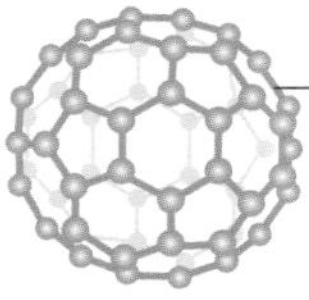
자연계에 존재하는 탄소공

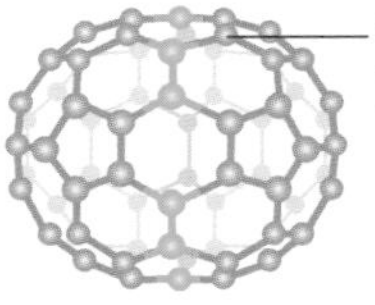
탄소공은 오각형과 육각형 고리로 이루어진다

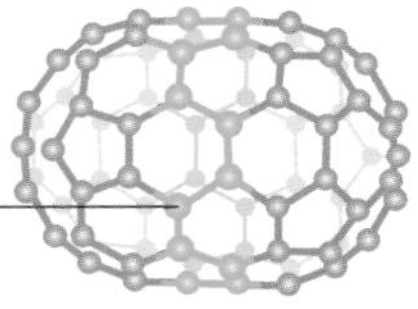
여분의 탄소 원자를 첨가한다

1 나노관 키우기
나노관을 만드는 방법 중 하나는 크기를 키우는 것이다. 출발 물질은 자연계에 존재하는 버키볼로, 60개 원자로 이루어진 탄소공이다.

2 육각형 더하기
탄소공 대부분은 육각형을 이루고 있는 탄소 원자로 구성된다. 이들을 더하면 버키볼의 길이를 늘일 수 있다.

3 길이 성장
탄소가 10개인 고리를 계속해서 추가한다. 길이가 1밀리미터인 나노관에는 100만 개 이상의 원자가 들어 있다.

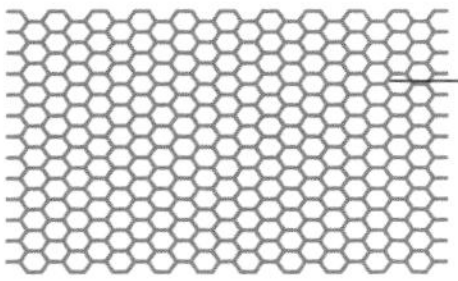
원자 한 층 두께의 그래핀 막

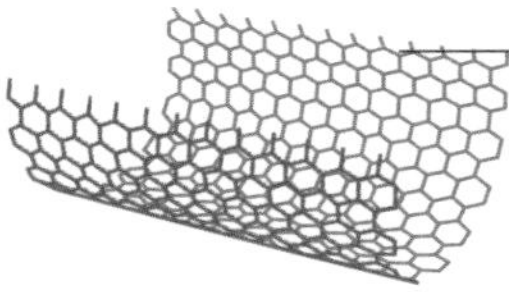
어떻게 마느냐에 따라 관의 전도도가 달라진다

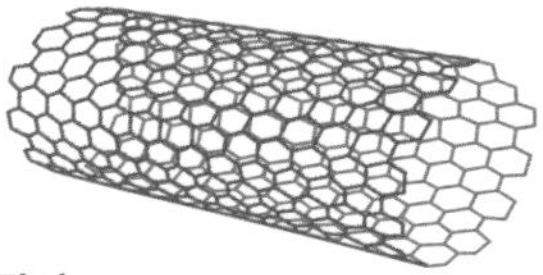

1 나노관 굴리기
한 분자 두께의 육각형 격자 탄소판인 그래핀(graphene)을 굴려서 나노관을 만들 수 있다.

2 유연하고 강하다
그래핀은 모든 방향으로 단단하고 구부려서 둘둘 말 수도 있다.

3 말기
그래핀 막을 말아서 한 층의 벽을 가진 나노관을 만든다. 여러 겹의 벽을 가진 나노관도 연이어 만들 수 있다.

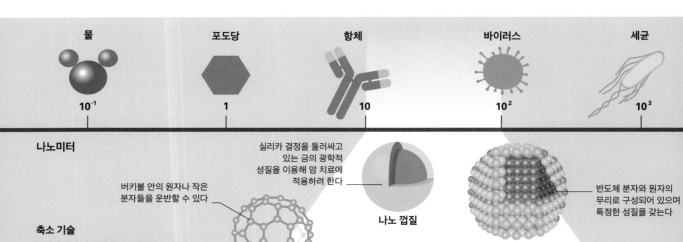

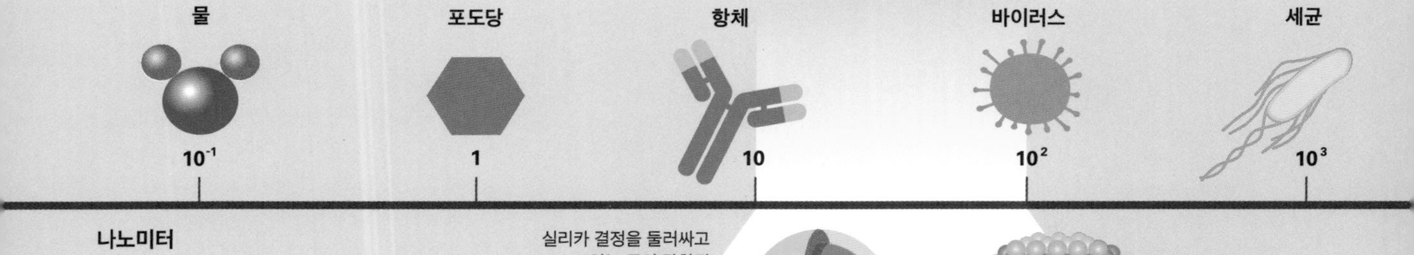
물
포도당
항체
바이러스
세균
10^{-1}
1
10
10^{2}
10^{3}
나노미터

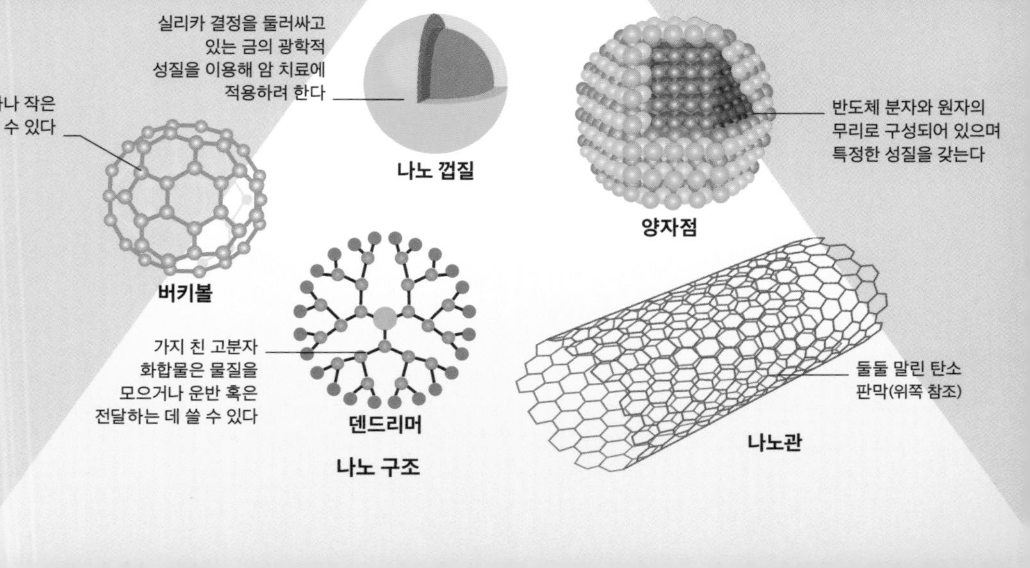
버키볼 안의 원자나 작은 분자들을 운반할 수 있다
버키볼
실리카 결정을 둘러싸고 있는 금의 광학적 성질을 이용해 암 치료에 적용하려 한다
나노 껍질
반도체 분자와 원자의 무리로 구성되어 있으며 특정한 성질을 갖는다
양자점
가지 친 고분자 화합물은 물질을 모으거나 운반 혹은 전달하는 데 쓸 수 있다
덴드리머
둘둘 말린 탄소 판막(위쪽 참조)
나노관
나노 구조

축소 기술

부피에 비해 나노 입자는 표면적이 엄청나게 크다. 서로 반응하기 쉽다는 뜻이다. 나노 입자는 같은 물질이라도 크기가 다른 것들에 비해서는 독특한 성질을 갖는다. 어떤 사람들은 나노 입자가 혈관을 따라 뇌로 들어가 손상을 주지 않을지 걱정하기도 한다.

나노 기술의 사용

나노 기술은 건축과 의학, 전자 공학의 미래를 바꾸어 놓을 것이다. 초소형 로봇이 인체에서 의약품을 전달하는 등의 일을 할 수 있으리라 예측되기도 한다. 나노 크기의 도구를 사용해서 분자와 분자를 연결할 수 있다고 제안하는 과학자들도 있다. 나노 기술이 등장한 지는 몇십 년 되지 않았지만 현재 실생활에 나노 크기의 제품들이 사용되고 있다. 규산 알루미늄 나노 입자 층을 굳혀 만든 긁힘에 강한 유리도 한 예이다. 이들은 몇 나노미터 두께이고 투명하다.

투명한 선크림

아연과 산화 타이타늄 나노 입자가 선크림에 사용된다. 미세한 결정이 피부에 도달하는 광선을 분산시킨다.

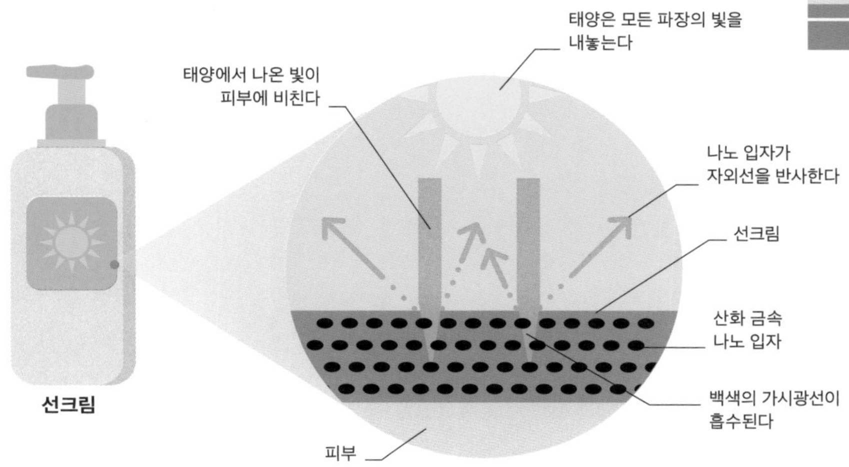
태양은 모든 파장의 빛을
내놓는다
태양에서 나온 빛이
피부에 비친다
나노 입자가
자외선을 반사한다
선크림
산화 금속
나노 입자
백색의 가시광선이
흡수된다
피부
선크림

OLED 텔레비전

유기 발광 다이오드(organic light-emitting diode, OLED) 기술은 분자층에 전기를 주입해 빛을 만든다. OLED는 매우 얇고 유연하다.

작은 컴퓨터

전선과 비슷한 나노관과 양자점이 마이크로칩에 들어가 작지만 강력한 전자기기가 만들어진다.

거대 고층 건물

나노관을 건물 자재에 추가해 매우 강력한 구조물을 만든다. 미래에는 아주 거대한 건물도 만들 수 있게 될 것이다.

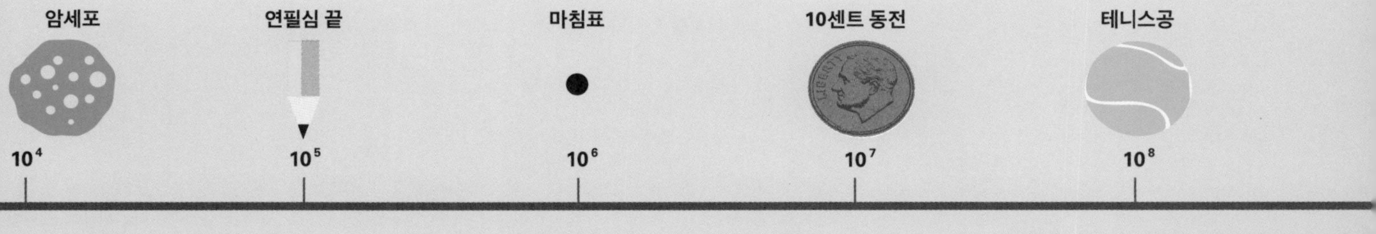
암세포
연필심 끝
마침표
10센트 동전
테니스공
LIBERTY
10^4
10^5
10^6
10^7
10^8

나노 기술

공학의 오랜 목표 중의 하나는 축소화이다. 나노 기술은 원자와 분자를 조립해 작은 기계를 만들려고 한다.

나노 크기

나노의 뜻은 '10억분의 1'이다. 따라서 10억 나노미터는 1미터이다. 마침표 하나의 지름은 100만 나노미터 정도다. 나노 기계 혹은 나노 로봇은 이론적으로 10~100나노미터 영역의 나노 크기(nanoscale)에서 활동할 수 있다.

DNA 사용

DNA의 유용한 특성 중 하나는 나선 하나를 주형 삼아 다른 나선을 복제할 수 있다는 점이다. 자기 복제하는 특성을 가지는 DNA로 구성된 나노 크기 장치는 이론적으로 형태를 바꾸고 기계처럼 작동할 수 있다.

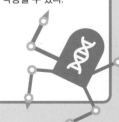

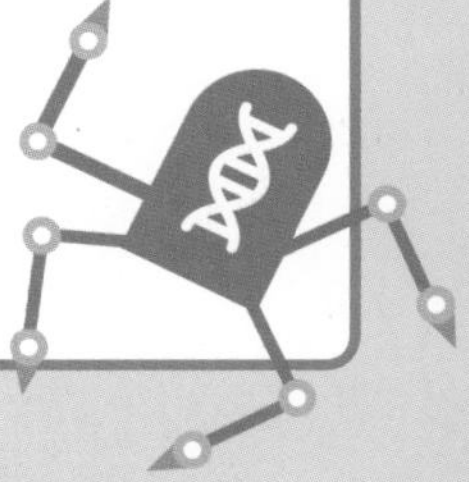

로봇과 자동화

로봇은 복잡한 작업을 수행하도록 설계되었다. 인간이 원격으로 조종할 수도 있지만 보통은 스스로 일하도록 제작된다.

로봇은 무슨 일을 하는가?

로봇의 구성 요소들은 각기 독립적으로 다른 방향으로 움직일 수 있다. 따라서 사람이 해야만 하는 매우 복잡한 임무를 성공적으로 수행할 수 있다. 로봇은 사람 대신 작업하는 데에 적합한 장소에 제한적으로 적용된다. 위험한 장소에서의 작업 혹은 반복적인 작업에 로봇이 주로 투입된다.

로봇은 인간을 대체할 것인가?

공학 로봇은 몇 가지 특별한 작업을 하도록 설계되었다. 인간의 신체처럼 다양한 작업을 수행할 수 있는 기계가 만들어지기까지는 아직까지 길이 멀다.

반복적인 작업

한 가지 작업만 계속하라는 프로그램이 입력된 로봇이 있다. 이들은 피곤해 하지도 지겨워 하지도 않는다. 하지만 이들은 예측하지 못한 상황에 적절히 대처하지는 못한다.

위험한 지역

폭탄을 처분하는 로봇 운송 장치는 인간이 가기에 너무 위험한 곳에 파견된다. 로봇은 수집한 정보를 인간에게 전송해 준다.

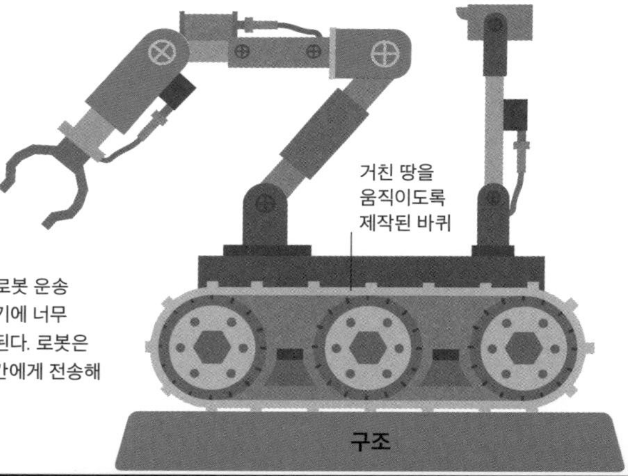

액트로이드

공학자들은 인간의 형상을 흉내 낸 기계를 설계하려고 노력한다. 최근에는 액트로이드(actroids, 인조인간 로봇)가 등장했다. 생명체와 비슷한 부드러운 피부를 가졌으며 말을 하거나 표정을 짓기도 한다. 그러나 설계자들은 '불쾌한 골짜기'에 대해서도 고민해야 한다. 인간을 모방한 무생물이 인간과 점점 닮아갈수록 이상하고 불쾌하게 느껴지는 현상이다.

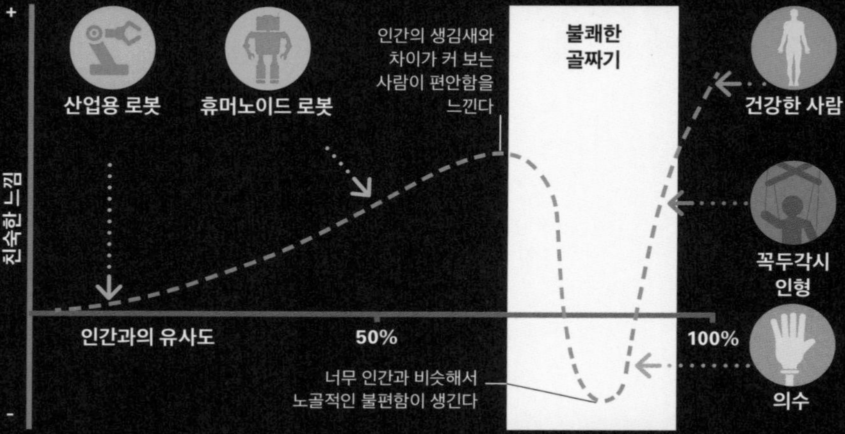

스테퍼 모터

스테퍼 모터(stepper motor)라는 장치를 이용하여 공학자들은 로봇의 조인트를 구부리거나 돌릴 수 있다. 연속적인 전자기 장치를 사용해서 모터는 시간당 일정한 각도로 축을 움직인다. 그에 따라 모터는 로봇의 조인트가 매우 정확하게 회전할 수 있게 한다.

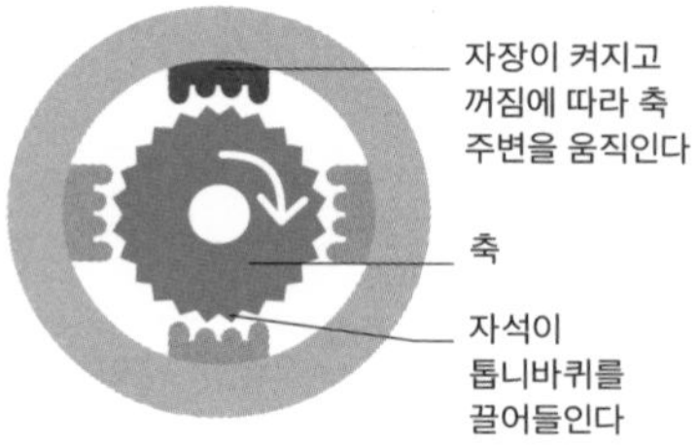

화성 탐사 로버 큐리오시티는 7미터 떨어진 시료를 기화시켜 분석할 수 있다

다른 세상

화성 탐사대처럼 움직이는 과학 실험실 로봇은 과학자가 부여한 경로를 따라 움직이고 위험에 자동적으로 반응하기도 한다.

정교한 작업

수술 로봇은 의사의 지시에 따라 혹은 미리 정해진 순서에 따라 매우 정교한 수술을 수행한다.

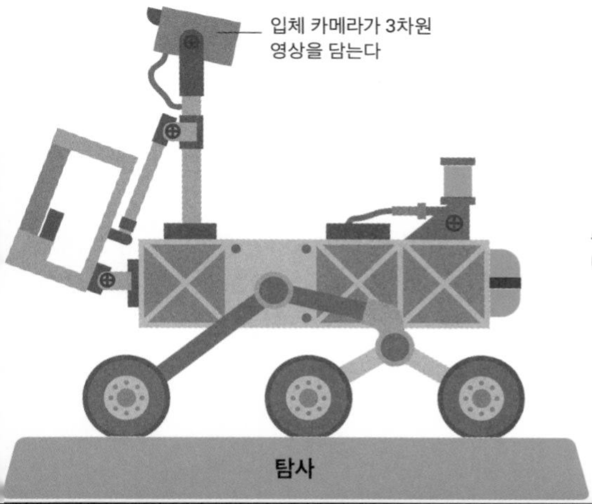

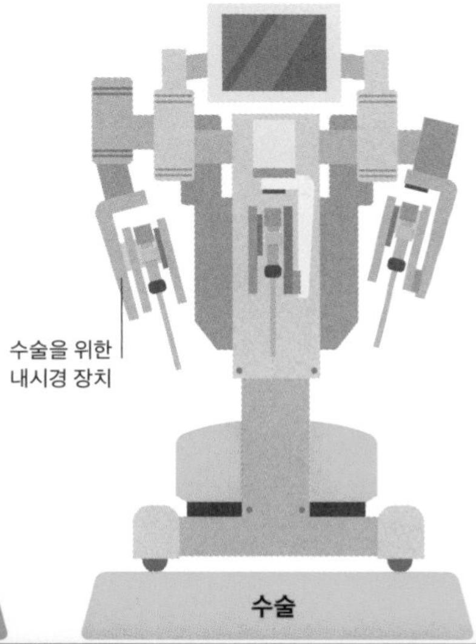

험한 일

청소하고 운반하는 작업 로봇이 인간의 노동을 대체할 것이다. 이런 작업을 수행하는 로봇을 고안하는 일은 무척 어렵다.

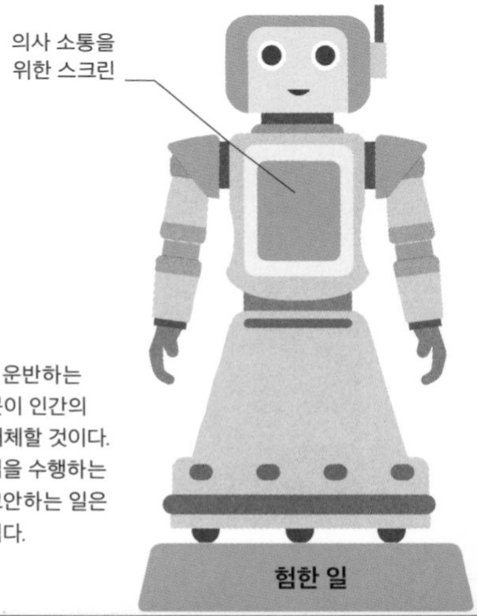

무인 자동차

자동적으로 도로를 따라 주행하고 주위 상황에 반응하는 유형의 로봇이다. 로봇의 부속들은 핸들을 조작하고 속도를 조절하지만 사실 장소와 주변 상황을 잘 해석하는 일이 무인 자동차 성공의 열쇠다. 각기 다른 감지 체계가 주변의 환경을 인식하는데 사용된다.

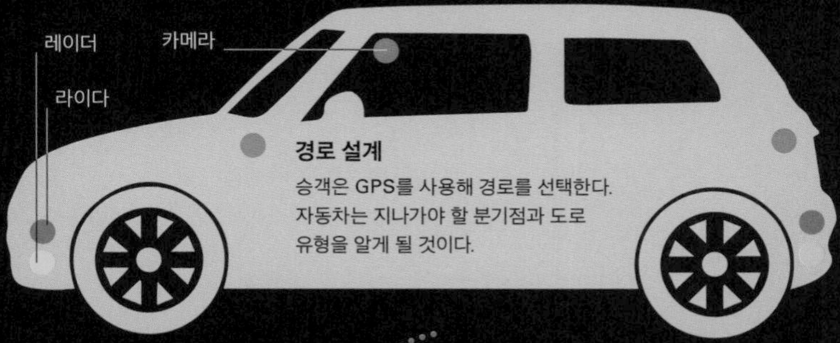

경로 설계

승객은 GPS를 사용해 경로를 선택한다. 자동차는 지나가야 할 분기점과 도로 유형을 알게 될 것이다.

카메라

길, 표지판, 다른 도로 설비를 인식한다

레이더

방향을 선택하고 움직이거나 정지한 물체의

라이다

물체의 크기와 형태를 인식하는 레이더 검측 장치

인공 지능

현재 상황에 무엇이 적합한지 결정을 내리는 능력을 지능으로 생각할 수 있다. 컴퓨터 과학의 목표는 인공 지능(AI)을 이용하는 장치를 만드는 것이다.

인공 지능이 인간을 압도할 것인가?

인공 지능이 금방 인간보다 똑똑해질 것처럼 보이지는 않는다. 하지만 우리는 그들이 어떻게 결정을 내렸는지 이해하지 못한 채 인공 지능의 결정에 의존하게 될 것이다.

약하거나 강하거나

대부분의 인공 지능은 약하다. 인간 창조자가 설정해 놓은 영역 밖에서는 무능하기 때문이다. 강한 인공 지능은 인간의 뇌가 가지고 있는 능력을 보유하고 있어 본질적으로 다재다능할 것이다. 무엇을 모르는지 알고 그것을 배워 더 현명해질 수 있다.

약함

응용 인공 지능

소셜 미디어, 뉴스 피드(news feed)와 같은 추천 시스템 엔진이 응용 인공 지능이다. 사용자가 이미 봤던 것과 밀접한 정보를 찾고 선택할 수 있다.

전문가

체스 컴퓨터는 전문적 시스템이다. 인간 체스 선수들의 기보를 담은 데이터베이스를 학습해서 어떻게 체스를 두어야 하는지 결정한다.

음성 인식

소리에 활성화된 보조 장치가 발화된 단어를 인식하고 어구를 분석해 최적의 반응을 제공한다. 하지만 의미를 이해하지는 못한다.

일반 인공 지능

IBM의 왓슨은 여러 가지 문제를 해결할 수 있는 컴퓨터 시스템이다. 게임을 하거나 의사에게 조언을 주기도 하는데 모두 동일한 토대에 기반을 둔 작업이다. 우리가 일반 인공 지능이라고 말하는 것과 가장 가깝다.

양자 컴퓨터

미래의 인공 지능은 양자 컴퓨터에 기반을 둘 것이다. 이들은 새로운 종류의 프로세서를 가동해 현재의 슈퍼 컴퓨터보다 훨씬 많은 양의 데이터를 처리할 것이다.

강함

인공 지능의 종류

인공 지능의 기본 개념은 우리와 비슷한 지능을 갖는 비인간 장치이다. 하지만 가까운 시일 내에 인공 지능이 그런 수준으로 작동할 수 없을 것이다. 오늘날 인공 지능은 매우 특화된 좁은 영역의 작업을 수행한다. 그러나 인간의 지능보다 빠르고 정확하게 작업한다.

기계 학습

컴퓨터 시스템이 새로운 상황에 반응해 스스로 행동하는 방식을 학습하는 일을 기계 학습(machine learning)이라고 부른다. 동물 뇌의 서로 연결된 세포에서 영감을 얻은 인공 신경망이 이용된다. 이들은 정보를 가공하고 그것을 바탕으로 추측할 수 있다. 추측이 잘못되어도 다음번에 보다 나은 추측을 수행할 수 있다.

시행착오

기계 학습을 지휘하는 동안 인간 제작자는 출력값이 옳은지 혹은 틀렸는지 알려 준다. 컴퓨터는 가중치와 편차에 변화를 주면서 네트워크의 노드(node)가 바른 출력값을 내도록 한다.

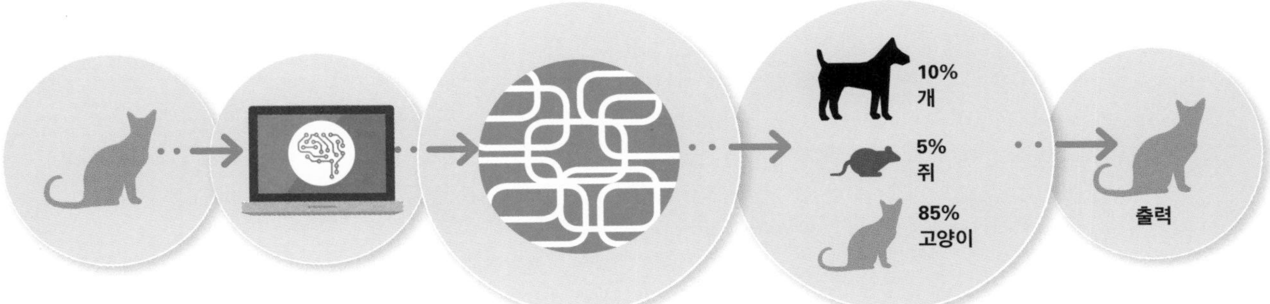
10%
개
5%
쥐
85%
고양이
출력

1 입력
시스템은 서로 다른 농도를 가진 색상의 픽셀로 이루어진 이미지를 신경망에 입력한다.

2 학습
컴퓨터의 목표는 각기 다른 동물의 픽셀 유형을 인식하는 것이다. 처음에는 무작위로 추측한다.

3 분석
픽셀에 관한 데이터가 신경망 안의 여러 층위(layer)를 지나간다. 각 층위는 픽셀의 유형을 점점 더 정확히 학습한다.

4 기계 학습
여러 차례(수백 번에서 수십억 번)의 시행착오를 거쳐 신경망은 더 정확하게 픽셀의 유형을 인식하고 개와 고양이, 쥐를 구분한다.

5 사용
인공 지능이 임무를 학습하면 그림을 분석하는 데 사용할 수 있다. 다른 자동화된 업무를 수행하기도 한다.

튜링 테스트

컴퓨터 과학의 선구자 중 한사람인 앨런 튜링은 컴퓨터가 지능이 있는지를 판별할 수 있는 방식을 고안했다. 심판관은 인간 피험자, 컴퓨터와 오직 문자를 통해서만 대화할 수 있다. 누가 사람이고 누가 컴퓨터인지 판별하는 데 심판관이 실패한다면 컴퓨터는 튜링 테스트를 통과한 것이다.

맹검법

심판관은 자신이 누구와 대화하는지 알 수 없다. 보다 개선된 테스트에서 심판관은 그림을 제시한 뒤 시험자와 대화를 나눈다.

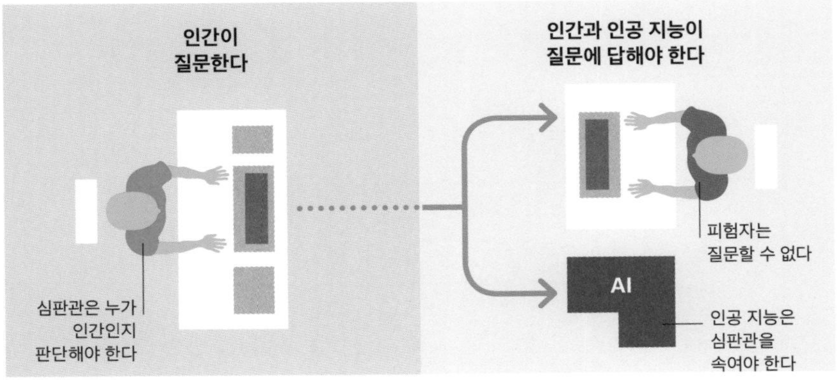
인간이
질문한다
인간과 인공 지능이
질문에 답해야 한다
피험자는
질문할 수 없다
AI
심판관은 누가
인간인지
판단해야 한다
인공 지능은
심판관을
속여야 한다

양자 비트

전통적인 컴퓨터는 0과 1, 이진법을 사용하고 한 번에 한 단위의 데이터를 저장한다. 양자 컴퓨터는 큐빗(qubit)이라고도 불리는 양자 비트를 사용한다. 이들은 0과 1, 어느 것도 될 수 있어서 한번에 2비트의 데이터를 저장할 수 있다. 양자 컴퓨터의 힘은 큐빗을 조합하는 데서 비롯된다. 32큐빗 프로세서는 한번에 4,294,967,296비트(2^{32}비트 — 옮긴이)의 데이터를 처리할 수 있다.

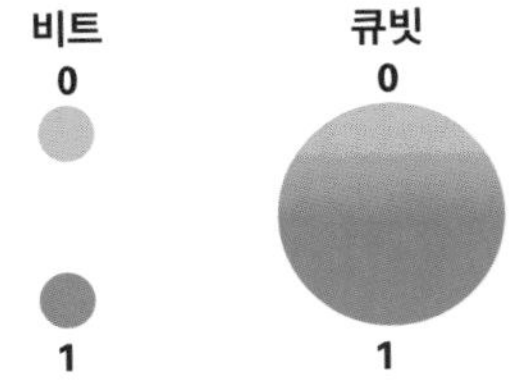
비트
0
1
큐빗
0
1

파동

파동은 자연에서 발견되는 진동 혹은 규칙성이 있는 요동이다. 빛과 소리도 파동이다. 형태는 다르지만 빛과 소리는 파동이 공유하는 특징과 행동 양상을 보여 준다.

바다의 파도는 어디서 오는가?

해수면 위를 때리는 바람은 바다의 파도를 만들어 낸다. 마찰력 때문에 물은 이랑(crest)을 만들고 그것은 더 많은 바람을 끌어들인다.

파동의 종류

파동은 한 장소에서 다른 장소로 에너지가 이동하는 현상이다. 진동하기 때문에 파동은 기본적인 운동 양식을 공유한다. 운동은 세 가지 형태를 띤다. 소리는 종파(longitudinal wave)이고, 빛 혹은 다른 형태의 복사는 횡파(transverse wave)이고 매질이 따로 필요 없다. 바다의 파도는 표면파(surface wave) 혹은 지진파(seismic wave)라는 복잡한 세 번째 형태의 한 예이다.

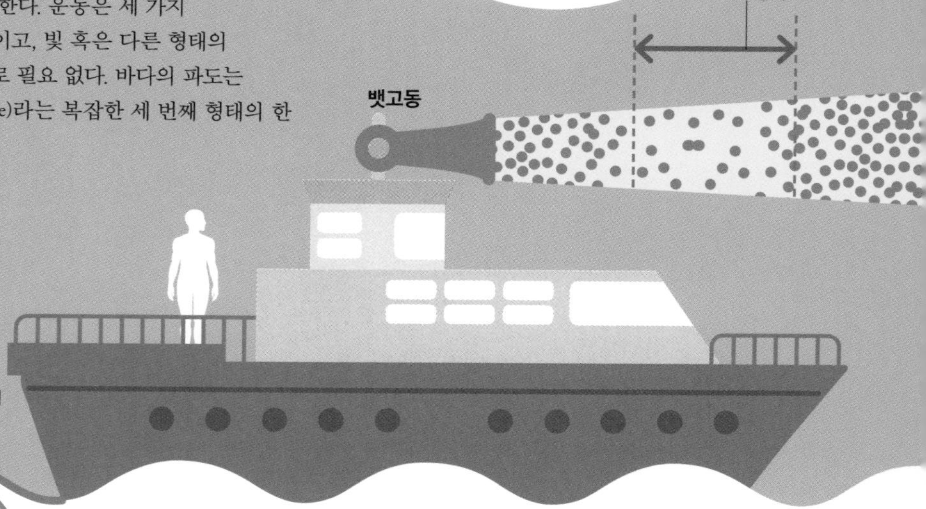

공기 분자가 희박하거나 흩어져 있어서 압력이 낮은 영역
뱃고동

표면파

파도 표면의 물은 파도 자체처럼 앞으로 이동하지 못한다. 대신 표면의 물은 고리처럼 순환하며 고요한 상태의 해수면 근처 위아래로 같은 높이의 봉우리와 골짜기를 만들어 낸다.

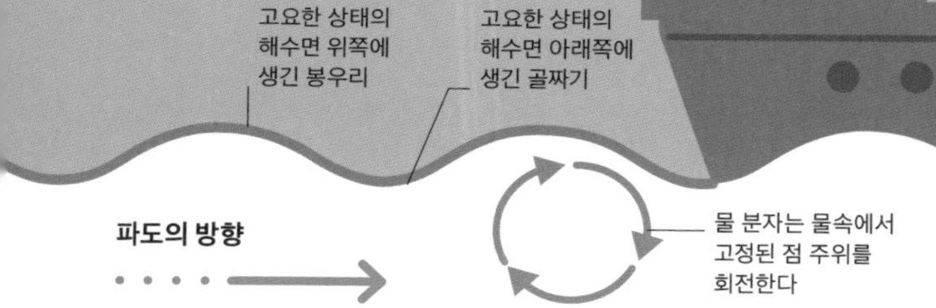

고요한 상태의 해수면 위쪽에 생긴 봉우리
고요한 상태의 해수면 아래쪽에 생긴 골짜기
파도의 방향
물 분자는 물속에서 고정된 점 주위를 회전한다

파도의 측정

어떤 형태를 취하든 파동은 동일한 차원에서 측정할 수 있다. 1번 진동을 마쳤을 때 그 길이는 파장(wavelength)이다. 한 봉우리에서 그 다음 봉우리까지의 길이를 측정하는 것이 가장 쉽게 파장을 구하는 방식이다. 주파수(frequency)는 1초 동안 움직이는 파장의 수이고 단위는 헤르츠(hertz, Hz)이다. 진폭(amplitude)은 파동의 높이이며 파동의 힘을 나타낸다. 시간이 지나는 동안 얼마나 많은 양의 에너지를 전달할 수 있느냐의 척도다.

파동 관계식

파동의 속도가 일정할 때 파장이 길면 주파수가 줄어든다. 반대로 파장이 짧으면 주파수는 커진다.

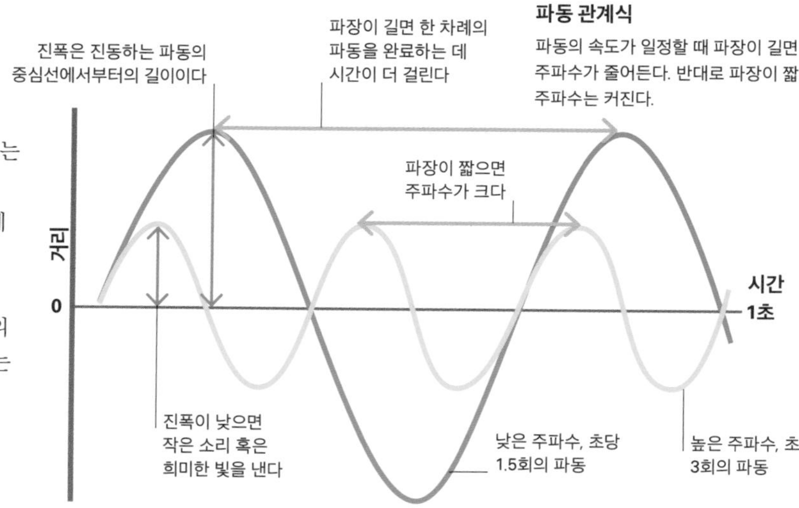

진폭은 진동하는 파동의 중심선에서부터의 길이이다
파장이 길면 한 차례의 파동을 완료하는 데 시간이 더 걸린다
파장이 짧으면 주파수가 크다
거리
0
시간
1초
진폭이 낮으면 작은 소리 혹은 희미한 빛을 낸다
낮은 주파수, 초당 1.5회의 파동
높은 주파수, 초당 3회의 파동

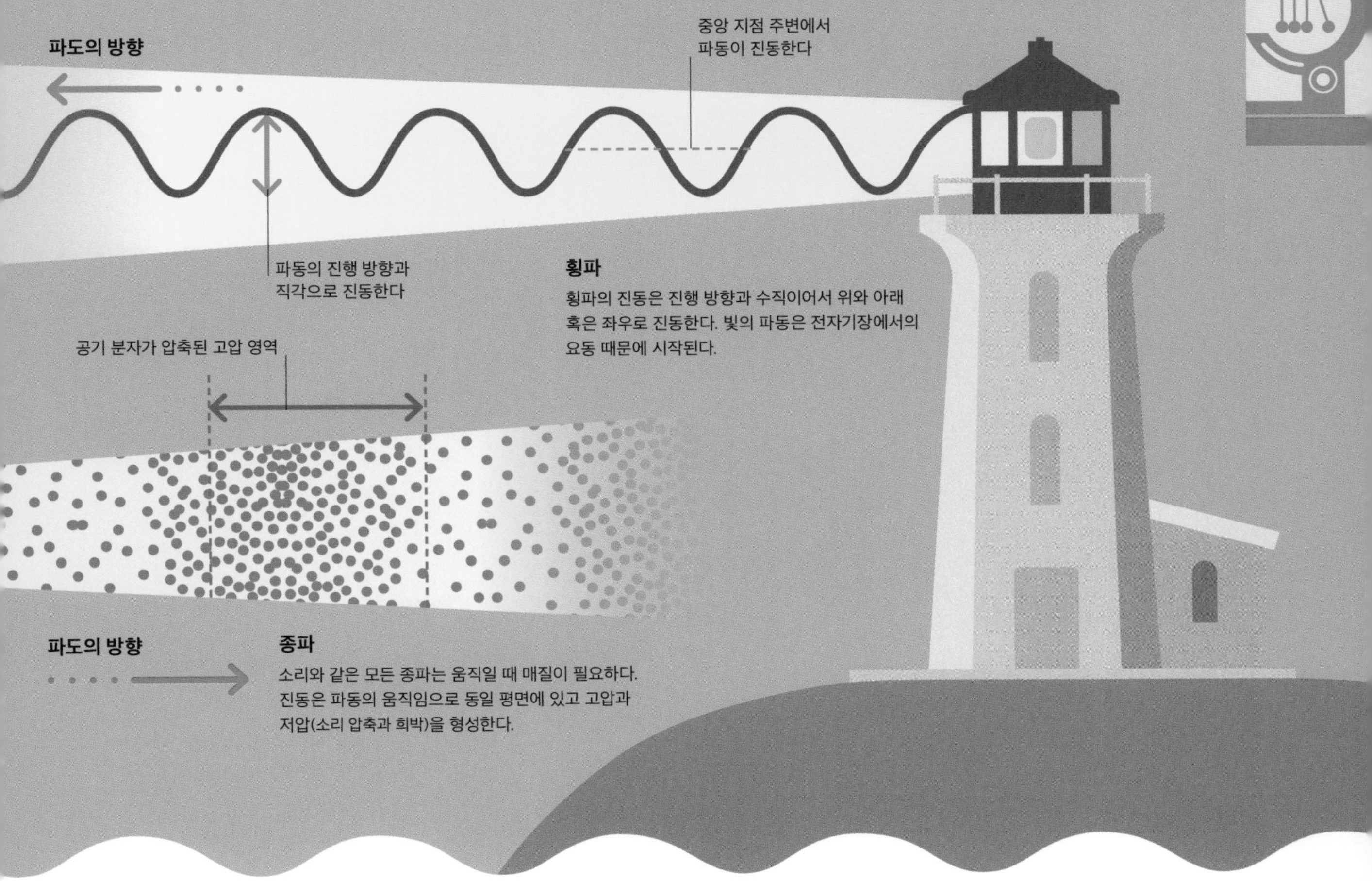
파도의 방향
중앙 지점 주변에서
파동이 진동한다
파동의 진행 방향과
직각으로 진동한다
횡파
횡파의 진동은 진행 방향과 수직이어서 위와 아래 혹은 좌우로 진동한다. 빛의 파동은 전자기장에서의 요동 때문에 시작된다.
공기 분자가 압축된 고압 영역
파도의 방향
종파
소리와 같은 모든 종파는 움직일 때 매질이 필요하다. 진동은 파동의 움직임으로 동일 평면에 있고 고압과 저압(소리 압축과 희박)을 형성한다.

파동의 전달

장애물이 없다면 파동은 출발점으로부터 모든 방향으로 진행할 수 있다. 파동의 강도 또는 에너지 세기는 출발점에서 멀어지면서 점차 줄어든다. 강도가 줄면서 빛은 희미해지고 소리는 약해진다. 역제곱 법칙(inverse square law)이라 불리는 현상이다. 예를 들어 거리가 2배 멀어지면 파동의 강도는 4분의 1로 줄어든다.

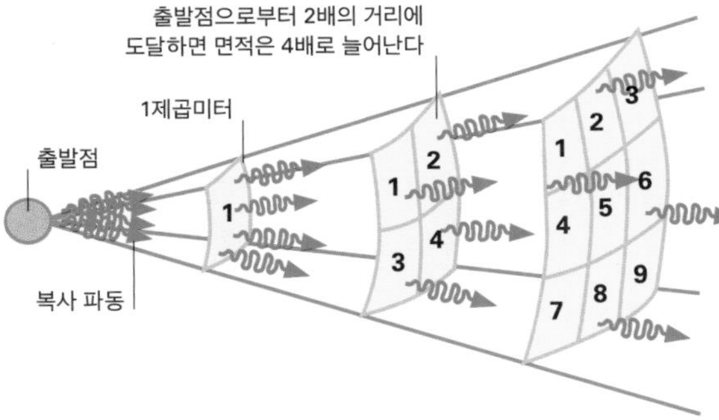

감소 효과

파동의 강도는 매우 빠르게 줄어든다. 출발점에서 거리가 3배로 늘어나면 강도는 9분의 1이 된다. 거리가 100배라면 강도는 1만분의 1이 된다.

파도 깨기

물이 순환 고리(223쪽 참조)를 형성하기에 수심이 너무 얕으면 파도는 소멸한다. 얕은 곳으로 파도가 들어오면 물은 높고 길다란 이랑으로 올라선다. 파도는 무거워지며 깨진다.

파도의 뒤쪽에 있는
물이 더 빨리 진행한다

해안을 만나다

전파에서 감마선까지

매일 우리가 주변에서 보는 것은 파동의 형태로 우리 눈에 도달하는 가시광선의 무늬이다. 하지만 가시광선은 이곳에서 저곳으로 에너지를 운반하는 전자기파의 넓은 스펙트럼의 극히 일부일 뿐이다.

마이크로파는 위험한가?

강한 마이크로파는 화상을 입힐 수 있지만 약한 것은 해가 없다. 전자레인지에서 마이크로파는 레인지 밖으로 나갈 수 없게 설계되어 있다.

전자기 복사

에너지는 전자기 복사에 의해 전달된다. 이는 위아래, 좌우로 동시에 움직이는 물결 모양의 파동이다. 이들 파동이 진동할 때 2개의 위상, 봉우리와 골짜기가 규칙적으로 나타나고 서로 나란하게 배열된다. 파장은 다양하지만 모든 파동은 빛의 속도로 빈 공간을 질주한다.

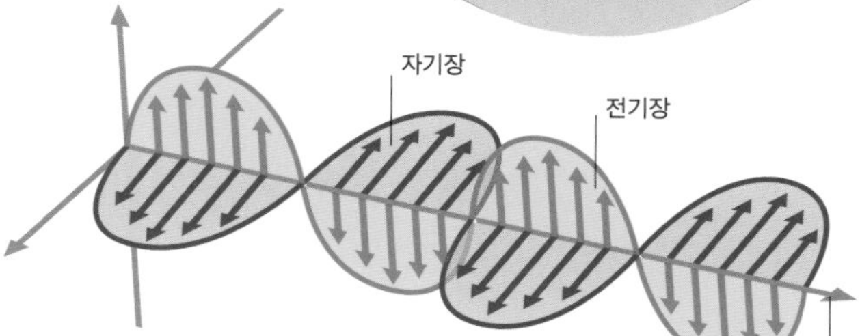
자기장
전기장
파동의 진행 방향

전자기파

서로의 방향에 수직인 2개의 파동이 서로 대응한다. 하나는 전기장에서 진동하고 다른 하나는 자기장에서 진동한다.

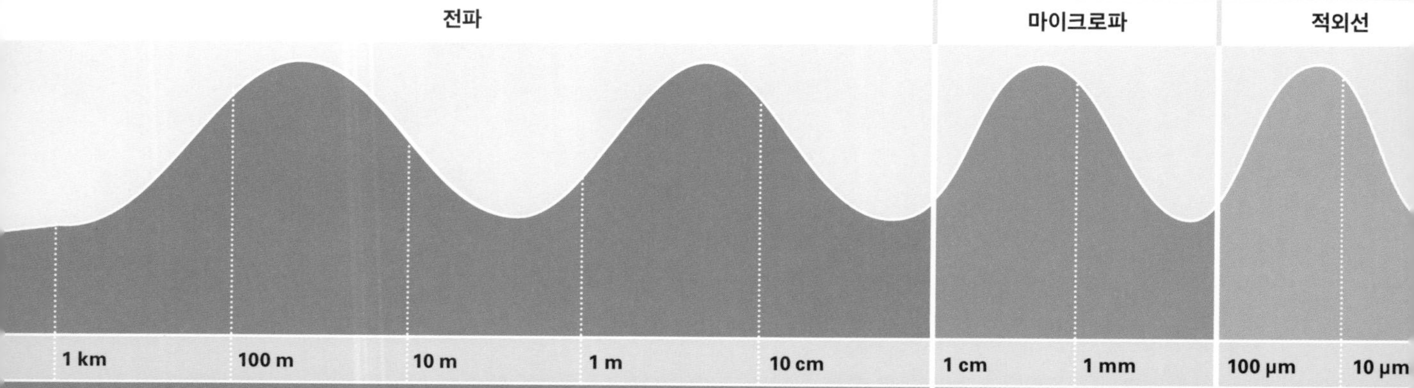
전파
마이크로파
적외선
1 km
100 m
10 m
1 m
10 cm
1 cm
1 mm
100 μm
10 μm

전자기파 스펙트럼

우리는 전자기파의 일부가 빨강에서 보라에 이르는 색으로 구성된 가시광선임을 알고 있다. 그러나 전자기파의 영역은 가시광선 밖 멀리까지 퍼져 있다. 긴 파장의 전자기파는 열 에너지를 운반하는 적외선 영역부터 그 너머에 있는 마이크로파와 전파(radio wave)까지다. 파장이 더 짧은 영역에는 자외선부터 엑스선, 감마선이 있다.

전파 망원경

접시 모양의 안테나가 먼 천체에서 방출된 전파를 감지한다.

마이크로파 오븐

내부에 있는 물 분자를 들뜨게 하는 고에너지 마이크로파가 음식을 데운다.

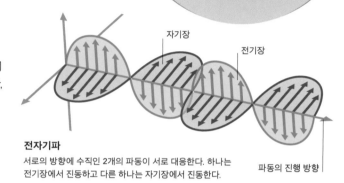

원격 제어기

원격 제어기(remote control)는 디지털 제어 암호를 전송하는 적외선 펄스를 사용한다.

디지털 라디오

아날로그 라디오는 정상적인 전파를 변조한 신호를 사용해 방송을 송출한다. 서로 다른 전파는 간섭해 아날로그 방송의 성능을 떨어뜨린다. 디지털 라디오는 소리를 디지털 암호로 바꾼다. 이 암호가 제대로 전달되면 매우 선명한 신호로 전환된다.

진공 상태에서 빛의 속도는 초속 299,792,458미터이다

고품질 음성

전파되기 전에 음파는 연속된 숫자로 변형된다. 디지털 수용기는 숫자 암호를 풀고 이들을 고성능 스피커로 송출한다.

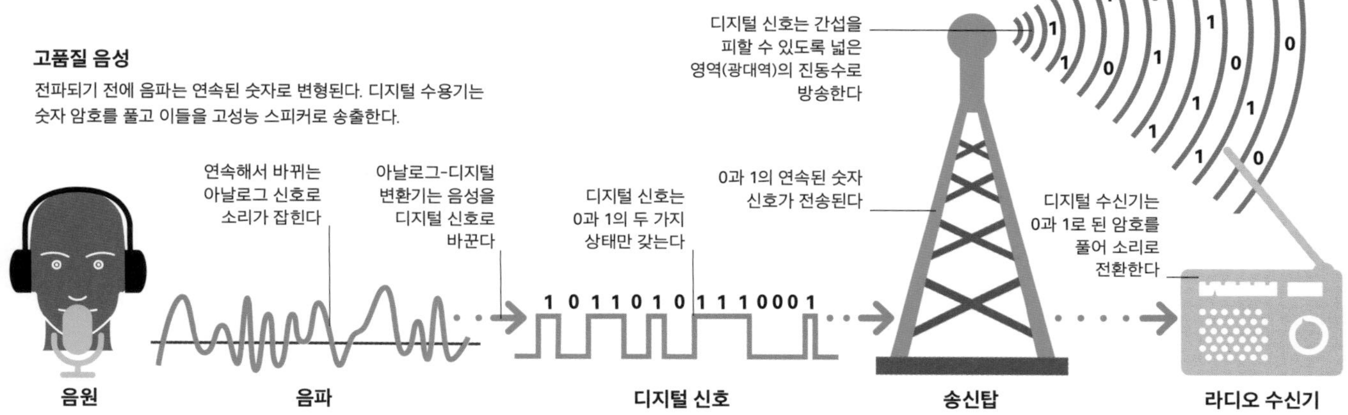
연속해서 바뀌는 아날로그 신호로 소리가 잡힌다
아날로그-디지털 변환기는 음성을 디지털 신호로 바꾼다
디지털 신호는 0과 1의 두 가지 상태만 갖는다
0과 1의 연속된 숫자 신호가 전송된다
디지털 신호는 간섭을 피할 수 있도록 넓은 영역(광대역)의 진동수로 방송한다
디지털 수신기는 0과 1로 된 암호를 풀어 소리로 전환한다
1 0 1 1 0 1 0 1 1 1 0 0 0 1
음원
음파
디지털 신호
송신탑
라디오 수신기

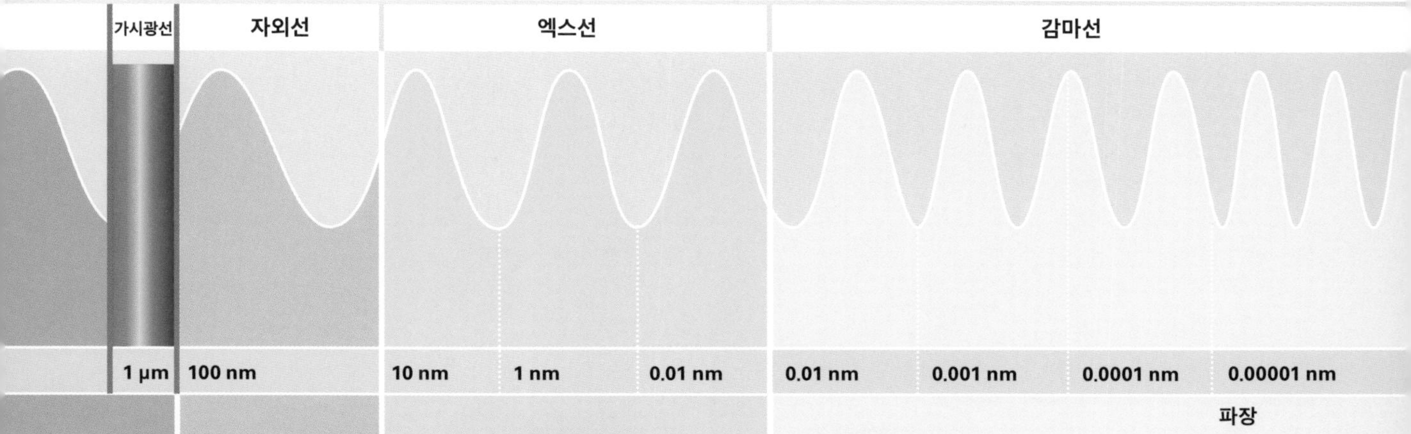
가시광선
자외선
엑스선
감마선
1 μm
100 nm
10 nm
1 nm
0.01 nm
0.01 nm
0.001 nm
0.0001 nm
0.00001 nm
파장

간의 눈

의 눈은 좁은 범위의 장만을 색상으로 지한다.

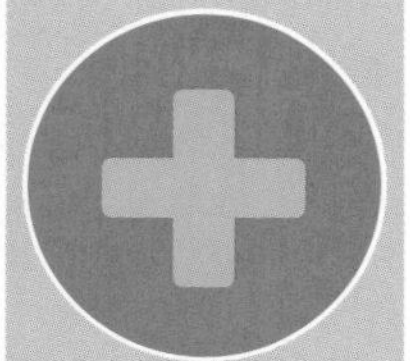

살균

일부 자외선은 세균을 죽여 물건을 살균한다.

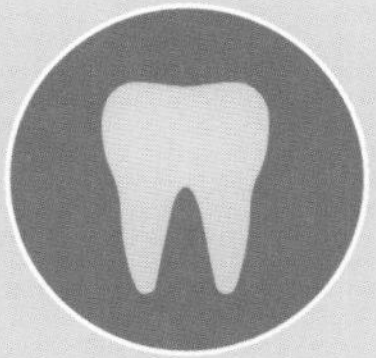

치과 엑스선

짧은 파장의 엑스선은 조직을 투과해서 치아 아래쪽의 구조를 밝힐 수 있다.

원자력

핵 반응의 감마선 에너지가 전력을 만드는 데 사용된다.

전자기 복사의 이용

1880년까지 발견된 전자기파는 적외선, 가시광선, 자외선이었다. 오늘날에는 모든 스펙트럼의 복사선을 다 알고 있다.

색

색은 다른 파장의 빛을 볼 수 있도록 우리 눈과 시각계에서 생성되는 현상이다. 우리가 인식하는 색은 우리 눈이 감지하는 빛의 파장에 따라 달라진다.

밤에는 왜 색을 보지 못하는가?

색에 민감한 원추 세포가 일하기에 밤은 너무 어둡다. 대신 보다 민감한 간상 세포가 빛과 어둠이 섞인 곳의 (무채색) 상을 만들어 낸다.

가시광선 스펙트럼

우리 눈은 400~700나노미터 영역의 빛을 감지할 수 있다. 모든 파장의 빛을 다 가지고 있으면 흰색으로 보인다. 빛이 개별 파장으로 나뉜다면 우리 뇌는 전체 색상에서 개별적인 색을 지정해 인지한다. 빨간색은 가장 긴 파장의 빛인 반면 보라색은 파장이 가장 짧다.

백색광 분리하기

굴절에 의해 백색광의 파장이 분리되면서 개별 색상이 무지개 색으로 나타난다.

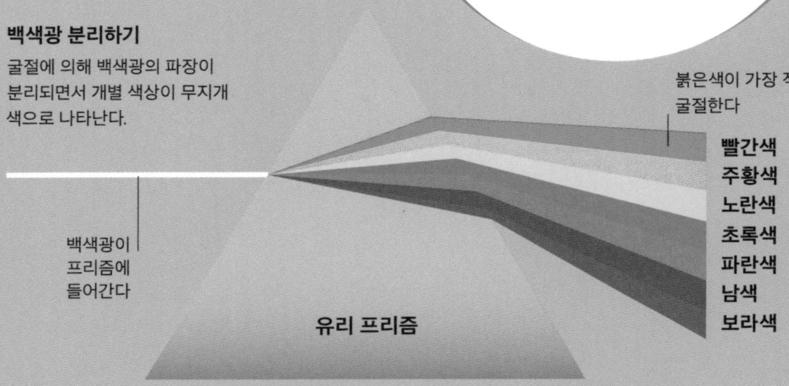

색각

인간의 눈은 세 가지 빛 감지 세포를 사용해서 빛으로부터 상을 만들어 낸다. 이 세포는 모양 때문에 원추 세포(cone cell)로 불린다. 망막의 원추 세포는 특정한 파장의 빛에 민감한 화학 물질 색소를 함유한다. 활성화되면 이들 세포는 신경 신호를 보낸다. 뇌는 눈에 들어온 빨간색, 초록색, 파란색의 신호를 각각 받아 이를 조합해 전체적인 색조를 인식한다. 예컨대 빨간색과 초록색이 원추 세포에 들어오면 뇌는 이 신호를 합쳐 노란색으로 파악한다. 3개의 원추 세포 모두가 신호를 보내면 흰색이다. 반면 신호가 전혀 없으면 검은색이다.

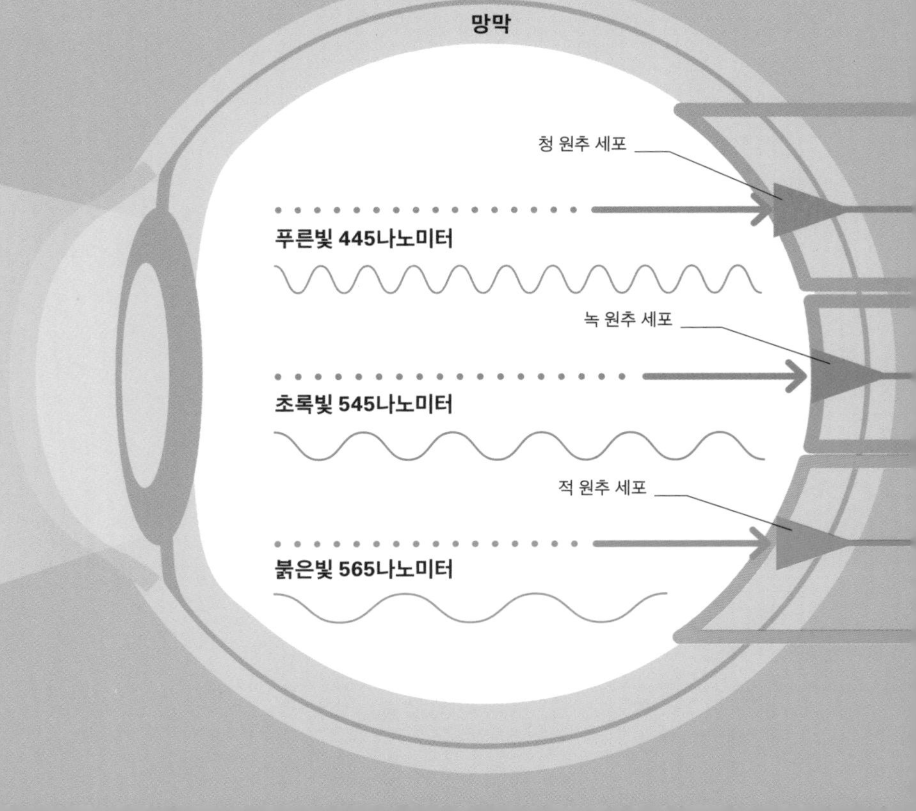

빛 감지계

망막의 모든 부위에는 세 종류의 원추 세포가 있다. 하지만 대부분의 원추 세포는 눈동자 바로 뒤쪽 가운데 몰려 있다. 가장 구체적인 상이 맺히는 곳이다.

푸른 하늘

하늘이 푸르게 보이는 까닭은 다른 색에 비해 파장이 짧은 푸른빛이 우리 눈에 들어오기 전에 공기 입자와 강하게 부딪히면서 모든 방향으로 산란하기 때문이다. 보라색도 산란하지만 그 양이 적고 우리 눈은 푸른빛에 더 민감하다.

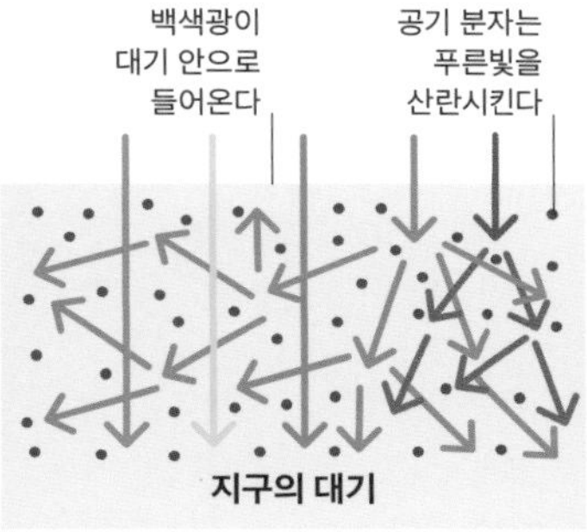
백색광이
대기 안으로
들어온다
공기 분자는
푸른빛을
산란시킨다
지구의 대기

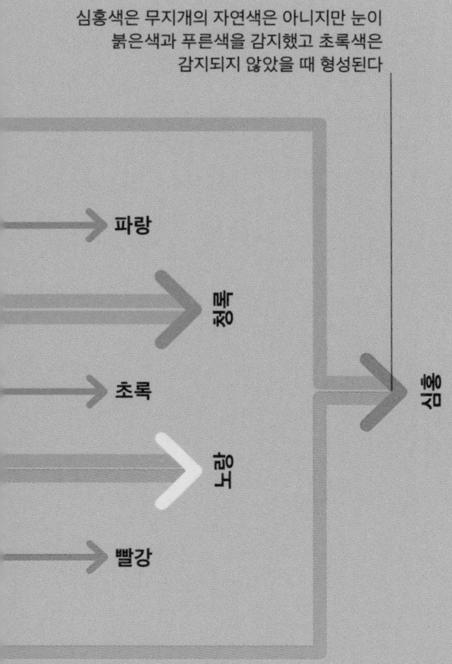
심홍색은 무지개의 자연색은 아니지만 눈이
붉은색과 푸른색을 감지했고 초록색은
감지되지 않았을 때 형성된다
파랑
청록
초록
노랑
빨강
심홍

색상 혼합

물체에 비친 빛은 흡수되거나 반사된다. 우리 뇌는 물체가 반사하는 빛에 따라 사물에 특별한 색상을 할당한다. 예를 들어 바나나는 다른 모든 빛을 흡수하지만 노란색을 반사한다. 이는 감색 혼합(subtractive mixing) 방식으로 잉크나 염료를 만들 때 사용된다. 무대 조명 같은 경우처럼 광원으로 직접 색을 섞을 때는 가색 혼합(additive mixing) 방식이 필요하다.

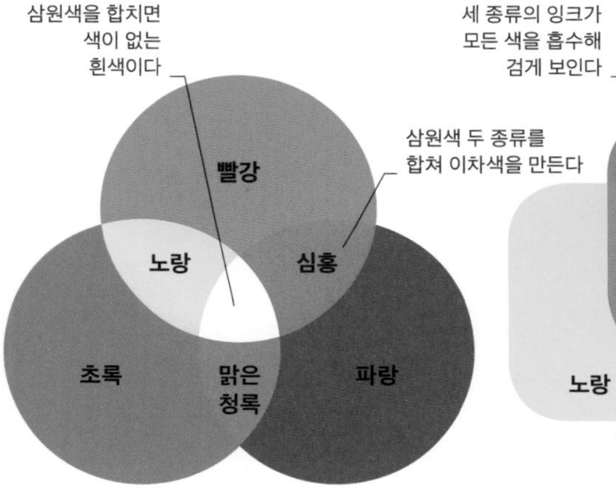
삼원색을 합치면
색이 없는
흰색이다
삼원색 두 종류를
합쳐 이차색을 만든다
빨강
노랑
심홍
초록
맑은
청록
파랑

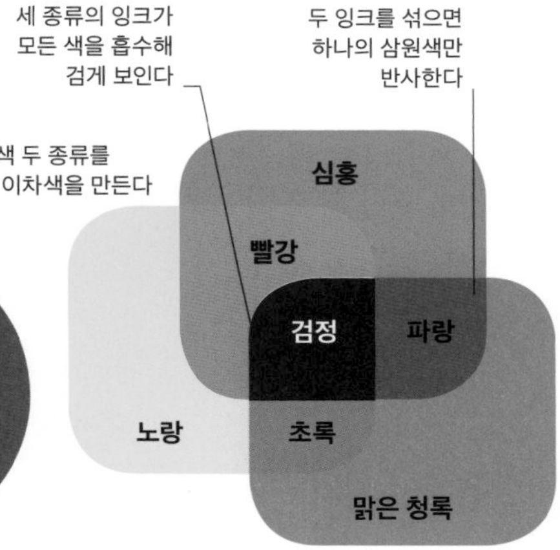
세 종류의 잉크가
모든 색을 흡수해
검게 보인다
두 잉크를 섞으면
하나의 삼원색만
반사한다
심홍
빨강
검정
파랑
노랑
초록
맑은 청록

가색 혼합

투과되는 빛은 가색 혼합에 의해 색이 변한다. 빨간색(red), 초록색(green), 파란색(blue)은 삼원색이다. 두 삼원색을 조합해 이차색이 만들어진다. 모든 삼원색을 합치면 흰색이다.

감색 혼합

맑은 청록색(cyan), 심홍색(magenta), 노란색(yellow) 색소를 사용해서 반사되는 색상을 만든다. 이들은 하나의 삼원색을 흡수하고 나머지 둘을 반사한다. 다른 색소가 첨가되면 반사되는 빛이 줄어 오직 하나의 삼원색만 반사한다.

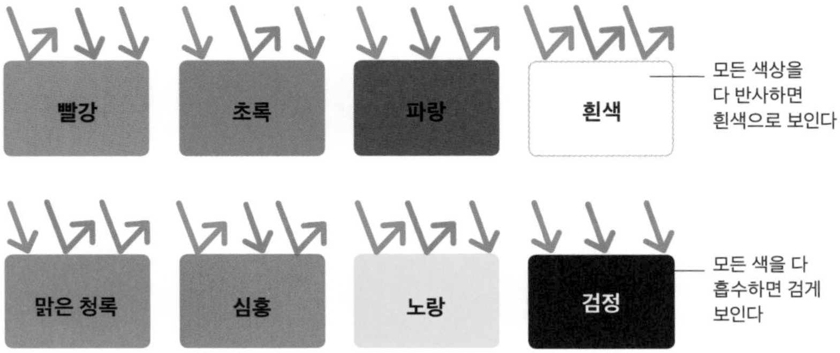
빨강
초록
파랑
흰색
모든 색상을
다 반사하면
흰색으로 보인다
맑은 청록
심홍
노랑
검정
모든 색을 다
흡수하면 검게
보인다

반사된 빛

사물을 볼 때 우리는 그것의 특정한 색을 본다. 어떤 파장의 빛을 흡수하고 어떤 것을 반사하는지는 물질의 특성에 따라 달라진다.

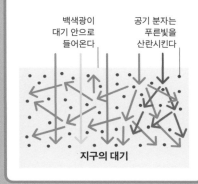

갯가재는 12종의 색 수용체가 있어서 자외선과 근적외선을 볼 수 있다

거울과 렌즈

한 줄기 빛은 언제나 직선으로 움직인다. 하지만 빛은 반사하거나 굴절하면서 방향을 바꿀 수 있다. 거울과 렌즈는 이 두 현상을 이용해 빛을 조절한다.

신기루

무척 더운 날 볼 수 있는 신기루(mirage)는 시각적 환영이다. 사막에서 멀리서 물이 어렴풋이 비치는 듯한 신기루가 나타난다. 그 '물'은 사실 하늘에서 비롯된 밝은 빛이다. 뜨거운 공기층에 의해 굴절된 빛이 우리 눈에 보이는 것이다.

빛의 반사

반사(reflection)된 빛의 각도는 입사한(들어간) 빛의 각도와 언제나 같다. 표면과 직각인 가상의 선으로부터 그 각도를 구할 수 있다. 대부분의 물체에서 반사된 빛은 모든 방향으로 산란한다. 거칠고 편평하지 않아 각기 다른 각도를 가진 표면에 빛이 부딪치기 때문이다. 거울 표면은 매우 부드러워서 반사된 빛이 원래의 배열을 흩뜨리지 않고 상을 보여 준다.

왜 다이아몬드는 번쩍거릴까?

가공한 다이아몬드가 반짝이는 것은 표면에 도달한 빛이 굴절각을 따라 반사를 계속해 한쪽으로만 빛을 내놓기 때문이다.

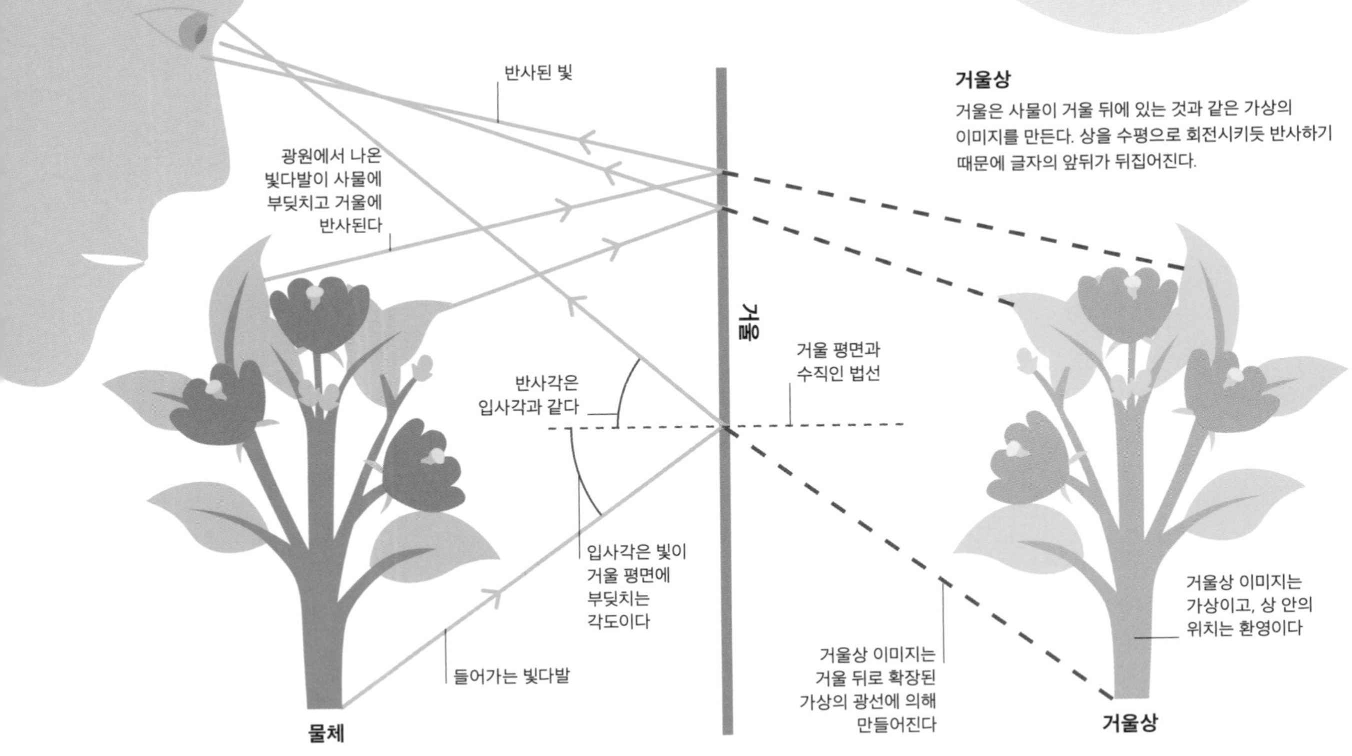
반사된 빛
광원에서 나온 빛다발이 사물에 부딪치고 거울에 반사된다
거울
반사각은 입사각과 같다
거울 평면과 수직인 법선
입사각은 빛이 거울 평면에 부딪치는 각도이다
들어가는 빛다발
물체
거울상
거울은 사물이 거울 뒤에 있는 것과 같은 가상의 이미지를 만든다. 상을 수평으로 회전시키듯 반사하기 때문에 글자의 앞뒤가 뒤집어진다.
거울상 이미지는 가상이고, 상 안의 위치는 환영이다
거울상 이미지는 거울 뒤로 확장된 가상의 광선에 의해 만들어진다
거울상

굴절된 빛

빛의 파동은 매질에 따라 다른 속도를 가진다. 빛이 특정 각도로 새로운 투명 매질로 들어가면 속도가 변하면서 방향도 약간 바뀐다. 굴절(refraction)이 일어난 것이다. 빛다발 안에서도 속도가 줄어드는 순간이 위치마다 다르기 때문에 빛의 경로가 휘어진다.

빗방울에 의해 햇빛이 반사되거나 굴절되면서 분산될 때 무지개가 만들어진다

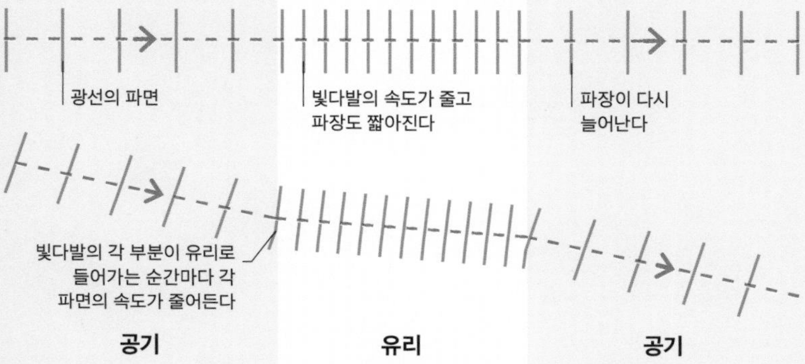
광선의 파면
빛다발의 속도가 줄고
파장도 짧아진다
파장이 다시
늘어난다
빛다발의 각 부분이 유리로
들어가는 순간마다 각
파면의 속도가 줄어든다
공기
유리
공기

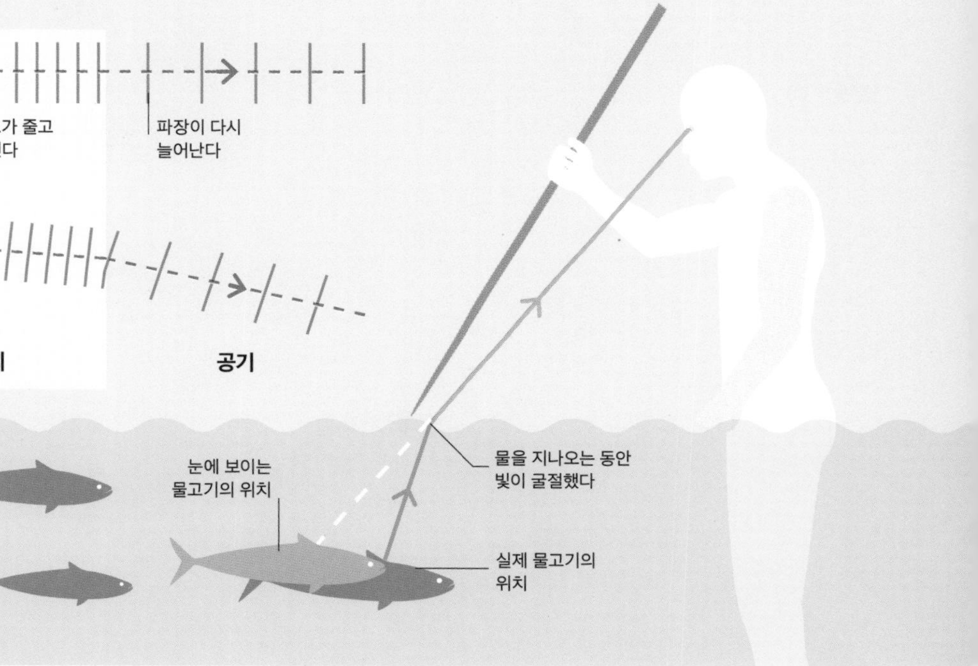
눈에 보이는
물고기의 위치
물을 지나오는 동안
빛이 굴절했다
실제 물고기의
위치

실제와 눈에 보이는 것

굴절은 눈을 속일 수 있다. 물고기에서 반사된 빛이 물을 지나 공기로 나오면서 굴절된다. 우리 뇌는 빛이 직선으로 나왔으리라 가정하고 물고기가 우리가 보는 곳에 있으리라 착각한다.

빛 초점 맞추기

렌즈는 투명한 유리 조각으로 굴절을 이용해 빛의 방향을 바꾼다. 표면이 깎여 있기 때문에 연속해서 빛이 다른 각도로 렌즈에 부딪친다. 그 결과 빛다발은 모두 다른 정도로 굴절된다. 볼록 렌즈(수렴 렌즈, convex lens)는 빛을 안쪽으로 수렴시키고 오목 렌즈(발산 렌즈, concave lens)는 빛을 바깥으로 발산시킨다.

볼록 렌즈

빛다발이 볼록 렌즈로 들어가면 반대편의 초점에서 한데 모인다. 렌즈와 초점 사이의 거리는 초점 거리다. 작은 물건을 확대할 때 볼록 렌즈가 사용된다.(113쪽 참조)

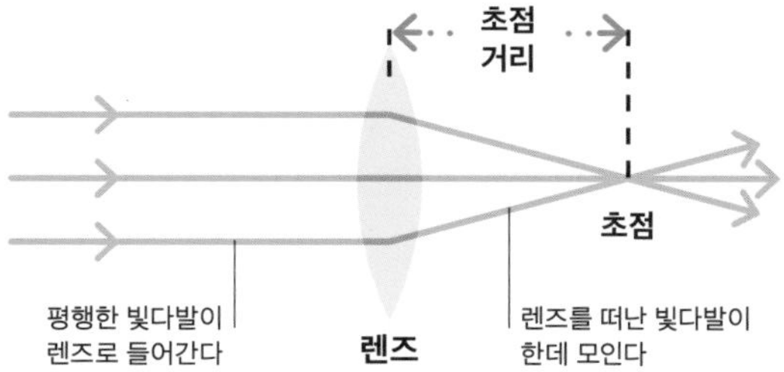
초점
거리
초점
평행한 빛다발이
렌즈로 들어간다
렌즈
렌즈를 떠난 빛다발이
한데 모인다

오목 렌즈

빛다발이 흩어지므로 초점이 렌즈 뒤에 있는 것처럼 보인다. 이러한 렌즈는 근시인 사람들의 안경에 사용된다.

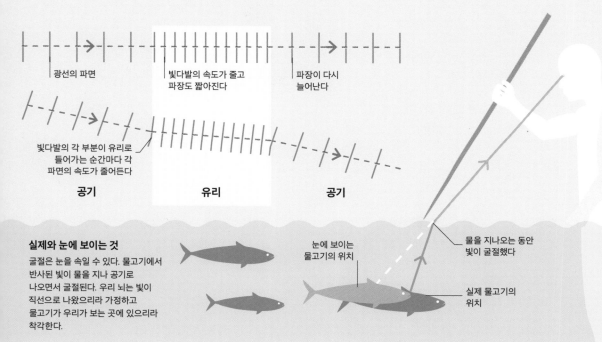

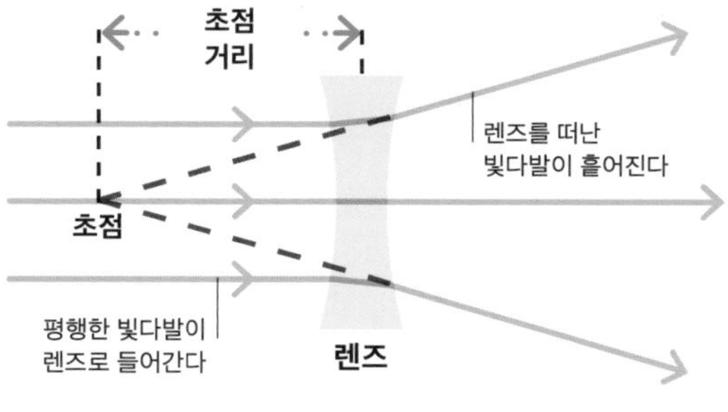
초점
거리
렌즈를 떠난
빛다발이 흩어진다
초점
평행한 빛다발이
렌즈로 들어간다
렌즈

레이저의 원리

레이저 장비는 평행하고 강력한 간섭성 빛다발을 만들어 낸다. 빛다발 내 빛의 파동이 정렬되어 있고 서로 단계적으로 보조를 맞추고 있다는 뜻이다. 빛다발에 정확도와 힘이 생긴다.

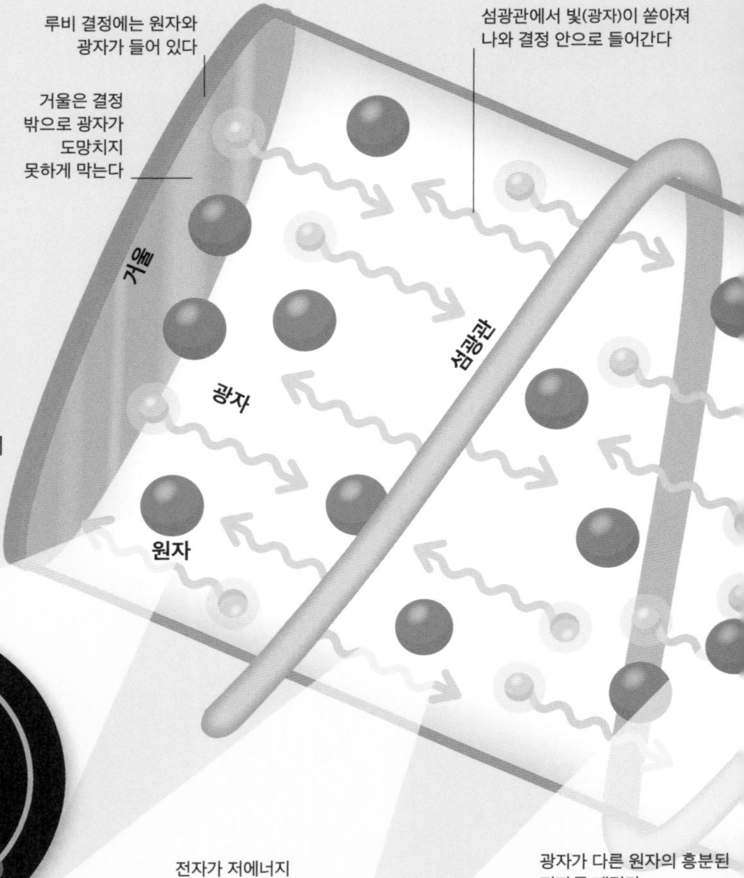
루비 결정에는 원자와 광자가 들어 있다
섬광관에서 빛(광자)이 쏟아져 나와 결정 안으로 들어간다
거울은 결정 밖으로 광자가 도망치지 못하게 막는다
거울
섬광관
광자
원자

빛에 에너지를 부여하다

결정 레이저 장치에서 빛은 루비와 같은 인공 결정으로 만든 관으로 들어간다. 관 안의 원자들은 에너지를 빨아들이고 다시 빛을 방출한다. 주변의 원자들은 매우 특정한 파장의 광자를 내놓는다. 광자들은 관의 거울 사이를 거칠게 왔다 갔다 하면서 좁은 빛다발로 탈출할 때까지 힘을 키운다. 레이저 광선은 다이아몬드를 구멍 낼 정도로 강력하다.

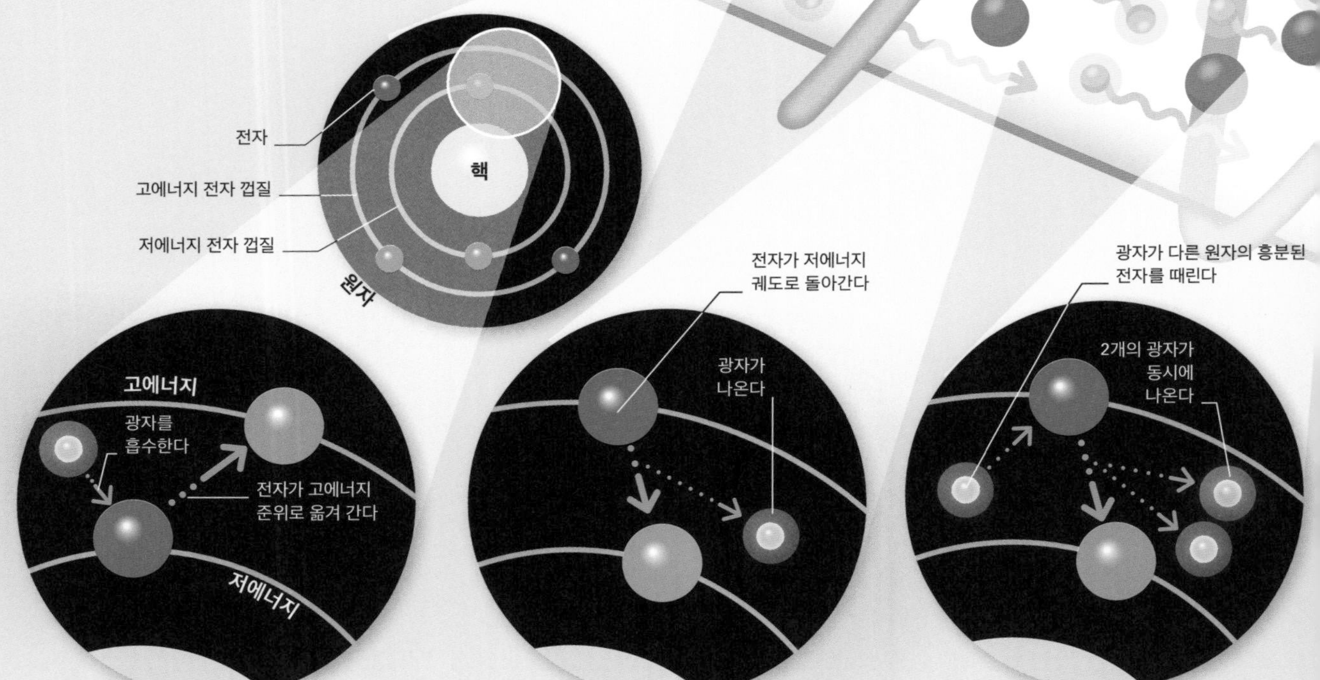
전자
고에너지 전자 껍질
저에너지 전자 껍질
핵
원자
고에너지
광자를 흡수한다
전자가 고에너지 준위로 옮겨 간다
저에너지
전자가 저에너지 궤도로 돌아간다
광자가 나온다
광자가 다른 원자의 흥분된 전자를 때린다
2개의 광자가 동시에 나온다

1 들뜨다

원자가 광자를 흡수하면 저에너지 궤도에 있던 전자 하나가 고에너지 궤도로 옮겨 간다. 들뜬 상태의 원자는 불안정하다.

2 여분의 에너지

고에너지 상태에 수 밀리초(millisecond) 머문 전자는 흡수한 광자를 내놓는다. 전자에서 나온 광자는 특정 파장의 값을 갖는다.

3 전부 나온다

이미 들뜬 전자를 광자가 때린다. 그러면 1개 대신 2개의 광자가 동시 방출된다. 이를 유도 방출(stimulated emission)이라 한다.

레이저 광선의 이용

레이저는 현대의 가장 유용한 발명품으로 간주된다. 오늘날 위성 통신에서부터 슈퍼마켓에서 바코드를 읽는 일까지 일상생활 곳곳에 레이저 광선이 사용된다.

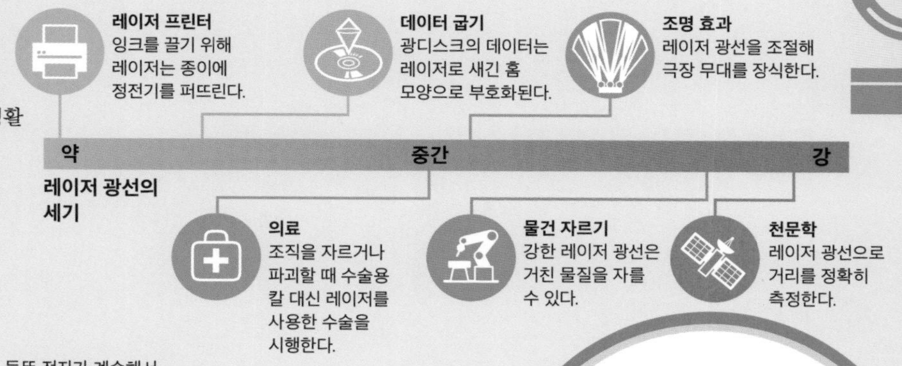
레이저 프린터
잉크를 끌기 위해 레이저는 종이에 정전기를 퍼뜨린다.
데이터 굽기
광디스크의 데이터는 레이저로 새긴 홈 모양으로 부호화된다.
조명 효과
레이저 광선을 조절해 극장 무대를 장식한다.
약
중간
강
레이저 광선의 세기
의료
조직을 자르거나 파괴할 때 수술용 칼 대신 레이저를 사용한 수술을 시행한다.
물건 자르기
강한 레이저 광선은 거친 물질을 자를 수 있다.
천문학
레이저 광선으로 거리를 정확히 측정한다.

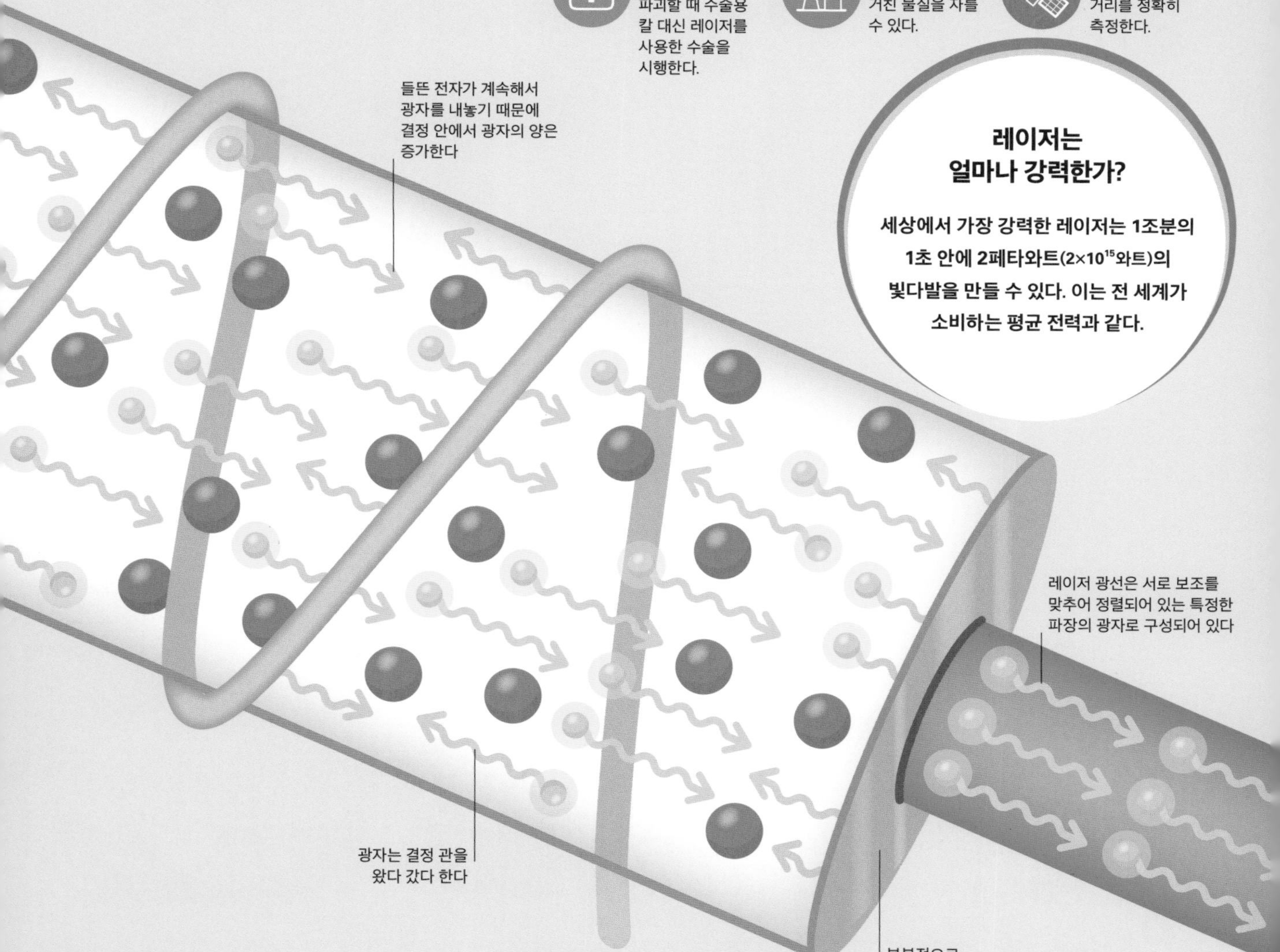
들뜬 전자가 계속해서 광자를 내놓기 때문에 결정 안에서 광자의 양은 증가한다
레이저 광선은 서로 보조를 맞추어 정렬되어 있는 특정한 파장의 광자로 구성되어 있다
광자는 결정 관을 왔다 갔다 한다
부분적으로 은도금된 거울

레이저는 얼마나 강력한가?

세상에서 가장 강력한 레이저는 1조분의 1초 안에 2페타와트(2×10^{15}와트)의 빛다발을 만들 수 있다. 이는 전 세계가 소비하는 평균 전력과 같다.

4 증폭된 빛

매번 하나의 광자가 2개의 광자를 방출시키면 빛은 증폭된다. '레이저(laser)'는 복사 방출에 의해 자극을 받아 증폭된 빛(light amplification by stimulated emission of radiation)이라는 뜻이다. 빛은 관의 위아래를 팡팡 튀어 다닌다.

5 레이저 광선이 나온다

부분 은도금된 거울을 통해 결정을 탈출한 일부 광자는 강력하며 간섭성이 있는, 매우 농축된 상태의 빛다발이다.

광학의 활용

광학은 빛을 연구한다. 반사와 굴절 등 빛다발의 광학적 특성은 우리 인간의 눈이 가진 한계를 뛰어넘는 강력한 응용력을 가진다.

광학의 적용

인간의 눈은 0.1밀리미터보다 큰 사물만 식별할 수 있지만 광학 설비를 사용하면 이보다 작은 물체를 볼 수 있을 뿐만 아니라 세부 사항까지도 알아낼 수 있다. 물체에서 반사되는 빛다발을 모음으로써 이런 일이 가능하다. 희미한 상에서 나온 빛은 너무 적어 보기 힘들지만 장비를 이용해 빛을 모으고 상을 밝게 하고 렌즈로 확대할 수 있다.

광섬유

초고속 케이블은 유연성이 있는 유리 섬유 안에 레이저 섬광 형태로 신호를 보낸다. 빛은 섬유의 내부 표면에서 반사하면서 진행한다. 이때 레이저가 유리를 때리는 각도가 매우 중요하다. 각도가 너무 작으면 반사하는 대신 굴절할 것이기 때문이다.

일러두기

- 빛 신호 1
- 빛 신호 2

다중화

하나의 섬유가 다른 색상의 레이저를 사용해 여러 개의 신호를 보낼 수 있다.

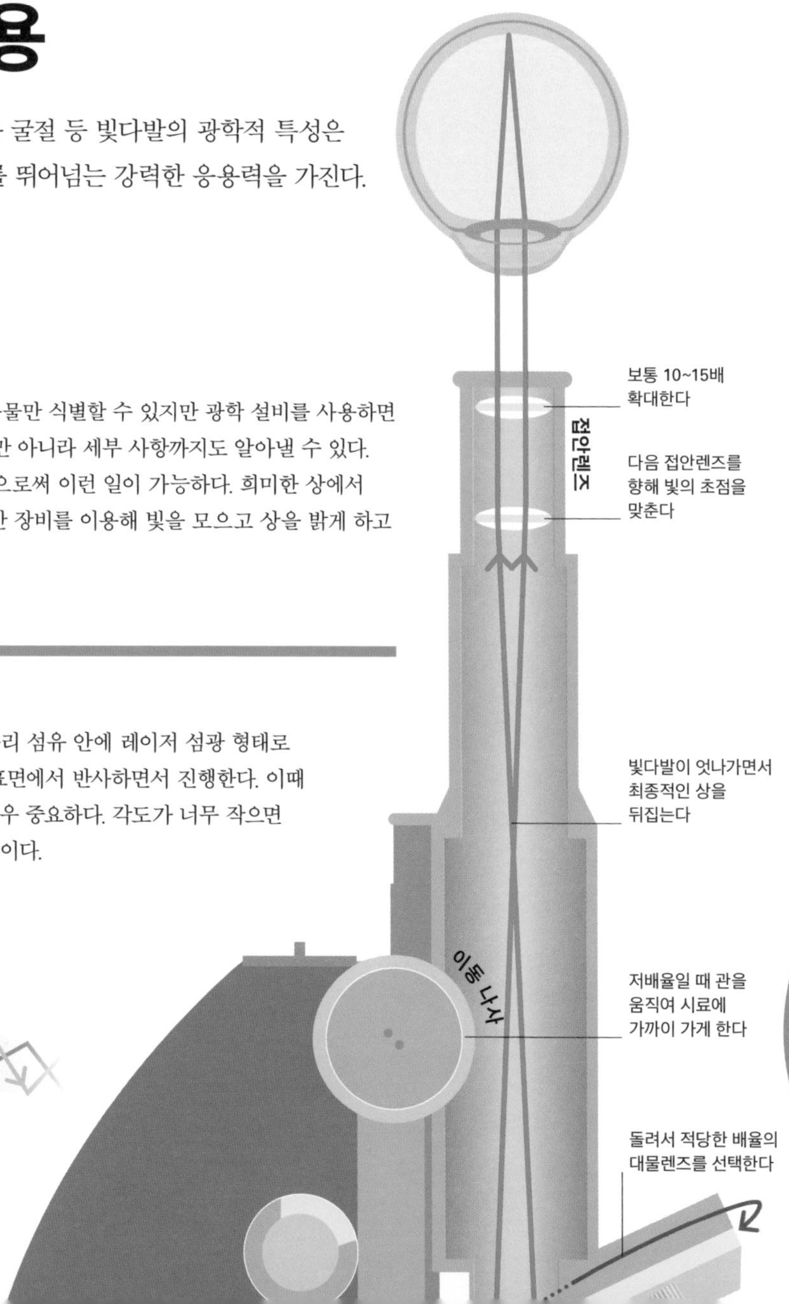

접안렌즈
보통 10~15배 확대한다
다음 접안렌즈를 향해 빛의 초점을 맞춘다
빛다발이 엇나가면서 최종적인 상을 뒤집는다
이동 나사
저배율일 때 관을 움직여 시료에 가까이 가게 한다
돌려서 적당한 배율의 대물렌즈를 선택한다

간섭

모든 종류의 파동이 그렇듯이 빛 파동도 서로 간섭한다. 두 빛의 파동이 합쳐서 하나가 될 때, 동위상이면 (파장이 같고 각각의 마루와 골이 나란히 움직일 때) 서로 중첩되어 보다 강력한 파동이 된다. 파동의 마루와 골이 정확히 어긋나면 서로 상쇄해 파동이 사라지기도 한다. 간섭에 의해 기름 위에 나타나는 것과 같은 색깔을 띤 물결무늬 패턴이 형성되기도 한다.

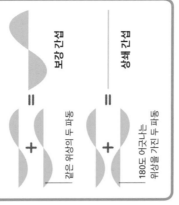

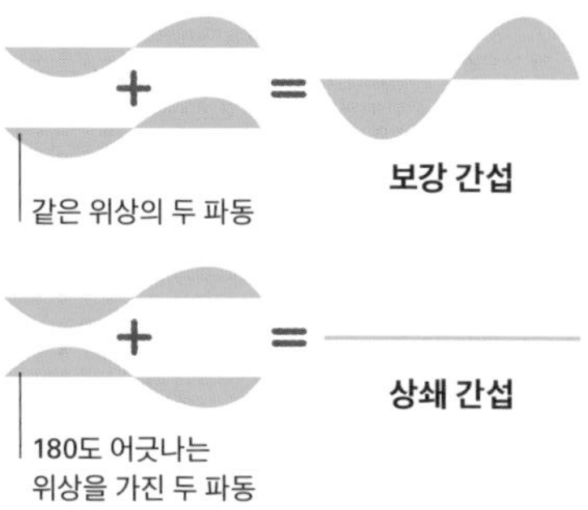

안경을 끼면 시력이 나빠질까?

나쁜 시력은 눈의 형태와 수정체 탄력성의 문제이다. 안경은 위 두 요소에 영향을 끼치지 않으면서 더 잘 볼 수 있도록 만든다.

광학 현미경

광학 현미경은 시료를 통과한 빛을 모으고 확대한다. 시료에서 온 빛이 대물렌즈로 들어간다.

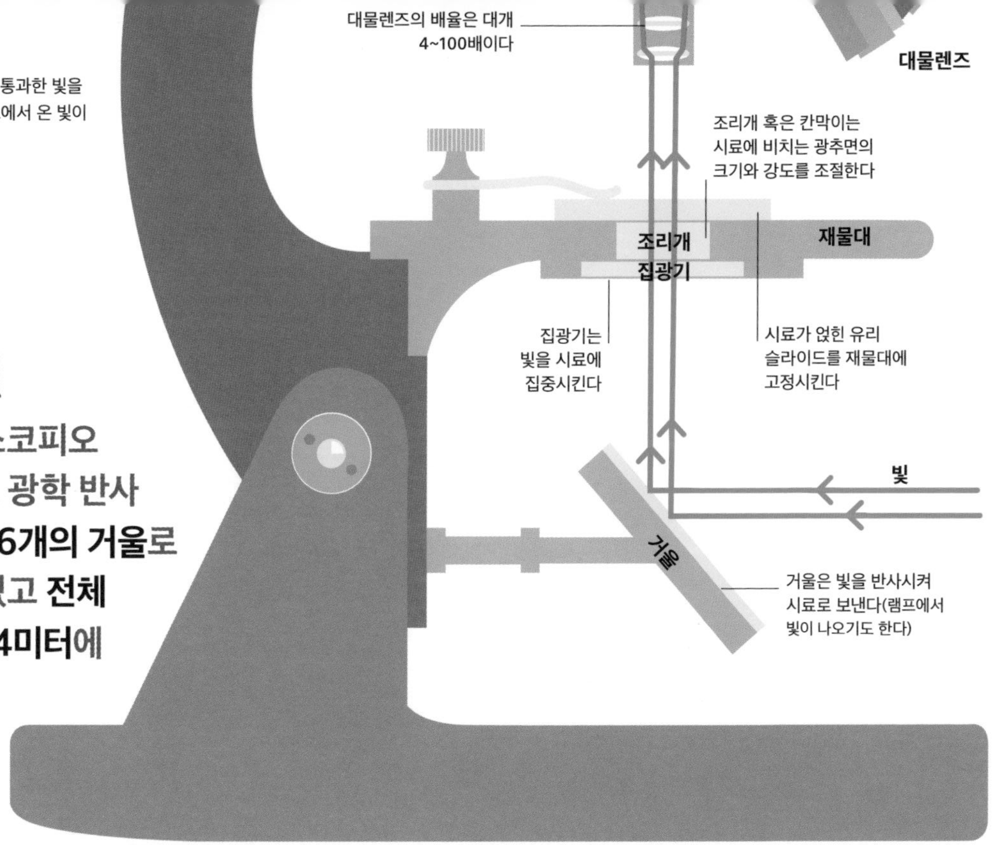
대물렌즈의 배율은 대개 4~100배이다
대물렌즈
조리개 혹은 칸막이는 시료에 비치는 광추면의 크기와 강도를 조절한다
조리개
집광기
재물대
집광기는 빛을 시료에 집중시킨다
시료가 얹힌 유리 슬라이드를 재물대에 고정시킨다
빛
거울
거울은 빛을 반사시켜 시료로 보낸다(램프에서 빛이 나오기도 한다)

그랑 텔레스코피오 카나리아스 광학 반사 망원경은 36개의 거울로 구성되어 있고 전체 지름이 10.4미터에 이른다

망원경

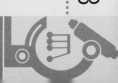

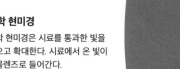

천체 망원경은 렌즈와 거울을 통해 먼 물체에서 도달하는 빛을 모은다. 지상에서 사용하는 망원경은 렌즈를 써서 뒤집힌 이미지를 올바르게 돌린다.

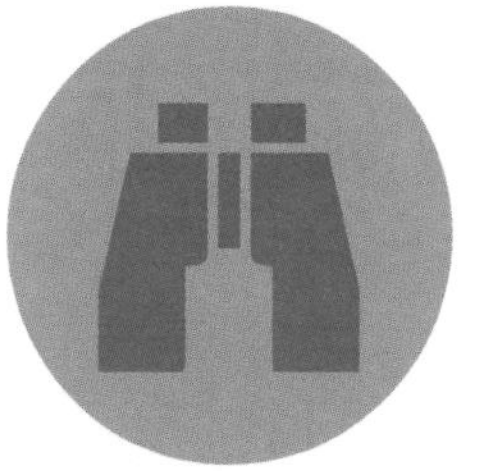

쌍안경

빛이 폭이 넓은 주 렌즈로 들어간다. 거울에 의해 안쪽으로 반사된 빛은 작은 확대 렌즈를 거쳐 눈으로 들어간다.

어떻게 크기를 확대하는가?

현미경에 장착된 대부분의 렌즈는 볼록 렌즈(109쪽 참조)이고 시료의 확대된 상을 형성하는 데 사용된다. 물체가 렌즈와 초점 사이에 있다면 물체에서 나온 빛다발은 렌즈의 맞은편에 수렴한다. 렌즈의 곡률을 높여 초점 거리를 늘리면 배율이 늘어난다.

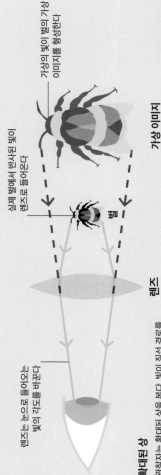

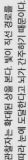

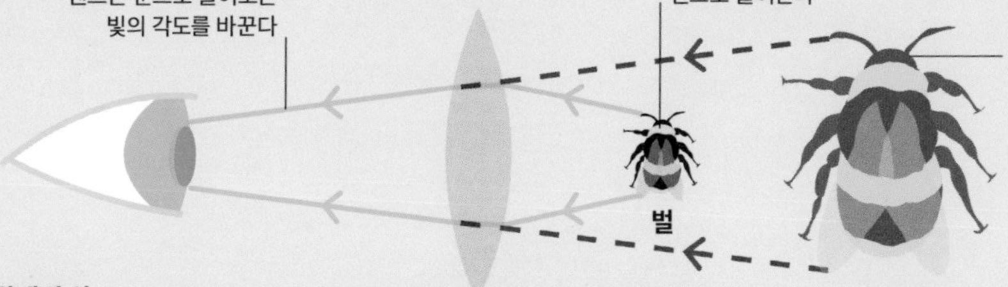
렌즈는 눈으로 들어오는 빛의 각도를 바꾼다
실제 벌에서 반사된 빛이 렌즈로 들어온다
가상의 빛이 벌의 가상 이미지를 형성한다
벌
렌즈
가상 이미지

확대된 상

관찰자는 확대된 상을 본다. 빛이 직선 경로를 따라 눈에 도달한다고 뇌가 간주하기 때문이다.

소리

우리 귀에 도달하는 모든 소리는 공기와 같은 매질을 통해 파동(102~103쪽 참조)의 형태로 온다. 하지만 음파는 빛이나 전파와는 다르다. 그것은 음원에서 길이 방향으로 이동하는 압축된 잔물결과 같다.

소리 파동의 압력(음압)

음파는 밀고 당기는 메커니즘에 의해 생성된다. 원추형 확성기를 생각해 보라. 전기 신호가 확성기 깔때기의 앞뒤를 빠른 속도로 움직인다. 이것이 공기를 밀고 당긴다. 밀 때마다 압력이 생기고 압력이 공기를 통해 앞으로 전달된다. 각 주기 동안 스피커의 깔때기를 더 많이 움직이면 압력이 더 커진다. 더 세게 공기 분자를 밀어내면 소리도 커진다.

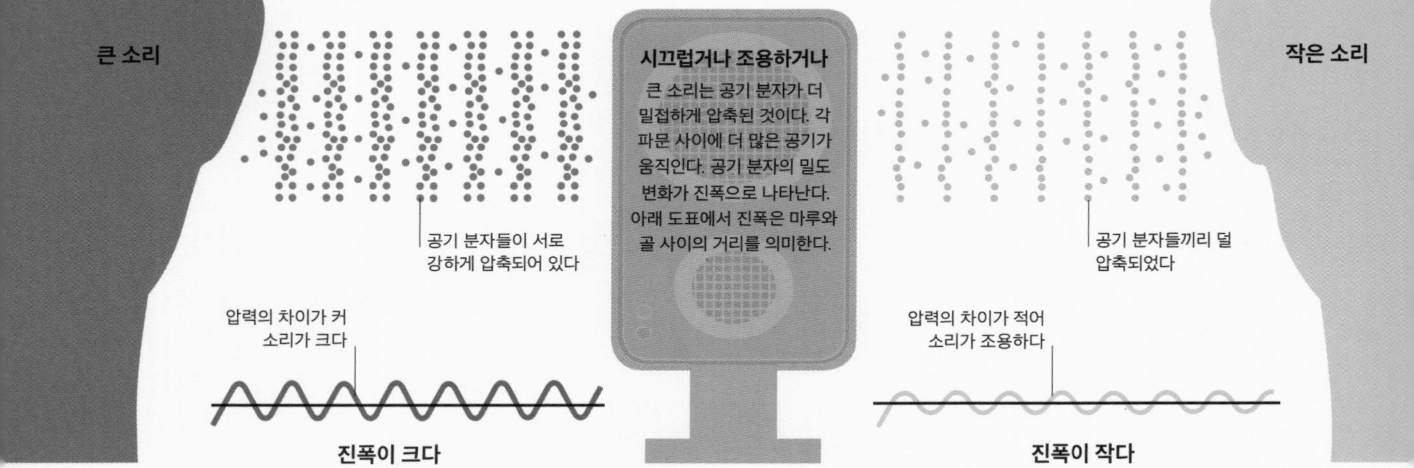

큰 소리
작은 소리
시끄럽거나 조용하거나
큰 소리는 공기 분자가 더 밀접하게 압축된 것이다. 각 파문 사이에 더 많은 공기가 움직인다. 공기 분자의 밀도 변화가 진폭으로 나타난다. 아래 도표에서 진폭은 마루와 골 사이의 거리를 의미한다.
공기 분자들이 서로 강하게 압축되어 있다
공기 분자들끼리 덜 압축되었다
압력의 차이가 커 소리가 크다
압력의 차이가 적어 소리가 조용하다
진폭이 크다
진폭이 작다

얼마나 시끄러운가?

소리의 크기는 멱급수로 증가하는 데시벨로 측정한다. 소리가 10데시벨 더 크다면 실제 10배 더 강력한 것이다.

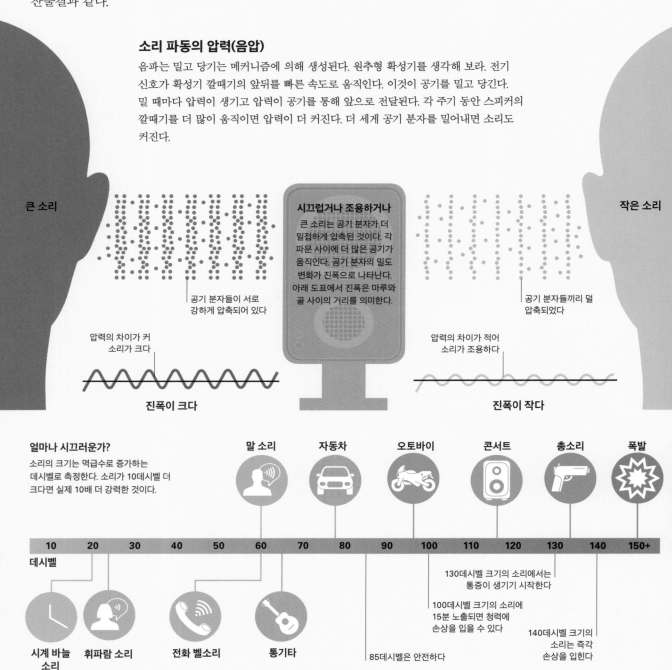

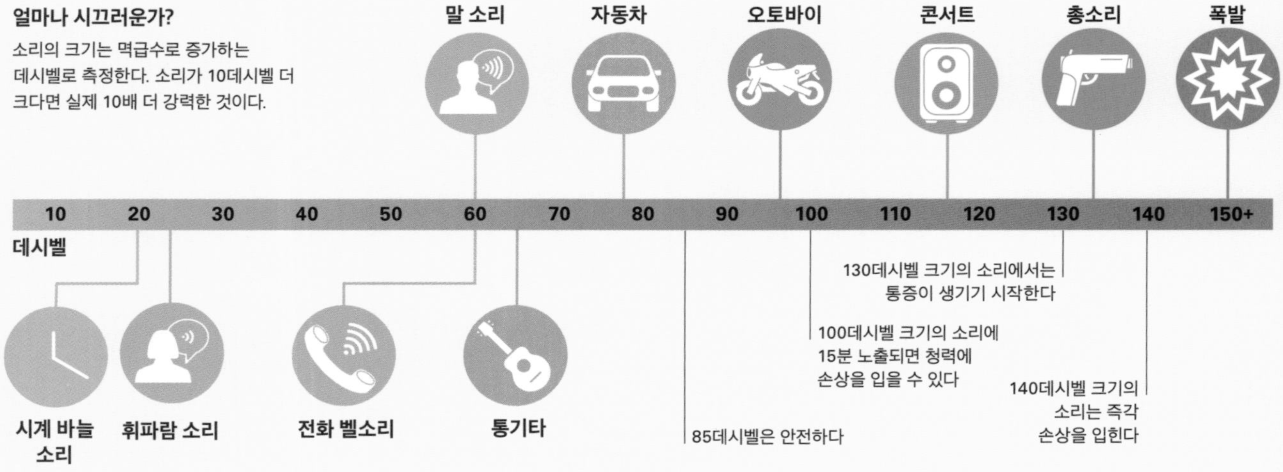

말 소리
자동차
오토바이
콘서트
총소리
폭발
10
20
30
40
50
60
70
80
90
100
110
120
130
140
150+
데시벨
130데시벨 크기의 소리에서는 통증이 생기기 시작한다
100데시벨 크기의 소리에 15분 노출되면 청력에 손상을 입을 수 있다
140데시벨 크기의 소리는 즉각 손상을 입힌다
85데시벨은 안전하다
시계 바늘 소리
휘파람 소리
전화 벨소리
통기타

도플러 효과

음파는 시속 1,238킬로미터(770마일) 정도의 속도로 공기 중을 통과한다. 빠른 속도이지만 음원(sound source)의 속도에 따라 음파의 특성이 달라질 수 있다. 시끄러운 차가 듣는 사람을 향해 달려온다면 음압의 파문이 좁게 모일 것이기에 진동수가 늘고 음높이도 높아진다. 차가 지나가면 파동이 퍼져 음높이가 낮아진다.

파동이 달린다

경주용 차의 앞으로 퍼지는 음파는 서로 압축된다. 큰 소리를 내는 엔진이 다음 파동을 내보내기 전에 각 파동에 좀 더 가까운 곳으로 움직였기 때문이다.

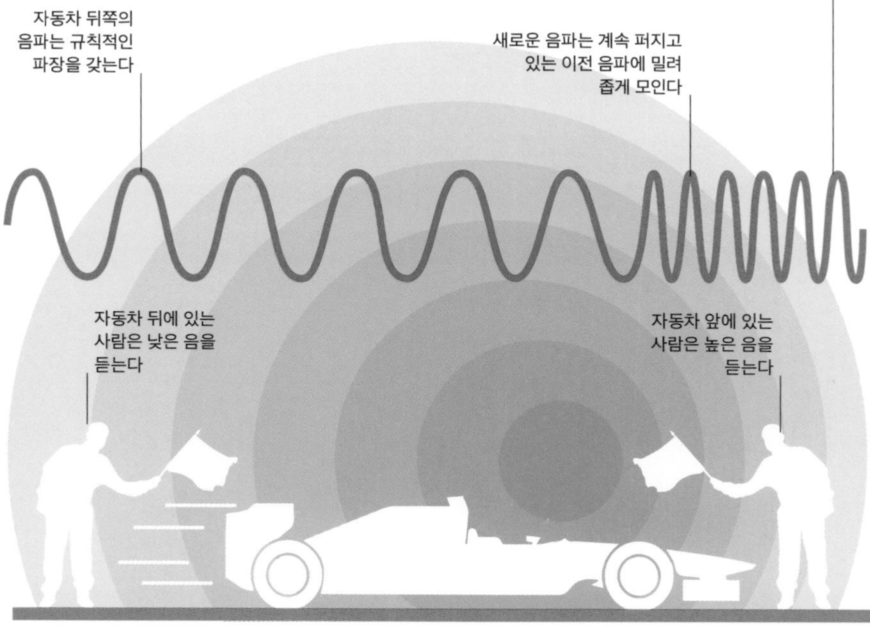
초당 더 많은 파동이
도달하면 음높이가 높은
소리가 들린다
자동차 뒤쪽의
음파는 규칙적인
파장을 갖는다
새로운 음파는 계속 퍼지고
있는 이전 음파에 밀려
좁게 모인다
자동차 뒤에 있는
사람은 낮은 음을
듣는다
자동차 앞에 있는
사람은 높은 음을
듣는다

음높이

음높이(pitch)는 파동의 진동수와 관계가 있다. 진동수가 크면 음높이도 높다. 헤르츠(Hz)로 표시하는 진동수는 1초 동안 진행하는 파동의 마루와 골(혹은 주기)의 수이다.

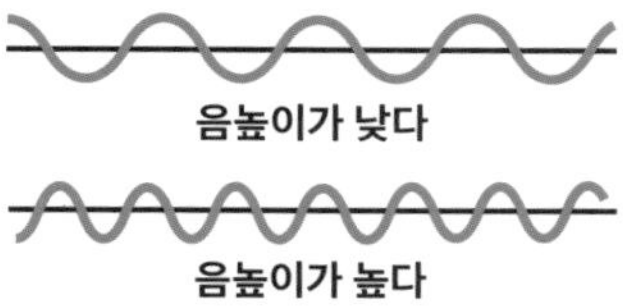
음높이가 낮다
음높이가 높다

왜 악을 써도 우주에서는 들리지 않을까?

소리는 공기 분자와 같은 매질을 통과하는 음압에 의해 전달된다. 우주는 진공이라 공기가 없다.

초음속

제트기는 소리의 속도보다 빠르게 움직일 수 있다. 접근하는 소리가 들리기도 전에 지나갈 수 있다는 뜻이다. 음파는 무척이나 압축되기 때문에 그것이 만들어 내는 소리는 폭발음 같다.

대왕고래는 180데시벨 이상의 소리를 낼 수 있다

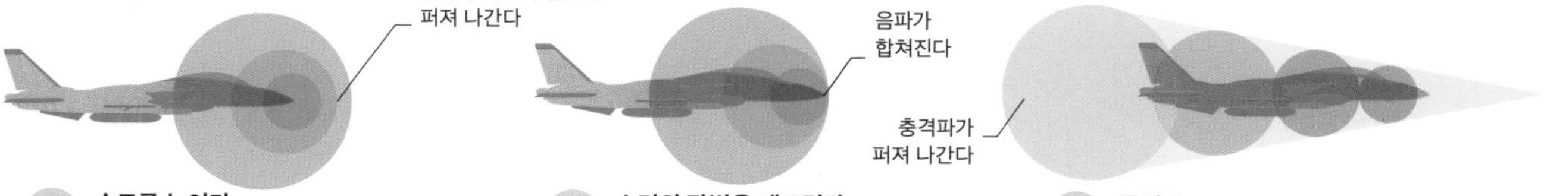
음파가 제트기 앞으로
퍼져 나간다
음파가
합쳐진다
충격파가
퍼져 나간다

1 속도를 높이다
저속에서 제트기가 가속하면 음파는 진행하는 쪽으로 퍼져 나간다. 하지만 그것은 도플러 효과 때문에 점점 더 압축된다.

2 소리의 장벽을 깨뜨린다
시속 1,238킬로미터에서 제트기는 소리의 장벽을 깨고 압축된 음파를 따라잡아 하나의 충격파를 만든다.

3 폭발음
충격파가 제트기 뒤로 확성기의 깔때기 모양처럼 퍼진다. 음파가 땅에 부딪칠 때 비행 경로를 따라 폭발음이 들린다.

열

뜨거운 물체에는 안의 원자와 분자를 움직이게 하는 내부 에너지가 많다. 열 에너지라고도 불리는 것이다. 열 에너지가 많으면 그 열은 열 에너지가 적은 차가운 쪽으로 퍼져 나간다.

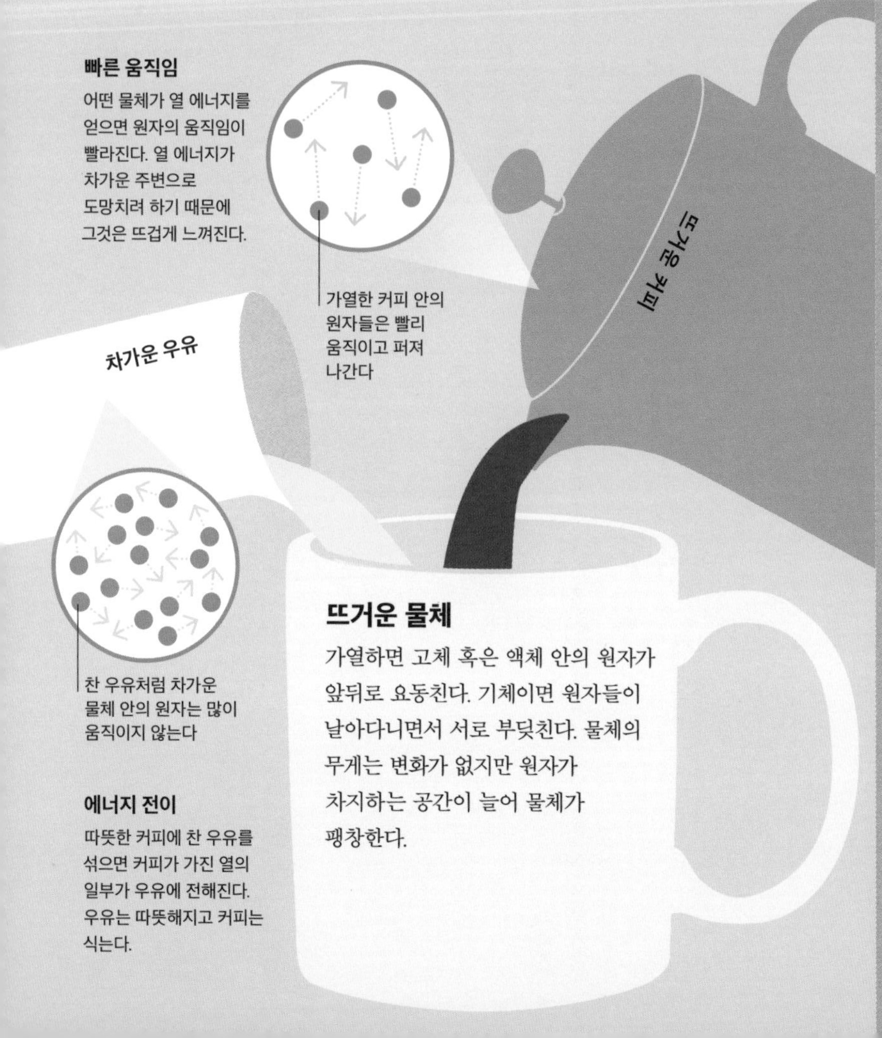

뜨거운 커피
차가운 우유
가열한 커피 안의 원자들은 빨리 움직이고 퍼져 나간다
찬 우유처럼 차가운 물체 안의 원자는 많이 움직이지 않는다

빠른 움직임

어떤 물체가 열 에너지를 얻으면 원자의 움직임이 빨라진다. 열 에너지가 차가운 주변으로 도망치려 하기 때문에 그것은 뜨겁게 느껴진다.

에너지 전이

따뜻한 커피에 찬 우유를 섞으면 커피가 가진 열의 일부가 우유에 전해진다. 우유는 따뜻해지고 커피는 식는다.

뜨거운 물체

가열하면 고체 혹은 액체 안의 원자가 앞뒤로 요동친다. 기체이면 원자들이 날아다니면서 서로 부딪친다. 물체의 무게는 변화가 없지만 원자가 차지하는 공간이 늘어 물체가 팽창한다.

장작불	1,112	873.15	600
제트 비행기 배기가스	752	673.15	400
납의 녹는점	621.5	600.7	327.5
가정용 오븐의 최대 온도	482	523.15	250
물이 끓다	212	373.15	100
지구에서 가장 뜨거웠던 지역의 온도	159.3	343.85	70.7

온도

온도는 물체가 가진 열 에너지의 양을 의미한다. 물체의 온도는 개별 입자가 가진 평균 에너지와 관련이 있다. 어떤 자연적인 현상은 고정된 온도에서 진행된다. 예를 들어 물은 섭씨 100도(화씨 212도)에서 끓는다. 이런 현상을 기준으로 온도계의 눈금을 만들고 다른 물질의 온도와 비교한다.

장작불

통풍이 잘 되는 곳에서 타는 장작불은 순수한 금속을 녹일 수 있을 정도로 뜨겁다.

제트 비행기 배기가스

제트 엔진의 추진력은 에너지가 많은 기체 분자의 움직임에서 비롯된다.

납의 녹는점

상대적으로 녹는점이 낮은 납은 최초의 정제 금속이다.

가정용 오븐의 최대 온도

이 정도 온도에서 오래 요리하면 금속 받침이 점차 손상된다.

물이 끓다

섭씨 온도계 눈금의 상위 고정값. 재현하기 쉬워서 채택되었다.

지구에서 가장 뜨거웠던 지역의 온도

이란 루트 사막에서 지각 표면 온도를 측정한 2005년의 위성 연구에서 기록된 값이다.

숨은 열

열 에너지가 물체에 더해지면 원자와 분자의 움직임이 빨라지고 최종적으로 이들을 서로 붙잡고 있던 결합이 끊어진다. 가령 끓는 것처럼 물질의 상이 변하는 것이다.(22~23쪽 참조) 이렇게 상태가 변하는 동안 물질은 더 뜨거워지지 않는다. 대신 에너지는 숨은 열 혹은 잠열의 형태로 일을 한다.

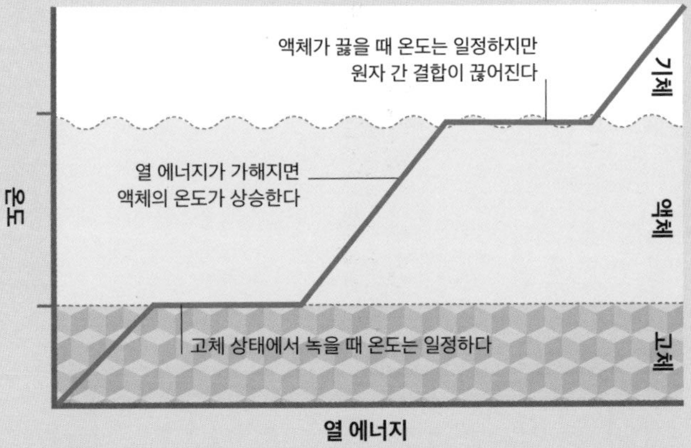
액체가 끓을 때 온도는 일정하지만
원자 간 결합이 끊어진다
열 에너지가 가해지면
액체의 온도가 상승한다
고체 상태에서 녹을 때 온도는 일정하다
기체
액체
고체
온도
열 에너지

숨은 효과

숨은 열의 에너지는 원자와 분자의 움직임을 증가시키는 대신 그들 사이의 결합을 깨뜨리는 데 적용된다. 잠시 온도가 일정하게 유지되는 동안 열 에너지는 상변화를 이끌어 낸다. 결합이 끊어지면 온도는 다시 올라간다.

에너지와 온도

폭죽이 탈 때 온도는 섭씨 1,000도(화씨 1,800도)다. 하지만 타는 폭죽과 달리 폭죽이 내는 뜨거운 섬광은 사람의 피부를 태우지 못한다. 작은 섬광의 온도는 높지만 질량이 매우 적기 때문에 그것이 함유한 전체 에너지는 크지 않고 대체로 무해하다.

섬광은 불타는 철, 마그네슘,
알루미늄 등의 입자이다

ºf	k	ºC	
98.6	310.15	37	정상적인 체온
32	273.15	0	물이 얼다
-138.5	178.45	-94.7	가장 추웠을 때 지구의 온도
-317.8	78.8	-194.35	외계
-454	3.15	-270	섭씨 37도
-459.67	0	-273.15	절대 영도

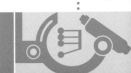

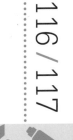

정상적인 체온
화씨 온도계 눈금에서 상위 고정값으로 채택되었던 적이 있었다.

물이 얼다
물의 어는점과 끓는점을 100개의 눈금으로 나눈 섭씨온도계 눈금에서 하위 고정값.

가장 추웠을 때 지구의 온도
남극의 동쪽에서 측정한 2010년의 기록이다.

기체의 액화
대부분의 기체는 이 온도에서 액체로 변한다.

외계
성간 공간의 가장 차가운 온도.

절대 영도
이론적으로 가장 낮은 온도. 물체의 온도가 여기까지 내려가는 일은 불가능하다.

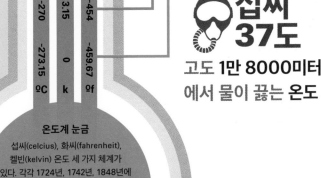

섭씨 37도
고도 1만 8000미터에서 물이 끓는 온도

온도계 눈금
섭씨(celcius), 화씨(fahrenheit), 켈빈(kelvin) 온도 세 가지 체계가 있다. 각각 1724년, 1742년, 1848년에 고안되었다.

열 전달

한 물체에서 다른 물체로 열이 전달되는 방식은 전도, 대류, 복사의 세 가지가 있다. 열이 움직이는 방식은 물체의 원자 구조에 따라 다르다.

대류

열이 액체나 기체의 흐름을 통해 전달되는 방식이 대류(convection)이다. 뜨거운 유체는 위로 올라가고 차가운 유체는 가라앉는다는 원칙에 따라 대류가 일어난다. 열을 가하면 원자와 분자가 확산하려 하기 때문에 부피가 늘고 밀도가 낮아진다. 따라서 뜨거운 유체는 위로 솟구치고 차가운 것은 가라앉으며 대류의 흐름을 만들고 그 안에서 열 에너지가 이동한다.

따뜻한 공기가 방으로 퍼지고 주위에 온기를 퍼뜨린다
난로에서 덥혀진 공기가 위로 오른다
찬 공기가 아래로 내려앉아 따뜻한 공기에게 길을 내준다
아래로 내려간 공기는 난로에 접근하고 가온된 후 다시 위로 솟구친다

난방 장치

나무 난로와 같은 난방 장치는 대류를 통해 방안에 열을 공급한다. 중앙 난방식의 라디에이터도 같은 일을 한다.

열전도도가 가장 좋은 물질은?

다이아몬드는 최고의 열 전도체이다. 구리보다 2배, 알루미늄보다 4배 효율적이다.

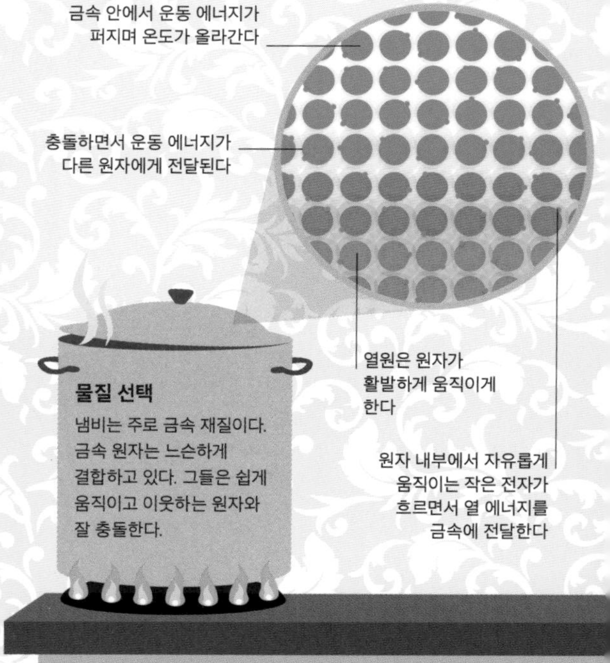

금속 안에서 운동 에너지가 퍼지며 온도가 올라간다
충돌하면서 운동 에너지가 다른 원자에게 전달된다
열원은 원자가 활발하게 움직이게 한다
원자 내부에서 자유롭게 움직이는 작은 전자가 흐르면서 열 에너지를 금속에 전달한다

물질 선택

냄비는 주로 금속 재질이다. 금속 원자는 느슨하게 결합하고 있다. 그들은 쉽게 움직이고 이웃하는 원자와 잘 충돌한다.

전도

고체는 전도(conduction)를 통해 열을 전달한다. 고체의 뜨거운 쪽에 있는 원자는 크게 진동하고 규칙적으로 이웃 원자와 충돌한다. 충돌하면서 운동 에너지가 이웃 원자에 전달되면 따뜻해진다. 물질 전체에 열이 전달될 때까지 이런 과정이 계속된다.

적외선 복사는 빛의 속도로 움직이며 우주의 진공을 통과할 수 있다

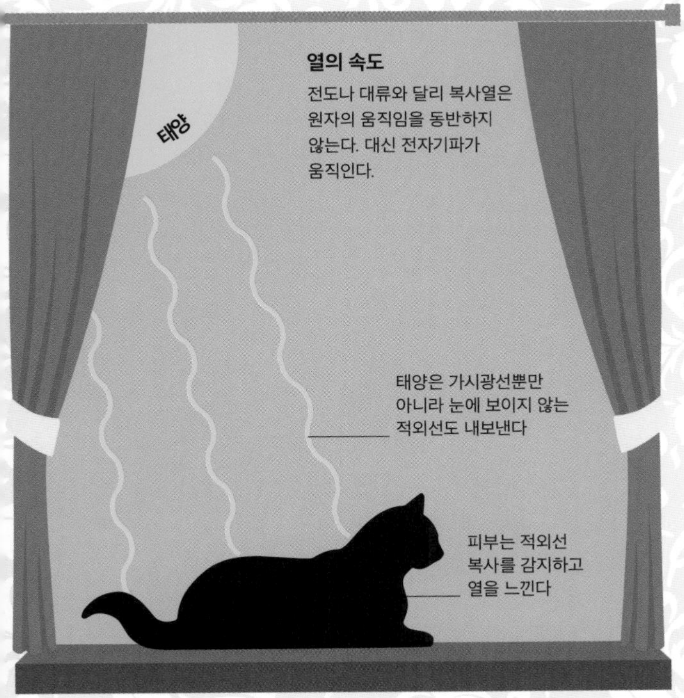
열의 속도
전도나 대류와 달리 복사열은 원자의 움직임을 동반하지 않는다. 대신 전자기파가 움직인다.
태양
태양은 가시광선뿐만 아니라 눈에 보이지 않는 적외선도 내보낸다
피부는 적외선 복사를 감지하고 열을 느낀다

복사

열을 전달하는 세 번째 방법은 복사(radiation)이다. 눈에 보이지 않는 적외선(진동수가 가시광선의 붉은색보다 적지만 전파보다 많기 때문에 붙은 이름이다.) 복사 형태로 열이 전달된다. 따뜻한 물체는 모두 적외선을 방출한다. 태양도 마찬가지다. 부피에 비해 표면적이 넓은 물체가 표면적이 적은 물체에 비해 훨씬 더 빨리 열을 복사한다. 물론 더 빨리 식는다.

단열

열 전달을 차단하는 것이 단열(insulation)이다. 공기와 같은 기체는 좋은 전도체가 아니다. 따라서 간혹 단열재에는 공기 주머니가 채워져 있다. 옷은 우리 피부 가까이 공기를 잡아 둠으로써 따스하게 한다. 체열은 공기를 통해 전도하지 못하기 때문에 안에 남아 있다. 이중창의 두 창 사이 공간은 진공 조건에서 비활성 기체나 탈수된 공기를 채운 상태로 유지된다. 이 유리창은 대류와 복사도 막을 수 있기 때문에 좋은 단열재이다.

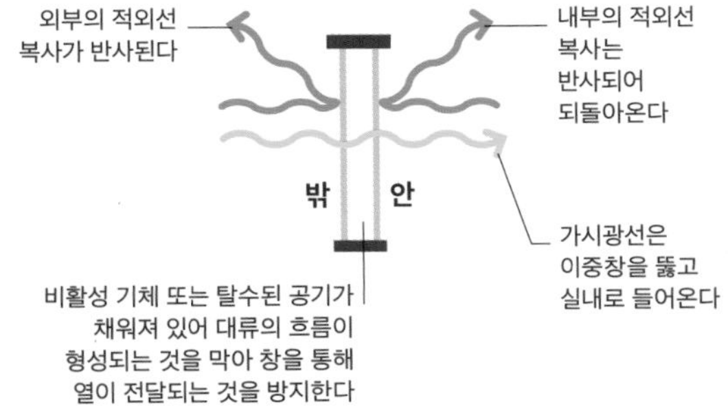
외부의 적외선 복사가 반사된다
내부의 적외선 복사는 반사되어 되돌아온다
밖
안
가시광선은 이중창을 뚫고 실내로 들어온다
비활성 기체 또는 탈수된 공기가 채워져 있어 대류의 흐름이 형성되는 것을 막아 창을 통해 열이 전달되는 것을 방지한다

열평형

두 물체가 물리적으로 맞닿아 있을 때 뜨거운 물체에서 찬 물체로 열이 이동하며 반대의 일은 일어나지 않는다. 두 물체 온도가 같아질 때까지 열은 이동한다. 열의 이동이 없는 이 상태를 열평형(thermal equilibrium)이라고 한다.

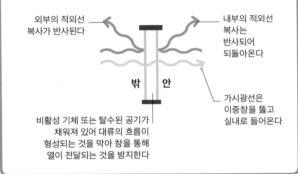

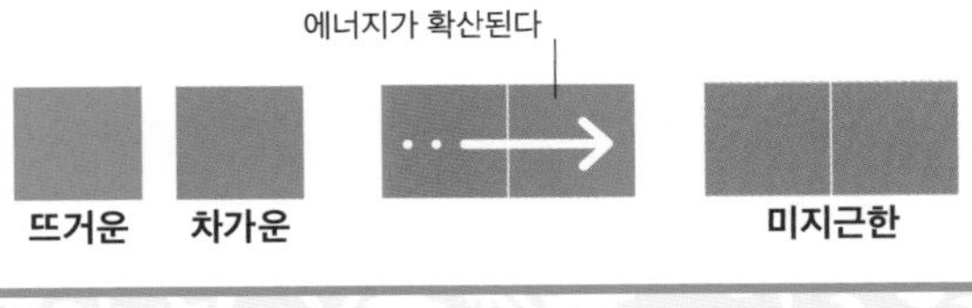
균등하게 퍼질 때까지 열 에너지가 확산된다
뜨거운
차가운
미지근한

힘

질량이 있는 물체에 힘을 가하면 움직인다. 물체의 질량에 따라 힘은 다른 영향을 끼친다. 힘의 단위는 뉴턴(N)이다. 1뉴턴은 질량이 1킬로그램인 물체를 초당 1미터로 가속시킨다.

왜 어떤 것은 튀어 오르고 어떤 것은 깨지나?

탄력 있는 물체가 표면에 부딪치면 형태가 달라진다. 하지만 부서지기 쉬운 물체는 힘이 가해지더라도 형태가 변하지 않고 깨져 버린다.

에너지 전달

두 물체가 충돌하면 그들의 원자가 가까워진다. 원자 주변에서 전기적으로 음을 띠고 있는 전자들은 서로 밀치므로 물체는 하나로 뭉치지 않고 떨어진다. 힘은 에너지를 한 물체에서 다른 물체에게 전달하지만 총 에너지양은 변화하지 않는다. 물체 사이에서 에너지가 이동하면서 힘은 상태 변화, 즉 움직임이나 형태의 변화를 초래한다.

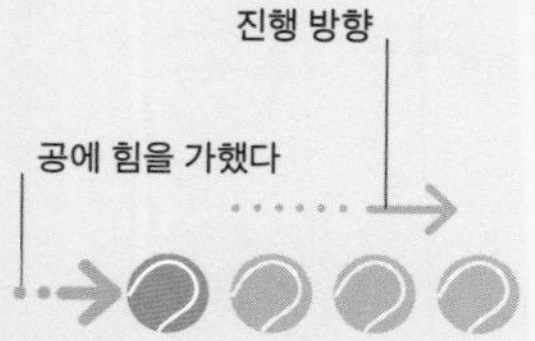

진행 방향
공에 힘을 가했다

가속

테니스공에 가해진 힘은 공을 가속시킨다.

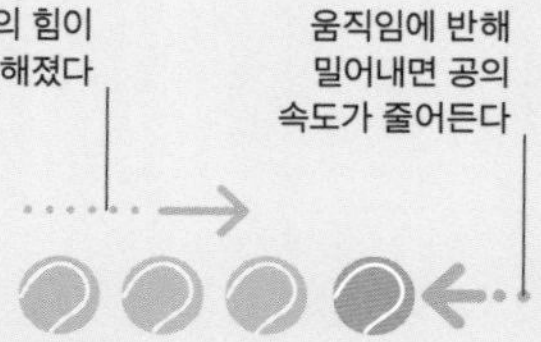

최초의 힘이 공에 가해졌다
움직임에 반해 밀어내면 공의 속도가 줄어든다

감속

공의 움직임에 대항해 미는 힘을 주면 볼의 속도가 줄어든다.

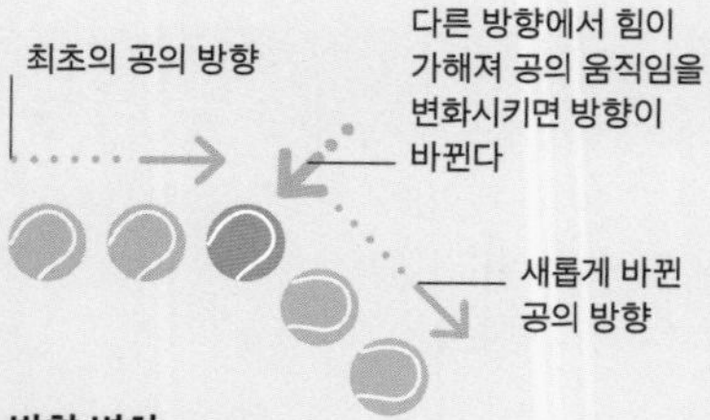

최초의 공의 방향
다른 방향에서 힘이 가해져 공의 움직임을 변화시키면 방향이 바뀐다
새롭게 바뀐 공의 방향

방향 변화

최초의 힘의 방향으로 움직이는 테니스공에 다른 각도의 힘을 가하면 방향이 바뀐다.

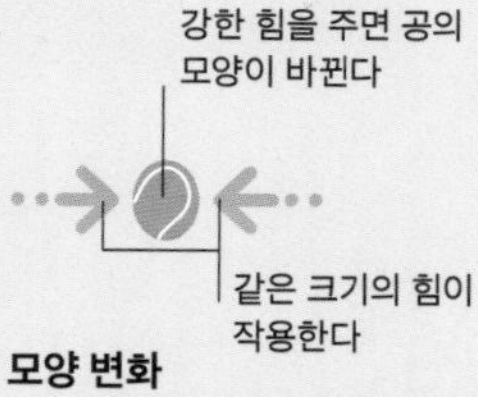

강한 힘을 주면 공의 모양이 바뀐다
같은 크기의 힘이 작용한다

모양 변화

반대 방향으로 작용하는 동일한 크기의 힘에 의해 공이 압축되어 모양이 변화한다.

가장 빨랐던 테니스 서브는 시속 263.4킬로미터였다

던지기 운동

테니스공과 다른 모든 발사체는 공에 가해진 힘의 조합에 의해 곡선으로 움직인다. 공의 운동 에너지가 중력 위치 에너지(수직 방향에 저장된 에너지)로 변환되었다가 떨어지면서 다시 운동 에너지로 돌아간다.

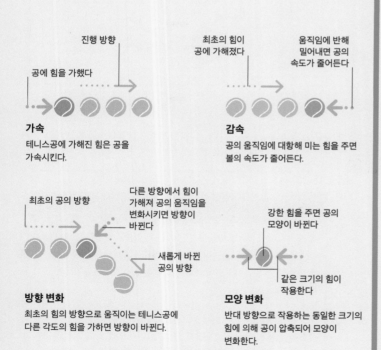

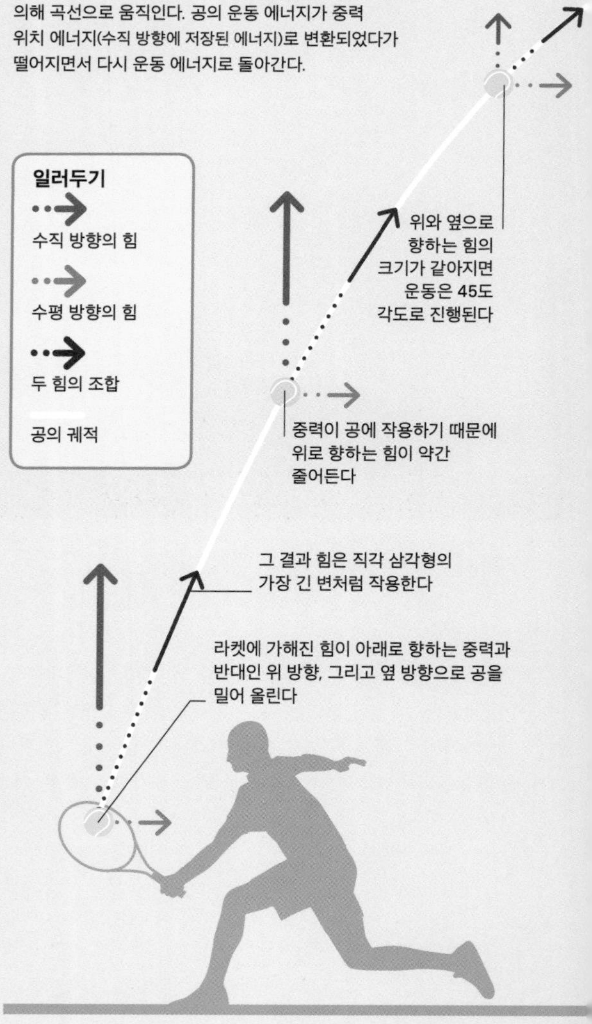

일러두기
수직 방향의 힘
수평 방향의 힘
두 힘의 조합
공의 궤적
위와 옆으로 향하는 힘의 크기가 같아지면 운동은 45도 각도로 진행된다
중력이 공에 작용하기 때문에 위로 향하는 힘이 약간 줄어든다
그 결과 힘은 직각 삼각형의 가장 긴 변처럼 작용한다
라켓에 가해진 힘이 아래로 향하는 중력과 반대인 위 방향, 그리고 옆 방향으로 공을 밀어 올린다

관성

정지해 있든 일정한 속도로 움직이든 관성(inertia)은 움직이는 상태가 변하는 것에 저항하는 물질의 본성이다. 관성을 극복하려면 외부에서 힘을 가해야 한다. 질량이 클수록 관성도 크다. 따라서 질량이 큰 물질의 운동 상태를 변화시키려면 더 많은 양의 힘이 필요하다.

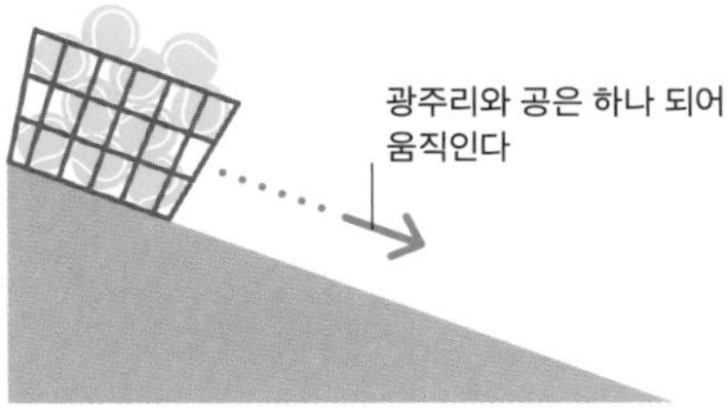
광주리와 공은 하나 되어
움직인다

같은 움직임

광주리와 공은 같은 속도 같은 방향으로 움직인다. 힘을 주어야 그들의 운동 방향을 바꿀 수 있다.

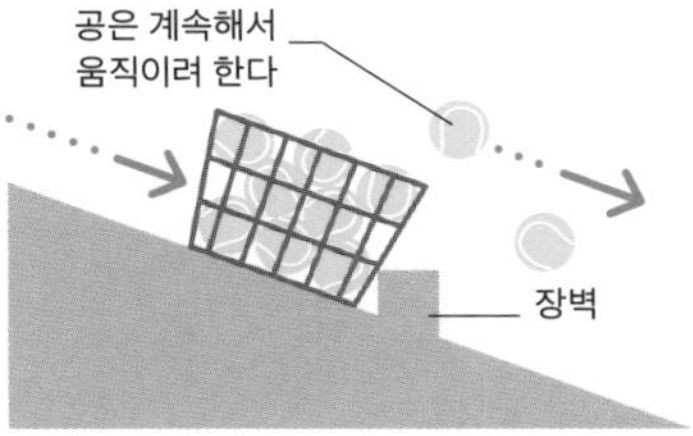
공은 계속해서
움직이려 한다
장벽

관성의 변화

힘(장벽)이 광주리를 정지시켰다. 하지만 그 힘은 공의 움직임까지는 변화시키지 못했다. 관성이 그들을 계속 움직이게 한 것이다.

조합된 힘의 결과

물체에는 보통 한 가지 이상의 힘이 작용하며 각기 다른 양의 힘이 다른 방향으로 작용한다. 이런 힘들의 조합이 하나의 결과를 낳는다. 그 힘은 피타고라스 정리를 이용해서 계산할 수 있는데 두 가지의 힘이 직각 삼각형의 짧은 두 변이라면 조합된 힘은 직각 삼각형의 긴 변 혹은 빗변을 따라 작용한다.

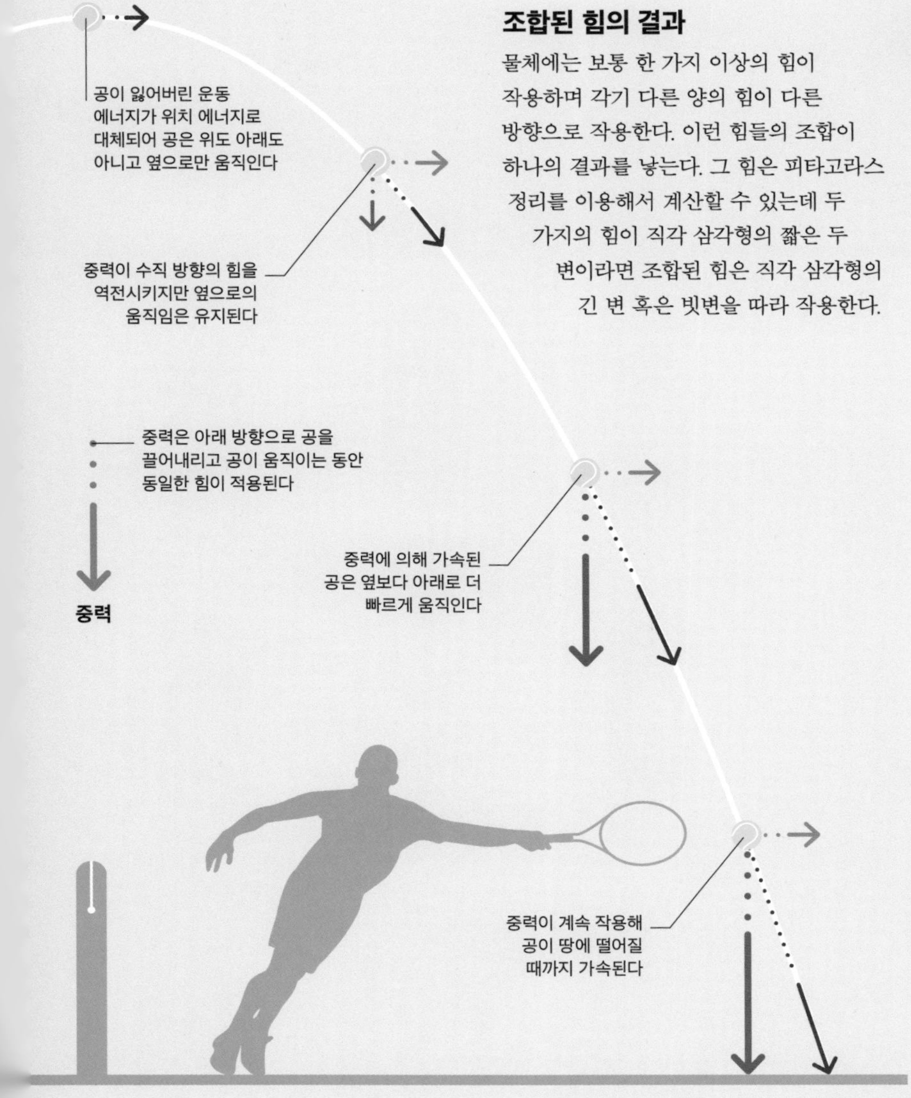
공이 잃어버린 운동
에너지가 위치 에너지로
대체되어 공은 위도 아래도
아니고 옆으로만 움직인다
중력이 수직 방향의 힘을
역전시키지만 옆으로의
움직임은 유지된다
중력은 아래 방향으로 공을
끌어내리고 공이 움직이는 동안
동일한 힘이 적용된다
중력
중력에 의해 가속된
공은 옆보다 아래로 더
빠르게 움직인다
중력이 계속 작용해
공이 땅에 떨어질
때까지 가속된다

에어백은 어떻게 작동하는가?

교통사고가 발생했을 때 탑승자의 관성력은 가장 위험한 요소다. 갑자기 정차했는데 신체는 계속해서 움직이려 하기 때문이다. 에어백은 사고를 감지하고 부풀어 오름으로써 관성력의 작용을 줄이고 탑승자의 속도를 안전한 정도로 줄인다.

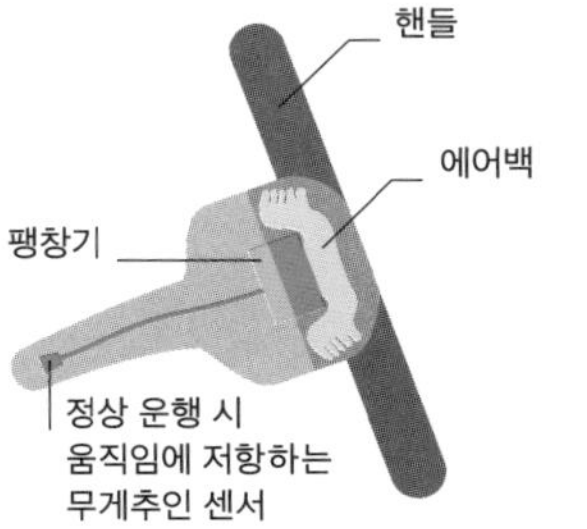
핸들
에어백
팽창기
정상 운행 시
움직임에 저항하는
무게추인 센서

충격 전 에어백

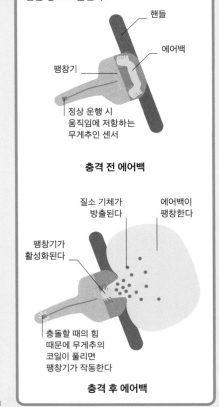

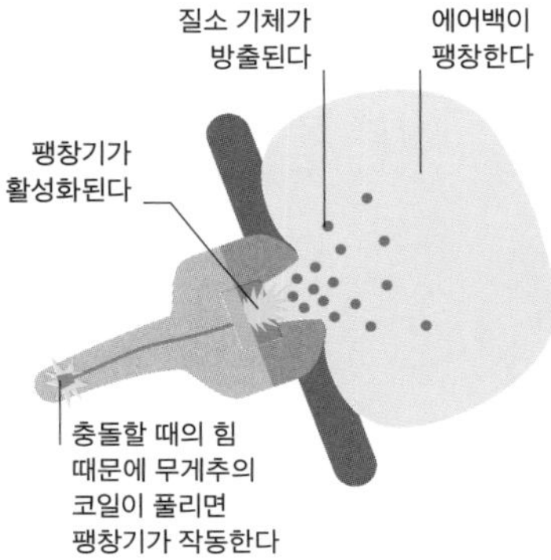
질소 기체가
방출된다
에어백이
팽창한다
팽창기가
활성화된다
충돌할 때의 힘
때문에 무게추의
코일이 풀리면
팽창기가 작동한다

충격 후 에어백

속도와 가속도

속도는 물체가 특정한 방향으로 운동하는 빠르기이다. 물체의 속도가 변하려면 힘이 필요하다. 물체의 속도 변화 비율이 가속도이다.

속도

시간이 경과하는 동안 움직인 거리가 속력(speed)이다. 예를 들어 1시간 동안 자동차가 움직인 거리가 속력이다. 속도는 빠르기의 척도이지만 운동의 방향도 포함한다. 반대 방향으로 움직이는 차는 같은 속력으로 달려도 속도는 다르다. 움직이는 모든 물체는 움직이는 또 다른 물체와 비교해 상대적인 속도를 갖는다. 상대 속도는 실제 속도와는 다르다.

차이가 없다

차 2대가 같은 속력과 방향으로 달린다. 그러면 이들의 상대 속도는 0이다. 그들은 서로 고정된 거리만큼 떨어져 있다.

시속 30킬로미터로 달리는 차
시속 30킬로미터로 달리는 차

따라잡는다

노란색 차가 초록색 차보다 시속 30킬로미터 더 빠르게 달린다. 초록색 차에 대한 노란색 차의 상대 속도는 시속 30킬로미터이다.

시속 60킬로미터로 달리는 차
시속 30킬로미터로 달리는 차

정면충돌한다

두 차량이 같은 속력으로, 하지만 반대 방향으로 움직인다. 이들의 상대 속도는 서로에 대해 시속 60킬로미터이다.

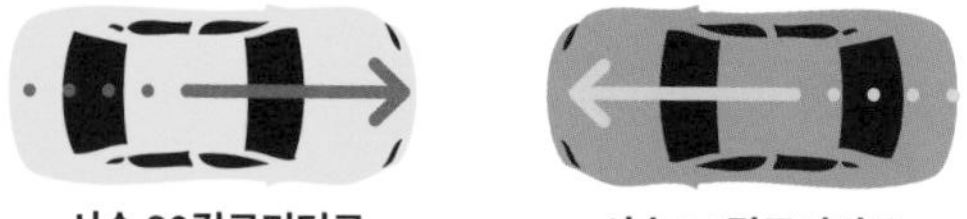
시속 30킬로미터로 달리는 차
시속 30킬로미터로 달리는 차

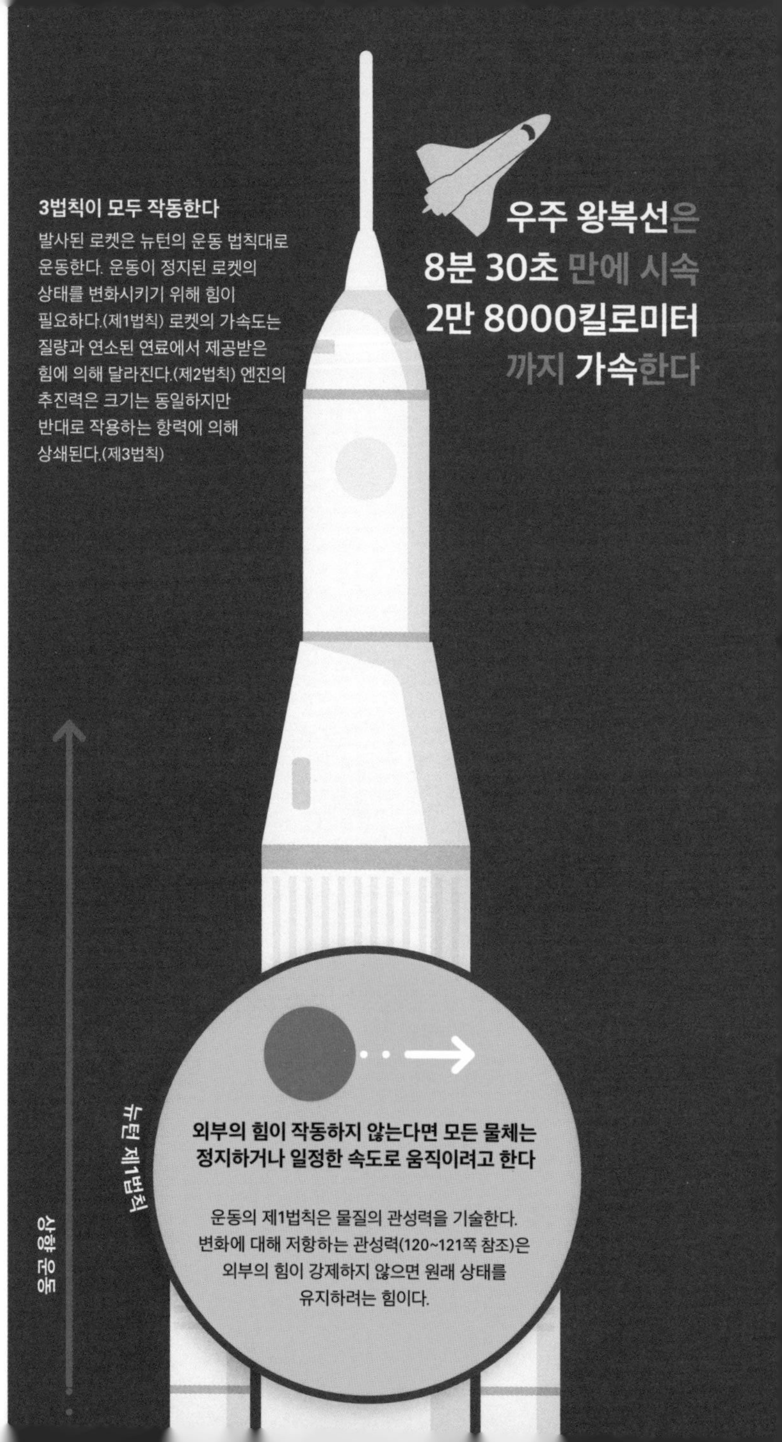
우주 왕복선은 8분 30초 만에 시속 2만 8000킬로미터까지 가속한다
3법칙이 모두 작동한다
발사된 로켓은 뉴턴의 운동 법칙대로 운동한다. 운동이 정지된 로켓의 상태를 변화시키기 위해 힘이 필요하다.(제1법칙) 로켓의 가속도는 질량과 연소된 연료에서 제공받은 힘에 의해 달라진다.(제2법칙) 엔진의 추진력은 크기는 동일하지만 반대로 작용하는 항력에 의해 상쇄된다.(제3법칙)
뉴턴 제1법칙
외부의 힘이 작동하지 않는다면 모든 물체는 정지하거나 일정한 속도로 움직이려고 한다
운동의 제1법칙은 물질의 관성력을 기술한다. 변화에 대해 저항하는 관성력(120~121쪽 참조)은 외부의 힘이 강제하지 않으면 원래 상태를 유지하려는 힘이다.
상향 운동

가속도

가속도(acceleration)는 속도의 변화량이고 미터/제곱초(m/s^2) 단위로 표시한다. 속도가 줄어드는 것도 역시 가속도로 표현된다. 가속도는 초기 속도에서 최종 속도를 뺀 다음 경과한 시간으로 나눠 주어 계산한다.

가속

1분 동안 차의 속도가 2배가 되었다면 속도의 변화량(6미터/초)을 경과한 시간(60초)으로 나누어 주면 된다. 그 결과는 0.1미터/제곱초(m/s^2)이다.

방향의 변화

회전으로 방향이 변했다면 속도가 변한 것이다. 이 과정에 힘이 필요하므로 속력이 변하지 않았더라도 가속된 것이다.

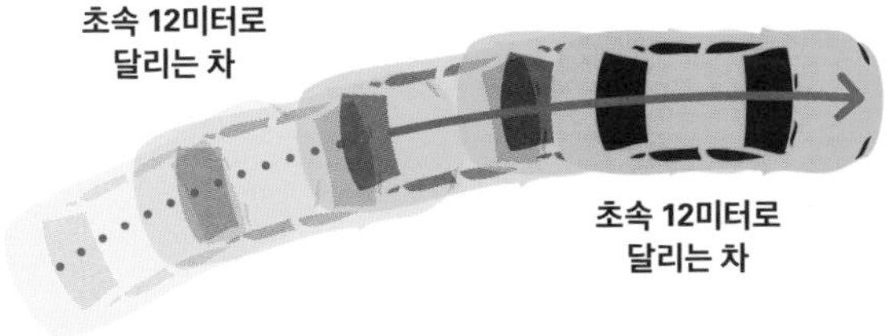

감속

1분 동안 차의 속도가 반으로 줄었다면 가속도는 -0.1미터/제곱초이다. 초기 속도보다 줄었기 때문에 음의 기호가 붙었다.

후류

물체가 공기 중을 움직이면 진행 방향의 공기를 밀어낸다. 밀린 공기는 항력(drag)을 만들어 낸다. 움직이는 물체 뒤에는 항력이 감소된 지역이 생기는데 이 후류(slipstream) 속을 달리면 항력을 줄일 수 있다. 뒤에 가는 차가 같은 속도로 달리더라도 연료를 적게 소모하는 까닭이다.

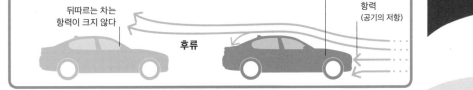

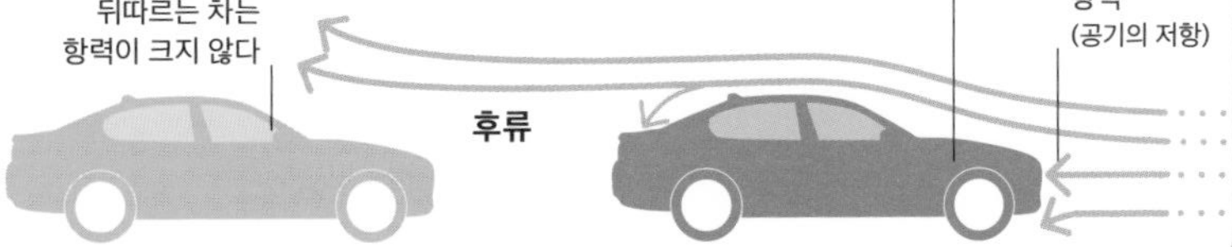

뉴턴 제2법칙

가속도는 물체의 질량과 물체에 가해지는 힘에 따라 달라진다

물체에 가해지는 힘이 크면 가속도는 커진다. 다음 공식으로 표현된다. 힘=질량×가속도.

뉴턴 제3법칙

자연계의 모든 작용에는 그것과 크기가 같고 방향이 반대인 힘이 작용한다

'작용'이란 용어는 힘이 주어졌다는 뜻이다. '반작용'은 크기는 같지만 반대 방향으로 되돌리고자 하는 힘이다. 이 법칙은 힘은 단독으로 존재하지 않으며 두 물체 사이의 상호 작용에 의존함을 증언한다.

아래로 향하는 힘

운동 법칙

모든 운동은 물질의 질량, 거기에 작용하는 힘, 그 결과인 가속도의 상호 관계를 보여 주는 세 가지 법칙에 따라 수행된다. 1687년 아이작 뉴턴이 출판한 이 운동 법칙은 대부분 정확히 들어맞지만 1905년 알베르트 아인슈타인이 빛의 속도로 움직이는 물체에서 이들 법칙이 들어맞지 않는다는 유명한 이론(140~141쪽 참조)을 체계화했다.

기계

단순 기계는 한 유형의 힘을 다른 형태로 바꾸어 주는 장치이다. 이 장에는 여섯 가지의 단순한 기계가 주어져 있지만 어떤 것은 전혀 기계처럼 보이지 않는다.

공기 스크루는 레오나르도 다빈치가 초기 헬리콥터를 설계하는 과정에서 부여한 이름이다

여섯 가지 단순 기계

다른 공학 설비와 마찬가지로 자전거도 단순 기계의 조합이다. 체인과 브레이크 손잡이는 명백한 공학적 기능을 갖는다. 다른 부분들은 조정, 수리 혹은 자전거가 언덕을 잘 오르게 하는 등의 장치로 기계로서의 기능이 덜 명확하다. 자전거를 타고 유지하기 위한 모든 부분에 여섯 가지의 단순 기계가 적용된다. 지레(lever), 도르래(pulley), 바퀴(wheel)와 축바퀴(axle), 나사(screw), 쐐기(wedge), 경사면(inclined plane)이다.

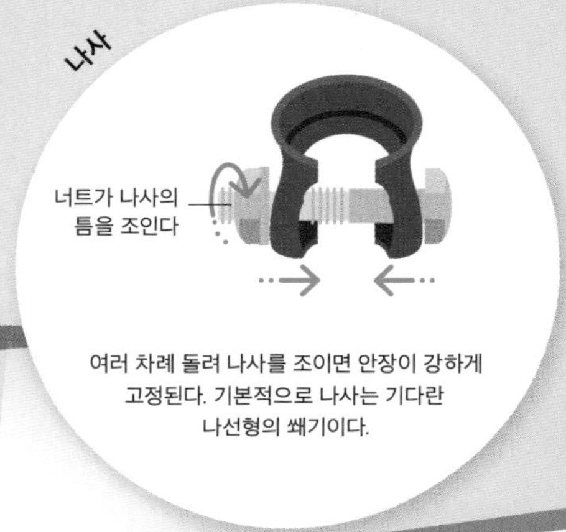

나사
너트가 나사의 틀을 조인다
여러 차례 돌려 나사를 조이면 안장이 강하게 고정된다. 기본적으로 나사는 기다란 나선형의 쐐기이다.

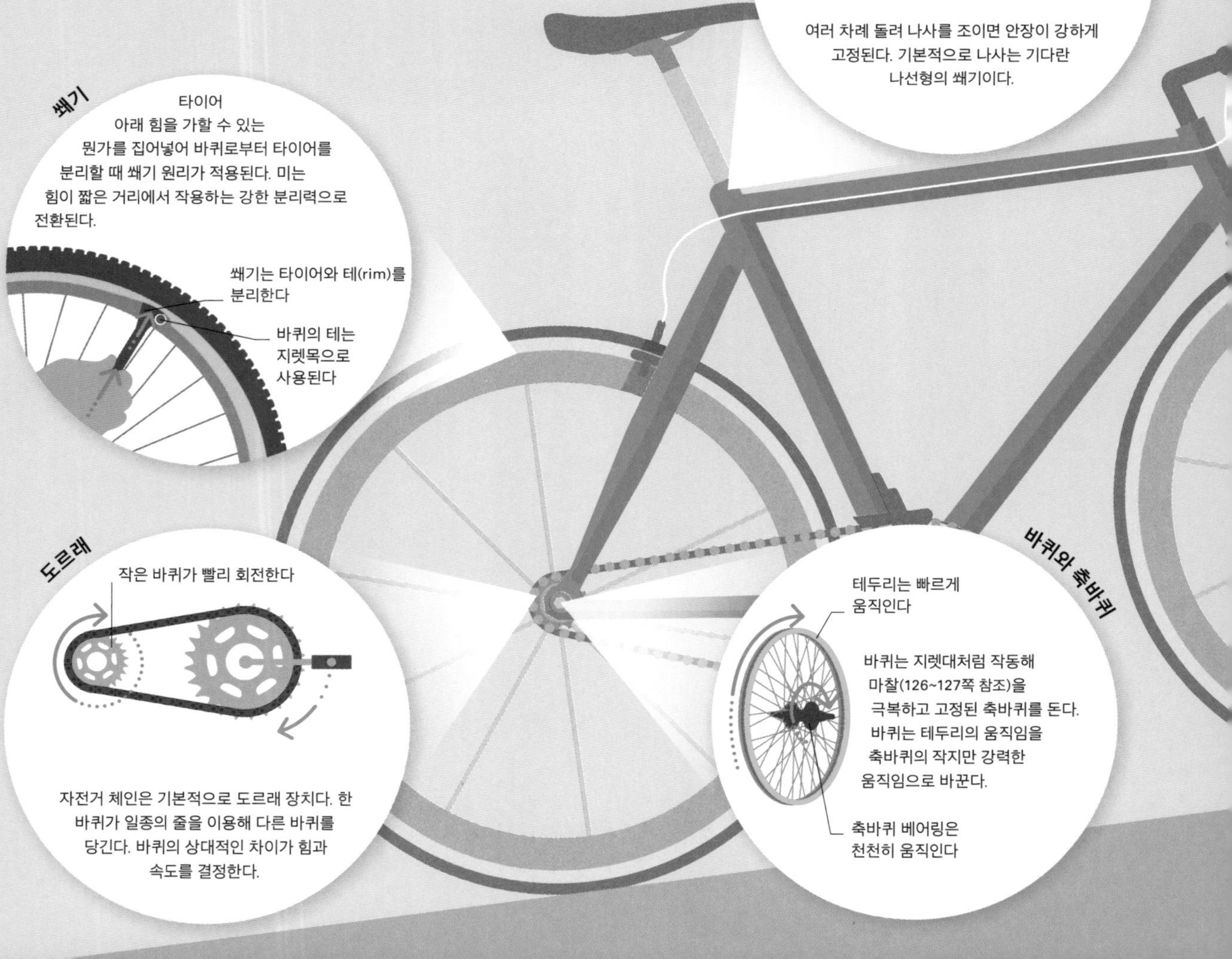

쐐기
타이어 아래 힘을 가할 수 있는 뭔가를 집어넣어 바퀴로부터 타이어를 분리할 때 쐐기 원리가 적용된다. 미는 힘이 짧은 거리에서 작용하는 강한 분리력으로 전환된다.
쐐기는 타이어와 테(rim)를 분리한다
바퀴의 테는 지렛목으로 사용된다
도르래
작은 바퀴가 빨리 회전한다
자전거 체인은 기본적으로 도르래 장치다. 한 바퀴가 일종의 줄을 이용해 다른 바퀴를 당긴다. 바퀴의 상대적인 차이가 힘과 속도를 결정한다.
바퀴와 축바퀴
테두리는 빠르게 움직인다
바퀴는 지렛대처럼 작동해 마찰(126~127쪽 참조)을 극복하고 고정된 축바퀴를 돈다. 바퀴는 테두리의 움직임을 축바퀴의 작지만 강력한 움직임으로 바꾼다.
축바퀴 베어링은 천천히 움직인다

기계적 확대율

모든 기계에는 기본적으로 힘을 증폭시키는 기계적 확대율(mechanical advantage) 원리가 적용된다. 커다란 움직임을 커다란 힘을 갖는 작은 움직임으로 전환시킬 수 있게 해 준다는 뜻이다. 페인트 깡통 뚜껑의 끝을 지렛대의 원리를 이용해서 여는 것을 연상해 보자. 하지만 이 상황은 반대로 쓰이기도 한다. 낚시꾼이 낚싯대 끝부분에 힘을 가하면 끝부분이 활처럼 휜다. 더 큰 움직임은 오히려 작은 힘을 만들어 내고, 역의 경우도 성립한다.

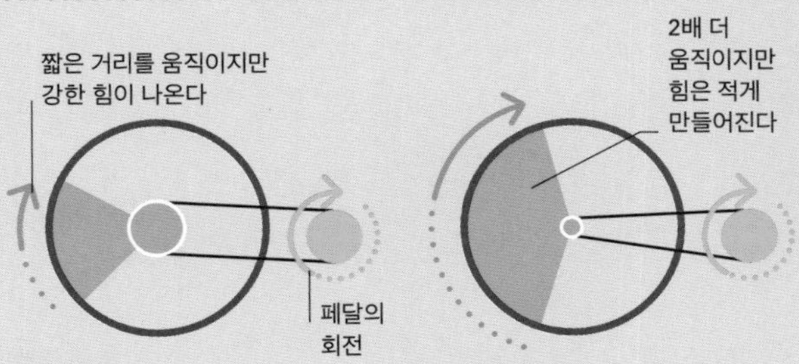
짧은 거리를 움직이지만
강한 힘이 나온다
2배 더
움직이지만
힘은 적게
만들어진다
페달의
회전

저속 기어

저속 기어는 페달의 회전을 더 강한 힘으로 바꾸어 언덕을 쉽게 오르게 해 준다. 대신 속도는 줄어든다.

고속 기어

언덕을 다 오르면 고속 기어로 바꾸어 속도를 높인다.

일러두기 → 유효한 힘 (투입된 힘) → 부하 (힘이 걸리는 곳) ● 지렛목

지렛대
지렛목 혹은
회전 지점
경사면
짧은 거리를
(수직으로)
움직이는 것이
훨씬 힘들다

고정된 지렛목(fulcrum)을 중심으로 움직임으로써 브레이크가 작동한다. 지렛대는 작은 힘을 커다란 것으로 바꾼다. 작은 힘이 먼 거리에 걸쳐 작동하기 때문이다. 지렛대를 당기면 줄이 팽팽해지고 브레이크의 고무를 잡아 주는 캘리퍼(caliper)가 바퀴 테두리를 조여 준다.

자전거는 벽을 직접 올라가지 못한다. 페달을 돌려야 하는 거리가 늘어나기는 하지만 경사로를 타면 높은 곳으로 올라갈 수 있다.

지렛대 종류

지렛목을 기준으로 힘을 주는 위치와 효과가 나타나는 위치에 따라 지렛대를 3종으로 나눈다. 힘을 증가시키거나 그 방향을 바꾸기 위해 종류를 선택할 수 있다.

1종 지렛대

힘을 가하는 곳과 효과가 나타나는 쪽이 반대이다. 가위 혹은 펜치가 그 예이다.

2종 지렛대

힘을 가하는 곳과 지렛목 사이에 효과가 나타나는 부위가 있다. 호두까기가 그 예이다.

3종 지렛대

작용 지점이 지렛목과 힘을 가하는 지점 밖에 있다. 집게 혹은 핀셋이 그 예이다.

기어의 비율

회전 혹은 회전력(torque)을 이용한 힘은 서로 맞물린 '톱니'인 기어를 통해 전달된다. 큰 운전 기어가 작은 기어보다 3배 많은 톱니를 가지고 있다면 작은 기어는 3배 빠르게 회전한다. 여러 기어가 동시에 작동하는 것을 기어 열차라고 부른다.

작은 기어가
빨리 돌아간다
운전
기어

기어의 톱니 비율

큰 기어가 작은 기어를 구동시켜 속도를 높인다. 그 반대로 작동하면 힘을 얻기도 한다.

마찰

마찰은 두 물체나 성분이 서로 마주쳐 비빌 때 생기는 힘이다. 마찰은 운동 방향과 반대로 작용한다. 어떤 물체를 액체 혹은 기체를 통과시킬 때는 항력이라는 다른 형태의 마찰력이 생긴다.

저항하는 힘

마찰(friction)은 두 물체의 표면이 만날 때 생긴다. 미시적인 수준에서 물체의 표면은 결코 매끄럽지 않다. 반대 방향으로 움직이며 만나는 두 표면의 작은 톱니들은 서로 맞물려 걸린다. 각각의 맞물림에 작용하는 힘은 작지만 모두 합쳐지면 저항력이 생기고 움직임이 느려지거나 정지된다. 두 표면이 함께 움직이면 그들 사이의 마찰력은 운동 에너지를 열 에너지로 변환시킨다.

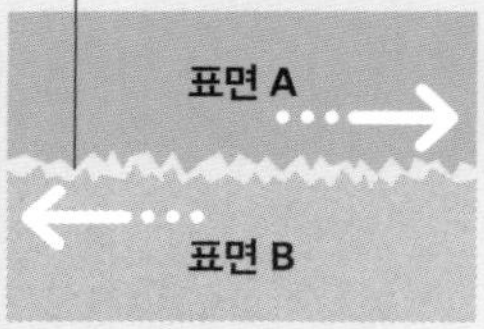

거칠기가 있으면 두 표면이 마주쳐 지나갈 때 쉽사리 움직이지 못한다
표면 A
표면 B

서로 문지르다

마찰은 표면의 거칠기와 관계가 있다. 한 물체의 무게가 다른 물체를 아래로 누르면 표면끼리 가까이 접촉하게 된다.

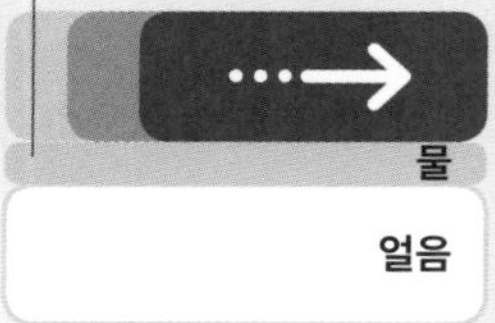

부드럽게 미끄러지다

미세한 물 층이 다른 표면과 얼음 사이의 마찰을 줄여주기 때문에 얼음은 미끄럽다. 두 표면이 거의 만나지 않는 까닭에 마찰력은 적다.

자기 부상 열차는 기차를 공중에 살짝 띄워 기차와 선로 사이의 마찰력을 없앤다

도로를 움켜잡다

타이어 표면은 홈이 파여 있다. '제동력(grip)'은 타이어 표면을 거칠게 해 도로의 거친 표면과 맞닿는 부위를 늘린다. 타이어 표면의 홈은 물을 제거하기도 한다. 접촉하고 모양이 변하는 것에서 타이어의 제동력이 생기지만 고무의 탄성 복원력을 넘어서까지 과도하게 변형시키면 표면이 찢어진다.

윤활유

기계의 움직이는 부속들이 서로 맞닿게 되면 마찰력 때문에 마모되는 일이 생긴다. 이런 효과를 줄이기 위해 기계에 기름이 주성분인 윤활유(lubrication)를 듬뿍 쳐 준다. 표면 사이에 미끄러운 장벽을 제공해 한동안 부속을 보호한다.

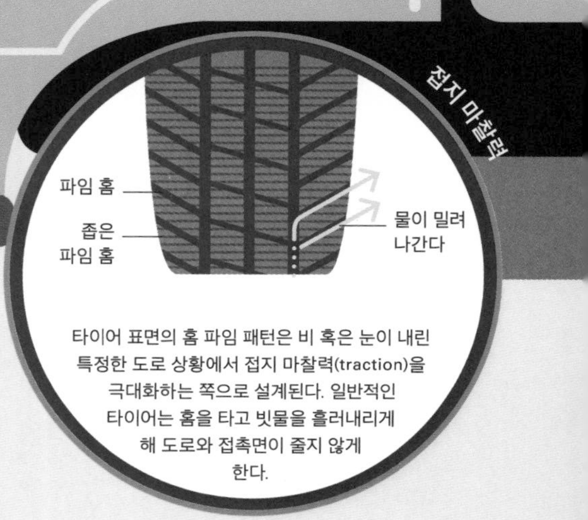

윤활유는 두 기어 사이에 물리적 장벽을 형성한다

좁은 파임 홈

타이어 표면의 홈 파임 패턴은 비 혹은 눈이 내린 특정한 도로 상황에서 접지 마찰력(traction)을 극대화하는 쪽으로 설계된다. 일반적인 타이어는 홈을 타고 빗물을 흘러내리게 해 도로와 접촉면이 줄지 않게 한다.

제동력과 접지 마찰력

자동차 타이어는 노면을 잘 잡도록 설계되었다. 노면과의 마찰력을 키운다는 뜻이다. 마찰력은 바퀴에 접지 마찰력을 부여해 회전할 때 도로를 박차고 앞으로 나갈 수 있게 한다. 충분한 제동력이 없으면 헛바퀴가 돈다.

접촉면을 넓힌다

하중이 걸리면 타이어는 도로를 더 밀어내고 접촉면을 넓혀 마찰력을 키운다.

아래 방향의 작은 하중

아래 방향의 큰 하중

불을 피우는 마찰력

불을 피우는 가장 보편적인 방법은 마찰력을 이용하는 것이다. 단단한 표면에 부싯돌을 부딪는 것이 그런 예이다. 나무 굴대가 있는 화살을 나무판의 홈에 고정시키고 좌우로 빠르게 움직이면 홈을 채운 톱밥에 불이 붙는다. 마찰에 의한 열이 톱밥을 태운다.

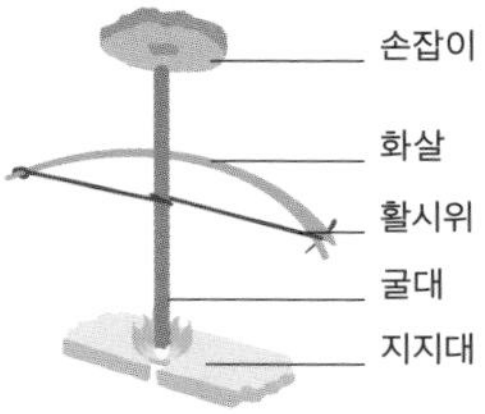

항력의 감소

물체가 물 혹은 공기를 지날 때 생기는 마찰력을 항력이고 한다. 비행기 날개 또는 선체 모두 항력을 줄이도록 설계되어 있다. 쾌속선과 수중익선(hydroplane) 같은 일부 선체는 물과의 접촉을 제한한다. 비행기의 익단(wingtip)은 공기 흐름의 교란을 조절해 항력을 줄인다.

물과 접촉을 줄이다

쾌속선은 전체 표면적이 상대적으로 작은 선체 3개로 항력을 감소시킨다.

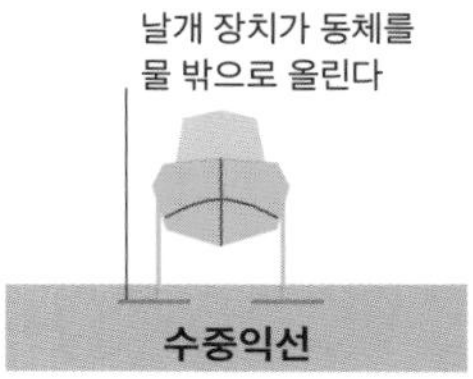

표면을 띄우다

수중익선은 날개 비슷한 장치를 이용해 물 위에 동체를 띄워 항력을 줄인다.

익단 소용돌이

비행하는 동안 익단은 소용돌이를 만들어 연료 효율을 높인다. 작은 날개(winglet)를 추가해 날개 끝의 크기와 항력을 줄이기 때문이다.

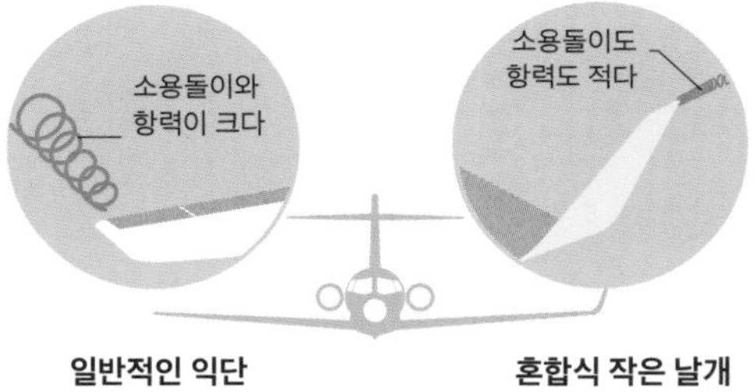

부착력

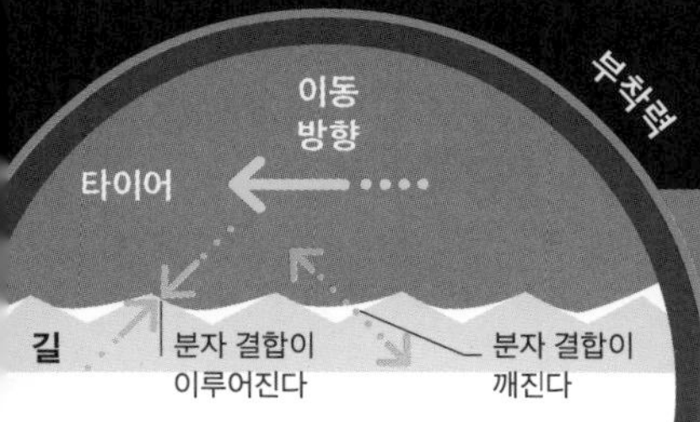

고무 표면의 분자들은 화학 결합에 동원된다. 고무가 도로에 맞닿으면 그들 사이에 약한 결합이 이루어진다. 결합이 깨져 떨어질 때까지 두 표면이 서로 잠시 붙는다.

형태 변화

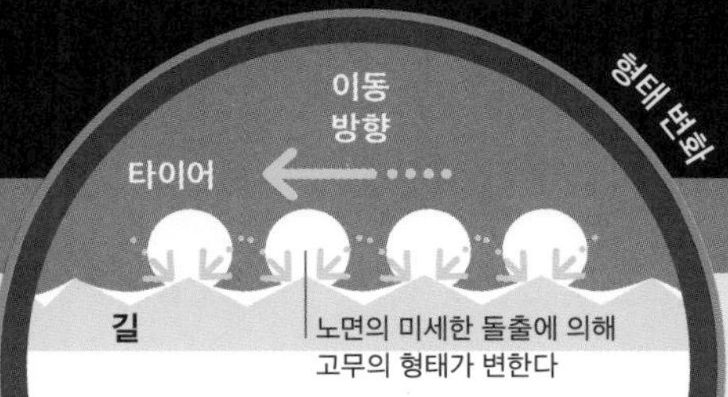

타이어의 고무는 내부 공기의 고압에 의해 모양이 굳어지긴 했지만 여전히 탄력성이 있다. 차의 무게 때문에 노면의 굴곡을 따라 타이어의 형태가 변한다. 차의 무게와 노면의 굴곡에 의한 형태 변화가 제동력으로 연결된다.

고무 손상

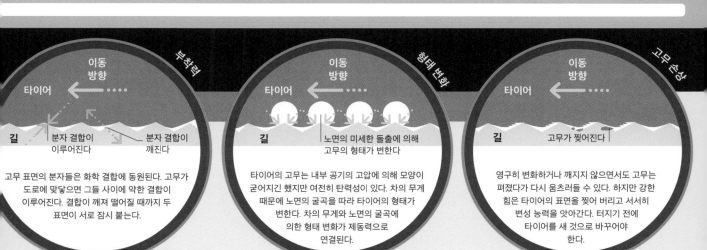

영구히 변화하거나 깨지지 않으면서도 고무는 펴졌다가 다시 움츠러들 수 있다. 하지만 강한 힘은 타이어의 표면을 찢어 버리고 서서히 변성 능력을 앗아간다. 터지기 전에 타이어를 새 것으로 바꾸어야 한다.

용수철과 진자

용수철은 압축되고 늘어나면서 원래 위치로 돌아오는 탄력성 좋은 물체이다. 복원력이라 불리는 힘은 중심점을 오가며 움직이는 단진동 운동에서 핵심적이다. 용수철 운동은 또한 진자의 운동과 몇 가지 특성을 공유한다.

집에서 용수철은 무엇에 사용되는가?

일상생활에서 흔히 사용하는 물건 안에 용수철은 어디에나 있다. 매트리스, 시계, 전등의 스위치, 토스터기, 진공 청소기, 문 경첩(hinge)에도 있다.

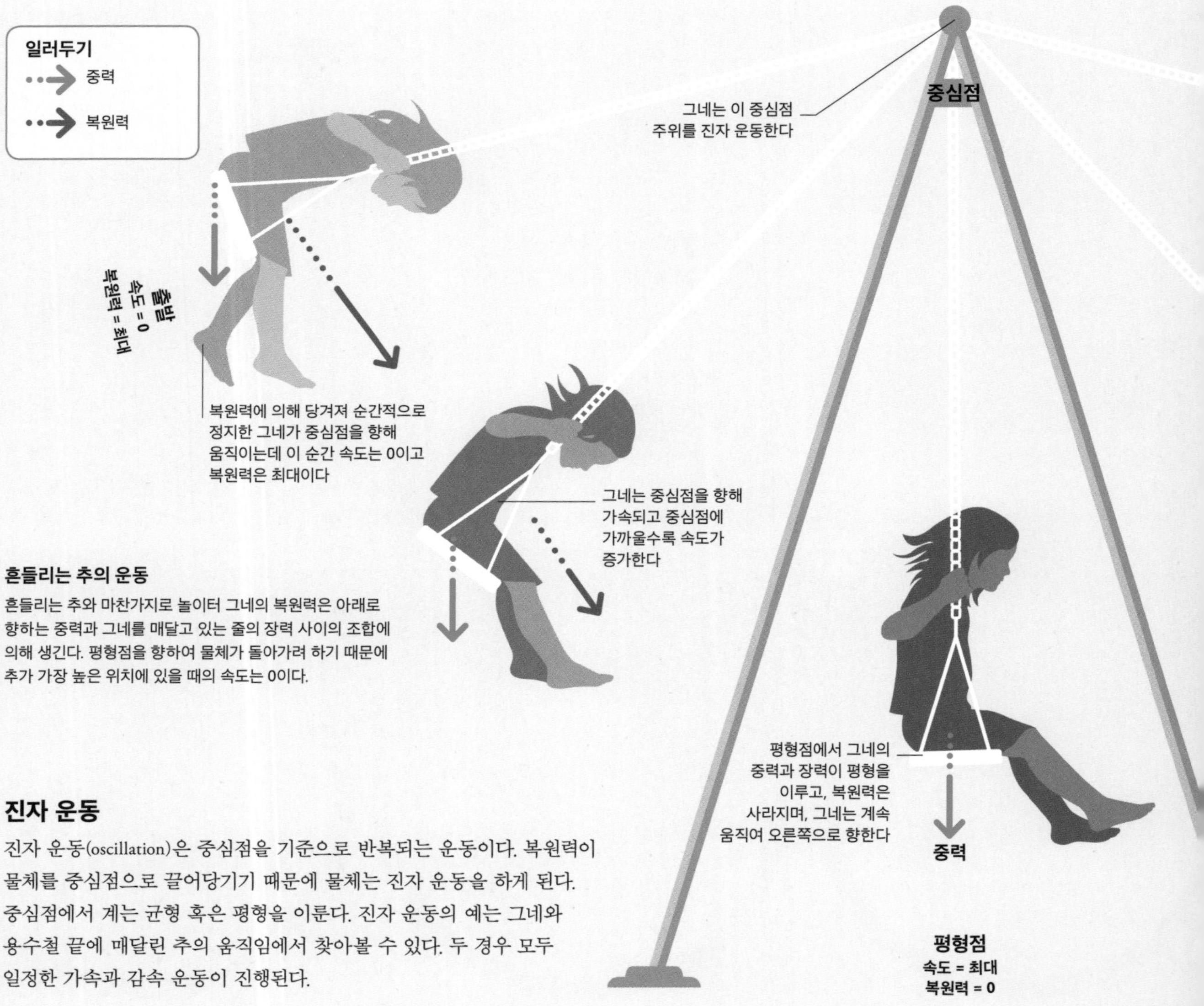

일러두기
중력
복원력
출발
속도 = 0
복원력 = 최대
복원력에 의해 당겨져 순간적으로 정지한 그네가 중심점을 향해 움직이는데 이 순간 속도는 0이고 복원력은 최대이다
그네는 이 중심점 주위를 진자 운동한다
중심점
그네는 중심점을 향해 가속되고 중심점에 가까울수록 속도가 증가한다
평형점에서 그네의 중력과 장력이 평형을 이루고, 복원력은 사라지며, 그네는 계속 움직여 오른쪽으로 향한다
중력
평형점
속도 = 최대
복원력 = 0

흔들리는 추의 운동

흔들리는 추와 마찬가지로 놀이터 그네의 복원력은 아래로 향하는 중력과 그네를 매달고 있는 줄의 장력 사이의 조합에 의해 생긴다. 평형점을 향하여 물체가 돌아가려 하기 때문에 추가 가장 높은 위치에 있을 때의 속도는 0이다.

진자 운동

진자 운동(oscillation)은 중심점을 기준으로 반복되는 운동이다. 복원력이 물체를 중심점으로 끌어당기기 때문에 물체는 진자 운동을 하게 된다. 중심점에서 계는 균형 혹은 평형을 이룬다. 진자 운동의 예는 그네와 용수철 끝에 매달린 추의 움직임에서 찾아볼 수 있다. 두 경우 모두 일정한 가속과 감속 운동이 진행된다.

탄성력

용수철은 특히 탄성력이 좋은 물체이다. 원래 상태로 돌아가기 전에 잠깐 모양을 바꾸는 일이 가능하다는 뜻이다. 질량을 가해주면 용수철은 늘어날 것이다. 하지만 곧바로 복원력이 생겨서 원래 상태로 용수철을 끌어당기게 된다. 이러한 복원력이 형태를 바꾸는 힘과 같으면 용수철은 더 이상 늘어나지 않는다.

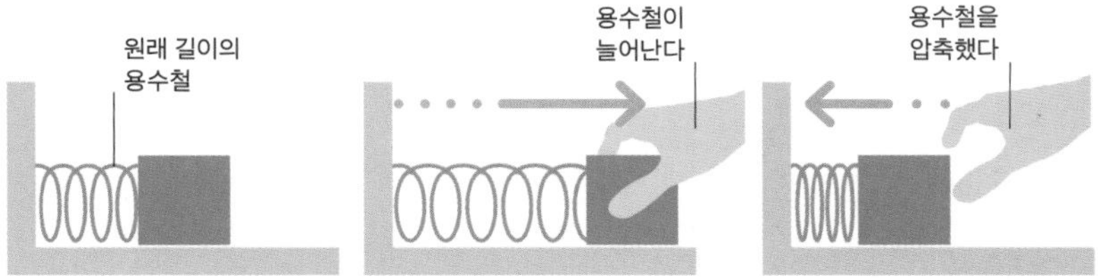
원래 길이의
용수철
용수철이
늘어난다
용수철을
압축했다

휴식 상태
끝에 있는 추가 용수철에 전혀 힘을 가하지 못하면서 평형 상태에 있다.

늘이는 힘(신장력)
추를 잡아당기면 용수철에 복원력이 생겨 원래의 평형 상태로 돌아간다.

압축력
용수철을 밀어 압축해도 복원력 때문에 원래 상태로 돌아간다.

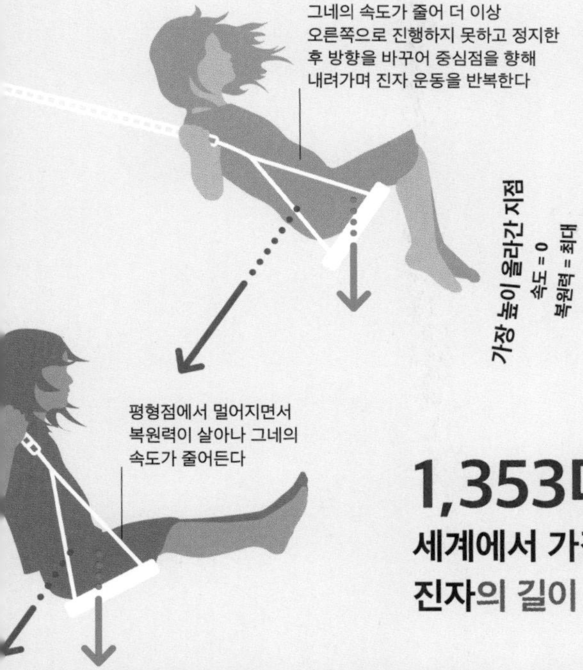
그네의 속도가 줄어 더 이상 오른쪽으로 진행하지 못하고 정지한 후 방향을 바꾸어 중심점을 향해 내려가며 진자 운동을 반복한다
가장 높이 올라간 지점
속도 = 0
복원력 = 최대
평형점에서 멀어지면서 복원력이 살아나 그네의 속도가 줄어든다

1,353미터
세계에서 가장 긴 진자의 길이

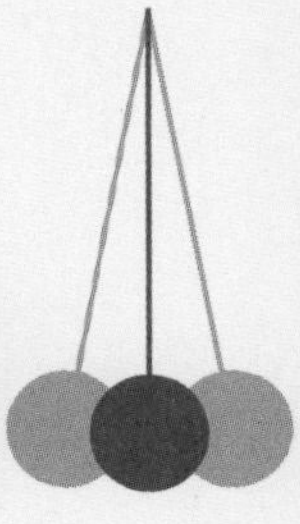

뒤틀림

어떤 종류의 힘은 물체의 형태를 변화시킨다. 처음에 늘이는 힘은 탄력있는 뒤틀림을 유도한다. 힘이 사라지면 복원력이 용수철을 당겨 본래 모양으로 되돌린다. 만약 늘이는 힘이 증가해 물질의 탄성 한계를 넘어서면 물체의 모습은 영원히 변한다.

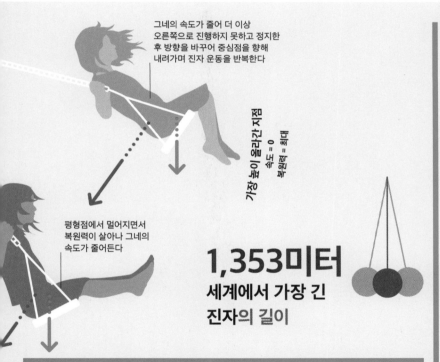

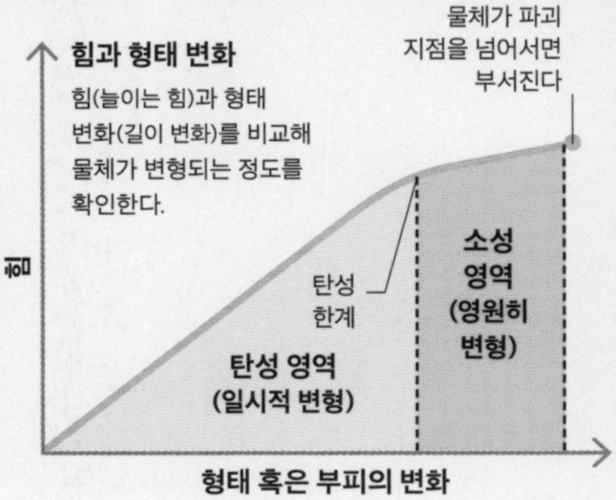
힘과 형태 변화
힘(늘이는 힘)과 형태 변화(길이 변화)를 비교해 물체가 변형되는 정도를 확인한다.
물체가 파괴 지점을 넘어서면 부서진다
힘
탄성 한계
소성 영역 (영원히 변형)
탄성 영역 (일시적 변형)
형태 혹은 부피의 변화

영률 혹은 인장 탄성계수

물질의 인장 강도가 얼마나 되는지 알아야 공학자들이 그것으로 무엇을 만들지 판단할 수 있다. 물질의 탄성도는 영률(Young's modulus)로 판단한다. 영률은 물체를 변형시키는 데 얼마나 힘이 필요한지를 나타내는 수치이다. 단위는 압력의 단위인 파스칼이다. 영률이 높으면 늘여도 형태가 쉽게 변하지 않는다. 영률 값이 적으면 쉽게 탄성 변형을 할 수 있다.

물체	영률(파스칼)
고무	0.01~0.1
나무	11
고강도 콘크리트	30
알루미늄	69
금	78
유리	80
치아 법랑질(enamel)	83
구리	117
스테인리스 스틸	215.3
다이아몬드	1,050~1,210

압력

압력은 표면을 누르는 데 적용되는 힘을 표면적으로 나눈 값이다. 물과 공기 등 어떤 매질에도 적용되는 개념이다.

기체의 압력

힘이 적용될 때 기체는 압축되어 부피가 줄어든다. 밀집되어 무리 지으면서 더 이상 기체처럼 작용하지 못하면 분자들은 액체로 변한다. 압축된 기체 실린더에 액체가 존재하는 이유이다. 밸브를 열어 압력을 줄이면 액체는 다시 기체로 변한다.

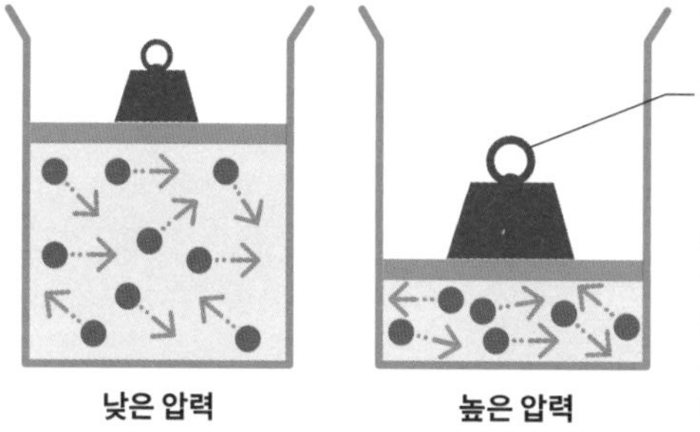
무거운 물체로
내용물을
압축한다
낮은 압력
높은 압력

높은 밀도

기체, 가령 공기를 압축시키면 부피는 줄지만 무게는 변함이 없다. 따라서 기체의 밀도가 올라간다.

압력 밥솥은 어떻게 작동하는 것일까?

대기압에서 물은 섭씨 100도(화씨 212도)에서 끓는다. 끓으면서 생기는 증기는 보통 날아가지만 압력 밥솥에서는 보존된 증기 때문에 내부 압력이 올라간다. 따라서 물의 끓는점과 온도를 동시에 올려 밥을 빨리 짓는다.

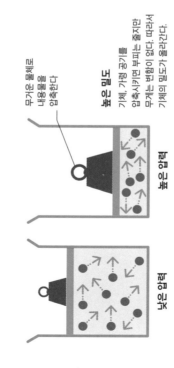

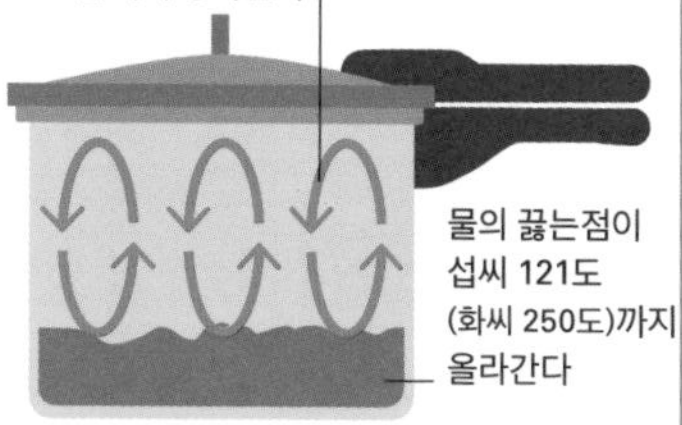
갇힌 수증기 때문에
압력이 증가한다
물의 끓는점이
섭씨 121도
(화씨 250도)까지
올라간다

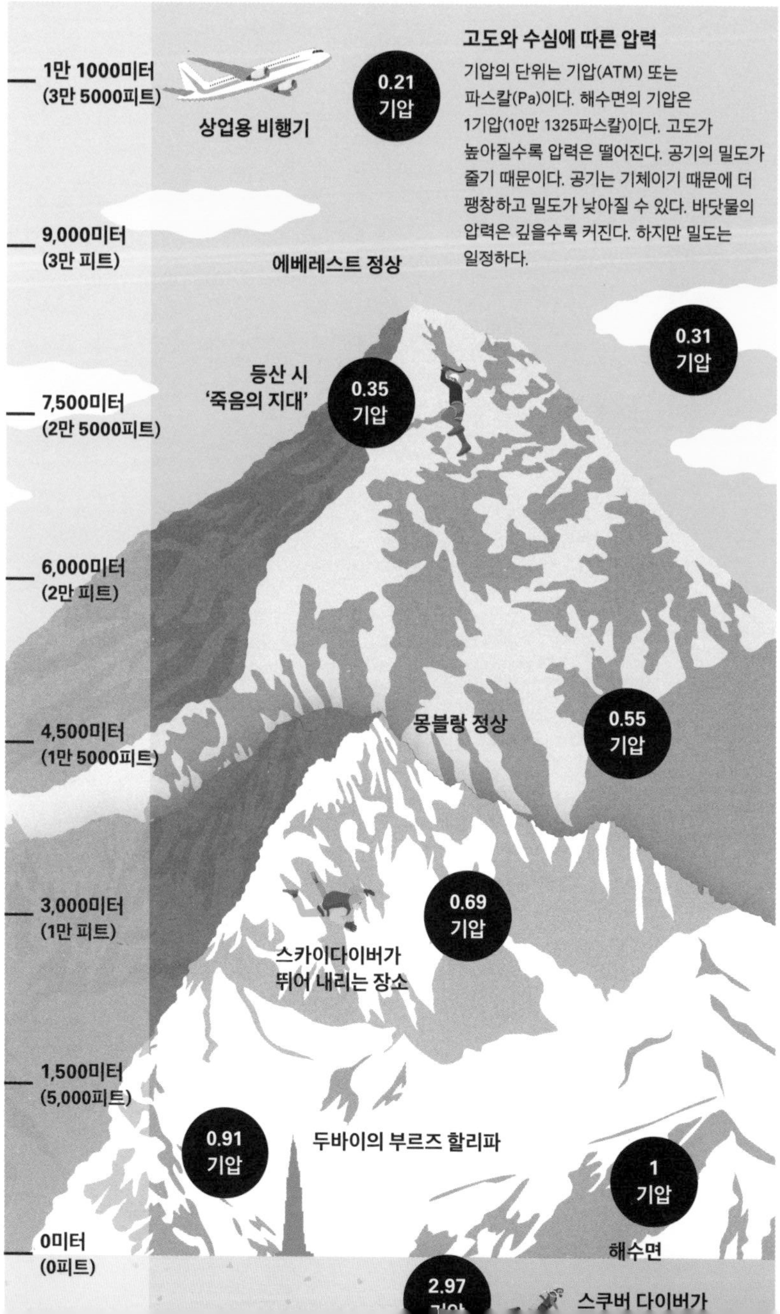
고도와 수심에 따른 압력
기압의 단위는 기압(ATM) 또는 파스칼(Pa)이다. 해수면의 기압은 1기압(10만 1325파스칼)이다. 고도가 높아질수록 압력은 떨어진다. 공기의 밀도가 줄기 때문이다. 공기는 기체이기 때문에 더 팽창하고 밀도가 낮아질 수 있다. 바닷물의 압력은 깊을수록 커진다. 하지만 밀도는 일정하다.
1만 1000미터
(3만 5000피트)
9,000미터
(3만 피트)
7,500미터
(2만 5000피트)
6,000미터
(2만 피트)
4,500미터
(1만 5000피트)
3,000미터
(1만 피트)
1,500미터
(5,000피트)
0미터
(0피트)
상업용 비행기
0.21
기압
에베레스트 정상
0.31
기압
등산 시
'죽음의 지대'
0.35
기압
몽블랑 정상
0.55
기압
0.69
기압
스카이다이버가
뛰어 내리는 장소
0.91
기압
두바이의 부르즈 할리파
1
기압
해수면
2.97
스쿠버 다이버가

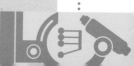

액체 내부의 압력

기체와 달리 액체는 압축해 부피를 줄이기 어렵다. 액체에 가해진 어떤 압력도 액체 내부를 통과해 버린다. 예를 들어 관 안에 있는 액체 한쪽에 압력을 가하면 그 반대편 끝에 전달된다. 깊이가 증가할수록 물의 압력은 증가한다. 위쪽에 있는 물의 무게 때문이다. 댐의 아래쪽이 더 두껍게 건설되는 이유가 이것이다. 압력은 또한 밀도에 의해서도 영향을 받는다. 무거울수록 액체의 압력은 커진다.

양동이가 새다

양동이의 같은 크기 구멍 3개에서 나오는 물의 속도를 보면 깊을수록 물의 압력이 증가함을 볼 수 있다.

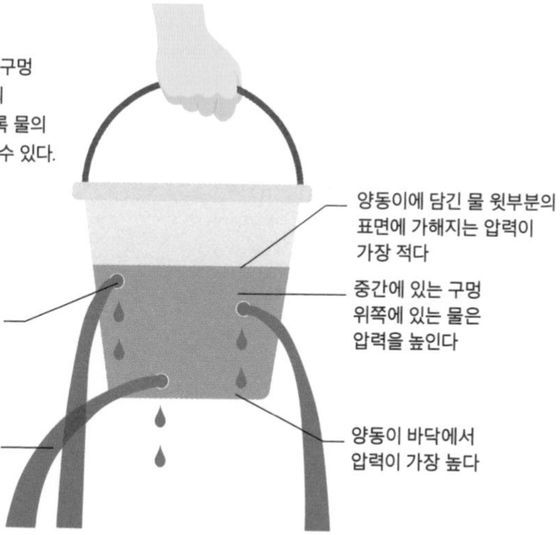
양동이에 담긴 물 윗부분의 표면에 가해지는 압력이 가장 적다
중간에 있는 구멍 위쪽에 있는 물은 압력을 높인다
양동이 바닥에서 압력이 가장 높다
높은 구멍을 통해 나오는 물은 압력이 낮다
아래쪽에 있는 구멍의 압력이 가장 세서 물이 뿜어져 나온다

유압식 기계

액체는 거의 압축이 불가능하기 때문에 관을 통해 압력을 전달하고 기계를 작동시킬 수 있다. 펌프 실린더에 연결된 관을 이용해 표면적이 2배인 물체를 들어 올린다. 압력이 같더라도 물체에 가해지는 힘은 두 배가 된다.

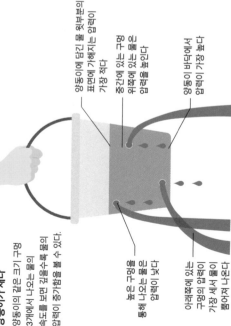

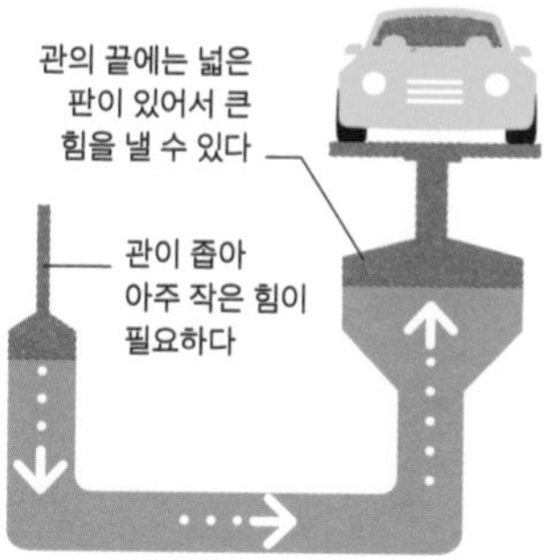
관의 끝에는 넓은 판이 있어서 큰 힘을 낼 수 있다
관이 좁아 아주 작은 힘이 필요하다

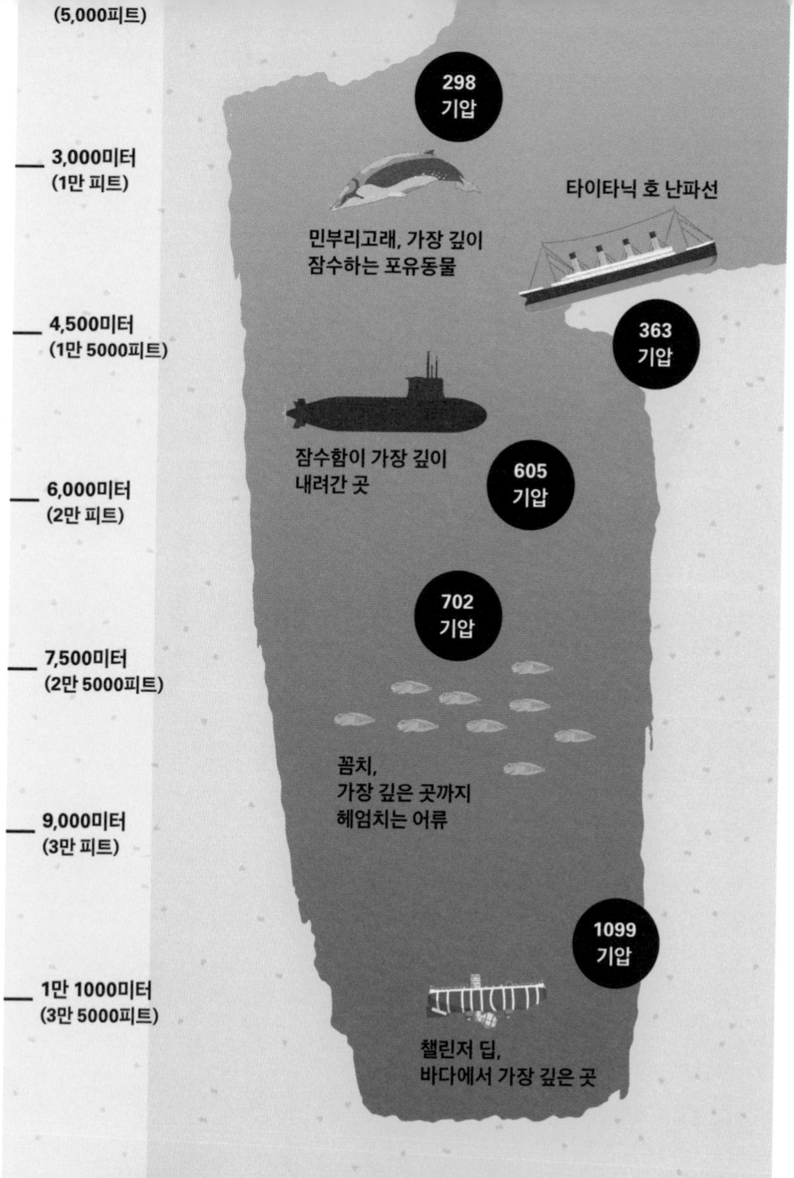
(5,000피트)
3,000미터 (1만 피트)
4,500미터 (1만 5000피트)
6,000미터 (2만 피트)
7,500미터 (2만 5000피트)
9,000미터 (3만 피트)
1만 1000미터 (3만 5000피트)
298 기압
민부리고래, 가장 깊이 잠수하는 포유동물
타이타닉 호 난파선
363 기압
잠수함이 가장 깊이 내려간 곳
605 기압
702 기압
꼼치, 가장 깊은 곳까지 헤엄치는 어류
1099 기압
챌린저 딥, 바다에서 가장 깊은 곳

챌린저 딥의 압력은 해수면의 1,099배이다

비행

두 가지 상이한 원리를 이용한 비행 기술이 있다. 풍선과 비행선은 수소나 헬륨 기체 같은 뜨거운 공기가 위로 솟는다는 원리를 이용한다. 반면 비행기는 날개와 회전자를 이용해서 위로 나는 힘을 얻는다.

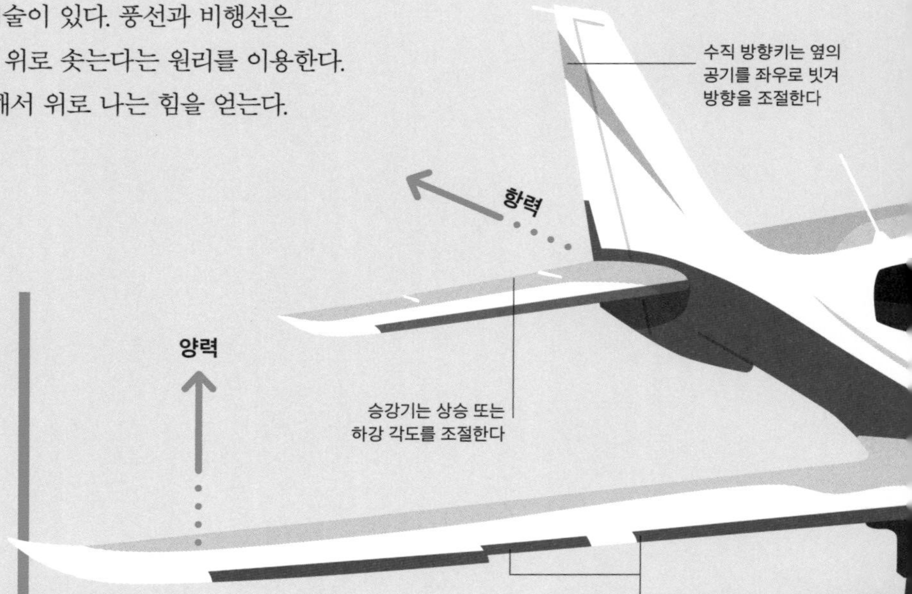

수직 방향키는 옆의 공기를 좌우로 빗겨 방향을 조절한다
항력
양력
승강기는 상승 또는 하강 각도를 조절한다
앞쪽의 덮개가 보조 날개를 올리거나 내린다

공기보다 가볍다

밖에 있는 공기보다 가벼운 기체가 채워져 있기 때문에 대개 풍선은 하늘로 오른다. 사람이 만든 열기구는 공기를 덥히고 팽창시켜 이런 목표를 달성한다. 공기의 밀도가 떨어져 주변의 차가운 공기보다 가벼워지기 때문이다. 비행선에는 수소와 헬륨이 사용된다. 헬륨은 파티에 쓸 풍선을 채울 때도 쓰인다. 수소는 헬륨보다 2배나 가볍지만 가연성이 커서 위험하다. 헬륨은 가연성이 없다.

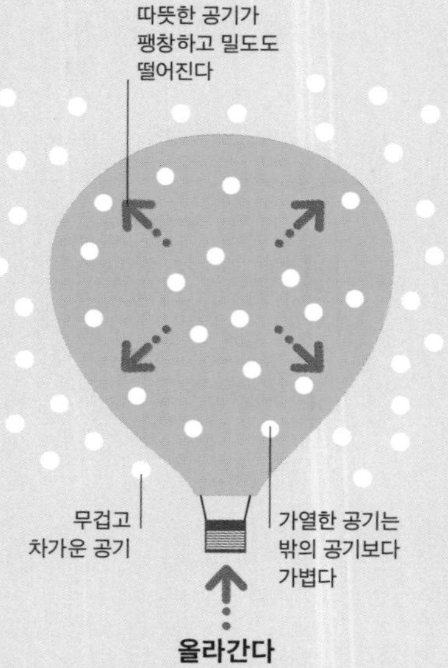

따뜻한 공기가 팽창하고 밀도도 떨어진다
무겁고 차가운 공기
가열한 공기는 밖의 공기보다 가볍다
올라간다

뜨거운 공기로 채워진 열기구가 올라간다

공기를 가열하면 분자들이 멀어지고 팽창한다. 동일한 부피를 적은 수의 기체 분자들이 차지하기 때문에 밀도도 떨어진다.

동력 비행

날개가 고정된 비행기와 헬리콥터는 공기보다 무겁다. 이들은 특별히 설계된 날개 혹은 회전자를 이용해 위에서 누르는 압력에서 벗어나 공기를 빗겨 나간다. 날개와 다가오는 공기 사이의 각도인 받음각(angle of attack)은 매우 중요하다. 이륙하기 위해 비행기 날개의 보조 날개(flap)를 펴고 받음각과 날개의 곡률을 증가시켜 최대한 높이 올라간다.

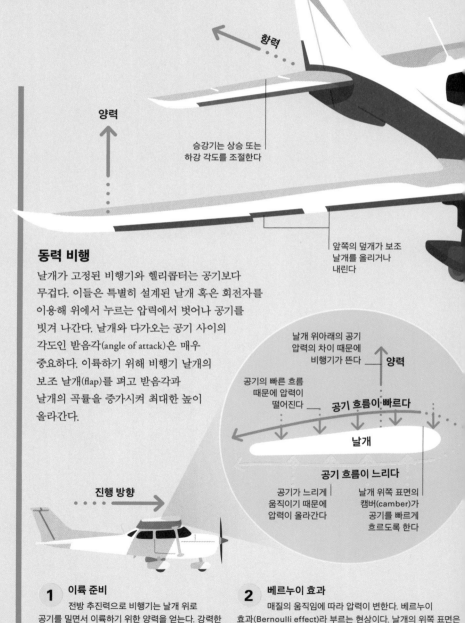

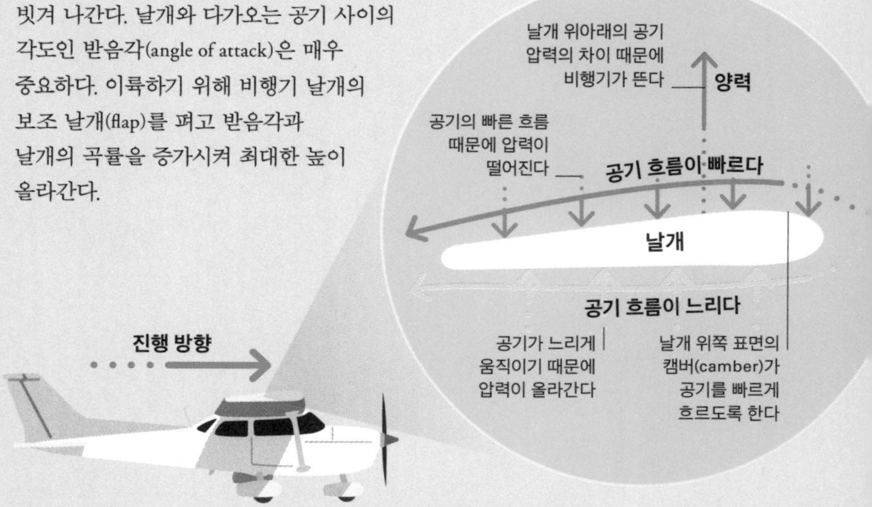

날개 위아래의 공기 압력의 차이 때문에 비행기가 뜬다
양력
공기의 빠른 흐름 때문에 압력이 떨어진다
공기 흐름이 빠르다
날개
공기 흐름이 느리다
공기가 느리게 움직이기 때문에 압력이 올라간다
날개 위쪽 표면의 캠버(camber)가 공기를 빠르게 흐르도록 한다
진행 방향

1 이륙 준비

전방 추진력으로 비행기는 날개 위로 공기를 밀면서 이륙하기 위한 양력을 얻는다. 강력한 엔진의 힘으로 가속하고 보조 날개를 조절해 저속 상태에서의 양력을 얻는다.

2 베르누이 효과

매질의 움직임에 따라 압력이 변한다. 베르누이 효과(Bernoulli effect)라 부르는 현상이다. 날개의 위쪽 표면은 아래쪽보다 곡면이 길다. 따라서 그 위를 흐르는 공기의 흐름이 빨라 날개 위의 압력을 줄인다. 그렇게 양력을 얻는다.

어떤 순간이든 대략 9,250명의 승객이 비행 중이다

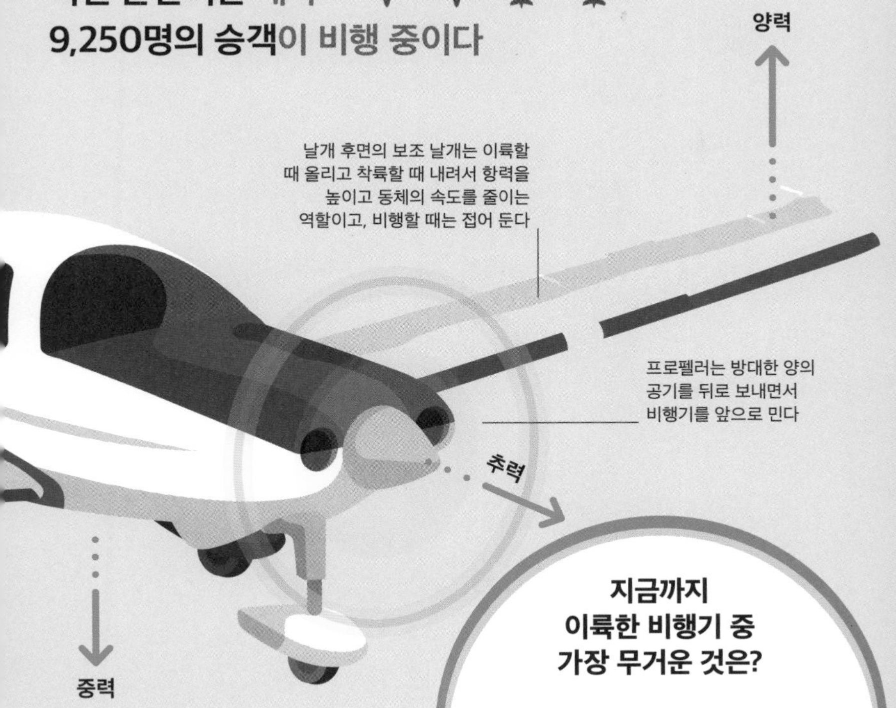

날개 후면의 보조 날개는 이륙할 때 올리고 착륙할 때 내려서 항력을 높이고 동체의 속도를 줄이는 역할이고, 비행할 때는 접어 둔다

양력

프로펠러는 방대한 양의 공기를 뒤로 보내면서 비행기를 앞으로 민다

추력

중력

3 높이 조절
날개가 중력의 힘을 상쇄하기 때문에 나는 힘이 생기지만 엔진에서 오는 추진력만이 비행기를 빠른 속도로 전진하게 한다. 이 추력으로 양력에 의해 생기는 항력을 극복해야 한다.

지금까지 이륙한 비행기 중 가장 무거운 것은?

러시아 화물기 안토노프 An-225는 1985년 생산되었다. 705톤으로 화물선 중 가장 무거우며 6개의 터보 제트 엔진에서 힘을 얻는다.

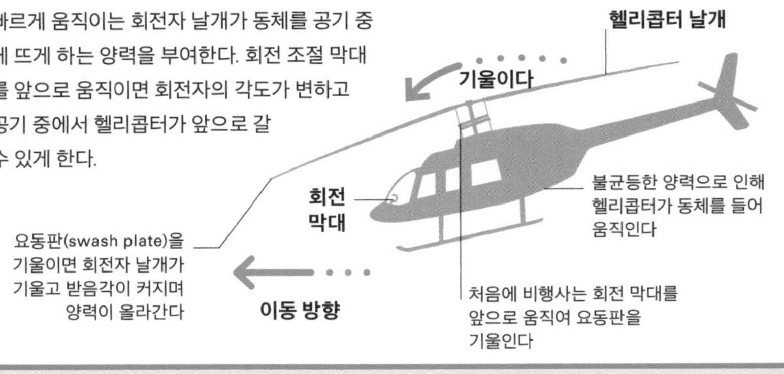

카르만 선

고도가 높아질수록 공기의 밀도는 낮아지고 그 결과 항력도 줄어들어 비행기가 더 빠르게 난다. 희박한 공기 밀도 때문에 양력을 만들어 내려는 경향도 생긴다. 고도 100킬로미터(62마일) 이상의 높이에서는 공기의 도움을 받는 비행이 불가능하다. 카르만 선(Karman line)이라고 하는 이 선은 지구 대기와 우주의 경계선으로 간주된다.

열권 80~600킬로미터 (50~370마일)

궤도로 진입하기
카르만 선 위에서 비행하려면 물체는 궤도 진입 최저 속도(orbital velocity)로 움직여야 한다. 원심력과 중력이 상쇄되는 속도(214~215쪽 참조)이다.

시속 2만 9000 킬로미터(1만 8000마일)

카르만 선 100킬로미터(62마일)

이 높이에 머물기 위해서 필요한 속도

중간권 50~80킬로미터 (30~50마일)

성층권 16~60킬로미터 (10~30마일)

상업용 비행기가 12킬로미터 상공에서 비행하기 위해 필요한 속도

대류권 0~16킬로미터 (0~10마일)

시속 900킬로미터 (시속 560마일)

헬리콥터는 어떻게 뜨는가?

빠르게 움직이는 회전자 날개가 동체를 공기 중에 뜨게 하는 양력을 부여한다. 회전 조절 막대를 앞으로 움직이면 회전자의 각도가 변하고 공기 중에서 헬리콥터가 앞으로 갈 수 있게 한다.

헬리콥터 날개

기울이다

회전 막대

불균등한 양력으로 인해 헬리콥터가 동체를 들어 움직인다

요동판(swash plate)을 기울이면 회전자 날개가 기울고 받음각이 커지며 양력이 올라간다

이동 방향

처음에 비행사는 회전 막대를 앞으로 움직여 요동판을 기울인다

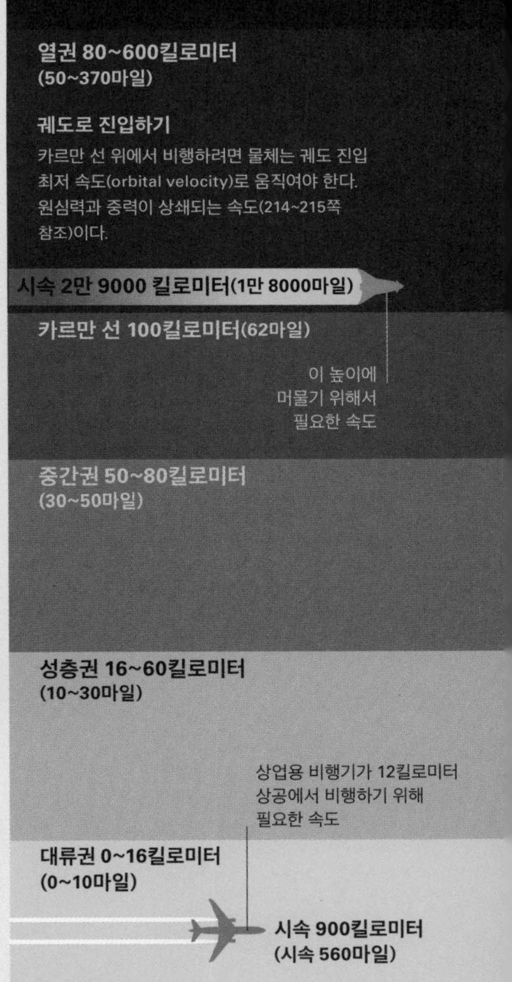

아르키메데스가 "유레카!"라고 외친 까닭은?

아르키메데스는 물보다 무거운 물체가 그 부피에 해당하는 만큼의 물을 대체할 수 있다는 사실을 발견했다. 어떤 형태를 가진 물체라도 부피를 측정할 수 있는 방법을 발견한 것이다.

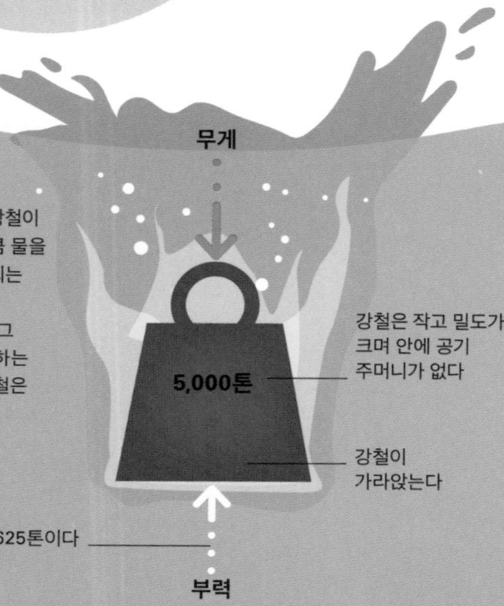

무게
5,000톤
강철은 작고 밀도가 크며 안에 공기 주머니가 없다
강철이 가라앉는다
부력은 625톤이다
부력

가라앉다

강철은 물보다 밀도가 8배 크다. 5,000톤의 강철이 가라앉으면 그 부피만큼 물을 대체할 것이지만 대체되는 물의 무게는 약 625톤 정도밖에 되지 않는다. 그 정도 부피의 물이 제공하는 부력은 아주 작아서 강철은 가라앉는다.

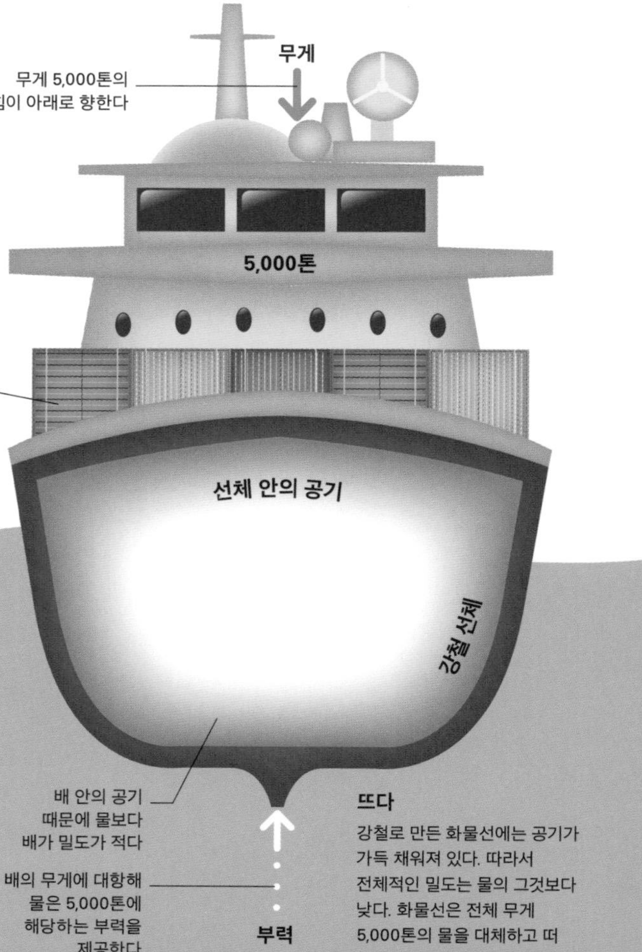

무게
무게 5,000톤의 힘이 아래로 향한다
5,000톤
화물은 배의 전체적인 밀도를 증가시키지만 공기 주머니가 있어서 전체적으로 물보다 가볍다
선체 안의 공기
강철 선체
배 안의 공기 때문에 물보다 배가 밀도가 적다
배의 무게에 대항해 물은 5,000톤에 해당하는 부력을 제공한다
부력

뜨다

강철로 만든 화물선에는 공기가 가득 채워져 있다. 따라서 전체적인 밀도는 물의 그것보다 낮다. 화물선은 전체 무게 5,000톤의 물을 대체하고 떠 있다. 바다가 5,000톤의 부력을 제공하는 것이다.

부력의 원리

부력은 액체 혹은 기체가 고체를 위로 밀어 올리는 힘이다. 하지만 부력은 밀도와 균형을 이뤄 작동한다. 부력을 넘어설 정도로 밀도가 너무 크면 물체는 하릴없이 가라앉는다.

부력은 무엇일까?

액체나 기체 같은 유체 안에 있는 물체는 유체를 옆으로 밀거나 물체의 부피에 상당하는 만큼의 유체를 대체한다. 물체가 유체보다 밀도가 크면 원래 유체가 차지했던 부피가 물체 자체보다 덜 무거울 것이기에 물체는 가라앉는다. 그러나 물체가 유체보다 덜 무겁다면 부력(buoyancy)이 무게를 감당하기 때문에 물체는 뜨게 된다.

부레

어떤 물고기는 잠수함처럼 기체 샘을 거쳐 혈액 속에 녹아 있는 기체를 부레(swim bladder)로 방출함으로써 떠오른다. 부레의 부피가 증가하면 물고기의 밀도가 떨어지고 부상하는 것이다. 다시 아래로 내려가려면 기체를 혈액에 녹여 부레를 수축시키면 된다.

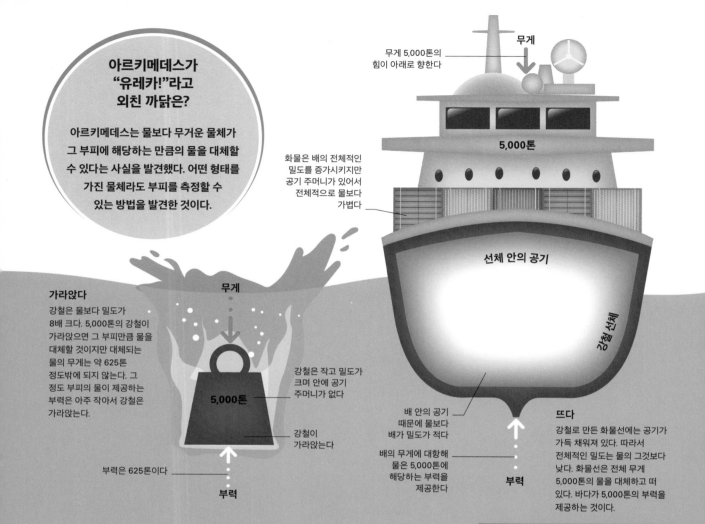

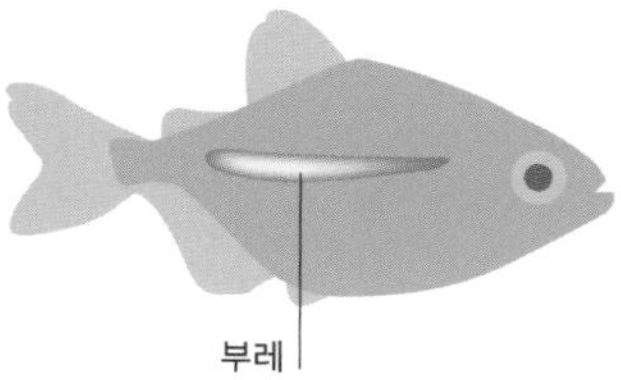

부레

무게와 밀도

배를 띄울 때 공기보다 무거운 화물을 적재하면 배의 전반적인 밀도가 증가한다. 컨테이너를 적재할 때마다 배는 아래로 내려앉는다. 무게가 증가하면 물을 측면으로 밀어내면서 배의 하중과 부력 사이에 새로운 균형점을 찾아가기 때문이다. 안전하게 화물을 적재할 수 있는 물의 높이를 만재 흘수선(Plimsoll line)이라 부르고 페인트로 선체에 표시한다.

뜨는 물체는 같은 부피 만큼의 물을 대체한다

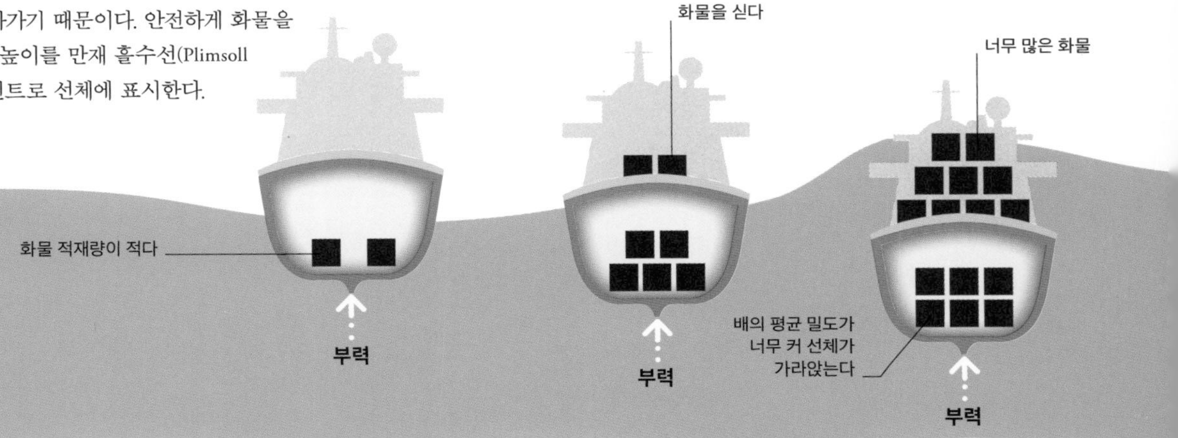
화물을 싣다
너무 많은 화물
화물 적재량이 적다
배의 평균 밀도가
너무 커 선체가
가라앉는다
부력
부력
부력

잠수함

물속 혹은 물 표면을 자유자재로 유영하는 잠수함은 탱크 안의 압축 공기를 이용해 평균 밀도를 조절한다. 전원만 있다면 이를 무한정 반복할 수 있다. 물 위에 있을 때 신선한 공기를 압축해 탱크 안에 집어넣고 다음번의 부상을 준비할 수 있기 때문이다.

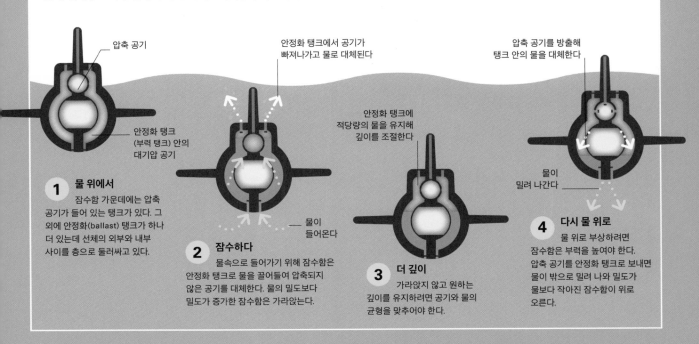

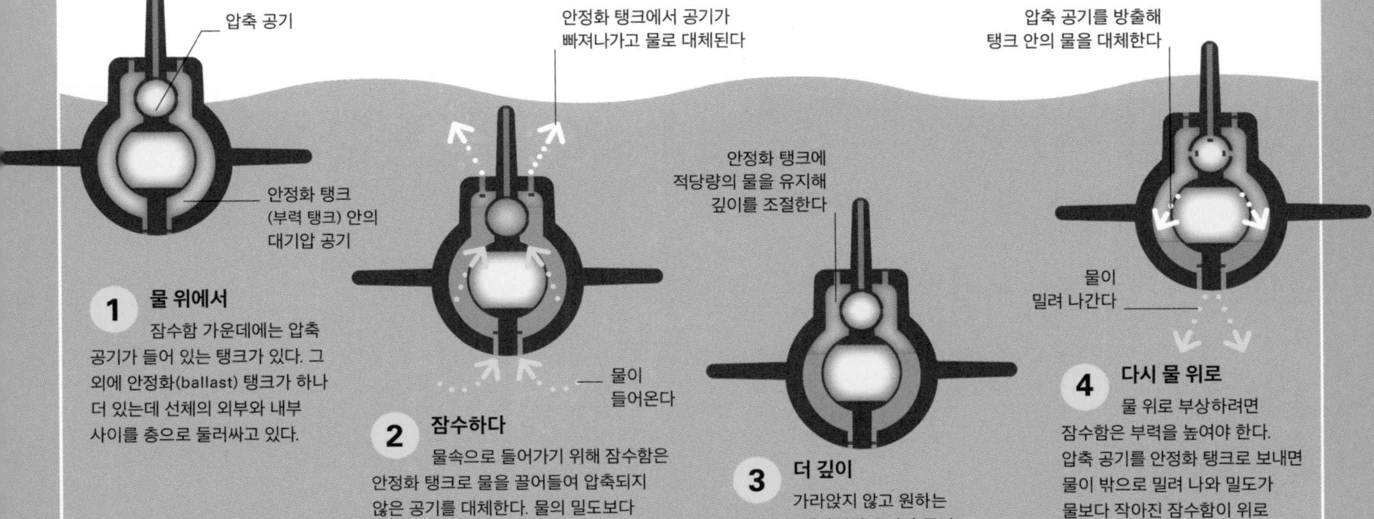
압축 공기
안정화 탱크
(부력 탱크) 안의
대기압 공기
안정화 탱크에서 공기가
빠져나가고 물로 대체된다
물이
들어온다
안정화 탱크에
적당량의 물을 유지해
깊이를 조절한다
압축 공기를 방출해
탱크 안의 물을 대체한다
물이
밀려 나간다

1 물 위에서
잠수함 가운데에는 압축 공기가 들어 있는 탱크가 있다. 그 외에 안정화(ballast) 탱크가 하나 더 있는데 선체의 외부와 내부 사이를 층으로 둘러싸고 있다.

2 잠수하다
물속으로 들어가기 위해 잠수함은 안정화 탱크로 물을 끌어들여 압축되지 않은 공기를 대체한다. 물의 밀도보다 밀도가 증가한 잠수함은 가라앉는다.

3 더 깊이
가라앉지 않고 원하는 깊이를 유지하려면 공기와 물의 균형을 맞추어야 한다.

4 다시 물 위로
물 위로 부상하려면 잠수함은 부력을 높여야 한다. 압축 공기를 안정화 탱크로 보내면 물이 밖으로 밀려 나와 밀도가 물보다 작아진 잠수함이 위로 오른다.

진공

완벽한 진공은 어떤 종류의 물질도 전혀 존재하지 않는 텅 빈 공간을 가리킨다. 하지만 실제 생활에서는 결코 관찰할 수 없다. 심지어 우주 외계 공간에도 약간의 물질이 있고 측정할 수 있을 만큼의 압력을 갖는다. 따라서 실제 세계에서 진공은 부분적 진공이다.

진공 병의 원리

진공 병(보온·보냉병)은 따뜻한 음료가 식지 못하고 차가운 것이 따뜻해지지 않도록 진공을 이용한다. 병 안의 액체는 진공으로 둘러싸여 있고 이 층이 대류의 흐름을 막아 열이 밖으로 전달되지 못하게 방해한다. 이 용기의 막은 은으로 덮여 있어 열이 안으로 들어오거나 나가는 것을 막는다.

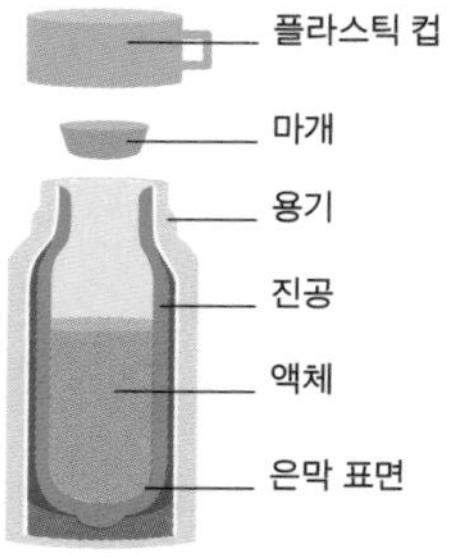

진공은 무엇인가?

17세기에 펌프로 용기에서 공기를 빼 내 진공(vacuum)을 만들기 시작했다. 불이 꺼지고 소리가 그 공간을 통과하지 못한다는 것이 실험으로 밝혀졌다. 소리는 공기와 같은 통과 매질이 필요한 까닭이다. 빛은 매질이 필요 없으며 진공을 통과한다.

공기 속의 불꽃

공기가 가득 찬 용기 안에서 초가 탄다. 산소가 밀랍과 반응해 열과 빛을 낸다.

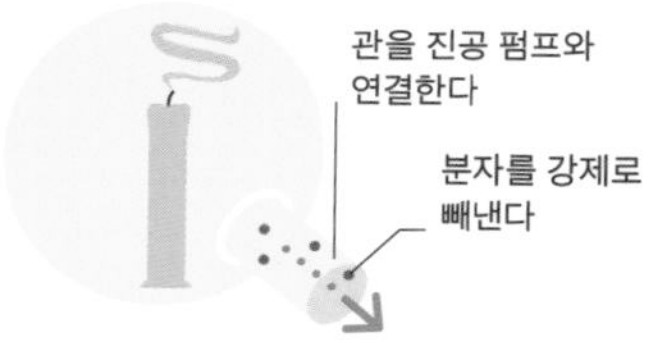

불이 꺼졌다

공기를 빼내면 불이 꺼진다. 불이 탈 때 산소가 필요하기 때문이다.

환경	압력(파스칼)	세제곱센티미터당 분자 수(개)
표준 대기	101,325	2.5×10^{19}
진공 청소기	약 80,000	1×10^{19}
지구의 열권	7×10^{-7}~1	10^{7}~10^{14}
달의 표면	9×10^{-9}	400,000
행성 사이의 공간		11
은하 사이의 공간		0.000006

진공의 안쪽

물질은 언제든 퍼져 나가 빈 공간을 채우려 한다. 진공청소기에서 '흡입' 장치는 이런 식으로 작동한다. 밖의 공기가 진공으로 밀려 내부로 들어오기 때문이다. 진공 안의 물질 속에 있는 분자들, 특히 액체들은 결합을 깨고 기체로 변해 빈 공간을 채우기도 한다.

저항이 없다

진공 안에서 떨어지는 물체는 공기의 저항을 받지 않기 때문에 천천히 떨어진다. 깃털과 망치는 공기 중에서 다른 속도로 떨어진다. 하지만 진공 안에서는 같은 속도로 떨어진다.

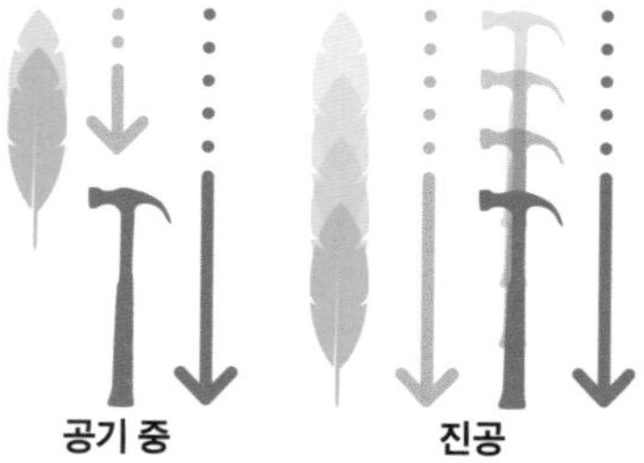

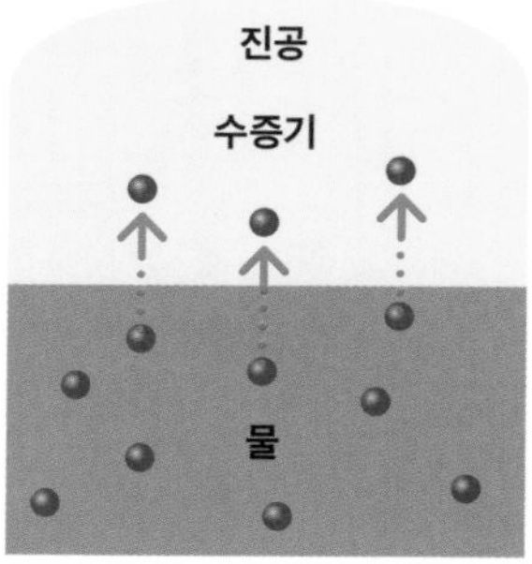

완벽한 진공

진공에 노출되면 물 분자는 수증기가 되어 공간을 채운다. 이들 대부분은 다시 액체로 돌아가지 않는다.

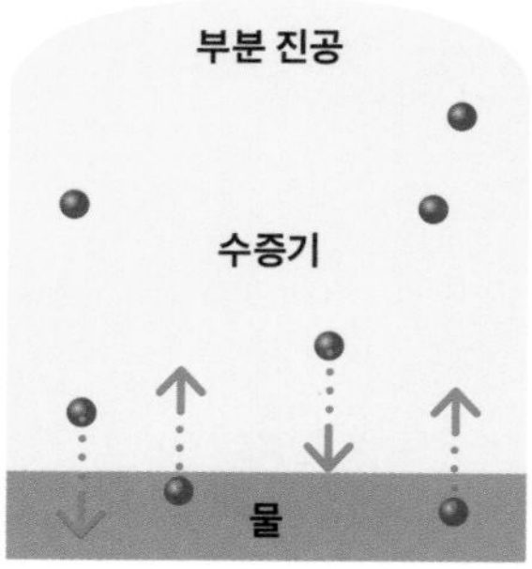

부분 진공

물은 증발하고 압력이 증가한다. 평형에 도달하면 물 분자는 양방향을 같은 속도로 왔다 갔다 한다.

진공에 노출되다

외계 공간은 거의 완벽한 진공 상태다. 우주에서 걸어갈 때는 우주복을 입어야 한다. 복사선, 태양빛, 추위로부터 스스로를 보호해야 하기 때문이다. 하지만 신체의 주위를 압력이 있는 대기로 감싸기도 해야 한다. 우주복이나 마스크가 잘못되면 바로 죽을 수 있다. 하지만 공상 과학 영화에서 묘사하는 것처럼 그리 극적이지는 않을 것이다.

현미경으로나 볼 수 있는 완보동물은 진공 속에서도 살 수 있다

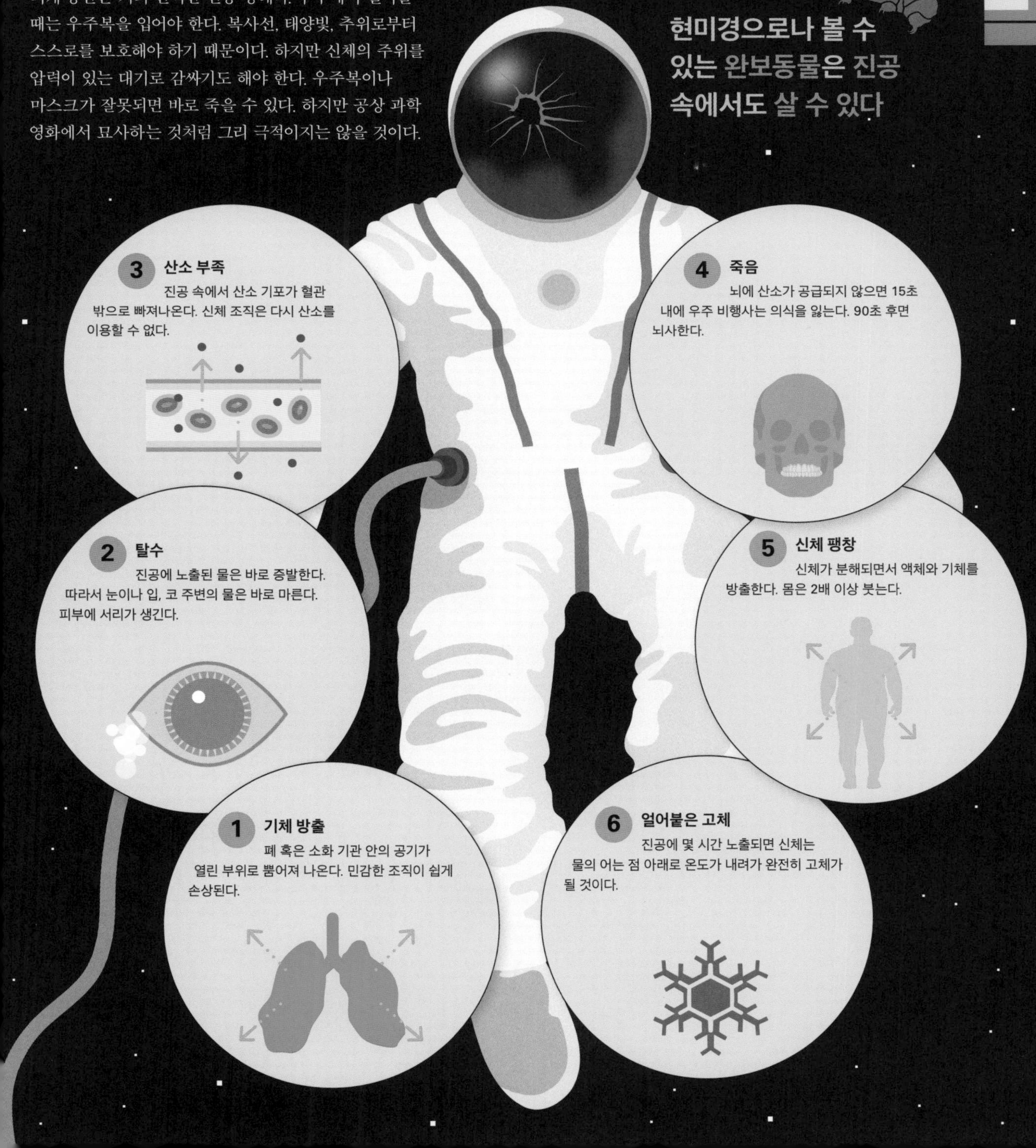

1 기체 방출

폐 혹은 소화 기관 안의 공기가 열린 부위로 뿜어져 나온다. 민감한 조직이 쉽게 손상된다.

2 탈수

진공에 노출된 물은 바로 증발한다. 따라서 눈이나 입, 코 주변의 물은 바로 마른다. 피부에 서리가 생긴다.

3 산소 부족

진공 속에서 산소 기포가 혈관 밖으로 빠져나온다. 신체 조직은 다시 산소를 이용할 수 없다.

4 죽음

뇌에 산소가 공급되지 않으면 15초 내에 우주 비행사는 의식을 잃는다. 90초 후면 뇌사한다.

5 신체 팽창

신체가 분해되면서 액체와 기체를 방출한다. 몸은 2배 이상 붓는다.

6 얼어붙은 고체

진공에 몇 시간 노출되면 신체는 물의 어는 점 아래로 온도가 내려가 완전히 고체가 될 것이다.

중력

중력은 끄는 힘의 일종으로 생각할 수 있다. 중력은 땅으로 물체가 떨어지게 하고 지구가 태양 주위를 돌게 한다. 1600년대 아이작 뉴턴은 중력을 수학적으로 기술했다.

중력의 특성

중력(gravity)은 물체를 당겨 끄는 힘이다. 뉴턴이 만유인력으로 체계화했듯 이 인력의 크기는 두 가지 요인에 의존한다. 질량과 두 물체 사이의 거리이다. 중력은 자연계의 네 가지 기본 힘(27쪽 참조) 중 가장 약하다. 하지만 항성과 은하처럼 거대한 질량을 가진 물체들은 강력한 중력을 형성해 먼 거리까지 그 힘을 행사한다.

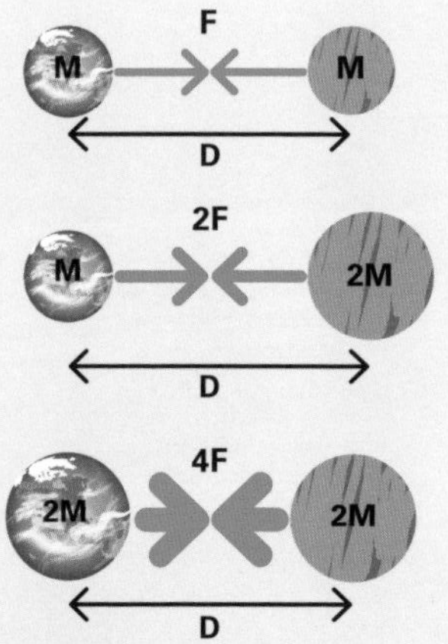

중력과 질량

두 물체 사이의 거리(D)가 일정하다면 중력의 당기는 힘(F)은 그들의 질량(M)에 비례한다. 한 물체의 질량이 2배가 되면 당기는 힘도 2배가 된다.(2F) 두 물체의 질량이 각각 2배로 늘면 힘은 4배로 증가한다.(4F)

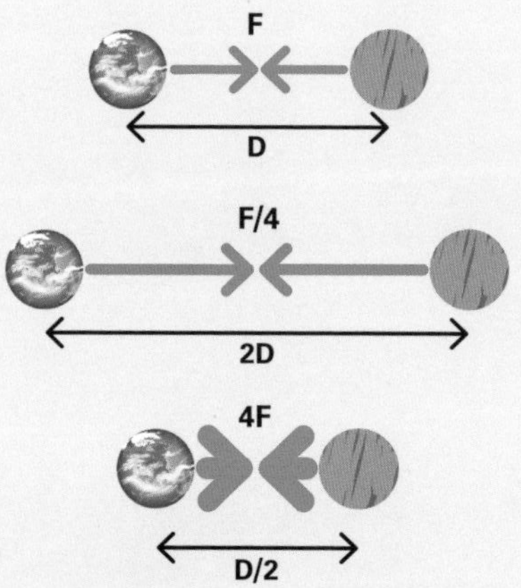

중력과 거리

중력의 힘은 두 물체 사이의 거리의 제곱에 반비례한다. 질량이 동일할 때 거리가 2배로 늘어나면 중력은 4분의 1로 줄어든다.(F/4) 만일 두 물체 사이의 거리가 절반으로 줄면 중력은 4배가 된다.

최종 속도

중력에 의해 떨어지는 물체는 가속하기 때문에 땅에 가까워질수록 속도가 증가한다. 그렇지만 오래 떨어지는 물체는 최대 혹은 최종 속도에 도달한다. 아래로 끄는 힘과 공기의 저항에 의해 위로 밀리는 힘이 상응하기 때문이다.

지포스는 무엇일까?

가속할 때 더 무겁다고 느껴지는 물체의 운동 변화를 지포스(G-force)라고 한다. 땅에 서 있을 때 중력의 힘은 1G이다.

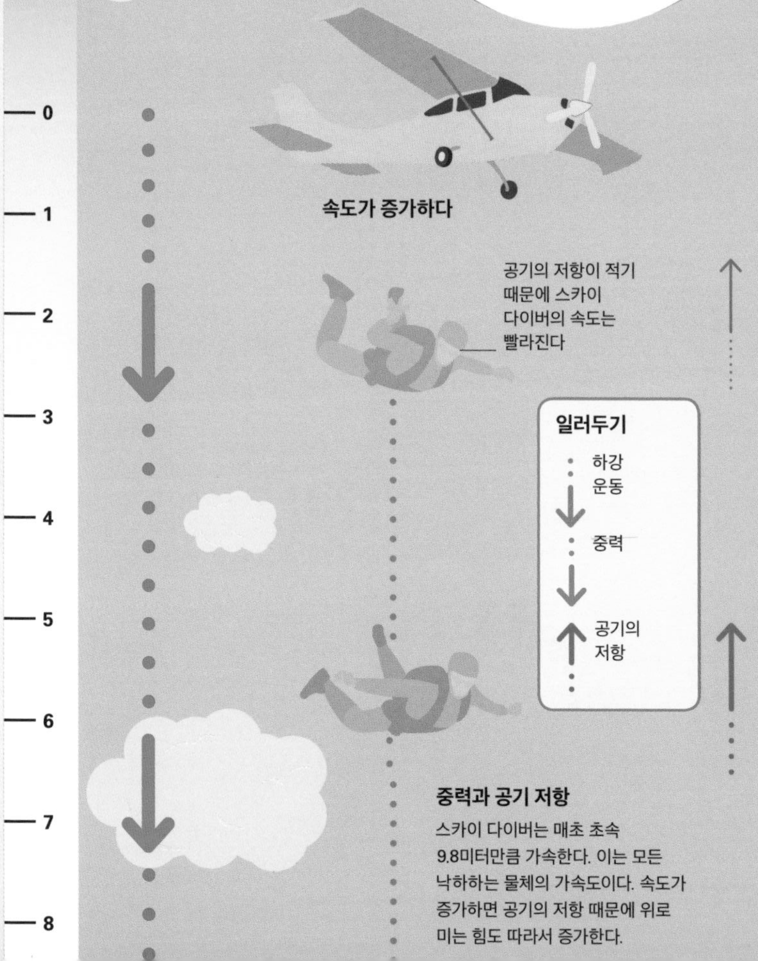

중력과 공기 저항

스카이 다이버는 매초 초속 9.8미터만큼 가속한다. 이는 모든 낙하하는 물체의 가속도이다. 속도가 증가하면 공기의 저항 때문에 위로 미는 힘도 따라서 증가한다.

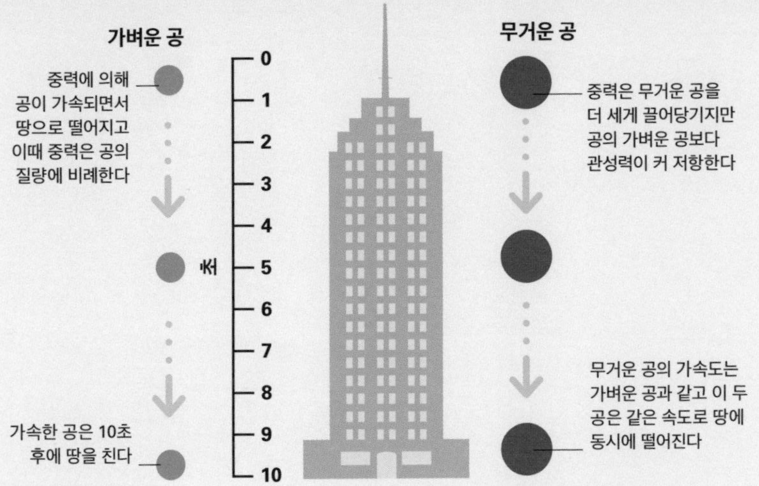
가벼운 공
중력에 의해 공이 가속되면서 땅으로 떨어지고 이때 중력은 공의 질량에 비례한다
가속한 공은 10초 후에 땅을 친다
초
0
1
2
3
4
5
6
7
8
9
10
무거운 공
중력은 무거운 공을 더 세게 끌어당기지만 공의 가벼운 공보다 관성력이 커 저항한다
무거운 공의 가속도는 가벼운 공과 같고 이 두 공은 같은 속도로 땅에 동시에 떨어진다

질량과 무게

지구 위의 물체를 묘사할 때 질량과 무게는 상호 교환할 수 있는 단위이다. 하지만 질량은 물질과 에너지의 독립적 특성이다. 반면 무게는 지구 중력장에 의해 질량에 가해진 힘이다.

동시에 땅에 떨어지다

가벼운 공과 무거운 공이 같은 속도로 떨어진다. 무거운 공의 중력이 더 크다. 힘은 무게에 비례하기 때문이다. 큰 힘은 무거운 공을 가벼운 공만큼 빠르게 떨어지게 가속한다.

다른 행성에서 무게가 얼마나 나갈까?

물체의 질량은 동일하지만 그 무게는 중력의 끄는 힘에 따라 달라진다. 행성마다 다르다는 뜻이다. 작은 행성에서 무게는 지구에서보다 덜 나간다. 하지만 목성에서는 지구에서보다 무게가 더 나간다.

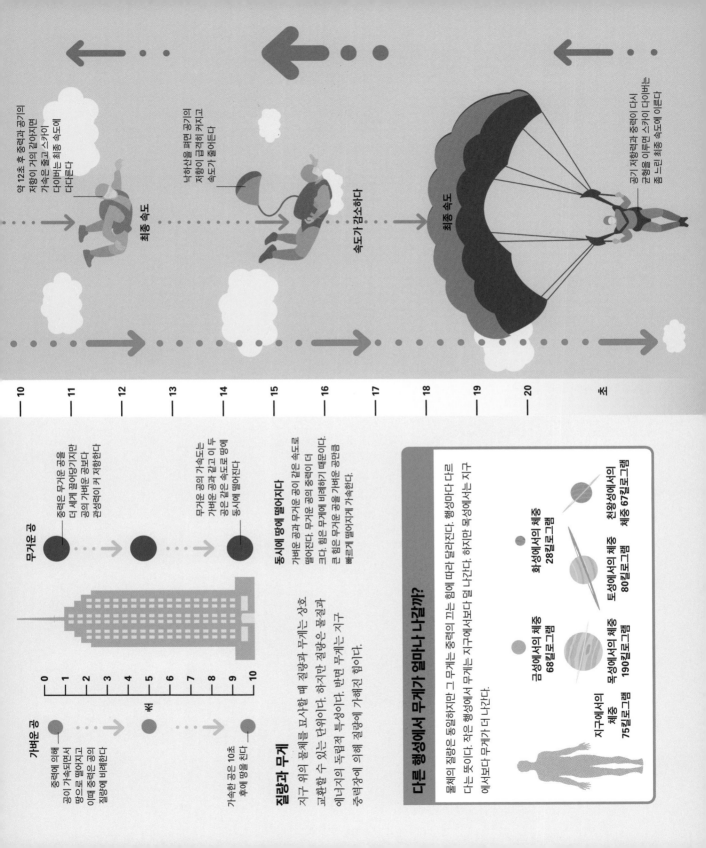

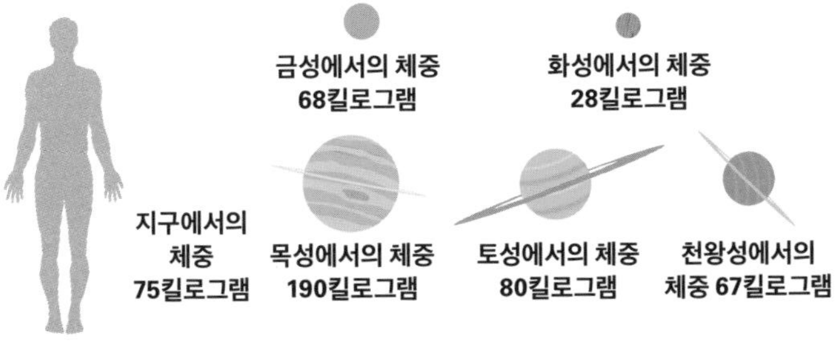
지구에서의 체중 75킬로그램
금성에서의 체중 68킬로그램
화성에서의 체중 28킬로그램
목성에서의 체중 190킬로그램
토성에서의 체중 80킬로그램
천왕성에서의 체중 67킬로그램

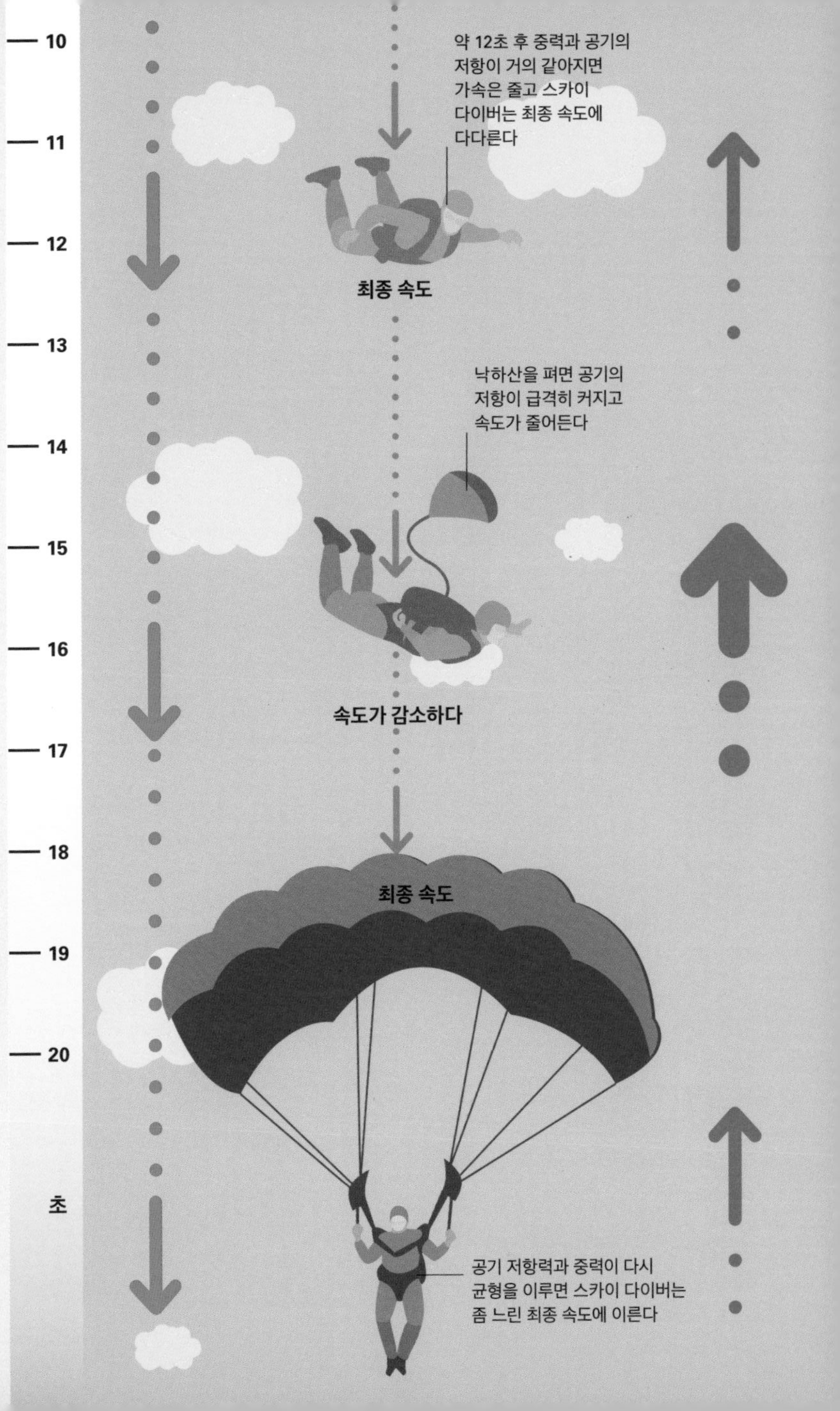
10
11
12
13
14
15
16
17
18
19
20
초
약 12초 후 중력과 공기의 저항이 거의 같아지면 가속은 줄고 스카이 다이버는 최종 속도에 다다른다
최종 속도
낙하산을 펴면 공기의 저항이 급격히 커지고 속도가 줄어든다
속도가 감소하다
최종 속도
공기 저항력과 중력이 다시 균형을 이루면 스카이 다이버는 좀 느린 최종 속도에 이른다

특수 상대성 이론

1905년 알베르트 아인슈타인은 운동, 공간 및 시간을 이해하는 혁명적 사고 방식을 제안했다. 그는 이것을 특수 상대성 이론이라고 불렀는데 당대의 가장 중대한 물리적 숙제를 해결하는 것이 목적이었다. 아인슈타인은 빛과 물체가 공간상에서 다른 방식으로 움직이는 역설을 설명하려 했다.

모순적인 법칙

운동 법칙은 모든 물체의 속도가 다른 물체의 운동에 상대적이라고 말한다. 하지만 전자기 법칙에 따르면 빛은 고정된 속도로 움직인다. 광원이 고정되어 있든, 관찰자 쪽으로 가까워지거나 멀어지든 빛은 늘 관찰자에게 같은 속도로 도달한다.

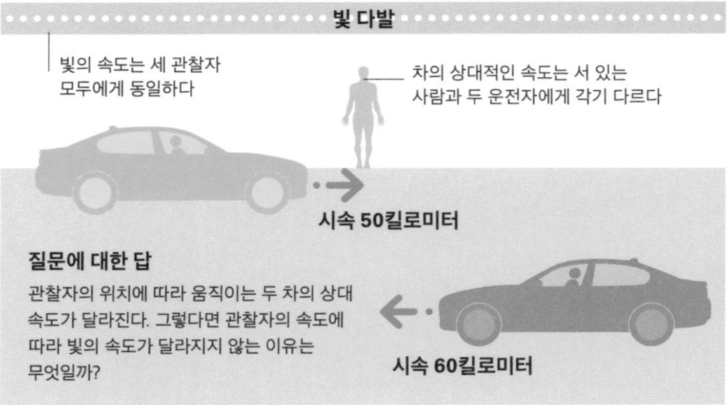

빛 다발
빛의 속도는 세 관찰자 모두에게 동일하다
차의 상대적인 속도는 서 있는 사람과 두 운전자에게 각기 다르다
시속 50킬로미터
시속 60킬로미터

질문에 대한 답

관찰자의 위치에 따라 움직이는 두 차의 상대 속도가 달라진다. 그렇다면 관찰자의 속도에 따라 빛의 속도가 달라지지 않는 이유는 무엇일까?

길이 수축

시간이 느려지는 것처럼 공간을 움직이는 물체도 축소될 수 있다. 측정 장치도 동일한 비율로 줄어들기 때문에 축소되는 것을 측정하는 것은 불가능하다. 사물이 빛의 속도로 접근하면 관찰자의 시각에서 공간은 수축되고 시간은 확장된다. 따라서 사물은 움직임을 멈춘 것처럼 보인다.

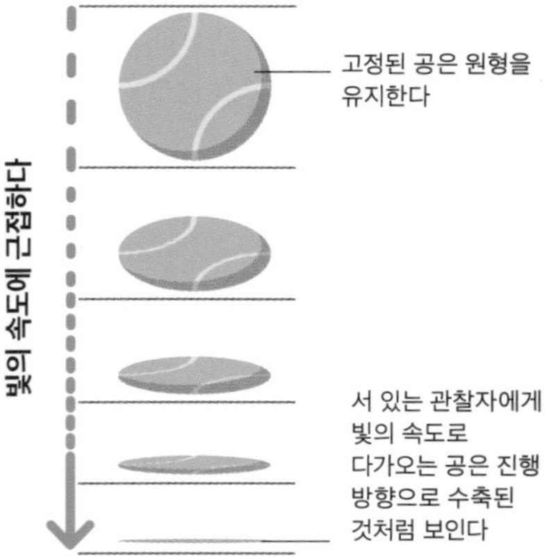

빛의 속도에 근접하다
고정된 공은 원형을 유지한다
서 있는 관찰자에게 빛의 속도로 다가오는 공은 진행 방향으로 수축된 것처럼 보인다

시간의 확장

어떤 물체가 공간에서 빠르게 움직일 때 시간이 더 느리게 움직인다는 이론을 세움으로써 아인슈타인은 각기 다른 물체와 빛의 속도 사이의 역설을 설명했다. 관찰자가 다른 속도로 움직이면 시간도 다른 속도로 흐른다는 의미이다. 빛의 속도에 가깝게 움직이는 관찰자에 비해 정지해 있는 관찰자에게 시간은 빨리 흐른다.

빛의 속도가 일정함을 설명하다

빛에 가까운 속도로 움직이는 우주선 안에서 시계를 이용해 빛의 속도를 측정하려는 우주 비행사는 빛이 상대적으로 짧은 시간 동안 짧은 거리를 움직인다는 사실을 발견할 것이다. 정지해 있는 관찰자에게 빛은 상대적으로 긴 시간 동안 긴 거리를 움직이는 것으로 보인다. 두 관찰자는 빛이 같은 속도로 움직인다는 결과를 얻게 된다.

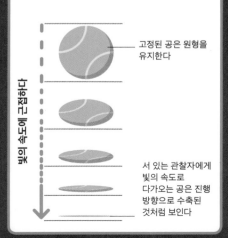

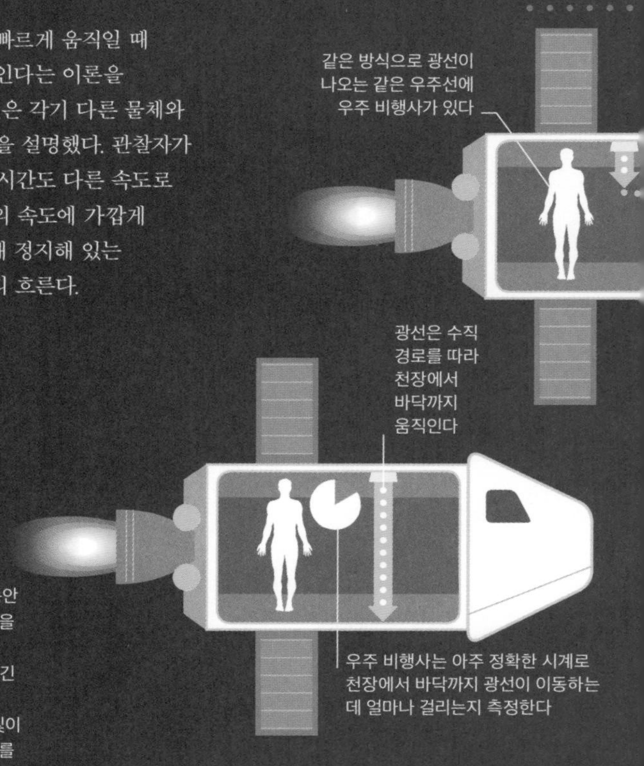

같은 방식으로 광선이 나오는 같은 우주선에 우주 비행사가 있다
광선은 수직 경로를 따라 천장에서 바닥까지 움직인다
우주 비행사는 아주 정확한 시계로 천장에서 바닥까지 광선이 이동하는 데 얼마나 걸리는지 측정한다

우주 비행사의 시각

질량과 에너지

빛이 항상 고정된 속도로 움직인다는 사실에 천착했던 만큼 아인슈타인은 질량과 에너지의 본성도 깊이 연구했다. 그는 질량과 에너지가 동등한 것임을 밝혔으며 $E=mc^2$이라는 유명한 방정식으로 두 물리량의 연관식을 밝혔다. E는 에너지고 m은 질량, c는 빛의 속도이다. 정지해 있는 물체에 에너지를 가하면 정지해 있을 때보다 더 무거운 것처럼 물체가 움직인다. 속도가 느리면 이 효과는 무시할 만하다. 그러나 빛의 속도에 가까워지면 물체의 질량은 엄청나게 커진다.

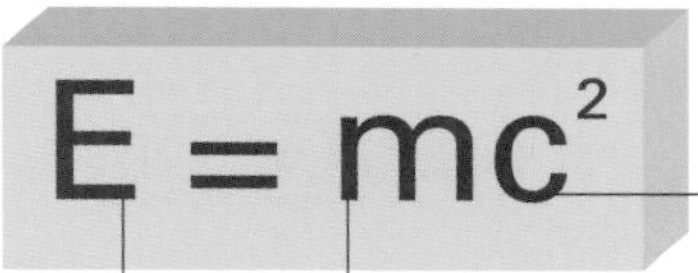
E = mc²
핵이 폭발할 때 약간의 질량이 거대한 크기의 에너지와 빛으로 전환되듯 질량의 형태로 물체에 고정된 에너지의 양은 엄청나다
질량은 움직임에 저항하는 물체의 특성으로 질량이 크면 움직이는 데 상당한 양의 에너지를 넣어 주어야 한다
빛은 질량이 없는 입자에 의해 운반되며 따라서 가장 빠른 속도인 빛의 속도로 이동한다

특수 상대성 이론이라는 표현은 언제 처음 사용되었나?

논문이 발표된 뒤 10년이 지난 뒤에야 일반 상대성 이론과 구분하기 위해 아인슈타인이 이런 표현을 쓰기 시작했다. 논문의 원제는 「운동하는 물체의 전기 역학에 대하여」였다.

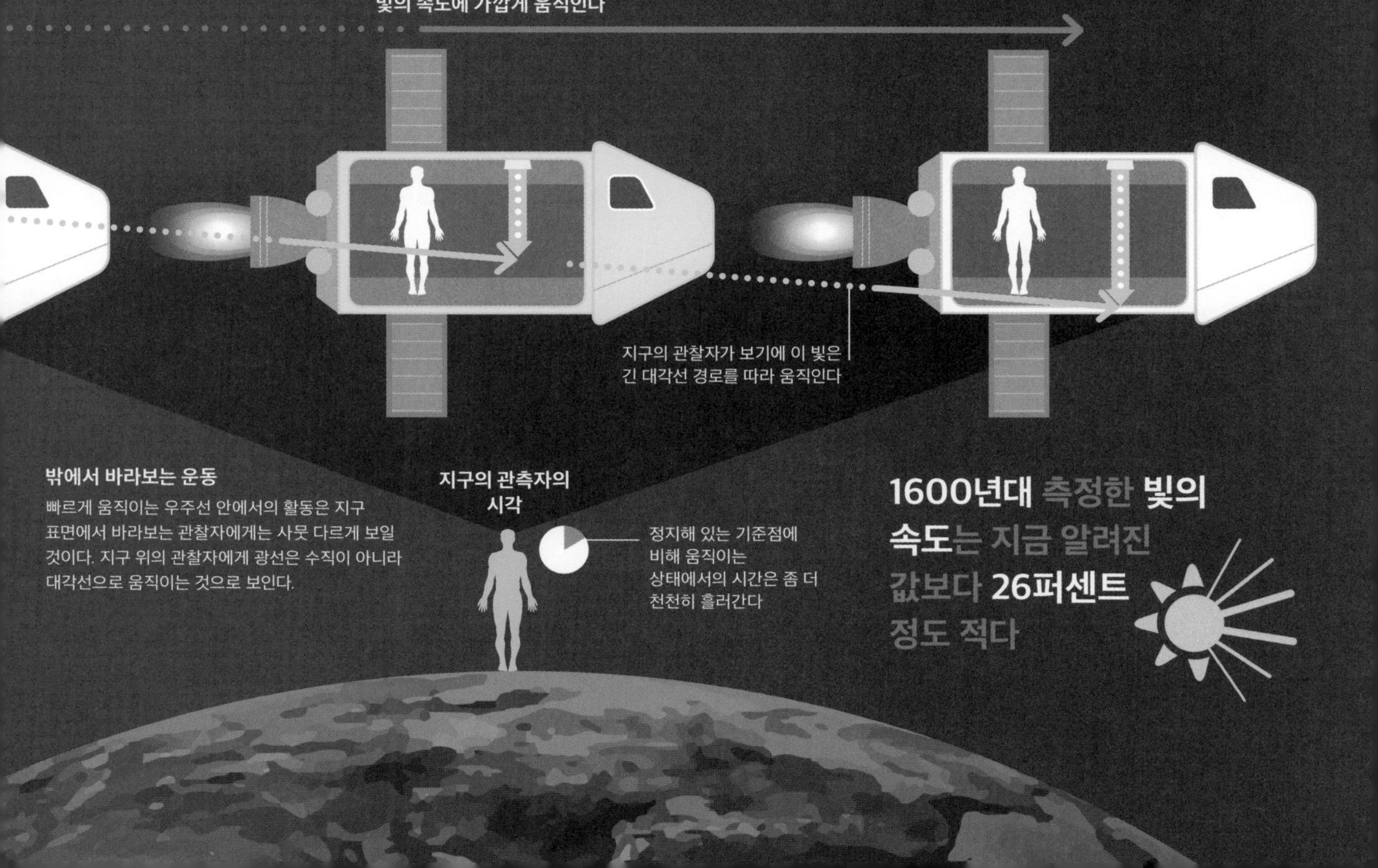
빛의 속도에 가깝게 움직인다
지구의 관찰자가 보기에 이 빛은 긴 대각선 경로를 따라 움직인다
지구의 관측자의 시각
정지해 있는 기준점에 비해 움직이는 상태에서의 시간은 좀 더 천천히 흘러간다

밖에서 바라보는 운동

빠르게 움직이는 우주선 안에서의 활동은 지구 표면에서 바라보는 관찰자에게는 사뭇 다르게 보일 것이다. 지구 위의 관찰자에게 광선은 수직이 아니라 대각선으로 움직이는 것으로 보인다.

1600년대 측정한 빛의 속도는 지금 알려진 값보다 26퍼센트 정도 적다

일반 상대성 이론

1687년 뉴턴이 공식화한 중력 이론은 아인슈타인의 특수 상대성 이론과 상치되는 것처럼 보였다. 따라서 1916년 아인슈타인은 시간과 공간에 관한 상대성 이론과 중력 이론을 통일하는 일반 상대성 이론을 제시했다.

어떻게 증명되었을까?

1919년 우주 비행사 아서 에딩턴은 완전 개기 일식 때 별빛이 굴절되는 것을 관찰했다. 이 관찰은 뒤틀린 시공간의 효과를 증명한 것으로 아인슈타인을 세계적 유명 인사로 만들었다.

시공간

특수 상대성 이론은 어떻게 운동 방식에 따라 물체가 시간과 공간을 다르게 경험하는지 서술하고 있다. 특수 상대성 이론의 중요한 점은 시간과 공간이 항상 연관되어 있음을 밝힌 것이다. 일반 상대성 이론은 시간과 공간이라 불리는 4차원 연속체가 무거운 질량의 영향 하에 있음을 기술하고 있다. 질량과 에너지는 서로 동등한 것이며 그것들이 시공간에서 통합됨에 따라 달이 지구 주위를 돌고 있는 것과 같은 중력의 효과를 드러내는 것이다.

일반 상대성 이론은 행성이 태양 주위를 회전하는 운동을 설명한다

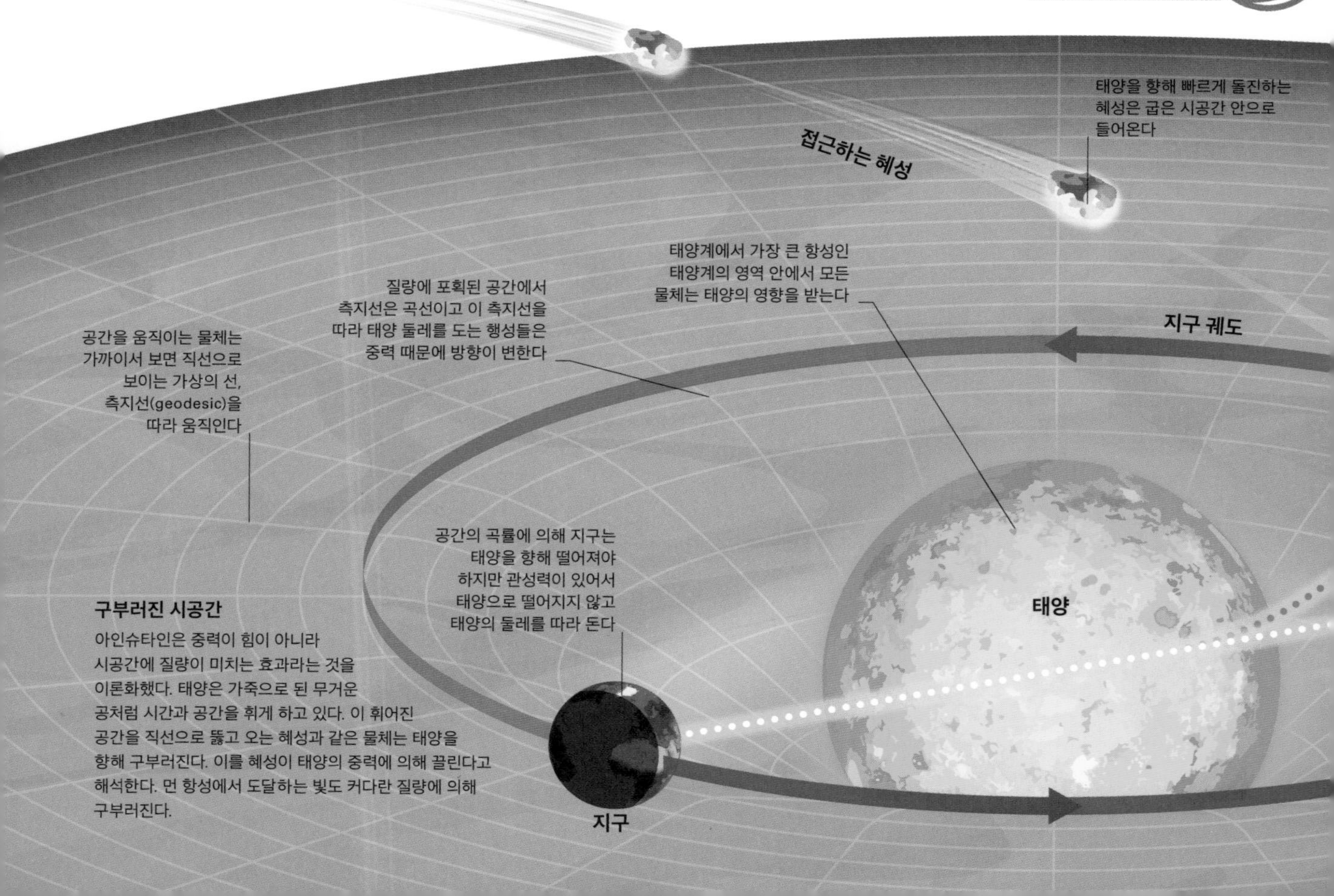

태양을 향해 빠르게 돌진하는 혜성은 굽은 시공간 안으로 들어온다
접근하는 혜성
태양계에서 가장 큰 항성인 태양계의 영역 안에서 모든 물체는 태양의 영향을 받는다
질량에 포획된 공간에서 측지선은 곡선이고 이 측지선을 따라 태양 둘레를 도는 행성들은 중력 때문에 방향이 변한다
지구 궤도
공간을 움직이는 물체는 가까이서 보면 직선으로 보이는 가상의 선, 측지선(geodesic)을 따라 움직인다
공간의 곡률에 의해 지구는 태양을 향해 떨어져야 하지만 관성력이 있어서 태양으로 떨어지지 않고 태양의 둘레를 따라 돈다
태양
지구

구부러진 시공간

아인슈타인은 중력이 힘이 아니라 시공간에 질량이 미치는 효과라는 것을 이론화했다. 태양은 가죽으로 된 무거운 공처럼 시간과 공간을 휘게 하고 있다. 이 휘어진 공간을 직선으로 뚫고 오는 혜성과 같은 물체는 태양을 향해 구부러진다. 이를 혜성이 태양의 중력에 의해 끌린다고 해석한다. 먼 항성에서 도달하는 빛도 커다란 질량에 의해 구부러진다.

등가 원리

중력을 이해하기 위해 아인슈타인은 자신이 승강기에 있다고 가정하고 그를 바닥에 있게 하는 힘이 중력이 당기는 효과 때문인지 아니면 승강기가 위로 올라가면서 생기는 관성력 때문인지 스스로에게 물었다. 그러나 승강기 안에서는 어느 쪽이라고 확실히 말할 수 없다. 이것을 등가 원리(equivalence principle)라고 한다. 이런 아이디어로부터 아인슈타인은 자신의 주위를 움직이는 우주를 바라보는 관찰자의 정지된 시각에 대해 생각하게 되었다.

아인슈타인의 승강기 실험

아인슈타인은 세 가지 다른 상황에서 승강기에 탄 사람에게 빛이 어떻게 보이는지 상상하는 사고 실험으로 이론을 확장했다. 승강기 안에 있는 사람은 승강기의 움직임을 완벽하게 묘사할 수 없지만 빛의 움직임은 관찰할 수 있다. 매우 빠르게 움직이거나 혹은 강력한 중력으로 잡아당기면 공간과 광선이 구부러진다는 것이 실험의 결론이었다.

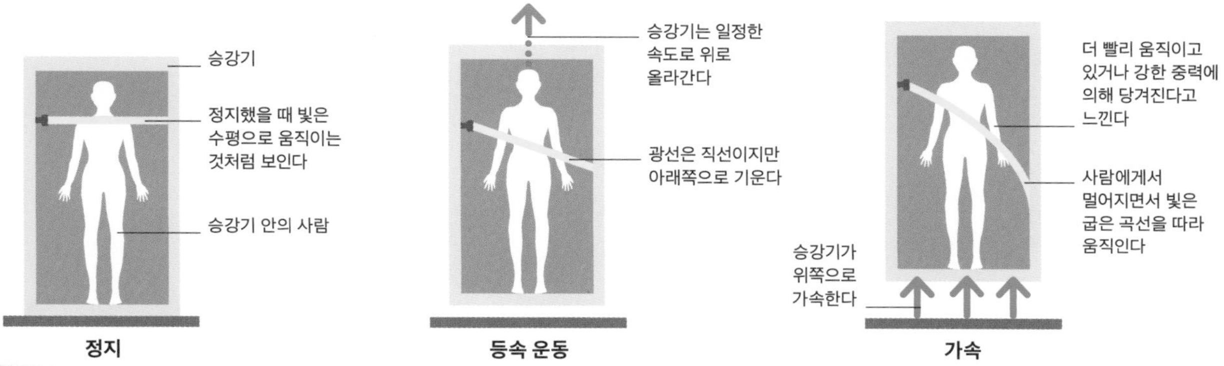
승강기
정지했을 때 빛은 수평으로 움직이는 것처럼 보인다
승강기 안의 사람
정지
승강기는 일정한 속도로 위로 올라간다
광선은 직선이지만 아래쪽으로 기운다
등속 운동
더 빨리 움직이고 있거나 강한 중력에 의해 당겨진다고 느낀다
사람에게서 멀어지면서 빛은 굽은 곡선을 따라 움직인다
승강기가 위쪽으로 가속한다
가속

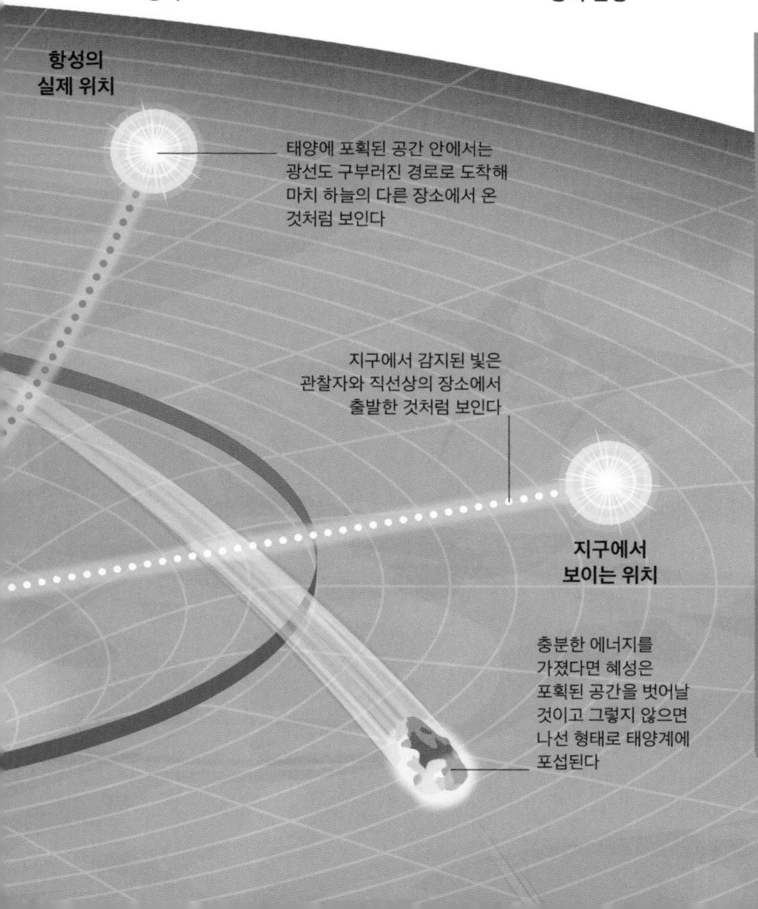
항성의 실제 위치
태양에 포획된 공간 안에서는 광선도 구부러진 경로로 도착해 마치 하늘의 다른 장소에서 온 것처럼 보인다
지구에서 감지된 빛은 관찰자와 직선상의 장소에서 출발한 것처럼 보인다
지구에서 보이는 위치
충분한 에너지를 가졌다면 혜성은 포획된 공간을 벗어날 것이고 그렇지 않으면 나선 형태로 태양계에 포섭된다

GPS 내비게이션

범지구 위치 결정 체계(global positioning system, GPS)에서 아인슈타인의 상대성 이론의 효과를 확인할 수 있다. GPS 위성이 자신의 위치 신호를 정확한 시간에 보내면 위성 항법(satnav)은 그들의 위치를 계산한다. 그러나 매우 빠른 속도로 움직이기 때문에 위성 안에 장착된 시계는 지구에서보다 천천히 흘러간다. 따라서 위성 항법은 상대성 이론의 효과를 고려해야 한다.

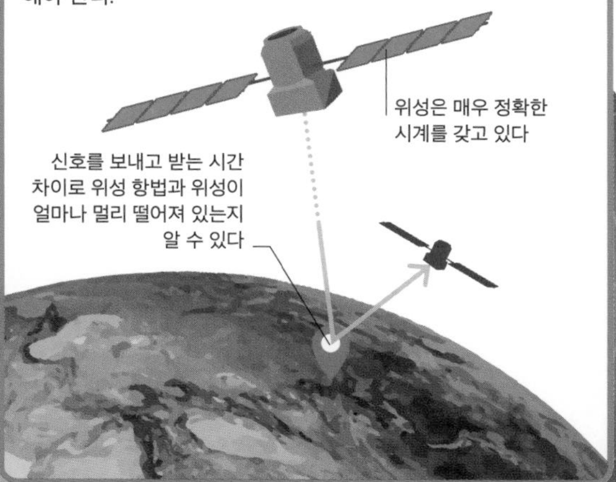
위성은 매우 정확한 시계를 갖고 있다
신호를 보내고 받는 시간 차이로 위성 항법과 위성이 얼마나 멀리 떨어져 있는지 알 수 있다

중력파

일반 상대성 이론은 공간을 지나는 물체가 중력파라 불리는 시간과 공간의 물결을 만들 것이라고 예측했다. 2015년 중력파가 최초로 관측되었다.

웜홀

1930년 아인슈타인과 네이선 로젠은 공간과 시간이 하나로 감싸여서 지름길로 연결될 수 있으리라 생각했다. 이러한 다리, 웜홀(wormhole)은 먼 거리를 여행하는 지름길이 될 수 있지만 그 존재는 아직 증명된 적이 없다.

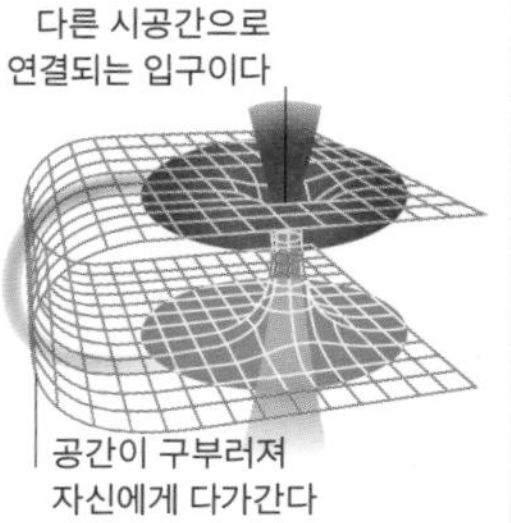

다른 시공간으로 연결되는 입구이다
공간이 구부러져 자신에게 다가간다

그것은 무엇일까?

공간에서 특정한 방식으로 가속하는 물질은 중력파(gravitational wave)를 만들어 낸다. 거대한 중력 사건은 진동수가 낮고 거대한 주기를 갖는 파동을 만들어 낸다. 예를 들어 빅뱅에서 비롯된 파동은 수백만 년 전의 빛이라고 추측된다. 중력파는 빛에 의존하지 않는 우주를 상상하게 만든다. 블랙홀처럼 지금 현재 우리에게는 보이지 않는 존재를 밝혀 줄지도 모른다.

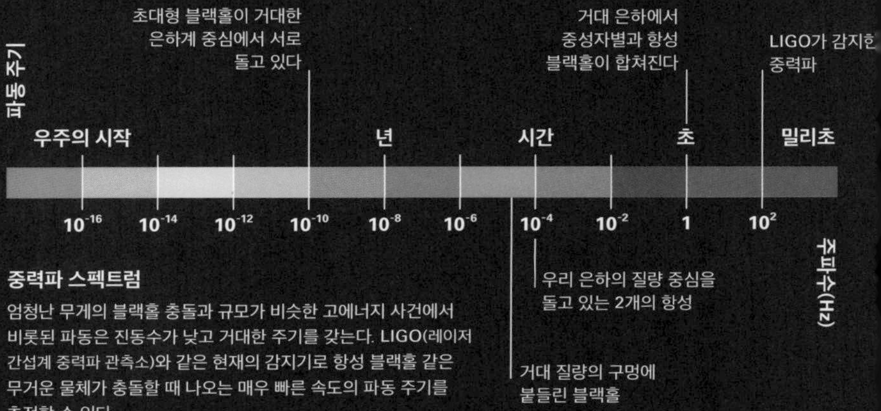

파동 주기
초대형 블랙홀이 거대한 은하계 중심에서 서로 돌고 있다
거대 은하에서 중성자별과 항성 블랙홀이 합쳐진다
LIGO가 감지한 중력파
우주의 시작
년
시간
초
밀리초
10^{-16}
10^{-14}
10^{-12}
10^{-10}
10^{-8}
10^{-6}
10^{-4}
10^{-2}
1
10^{2}
주파수(Hz)
우리 은하의 질량 중심을 돌고 있는 2개의 항성
거대 질량의 구멍에 붙들린 블랙홀

중력파 스펙트럼

엄청난 무게의 블랙홀 충돌과 규모가 비슷한 고에너지 사건에서 비롯된 파동은 진동수가 낮고 거대한 주기를 갖는다. LIGO(레이저 간섭계 중력파 관측소)와 같은 현재의 감지기로 항성 블랙홀 같은 무거운 물체가 충돌할 때 나오는 매우 빠른 속도의 파동 주기를 추적할 수 있다.

어떻게 중력파가 형성되는가?

LIGO가 처음으로 검출한 중력파는 13억 광년 떨어진 곳에서 충돌한 2개의 블랙홀에서 지구를 향해 움직이는 파동이었다. 중력의 상호 끌림에 의해 블랙홀은 서로 잡아당기고 있었다.

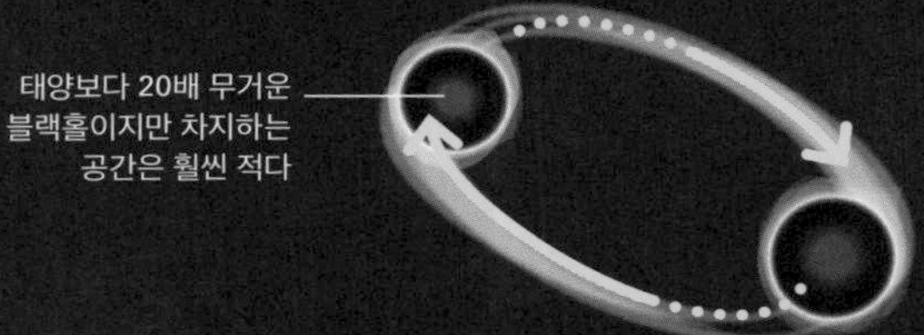

태양보다 20배 무거운 블랙홀이지만 차지하는 공간은 훨씬 적다

1 충돌하는 블랙홀

중력에 의해 2개의 블랙홀이 서로를 잡아당긴다. LIGO가 감지한 규칙적인 진동은 블랙홀이 거의 원 궤도에 가깝게 초당 약 15회 회전하고 있음을 밝혔다.

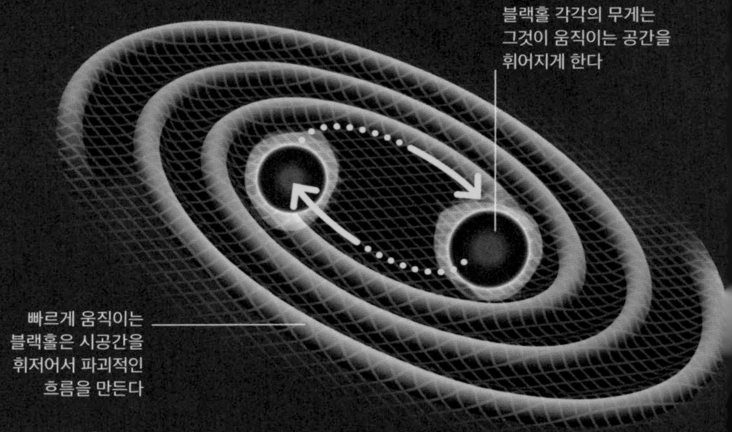

블랙홀 각각의 무게는 그것이 움직이는 공간을 휘어지게 한다
빠르게 움직이는 블랙홀은 시공간을 휘저어서 파괴적인 흐름을 만든다

2 회전 속도가 빨라진다

블랙홀이 접근하면서 나선 궤도는 더욱 줄고 줄어서 거의 빛의 속도로 회전한다. 이렇게 빠른 속도로 도는 거대 질량은 사방으로 중력파를 쏘아 댄다.

LIGO는 어떻게 파동을 감지하는가?

레이저 간섭계 중력파 관측소인 LIGO는 4킬로미터 관을 타고 내려가는 레이저 광선의 효과를 이용한다. 한 광선이 다른 광선의 약 절반 정도의 파장만큼 앞서 이동하면 두 광선이 만났을 때 파동이 소멸된다. 사라지는 것이다. 중력파는 레이저가 이동하는 거리를 변경시켜 두 광선이 만났을 때 약한 빛의 신호를 만들어 낸다.

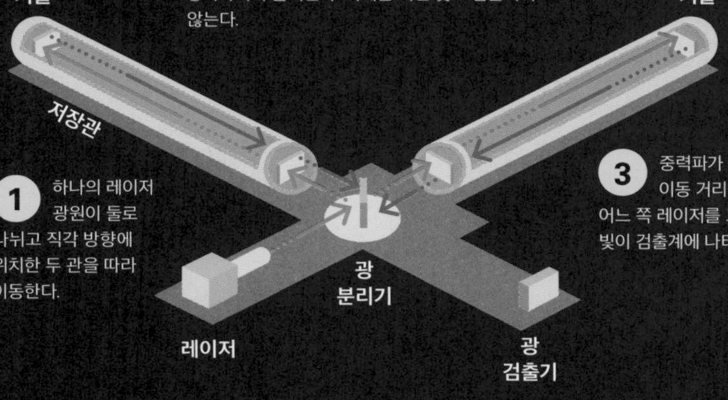

1 하나의 레이저 광원이 둘로 나뉘고 직각 방향에 위치한 두 관을 따라 이동한다.

2 레이저는 거울에 부딪쳐 다시 돌아와 분리되었던 곳에서 합쳐진다. 레이저는 동기화되어 움직인다. 이때는 어떤 빛도 검출되지 않는다.

3 중력파가 저장관에서 이동 거리를 변화시켜 어느 쪽 레이저를 교란시키면 빛이 검출계에 나타난다.

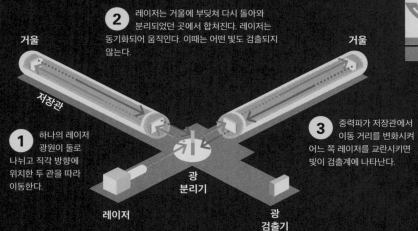

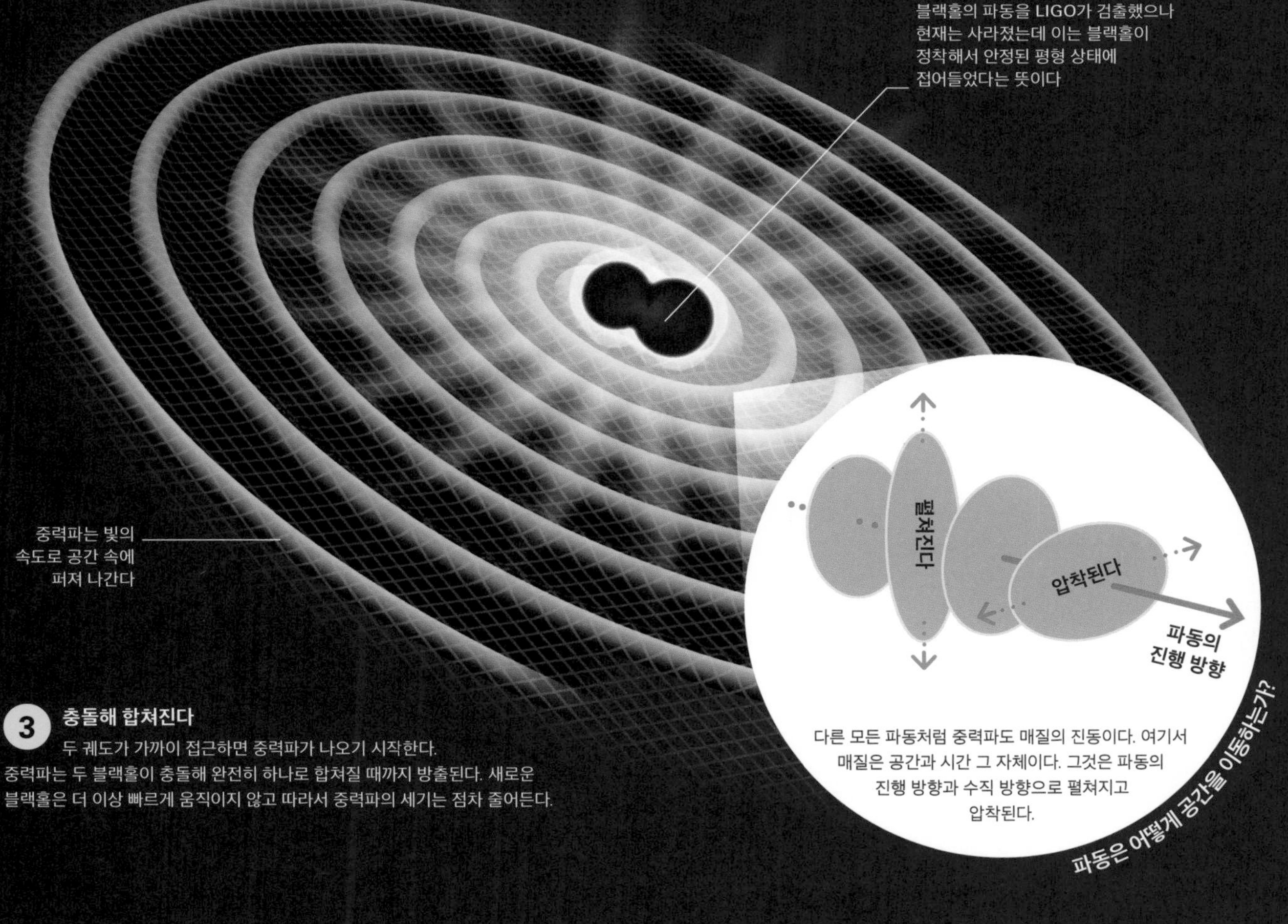

태양보다 거의 50배 무거운 새로운 블랙홀의 파동을 LIGO가 검출했으나 현재는 사라졌는데 이는 블랙홀이 정착해서 안정된 평형 상태에 접어들었다는 뜻이다

중력파는 빛의 속도로 공간 속에 퍼져 나간다

다른 모든 파동처럼 중력파도 매질의 진동이다. 여기서 매질은 공간과 시간 그 자체이다. 그것은 파동의 진행 방향과 수직 방향으로 펼쳐지고 압착된다.

3 충돌해 합쳐진다

두 궤도가 가까이 접근하면 중력파가 나오기 시작한다. 중력파는 두 블랙홀이 충돌해 완전히 하나로 합쳐질 때까지 방출된다. 새로운 블랙홀은 더 이상 빠르게 움직이지 않고 따라서 중력파의 세기는 점차 줄어든다.

끈 이론

믿을 수 없이 작은 규모에서 중력이 어떻게 작동하는지 등 물리학의 가장 중요한 문제를 풀기 위해 끈 이론이 등장했다. 이 이론에 따르면 모든 입자는 일차원 '끈'이고 우주의 뼈대이다.

각 끈은 다른 주파수로 진동한다
쿼크

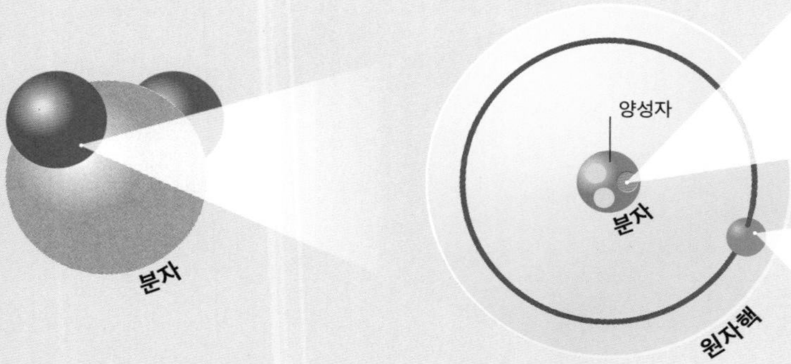

분자
양성자
분자
원자핵

속도 스핀 및 입자의 전하에 대응해 진동한다
전자

입자가 아닌 끈

아원자 입자를 직접 관찰하는 것은 불가능하다. 우리가 이해하고 있는 것은 모두 그들의 효과를 측정해 얻어 낸 것이다. 끈 이론은 입자가 사실은 진동하는 미세한 끈이라고 제안한다. 전자나 쿼크 같은 기본 입자는 독특하게 진동하며 그것으로 질량, 전하 혹은 운동량과 같은 특성을 설명할 수 있다고 말한다. 지금껏 그 누구도 끈 이론을 어떻게 실험할지 알아내지 못했다. 현재 끈 이론은 양자 입자의 작용을 설명하는 수학적인 체계이다.

에너지 섬유

끈 이론에 의하면 양성자를 구성하는 쿼크와 전자 같은 기본 입자는 독특하게 진동하는 끈 혹은 에너지 섬유이다.

양자 중력

양자 중력 이론은 항성과 같은 거대 구조의 중력을 기술하는 일반 상대성 이론과 원자 규모에서 세 가지 기본 힘이 어떻게 작동하는지 기술하는 양자 역학을 연결하기 위한 것이다. 양자 중력 효과는 플랑크 길이(Planck length)라고 하는 기본 거리에서 측정할 수 있는 규모이다.

플랑크 길이

플랑크 길이보다 가까이 있는 두 물체의 위치를 결정하는 일은 불가능하다. 따라서 그것은 물리적 의미에서 가장 작은 단위이다.

모든 것의 이론은 왜 필요한 것일까?

우주에는 미시적인 규모와 거시적인 규모에서 작동하는 법칙이 있다. 그 법칙들은 반드시 서로 연결되어야 한다. 모든 것을 설명하는 이론은 그것을 어떻게 설명할지 찾는 출발점이다.

인간
적혈구 10^{-6} 미터
원자 10^{-10} 미터
원자핵 10^{-15} 미터
플랑크 길이 10^{-35} 미터
10^{0} 미터
1 미터
10^{-3}미터
1 밀리미터
10^{-6} 미터
1 마이크로미터
10^{-9} 미터
1 나노미터
10^{-12} 미터
1 피코미터
10^{-15} 미터
1 펨토미터
10^{-18} 미터
1 아토미터
10^{-33} 미터
10^{-36} 미터

많은 차원

끈 이론가들은 끈이 우리 눈에 보이는 3차원(길이, 폭, 깊이)에서만 진동하는 게 아니라고 말한다. 우리 눈에 띄지 않는 최소 7개의 차원이 더 있다는 것이다. 가장 적은 아원자 규모에서만 나타난다는 의미에서 이들 차원은 '치밀한' 것으로 묘사된다. 이런 공간 차원은 우리 주변에 언제나 있고, 수수께끼 현상인 암흑 물질 혹은 암흑 에너지(206~207쪽 참조)를 설명할 수 있을지도 모른다.

칼라비-야우 다양체

일부 끈 이론가에 따르면 우리에게 보이지 않는 부가적인 차원은 칼라비-야우 다양체(Calabi-Yau manifold)라는 웅크린 기하학적 구조가 될 것이다. 아래 그림은 칼라비-야우 오양체로 불리는 6차원 다양체의 2차원 단면이다.

3차원 형태가 2차원 세계를 지나가면 2차원 단면만이 보일 것이다

2차원 세계에서 3차원 형상

2차원 세계에서 바라보는 3차원의 모습을 상상하면 보다 높은 공간 차원을 쉽게 이해할 수 있다. 2차원에서는 오직 3차원의 원형 조각만을 볼 수 있다.

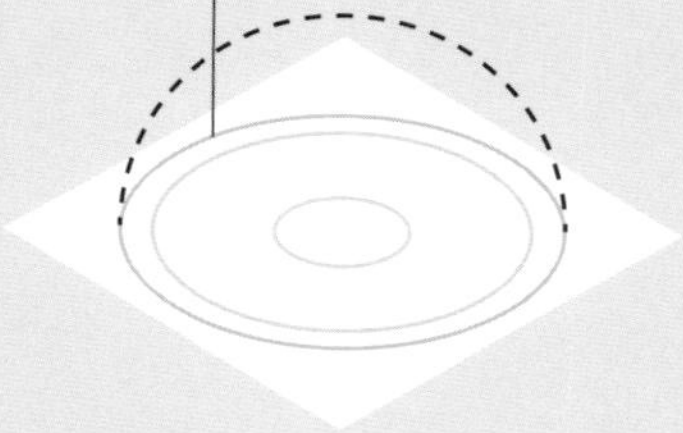
구의 단면 혹은 얇은 조각이 2차원 표면을 지날 때 2차원 관찰자의 눈에 그것은 동심원처럼 보일 것이다

2차원 관찰자의 시각

위와 아래를 볼 수 없는 2차원 존재에게 자라나거나 소멸하는 구는 위, 아래로 움직이는 것처럼 보일 것이다. 이런 기이한 현상은 눈에 보이지 않는 공간 차원 때문에 생긴다.

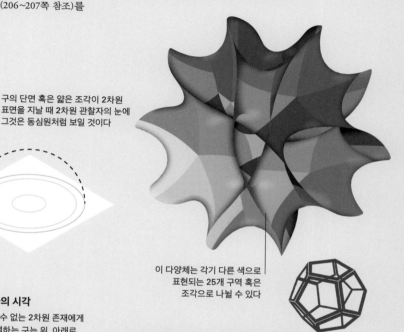

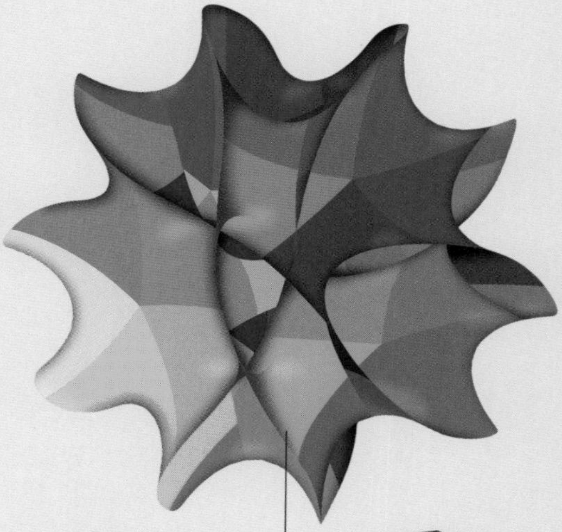
이 다양체는 각기 다른 색으로 표현되는 25개 구역 혹은 조각으로 나뉠 수 있다

끈 이론의 한 버전에 따르면 우주에는 10차원의 공간이 있다

초대칭 동반 입자

어떤 끈 이론에 따르면 물질은 에너지의 가장 낮은 진동일 뿐이다. 음악의 화음처럼 한 옥타브 위에 또 다른 끈이 진동하고 있다는 것이다. 이는 일반적인 기본 입자의 이론적 짝이자 초대칭 동반 입자(sparticle)라 불리는 초입자의 존재를 예측한다. 어떤 이론가들은 동반 입자의 질량이 기본 입자보다 1,000배 이상 무거울 것으로 예측한다.

물질 입자와 초대칭 동반 입자		힘 입자와 초대칭 동반 입자	
입자	초대칭 동반 입자	입자	초대칭 동반 입자
쿼크	스쿼크	그라비톤	그라비티노
뉴트리노	스뉴트리노	W 보손	위노스
전자	셀렉트론	Z^0	지노
뮤온	스뮤온	광자(포톤)	포티노
타우	스타우	글루온	글루이노
		힉스 보손	힉시노

생명

살아 있다는 것은?

생명은 우주에서 알려진 것 중 가장 복잡한 것이다. 분자들이 하나의 부분으로서 서로 협동하는 방식은 어떤 컴퓨터보다도 정교하다. 생명을 유지하게 하는 근본적인 기능이 무엇인지 이해하기 위해 유기체의 생물학을 철저히 파헤칠 필요가 있다.

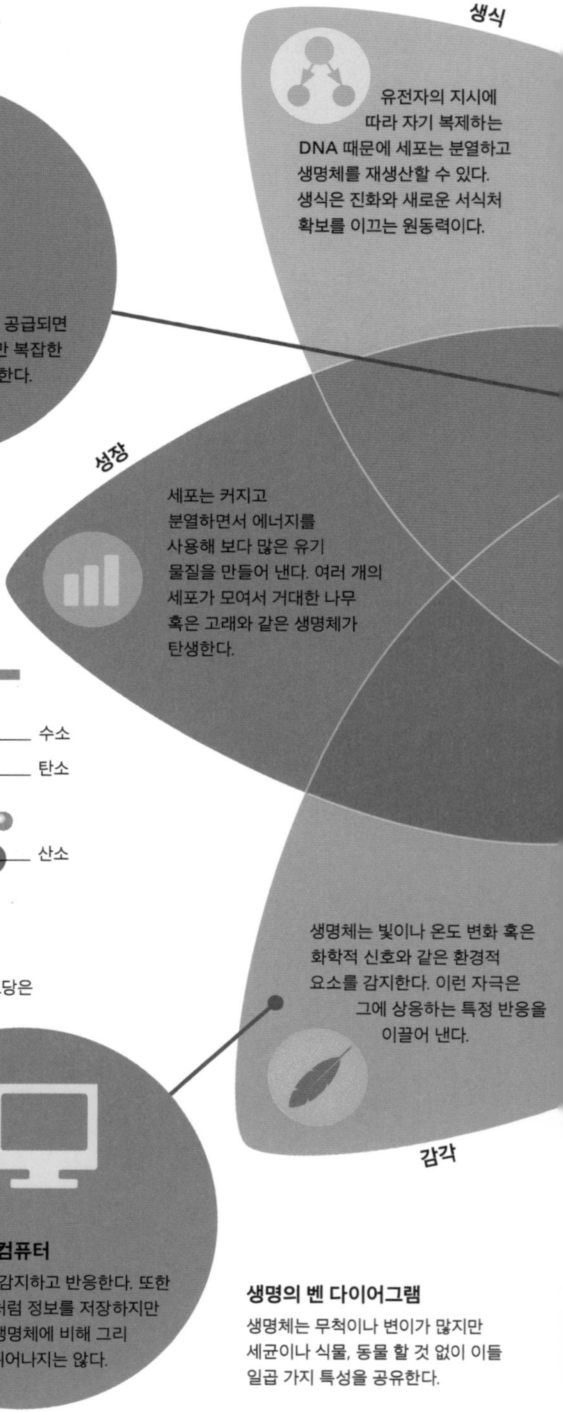

생식
유전자의 지시에 따라 자기 복제하는 DNA 때문에 세포는 분열하고 생명체를 재생산할 수 있다. 생식은 진화와 새로운 서식처 확보를 이끄는 원동력이다.
결정
화합물 결정은 주변에서 물질이 공급되면 자라고 스스로 복제할 수 있지만 복잡한 물질대사를 수행하지는 못한다.
성장
세포는 커지고 분열하면서 에너지를 사용해 보다 많은 유기 물질을 만들어 낸다. 여러 개의 세포가 모여서 거대한 나무 혹은 고래와 같은 생명체가 탄생한다.
생명체는 빛이나 온도 변화 혹은 화학적 신호와 같은 환경적 요소를 감지한다. 이런 자극은 그에 상응하는 특정 반응을 이끌어 낸다.
감각
컴퓨터
컴퓨터도 자극을 감지하고 반응한다. 또한 인간 뇌의 기억처럼 정보를 저장하지만 살아 있는 생명체에 비해 그리 성능이 뛰어나지는 않다.

생명의 벤 다이어그램

생명체는 무척이나 변이가 많지만 세균이나 식물, 동물 할 것 없이 이들 일곱 가지 특성을 공유한다.

생명의 신호

수백만 종의 유기체는 모두 생명체의 특질인 몇 가지 특성들을 공유한다. 이 특성들이 모두 있을 때만 우리는 그것이 살아 있다고 한다. 생명체는 음식이 필요하고 호흡하여 에너지를 생산하며 필요 없는 물질을 배설한다. 또한 움직이고 주변을 감지하며 성장하고 재생산을 한다. 무생물이 이런 기능 중 한두 가지를 가지고 있을 수 있지만 모든 것을 갖추고 있지는 못한다.

복잡한 건축물

생명을 구성하는 고분자 화합물은 탄소 원자를 기초로 이루어지며 다른 어떤 분자들보다 구조가 크다. DNA의 사슬이나 셀룰로스는 길이가 수십, 수백 센티미터에 이르기도 한다. 식물은 단순하기 이를 데 없는 이산화 탄소와 물을 이용해 이 구성물을 축조한다. 동물들은 다른 생명체 혹은 그들의 분해 산물을 음식물 형태로 먹고 이런 고분자 화합물을 얻는다. 이 영양소 분자들은 생명체를 유지하는 연료이자 구성하는 건축 자재이다.

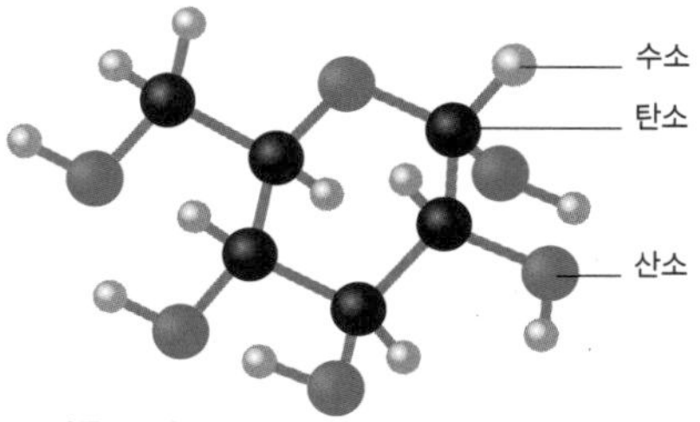

수소
탄소
산소

음식물 분자

음식물 분자 중 가장 단순한 것에 속하는 포도당은 24개의 원소로 만들어진다. 다른 생체 물질과 마찬가지로 포도당도 탄소 원자 골격을 토대로 한다.

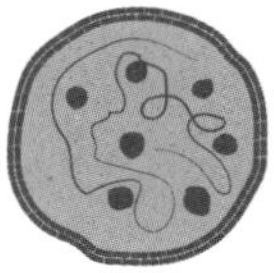

가장 단순한 생명체 중 하나는 폐렴을 일으키는 세균으로, 687개의 유전자를 보유하고 있다

영양

모든 생명체에는 지속적으로 에너지와 음식물이 공급되어야 한다. 많은 생명체들은 음식물의 유기물 분자, 가령 단백질과 탄수화물의 형태로 이들을 확보한다.

이동

세포 안의 구성 성분 혹은 유체의 지속적인 흐름에서부터 동물 근육의 힘찬 움직임까지 모든 생명체는 끊임없이 움직인다.

생명체는 탄소 원자에 기초해야만 할까?

SF 소설 작가들은 실리콘에 기초한 대안 생명체를 상상하곤 한다. 하지만 수많은 종류의 원소와 결합해 고분자를, 따라서 생명체를 만들 수 있는 원소는 탄소가 유일하다.

살아 있는 유기체

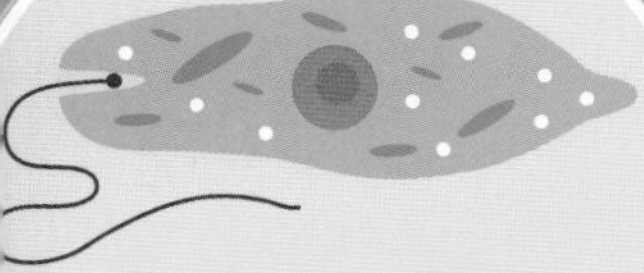

유글레나는 연못에 서식하는 단세포 생명체로, 식물처럼 광합성을 하지만 동물처럼 음식물을 소비하기도 한다.

배설

세포 안에서 이루어지는 연속적인 화학 반응을 거쳐 노폐물이 생긴다. 신체는 이러한 대사 폐기 물질을 배설한다.

물질대사는 무엇인가?

물질대사라 불리는 수많은 화학 반응은 생명의 핵심 요소다. 효소라 불리는 단백질 촉매가 매개하는 연속적인 반응을 거쳐 분자는 변화한다. 각각의 유기체의 독특한 물질대사를 매개하는 촉매는 DNA에 새겨진 유전 정보에 의해 결정된다.

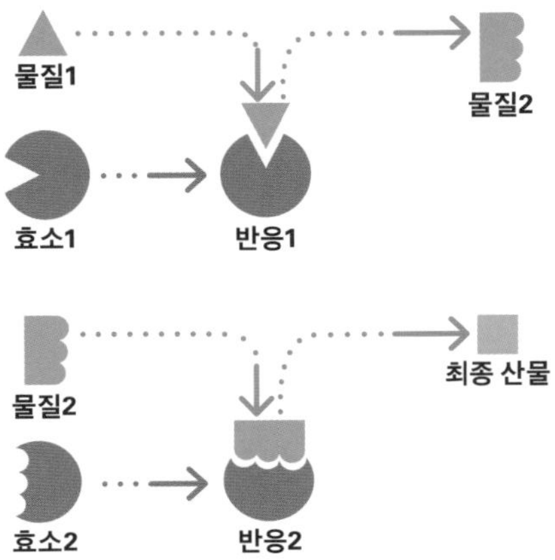

생명체가 받아들인 음식물 분자는 엔진에서 연료를 태우는 것처럼 화학 반응을 거쳐 분해된다. 이런 호흡 과정을 통해 신체가 사용하는 에너지가 만들어진다.

호흡

내연 기관

연료를 받아들여 연소하면서 움직이고 연기를 '배설'하는 엔진은 생명의 네 가지 특성을 보인다. 하지만 감각하거나 자라나거나 자식을 낳지는 못한다.

생명체의 유형

세상을 이해하기 위해 우리는 사물을 분류한다. 생명의 다양성을 구체화하는 분류를 통해, 현대 과학은 종 사이의 진화적인 관계를 반영하는 물리적이고 유전적인 동질성을 알아보고자 한다.

생명의 계통수

세균과 동물만큼 서로 다른 생명체 사이라도 세포 혹은 유전자 수준에서 동질성이 발견되기 때문에, 우리는 모든 생명체가 하나의 조상에서 비롯되었다고 추정한다. 수십억 년 동안 생명체는 매우 복잡한 계통수로 진화했다. 큰 가지에서 작은 가지가 분기되어 나오는 것과 비슷하게 과학자들은 이들을 몇 개의 집단으로 분류한다. 가장 오래된 계통수의 가지는 생명체 왕국의 토대가 된다. 그로부터 수백만 종의 가지가 뻗어 나왔다.

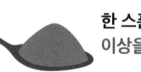

한 스푼의 흙에서 미생물 10만 종 이상을 발견할 수 있다

최후의 원시 공통 조상으로 지구상의 모든 생명체의 조상으로 가정된다
루카
세균계
가장 단순한 단세포 생명체
고세균계
겉으로는 세균과 비슷하지만 매우 다른 유전자를 갖고 있다
일곱 종류의 왕국
우리는 생명체 최초의 계통수 유연관계를 잘 모른다. 하지만 세포의 유사성에 따라 최소한 일곱 가지 집단(계)으로 분류가 가능하다.
원생동물계
아메바와 그의 친척들을 포함하는 단세포 생명체
크로미스타계
엽록소 a, c를 가진 조류, 섬모충류, 유공충류, 대부분 단세포 생명체
동물계
곰팡이계
식물계과 연관 조류
엽록소 a와 b를 갖는 생명체

과학적 명명법

각 종에는 고유한 과학적 명명이 있어 지칭하는 데에 모호함이 없다. 구석남 혹은 브라이어(두 나무는 에리카 아르보레아(*Erica arborea*)라는 학명을 가진 같은 종이다.)와 같은 일반명으로 부른다면 혼돈의 소지가 많을 것이다. 묘사적일 때가 있는(아르보레아에는 '나무 같은'이라는 뜻이 있다.) 과학적 이름은 두 가지 구성 요소로 이루어진다. 앞의 에리카는 식물 종이 속한 속명이다. 그 다음에 나오는 이름과 함께 합쳐진 것(에리카 키네레아 혹은 에리카 아르보레아)이 그 종의 이름이다.

에리카 키네레아
에리카 아르보레아
로도덴드론 아르보리음

자연적인 혹은 비자연적인 분류

많은 생명체들이 우발적인 진화에 의해 빚어진 특성을 공유한다. 새와 곤충은 독자적으로 날개를 진화시켰지만 그들을 '나는 동물'로 규정하는 것은 자연스럽지 않다. 자연군, 혹은 계통(clade)은 계통수의 분기점에 해당하는 공통 조상을 갖는 모든 후손을 일컫는다. 포유동물과 조류는 모두 공통 조상이 있는 계통이다. 하지만 어류와 무척추동물은 계통이 아니다. 어류에서는 그들의 파생물인 육상 척추동물이 제외되기 때문이다.

집단 내 집단

유연관계를 따져 엄밀하게 분류한다면 새는 두발로 서서 걸어 다녔던 수각류(theropod)의 후손으로, 여기에는 티라노사우루스도 포함된다. 그들은 공룡의 하위 집단으로 파충류의 일원이다.

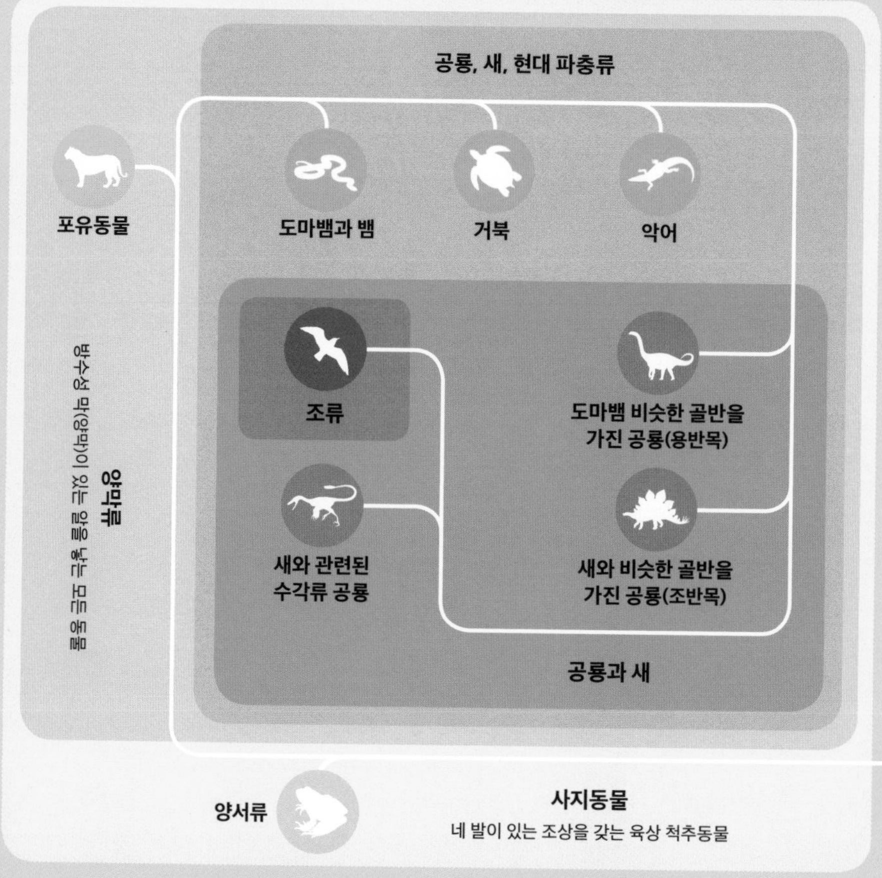
공룡, 새, 현대 파충류
포유동물
도마뱀과 뱀
거북
악어
조류
도마뱀 비슷한 골반을
가진 공룡(용반목)
새와 관련된
수각류 공룡
새와 비슷한 골반을
가진 공룡(조반목)
공룡과 새
양막류
방수성 막(양막)이 있는 알을 낳는 모든 동물
양서류
사지동물
네 발이 있는 조상을 갖는 육상 척추동물

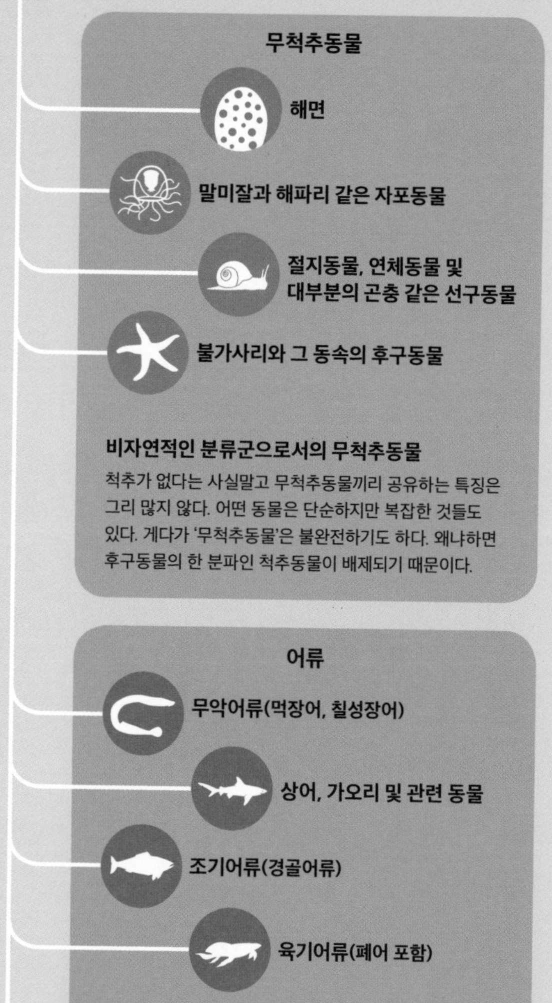
무척추동물
해면
말미잘과 해파리 같은 자포동물
절지동물, 연체동물 및
대부분의 곤충 같은 선구동물
불가사리와 그 동속의 후구동물
어류
무악어류(먹장어, 칠성장어)
상어, 가오리 및 관련 동물
조기어류(경골어류)
육기어류(폐어 포함)

비자연적인 분류군으로서의 무척추동물

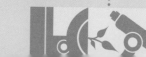

척추가 없다는 사실말고 무척추동물끼리 공유하는 특징은 그리 많지 않다. 어떤 동물은 단순하지만 복잡한 것들도 있다. 게다가 '무척추동물'은 불완전하기도 하다. 왜냐하면 후구동물의 한 분파인 척추동물이 배제되기 때문이다.

비자연적 분류군으로서의 어류

모든 어류는 공통 조상이 있다. 하지만 육기어류는 어류에 속하지 않는 사지동물의 조상이 되었다. 따라서 무척추동물처럼 어류는 계통이 아니다. 하지만 무척추동물과 달리 어류는 복잡하고 다양한 공통 형질을 공유한다. 그래서 흔히 편하게 그레이드(grade)라는 집단으로 부르기도 한다.

바이러스

바이러스는 복제가 어떻게 진행되는지 생생하게 보여 준다. 자체로는 살아 있다고 간주되지 않는 유전자의 작은 보따리인 이 감염성 입자는 살아 있는 세포에 침입해 자신의 복제품을 흩뜨린다. 어떤 바이러스는 해를 일으키지 않지만 어떤 바이러스는 지구에서 가장 무서운 질병을 일으키기도 한다.

다면체
감싼 모습
나선형
복잡한 구조

바이러스의 종류

바이러스의 모양은 제각각이지만 반드시 공유하는 부분이 있다. 단백질 외피로 둘러싸인 유전자 꾸러미 구조가 그것이다. 어떤 바이러스는 유전 물질로 DNA를 사용한다. 반면 RNA를 쓰는 바이러스도 있다. RNA는 세포가 단백질을 만들 때 중간물질(158~159쪽 참조)로 사용하는 것이다. 바이러스 유전자가 다른 바이러스의 유전자보다 숙주의 유전자와 더 닮았다는 사실은 놀랍다. 숙주를 배신하고 탈출한 유전자 꾸러미가 바이러스라는 증거일 수 있다.

바이러스 주기

모든 바이러스는 기생 생명체이다. 직접 접촉, 공기, 또는 상한 음식물을 통해 바이러스에 감염될 수 있다. 이들은 진정한 의미의 생명체가 아니다. 복제를 위해 세포의 기구를 빌려 써야 하기 때문이다. 살아 있는 유기체(150~151쪽 참조)처럼 이들의 작동 방식도 유전자에 암호화되어 있으며 증식을 극대화하는 방향으로 숙주에 침입한다. 바이러스는 여러 가지로 숙주에 영향을 끼친다. 리노바이러스는 가벼운 감기를 불러일으키지만 에볼라 바이러스는 숙주를 죽음으로 내몰기도 한다.

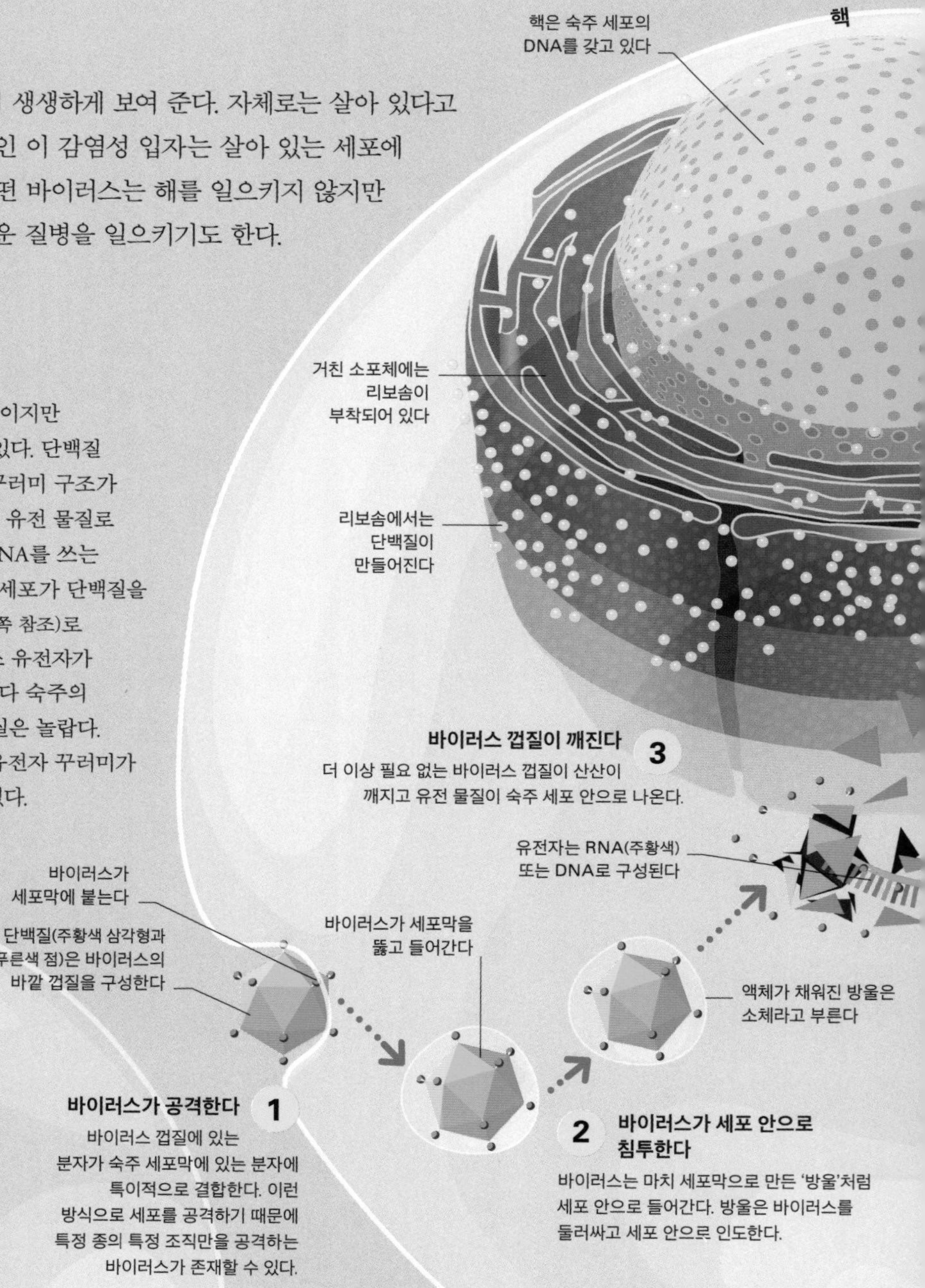

핵
핵은 숙주 세포의 DNA를 갖고 있다
거친 소포체에는 리보솜이 부착되어 있다
리보솜에서는 단백질이 만들어진다
바이러스 껍질이 깨진다 3
더 이상 필요 없는 바이러스 껍질이 산산이 깨지고 유전 물질이 숙주 세포 안으로 나온다.
유전자는 RNA(주황색) 또는 DNA로 구성된다
바이러스가 세포막에 붙는다
단백질(주황색 삼각형과 푸른색 점)은 바이러스의 바깥 껍질을 구성한다
바이러스가 세포막을 뚫고 들어간다
액체가 채워진 방울은 소체라고 부른다
바이러스가 공격한다 1
바이러스 껍질에 있는 분자가 숙주 세포막에 있는 분자에 특이적으로 결합한다. 이런 방식으로 세포를 공격하기 때문에 특정 종의 특정 조직만을 공격하는 바이러스가 존재할 수 있다.
2 바이러스가 세포 안으로 침투한다
바이러스는 마치 세포막으로 만든 '방울'처럼 세포 안으로 들어간다. 방울은 바이러스를 둘러싸고 세포 안으로 인도한다.

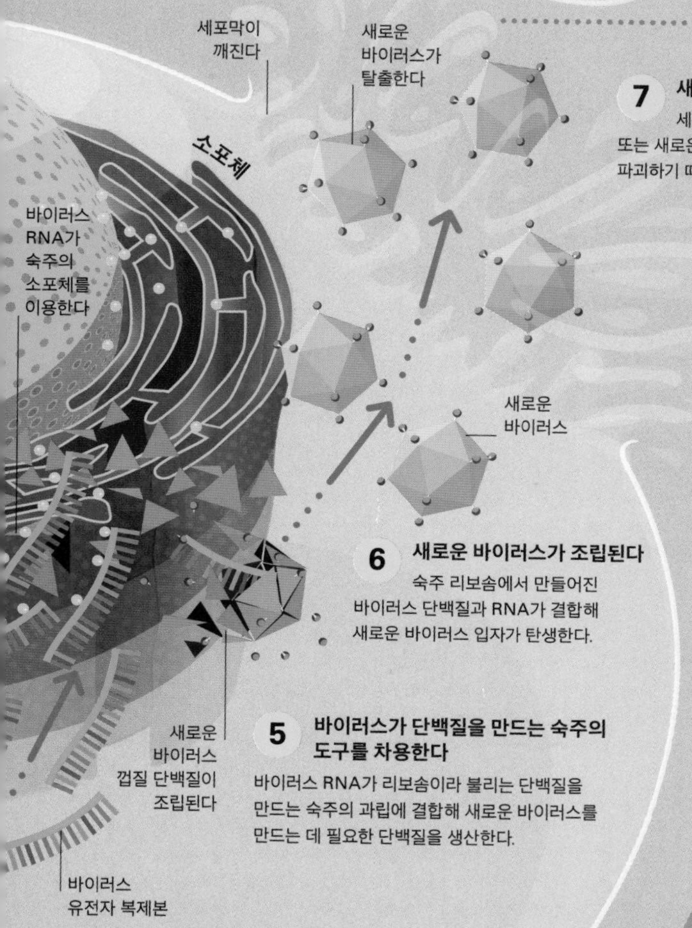
세포막이 깨진다
새로운 바이러스가 탈출한다
소포체
바이러스 RNA가 숙주의 소포체를 이용한다
새로운 바이러스
새로운 바이러스 껍질 단백질이 조립된다
바이러스 유전자 복제본
세포막
다른 세포를 감염시킬 수 있는 자유로운 바이러스

4 바이러스의 유전자가 복제된다

바이러스 유전 물질이 여러 벌 복제된다. RNA가 유전 물질인 바이러스는 효소가 있어 우선 DNA를 만들거나 혹은 직접 복제한다. 여기에 나타내지는 않았지만 일부 DNA 바이러스는 직접 핵으로 가 거기에 유전 물질을 집어넣기도 한다.

5 바이러스가 단백질을 만드는 숙주의 도구를 차용한다

바이러스 RNA가 리보솜이라 불리는 단백질을 만드는 숙주의 과립에 결합해 새로운 바이러스를 만드는 데 필요한 단백질을 생산한다.

6 새로운 바이러스가 조립된다

숙주 리보솜에서 만들어진 바이러스 단백질과 RNA가 결합해 새로운 바이러스 입자가 탄생한다.

7 새로운 바이러스 입자가 탈출한다

세포를 벗어난 바이러스 입자는 다른 세포 또는 새로운 숙주를 찾아 떠날 준비가 끝났다. 세포막을 파괴하기 때문에 숙주 세포는 죽음을 맞는다.

바이러스와 싸우기

바이러스의 침투에 맞서 우리 신체는 면역계의 일꾼인 백혈구를 동원한다. 어떤 세포는 바이러스에 붙어 이를 무력화시키는 항체라고 하는 단백질을 분비한다. '살해 세포'라 불리는 세포는 이미 감염된 세포를 기꺼이 희생시키기도 한다. 오직 세균만을 목표로 하는 항생제는 바이러스에 영향을 끼치지 못한다. 바이러스 제어의 선두에는 '가짜' 감염으로 면역계를 훈련시키는 백신이 있다.

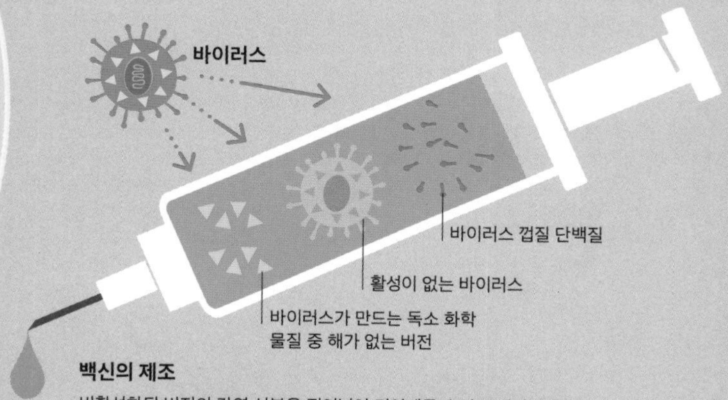
바이러스
바이러스 껍질 단백질
활성이 없는 바이러스
바이러스가 만드는 독소 화학 물질 중 해가 없는 버전

백신의 제조

비활성화된 버전의 감염 성분을 집어넣어 면역계를 속이는 백신은 면역계를 활성화하기에는 충분하지만 숙주에 질병을 일으키지는 말아야 한다. 이런 방식으로 활성화된 면역계는 진짜 바이러스가 들어오면 그것을 인식하고 공격할 수 있다. 빠르고 강력한 반응을 할 수 있는 것이다.

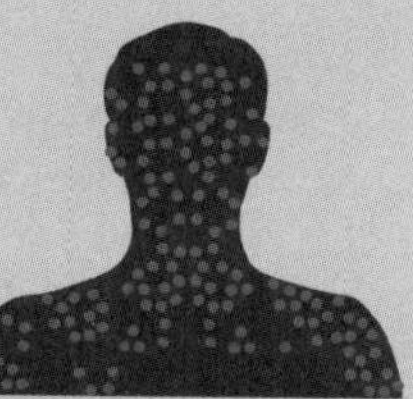

천연두는 백신에 의해 제거된 유일한 감염성 질환이다

이로운 바이러스

유전적으로 가공된 바이러스는 암 세포와 같은 특정한 세포에 약물을 전달하는 도구가 될 수 있다. '건강한' 유전자를 함유한 DNA 바이러스도 세포에 도입해 유전자 치료에 사용할 수 있다.(오른쪽 그림 참조) 어떤 바이러스는 감염에 쓰이는 항생제를 대체해 질병을 일으키는 세균과 전투를 벌일 수 있다.

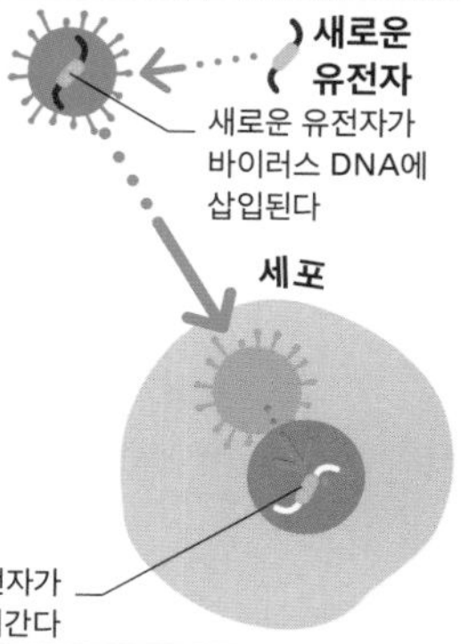
새로운 유전자
새로운 유전자가 바이러스 DNA에 삽입된다
세포
바이러스에 삽입된 유전자가 세포의 DNA로 들어간다

세포

어떤 생명체이든 거의 몸의 모든 곳에서 세포라 불리는 생명의 기본 단위체를 발견할 수 있다. 세포는 음식물을 가공해 에너지를 생산하고 주변을 감지한다. 세포는 성장하고 스스로 수선한다. 그것도 마침표 하나의 5분의 1밖에 안 되는 협소한 공간에서 말이다.

세포는 어떻게 작동하는가?

세포는 세포 소기관이라 부르는 미세한 구조물로 꽉 차 있다. 우리의 신체 기관처럼 이들도 세포가 살아가는 데 꼭 필요한 일을 수행한다. 세포는 주변 환경으로부터 물질을 받아들여서 매우 복잡한 고분자 화합물을 만든다.

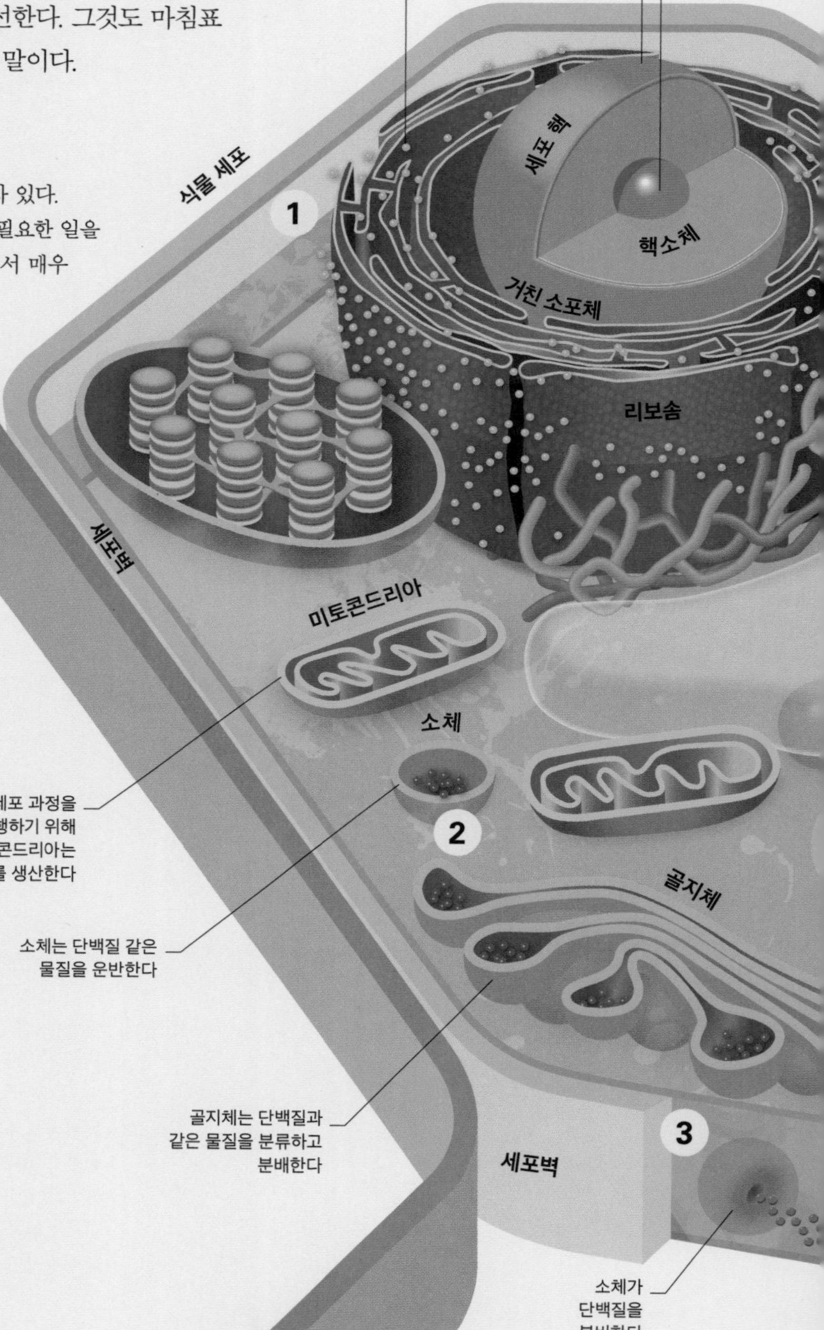

리보솜이 소포체에 다닥다닥
붙어 있어서 거칠게 보인다
DNA를 보관하는 핵은
단백질을 만드는 안내
책자가 있는 도서관이다
핵소체는
소포체를
만드는 데
도움을 준다
식물 세포
1
세포 핵
핵소체
거친 소포체
리보솜
세포벽
미토콘드리아
소체
원활히 세포 과정을
진행하기 위해
미토콘드리아는
에너지를 생산한다
2
골지체
소체는 단백질 같은
물질을 운반한다
골지체는 단백질과
같은 물질을 분류하고
분배한다
3
세포벽
소체가
단백질을
분비한다

1 단백질 생산 공장

세포가 필요로 하는 물질은 대부분 단백질이다. 이 물질은 유전자의 지시(158~159쪽 참조)에 따라 리보솜에서 만들어진다. 리보솜은 거친 소포체 표면에 위치한다.

2 포장

단백질은 소체 안으로 들어간다. 골지체로 이동할 거품 같은 것이다. 이 소기관은 세포 내 집배원 역할을 맡고 있으며 단백질을 포장하고 표식을 붙인다. 그렇게 다음 행선지가 결정된다.

3 운반

표식에 따라 골지체에서 단백질들은 다른 소체에 둘러싸인다. 세포 밖으로 나갈 운명인 단백질을 포장한 소체는 세포막과 융합해 단백질을 세포의 바깥으로 내보낸다.

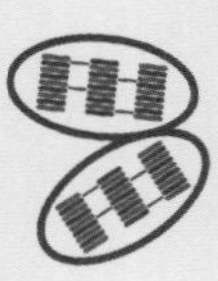

80만 개

잎 표면 1제곱밀리미터당 들어차 있는 엽록체 수

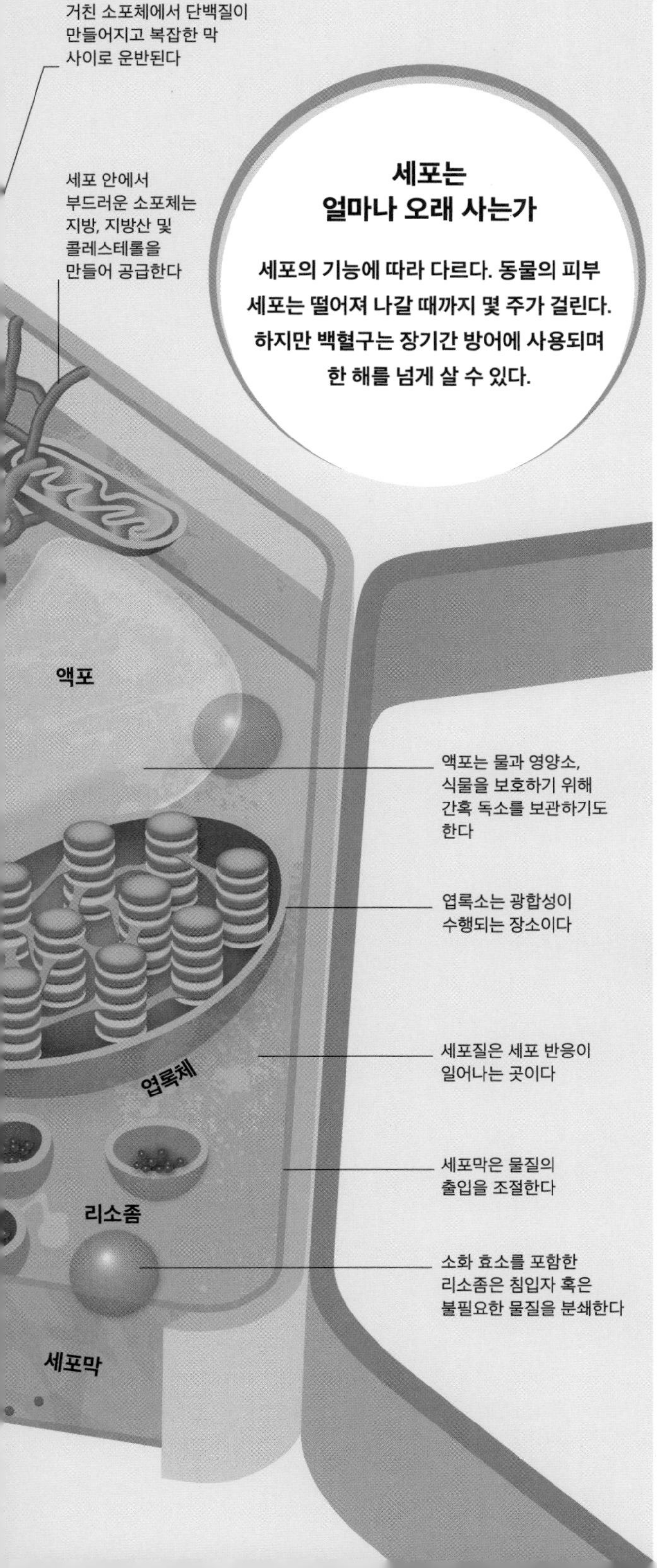

거친 소포체에서 단백질이 만들어지고 복잡한 막 사이로 운반된다
세포 안에서 부드러운 소포체는 지방, 지방산 및 콜레스테롤을 만들어 공급한다
액포
액포는 물과 영양소, 식물을 보호하기 위해 간혹 독소를 보관하기도 한다
엽록소는 광합성이 수행되는 장소이다
엽록체
세포질은 세포 반응이 일어나는 곳이다
세포막은 물질의 출입을 조절한다
리소좀
소화 효소를 포함한 리소좀은 침입자 혹은 불필요한 물질을 분쇄한다
세포막

세포는 얼마나 오래 사는가

세포의 기능에 따라 다르다. 동물의 피부 세포는 떨어져 나갈 때까지 몇 주가 걸린다. 하지만 백혈구는 장기간 방어에 사용되며 한 해를 넘게 살 수 있다.

세포의 다양성

동물 세포는 식물 세포와 다르다. 세포벽이 지지하고 있지 않기 때문에 동물 세포는 크게 자라지 못한다. 하지만 식물 세포처럼 동물 세포의 모양도 역할에 따라 가지가지다. 동물 세포가 보다 역동적이기 때문에 미토콘드리아 수가 더 많다. 하지만 광합성을 하는 엽록체가 없어서 스스로 음식물을 만들지 못하고 식물을 소비해야 한다.

다양한 동물 세포

편평한 피부 세포는 막 구조를 형성하지만 단백질을 다량 만들지는 않고 미토콘드리아 수도 매우 적다. 하지만 백혈구는 신체의 방어를 위해 빠른 반응을 보여야 하므로 세포 안에 미토콘드리아가 상당히 많다.

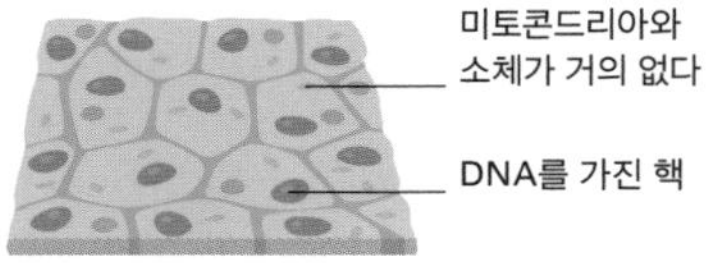

DNA를 가진 핵

피부 세포

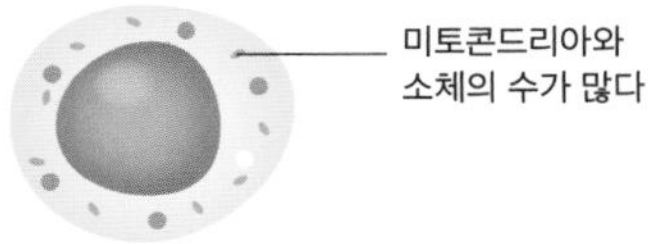

백혈구

세균

세균의 세포는 식물 혹은 동물 세포와도 다르다. 세균은 식물과 동물 혹은 단세포 조류가 등장하기 훨씬 전에 진화했다. 이들은 세포벽을 갖지만 DNA를 싸고 있는 핵은 없다.

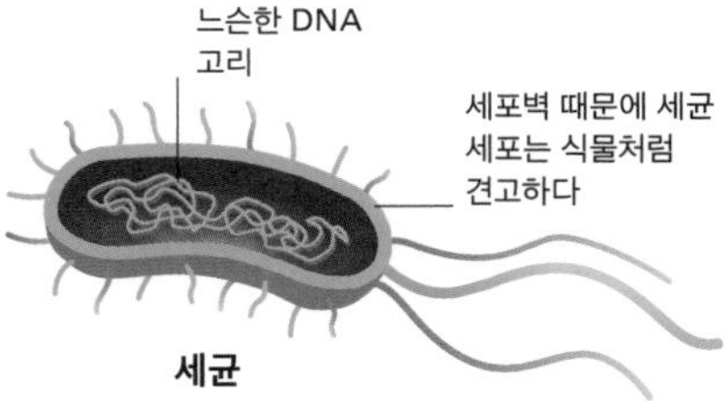

느슨한 DNA 고리
세포벽 때문에 세균 세포는 식물처럼 견고하다

세균

세포 더 만들기

다세포 생명체를 구성하는 세포는 스스로 여러 차례 복제해 몸통을 키우거나 재생한다. 체세포 분열(mitosis)이라 불리는 이런 복사 과정은 세포가 신체의 청사진인 유전 정보 전체(유전체)를 복사해야 하기 때문에 쉽지 않다. '딸세포'로 나뉘기 전에 전체 DNA가 2배로 복사되어야 한다.

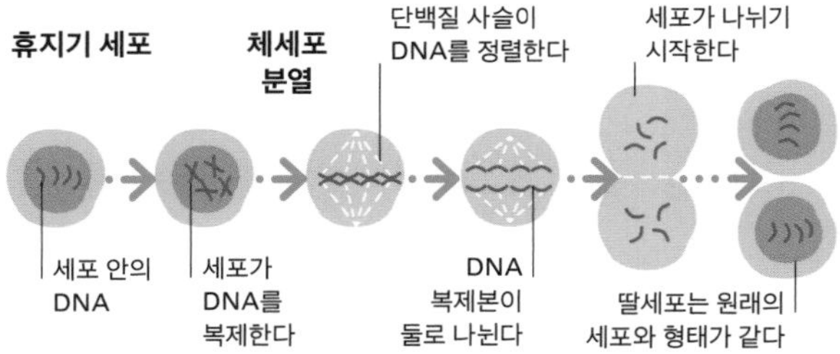

휴지기 세포

단백질 사슬이 DNA를 정렬한다
세포가 나뉘기 시작한다

DNA 복제본이 둘로 나뉜다
딸세포는 원래의 세포와 형태가 같다

유전자의 원리

DNA에는 살아 있는 생명체를 자라게 하고 유지시키는 암호화된 정보가 들어 있다. 그 지시에 따라 생명체가 필요로 하는 특정한 단백질이 만들어진다. 단백질을 암호화하는 정보를 가진 DNA 토막을 유전자라고 부른다.

단백질 만들기

수백 가지의 단백질이 생명체의 세포 과정을 수행한다. 그 중 상당수는 화학 반응을 촉매해 그 속도를 높이는 효소들이다. 어떤 단백질은 세포막을 건너 물질을 운반하거나 다른 필수적인 역할을 수행한다. DNA의 유전자가 지시하는 바에 따라 모든 단백질이 만들어진다. 유전자는 RNA라 불리는 물질로 복사되며 단백질 합성 기구에 핵으로부터 온 지시 사항을 넘긴다.

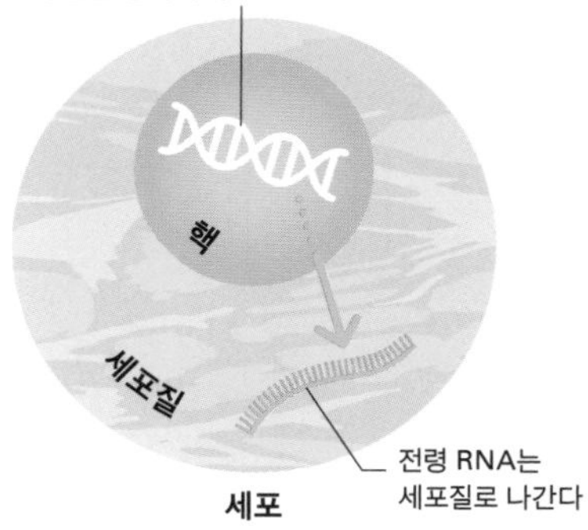

모든 일이 일어나는 곳

DNA는 길고 다루기 힘든 데다 반드시 핵 안에 머물러 있어야 한다. 하지만 단백질은 세포질에서 만들어진다. 유전자 복제본이 전령 RNA 형태로 세포질에 전해져야 한다.

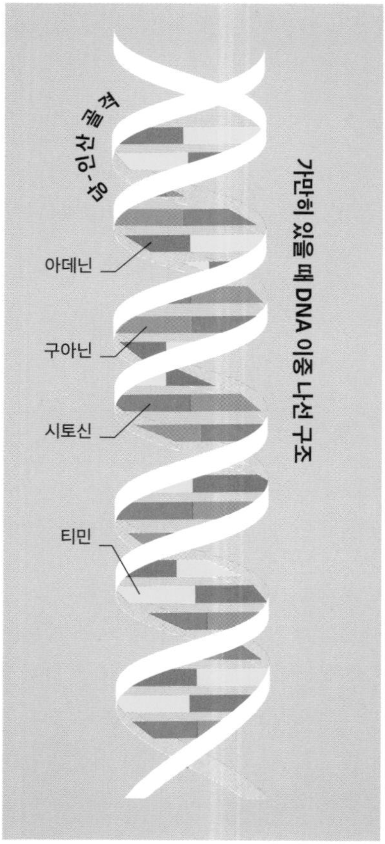

1 DNA의 구조

DNA 분자는 2개의 선이 꼬인 이중 나선 구조이다. 2개의 선 사이에는 염기라 불리는 4종류의 화합물이 상보적인 방식으로 쌍을 이루고 있다. 아데닌은 티민, 구아닌은 시토신과 쌍을 이룬다.

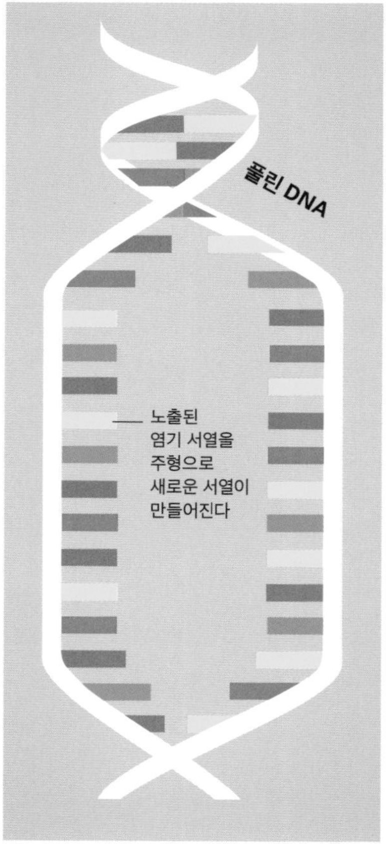

2 DNA가 풀리다

유전적 지시 사항은 한쪽 나선의 염기 서열에 기록되어 있다. 특정 단백질을 암호화하고 있는 유전자 부위가 이중 나선이 풀리면서 노출된다.

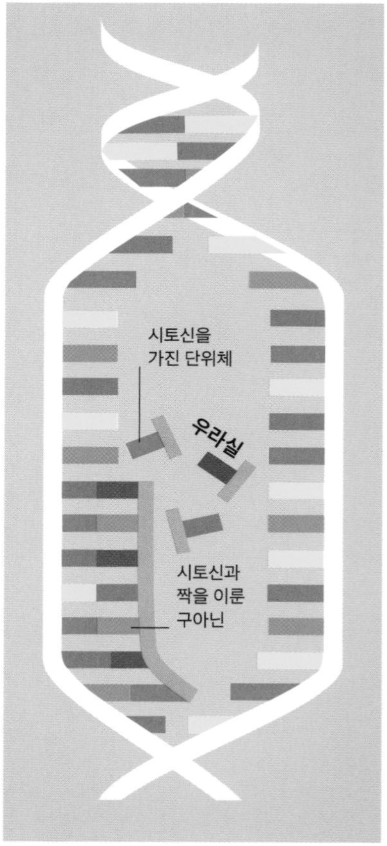

3 DNA 주형에서 RNA가 형성되다

노출된 유전자를 따라 염기 서열에 상보적인 RNA 단일 나선이 만들어진다. RNA의 우라실 염기는 티민 대신 아데닌과 짝을 이룬다.

유전 암호-보편 언어

생명체에는 저마다의 유전자 집합이 있지만 염기 서열에 따라 아미노산이 번역되는 방식은 세균이나 식물, 동물이 모두 같다. 3개의 염기가 같은 아미노산으로 번역된다. AAA는 리신을, AAC는 아스파라긴을 암호화한다.

agc cat tca gga
cgt ...

50개
인간 세포에서 DNA가 복제될 때 매초 첨가되는 염기 수

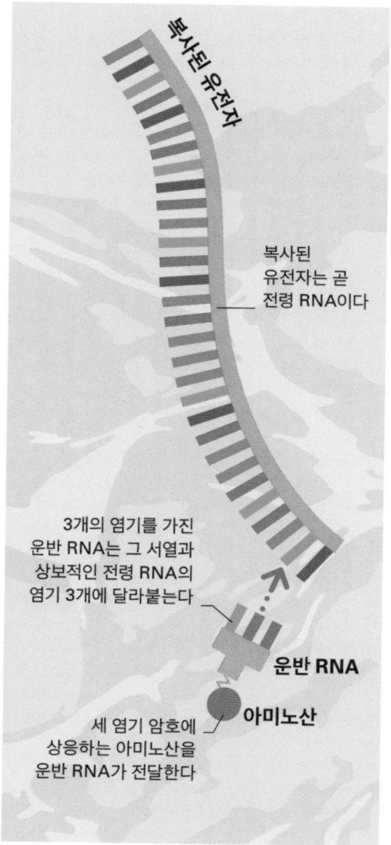
복사된 유전자
복사된 유전자는 곧 전령 RNA이다
3개의 염기를 가진 운반 RNA는 그 서열과 상보적인 전령 RNA의 염기 3개에 달라붙는다
운반 RNA
아미노산
세 염기 암호에 상응하는 아미노산을 운반 RNA가 전달한다

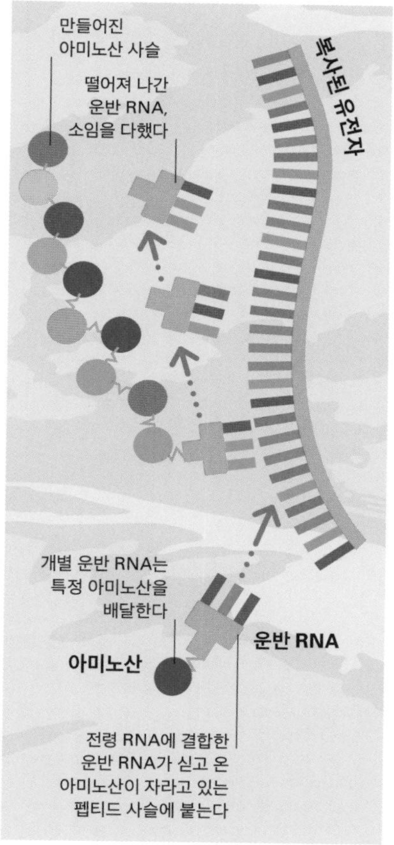
만들어진 아미노산 사슬
떨어져 나간 운반 RNA, 소임을 다했다
복사된 유전자
개별 운반 RNA는 특정 아미노산을 배달한다
아미노산
운반 RNA
전령 RNA에 결합한 운반 RNA가 싣고 온 아미노산이 자라고 있는 펩티드 사슬에 붙는다

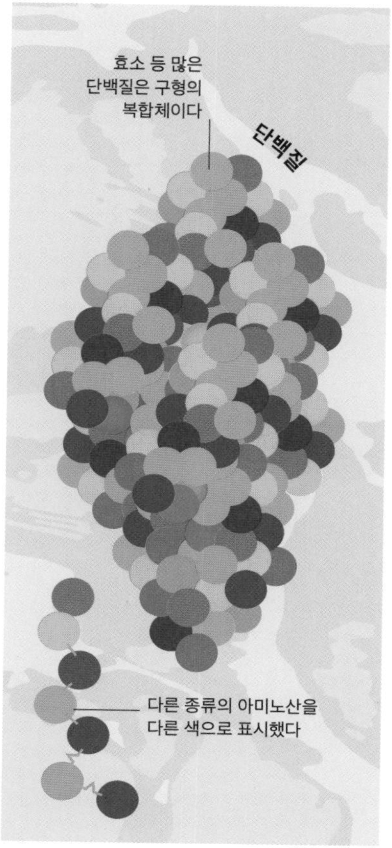
효소 등 많은 단백질은 구형의 복합체이다
단백질
다른 종류의 아미노산을 다른 색으로 표시했다

4 유전자가 핵을 떠나다

유전자의 거울상인 전령 RNA 단일 나선은 DNA에서 떨어져 나와 세포질로 향한다. 거기서 특별한 운반 RNA 분자와 결합한다.

5 아미노산으로 번역되다

운반 RNA 분자는 전령 RNA의 특정 서열을 인식하고 거기에 붙는다. 한편 운반 RNA는 자신의 고유한 아미노산만을 운반한다. 이런 방식으로 염기의 서열이 아미노산으로 번역된다.

6 아미노산이 단백질을 구성하다

유전자 염기의 순서에 의해 결정되는 아미노산의 특정한 서열에 따라 단백질 사슬을 접는 방식이 달라진다. 단백질 접힘에 따라 구조와 기능이 결정된다.

생식

생명체는 더 많은 생명체를 만든다. 생명체마다 자신이 가진 유전자를 확실하게 다음 세대에게 전달하는 서로 다른 방식이 있다. 어떤 생명체는 단순히 자신의 분신을 나누지만 대부분은 성을 통해 생식한다. 유성 생식은 유전적 다양성을 담보한다.

무성 생식

모든 생명체의 세포는 분열할 때 자신의 DNA를 복제한다. 어떤 경우 생명체 자체를 그대로 복제해 분열하는 경우(186~187쪽 참조)도 있다. 수정이 없이 이루어지는 무성 생식을 거쳐 만들어진 유전적으로 동일한 자손들은 특정 환경에서 질병에 매우 취약해지기도 한다. 하지만 바로 이 단순함 때문에 매우 빠른 속도로 증식할 수 있다.

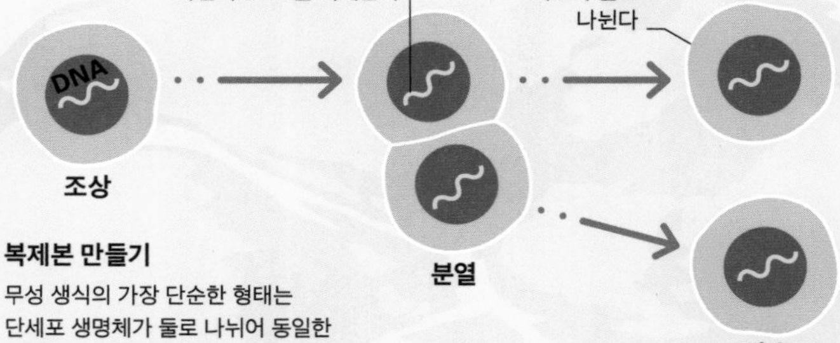
분열하기 전 조상 세포는
자신의 DNA를 복제한다
유전적으로 동일한
세포가 둘로
나뉜다
DNA
조상
분열
자손

복제본 만들기

무성 생식의 가장 단순한 형태는 단세포 생명체가 둘로 나뉘어 동일한 유전체를 공유하는 것이다.

출아

말미잘처럼 단순한 동물은 부모의 몸통에서 자손이 출아(budding)해 나온다.

체벽이 웃자라
출아가 된다
떨어져 나간
출아가 성숙해서
성체가 된다

단성 생식

일부 동물은 단성 생식(parthenogenesis)을 한다. 진딧물의 알은 수정 없이도 암컷의 몸 안에서 새끼가 될 때까지 자란다.

진딧물이
새끼를
낳는다

영양 생식

많은 종류의 식물은 줄기 혹은 가지에서 무성 생식으로 번식한다.

자라는 줄기에서 새
식물이 돋아났다

생식 전략

다음 세대에 투자하는 대조적인 방식이 있다. 자손이 살아나 성체가 될 확률이 매우 적은 생명체는 수없이 많은 자손을 낳는 경향을 보인다. 또한 자손을 많이 낳지는 않지만 적은 수의 자손이 생존할 수 있게 헌신하는 생명체들도 있다.

많은 자손

개구리는 산란할 때 한꺼번에 수백 개의 알을 낳는다. 하지만 그들 대부분은 포식자에게 먹히고 만다.

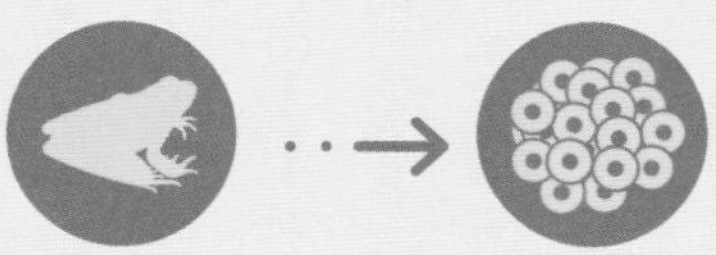
개구리
개구리 산란

적은 자손

포식성 조류인 캘리포니아콘도르는 8세가 되어야 교미를 시작하고 2년마다 1개의 알을 낳는다.

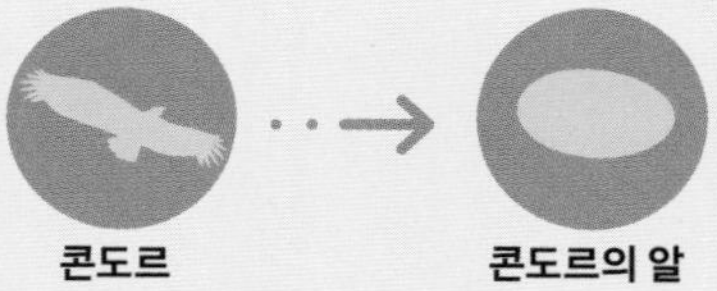
콘도르
콘도르의 알

교미 장벽

종이 다르면 동물들은 좀체 교미하려 들지 않는다. 생식 장벽이 가로막고 있기 때문이다. 새들은 자신과 같은 종이 부르는 구애 노래에만 반응한다. 사자와 호랑이는 지리적으로 서식지가 분리되어 있다. 번식력이 떨어지기 때문에 야생에서 이들의 잡종이 살아남는 경우는 드물다. 하지만 동물원에서 교미 장벽이 줄어들면 라이거라 불리는 잡종이 살아남을 수 있다.

수사자와 암호랑이 사이에서 탄생한 라이거

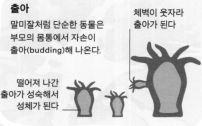

유성 생식

성을 매개로 하는 생식을 통해 유전적으로 부모와 다른 개체가 만들어진다. 이런 일은 생식 기관에서 유전자를 조합하는 독특한 방식을 통해 일어난다. 수정은 이런 조합을 뒤섞는 작용을 한다. 새로운 세대의 집단 안에 변덕스럽고 변화무쌍한 환경에 대응해 살아남을 수 있는 강한 개체가 존재할 가능성이 높아진다.

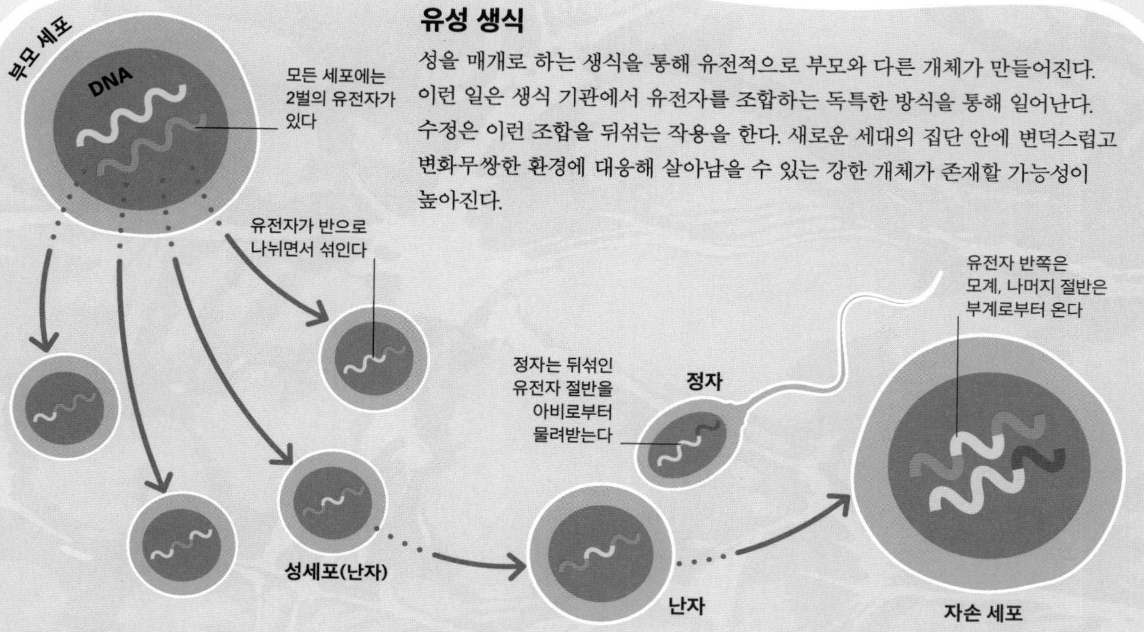
부모 세포
DNA
모든 세포에는 2벌의 유전자가 있다
유전자가 반으로 나뉘면서 섞인다
정자는 뒤섞인 유전자 절반을 아비로부터 물려받는다
정자
유전자 반쪽은 모계, 나머지 절반은 부계로부터 온다
성세포(난자)
난자
자손 세포

1 감수 분열

성세포(난자와 정자)는 감수 분열을 통해 만들어진다. 감수 분열은 염색체 수를 반으로 줄이고 유전자를 섞는다.

2 융합(수정)

일반적으로 생물은 운동성이 있고 작은 정자를 많이, 큰 난자를 적게 만든다. 두 성세포가 융합하면 부모의 유전적 조합이 완성된다.

3 새로운 조합

수정을 통해 2벌의 유전자가 합쳐진다. 하지만 유전적으로는 독자적인 자손이 탄생한다. 뒤섞인 이 유전자들은 자손의 모든 세포 안에서 끊임없이 복제된다.

식물의 성

종자식물은 화분 속에 있는 수컷 성세포를 암컷 생식 기관으로 보낸다. 화분 과립에 있는 미세한 관을 통해 이를 꽃의 안쪽에 있는 난자에 전달한다.

난자가 들어 있는 작은 주머니인 씨방
화분 과립 안의 수컷 성세포
암컷
수컷

동물의 성

정자는 채찍 비슷한 꼬리가 있어서 난자를 향해 헤엄친다. 수생 동물에서 수정은 주변의 물 안에서 진행된다. 뭍에서, 정자는 암컷의 몸 안으로 들어가야 하므로 수정은 체내에서 일어난다.

커다란 난자
무척 작은 정자
암컷
수컷

척추동물 중 가장 **알**을 많이 낳는 **개복치**는 한 번에 **3억 개의 알**을 낳는다

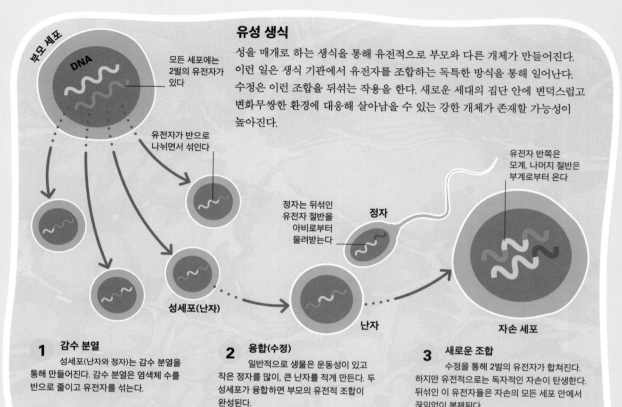

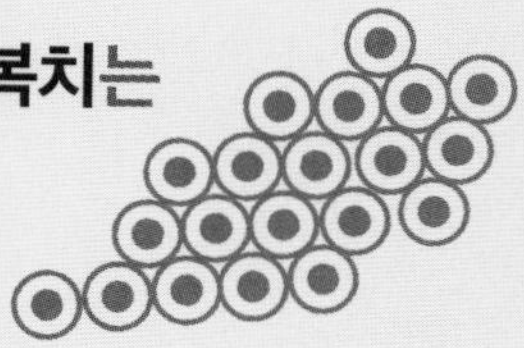

유전자 전달

자손은 부모의 특정 형질을 물려받는다. 세포 안의 유전자(158~159쪽 참조)에 의해 그 형질이 영향을 받기 때문이다. 세포가 나뉠 때 유전자는 복제된다. 난자와 정자에 의해 운반되는 유전자는 다음 세대로 전달된다. 수정할 때 부와 모의 서로 다른 유전자들이 만난다. 이형의 유전자가 합쳐지는 이 만남을 통해 대물림이 성사된다.

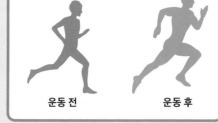

타고난 육상 선수?

혈액형과 같은 특정한 형질은 전적으로 유전자에 의해 결정된다. 하지만 다른 경우 대개 유전적 요소와 환경적 요소가 모두 일정한 영향을 끼친다. 피부색이나 근육의 양에 영향을 주는 유전자들이 있다 해도 일정한 범위 내에서 한계를 설정할 뿐이다. 환경이 최종적인 결과를 좌지우지할 수도 있다. 햇볕에 그을리면 피부는 더 어두워지고 운동선수처럼 훈련하면 잘 될 수 있는 근육을 가지게 될 수 있다.

운동 전
운동 후

기본적인 대물림

유전의 가장 단순한 형태는 한 유전자가 한 형질과 직접적인 관련이 있는 경우다. 예컨대 호랑이의 털색은 하나의 유전자에 의해 결정된다. 흰 털을 가진 호랑이는 희귀한 돌연변이를 가졌다. 몸을 구성하는 모든 세포는 동일한 유전자를 최소한 2벌 가진다. 둘 중 하나라도 황색 털 유전자가 있으면 호랑이는 황색이다. 2벌의 유전자가 모두 흰 털 유전자를 가지고 있을 때만 흰 호랑이가 탄생한다. 이 경우에만 흰 털 유전자가 제대로 읽히기 때문이다.

흰색 호랑이는 특정 종이 아니라 대부분 벵갈 호랑이고 황색 호랑이와 교미할 수 있다

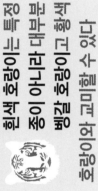

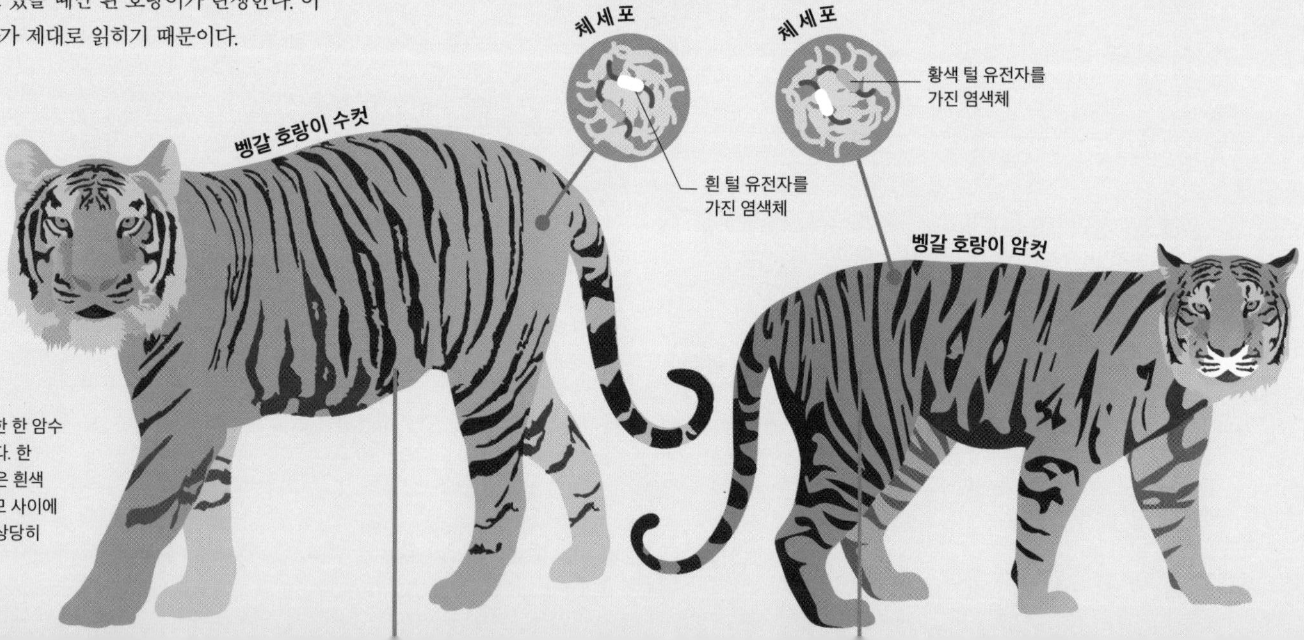
체세포
체세포
황색 털 유전자를
가진 염색체
흰 털 유전자를
가진 염색체
벵갈 호랑이 수컷
벵갈 호랑이 암컷

1 부모 유전

그림에서 털색에 관한 한 암수 두 부모의 유전적 조합은 같다. 한 벌은 황색 유전자이고 한 벌은 흰색 유전자이다. 하지만 암수 부모 사이에 유전자 조합이 다른 경우는 상당히 흔하다.

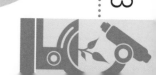

2 **생식 세포**

정자 혹은 난자가 만들어질 때 염색체 쌍이 나뉘는 특별한 방식의 세포 분열이 진행된다. 마찬가지로 유전자 쌍도 나뉜다. 정자 혹은 난자의 절반이 흰 털 유전자를, 나머지 반은 황색 털 유전자를 갖는다는 뜻이다.

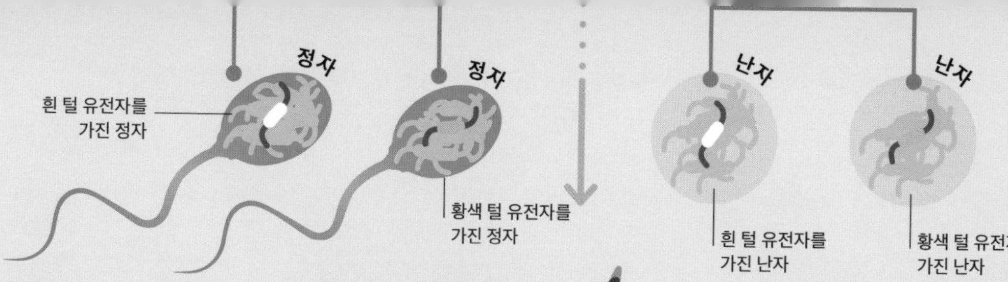

3 **대물림의 결과**

우리는 어떤 정자가 어떤 난자와 만날지 예측할 수 없다. 하지만 생식 세포 사이에서 황색 털 유전자와 흰 털 유전자의 조합 비율을 통해 새끼 4마리가 나오는 동안 1마리가 흰 털을 가질 것이라고 말할 수 있다. 2벌의 유전자가 모두 흰 털 유전자여야 하기 때문이다.

평균 범위 변이

호랑이 털색에서 본 것과 달리 모든 형질이 단순한 비례 법칙에 따라 대물림되지는 않는다. 사실 대부분의 형질은 다수의 유전자가 상호 작용한 결과이다. 예를 들어 인간의 키를 결정하는 유전자는 매우 많다. 뼈와 근육의 성장을 조절하는 유전자들이 그런 것들이다. 전체 자손들의 형질의 평균은 부모의 평균에 얼추 맞는다.

우리 아이들은 얼마나 클까?

인간의 키에 영향을 끼치는 유전자는 무척 많다. 하지만 식단도 영향을 끼친다. 전체적으로 부모가 크면 자식들도 클 것이라 예측할 수 있지만 실제 크기를 예측하기는 어렵다.

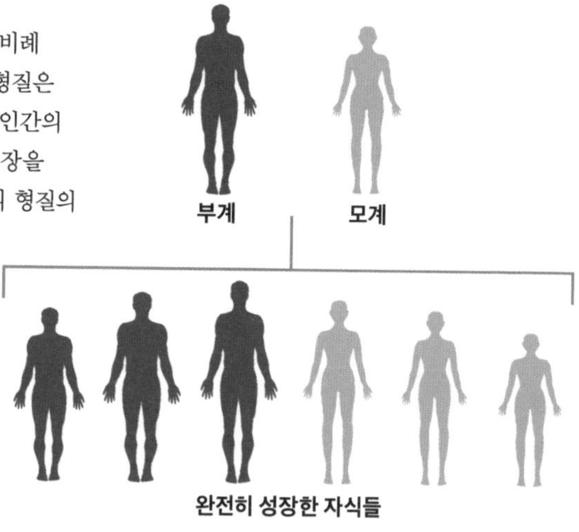

부모가 살아 있을 때 생긴 변화가 대물림될 수 있을까?

이른바 후성 유전 효과는 개체가 살아 있는 동안 화학 물질이 유전자에 붙어서 유전자가 읽히는 방식을 변화시킬 때 일어난다. 가끔 이런 변화가 자손에게 전달되기도 한다.

생명은 어떻게 시작되었을까?

무생물로부터 생명이 어떻게 처음 탄생했는지 우리는 결코 알지 못할 수도 있다. 하지만 극히 중요한 사건에 대한 단서가 우리 주변의 바위에나 오늘날 살아 있는 생명체를 구성하는 재료 물질 속에 있다. 과학자들은 수십억 년 전의 환경이 엄청나게 복잡한 분자들의 합성을 촉진해서 최초의 세포가 생겼을 것이라고 생각한다.

생명의 성분들

지구에 생명체가 등장했을 때 이 세계는 오늘날과 달리 매우 격렬한 곳이었다. 태양의 타는 듯한 광선을 가리지도 못하는 독성 가스로 가득한 대기권 아래에서 화산이 폭발하고 있었다. 이렇게 에너지가 높은 상태에서 단순한 화학 물질인 이산화 탄소, 메테인, 물 그리고 암모니아가 결합해 최초의 유기 물질을 만들어 낼 수 있다는 것을 실험이 밝혔다. 생명을 이루는 이런 구성 요소들이 초기 바다에 농축되었기 때문에 살아 있는 생명체가 출현한 것은 우연이 아니라 불가피한 과정이었다.

생명의 불꽃

1952년 시카고 대학교의 스탠리 밀러(Stanley Miller)와 해럴드 유리(Harold Urey)는 복잡한 유기 물질이 단순한 무기 물질에서 나왔다는 가설을 증명하기 위한 실험에 착수했다. 그들은 무기물 복합체에 번개를 모방한 섬광 에너지를 가해 초기 지구 상태를 흉내 내고자 했다. 이 조건에서 생체 단백질의 구성 요소인 단순한 아미노산 분자들이 만들어졌다.

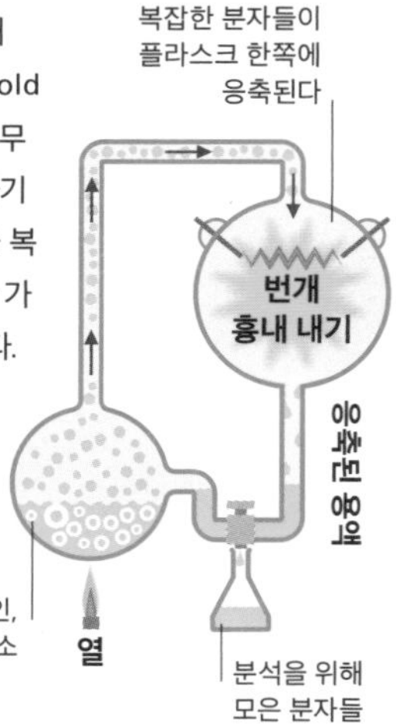
복잡한 분자들이 플라스크 한쪽에 응축된다
번개 흉내 내기
응축된 용액
끓는 물, 메테인, 암모니아 그리고 수소
열
분석을 위해 모은 분자들

유리와 밀러의 실험

원시 스프

40억 년 전 지각은 매우 뜨겁고 불안정했다. 소행성이 충돌하고 계속해서 용암이 들끓었다. 하지만 물은 수용액 상태로 존재했기에 최초의 바다가 형성되었으며 거기에서 최초의 생명체가 등장했다.

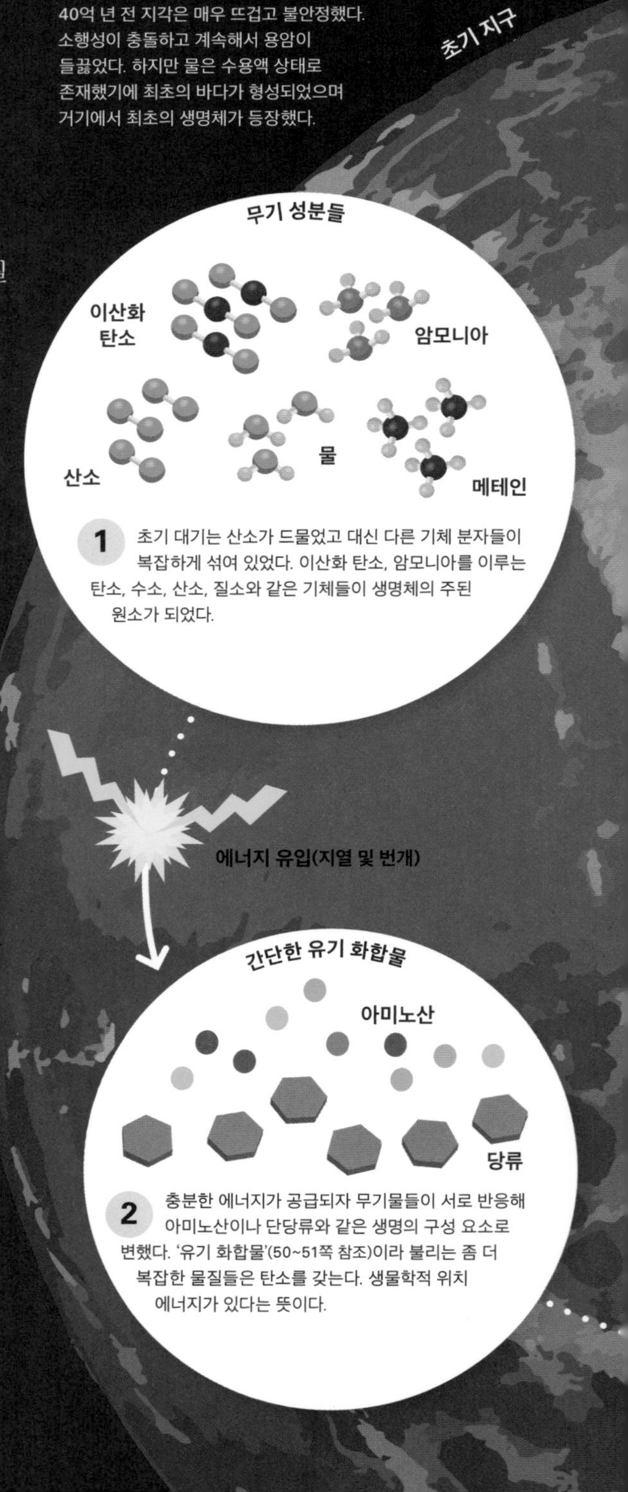
초기 지구
무기 성분들
이산화 탄소
암모니아
산소
물
메테인
1 초기 대기는 산소가 드물었고 대신 다른 기체 분자들이 복잡하게 섞여 있었다. 이산화 탄소, 암모니아를 이루는 탄소, 수소, 산소, 질소와 같은 기체들이 생명체의 주된 원소가 되었다.
에너지 유입(지열 및 번개)
간단한 유기 화합물
아미노산
당류
2 충분한 에너지가 공급되자 무기물들이 서로 반응해 아미노산이나 단당류와 같은 생명의 구성 요소로 변했다. '유기 화합물'(50~51쪽 참조)이라 불리는 좀 더 복잡한 물질들은 탄소를 갖는다. 생물학적 위치 에너지가 있다는 뜻이다.

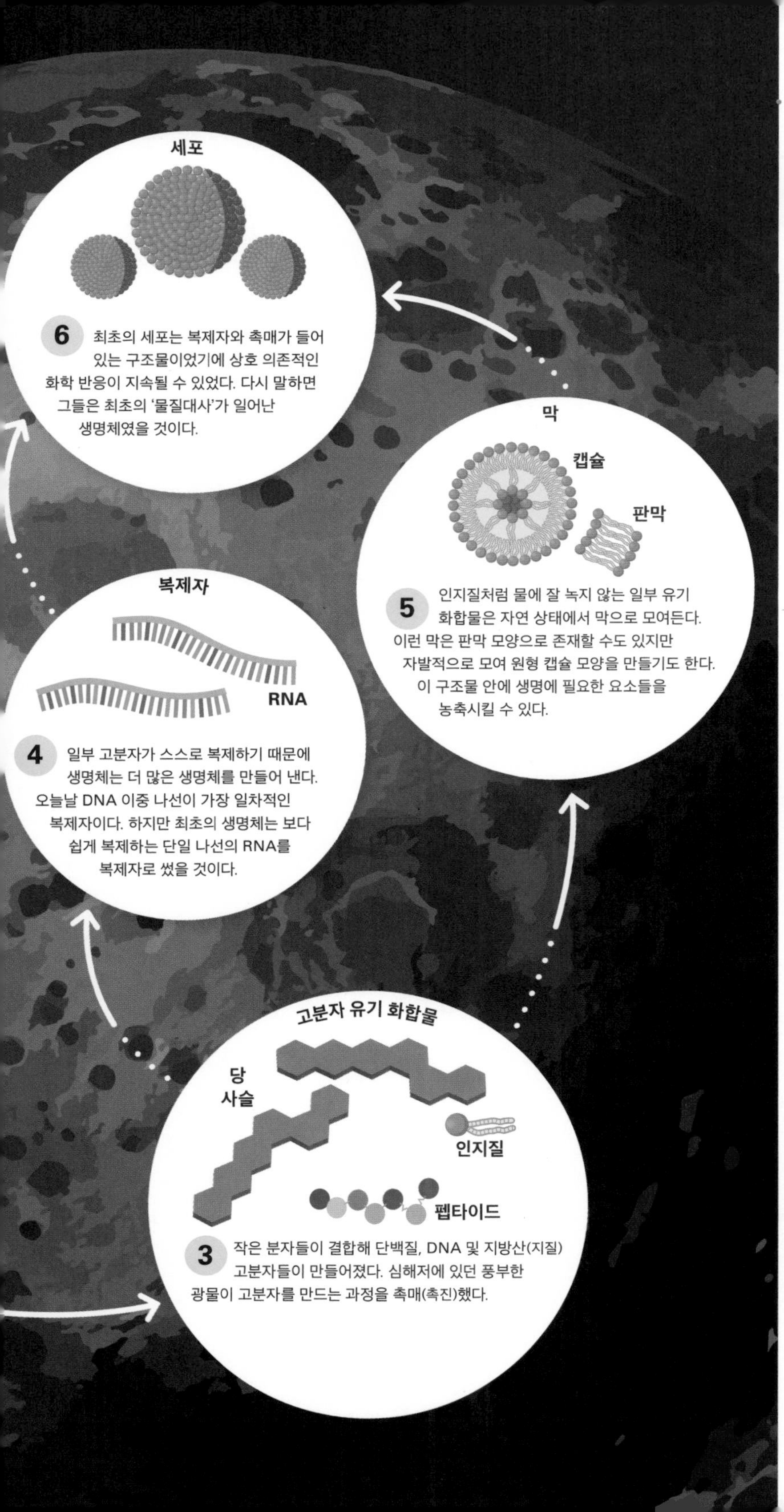
고분자 유기 화합물
당
사슬
인지질
펩타이드
3 작은 분자들이 결합해 단백질, DNA 및 지방산(지질) 고분자들이 만들어졌다. 심해저에 있던 풍부한 광물이 고분자를 만드는 과정을 촉매(촉진)했다.
복제자
RNA
4 일부 고분자가 스스로 복제하기 때문에 생명체는 더 많은 생명체를 만들어 낸다. 오늘날 DNA 이중 나선이 가장 일차적인 복제자이다. 하지만 최초의 생명체는 보다 쉽게 복제하는 단일 나선의 RNA를 복제자로 썼을 것이다.
막
캡슐
판막
5 인지질처럼 물에 잘 녹지 않는 일부 유기 화합물은 자연 상태에서 막으로 모여든다. 이런 막은 판막 모양으로 존재할 수도 있지만 자발적으로 모여 원형 캡슐 모양을 만들기도 한다. 이 구조물 안에 생명에 필요한 요소들을 농축시킬 수 있다.
세포
6 최초의 세포는 복제자와 촉매가 들어 있는 구조물이었기에 상호 의존적인 화학 반응이 지속될 수 있었다. 다시 말하면 그들은 최초의 '물질대사'가 일어난 생명체였을 것이다.

지구의 나이는 45억 4000만 살이고 생명체의 역사는 42억 8000만 년 전까지 거슬러 올라간다

무기물에서 유기체로

가장 단순한 유기 화합물 분자만으로 세포를 만들 수는 없다. 작은 분자들은 반드시 함께 연결되어 DNA나 단백질처럼 보다 큰 고분자 화합물로 변화해야 한다. 그것을 먹어 치울 허기진 생명체가 없는 상태에서 우연히 막 구조물 안으로 포획될 때까지 물질은 고분자 상태를 유지할 수 있었을 것이다. 오늘날에도 광물이 풍부해서 화학 반응을 촉매할 수 있는 해저 화산 분출구가 '부화장'처럼 작용해 최초의 원시 세포가 탄생할 수 있었을 것이다.

왜 태양계 바깥에는 다른 생명체가 없을까?

지구만의 독특한 조건(지각판과 바다)은 생명체 탄생을 가능하게 한, '바로 그' 골디락스 환경에 있었다.

어떻게 진화하는 것일까?

참나무와 사람, 고동 등 다양한 생명체가 가진 유전체가 놀랍도록 흡사하다는 과학적 결론은 너무나 확고해 거부하기 어렵다. 거대한 수형도처럼 모든 생명체는 하나의 공통 조상으로부터 유래했다. 셀 수 없는 세대를 거친 진화는 이런 나무의 가지를 다양하게 만들었다.

진화가 일어나는지 어떻게 알 수 있을까?

진화는 느리게 진행되지만 실험실에서 연구자들은 빠르게 번식하는 생명체인 초파리로부터 초파리와 교미시킬 수 없는 종을 만들어 냈다. 이들은 새로운 종으로 간주된다.

갈라파고스의 대형 거북이

외딴 섬에 고립되면 매우 특정적인 형태로 생명체가 진화한다. 갈라파고스 대형 거북이의 DNA는 육지의 거북이와 밀접한 관련이 있었다. 수백만 년이 흐르자 하나의 군집에서 다양한 형태의 섬 거북이가 탄생했다.

1 변이

DNA를 복제하는 동안 생기는 실수인 무작위 돌연변이 때문에 어떤 집단에서든 변화가 찾아오기 마련이다. 개별 유전자의 변이는 드물지만 돌연변이는 불가피하고 오랜 기간에 걸쳐 축적된다. 돌연변이는 거북이의 크기, 형태 및 색상에서 변이를 이끌어 냈다. 이런 변이는 진화의 기본 재료가 된다.

2 확산

남아메리카에서 가장 큰 거북이(현재 멸종)는 아마도 오늘날 갈라파고스 섬 거북이들의 조상일 것이다. 큰 거북이는 태평양을 마주한 남아메리카 서쪽 해안에서 훔볼트 조류를 타고 갈라파고스 섬에 당도했다.

남아메리카
갈라파고스 섬
거북이 집단에서 색깔의 변이가 자연스레 찾아왔다
1
2
색깔의 변화는 자연적 변이에 이르렀다
거북이가 파도에 떠밀려 갈라파고스 섬에 도착했다
대형 거북이가 건조한 초지에 적응했다

3 격리

섬에 당도한 거북이들은 이제 격리되었고 남아메리카 종들과 달리 독자적으로 진화를 거듭해 나갔다. 그들은 건조한 서식지에 적응하면서 갈라파고스 여러 섬에 퍼져 살았다. 건조한 곳에서 안장(saddleback) 모양의 등껍데기를 가진 거북이들이 우점종으로 자리 잡았다.

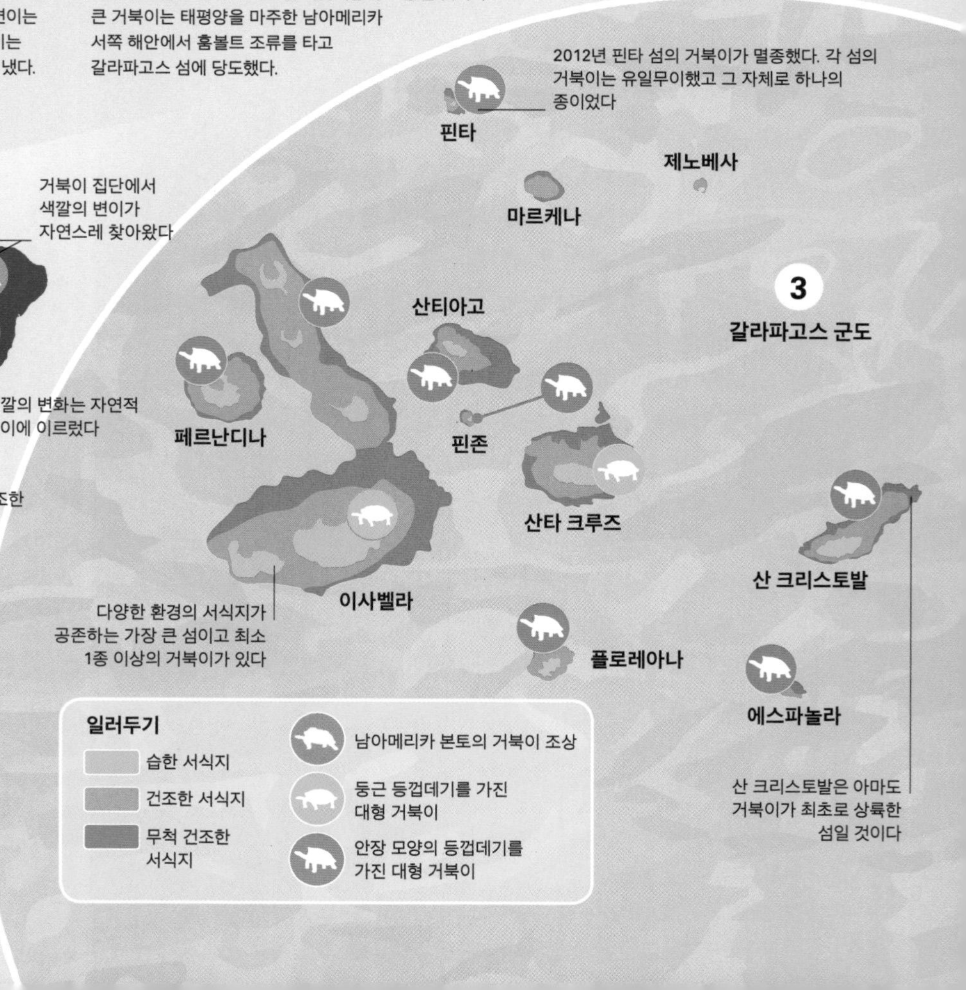
2012년 핀타 섬의 거북이가 멸종했다. 각 섬의 거북이는 유일무이했고 그 자체로 하나의 종이었다
핀타
제노베사
마르케나
3
갈라파고스 군도
산티아고
페르난디나
핀존
산타 크루즈
이사벨라
다양한 환경의 서식지가 공존하는 가장 큰 섬이고 최소 1종 이상의 거북이가 있다
산 크리스토발
플로레아나
에스파뇰라
산 크리스토발은 아마도 거북이가 최초로 상륙한 섬일 것이다
일러두기
습한 서식지
건조한 서식지
무척 건조한 서식지
남아메리카 본토의 거북이 조상
둥근 등껍데기를 가진 대형 거북이
안장 모양의 등껍데기를 가진 대형 거북이

적자 생존

유전적 변이는 삶과 죽음을 갈라놓을 수 있다. 잎을 먹는 초록빛 곤충은 자신을 잡아먹는 동물을 피하는 데에 유리하다. 하지만 색상 돌연변이가 나타나면 위장 전술을 할 수 없다. 초록색 잎을 먹는 곤충은 살아남아 번식할 것이지만 그렇지 않은 곤충은 대를 잇지 못한다. 다윈 이론의 정수인 '자연 선택(natural selection)'은 어떤 형질이 보다 나은 적응성을 보인다면 그들이 생존해 보다 많은 자손을 낳을 것이라고 말한다. 이에 영감을 받은 빅토리아 시대 허버트 스펜서는 자연 선택을 '적자 생존(survival of the fittest)'이라고 표현했다.

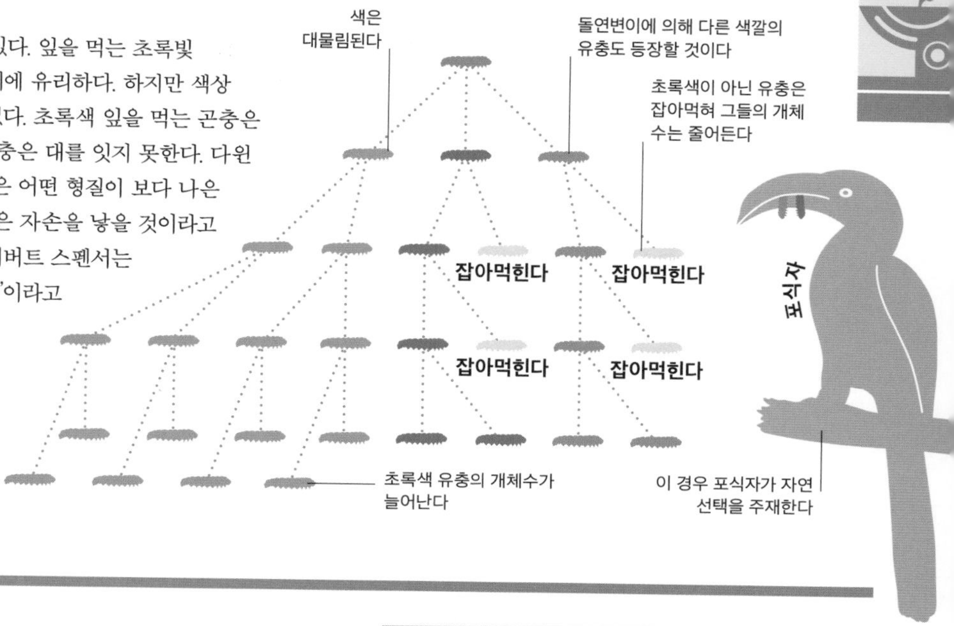
색은
대물림된다
돌연변이에 의해 다른 색깔의
유충도 등장할 것이다
초록색이 아닌 유충은
잡아먹혀 그들의 개체
수는 줄어든다
잡아먹힌다
잡아먹힌다
잡아먹힌다
잡아먹힌다
포식자
초록색 유충의 개체수가
늘어난다
이 경우 포식자가 자연
선택을 주재한다

포식자에 의한 선택

초록색 유충은 포식자에게 잘 보이지 않게 보호색을 띠고 있다. 회색이나 고동색 돌연변이 개체는 주변 색과 잘 섞이지 않기 때문에 개체군 내에서 '제거'된다.

새로운 종의 탄생

자연 선택 그 자체로는 집단 내에서 새로운 종을 만들어 내지 못한다. 새로운 종이 생기기 위해서는 집단 내 개체들끼리 더 이상 교미할 수 없어야 한다. 갈라파고스 군도의 경우처럼 지리적으로 격리되거나 아니면 개체들이 분리되어서 행동적 또는 생물학적 장벽이 생겨나야 한다. 집단 내 개체군이 충분히 오랫동안 떨어져 있으면서 서로 교미하지 못하면 새로운 종이 생겨날 가능성이 커진다.

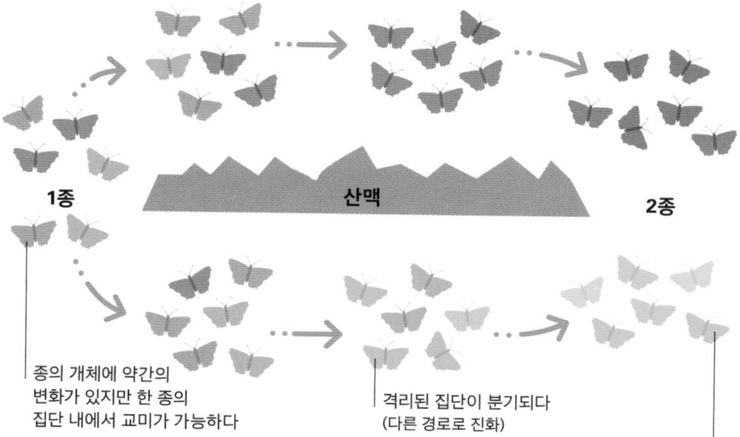
1종
산맥
2종
종의 개체에 약간의
변화가 있지만 한 종의
집단 내에서 교미가 가능하다
격리된 집단이 분기되다
(다른 경로로 진화)
새로운 종이 탄생해, 서로
다시 만난다 하더라도 이전
종과 교미할 수 없다

새로운 종은 어떻게 생기나

자연 선택은 산맥 양쪽에서 나비를 서로 다른 방향으로 진화시킨다. 충분히 오랜 시간이 지나면 그들의 차이는 더 이상 교미가 불가능할 정도로까지 커질 것이다.

대진화

몇 세대에 걸친 작은 변화가 축적되어서 수백만 년에 걸쳐 커다란 변화가 이루어지면 완전히 새로운 생명체가 탄생할 수 있다. 대규모로 진행되는 이런 진화를 대진화(macroevolution)라고 한다. 멸종된 생명체의 화석 기록을 뒤져서 어떻게 이런 일이 벌어졌는지 유추할 수 있다. 해바라기와 거대한 미국 삼나무와 같이 너무 다른 두 생물체가 어떻게 같은 조상에서 유래했는지 알 수 있다.

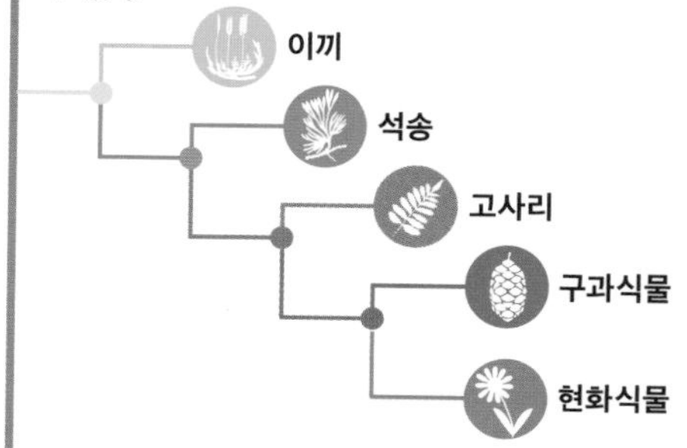
이끼
석송
고사리
구과식물
현화식물

돌연변이는 정자 혹은 난자 100만 개당 1개꼴로 아주 드물게 일어난다

식물은 어떻게 세상을 움직일까?

생명에 필수적인 당을 생성하는 녹색 식물의 광합성은 사실상 지구 행성의 먹이 사슬을 지속 가능하게 한다. 식물 세포 내 수십억 개의 미소 태양광 전지에서는 가장 단순한 재료인 물과 이산화 탄소에 햇볕을 더해 음식물을 만든다.

태양

태양에서 온 빛 에너지가 광합성을 거쳐 탄수화물에 담긴 화학 에너지로 변한다.

왜 엽록소는 초록빛을 띨까?

엽록소는 적색과 파란색 파장의 빛을 흡수해 그 빛 에너지를 광합성에 사용한다. 녹색 파장의 에너지는 사용하지 않고 반사하기 때문에 우리 눈에 엽록소는 푸르게 보인다.

기공은 이산화 탄소가 들어오는 잎의 구멍이다

산소가 방출된다

이산화 탄소가 들어간다

화학 과정

유기물 분자의 90퍼센트 이상은 탄소, 수소 및 산소로 구성된다. 식물이 음식을 만들 때 대기 중의 이산화 탄소가 탄소 및 산소를 공급한다. 토양에서 흡수한 물은 수소를 공급한다. 먼저 빛 에너지가 초록빛 색소인 엽록소에 흡수되면 엽록소는 물에서 고에너지 수소를 끄집어낸다. 그 다음 이 수소가 이산화 탄소와 결합해 탄수화물로 변한다. 이 모든 과정이 엽록체라 불리는 과립에서 진행된다.

줄기는 탄수화물을 운반하는 미소관이 있다

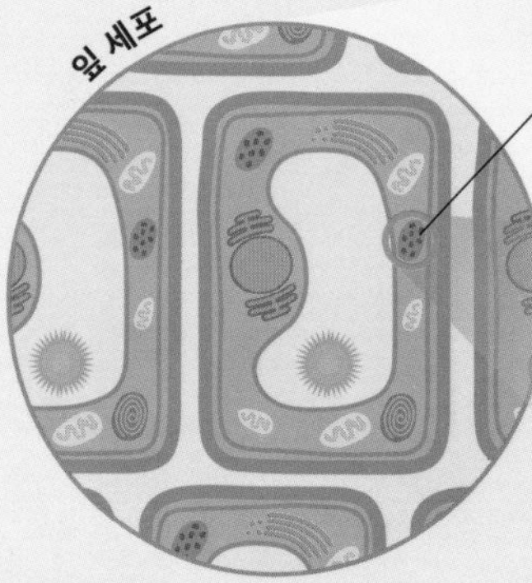

광합성 공장

엽록체는 잎의 위쪽 부위에 집중되어 있으며 가능한 한 많은 양의 빛을 받으려 위치를 조정한다. 세포마다 수십 개씩, 잎마다 수십억 개씩의 엽록체가 존재한다.

음식을 만드는 기제

엽록체에서 작동 부위는 기질 안에서 틸라코이드(thylakoid)라 불리는 막 부분이다. 엽록소는 틸라코이드에 붙어 있고 기질액과 막에는 반응을 주관하는 효소가 가득 차 있다.

1 빛이 물을 쪼갠다

원반을 쌓은 것 같은 모양의 틸라코이드 각각에는 엽록소 분자와 물에서 수소를 추출하는 효소가 존재한다. 햇볕에서 온 태양 에너지가 수소에 효과적으로 전달된다는 의미이다.

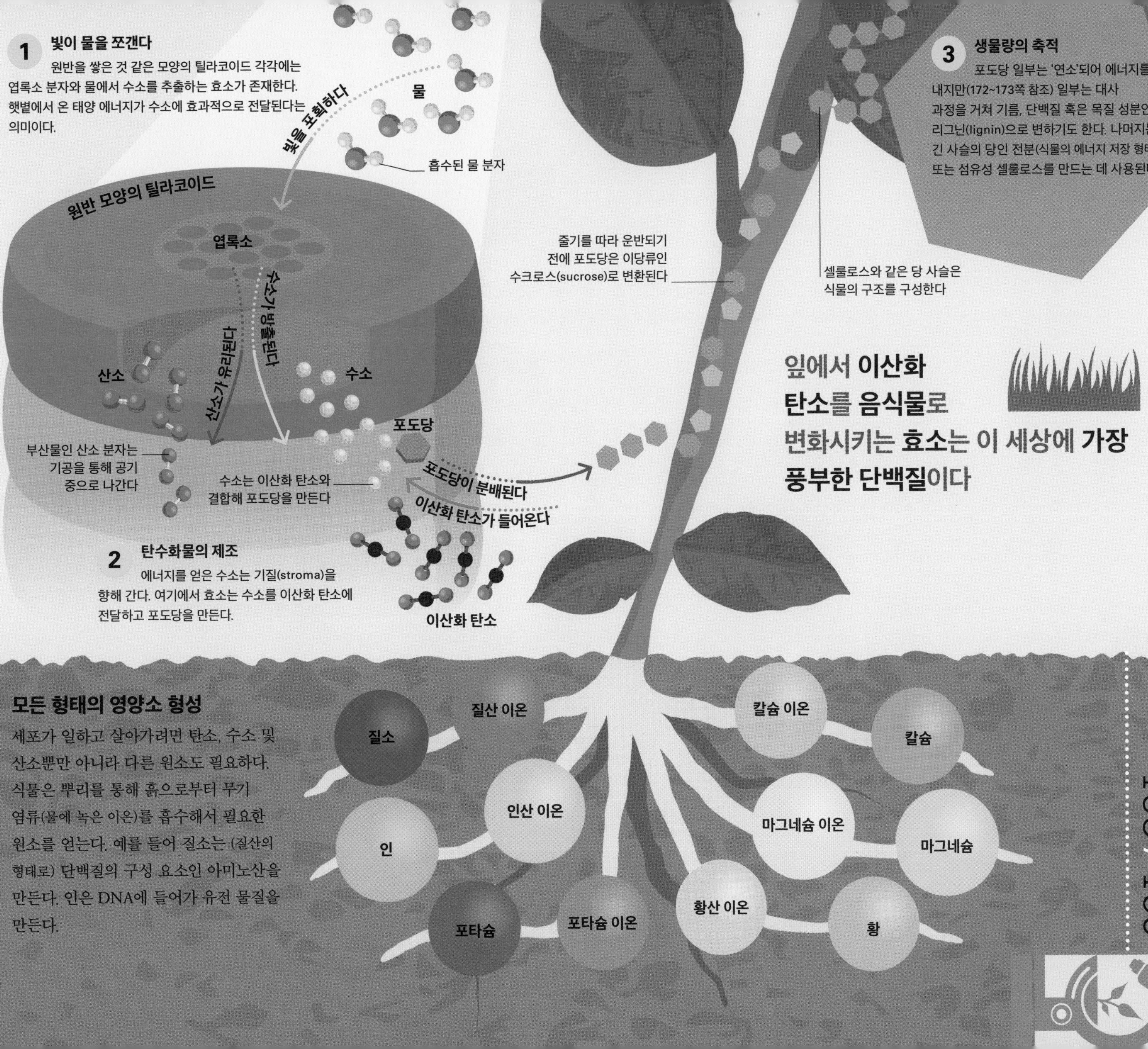

물
빛을 포획하다
흡수된 물 분자
원반 모양의 틸라코이드
엽록소
수소가 방출된다
산소가 유리된다
산소
수소
포도당
부산물인 산소 분자는 기공을 통해 공기 중으로 나간다
수소는 이산화 탄소와 결합해 포도당을 만든다
포도당이 분배된다
이산화 탄소가 들어온다
이산화 탄소
줄기를 따라 운반되기 전에 포도당은 이당류인 수크로스(sucrose)로 변환된다
셀룰로스와 같은 당 사슬은 식물의 구조를 구성한다
질소
질산 이온
인
인산 이온
포타슘
포타슘 이온
황산 이온
황
칼슘 이온
칼슘
마그네슘 이온
마그네슘

2 탄수화물의 제조

에너지를 얻은 수소는 기질(stroma)을 향해 간다. 여기에서 효소는 수소를 이산화 탄소에 전달하고 포도당을 만든다.

3 생물량의 축적

포도당 일부는 '연소'되어 에너지를 내지만(172~173쪽 참조) 일부는 대사 과정을 거쳐 기름, 단백질 혹은 목질 성분인 리그닌(lignin)으로 변하기도 한다. 나머지는 긴 사슬의 당인 전분(식물의 에너지 저장 형태) 또는 섬유성 셀룰로스를 만드는 데 사용된다.

잎에서 이산화 탄소를 음식물로 변화시키는 효소는 이 세상에 가장 풍부한 단백질이다

모든 형태의 영양소 형성

세포가 일하고 살아가려면 탄소, 수소 및 산소뿐만 아니라 다른 원소도 필요하다. 식물은 뿌리를 통해 흙으로부터 무기 염류(물에 녹은 이온)를 흡수해서 필요한 원소를 얻는다. 예를 들어 질소는 (질산의 형태로) 단백질의 구성 요소인 아미노산을 만든다. 인은 DNA에 들어가 유전 물질을 만든다.

식물의 성장

씨가 발아하고 꽃을 피우는 생장의 모든 과정을 조율하는 물질들에 의해 식물의 삶은 정교하게 조절된다. 무척 적은 양이지만 성장 조절 인자들은 성체 식물의 최종 형태에 거대한 영향을 끼친다.

나이테

온도와 강수량에 따라 식물의 성장 속도가 달라진다. 여름에는 빠르지만 겨울에는 성장이 거의 중지될 것이다. 성장 속도의 이러한 차이 때문에 우리에게 익숙한 나무 몸통의 고리가 만들어진다. 성장 속도를 줄이는 겨울이 거의 없는 적도 지역에서도 나무는 우기에 더 빨리 자라기 때문에 나이테가 만들어진다. 하지만 1년 내내 일정한 속도로 자라는 적도 지방의 나무에는 나이테가 만들어지지 않을 것이다.

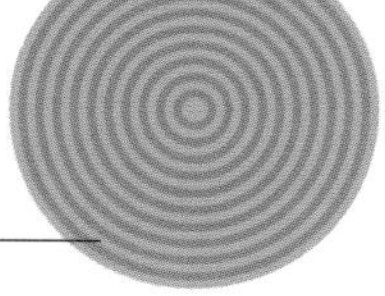

밝은 고리는 여름철의 빠른 성장을 나타내고, 가운데 있는 고리는 가장 오래된 것이다

나무둥치 단면도

성장 촉진

식물의 생활사 각 단계마다 각기 다른 성장 조절 인자가 줄기, 뿌리 혹은 잎에 있는 세포에서 만들어지고 흐르는 수액을 따라 식물의 다른 부위에 도달해 발생 과정을 조절한다. 결과는 2개 이상의 조절 인자 사이의 균형에 의해 달라진다. 어떤 인자는 다른 인자를 억제하기도 강화하기도 한다. 동일한 조절 인자가 식물 부위에 따라 상반되는 효과를 나타낼 때도 있다.

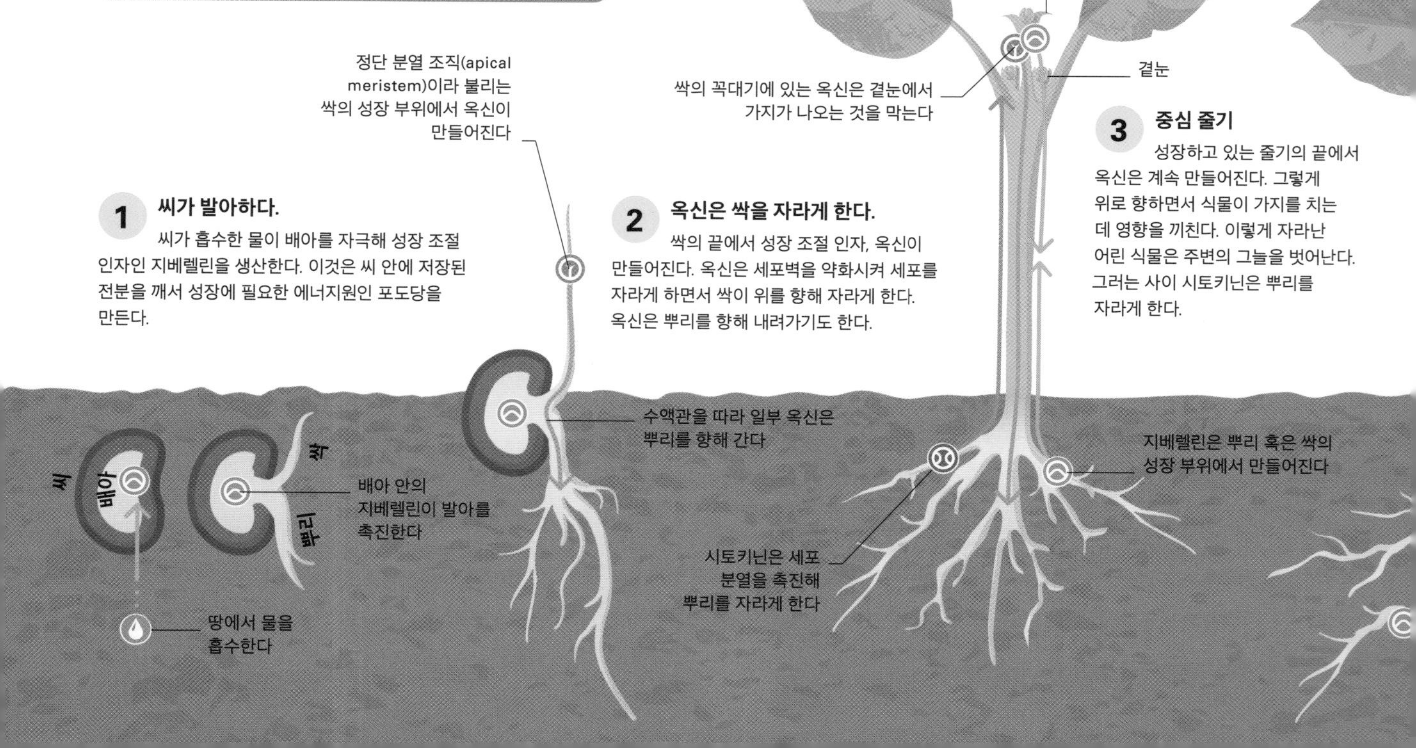

일러두기
물
지베렐린(gibberellin)
옥신(auxin)
시토키닌(cytokinin)
플로리겐(florigen)
정단 분열 조직(apical meristem)이라 불리는 싹의 성장 부위에서 옥신이 만들어진다
싹의 꼭대기에 있는 옥신은 곁눈에서 가지가 나오는 것을 막는다
끝눈
곁눈
씨
배아
싹
뿌리
배아 안의 지베렐린이 발아를 촉진한다
땅에서 물을 흡수한다
수액관을 따라 일부 옥신은 뿌리를 향해 간다
시토키닌은 세포 분열을 촉진해 뿌리를 자라게 한다
지베렐린은 뿌리 혹은 싹의 성장 부위에서 만들어진다

1 씨가 발아하다.
씨가 흡수한 물이 배아를 자극해 성장 조절 인자인 지베렐린을 생산한다. 이것은 씨 안에 저장된 전분을 깨서 성장에 필요한 에너지원인 포도당을 만든다.

2 옥신은 싹을 자라게 한다.
싹의 끝에서 성장 조절 인자, 옥신이 만들어진다. 옥신은 세포벽을 약화시켜 세포를 자라게 하면서 싹이 위를 향해 자라게 한다. 옥신은 뿌리를 향해 내려가기도 한다.

3 중심 줄기
성장하고 있는 줄기의 끝에서 옥신은 계속 만들어진다. 그렇게 위로 향하면서 식물이 가지를 치는 데 영향을 끼친다. 이렇게 자라난 어린 식물은 주변의 그늘을 벗어난다. 그러는 사이 시토키닌은 뿌리를 자라게 한다.

빠른 반응

옥신은 식물의 줄기가 태양을 향해 구부러질 때 필요한 물질이다. 빛이 한 방향에서 온다면 옥신은 그늘진 곳으로 옮겨가서 그곳의 세포를 크게 자라게 한다. 빛이 비치지 않는 쪽이 구부러지면서 결과적으로 식물의 잎이 빛을 향하도록 하는 것이다. 하늘의 태양을 쫓을 수 있을 정도로 이 작동 방식은 빠르게 진행된다.

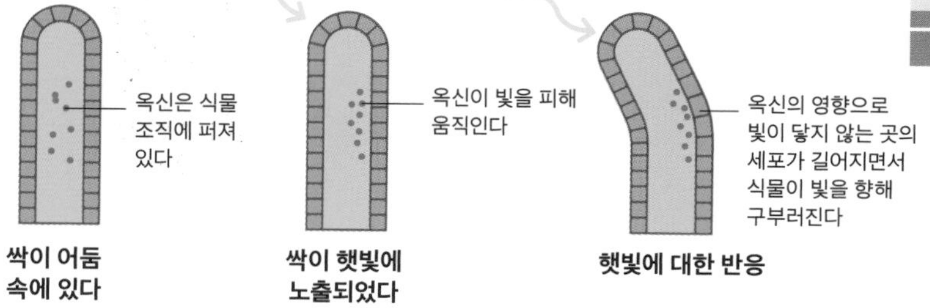
옥신은 식물 조직에 퍼져 있다
싹이 어둠 속에 있다
옥신이 빛을 피해 움직인다
싹이 햇빛에 노출되었다
옥신의 영향으로 빛이 닿지 않는 곳의 세포가 길어지면서 식물이 빛을 향해 구부러진다
햇빛에 대한 반응

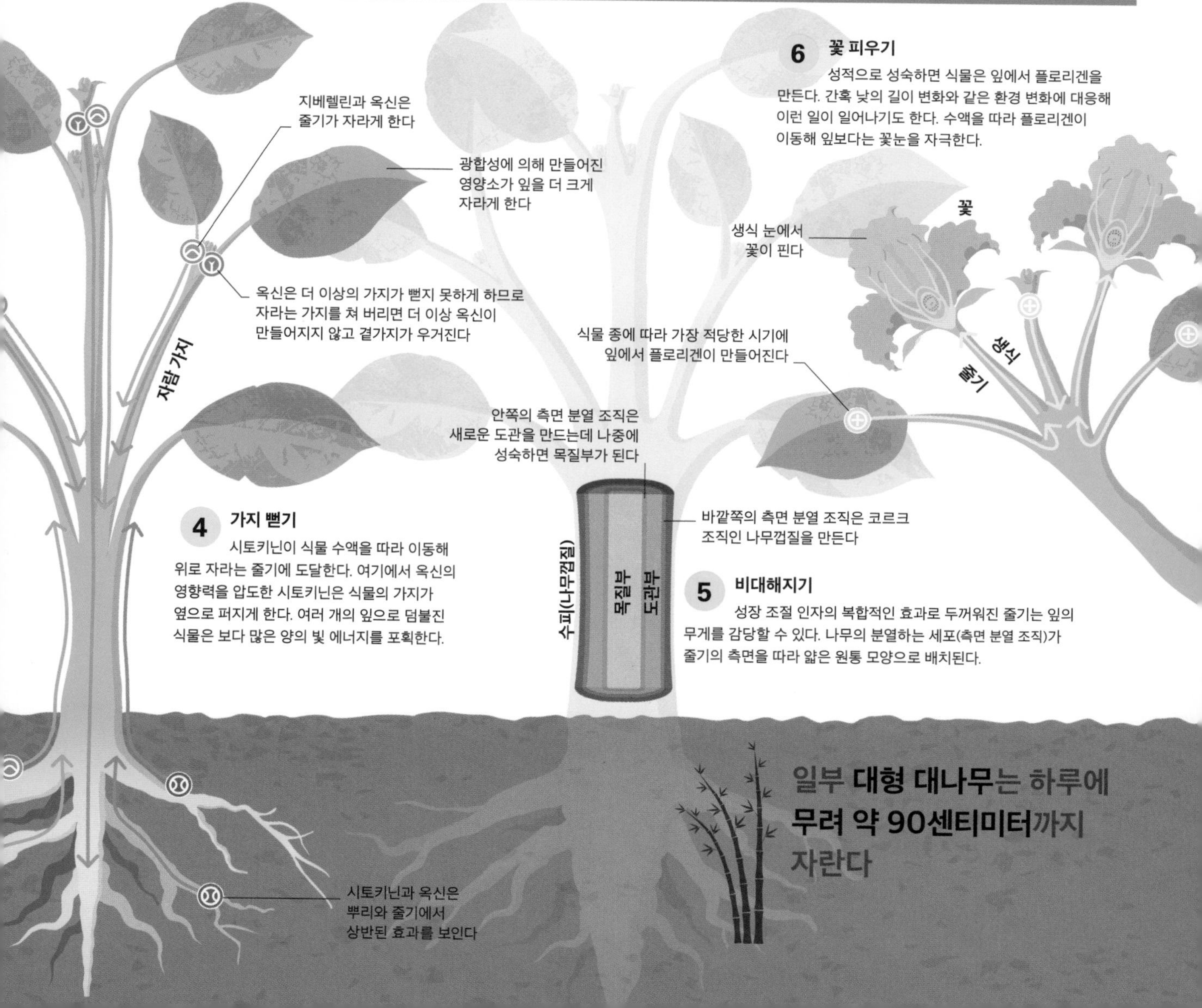
지베렐린과 옥신은 줄기가 자라게 한다
광합성에 의해 만들어진 영양소가 잎을 더 크게 자라게 한다
옥신은 더 이상의 가지가 뻗지 못하게 하므로 자라는 가지를 쳐 버리면 더 이상 옥신이 만들어지지 않고 곁가지가 우거진다
자람 가지
안쪽의 측면 분열 조직은 새로운 도관을 만드는데 나중에 성숙하면 목질부가 된다
바깥쪽의 측면 분열 조직은 코르크 조직인 나무껍질을 만든다
수피(나무껍질)
목질부
도관부
식물 종에 따라 가장 적당한 시기에 잎에서 플로리겐이 만들어진다
생식 눈에서 꽃이 핀다
꽃
생식 줄기
시토키닌과 옥신은 뿌리와 줄기에서 상반된 효과를 보인다

4 가지 뻗기

시토키닌이 식물 수액을 따라 이동해 위로 자라는 줄기에 도달한다. 여기에서 옥신의 영향력을 압도한 시토키닌은 식물의 가지가 옆으로 퍼지게 한다. 여러 개의 잎으로 덤불진 식물은 보다 많은 양의 빛 에너지를 포획한다.

5 비대해지기

성장 조절 인자의 복합적인 효과로 두꺼워진 줄기는 잎의 무게를 감당할 수 있다. 나무의 분열하는 세포(측면 분열 조직)가 줄기의 측면을 따라 얇은 원통 모양으로 배치된다.

6 꽃 피우기

성적으로 성숙하면 식물은 잎에서 플로리겐을 만든다. 간혹 낮의 길이 변화와 같은 환경 변화에 대응해 이런 일이 일어나기도 한다. 수액을 따라 플로리겐이 이동해 잎보다는 꽃눈을 자극한다.

일부 대형 대나무는 하루에 무려 약 90센티미터까지 자란다

호흡

생명체가 쉼 없이 움직이기 위해서는 에너지가 필요하다. 저 깊은 곳에 있는 세포 안에 현미경으로나 볼 수 있는 작은 조직에서 영양소를 가공하는 어려운 일이 진행된다. 생명체는 이 과정을 거쳐 새로운 물질을 만들고 환경에 반응한다. 호흡이라 불리는 이 화학 과정은 영양소를 분해하는 연속적인 과정이다.

미토콘드리아
근육 세포

세포에 연료를 공급하다

세균에서 참나무에 이르기까지 모든 생명체는 포도당을 분해해 에너지를 얻는다. 포도당을 완전히 분해하는 것이 에너지를 얻는 가장 효과적인 방법이다. 포도당의 탄소 6개는 분해되어 이산화 탄소 분자 6개로 변환된다. 하지만 연료를 태우듯 이 과정에는 산소가 필요하다. 동물은 순환계를 통해 포도당과 산소를 세포에 공급한다. 세포 안 세포질에서 시작된 이 연쇄 반응은 세포 발전소인 미토콘드리아에서 완료된다. 전 과정을 마치면 최대 에너지가 추출된다.

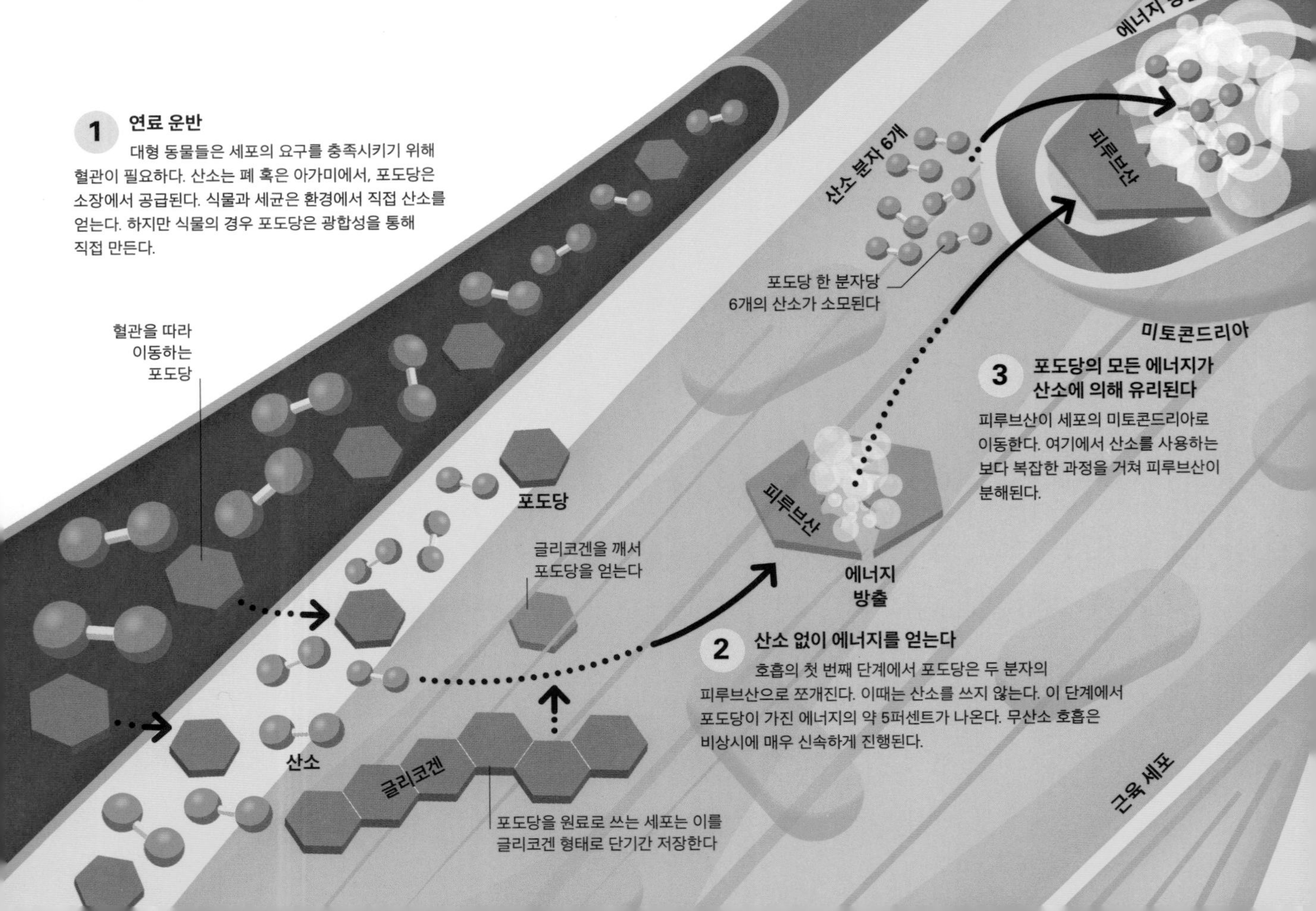

혈관
에너지 방출
1 연료 운반
대형 동물들은 세포의 요구를 충족시키기 위해 혈관이 필요하다. 산소는 폐 혹은 아가미에서, 포도당은 소장에서 공급된다. 식물과 세균은 환경에서 직접 산소를 얻는다. 하지만 식물의 경우 포도당은 광합성을 통해 직접 만든다.
산소 분자 6개
피루브산
포도당 한 분자당 6개의 산소가 소모된다
혈관을 따라 이동하는 포도당
미토콘드리아
3 포도당의 모든 에너지가 산소에 의해 유리된다
피루브산이 세포의 미토콘드리아로 이동한다. 여기에서 산소를 사용하는 보다 복잡한 과정을 거쳐 피루브산이 분해된다.
포도당
피루브산
글리코겐을 깨서 포도당을 얻는다
에너지 방출
2 산소 없이 에너지를 얻는다
호흡의 첫 번째 단계에서 포도당은 두 분자의 피루브산으로 쪼개진다. 이때는 산소를 쓰지 않는다. 이 단계에서 포도당이 가진 에너지의 약 5퍼센트가 나온다. 무산소 호흡은 비상시에 매우 신속하게 진행된다.
산소
글리코겐
포도당을 원료로 쓰는 세포는 이를 글리코겐 형태로 단기간 저장한다
근육 세포

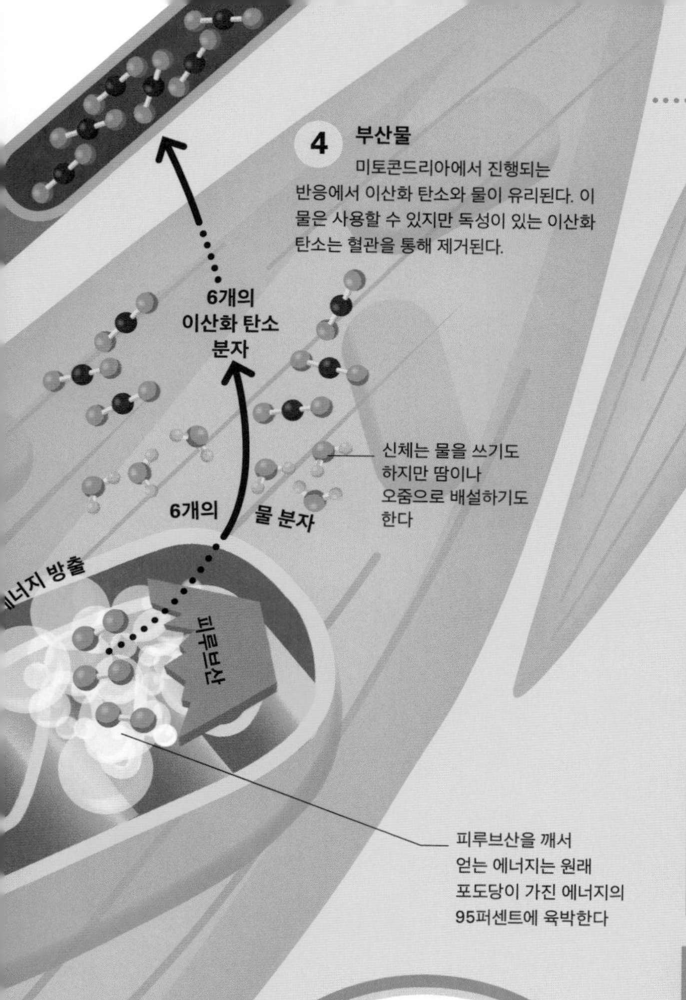
4 부산물
미토콘드리아에서 진행되는 반응에서 이산화 탄소와 물이 유리된다. 이 물은 사용할 수 있지만 독성이 있는 이산화 탄소는 혈관을 통해 제거된다.
6개의 이산화 탄소 분자
신체는 물을 쓰기도 하지만 땀이나 오줌으로 배설하기도 한다
6개의 물 분자
에너지 방출
피루브산
피루브산을 깨서 얻는 에너지는 원래 포도당이 가진 에너지의 95퍼센트에 육박한다

에너지는 어디로 가는가?

모든 생명체는 기초 대사와 같은 세포의 기능을 유지하기 위해 에너지를 사용한다. 하지만 움직이고 자라고 자손을 낳기 위해서도 에너지를 배당한다. 식물에 비해 동물은 움직이는 데 에너지를 더 쓴다. 근육이 움직일 때 에너지가 필요하기 때문이다. 온혈 동물은 에너지 요구량이 가장 많다. 높은 체온을 일정하게 유지하기 위해 상당량의 에너지를 소비한다.

일러두기
- 대사
- 생식
- 체온
- 성장
- 움직임

식물

식물은 광합성을 통해 영양소를 만들지만 마찬가지로 그들도 호흡을 해야 한다. 생명체의 필수적인 과정에 에너지가 필요하기 때문이다.

변온 동물

다른 동물처럼 대부분의 뱀도 움직이기 위해 에너지가 필요하다. 그러나 호흡을 통해 얻은 에너지를 체온을 유지하는 데에 사용하지 않는다. 대신 태양빛을 이용한다.

정온 동물

크기가 작은 정온 동물은 상당히 많은 양의 열을 잃는다. (부피에 비해 표면적이 넓어 열 손실이 크다. — 옮긴이) 에너지의 꽤 높은 비율이 심부 체온을 올리는 데에 사용된다.

식물은 이산화 탄소를 들이쉬는가?

아니다. 햇볕 아래에서 식물은 이산화 탄소를 흡수해 당을 만들지만 호흡하는 것은 아니다. 식물도 동물처럼 호흡한다. 산소를 들이쉬고 이산화 탄소를 내뱉는다. 이 과정은 숨 쉬는 것과 비슷하다.

기체 교환

일반적으로 알려진 것과는 달리 호흡과 숨쉬기는 의미가 다르다. 에너지를 내는 호흡은 생명체 모든 세포에서 진행되지만 숨쉬기는 동물의 폐에서 일어나는 어떤 움직임이다. 기술적으로 공기의 흐름인 숨쉬기는 혈액에 산소를 공급하고 이산화 탄소를 배출한다.

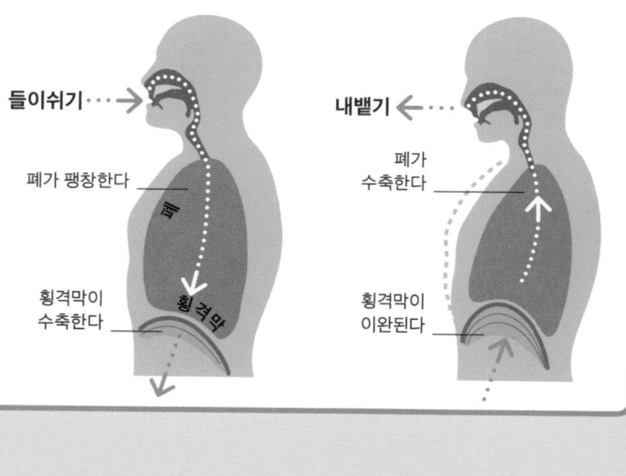
들이쉬기
폐가 팽창한다
폐
횡격막
횡격막이 수축한다
내뱉기
폐가 수축한다
횡격막이 이완된다

맹그로브 나무는 산소가 없는 진흙에서 자라므로 이 나무의 뿌리는 산소를 얻기 위해 위로 자란다

탄소 순환

탄소 원자는 공기, 바다, 육지 및 생명체가 관여하는 생물학적이고 물리적인 과정을 거치면서 움직인다. 탄소가 있는 '탄소 저장소' 사이를 탄소는 각기 다른 속도로 움직인다.

자연적인 균형

매년 광합성을 통해 이산화 탄소를 영양소로 전환하면서 식물과 조류(algae)는 탄소를 농축한다. 호흡 및 자연 연소를 통해 거의 같은 양의 탄소가 다시 공기 중으로 나온다. 수백만 년에 걸친 매우 느린 전이를 거쳐 탄소는 암석으로 들어간다. 하지만 인간은 화석 연료를 태워서 매우 빠른 속도로 지하에 묻힌 탄소를 이산화 탄소로 만들고 있다. 매년 82억 톤의 탄소가 이런 식으로 유출된다.

대기권
이산화 탄소는 전체 공기의 0.04퍼센트이다
6530억 톤
인위적 연소
82억 톤
2000억 톤
화석 연료와 같은 유기 물질은 타서 이산화 탄소가 된다. 화석 연료를 태워 에너지를 생산하는 인간의 행동은 그 어느 순환 과정보다 빠르게 이산화 탄소를 대기 중으로 돌려보낸다. 이런 일은 자연적으로 회복할 수 있는 것보다 훨씬 빠르게 진행된다.
호흡
살아 있는 대부분의 생명체는 호흡의 부산물로 이산화 탄소를 내놓는다. 호흡하는 세균이나 사체를 해체하는 분해 생명체들도 상당히 많은 양의 이산화 탄소를 방출한다. 산불과 같은 자연적 연소 과정에서도 이산화 탄소가 나온다.
자연적인 과정
화산 활동
화석 연료
생명체의 화석 형태로 땅 밑에 저장된 탄소.
3조 7500만 톤
식물
살아 있거나 죽은 물질
모든 종류의 생명체는 몸에 탄소를 보관한다. 죽은 것도 마찬가지다.
2조 7200억 톤
사체
화석화
산소가 없는 상태에서 사체가 눌리면 분해되지 않아 탄소가 땅 아래 머문다. 수백만 년이 지나면서 역사 시기 이전에 땅에 묻혔던 늪지의 식물과 바다의 플랑크톤이 석탄, 석유 그리고 메테인 기체가 되었다.
바위
바위에 포함된 탄소는 화산이 폭발할 때 공기 중으로 방출된다.
6경 8000조 톤
침식
지질학적 과정
바위가 만들어지는 데 수백만 년이 걸린다. 녹는 데에도 그 정도 시간이 걸린다. 바닷물에 녹아 있는 탄소가 굳어 바다 동물의 외골격이 되고 그것이 석회암으로 변한다. 동시에 침식된 바위에서 탄소가 다시 물로 되돌아간다.
퇴적
일러두기
인간이 살아 있는 동안 관찰 가능한 탄소 순환도 있지만 수백만 년에 걸쳐 탄소가 순환되기도 한다.
느림 (수백만 년)
빠르고 자연적임 (100년 이내)
빠르고 인위적임 (100년 이내)

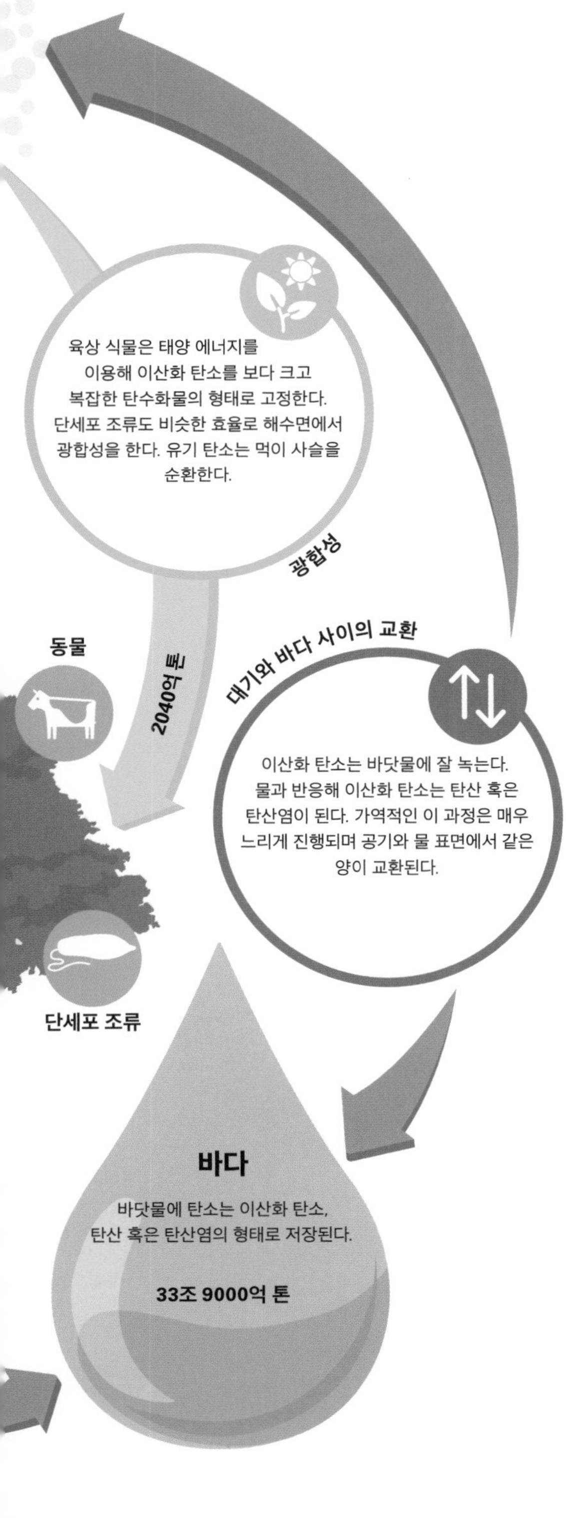
육상 식물은 태양 에너지를
이용해 이산화 탄소를 보다 크고
복잡한 탄수화물의 형태로 고정한다.
단세포 조류도 비슷한 효율로 해수면에서
광합성을 한다. 유기 탄소는 먹이 사슬을
순환한다.
광합성
동물
2040억 톤
대기와 바다 사이의 교환
이산화 탄소는 바닷물에 잘 녹는다.
물과 반응해 이산화 탄소는 탄산 혹은
탄산염이 된다. 가역적인 이 과정은 매우
느리게 진행되며 공기와 물 표면에서 같은
양이 교환된다.
단세포 조류
바다
바닷물에 탄소는 이산화 탄소,
탄산 혹은 탄산염의 형태로 저장된다.
33조 9000억 톤

탄소의 포획

인간이 주재하는 연소 및 호흡을 통해 매년 2082억 톤의 이산화 탄소가 대기 중으로 유입된다. 광합성을 통해 2040억 톤이 흡수가 되기 때문에 결과적으로 남은 42억 톤은 축적된다. 온실 기체(245쪽 참조)는 지구 온난화의 원인이다.(246~247쪽 참조) 대기로 방출하는 대신 탄소를 포획하는 기술이 산업 현장에 응용된다.

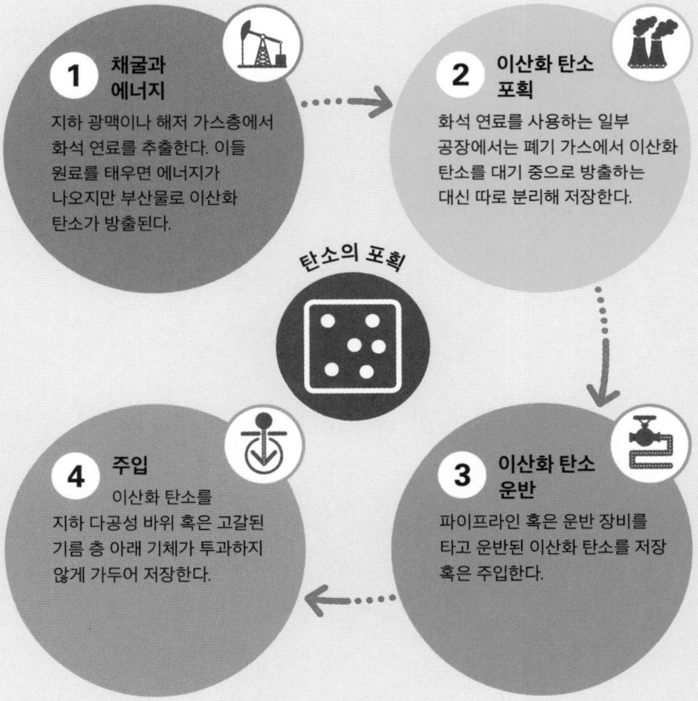
1 채굴과 에너지
지하 광맥이나 해저 가스층에서 화석 연료를 추출한다. 이들 원료를 태우면 에너지가 나오지만 부산물로 이산화 탄소가 방출된다.
2 이산화 탄소 포획
화석 연료를 사용하는 일부 공장에서는 폐기 가스에서 이산화 탄소를 대기 중으로 방출하는 대신 따로 분리해 저장한다.
탄소의 포획
3 이산화 탄소 운반
파이프라인 혹은 운반 장비를 타고 운반된 이산화 탄소를 저장 혹은 주입한다.
4 주입
이산화 탄소를 지하 다공성 바위 혹은 고갈된 기름 층 아래 기체가 투과하지 않게 가두어 저장한다.

해양 산성화

대기 중 이산화 탄소의 수치가 올라감에 따라 보다 많은 양의 이산화 탄소가 바다로 들어가 물과 반응해 탄산으로 변했다. 1750년 이후 해양의 산성도는 약 30퍼센트 증가해 해양 생명체에 커다란 영향을 끼쳤다. 조개와 같은 동물의 껍데기를 부식시키거나 바위에 붙어 사는 산호의 죽음을 불러왔다.

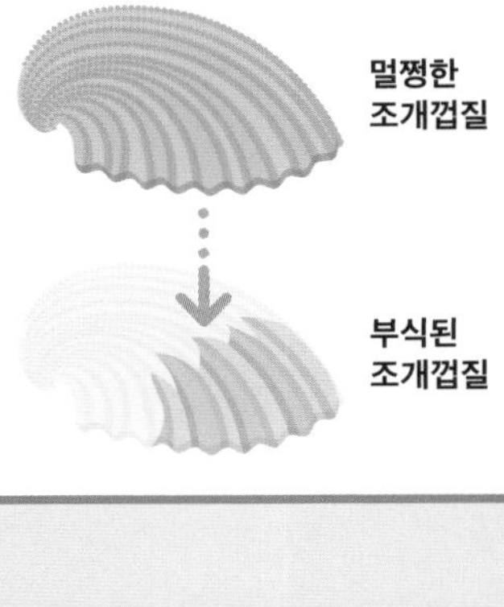
멀쩡한 조개껍질
부식된 조개껍질

노화

다양한 기계 부품과 마찬가지로 살아 있는 생명체도 노화의 징후를 드러낸다. 생명체는 스스로를 점검하고 수선한다. 하지만 시간이 흐르면서 그들의 신체는 기능이 저하된다.

노화란 무엇인가?

나이가 들면서 생물학적 기능이 저하되는 현상은 곧 세포, 염색체 및 유전자의 기능이 떨어지는 것으로 이해할 수 있다. 다세포 생명체의 세포들은 끊임없이 분열해 새로운 세포를 만들어 내지만 일반적으로 50번 정도 분열하면 세포의 성능이 급격히 떨어진다. 새로운 세포를 만들어 내는 일이 힘들어지고 최종적으로는 멈춰 버린다. 이 현상은 유전적 구성이 불안정해지면서 궁극적으로 세포와 신체의 기능이 현저히 떨어지는 것과 밀접한 연관이 있다. 이 효과는 퇴행성 증상으로 연결된다. 상처도 잘 낫지 않고 기억력도 감퇴한다.

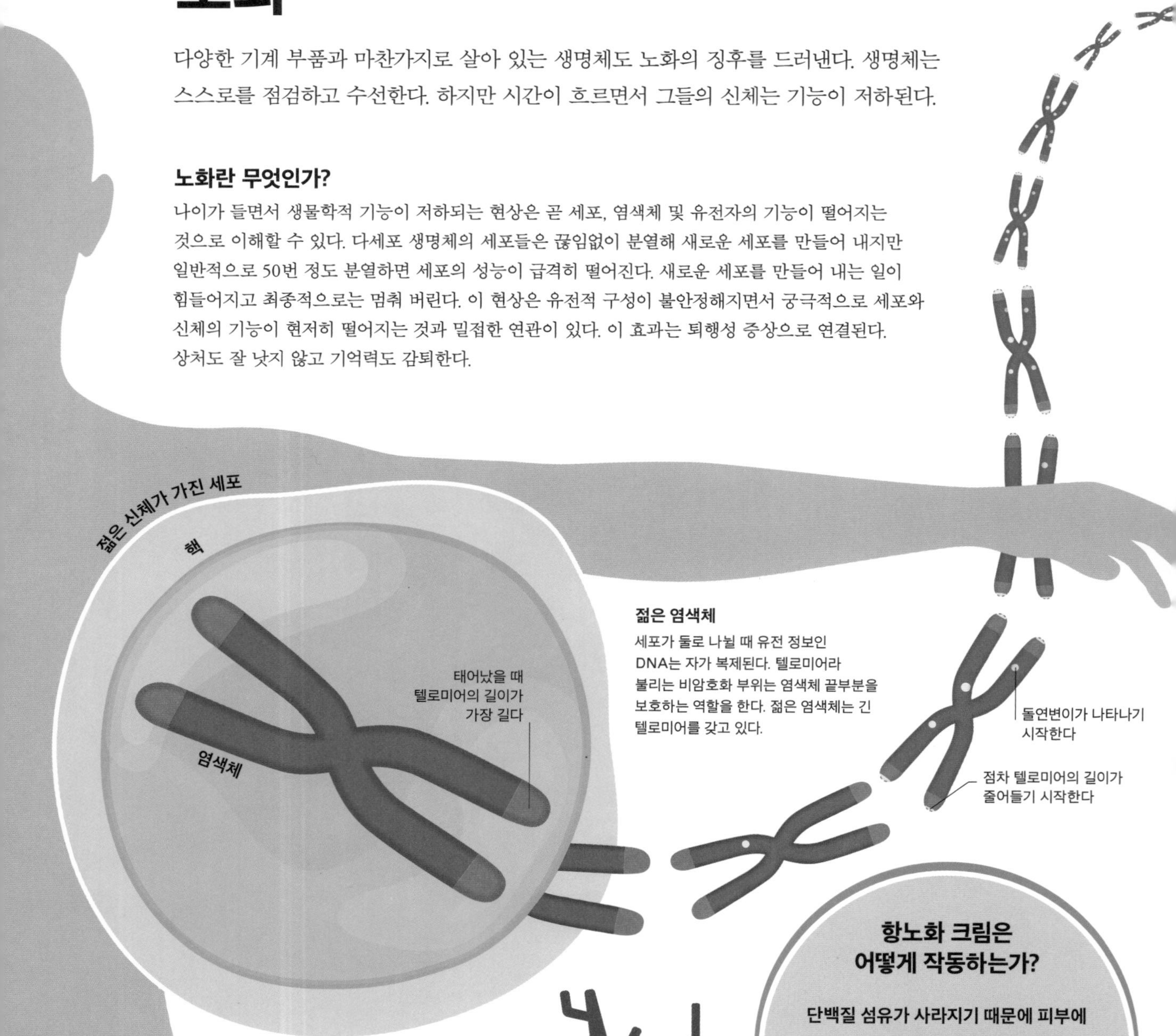

젊은 신체가 가진 세포
핵
태어났을 때 텔로미어의 길이가 가장 길다
염색체
돌연변이가 나타나기 시작한다
점차 텔로미어의 길이가 줄어들기 시작한다

젊은 염색체

세포가 둘로 나뉠 때 유전 정보인 DNA는 자가 복제된다. 텔로미어라 불리는 비암호화 부위는 염색체 끝부분을 보호하는 역할을 한다. 젊은 염색체는 긴 텔로미어를 갖고 있다.

항노화 크림은 어떻게 작동하는가?

단백질 섬유가 사라지기 때문에 피부에 주름이 생긴다. 항노화 크림에는 항산화제와 단백질 섬유의 생성을 촉진하는 물질이 들어 있어서 피부를 탄력 있게 한다.

살아 있는 것 중 가장 오래된 것은 5,000살이 넘은 미국의 강털소나무일 것이다

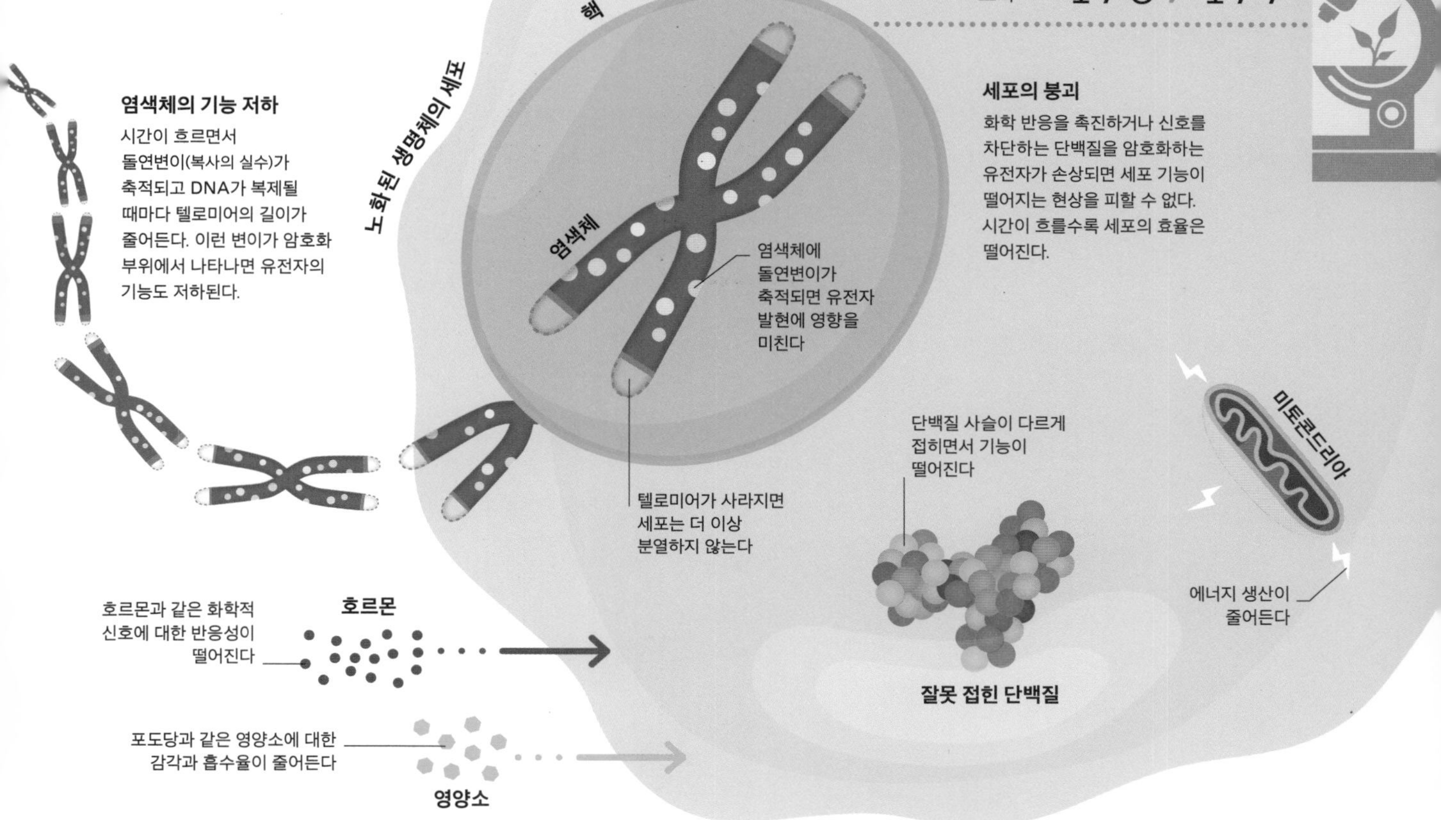
핵
노화된 생명체의 세포
염색체의 기능 저하
시간이 흐르면서 돌연변이(복사의 실수)가 축적되고 DNA가 복제될 때마다 텔로미어의 길이가 줄어든다. 이런 변이가 암호화 부위에서 나타나면 유전자의 기능도 저하된다.
염색체
염색체에 돌연변이가 축적되면 유전자 발현에 영향을 미친다
텔로미어가 사라지면 세포는 더 이상 분열하지 않는다
세포의 붕괴
화학 반응을 촉진하거나 신호를 차단하는 단백질을 암호화하는 유전자가 손상되면 세포 기능이 떨어지는 현상을 피할 수 없다. 시간이 흐를수록 세포의 효율은 떨어진다.
미토콘드리아
에너지 생산이 줄어든다
단백질 사슬이 다르게 접히면서 기능이 떨어진다
잘못 접힌 단백질
호르몬
호르몬과 같은 화학적 신호에 대한 반응성이 떨어진다
포도당과 같은 영양소에 대한 감각과 흡수율이 줄어든다
영양소

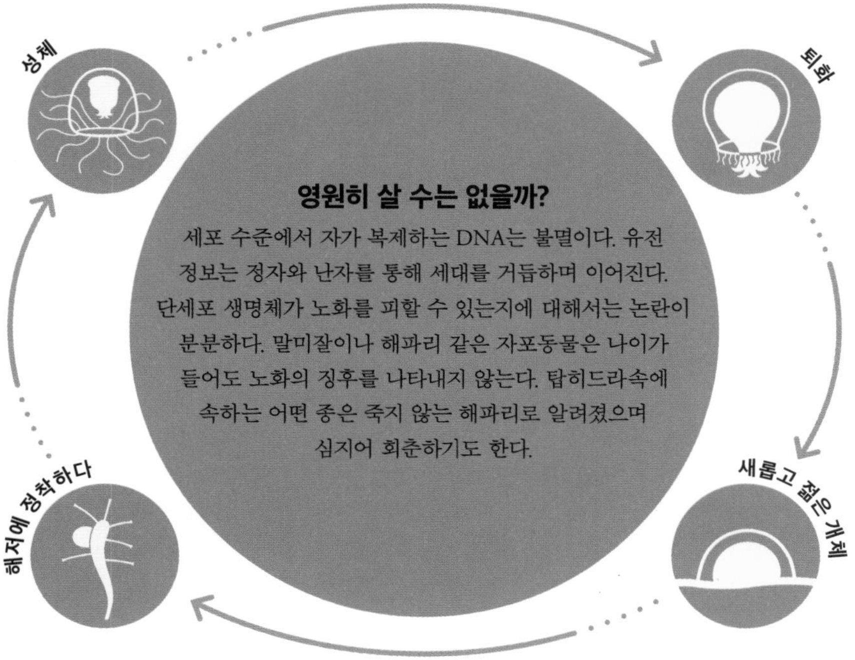
성체
퇴화
새롭고 젊은 개체
해저에 정착하다

영원히 살 수는 없을까?

세포 수준에서 자가 복제하는 DNA는 불멸이다. 유전 정보는 정자와 난자를 통해 세대를 거듭하며 이어진다. 단세포 생명체가 노화를 피할 수 있는지에 대해서는 논란이 분분하다. 말미잘이나 해파리 같은 자포동물은 나이가 들어도 노화의 징후를 나타내지 않는다. 탑히드라속에 속하는 어떤 종은 죽지 않는 해파리로 알려졌으며 심지어 회춘하기도 한다.

노화 억제

DNA 손상을 수리하거나 억제할 수 있는 약물이 있다. 미래에는 유전자 치료(182~183쪽 참조)를 통해 노화된 세포를 '회춘'시킬 수도 있을 것이다. 하지만 노화를 늦추거나 젊게 되돌릴 수 있는지 증명된 바는 없고 아직도 논란이 많다. 규칙적으로 운동하고 좋은 음식물을 섭취하는 일이 퇴행성 질환을 예방하고 수명을 연장하는 가장 훌륭한 방법이다.

약물 / 유전자 치료
식단 / 운동

유전체

생명체의 유전 정보는 DNA 분자 안에 들어 있다. 이 DNA 전체를 유전체라고 한다. 우리는 실험실에서 유전체를 분석하고 유전자를 찾아내며 그것들이 어떻게 작동하는지 밝힌다. 심지어 특정 개인에게 독특한 'DNA 지문'을 찾기도 한다.

DNA는 어떻게 구성되는가?

DNA에는 단백질을 만들라는 정보를 제공하는 유전자가 있다.(158~159쪽 참조) 세균의 DNA는 세포질에 퍼져 있지만 식물이나 동물처럼 복잡한 생명체의 세포는 매우 긴 DNA 나선을 가지고 있으며 이들을 핵 안에 잘 싸서 보관한다. 세포가 분열할 때 염색체가 풀리면서 엉기지 않도록 하기 위해 DNA 뭉치는 더욱 단단히 감긴다.

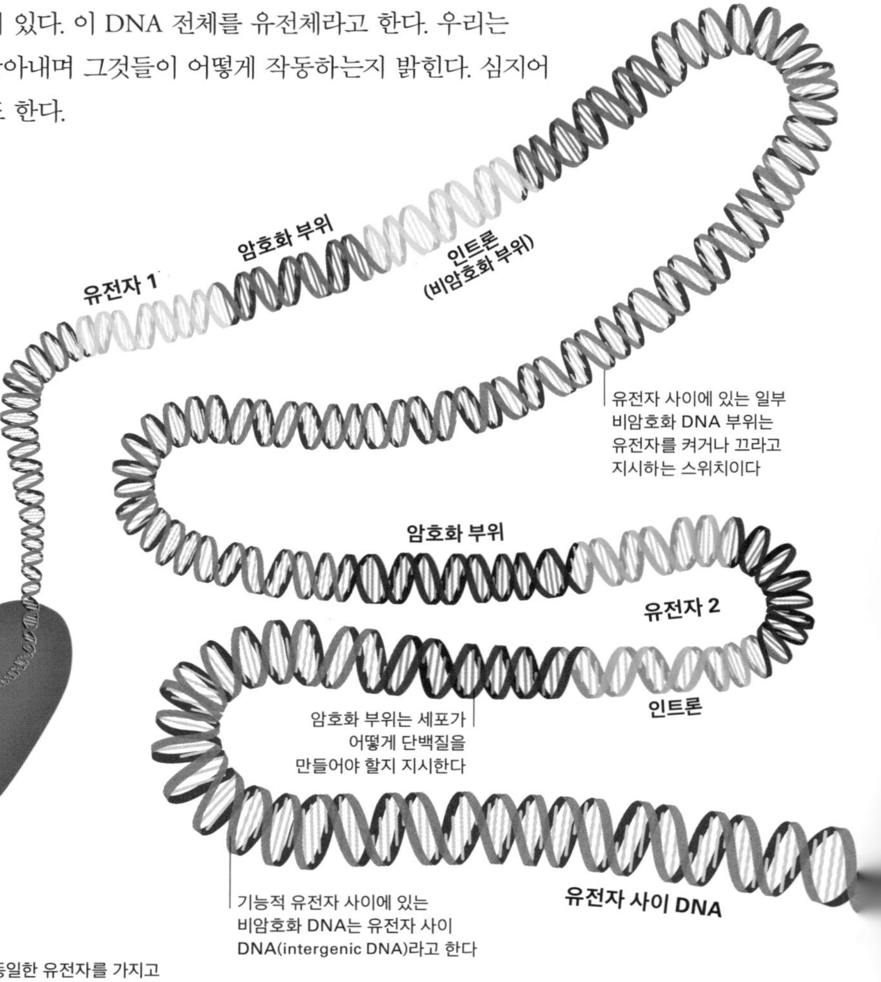

암호화 부위
인트론
(비암호화 부위)
유전자 1
유전자 사이에 있는 일부 비암호화 DNA 부위는 유전자를 켜거나 끄라고 지시하는 스위치이다
암호화 부위
유전자 2
인트론
암호화 부위는 세포가 어떻게 단백질을 만들어야 할지 지시한다
기능적 유전자 사이에 있는 비암호화 DNA는 유전자 사이 DNA(intergenic DNA)라고 한다
유전자 사이 DNA

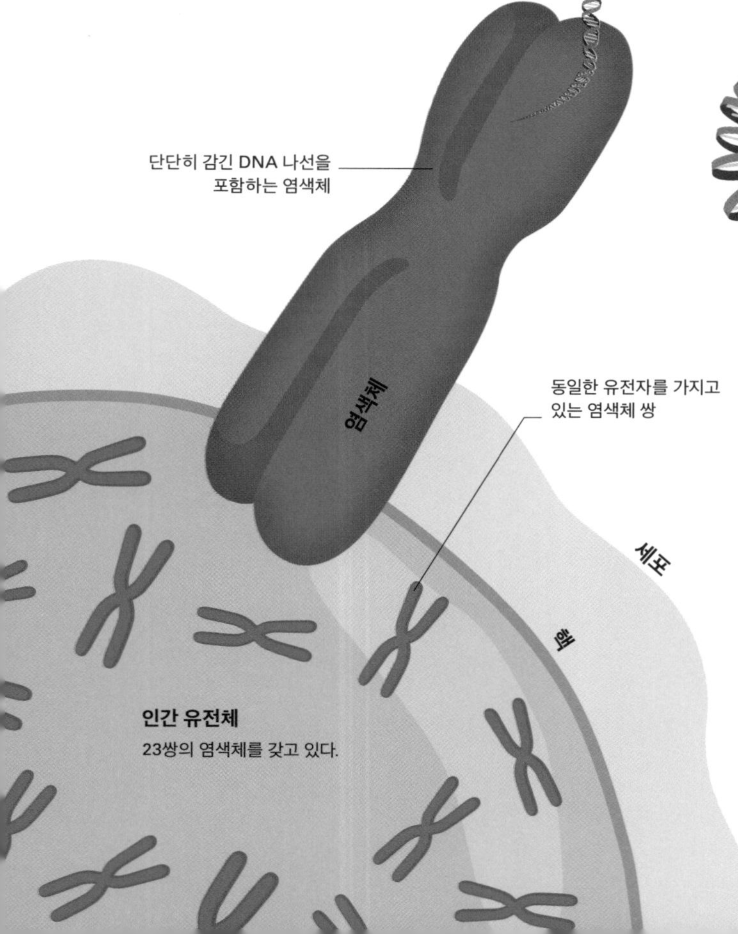

단단히 감긴 DNA 나선을 포함하는 염색체
염색체
동일한 유전자를 가지고 있는 염색체 쌍
세포
핵
인간 유전체
23쌍의 염색체를 갖고 있다.

정크 DNA

유전자는 보통 단백질 암호가 없는 DNA 부위에 의해 분리된다. 이들 부위 중 어떤 것들은 유전자를 켜고 끄는 것을 조절해 세포가 특별한 기능을 수행하도록 돕는다. 식물과 동물의 세포들도 유전자 사이에 비암호화 서열을 갖고 있다. 인트론(intron)이라고 알려진 이 부위는 단백질이 만들어지기 전에 잘려 나간다. 인트론은 유전자 내의 서로 다른 암호화 부위를 합치도록 편집하는 데 도움을 줌으로써 한 유전자가 여러 개의 단백질을 만들 수 있도록 한다. 하지만 유전자 사이 혹은 그 안에 있는 어떤 DNA 서열은 특정한 일을 하지 않는다. '정크(junk)' 유전자라 불리는 이 부위는 진화 과정에서 기능을 잃어버린 것들일 수도 있다.

DNA 신상 명세

일란성 쌍둥이를 제외하면 DNA의 화학적 염기 서열은 사람마다 다르다.(158~159쪽 참조) 따라서 혈액, 침, 정액 등의 생체 물질은 DNA를 비교할 수 있는 강력한 수단이 될 수 있다. DNA 지문이라고도 불리는 DNA의 신상 명세는 사람마다 서로 다른 짧은 연쇄 반복(short tandem repeat, STR)의 염기 서열을 비교하는 일이다.

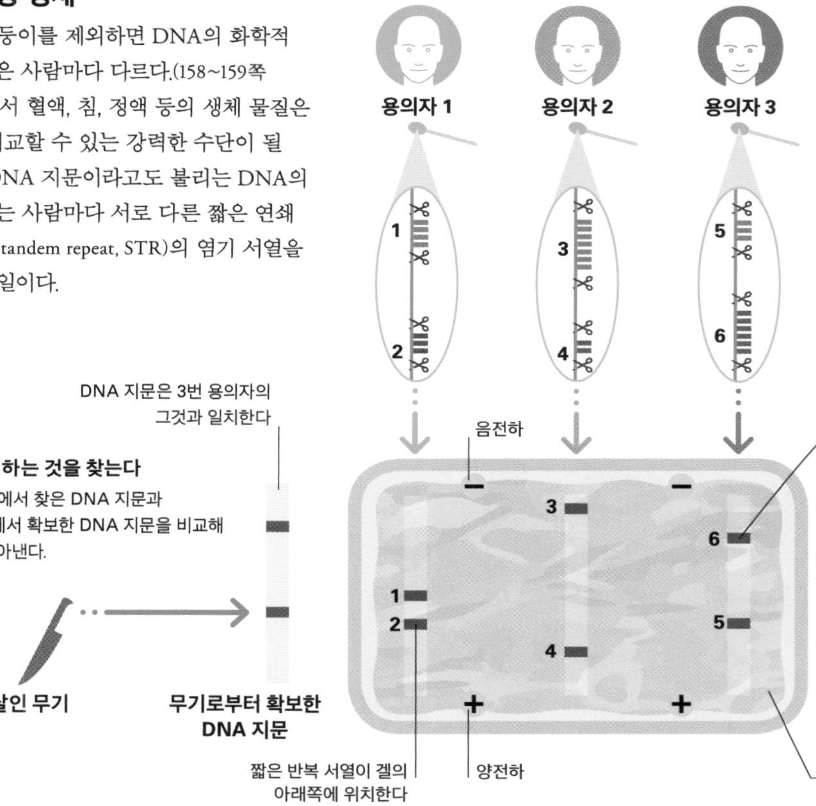
용의자 1
용의자 2
용의자 3
1
2
3
4
5
6
DNA 지문은 3번 용의자의 그것과 일치한다
음전하
더 긴 반복 서열은 겔의 위쪽에 위치한다
살인 무기
무기로부터 확보한 DNA 지문
짧은 반복 서열이 겔의 아래쪽에 위치한다
양전하
겔 위에서 DNA 나선이 움직인다

1 시료를 채취한다
살인 무기와 용의자로부터 DNA 시료를 확보한다. 보통 구강을 면봉으로 닦아 낸 것이다. 분석을 위해 DNA를 증폭한다.

2 DNA를 자른다
반복 서열 주변을 잘라 내면 그 길이에 따라 다양한 종류의 반복 서열이 만들어진다.

3 자른 DNA 조각을 분리한다
겔에 전하를 주면서 음으로 하전된 DNA를 분리한다. 작은 길이의 조각은 양극을 향해 빠른 속도로 먼 거리를 움직인다. 이들 조각을 염색하면 개별 조각의 띠를 눈으로 볼 수 있다.

4 일치하는 것을 찾는다
무기에서 찾은 DNA 지문과 용의자의 것에서 확보한 DNA 지문을 비교해 같은 것을 찾아낸다.

유전자 3
다른 부위와 마찬가지로 유전자 3의 매우 좁은 영역이 단백질을 암호화하고 있다
유전자 내부의 인트론은 유전자 조절 기능이 있을 수도 있지만 단순히 정크 DNA일 때도 있다

인간 세포 1개에 들어 있는 DNA를 쭉 펴면 그 길이가 2미터에 이른다

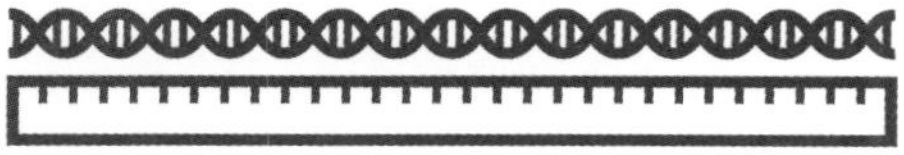

인간 유전체 프로젝트

2003년 인간 유전체 프로젝트가 완료되었다. 1990년부터 국제 연구진이 노력한 결과 DNA를 구성하는 30억 개 염기 서열이 밝혀졌다. 특정 서열은 개인마다 다를 수 있지만 이 프로젝트는 무작위로 선별된 개인의 평균적인 서열을 밝혀냈다. 그 결과 인간 유전자에 대한 보편적인 이해가 깊어졌다.

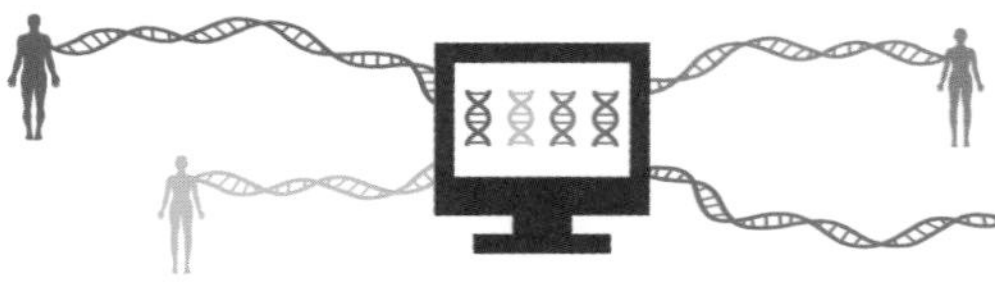

유전 공학

유전 정보는 밀접하게 생명체의 정체성과 결부되어 있기 때문에 인간이 그것에 손댈 수 있다는 사실은 매우 놀랍다. 과학과 기술은 유전 정보를 변경시켜 의학 등의 분야에서 인간에게 이익이 되는 특성을 부여할 수도 있다.

유전자 데이터 다시 쓰기

유전자를 첨가하거나 빼거나 서열을 바꿈으로써 유전 공학은 살아 있는 생명체의 유전자 정보를 다르게 만들 수 있다. 단백질을 암호화하는 부위이기 때문에 유전자를 바꾸는 것은 단백질을 만드는 능력을 변화시키는 일로 연결되고 생명체의 형질에 영향을 준다. 편집하고자 하는 유전자는 염색체(178쪽 참조) 상에서 잘리거나 RNA(158~159쪽 참조)라 불리는 유전 물질에서 복사된다. 이런 일들은 특별한 촉매인 효소가 주재한다.

밤에 빛을 낼 수 있게 유전자를 변형한 물고기가 미국에서 반려 동물로 판매되고 있다

인슐린 만들기

인간 세포로부터 인슐린을 만드는 유전 암호를 추출한 다음 이를 세균에 집어넣는다. 그러면 세균은 당뇨병을 치유할 수 있는 인슐린 제조 공장으로 탈바꿈한다. 비암호화 부위가 없기 때문에 DNA보다 다루기 쉬운 RNA를 사용한다.

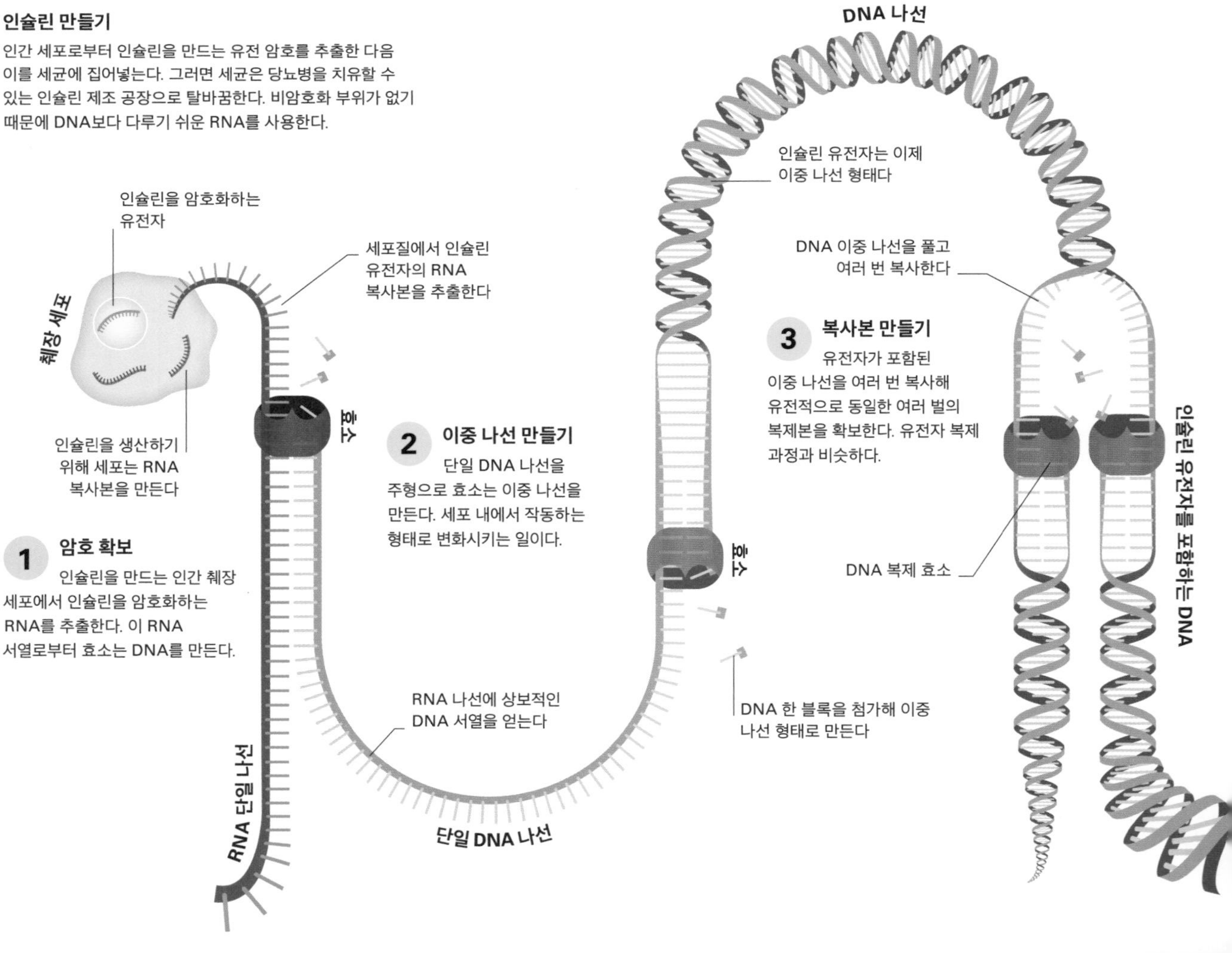

DNA 나선
인슐린 유전자는 이제 이중 나선 형태다
인슐린을 암호화하는 유전자
세포질에서 인슐린 유전자의 RNA 복사본을 추출한다
췌장 세포
DNA 이중 나선을 풀고 여러 번 복사한다
3 복사본 만들기
유전자가 포함된 이중 나선을 여러 번 복사해 유전적으로 동일한 여러 벌의 복제본을 확보한다. 유전자 복제 과정과 비슷하다.
효소
2 이중 나선 만들기
단일 DNA 나선을 주형으로 효소는 이중 나선을 만든다. 세포 내에서 작동하는 형태로 변화시키는 일이다.
인슐린을 생산하기 위해 세포는 RNA 복사본을 만든다
인슐린 유전자를 포함하는 DNA
1 암호 확보
인슐린을 만드는 인간 췌장 세포에서 인슐린을 암호화하는 RNA를 추출한다. 이 RNA 서열로부터 효소는 DNA를 만든다.
효소
DNA 복제 효소
DNA 한 블록을 첨가해 이중 나선 형태로 만든다
RNA 나선에 상보적인 DNA 서열을 얻는다
RNA 단일 나선
단일 DNA 나선

우리는 왜 유전자를 변화시키는가?

유전 공학은 상당히 유용하다. 의학적으로 중요한 단백질을 만들기 위해 세균을 조작할 수 있고 동물이나 식물의 형질을 바람직하게 개선할 수 있다. 사람의 유전 질환을 치료하기 위해 유전자를 도입할 수도 있다.

유전 공학의 예

의약품 생산
동물에서 나오는 것과 별개로 유전적으로 조작된 미생물이 의약품을 대량으로 만들어 낸다.

유전자 변형 동식물
영양학적 가치를 높이려 식물이나 동물의 유전자를 개량한다. 가뭄이나 질병에 강하고 곤충에 내성이 있는 형질을 부여할 수 있다.

유전자 치료
유전적 결함이 있는 세포에 정상 기능을 하는 유전자를 집어넣을 수 있다. (182~183쪽 참조)

유전자 변형 식물이 퍼져 나갈 수 있을까?

외부 유전자를 집어넣은 식물이 통제되지 않은 채 퍼져 나가 야생에서 '슈퍼 잡초'가 되지 않을까 걱정하는 이들도 있다. 유전자 조작 곡물과 야생 식물이 교배되어 농업 생산성에 영향을 미칠 수도 있다. 유전자 조작 식물과 그렇지 않은 식물 사이에 유전자가 교환된 몇 가지 사례도 알려져 있지만, 그런 일이 환경에 커다란 영향을 끼칠 것이라는 과학적 합의가 도출되지는 않았다.

4 전달체 만들기

효소를 이용해 플라스미드(보통 세균의 세포에 들어 있음)라고 불리는 DNA 고리를 잘라 열고 특정 서열이 포함된 단일 나선을 노출시킨다.

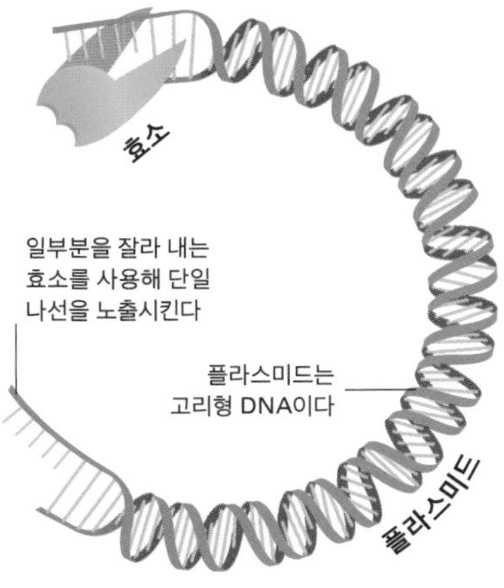
효소
일부분을 잘라 내는 효소를 사용해 단일 나선을 노출시킨다
플라스미드는 고리형 DNA이다
플라스미드

5 유전자 집어넣기

유전자가 포함된 DNA를 단일 나선 말단에 연결한다. 유전자의 단일 나선 돌출 부위는 플라스미드의 말단과 상보적이기 때문에 쉽게 결합한다. 효소가 나서서 이음 작업을 완료하면 플라스미드는 인슐린 유전자를 포함하게 된다.

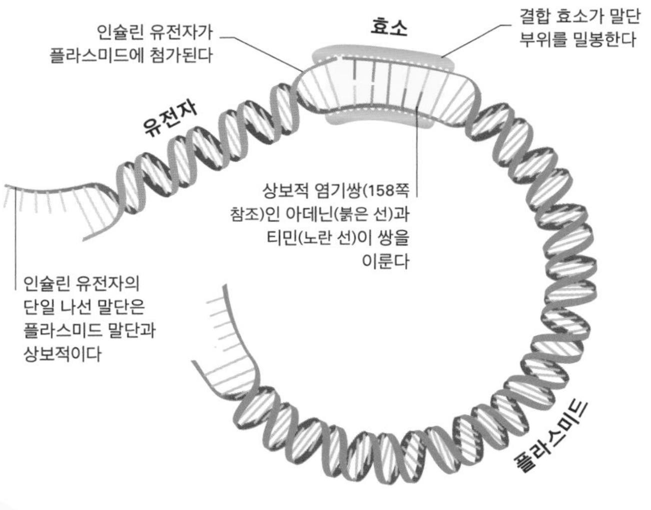
인슐린 유전자가 플라스미드에 첨가된다
효소
결합 효소가 말단 부위를 밀봉한다
유전자
상보적 염기쌍(158쪽 참조)인 아데닌(붉은 선)과 티민(노란 선)이 쌍을 이룬다
인슐린 유전자의 단일 나선 말단은 플라스미드 말단과 상보적이다
플라스미드

6 인슐린 생산

유전적으로 조작된 플라스미드를 세균에 집어넣는다. 세균이 증식하면 플라스미드도 복제된다. 인슐린을 만드는 세균만을 따로 분리해 배양한다.

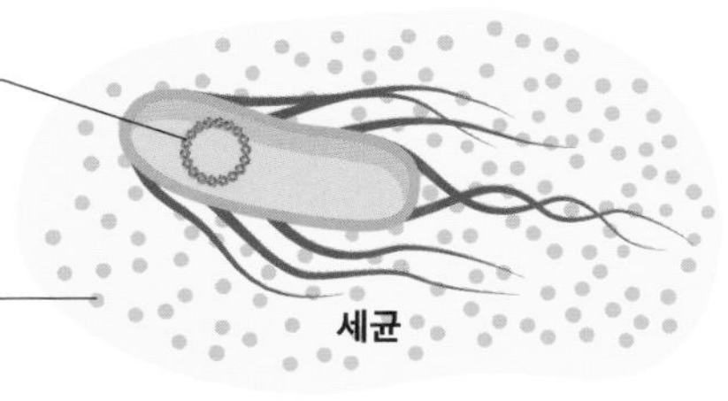
인슐린 유전자를 가진 플라스미드를 세균에 넣는다
세균은 인슐린을 만든다
세균

유전자 치료

어떤 종류의 질병을 치료하기 위해서 매우 정교한 접근 방식을 취해야 할 필요가 있다. 가령 DNA를 의약품으로 사용하는 경우가 그러하다. 유전자 치료는 질병 치료를 위해 유전 정보를 함유한 세포를 사용한다.

유전자 치료는 어떻게 수행될까?

세포가 특정한 단백질을 만들도록 지시하는 DNA의 특정 부위가 유전자다. 유전자를 세포에 집어넣는 유전자 치료를 통해 우리는 단백질이 제대로 작동하게 하기도 하고 질병에 대항하는 임무를 부여하기도 한다. 여러 개가 아니라 단 1개의 유전자가 문제가 있어서 생기는 질병(예컨대 낭포성 섬유증)에 유전자 치료 방법은 특히 의미가 있다. 치료 시 세포 안에서 유전자를 운반하는 수단으로는 활성이 없는 바이러스 혹은 리포솜(liposome)이라 불리는 지질 소체가 사용된다.

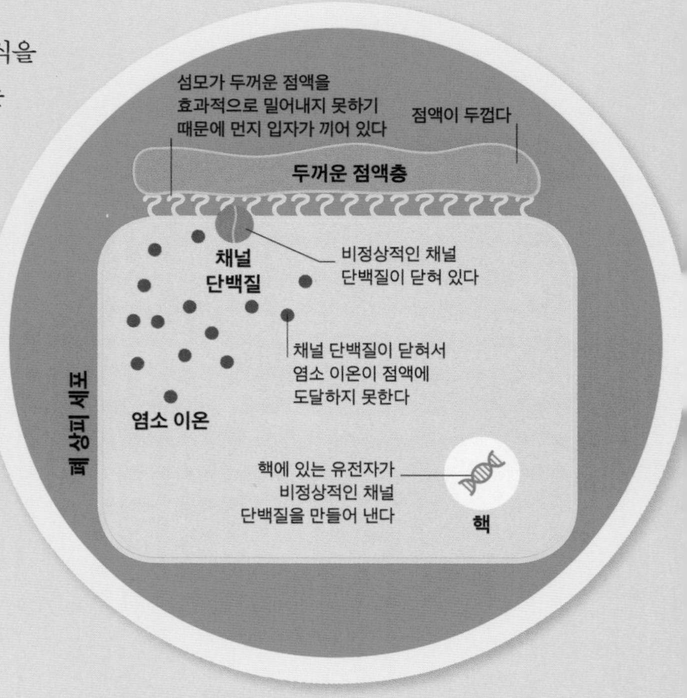
섬모가 두꺼운 점액을
효과적으로 밀어내지 못하기
때문에 먼지 입자가 끼어 있다
점액이 두껍다
두꺼운 점액층
채널
단백질
비정상적인 채널
단백질이 닫혀 있다
채널 단백질이 닫혀서
염소 이온이 점액에
도달하지 못한다
염소 이온
폐 상피 세포
핵에 있는 유전자가
비정상적인 채널
단백질을 만들어 낸다
핵

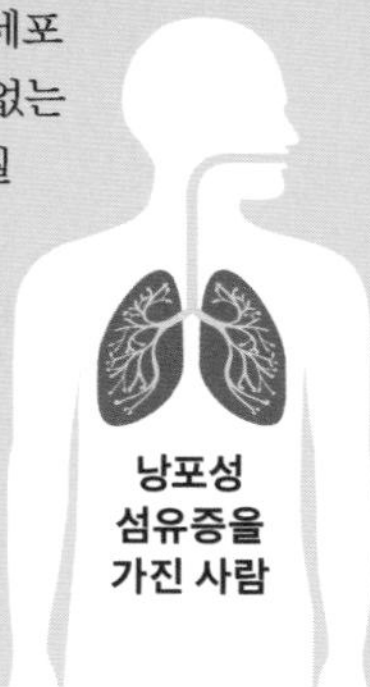
낭포성
섬유증을
가진 사람

1 낭포성 섬유증

낭포성 섬유증(cystic fibrosis)을 가진 사람은 채널 단백질이 제대로 기능하지 않는 폐를 갖고 있다. 그 결과 기도에 점액이 두껍게 끼어 있고 호흡에 어려움을 겪는다.

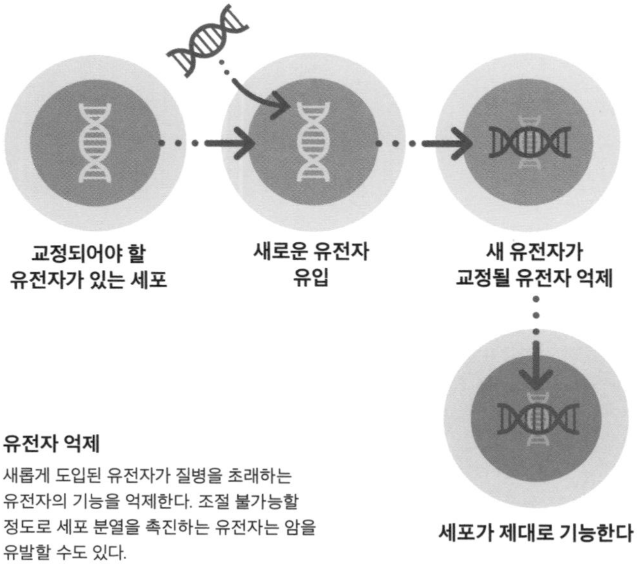
교정되어야 할
유전자가 있는 세포
새로운 유전자
유입
새 유전자가
교정될 유전자 억제
세포가 제대로 기능한다

유전자 억제

새롭게 도입된 유전자가 질병을 초래하는 유전자의 기능을 억제한다. 조절 불가능할 정도로 세포 분열을 촉진하는 유전자는 암을 유발할 수도 있다.

최근 유전자 치료 연구는 특정한 암세포를 목표로 한다

유전자 치료는 영구적인 치료법인가?

치료용 세포는 분열하지만 궁극적으로 그들은 죽고 다시 병든 세포로 대치된다. 현재 유전자 치료의 효과는 단기적이어서 여러 차례 치료를 반복해야 한다.

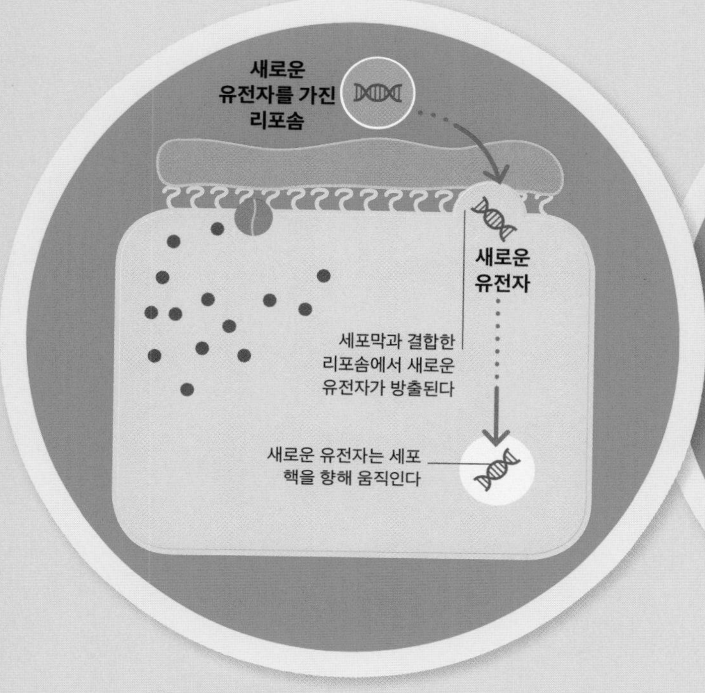
새로운
유전자를 가진
리포솜
새로운
유전자
세포막과 결합한
리포솜에서 새로운
유전자가 방출된다
새로운 유전자는 세포
핵을 향해 움직인다

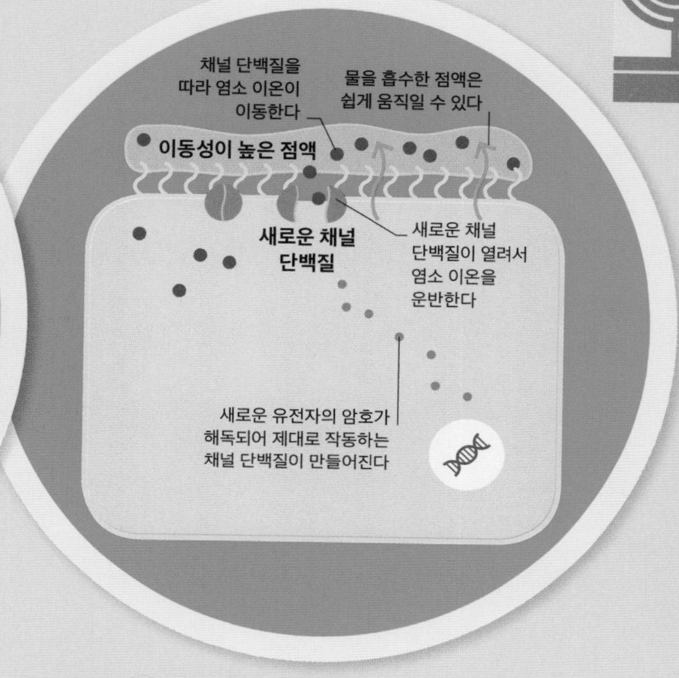
채널 단백질을
따라 염소 이온이
이동한다
물을 흡수한 점액은
쉽게 움직일 수 있다
이동성이 높은 점액
새로운 채널
단백질
새로운 채널
단백질이 열려서
염소 이온을
운반한다
새로운 유전자의 암호가
해독되어 제대로 작동하는
채널 단백질이 만들어진다

2 유전자를 첨가하다

분무 흡입기를 써서 정상적인 기능을 하는 채널 단백질 유전자가 포함된 리포솜을 기도 상피 세포에 주입한다. 이들은 세포 핵 내 DNA와 결합한다.

3 유전자가 기능을 되돌린다

새로운 유전자를 가진 세포는 제대로 기능하는 채널 단백질을 생산하고 염소를 점액으로 내보낸다. 염도가 높아진 점액은 세포로부터 물을 흡수한다. 그 결과 호흡이 부드러워진다.

특정 세포 죽이기

특정한 질병을 일으키는 세포를 목표로 하는 세포 자살 유전자가 들어가면 질병 유발 세포가 자폭할 수 있다. 또는 면역 세포가 그 세포들을 공격하도록 유도할 수 있다.

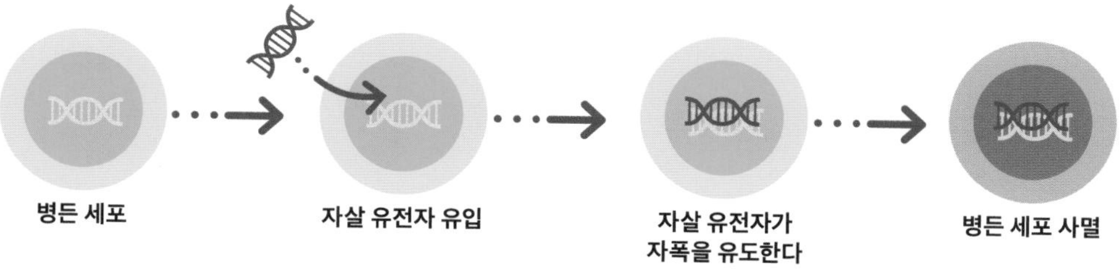
병든 세포
자살 유전자 유입
자살 유전자가
자폭을 유도한다
병든 세포 사멸

새로운 유전자는 대물림될 수 있는가?

체세포 유전자 치료라고 불리는 통상적인 유전자 치료는 체세포에 유전자를 전달할 뿐 정자나 난자 생산에 관여하지 않는다. 유입된 세포가 증식하면 복제된 유전자는 질병이 있는 조직에 발현되지만 자손에게 전달되지는 않는다. 윤리적인 이유 때문에 잘 이루어지지는 않지만 성세포에 적용한 유전자 치료는 대물림될 수 있다.

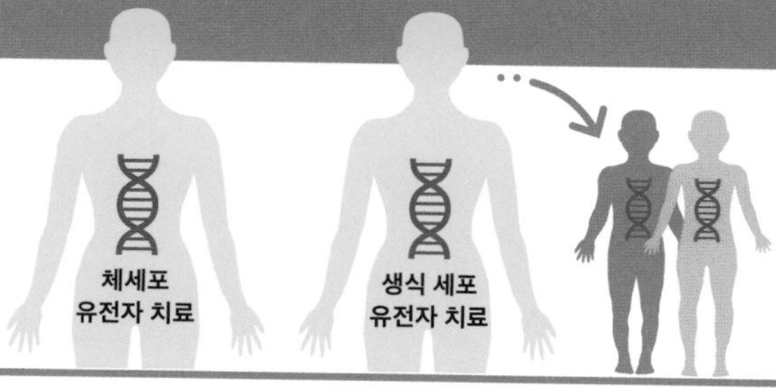
체세포
유전자 치료
생식 세포
유전자 치료

줄기세포

동물의 신체는 산소를 운반하거나 신경 자극을 전달하는 등 특정 기능을 수행하는 세포들로 구성된다. 배아에서 성체에 이르기까지 일부 분화되지 않은 줄기세포는 다양한 세포로 변화할 수 있는 능력을 보유하고 있다. 이들은 질병을 치유하는 데에도 사용될 수 있다.

줄기세포의 종류

배아의 세포는 다양한 조직을 형성할 수 있는 세포를 가지고 있다. 작은 공처럼 생긴 배아 세포로부터 신체의 모든 세포가 분화된다. 조직이 두드러지게 분화될수록 이들 세포는 다양한 세포로 분열할 수 있는 가능성을 잃고 특정 임무만을 수행한다. 골수와 같은 특정 부분에만 줄기세포가 존재하지만 분화 능력이 제한적이다.

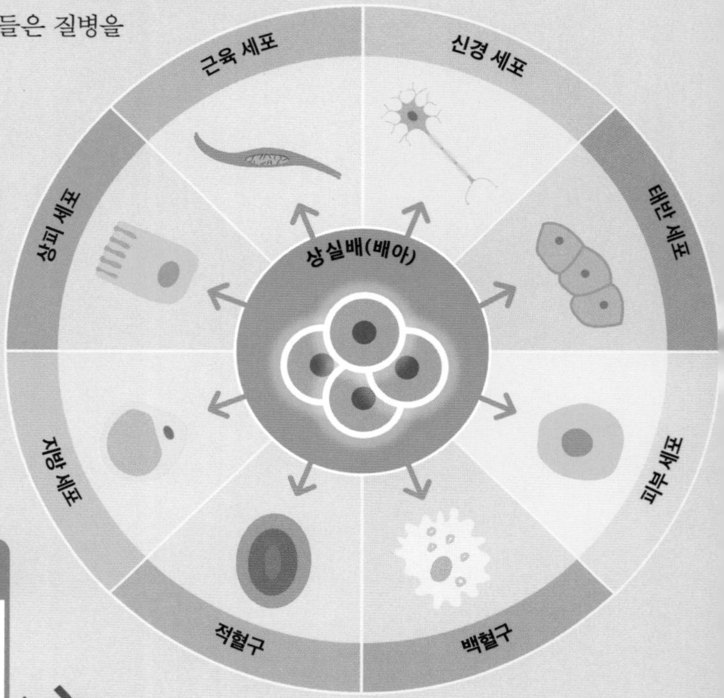

근육 세포
신경 세포
태반 세포
피부 세포
백혈구
적혈구
지방 세포
상피 세포
상실배(배아)

줄기세포 배양의 윤리

배아 줄기세포는 치료 목적으로 유용하게 쓰일 수 있는 커다란 잠재력을 갖고 있지만 대다수 사람들은 배아 줄기세포를 쓰는 것에 거부감을 느낀다. 일부 국가에서는 배아 줄기세포를 채취하는 행위가 불법이다. 탯줄 혹은 골수의 성체 줄기세포를 사용하면 이런 문제점이 없지만 분화 능력이 제한적이어서 당뇨병이나 파킨슨병에 사용할 수 없다.

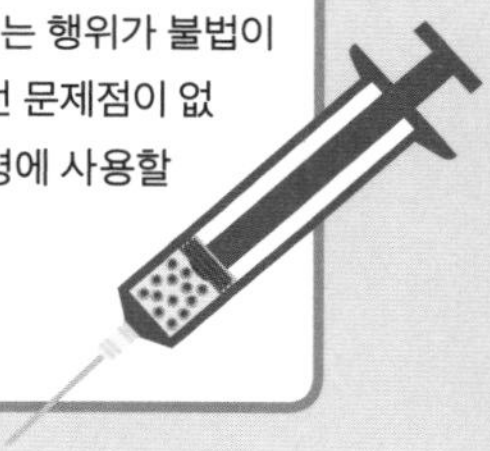

최초의 배아 줄기세포

상실배라 불리는 작은 공 단계의 배아는 발생 단계에서 가장 높은 형성능을 갖고 있다. 전능성(totipotency)이 있는 이 단계의 세포는 모든 세포로 변할 수 있는 잠재력을 지닌다. 대부분 포유동물에서 이들은 태반으로도 분화해 갈 수 있다.

줄기세포 치료

줄기세포의 발생학적 잠재력은 질병을 치유하고 건강한 조직이 성장하도록 도움을 준다. 혈구 세포를 형성하는 골수 이식은 백혈병과 같은 혈구 이상 증세를 누그러뜨릴 수 있다. 줄기세포 치료를 통해 당뇨병 환자의 인슐린 생성 세포가 기능을 되찾기도 한다. 실험동물을 대상으로 배아의 줄기세포 혹은 형성능을 높이기 위해 화학 처리를 한 성체 줄기세포를 이용한 실험이 수행되고 있다.

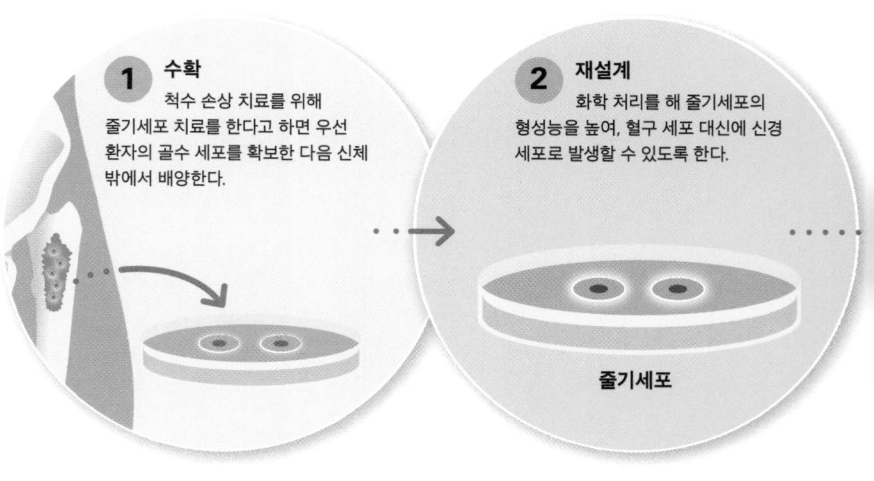

1 수확
척수 손상 치료를 위해 줄기세포 치료를 한다고 하면 우선 환자의 골수 세포를 확보한 다음 신체 밖에서 배양한다.
2 재설계
화학 처리를 해 줄기세포의 형성능을 높여, 혈구 세포 대신에 신경 세포로 발생할 수 있도록 한다.
줄기세포

척추 손상이 있는 환자에게 수행한 줄기세포 치료의 임상 시험 결과 약 절반 정도가 운동 능력을 일부 회복했다

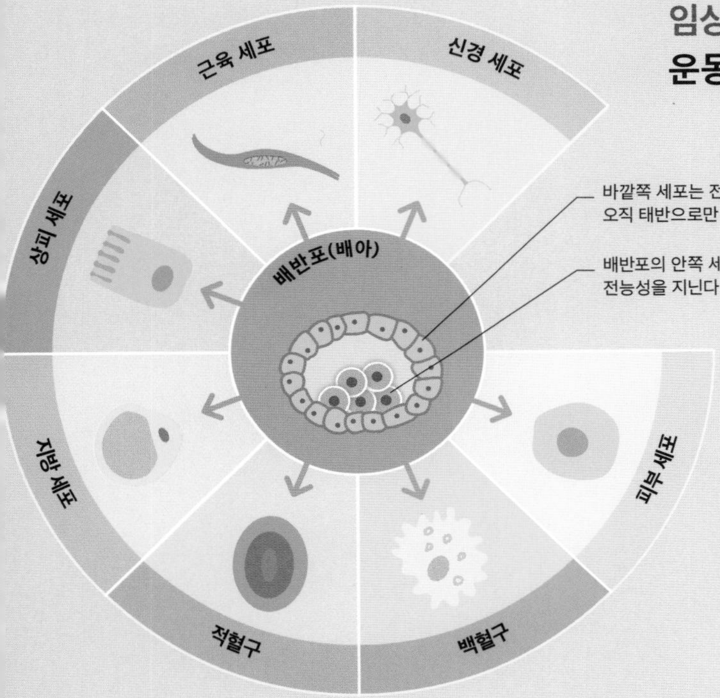
근육 세포
신경 세포
상피 세포
배반포(배아)
바깥쪽 세포는 전형성능을 지니지 못하고,
오직 태반으로만 분화한다
배반포의 안쪽 세포는
전능성을 지닌다
지방 세포
피부 세포
적혈구
백혈구

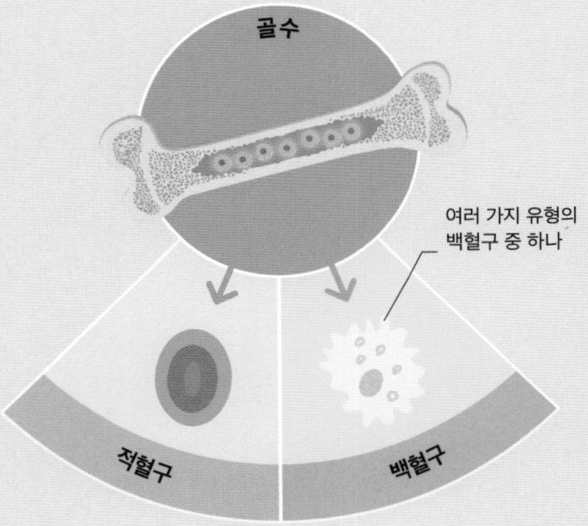
골수
여러 가지 유형의
백혈구 중 하나
적혈구
백혈구

초기 배아 줄기세포

상실배 다음 단계의 배아는 가운데가 움푹 팬 배반포 단계이다. 최초의 분화가 일어나서 바깥층 세포는 태반으로 발생을 진행한다. 오직 안쪽의 세포 덩어리만이 만능성(pluripotency)을 가지고 신체의 모든 세포로 분화해 갈 수 있다.

성체 줄기세포

성체에는 줄기세포가 부분적으로만 존재한다. 이들은 제한적인 유형의 세포로만 분화가 가능하다. 그래서 다능성(multipotency)을 지닌다고 말한다. 뼈 안쪽 골수의 줄기세포는 다양한 혈구 세포로 분화한다.

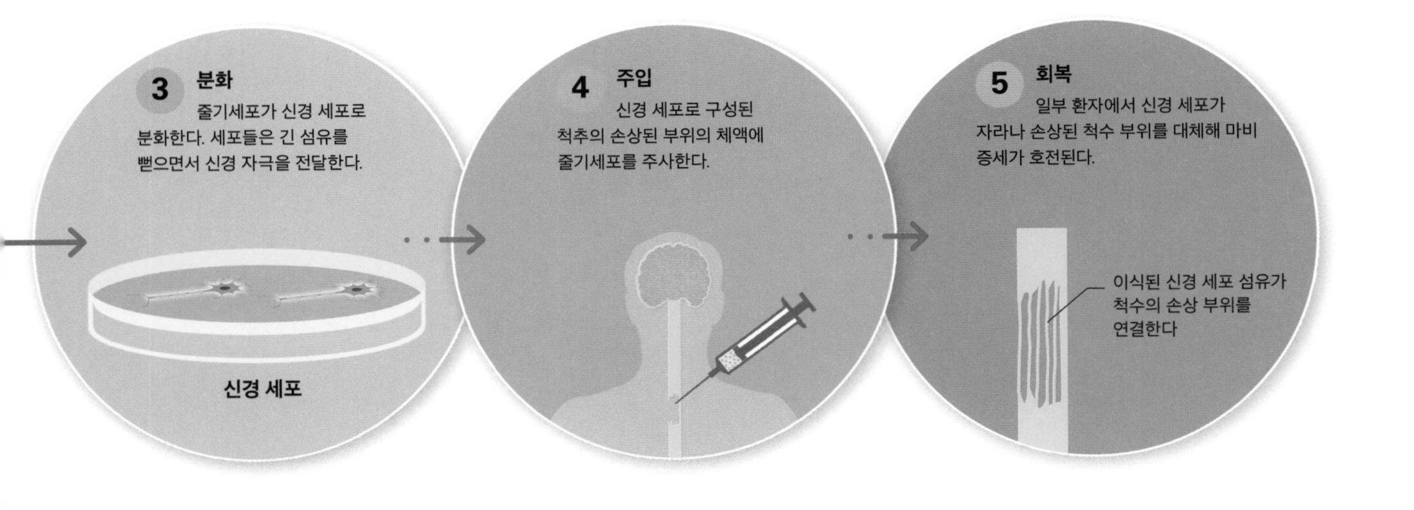
3 분화
줄기세포가 신경 세포로 분화한다. 세포들은 긴 섬유를 뻗으면서 신경 자극을 전달한다.
신경 세포
4 주입
신경 세포로 구성된 척추의 손상된 부위의 체액에 줄기세포를 주사한다.
5 회복
일부 환자에서 신경 세포가 자라나 손상된 척수 부위를 대체해 마비 증세가 호전된다.
이식된 신경 세포 섬유가
척수의 손상 부위를
연결한다

클로닝

클론은 유전적으로 동일한 생명체를 일컫는다. 현재의 기술은 인위적으로 클론을 조작할 수 있다. 곧 의학 분야 등에 적용될 수도 있을 것이다.

기술적으로 쌍둥이는 클론인가?

그렇다. 일란성 쌍둥이는 클론이다. 수정란 1개가 자궁 내에서 둘로 나뉘면서 만들어지기 때문이다. 이 2개의 세포는 유전적으로 동일한 배아로 성장한다.

클로닝은 어떻게 가능한가?

클로닝의 핵심은 자가 복제하는 DNA로, DNA를 이용해 세포 분열을 촉진하고 무성 생식으로 생명체를 증식시킨다. 실험 기법의 발달로, 분화되지 않은 세포 혹은 조직으로부터 자연적으로는 형성되지 않는 방식의 클론을 만들 수도 있다.

자연적인 클로닝

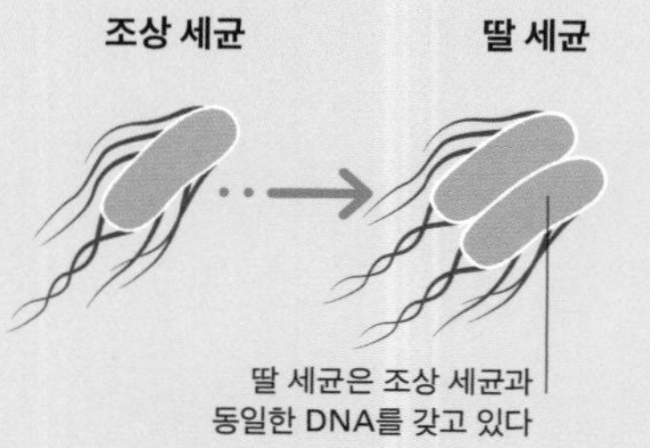

조상 세균
딸 세균
딸 세균은 조상 세균과
동일한 DNA를 갖고 있다

세균의 무성 생식

세균과 같은 미생물은 무성 생식을 통해 스스로를 복제한다. 세포 분열 직전 DNA가 복제되고 동일한 복사본이 각각의 세포에게 분배된다.

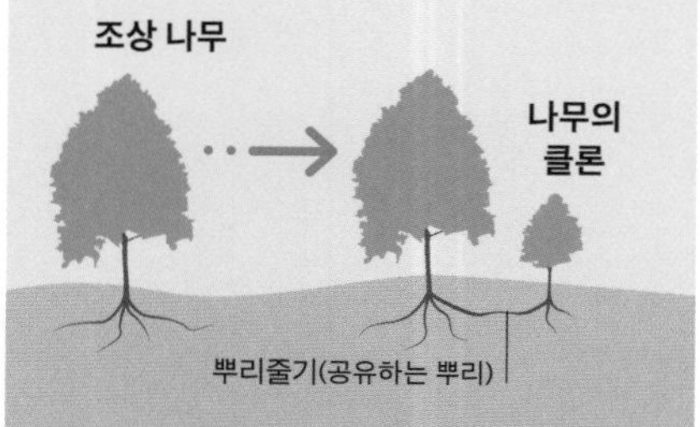

조상 나무
나무의
클론
뿌리줄기(공유하는 뿌리)

무성 생식으로 증식하는 식물

근계라 불리는 땅 속의 뿌리는 조상 나무와 유전적으로 동일한 나무를 싹틔워 내는 데에 필요한 조직이 있다. 이런 방식으로 북미 사시나무는 커다란 클론 군락을 이뤄낸다.

인공적 클로닝

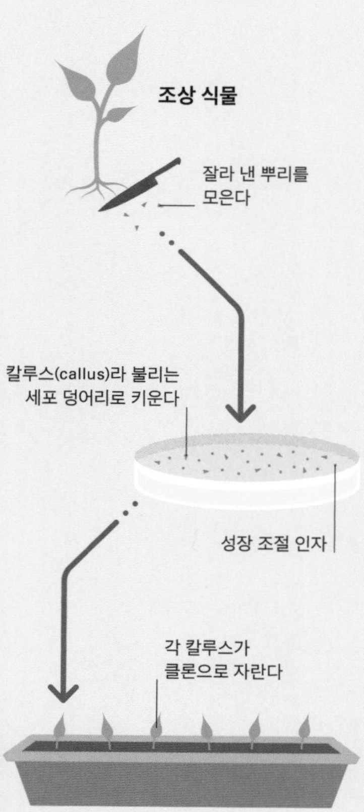

조상 식물
잘라 낸 뿌리를
모은다
칼루스(callus)라 불리는
세포 덩어리로 키운다
성장 조절 인자
각 칼루스가
클론으로 자란다

조직 배양

식물의 조직 일부에 성장 조절 인자를 투여하면서 새로운 식물로 자라도록 촉진한다. 영양분이 풍부한 환경에서 자라난 어린 식물은 나중에 토양으로 옮겨 키운다.

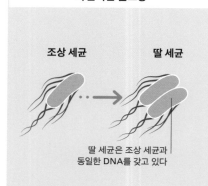

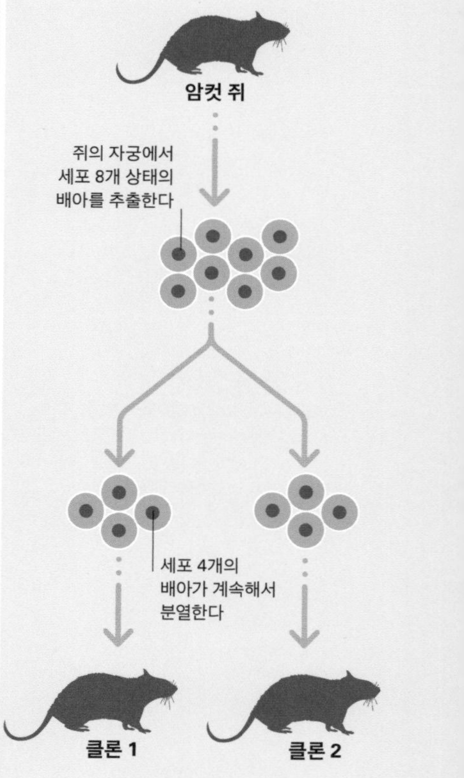

암컷 쥐
쥐의 자궁에서
세포 8개 상태의
배아를 추출한다
세포 4개의
배아가 계속해서
분열한다
클론 1
클론 2

배아 나누기

최초로 클론 만들기에 성공한 사례는 초기 배아를 2개로 나눈 결과였다. 초기 상태의 배아 세포는 신체의 모든 세포로 분화할 수 있는 형성능을 보유하고 있다.

피레네 아이벡스는 세계 최초로 복원된 멸종 동물이지만 태어난 후 7분 만에 죽었다

멸종된 종 되살리기

시료가 보존되어 있다면 멸종된 생명체를 복원할 희망이 있다. 하지만 시간이 흐르면서 DNA도 퇴화한다. 이렇게 노후화된 DNA로부터 생기 있는 배아를 만들기는 쉽지 않다. 과학자들은 냉동된 매머드의 유전자의 DNA가 잘 보존되어 있음을 발견했다. 그럼에도 불구하고 DNA가 손상되어 클론을 만들기에 충분치 않았다. 과학자들은 매머드와 아시아코끼리의 유전자를 합쳐서 잡종 배아를 만들고 이를 인공 자궁에서 키우려 시도하고 있다. 하지만 윤리적 논쟁이 만만치 않다.

털북숭이 매머드

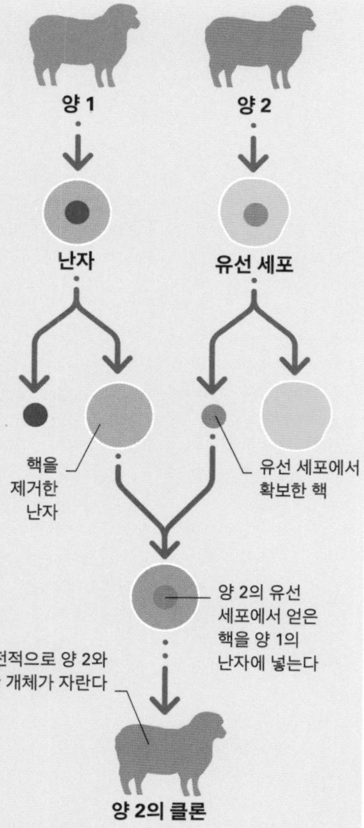
양 1
양 2
난자
유선 세포
핵을 제거한 난자
유선 세포에서 확보한 핵
양 2의 유선 세포에서 얻은 핵을 양 1의 난자에 넣는다
유전적으로 양 2와 동일한 개체가 자란다
양 2의 클론

체세포 핵 치환

체세포로부터 클론을 만들 수 있다. 자신의 핵이 없는 난자가 기증자 체세포의 핵을 재설계해 클론을 만들기도 한다. 돌리 양이 이런 기술에 의해 탄생했다.

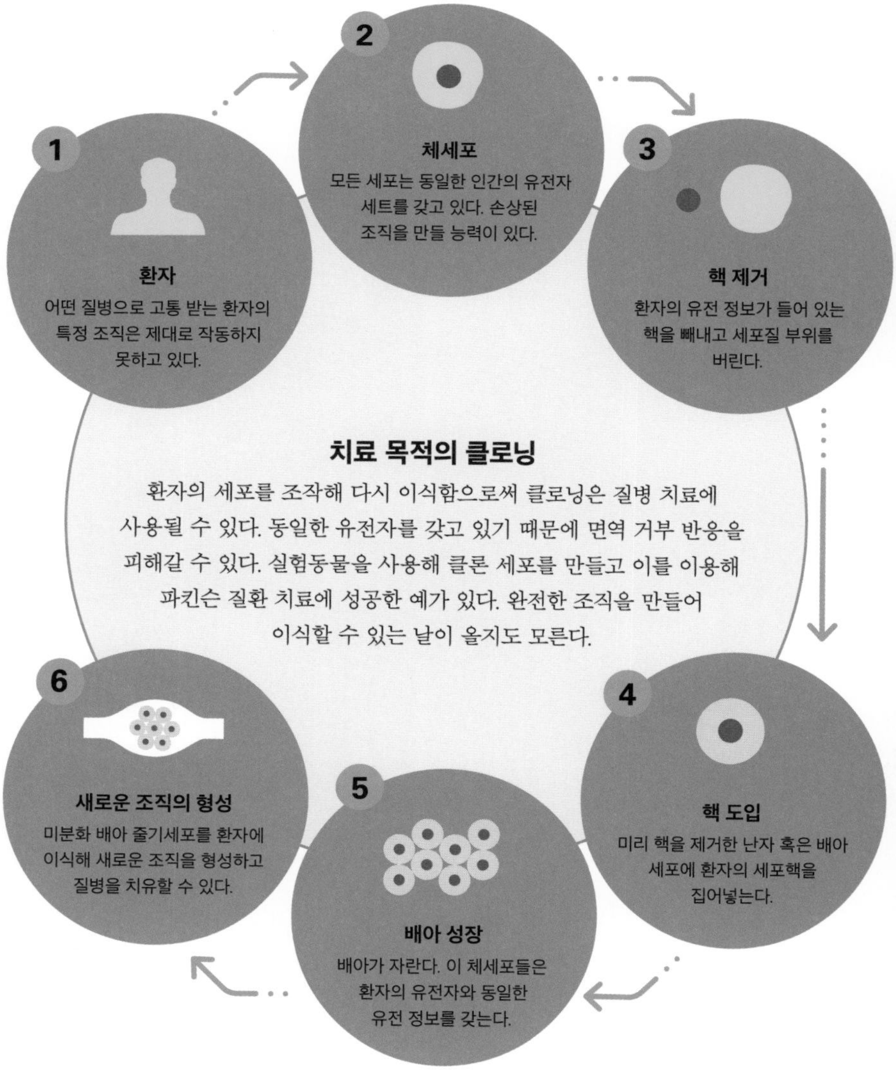
1
환자
어떤 질병으로 고통 받는 환자의 특정 조직은 제대로 작동하지 못하고 있다.
2
체세포
모든 세포는 동일한 인간의 유전자 세트를 갖고 있다. 손상된 조직을 만들 능력이 있다.
3
핵 제거
환자의 유전 정보가 들어 있는 핵을 빼내고 세포질 부위를 버린다.
4
핵 도입
미리 핵을 제거한 난자 혹은 배아 세포에 환자의 세포핵을 집어넣는다.
5
배아 성장
배아가 자란다. 이 체세포들은 환자의 유전자와 동일한 유전 정보를 갖는다.
6
새로운 조직의 형성
미분화 배아 줄기세포를 환자에 이식해 새로운 조직을 형성하고 질병을 치유할 수 있다.

치료 목적의 클로닝

환자의 세포를 조작해 다시 이식함으로써 클로닝은 질병 치료에 사용될 수 있다. 동일한 유전자를 갖고 있기 때문에 면역 거부 반응을 피해갈 수 있다. 실험동물을 사용해 클론 세포를 만들고 이를 이용해 파킨슨 질환 치료에 성공한 예가 있다. 완전한 조직을 만들어 이식할 수 있는 날이 올지도 모른다.

우주

항성

항성은 밝게 빛나는 거대한 기체 덩어리로 중심부에서 핵반응이 끊임없이 일어날 때 탄생한다. 큰 항성은 밝게 타지만 작은 항성보다 빨리 소멸한다. 항성의 질량이 그것의 죽음을 결정한다.

항성은 얼마나 오래 사는가?

항성의 수명은 크기에 따라 달라진다. 가장 무거운 별은 불과 수십만 년간 지속되지만 가장 작은 항성은 수조 년을 산다.

별이 탄생하다

성간 먼지와 성운이라고 알려진 기체의 얼음 구름에서 항성이 탄생한다. 기체 덩어리가 조각조각 깨진다. 만일 그 조각의 밀도가 충분히 높으면 스스로의 중력에 의해 붕괴되면서 열을 방출한다. 열핵융합이 가능할 정도로 과량의 열이 방출되면 항성이 생긴다. 이 과정은 수백만 년이 걸린다.

먼지와 기체
(주로 수소)
스스로의 무게 때문에
중심부가 붕괴한다
물질이 내부로
유입된다
밖으로 항성풍이
분다

1 분자 구름
절대 영도보다 조금 높은 온도에서 기체는 서로 결합해 (이온이 아니라 분자로 형성된) 분자로 존재한다. 보다 무거운 구름 조각이 떨어져 나간다.

2 붕괴되는 조각들
무거운 기체 조각들이 붕괴되면서 중심부의 온도를 올린다. 각운동량에 의해 조각들이 돌면서 회전하는 원반이 형성된다.

3 원시 항성의 형성
밀도 높은 중심부에서 원시 항성이 만들어지고 원반은 행성계가 될 것이다. 물질이 유입되면서 원시 항성은 100배로 커진다.

4 융합의 개시
내부 압력에 의해 열핵융합을 시작하면 물질의 유입이 중단된다. 원시 항성은 수소를 태우고 강력한 항성풍을 불어 댄다.

별의 탄생과 죽음

대부분의 원시 항성은 평균적인 또는 '주계열(main sequence)'의 별이 된다. 기체가 밖으로 확장하려는 힘과 안으로 끌어당기는 중력, 두 힘의 균형에 의해 이 별은 안정한 상태를 유지한다. 별의 생명 주기는 질량에 따라 달라진다. 질량은 크기와 온도, 그리고 시간이 흐르는 동안 항성의 색상을 결정한다. 일부 항성은 사라지지만 어떤 것들은 초신성으로 폭발해 새로운 항성과 행성이 탄생할 물질을 공급하기도 한다. 우주 대부분의 원소는 항성 내부의 핵반응에 의해 창조되었기 때문에 우리의 세계는 항성 먼지로 만들어졌다고 해야 할 것이다.

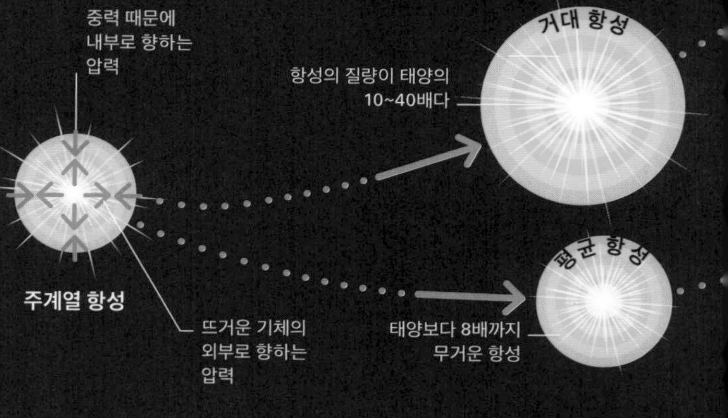

중력 때문에
내부로 향하는
압력
주계열 항성
뜨거운 기체의
외부로 향하는
압력
거대 항성
항성의 질량이 태양의
10~40배다
평균 항성
태양보다 8배까지
무거운 항성

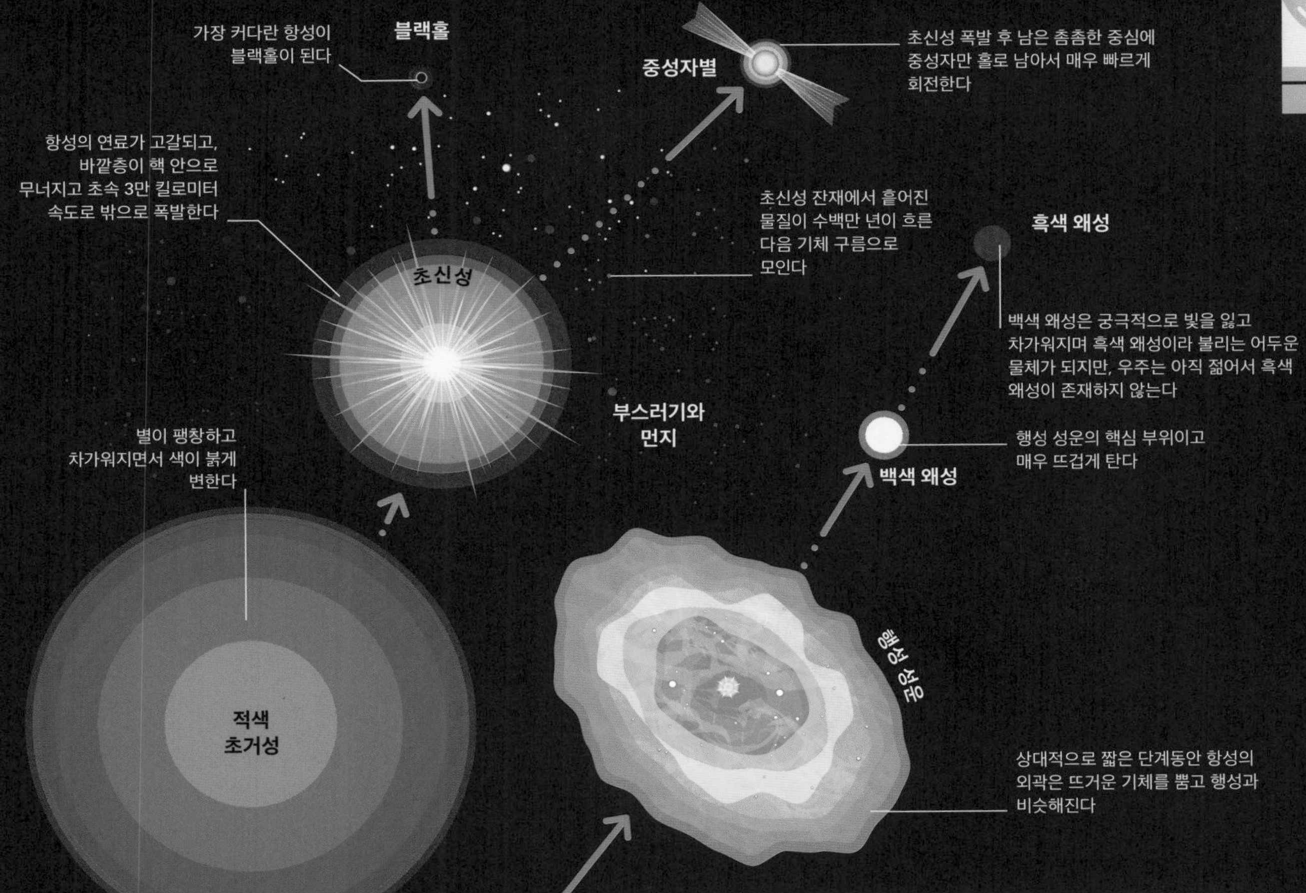
가장 커다란 항성이
블랙홀이 된다
블랙홀
중성자별
초신성 폭발 후 남은 촘촘한 중심에
중성자만 홀로 남아서 매우 빠르게
회전한다
항성의 연료가 고갈되고,
바깥층이 핵 안으로
무너지고 초속 3만 킬로미터
속도로 밖으로 폭발한다
초신성 잔재에서 흩어진
물질이 수백만 년이 흐른
다음 기체 구름으로
모인다
흑색 왜성
초신성
백색 왜성은 궁극적으로 빛을 잃고
차가워지며 흑색 왜성이라 불리는 어두운
물체가 되지만, 우주는 아직 젊어서 흑색
왜성이 존재하지 않는다
부스러기와
먼지
별이 팽창하고
차가워지면서 색이 붉게
변한다
행성 성운의 핵심 부위이고
매우 뜨겁게 탄다
백색 왜성
행성 성운
적색
초거성
상대적으로 짧은 단계동안 항성의
외곽은 뜨거운 기체를 뿜고 행성과
비슷해진다
적색
거성
확장하던 항성에
수소 연료가
고갈되면서
식는다

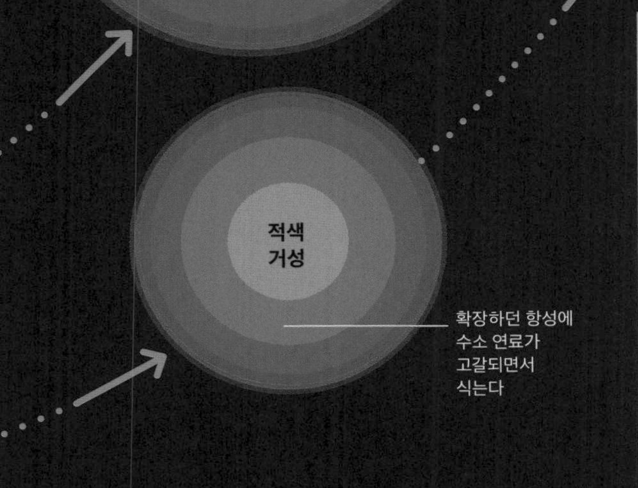

별의 순환

빅뱅은 수소와 헬륨 그리고 약간의 리튬만을 만들어 냈다. 그보다 무거운 대부분의 원자들은 별에서 혹은 초신성에서 천천히 만들어졌다. 초신성에서 만들어진 이런 물질들은 새로운 별과 행성의 기본 재료가 되었다.

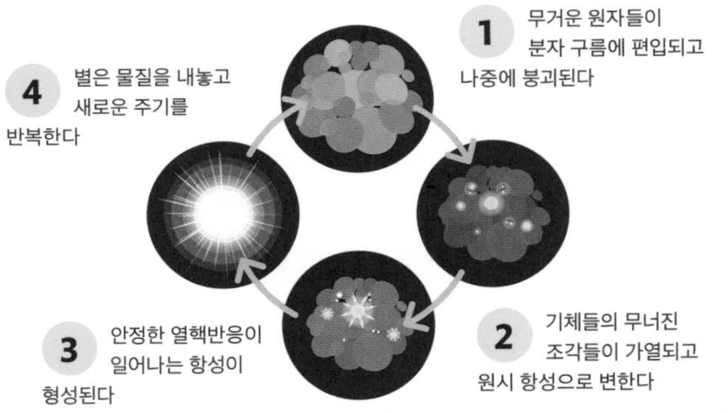
1 무거운 원자들이
분자 구름에 편입되고
나중에 붕괴된다
2 기체들의 무너진
조각들이 가열되고
원시 항성으로 변한다
3 안정한 열핵반응이
일어나는 항성이
형성된다
4 별은 물질을 내놓고
새로운 주기를
반복한다

중성자별 물질 한 스푼의 무게는 50억 톤이 넘는다

태양

우리 지구에서 가장 가까운 항성인 태양은 평균 크기의 항성인 황색 왜성이고 핵융합 반응을 통해 에너지를 생산한다. 태양은 자신의 수명 절반에 다다른 것으로 예측되며 앞으로 약 50억 년은 안정하게 유지될 것이다.

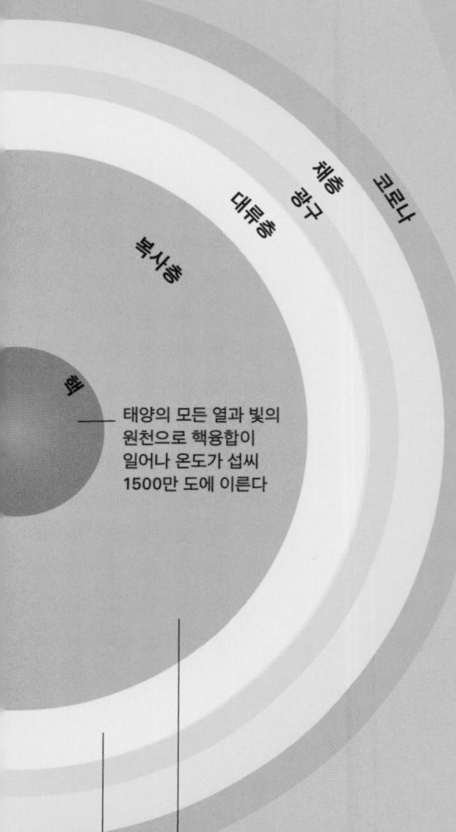

태양의 모든 열과 빛의 원천으로 핵융합이 일어나 온도가 섭씨 1500만 도에 이른다

복사층에는 궁극적으로 바깥으로 탈출할 광자가 이런저런 입자에서 빠져나온다

뜨거운 플라스마 거품이 위로 솟구치는 대류층의 온도는 섭씨 150만 도까지 떨어진다

태양의 내부와 외부

태양은 너무 뜨거워서 원자가 전자를 잃고 이온화(20~21쪽 참조)된 플라스마 상태의 수소와 헬륨 기체로 구성된다. 태양은 6개의 구역으로 나뉜다. 핵융합 반응이 진행되는 내부 중심핵이 있고 그 부위를 복사층(radiative zone)과 대류층(convective zone)이 감싸고 있다. 그 바깥쪽에는 눈으로 볼 수 있는 표면인 광구(photosphere), 채층(chromosphere) 그리고 맨 바깥쪽에 코로나(corona)가 있다.

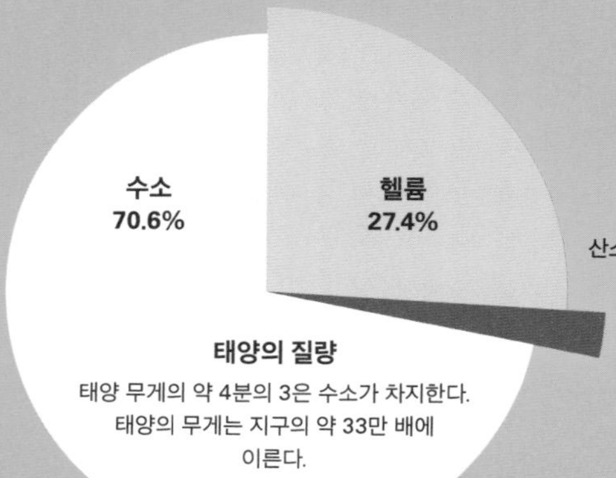
수소
70.6%
헬륨
27.4%
무거운 원자
2%
산소, 질소, 탄소, 네온, 철 등
태양의 질량
태양 무게의 약 4분의 3은 수소가 차지한다. 태양의 무게는 지구의 약 33만 배에 이른다.

태양의 맨 바깥인 코로나는 태양 표면에서 멀리까지 뻗쳐 있다

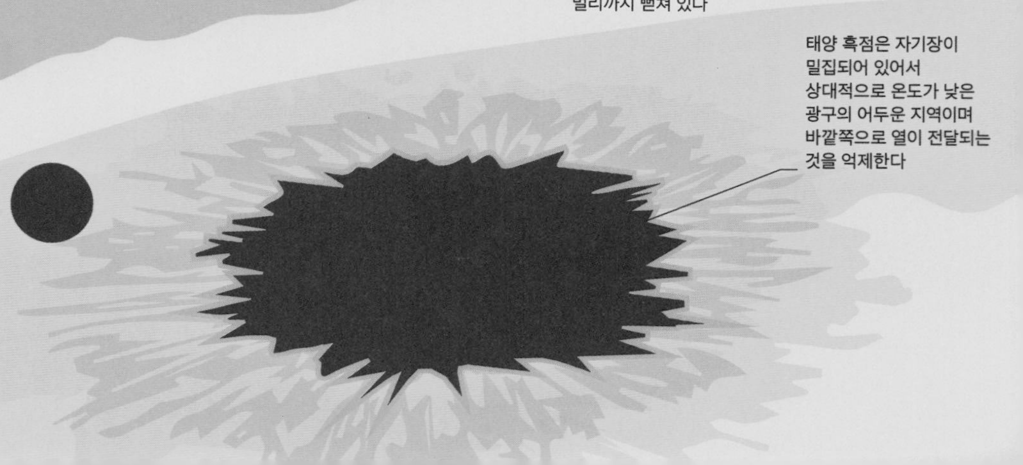

태양 흑점은 자기장이 밀집되어 있어서 상대적으로 온도가 낮은 광구의 어두운 지역이며 바깥쪽으로 열이 전달되는 것을 억제한다

태양계에서 태양은 가장 구형에 가깝다

태양계의 활동과 지구

태양 표면의 활동 변화는 지구에 그대로 전달된다. 코로나에서 질량 방출(mass ejection)을 통해 나온 입자는 지구를 향해 오는 동안 우주선의 벽을 뚫을 수 있고(우주 비행사에게 치명적인 해를 끼침) 위성을 망가뜨리며 지구 전력망에 강한 전류를 흘려보낸다. 태양 흑점(sunspot)의 활동도 지구의 기후에 영향을 미친다. 태양 흑점의 활동이 최고조에 이르면 태양 복사는 조금 늘어난다. 태양 흑점이 없을 때 지구가 빙하기였다는 기록이 있다.

태양 에너지원

커다란 태양의 질량 때문에 핵융합이 진행되는 중심핵의 온도와 압력은 엄청나다. 하나의 양성자인 수소 원자의 핵 2개가 합쳐져 헬륨 핵이 형성된다. 이 과정에서 다른 아원자 입자와 복사선 및 거대한 양의 에너지가 생성된다.

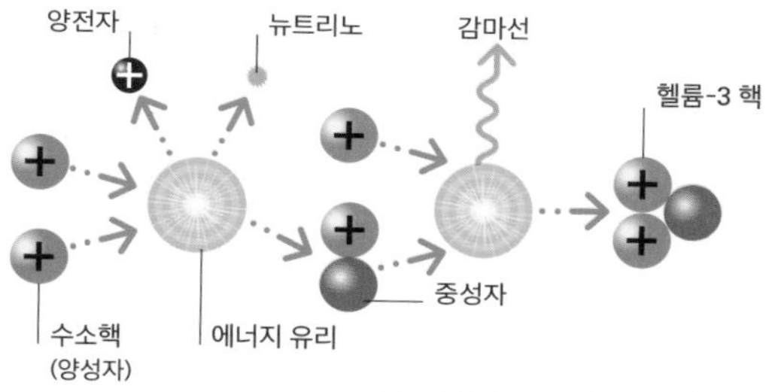

태양에서 진행되는 핵융합

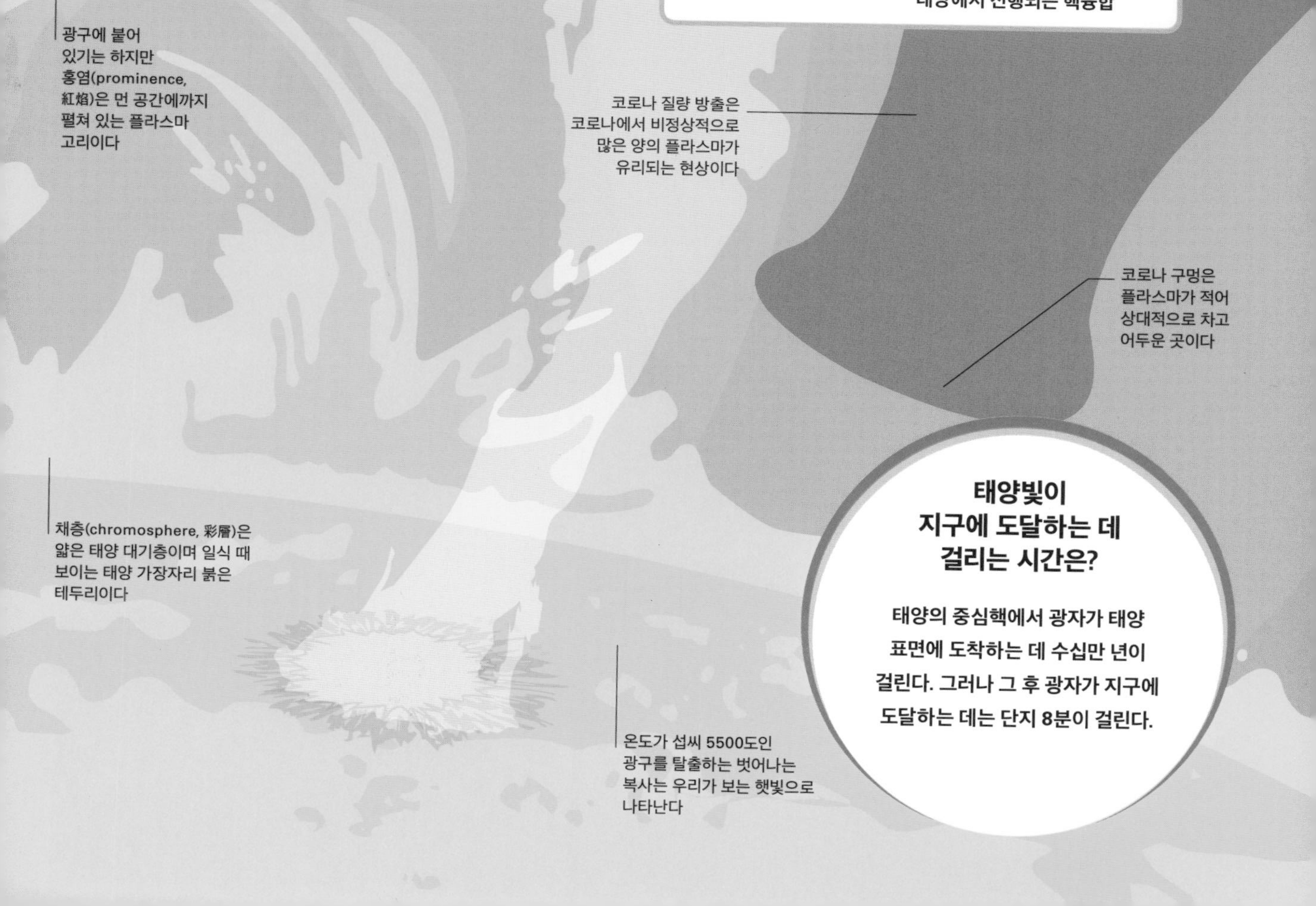
태양 플레어(solar flare)는 강렬한 복사선 폭발이며 태양 흑점과 관련된 자기 에너지 방출 결과이다
광구에 붙어 있기는 하지만 홍염(prominence, 紅焰)은 먼 공간에까지 펼쳐 있는 플라스마 고리이다
코로나 질량 방출은 코로나에서 비정상적으로 많은 양의 플라스마가 유리되는 현상이다
코로나 구멍은 플라스마가 적어 상대적으로 차고 어두운 곳이다
채층(chromosphere, 彩層)은 얇은 태양 대기층이며 일식 때 보이는 태양 가장자리 붉은 테두리이다
온도가 섭씨 5500도인 광구를 탈출하는 벗어나는 복사는 우리가 보는 햇빛으로 나타난다

태양빛이 지구에 도달하는 데 걸리는 시간은?

태양의 중심핵에서 광자가 태양 표면에 도착하는 데 수십만 년이 걸린다. 그러나 그 후 광자가 지구에 도달하는 데는 단지 8분이 걸린다.

태양계

우리의 항성인 태양을 중심으로 태양계에는 8개의 행성 궤도가 있다. 170개의 달과 여러 개의 왜성, 소행성, 혜성 등의 천체가 있다.

태양계는 얼마나 오래 되었을까?

태양계의 나이는 약 46억 년이다. 지구에 떨어진 운석 물질의 방사능 붕괴를 측정해 예측한 값이다.

태양계는 어떻게 형성되었는가?

얼음 기체와 성운이라고 불리는 먼지의 구름이 응축하고 회전하기 시작하면서(190쪽 참조) 태양계(solar system)가 시작되었다. 뜨거운 원반의 중심에서 태양이 형성되는 동안 조금 멀리 떨어진 물질들은 행성과 달이 되었다. 암석 물질들은 내부 행성을 만들면서 태양 주변의 열을 견딜 수 있었지만 동결된 기체 물질은 원반의 바깥에 남아 외부 행성을 이루었다.

은하수에서 우리의 위치

우리 태양계는 은하수의 팔 안쪽에 위치한다. 태양은 1000억~4000억 개의 항성 중 하나이다.

토성의 밀도는 너무 낮아서 물에 뜰 정도이다

목성

가장 큰 행성인 목성에는 300년 된 폭풍인 거대한 붉은 점(대적점)이 있다.

7억 7900만 킬로미터 태양으로부터 평균 거리

목성의 달

목성은 69개의 달이 있다. 그중 가장 큰 것은 가니메데(Ganymede)로 수성보다 크다. 유로파(Europa)는 얼음 표면 아래 액체인 물이 있을 것으로 예상된다.

2억 2800만 킬로미터 태양으로부터 평균 거리

화성

적색 얼음 행성인 화성의 중력은 지구의 3분의 1이다.

지름 6,792킬로미터

1억 5000만 킬로미터 태양으로부터 평균 거리

지구

가장 밀도가 높은 행성. 물이 표면의 70퍼센트를 차지한다.

지름 1만 2756킬로미터

1억 800만 킬로미터 태양으로부터 평균 거리

금성

가장 뜨거운 행성인 금성은 매우 천천히 회전하기 때문에 하루가 1년보다 길다.

지름 1만 2104킬로미터

5800만 킬로미터 태양으로부터 평균 거리

수성

가장 작은 행성으로 초속 47킬로미터의 속도로 궤도를 돈다.

지름 4,879킬로미터

태양

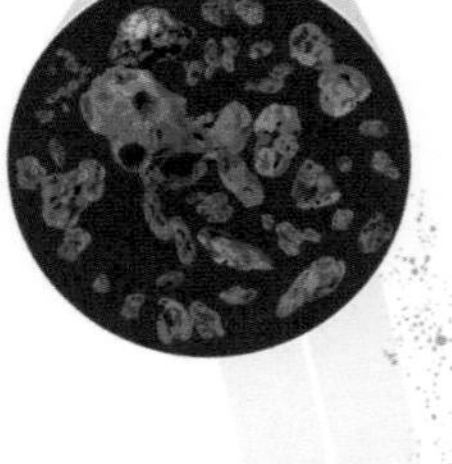

소행성대

소행성대(asteroid belt)는 화성과 목성 사이에 위치한다. 왜행성인 세레스(Ceres)가 여기에 있다.

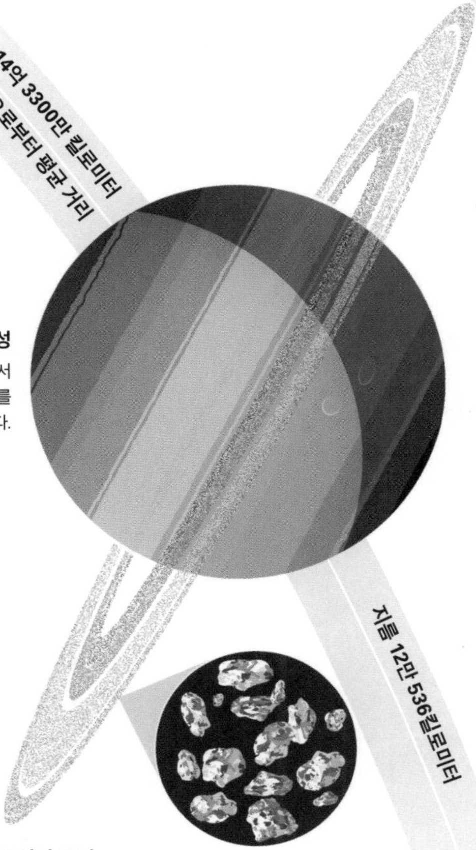

14억 3300만 킬로미터
태양으로부터 평균 거리

지름 12만 536킬로미터

토성
토성은 태양계에서 가장 넓은 고리를 가진다.

토성의 고리
고리는 반사 능력이 좋은 얼음과 암석 조각으로 만들어졌다. 이들은 하나 혹은 여러 개의 달이 소행성이나 혜성과 충돌한 뒤 남은 잔해로 추정되기도 한다.

지름 14만 2984킬로미터

28억 7200만 킬로미터
태양으로부터 평균 거리

지름 5만 1118킬로미터

천왕성
태양에서 가장 먼 행성은 아니지만 보고된 바에 따르면 천왕성의 온도가 가장 낮다.

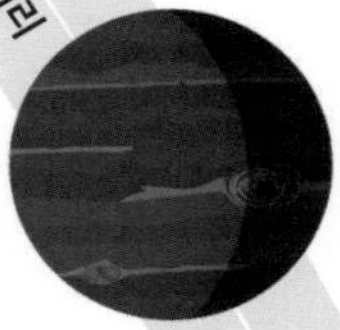

44억 9500만 킬로미터
태양으로부터 평균 거리

지름 4만 9528킬로미터

해왕성
시속 2,000킬로미터의 강풍이 부는 가장 바람이 많은 행성이다.

행성의 궤도

행성이 태양에 가까울수록 태양의 중력 영향을 크게 받는다. 따라서 궤도를 도는 속도가 빠르다. 가장 가까운 행성인 수성은 궤도를 빠르게 돌지만 가장 먼 해왕성은 가장 느리게 돈다. 각 행성의 궤도는 타원이지만 행성끼리 서로 주고받는 힘에 의해 약간씩 궤도가 수정된다.

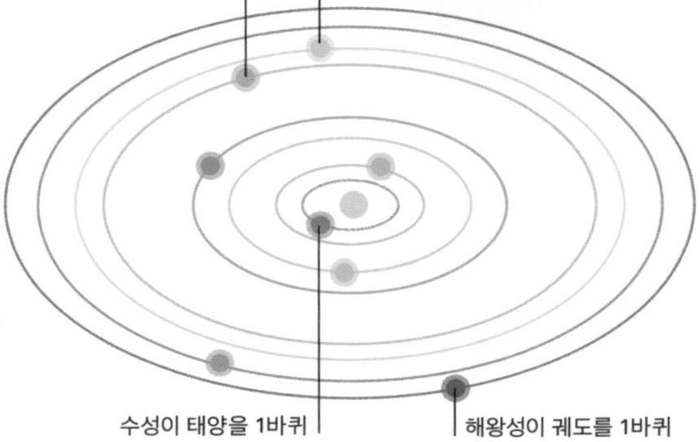

목성이 1번 공전하는 시간은 지구의 12년에 해당한다
토성이 태양을 1바퀴 도는 데 걸리는 시간은 29.5년이다
수성이 태양을 1바퀴 도는 데 88일이 걸린다
해왕성이 궤도를 1바퀴 도는 데 지구 시간으로 164년 걸린다

왜소 행성

명왕성 같은 왜소 행성(dwarf planet)은 원형의 물체를 만들 만큼의 중력과 질량이 있고 태양의 궤도를 돌지만 다른 행성과 달리 궤도의 경로가 명확하지 않고 소행성이나 혜성과 궤도를 공유한다.

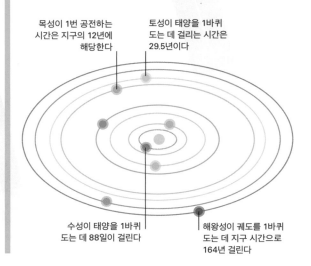

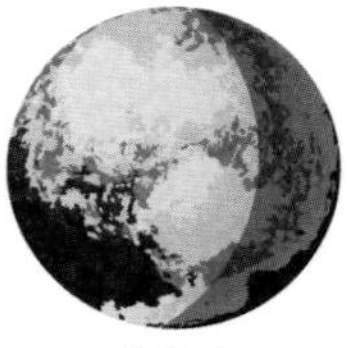

명왕성

우주 표류자

태양계가 형성되면서 다양한 크기의 암석과 얼음 조각이 만들어졌다. 가장 큰 조각들은 행성이 되었다. 유성, 소행성 혹은 혜성의 형태로 남은 이들은 가끔 지구로 떨어진다.

유성

유성은 소행성 혹은 혜성에서 유래한 암석 조각들이다. 작은 암석이나 금속 덩어리이며 주로 모래 알갱이에서 자갈 정도의 크기이지만 지름이 1미터가 넘는 것들도 있다. 행성의 대기권으로 떨어진 유성들은 눈부시게 빛나 별똥별(meteor)이라고 불린다. 하지만 살아남아 대기권을 뚫고 지각에 떨어진 것들은 유성(meteorite)이다. 90~95퍼센트의 별똥별은 대기권을 움직이는 동안 완전히 타서 없어진다. 하늘에서 별똥별의 밝기는 크기보다는 속도와 더 깊은 관련이 있다.

우리는 죽음의 충돌을 막을 수 있을까?

혜성에 가루를 뿌리거나 소행성에 석탄 혹은 백악(chalk)을 충돌시켜 이들이 태양빛에 의해 가열되는 방식과 궤도를 수정할 수 있다. 물체 근처에서 폭발물을 폭파시켜 좀 더 빠르게 궤도를 수정할 수도 있다.

국제 우주 정거장(ISS)은 가끔씩 경로를 수정해 우주 떠돌이들과 충돌을 방지하는데, 충돌할 확률이 0.001퍼센트보다 크면 위험하다고 간주한다

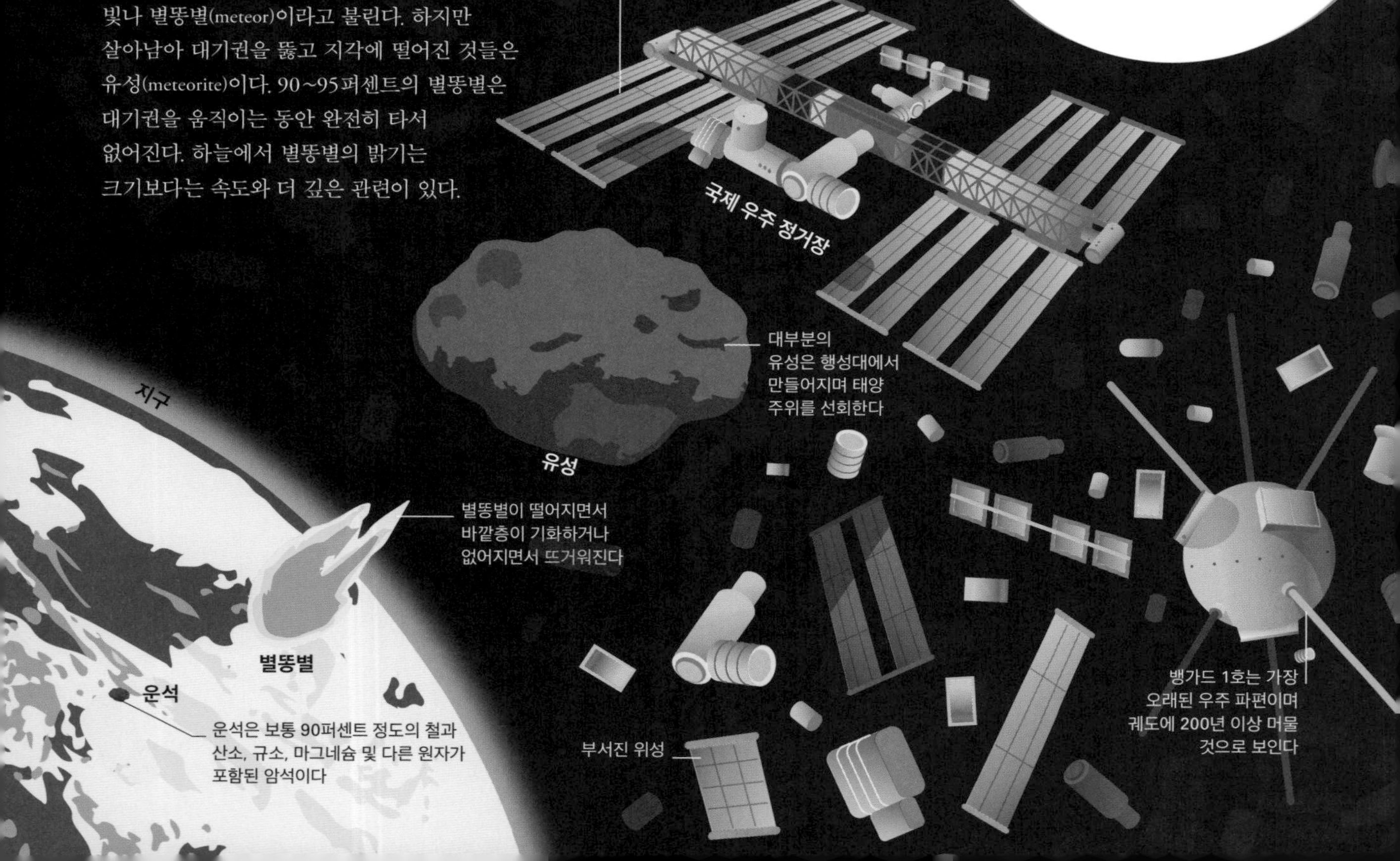

국제 우주 정거장
대부분의 유성은 행성대에서 만들어지며 태양 주위를 선회한다
유성
지구
별똥별이 떨어지면서 바깥층이 기화하거나 없어지면서 뜨거워진다
별똥별
운석
운석은 보통 90퍼센트 정도의 철과 산소, 규소, 마그네슘 및 다른 원자가 포함된 암석이다
부서진 위성
뱅가드 1호는 가장 오래된 우주 파편이며 궤도에 200년 이상 머물 것으로 보인다

소행성

화성과 목성 사이의 소행성대라 불리는 곳에 주로 분포하며 태양 주위를 도는 암석 또는 금속 물질이 소행성(asteroid)이다. 대부분 지름이 1킬로미터(0.7마일)에 이르지만 어떤 소행성은 가장 큰 왜행성인 세레스처럼 지름이 100킬로미터(60마일)가 넘어 상당한 크기의 중력으로 물체를 끌어들이기도 한다. 목성의 중력은 이들 소행성이 모여 행성을 형성하는 일을 방지한다.

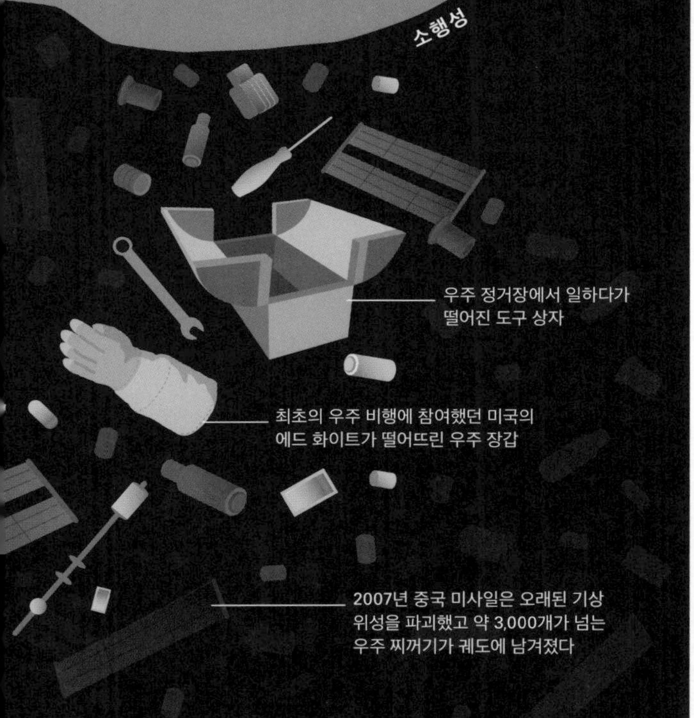

소행성
우주 정거장에서 일하다가
떨어진 도구 상자
최초의 우주 비행에 참여했던 미국의
에드 화이트가 떨어뜨린 우주 장갑
2007년 중국 미사일은 오래된 기상
위성을 파괴했고 약 3,000개가 넘는
우주 찌꺼기가 궤도에 남겨졌다

우주 쓰레기

페인트 조각에서 트럭 크기의 금속 덩어리에 이르기까지 인간이 만든 수백만 개의 물건이 태양계를 도는데 대부분 주로 지구의 궤도를 움직인다. 빠르게 움직이는데다 숫자가 늘어서 우주 쓰레기는 우주 정거장과 같은 우주 비행선에 위협이 되고 있다. 금성과 화성, 달 근처에도 버려진 우주 비행선이 남아 있다.

카이퍼 대와 오르트 구름

해왕성 궤도 밖의 원반 모양의 카이퍼 대(Kuiper belt) 안의 얼음 덩어리는 행성에 의해 끌려 혜성이 된다. 태양계 밖에 있으며 얼음 조각으로 이루어진 거대한 원형 구름인 오르트 구름(Oort cloud)은 주변을 지나는 별들의 중력에 영향을 받는다.

혜성의 궤도

혜성은 태양 주변의 궤도를 도는 시간에 따라 분류된다. 200년이 채 안 걸리는 짧은 주기의 혜성은 카이퍼 대에서 유래했고 200년이 넘는 긴 주기를 갖는 혜성은 오르트 구름에서 비롯되었다.

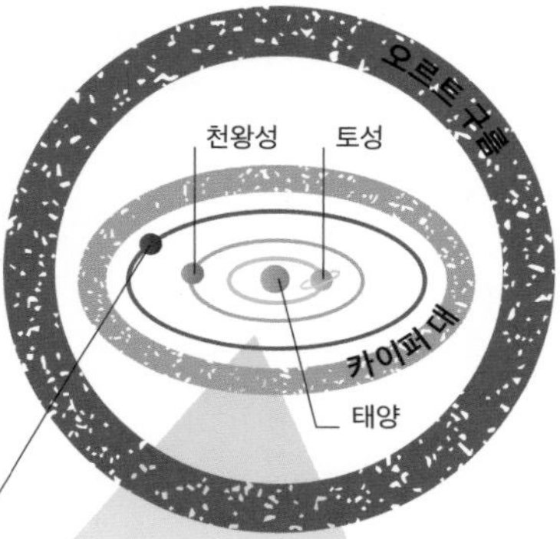

오르트 구름
천왕성
토성
카이퍼 대
태양
해왕성

혜성의 꼬리

혜성은 먼지 혹은 플라스마로 구성된 2개의 꼬리가 있다. 언제나 이들 꼬리는 태양의 반대 방향을 향한다. 꼬리 길이는 1억 6000만 킬로미터(1억 마일)에 이르기도 한다.

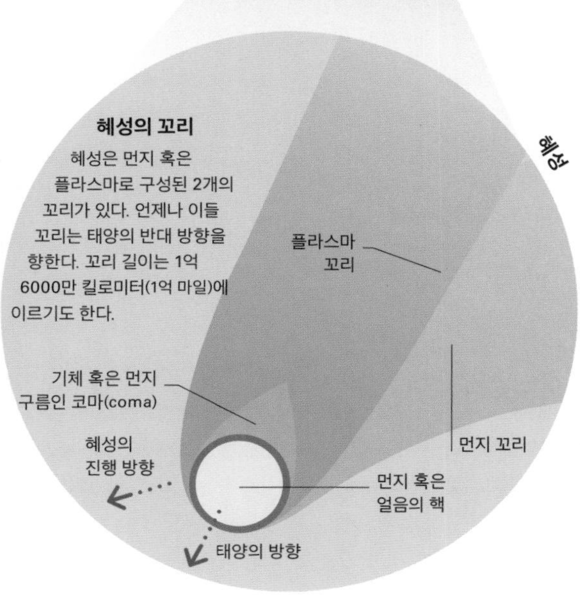

혜성
플라스마
꼬리
기체 혹은 먼지
구름인 코마(coma)
먼지 꼬리
혜성의
진행 방향
먼지 혹은
얼음의 핵
태양의 방향

시속 3만 6000킬로미터로 움직이는 10센티미터 크기의 물체는 다이너마이트 25개에 해당하는 폭발력이 있다

블랙홀

블랙홀은 상상할 수 없이 작은 점에 물질이 무한의 밀도로 찌그러져 들어가는 공간이다. 밀도가 높으므로 중력이 커서 그 어떤 것도 도망갈 수 없다. 빛도 끌려들기 때문에 블랙홀은 눈에 보이지 않는다. 블랙홀을 감지하는 유일한 방법은 그것이 주변에 미치는 효과를 관찰하는 것이다.

사건의 지평선을 건넌 어떤 물질이나 빛도 다시 밖으로 돌아올 수 없다

완벽한 붕괴

대부분의 블랙홀은 거대 항성(태양보다 10배 이상 큰 항성)의 죽음에서 비롯된다. 중력에 의해 블랙홀로 빨려든 물질은 간혹 회전형 원반 모양이 된다. 우주 과학자들은 이 원반에서 방출되는 엑스선 혹은 다른 전자기 복사선을 검출해 낸다.

내부로 향하는 중력
중심핵의 핵융합에 의해 생긴 외부로 향하는 압력
항성의 중심핵
항성의 중심핵
중력
특이점
항성
초신성
죽어가는 별의 중심핵

1 안정된 항성
중심핵에서의 핵반응에 의해 에너지와 외부로 향하는 압력이 생성된다. 내부로 끄는 중력이 이런 힘과 균형을 이루고 있다면 항성은 안정하게 유지된다. 그러나 연료가 소진되면 중력의 힘이 우세해진다.

2 폭발적인 죽음
핵반응이 중지되면 별은 죽는다. 자체의 중력에 의해 내부로 밀려드는 힘을 어쩌지 못하고 붕괴된다. 또한 초신성 폭발이 일어나 항성의 외부가 우주로 터져 나간다.

3 중심핵의 붕괴
초신성 폭발 이후에 남아 있는 중심핵이 여전히 무겁다면(태양 질량의 3배 이상) 계속해서 움츠러들다가 특이점(singularity)이라 부르는 무한의 밀도를 갖는 점으로 귀결된다.

블랙홀의 유형

크게 2가지 유형의 블랙홀이 있다. 항성 블랙홀(stellar blackhole)과 초대질량 블랙홀(supermassive blackhole)이 그것이다. 항성 블랙홀은 거대 항성이 초신성이 되었을 때 생긴다.(위쪽 참조) 뜨겁게 불타는 물질의 소용돌이에 둘러싸인 초대질량 블랙홀은 크기도 더 크고 은하의 중심에서 발견된다. 원시 블랙홀이라 불리는 세 번째 유형의 블랙홀은 빅뱅에서 유래했을 것이다. 그것들이 존재했더라도 대부분은 크기가 작아 아마 빠르게 증발했을 것이다. 현재까지 살아남으려면 아마 최소한 거대한 산맥 크기로 시작했어야 한다.

우리 태양계
초대질량
지름이 태양계 크기는 될 것이고 질량도 태양의 10억 배는 될 것이다
항성
지름이 30~300킬로미터, 질량은 태양의 5~50배
원시
지름은 작은 원자핵의 폭 혹은 그 이상이고 질량은 산 하나 정도보다 컸을 것이다

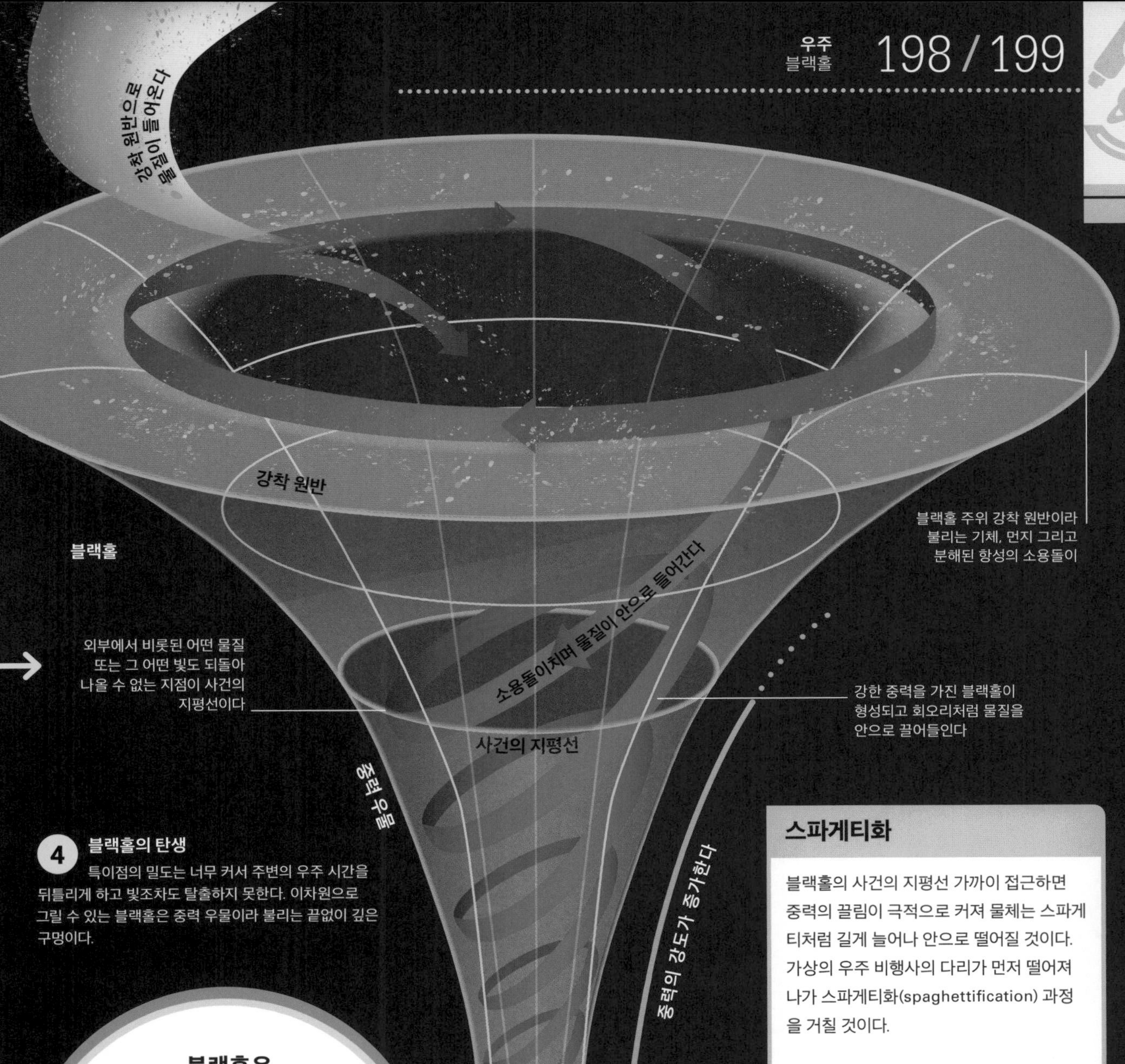
강착 원반으로 물질이 들어온다
강착 원반
블랙홀
외부에서 비롯된 어떤 물질 또는 그 어떤 빛도 되돌아 나올 수 없는 지점이 사건의 지평선이다
소용돌이치며 물질이 안으로 들어간다
사건의 지평선
중력 우물
블랙홀 주위 강착 원반이라 불리는 기체, 먼지 그리고 분해된 항성의 소용돌이
강한 중력을 가진 블랙홀이 형성되고 회오리처럼 물질을 안으로 끌어들인다
중력의 강도가 증가한다
블랙홀 중심에 숨겨진 물질이 모두 압착되어 매우 작고 밀도가 한없이 높은 단일점이 있다

4 블랙홀의 탄생

특이점의 밀도는 너무 커서 주변의 우주 시간을 뒤틀리게 하고 빛조차도 탈출하지 못한다. 이차원으로 그릴 수 있는 블랙홀은 중력 우물이라 불리는 끝없이 깊은 구멍이다.

블랙홀은 지구를 삼킬 수 있을까?

블랙홀이 행성을 삼키려 공간을 이동하지는 않는다. 만일 태양이 블랙홀이 된다 해도 지구는 거기에 떨어지지 않을 것이다. 충분한 거리가 있다면 블랙홀은 태양과 같은 중력을 가지기 때문이다.

스파게티화

블랙홀의 사건의 지평선 가까이 접근하면 중력의 끌림이 극적으로 커져 물체는 스파게티처럼 길게 늘어나 안으로 떨어질 것이다. 가상의 우주 비행사의 다리가 먼저 떨어져 나가 스파게티화(spaghettification) 과정을 거칠 것이다.

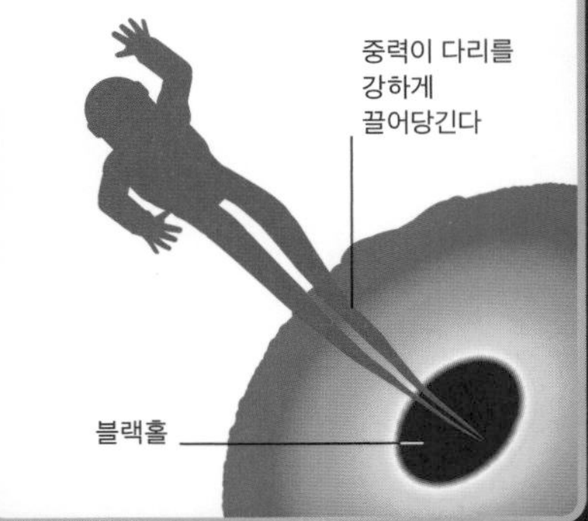
중력이 다리를 강하게 끌어당긴다
블랙홀

은하

은하는 성운이라 불리는 기체와 먼지 구름뿐만 아니라 수백만에서 수십억 개의 항성을 포함하는 거대한 체계이다. 게다가 알려지지 않은 양의 암흑 물질도 있다.(206~207쪽 참조) 중력에 이끌려 이들은 서로를 붙들고 있다. 우리 은하는 은하수로 알려져 있다.

은하수는 얼마나 큰가?

지름은 10만 광년 크기이고 원반은 수천 광년 두께이다. 우리 태양계가 중심에 있는 블랙홀 주변을 도는 데 2억 3000만 년이 걸린다.

은하수

태양계는 초대질량 블랙홀 주위를 회전하는 1000억~4000억 개의 항성을 가진 커다란 막대 나선형 은하인 오리온자리에 위치한다. 옆에서 보면 우리 은하는 편평하고 가운데에 밝게 튀어나온 부분이 있다. 또 은하를 둘러싼 고리(halo)에는 별이 무리지어 존재한다.

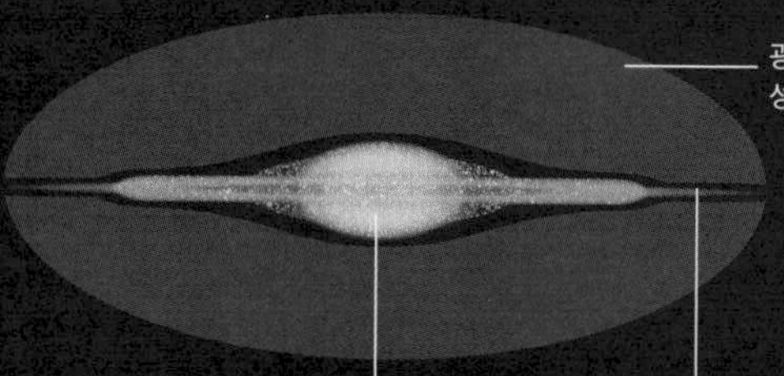

측면에서 본 은하수

궁수자리-용골자리 팔
방패-센타우르스자리 팔
궁수자리 A*, 은하수 중심의 블랙홀
오리온자리 팔
태양계의 위치
은하의 중심을 도는 나선형 팔의 이동 방향
페르세우스자리 팔
외각(outer) 팔
직각자리(norma) 팔

은하의 형태

관측 가능한 우주에는 2조 개 가량의 은하가 있다. 하지만 밝혀지지 않은 것들도 많을 것이다.(204~205쪽 참조) 3가지 주요한 은하에는 타원, 나선 및 무정형이 있다. 렌즈형 은하는 위의 형태가 혼합된 것이다. 일부분은 타원이고 일부분은 소용돌이형인 렌즈형 은하는 편평하지만 소용돌이형 팔의 윤곽이 뚜렷하지 않다.

나선 은하

소용돌이 은하는 편평하고 회전하는 원반 모양에 팔을 가진 구조이다. 가운데 중심핵은 불룩하고 고리에 둘러싸여 있다. 막대 나선 은하에서 팔은 핵이 아니라 중심 막대에서 밖으로 뻗어 나와 있다.

타원 은하

공과 비슷한 구조에서 럭비공 비슷한 구조에 이르기까지 다양하다. 둥근지 편평한지에 따라 구분하기도 한다. 나선 은하와 달리 단일한 회전축이 없다.

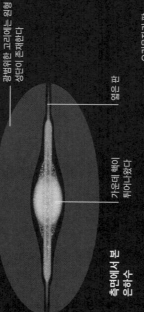

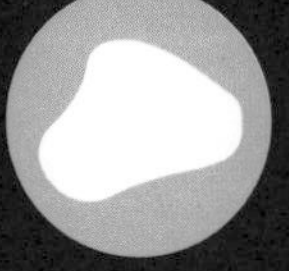

무정형 은하

대칭 구조를 갖지 않으며 핵이랄 것도 없다. 새롭고 뜨거운 항성도 있다. 먼지가 매우 많아 하나의 개별 항성으로 보기 힘든 경우도 있다.

처녀자리 초은하단

처녀자리 은하

우주의 명확히 빈 공간

사자자리 II 은하

국부 은하계 내의 은하수

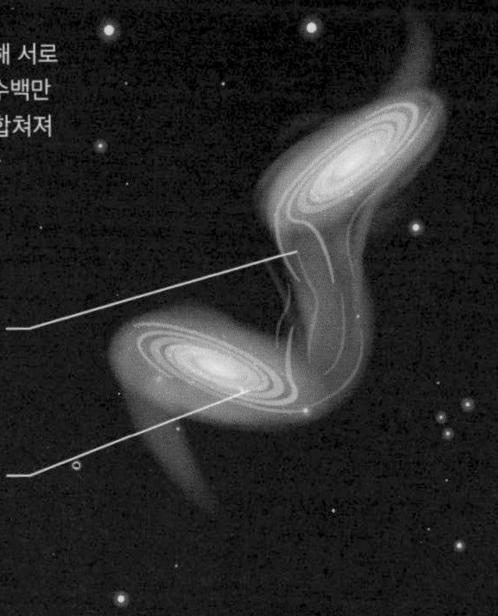

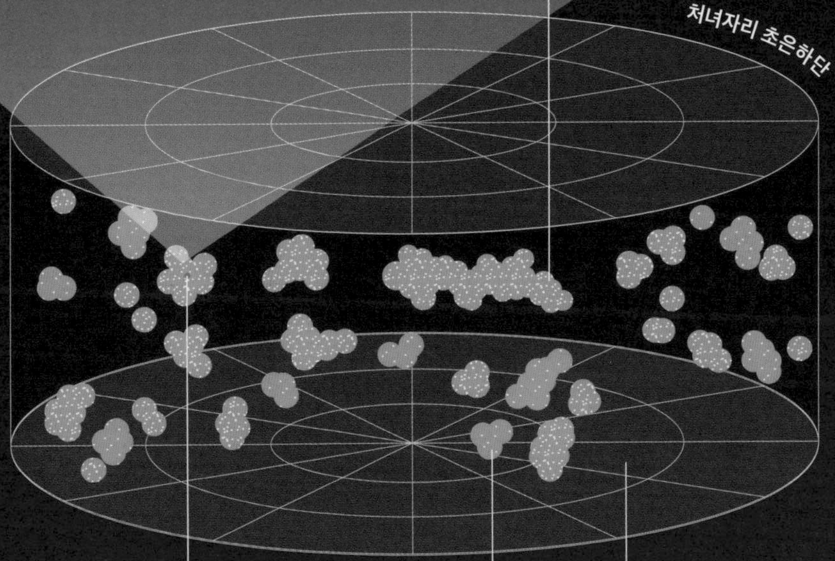

처녀자리 초은하단

우리 은하는 처녀자리 초은하단의 국부 은하(local galaxy)로 불리는 은하들의 일부이다. 처녀자리 은하가 핵심인 초은하단에는 2,000개의 은하가 포함되어 있다.

은하단과 초은하단

은하의 4분의 3은 무작위로 분포하지 않고 무리지어 존재한다. 그들은 우주망과 암흑 물질 섬유에 의해 연결되어 있으며 이들 섬유가 교차하는 곳에서 은하단(cluster)을 형성한다. 은하단이 서로 중력할 때 초은하단(supercluster)이 만들어진다. 초은하단은 1000만 개 정도가 존재한다. 가장 큰 것은 슈퍼 장성이며 지름이 약 14억 광년에 이른다. 앞으로 에너지가 초은하단을 해체하리라고 예상하기 있다.

은하의 충돌

은하끼리의 충돌은 흔하게 일어난다. 은하수는
현재 궁수자리 왜소 은하(Sagittarius dwarf galaxy)와
충돌하고 있다. 하지만 항성 사이의 거리는 너무 멀기
때문에 그들이 직접 충돌하는 일은 벌어지지 않는다.
은하끼리 가까이 스쳐 지나가는 경우에도 서로의 형태가 뒤틀릴
수 있다. 상호 작용에 의해 각 은하의 기체 구름이 압축되어
새로운 별이 만들어지기도 한다.

은하계의 충돌

두 나선 은하가 충돌해 서로
나선 팔들을 끌어당긴다. 수백만
년이 지나면 이들 둘이 합쳐져
궁극적으로 타원 은하가
만들어진다.

나선 팔이 충돌한다

큰 은하와 상호 작용에
의해 형태가 뒤틀린다

활동성 은하

정상적인 은하와 달리 활동성
있는 은하는 그들이 별이 생산
하는 것보다 더 많은 에너지를
방출한다. 은하 중심에 있는 초
대질량 블랙홀이 물질을 강하
게 빨아들이기 때문이다. 에너
지가 풍부한 입자를 뿜어내는
활동성 은하도 있다.

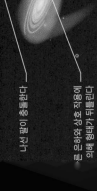

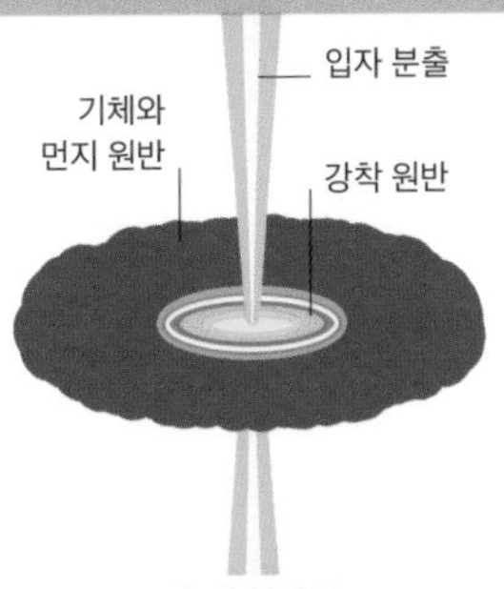

기체와
먼지 원반

강착 원반

입자 분출

핵과 원반면

여러 개의 나선 은하가 생겨나기 시작했다
최초의 항성이 형성되었다
최초의 항성이 생겨나 빛을 방출하기 전까지 우주는 어두웠다
현재
빅뱅 이후 20억~30억 년
빅뱅 이후 5~6억 년
빅뱅 이후 38만 년~2억 년
헬륨 3 원자
수소 원자
중수소 원자

빅뱅

대부분의 천문학자들은 빅뱅(Big Bang, 대폭발)이라 부르는 138억 년 전의 사건에서 우주가 출발했다고 생각한다. 상상할 수 없을 정도로 작고 밀도가 높으며 뜨거운 점에서 모든 물질과 에너지, 공간 그리고 시간이 형성되었다. 빅뱅 이후 우주는 커지고 차가워졌다.

빅뱅 이전에는 무엇이?

만일 시간이 빅뱅과 함께 시작되었다면…… 빅뱅 이전엔 아무 것도 없었다. 아니면 아마 우리 우주도 조상 우주에서 유래한 물질이었을 것이다.

팽창하는 우주

과학자들은 우주가 팽창하고 있다고 말한다. 과거에는 작았다는 뜻이다. 최초 1초 동안 우주는 급팽창(inflation)이라 불리는 과정을 거쳐 빛의 속도로 커졌다. 그 뒤 팽창 속도는 줄어들었지만 우주는 아직도 커지는 중이다. 큰 규모로 보면 모든 물체가 서로 멀어지고 있다. 멀리 떨어져 있을수록 멀어지는 속도는 [redacted]

적색 편이

물체가 관찰자로부터 빠르게 멀어지면 거기서 나오는 빛은 늘어진다. 이것은 물체의 스펙트럼(211쪽 참조)이 붉은 쪽으로 이동하는 것을 통해 확인할 수 있다. 지구로부터 [redacted]

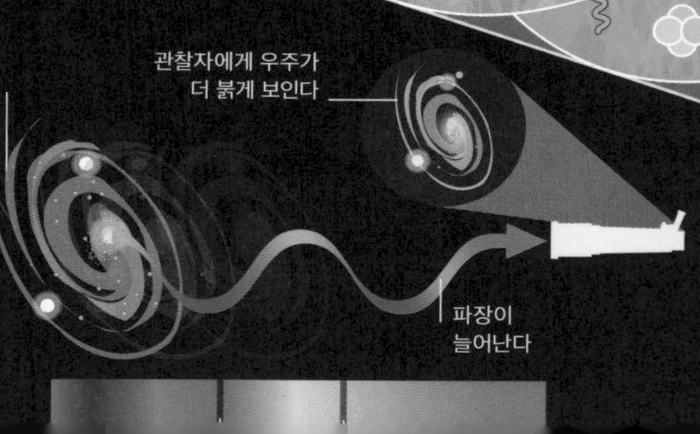
은하가 관찰자로부터 멀어진다
관찰자에게 우주가 더 붉게 보인다
파장이 늘어난다

처음에

처음에 우주는 순수한 에너지였다. 그것이 식으면서 에너지와 물질은 상호 변환이 가능한 질량-에너지 상태가 되었다. 팽창이 끝날 무렵 최초의 아원자 입자가 탄생했다. 이들 중 상당수는 현재 존재하지 않지만 오늘날의 우주 물질 안에 자신의 흔적을 남겼다. 약 40만 년이 흐른 뒤 최초의 원자가 형성되었다.

빅뱅의 증거

빅뱅 이론을 주창했던 과학자들은 빅뱅이 하늘의 모든 방향에서 들어오는 미약한 열 복사선을 남겼으리라 예측했다. 1964년 미국의 뉴저지의 두 천문학자는 뿔 모양의 큰 라디오 안테나를 이용해 우주 마이크로파 배경 복사라 불리는 이 현상을 관찰했다.

물리 법칙

입자 사이의 상호 작용을 매개하는 네 가지 기본 힘(26~27쪽 참조)은 처음부터 존재하지는 않았지만 최초에 우주가 탄생하면서 곧바로 등장했다. 플랑크 시간(Plank Era)이라 칭하는 빅뱅 직후에는 물질과 에너지가 분리되지 않았다. 1조분의 1초 후 이것들이 분리되어 전자기력, 강한 핵력, 약한 핵력 및 중력이 나타났다.

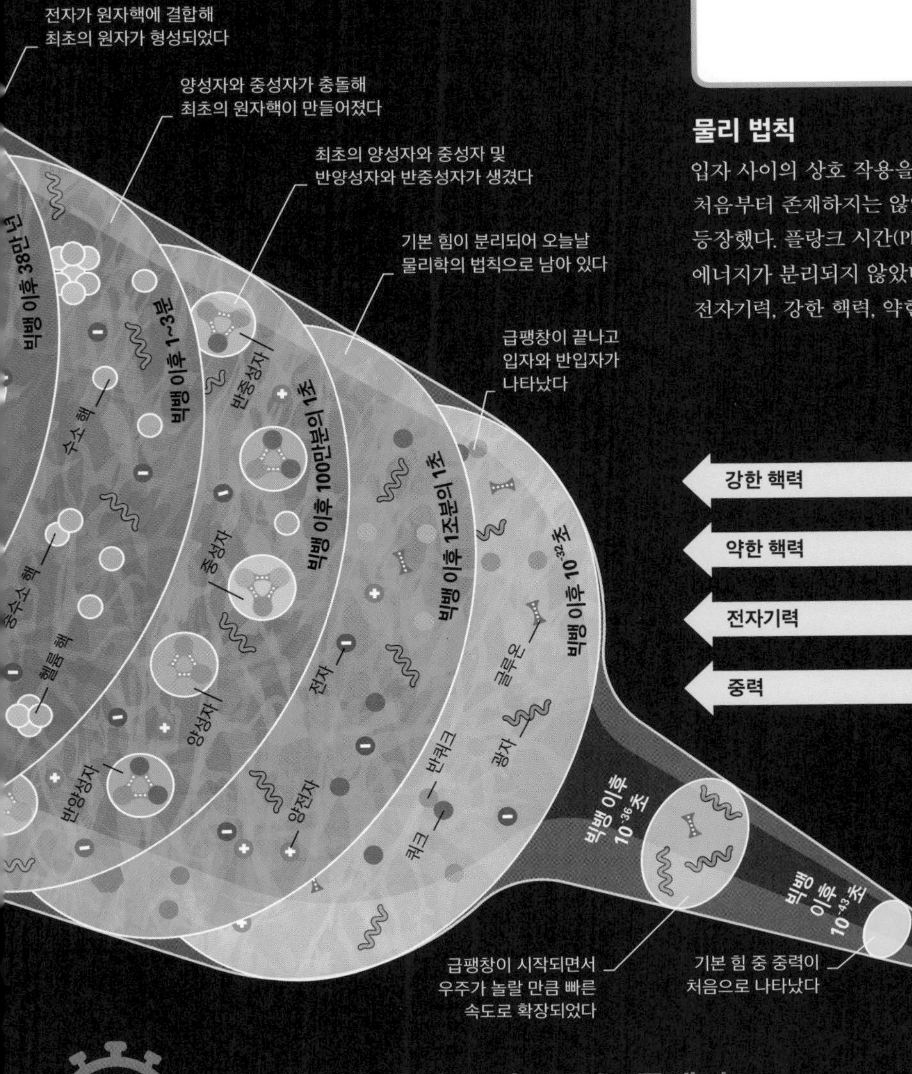

빅뱅

최초의 1초 동안 기본 힘과 아원자 입자들이 형성되었다. 하지만 원자가 나타나기까지는 수십만 년이, 별과 은하가 나타나기까지는 수백만 년이 걸렸다.

빅뱅 이후 1초 동안 초기 우주는 무에서 수십억 킬로미터까지 커졌다

우주는 얼마나 클까?

광년이란 무엇인가?

거리(시간이 아니라)의 단위인 광년은 빛이 1년 동안 이동하는 거리이다. 빛은 1초에 30만 킬로미터를(19만 마일)을 가기 때문에 1년이면 9조 5000만 킬로미터(6조 마일)를 이동한다.

우주는 무한한가? 우주의 모양은 어떻게 생겼을까? 천문학자들은 이런 질문에 답하지 못하지만 우리가 보고 있는 우주의 크기를 짐작할 수는 있다. 그들은 물질과 에너지의 밀도를 연구해서 우주의 기하학적 구조에 관한 결론을 이끌어 낸다.

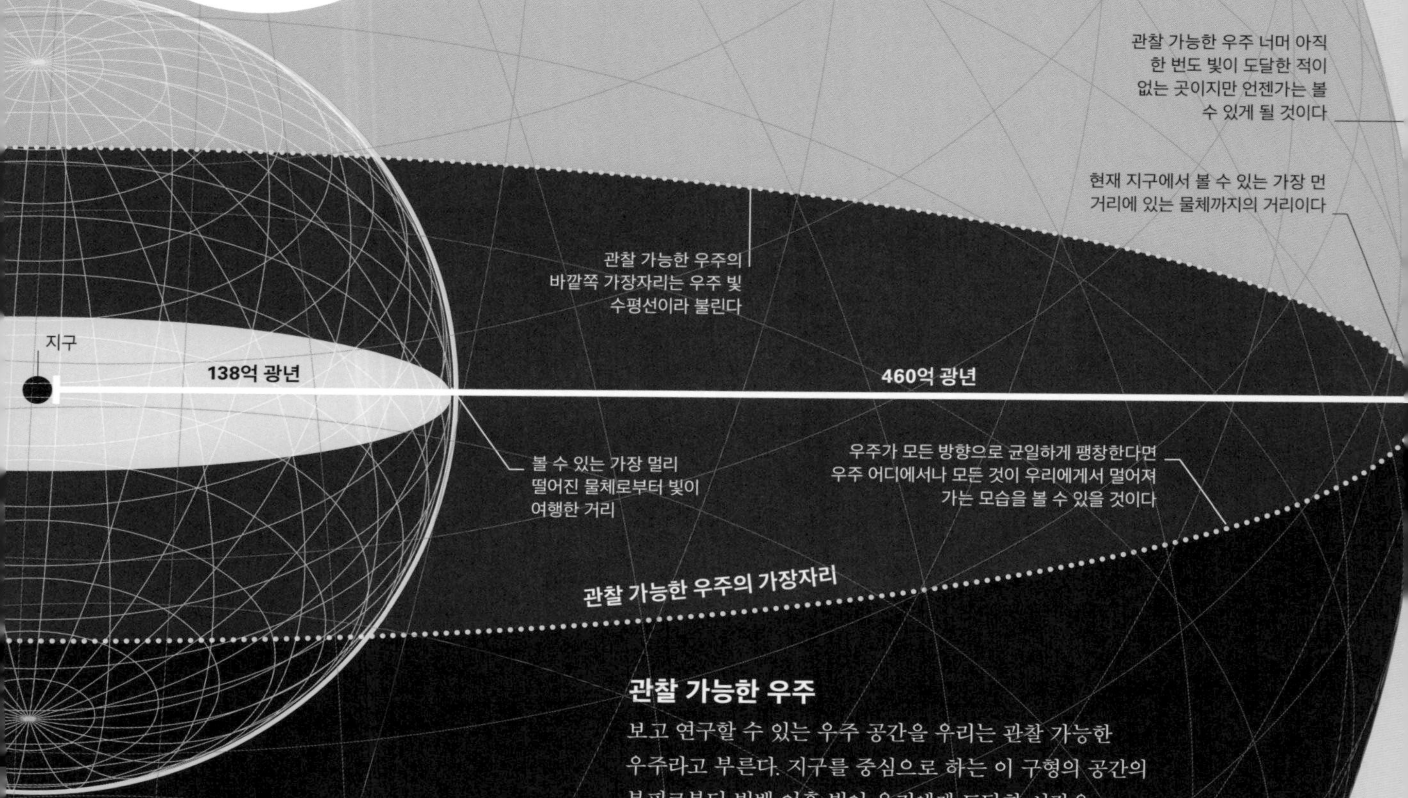

관찰 가능한 우주 너머 아직 한 번도 빛이 도달한 적이 없는 곳이지만 언젠가는 볼 수 있게 될 것이다
현재 지구에서 볼 수 있는 가장 먼 거리에 있는 물체까지의 거리이다
관찰 가능한 우주의 바깥쪽 가장자리는 우주 빛 수평선이라 불린다
지구
138억 광년
460억 광년
볼 수 있는 가장 멀리 떨어진 물체로부터 빛이 여행한 거리
우주가 모든 방향으로 균일하게 팽창한다면 우주 어디에서나 모든 것이 우리에게서 멀어져 가는 모습을 볼 수 있을 것이다
관찰 가능한 우주의 가장자리

관찰 가능한 우주

보고 연구할 수 있는 우주 공간을 우리는 관찰 가능한 우주라고 부른다. 지구를 중심으로 하는 이 구형의 공간의 부피로부터 빅뱅 이후 빛이 우리에게 도달한 시간을 유추한다. 물체가 우리에게서 멀어지기 때문에 그것이 방출하는 빛이 우리에게 도달하는 동안 적색 편이(202쪽 참조)된다. 우리가 감지한 것들 중 가장 적색 편이된 빛은 138억 광년 떨어져 있는 곳에서 출발했다. 만약 우주가 정적인 상태라면 우주의 크기가 그 정도라는 뜻이다. 우주의 나이 또한 138억 년 되었다는 의미이기도 하다. 하지만 우리가 알고 있듯 우주는 탄생 이후 계속 팽창하고 있다.

가장 멀리 있는 은하는 우리가 맨눈으로 볼 수 있는 가장 희미한 물체보다 100만 배 더 희미하다

팽창하는 공간에서 거리의 측정

팽창하는 우주에서 특정 물체까지의 진짜 거리인 동행 거리(co-moving distance)는 그 물체로부터 도달한 빛이 지나온 거리(look-back distance)보다 더 멀다. 우주의 팽창을 고려하면 관찰 가능한 우주의 가장자리는 465억 광년 떨어져 있다.

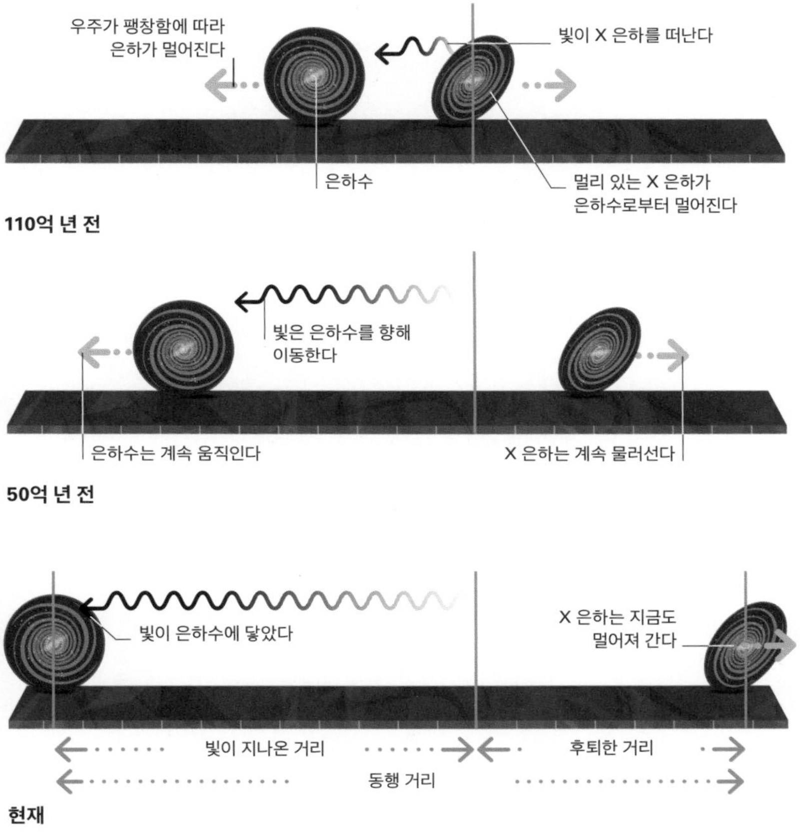
우주가 팽창함에 따라 은하가 멀어진다
빛이 X 은하를 떠난다
은하수
멀리 있는 X 은하가 은하수로부터 멀어진다
110억 년 전
빛은 은하수를 향해 이동한다
은하수는 계속 움직인다
X 은하는 계속 물러선다
50억 년 전
빛이 은하수에 닿았다
X 은하는 지금도 멀어져 간다
빛이 지나온 거리
후퇴한 거리
동행 거리
현재

우주는 얼마나 빨리 팽창하는가?

상대적으로 작은 규모, 예컨대 은하 내부 공간에서 물체는 중력에 의해 서로 고정된 거리를 유지한다. 하지만 커다란 규모에서 우주의 팽창은 두 물체가 곧 팽창하는 풍선의 표면에 있는 점처럼 서로 멀어지게 한다. 두 물체가 멀리 떨어져 있을수록 멀어지는 속도도 빨라진다. 가장 최근에 이루어진 측정에 따르면 메가파섹(약 300만 광년) 떨어져 있는 두 물체는 초속 74킬로미터의 속도로 멀어진다.

우주의 형태

각기 서로 다른 시공간 곡률을 가진 우주는 세 가지 기하학적 구조로 존재할 수 있다. 여기서 곡률은 우리가 일상에서 쓰는 것과는 의미가 다르지만 2차원 형상으로 나타낼 수 있다. 우리 우주는 편평하거나 거의 편평하다고 생각된다. 이 구조가 우주의 운명을 결정한다는 몇 가지 이론이 있다.(208~209쪽 참조)

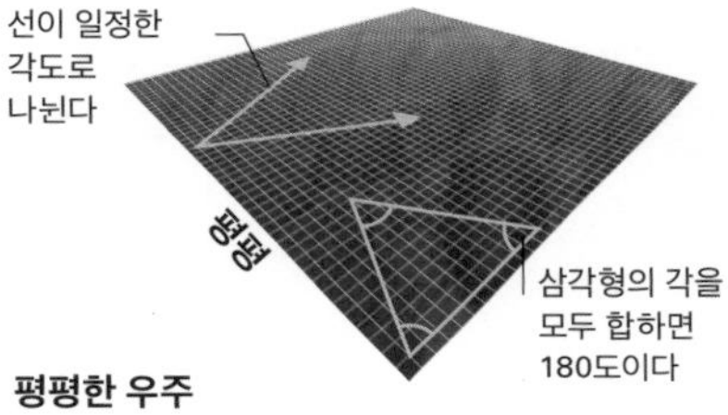
선이 일정한 각도로 나뉜다
평평
삼각형의 각을 모두 합하면 180도이다

평평한 우주

우리에게 익숙한 기하학 법칙이 적용되는 평면이 평평한 우주의 2차원 모사이다. 예를 들면 평행선은 절대 만나지 않는다.

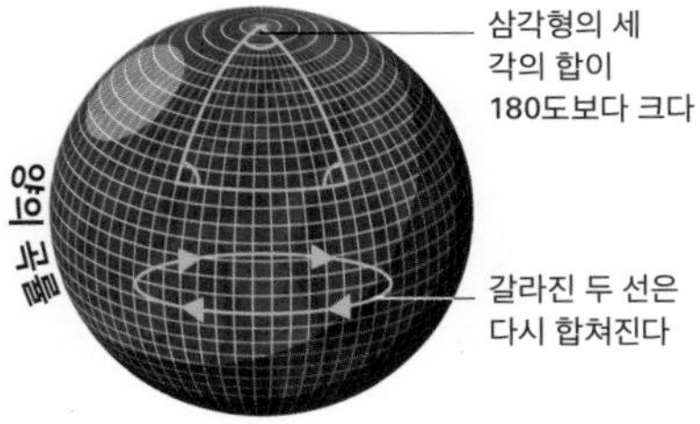
삼각형의 세 각의 합이 180도보다 크다
양의 곡률
갈라진 두 선은 다시 합쳐진다

양의 곡률을 가진 은하

시공간이 양의 곡률인 은하로 '닫혀' 있으며 질량과 크기가 유한하다. 2차원 모사에서 평행선은 구의 표면으로 수렴한다.

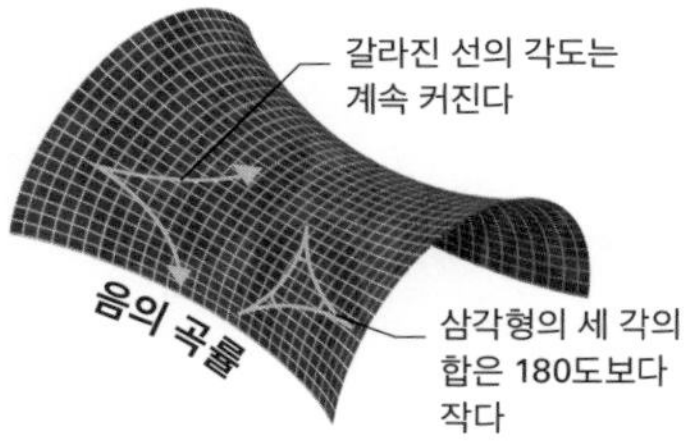
갈라진 선의 각도는 계속 커진다
음의 곡률
삼각형의 세 각의 합은 180도보다 작다

음의 곡률을 가진 은하

이 경우 우주는 '열려 있고' 무한하다. 안장 모양의 2차원 모사에서 분기한 두 선은 진행하면서 더 멀리 떨어진다.

암흑 물질과 암흑 에너지

우주의 대부분은 천문학자들이 암흑 물질 혹은 암흑 에너지라고 부르는 것으로 구성되어 있다. 우리는 직접 이들 물질과 에너지 유형을 볼 수는 없지만 그것이 존재한다는 사실을 알고 있다. 그것이 일반적인 물질 및 빛 파동과 반응하기 때문이다.

잃어버린 질량과 에너지

질량과 에너지는 질량-에너지라 불리는 한 현상의 두 양상(141쪽 참조)이다. 우주의 질량-에너지를 추적하던 천문학자들은 그것의 대부분을 찾을 수 없다는 사실을 알게 되었다. 하지만 우리가 아는 것보다 더 많은 양의 질량이 있어야 했다. 질량-에너지가 없다면 은하단이 훨씬 더 멀리 떨어져 유랑했을 것이기 때문이다. 무언가가 중력에 대항해 우주의 팽창 속도를 증가시키는 것으로 보아 보다 많은 에너지가 있어야 했다.

세계에서 가장 민감한 암흑 물질 감지기는 지하 1.5킬로미터 지점에 있다

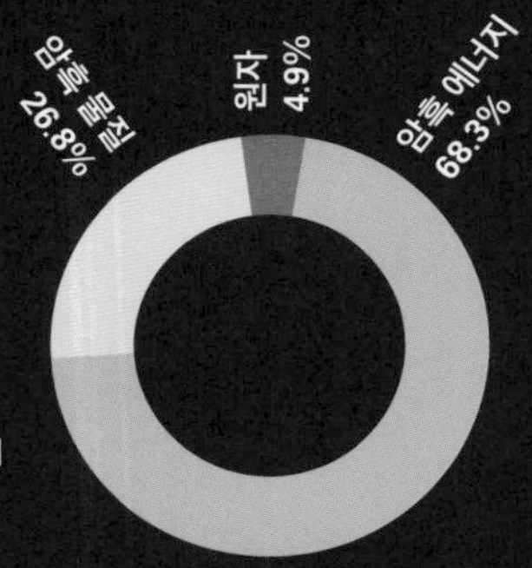

암흑 물질
26.8%
원자
4.9%
암흑 에너지
68.3%

얼마나 잃어버렸을까?

일반적으로 원자로 만들어져 눈에 보이는 물질은 우주 질량-에너지의 극히 일부분에 불과하다. 나머지 대부분은 암흑 에너지이다.

암흑 물질

암흑 물질은 관측 기구를 통해 볼 수 있는 일반적인 기체 구름 안이나 바리온 물질 주변에서 형성되지만 그것들과 반응하지는 않고 빛을 흡수하거나 내놓지 않기 때문에 전자기파 복사에 검출되지 않는다. 하지만 암흑 물질이 은하나 항성에 대해 중력 효과를 발휘해 굴절시킨 빛의 경로를 관찰할 수 있다. 암흑 물질의 본성은 잘 알려지지 않았지만 천문학자들이 추정하는 두 가지는 마초(MACHO, Massive Compact Halo Object)와 윔프(WIMP)이다.

중력 렌즈 효과

커다란 질량은 마치 렌즈처럼 작용해 중력장을 뒤틀리게 할 수 있다. 빛의 경로를 변화시키고 은하의 모습을 바꿀 수도 있다. 약한 렌즈 효과는 은하의 형태를 길게 만들지만 강한 렌즈 효과는 위치를 바꾸거나 2개로 복사할 수도 있다.

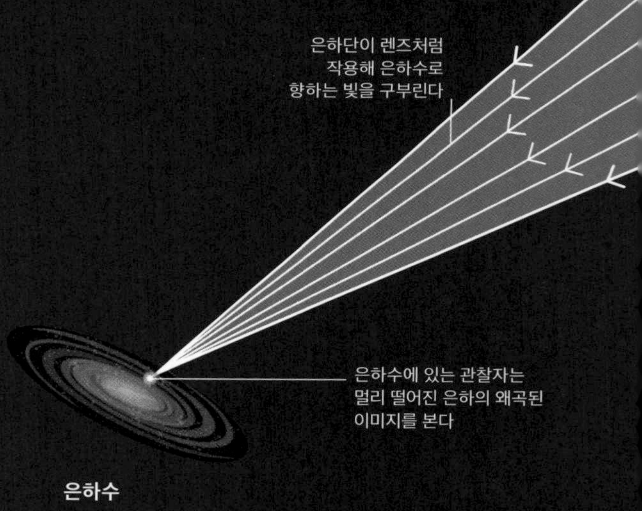

은하단이 렌즈처럼 작용해 은하수로 향하는 빛을 구부린다
은하수에 있는 관찰자는 멀리 떨어진 은하의 왜곡된 이미지를 본다
은하수

마초	윔프	
마초라 불리는 어떤 암흑 물질은 블랙홀이나 갈색 왜성과 같은 무거운 물체를 구성한다. 이들은 빛을 방출하지 않기 때문에 중력 렌즈 효과를 통해 자신의 존재를 드러낸다. 하지만 마초만으로는 암흑 물질 전부를 설명하지 못한다.	암흑 물질의 또 다른 가상 후보는 약하게 상호 작용하는 무거운 물체인 윔프다. 초기 우주에서 만들어진 이상한 입자들로 약한 힘과 중력에 의해 상호 작용한다.	
	뜨겁다	**차다**
	빛의 속도에 가깝게 이동하는 가상 입자로 구성된 암흑 물질.	대부분 암흑 물질은 차고 느리게 움직일 것이라 생각된다.

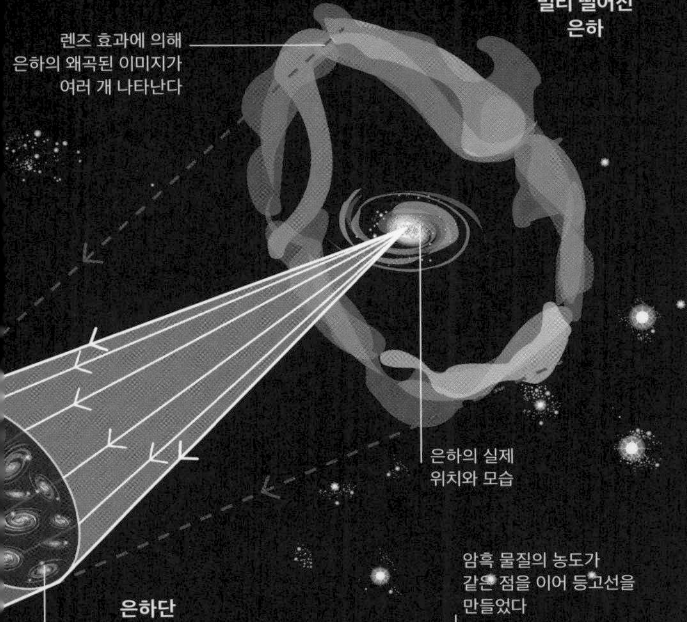
멀리 떨어진
은하
렌즈 효과에 의해
은하의 왜곡된 이미지가
여러 개 나타난다
은하의 실제
위치와 모습
은하단
암흑 물질을 다량으로
함유하는 은하단은 중력
렌즈처럼 작용한다

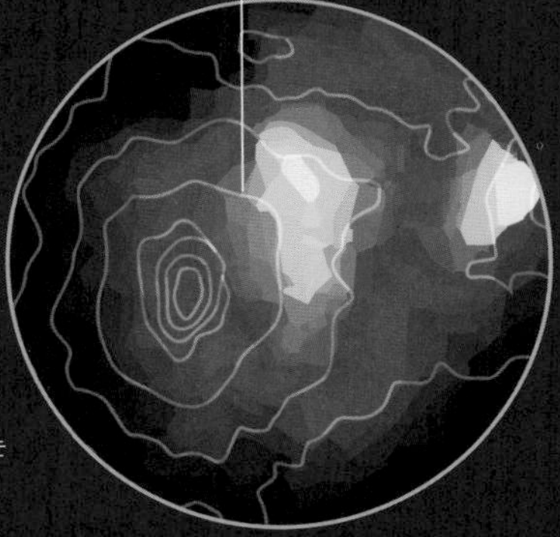
암흑 물질의 농도가
같은 점을 이어 등고선을
만들었다

암흑 물질은 어디에 있을까?

암흑 물질의 렌즈 효과를 측정해 천문학자들은 그것의 형태를 그릴 수 있었다. 강바닥 조약돌의 왜곡된 이미지를 일으키는 잔물결의 형태를 연상시킨다.

지구에도 암흑 물질이 있을까?

아마 있을 것이다.
측정한 바에 따르면 수십억 개의 암흑 물질 입자가 매초 우리 몸을 통과한다.

암흑 에너지

멀리 있는 초신성까지의 거리를 측정하면 우주 팽창의 속도가 더 빨라지고 있다는 사실을 알 수 있다. 이런 결과로부터 과학자들은 암흑 에너지의 존재를 추론한다. 이는 중력에 대항해 우주 팽창을 가속화시키는 힘이다. 초기 우주에는 암흑 물질이 많았지만 지금은 암흑 에너지가 더 많아 우주가 팽창하는 데에 더 큰 효과를 끼친다.

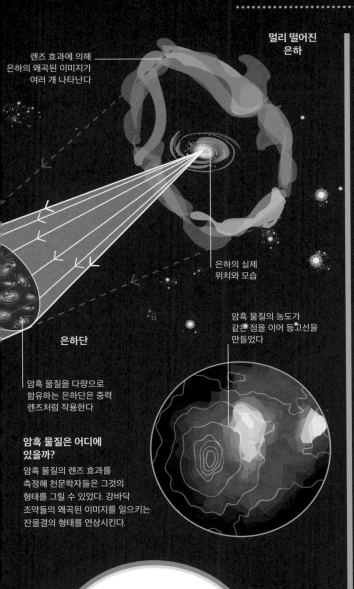

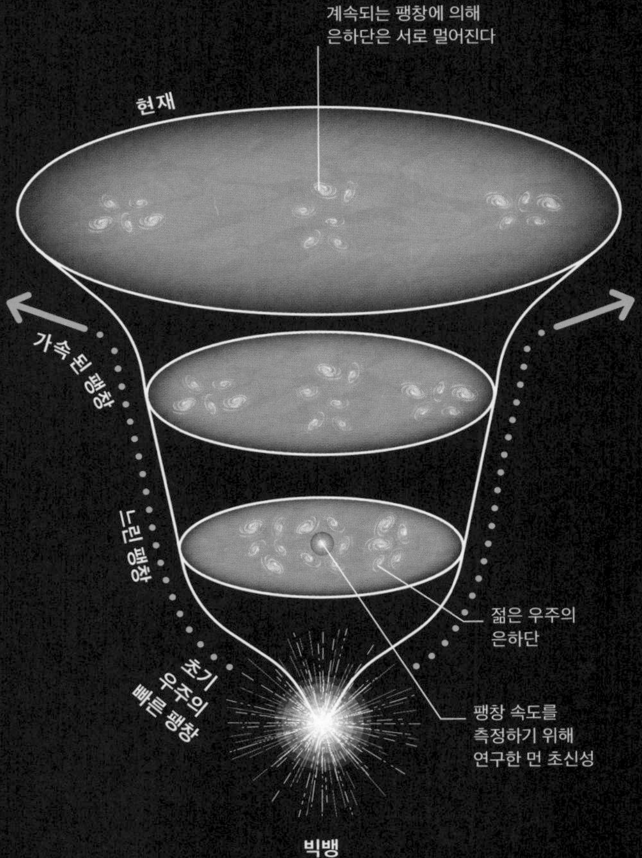
계속되는 팽창에 의해
은하단은 서로 멀어진다
현재
가속된 팽창
느린 팽창
초기
우주의
빠른 팽창
젊은 우주의
은하단
팽창 속도를
측정하기 위해
연구한 먼 초신성
빅뱅

가속화된 팽창

빅뱅 이후 초기 우주의 빠른 팽창은 그 속도가 줄었다. 하지만 약 75억년 뒤, 급하게 곡선이 넓어지는 것에서도 알 수 있듯 암흑 에너지에 의해 우주 팽창의 속도가 빨라졌다.

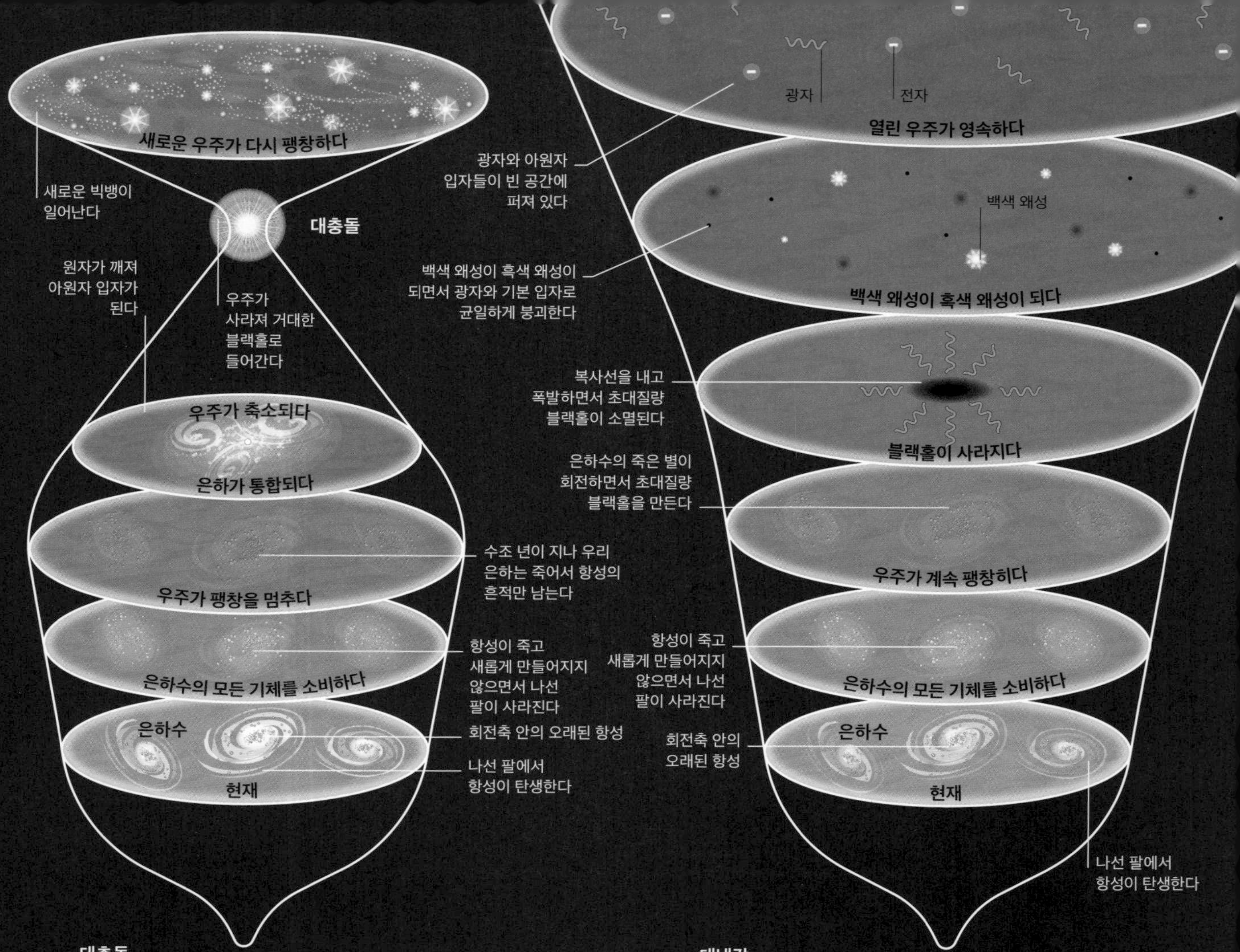

새로운 우주가 다시 팽창하다
새로운 빅뱅이 일어난다
대충돌
원자가 깨져 아원자 입자가 된다
우주가 사라져 거대한 블랙홀로 들어간다
우주가 축소되다
은하가 통합되다
우주가 팽창을 멈추다
수조 년이 지나 우리 은하는 죽어서 항성의 흔적만 남는다
은하수의 모든 기체를 소비하다
항성이 죽고 새롭게 만들어지지 않으면서 나선 팔이 사라진다
은하수
회전축 안의 오래된 항성
나선 팔에서 항성이 탄생한다
현재
광자
전자
열린 우주가 영속하다
광자와 아원자 입자들이 빈 공간에 퍼져 있다
백색 왜성
백색 왜성이 흑색 왜성이 되면서 광자와 기본 입자로 균일하게 붕괴한다
백색 왜성이 흑색 왜성이 되다
복사선을 내고 폭발하면서 초대질량 블랙홀이 소멸된다
블랙홀이 사라지다
은하수의 죽은 별이 회전하면서 초대질량 블랙홀을 만든다
우주가 계속 팽창하다
항성이 죽고 새롭게 만들어지지 않으면서 나선 팔이 사라진다
은하수의 모든 기체를 소비하다
회전축 안의 오래된 항성
은하수
현재
나선 팔에서 항성이 탄생한다

대충돌

일부 우주학자들은 암흑 에너지가 약해지고 중력이 전세를 압도하면서 우주가 팽창을 멈추고 다시 수축할 것이라고 생각한다. 대충돌(Big Crunch) 이론에 따르면 수조 년이 지나면 은하가 서로 충돌해 다시 우주의 온도가 올라가 심지어 항성도 탈 것이다. 원자는 다시 찢겨 나가고 거대한 블랙홀이 자신을 포함해서 모든 것을 삼킨다. 입자가 한데 뭉치면 제2의 빅뱅이 일어날 것이다. 새로운 빅뱅이다.

대냉각

대냉각(Big Chill, 열의 죽음)은 에너지와 물질이 전 우주에 고르게 퍼질 때까지 우주가 계속해서 팽창한다는 이론이다. 그 결과 더 이상 농축된 에너지가 사라지고 새로운 항성도 만들어지지 않고 온도는 절대 영도까지 떨어지며 항성이 소멸하고 우주는 어두워진다.

우주의 종말

우주의 최종적인 운명은 어떨지 확실하지 않다. 붕괴해 다른 빅뱅으로 끝날지 아니면 차가운 침묵이 이어질지 아니면 거칠고 영구적인 종말을 맞을지, 그것도 아니면 계속해서 팽창을 지속할지 알 수 없다. 이 질문은 과학이 풀어야 할 과제로 남아 있다.

언제 우주가 끝을 맞을까?

가장 그럴싸한 각본에 따르면 우주의 종말은 수십억 년 안에는 일어나지 않는다. 그러나 이론적으로 대변화는 언제든 일어날 수 있다.

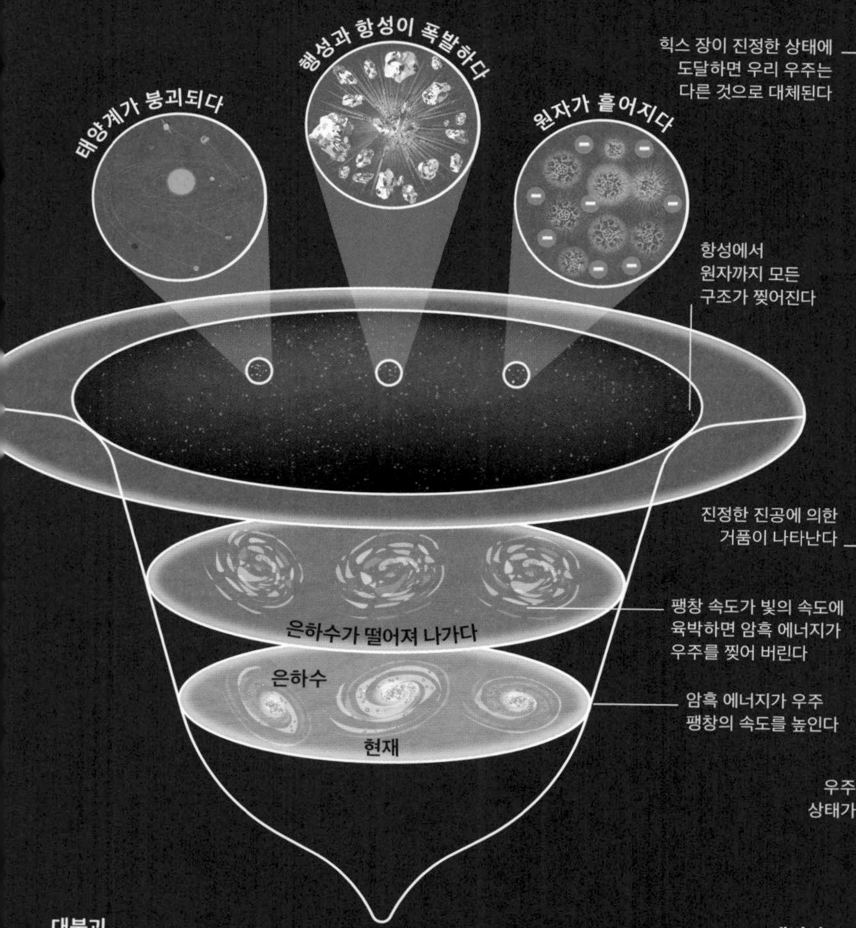
태양계가 붕괴되다
행성과 항성이 폭발하다
원자가 흩어지다
항성에서
원자까지 모든
구조가 찢어진다
은하수가 떨어져 나가다
팽창 속도가 빛의 속도에
육박하면 암흑 에너지가
우주를 찢어 버린다
은하수
암흑 에너지가 우주
팽창의 속도를 높인다
현재

대붕괴

대붕괴(Big Rip) 각본에서 우주는 결국 찢겨 나간다. 은하 사이가 중력을 상쇄할 암흑 에너지로 채워지면 우주는 더 빠르게 팽창해 결국 빛의 속도로 멀어진다. 중력에 의해 더 이상 붙들리지 못하면서 시공간까지를 포함해 은하와 블랙홀 등 우주의 모든 입자는 붕괴된다.

힉스 장이 진정한 상태에
도달하면 우리 우주는
다른 것으로 대체된다
진짜 진공
진정한 진공의
거품이 팽창한다
진정한 진공에 의한
거품이 나타난다
은하수
현재
우주는 진짜
상태가 아니다
가짜 진공

대변화

힉스 보손 입자와 (어디에나 존재하는 전자기장 같은) 힉스 장에 관한 대변화(Big Change) 이론에서 힉스 장은 아직 가장 낮은 에너지 상태 혹은 '진공' 상태에 이르지 못했다고 본다. 진정한 진공 상태에 이르면 힉스 장은 물질, 에너지 및 시공간을 근본적으로 변화시켜 빛의 속도로 날아가는 거품처럼 우주의 모습을 바꿀 것이다. 현재 우주에 있는 모든 것은 사라진다.

현재 우리 우주

140억 년 전 탄생 이후 우주는 계속 팽창하고 있다. 은하는 서로 멀어지고 있고 초신성의 거리를 측정해 보면 우주가 팽창을 가속하고 있다는 것을 알 수 있다. 중력과 반대로 작용하는 암흑 에너지(206~207쪽 참조)가 있다는 뜻이다. 만약 이 힘이 득세한다면 우리 우주가 계속해서 확장하는 것이 가장 가능성이 높은 우주의 미래가 될 것이다.

양성자보다 **130배** 정도 무거운 **힉스 보손** 입자는 매우 **불안정하다**

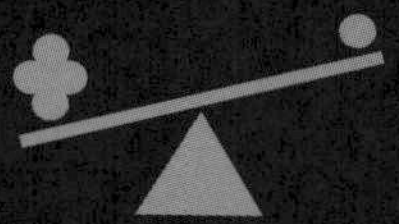

우주 바라보기

초기에 맨눈으로 우주를 바라봤던 천문학자들은 이제 정교한 장비를 가지고 우주 먼 곳에서 도착하는 빛의 파장을 관측할 수 있다.

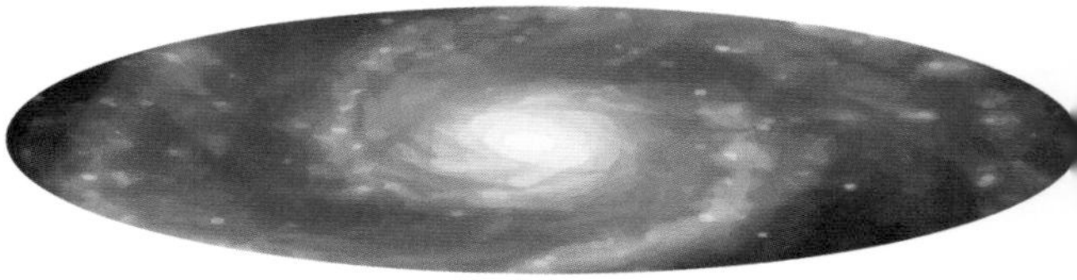

나선 은하

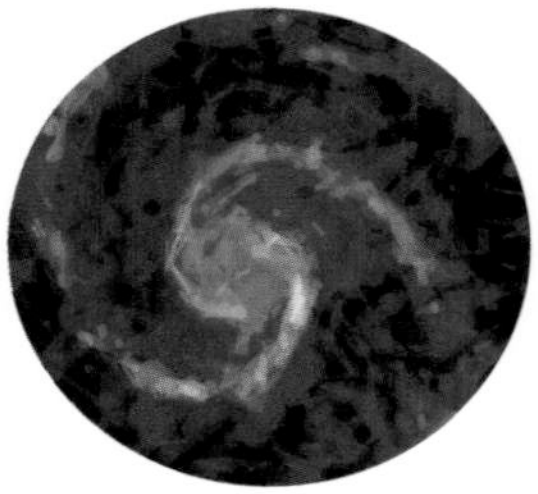

전파

가장 긴 파장의 빛인 전파는 태양, 행성, 여러 은하 및 성운에서 방출된다. 지구 대기권을 가장 잘 투과해 지표면에 도달한다.

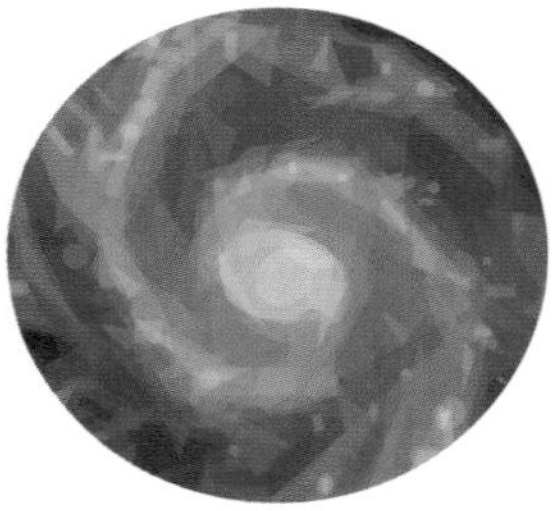

적외선 빛

적외선은 열 에너지로 따뜻한 태양빛에 포함되어 있다. 우주의 모든 물체는 적외선 형태로 에너지를 방출한다. 대부분 지구 대기권에 흡수된다.

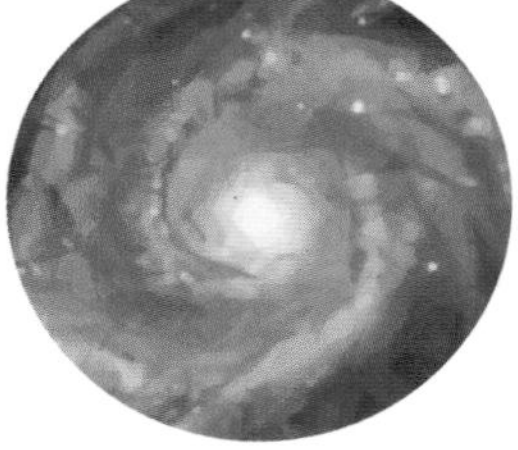

가시광선 빛

천문학자들은 지구의 망원경으로 물체가 반사하는 가시광선을 관찰한다. 빛이 오염되지 않고 대기권의 방해가 없을 때 훨씬 깨끗한 상을 얻을 수 있다.

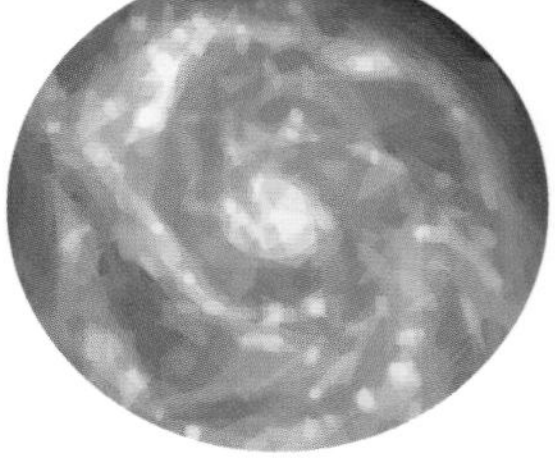

자외선 빛

태양과 항성이 방출하는 자외선은 지구 오존층이 효과적으로 가로막는다. 자외선을 분석해 우주의 진화와 구조에 관한 단서를 얻는다.

여러 스펙트럼에 걸친 빛

나선 은하처럼 복잡한 물체는 여러 스펙트럼에 걸쳐 있는 빛을 낸다. 이를 연구하기 위해 천문학자들은 다양한 기기를 사용한다.

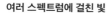

탐침은 마이크로파 복사를 측정해 초기 우주의 조성을 밝힌다

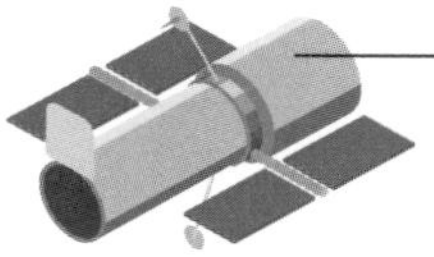
허블 망원경은 적외선, 가시광선 및 자외선을 검출해 멀리 있는 항성, 성운 및 은하를 관찰한다

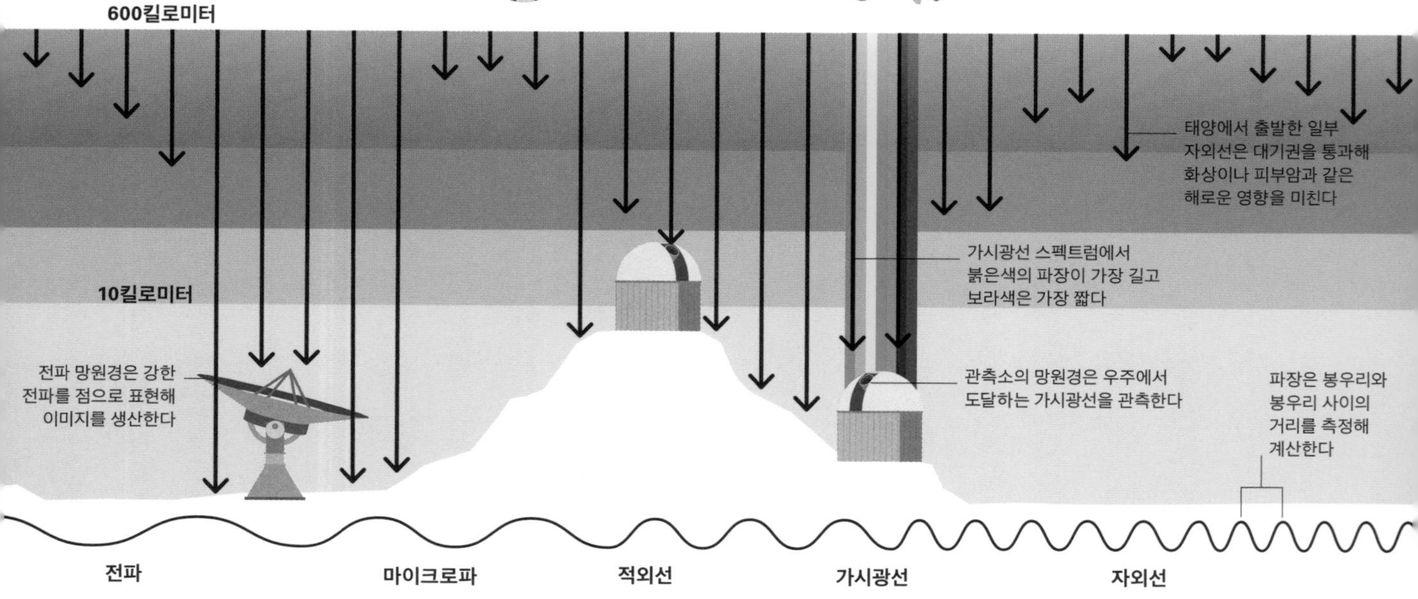
600킬로미터
태양에서 출발한 일부 자외선은 대기권을 통과해 화상이나 피부암과 같은 해로운 영향을 미친다
가시광선 스펙트럼에서 붉은색의 파장이 가장 길고 보라색은 가장 짧다
10킬로미터
전파 망원경은 강한 전파를 점으로 표현해 이미지를 생산한다
관측소의 망원경은 우주에서 도달하는 가시광선을 관측한다
파장은 봉우리와 봉우리 사이의 거리를 측정해 계산한다
전파
마이크로파
적외선
가시광선
자외선

빛을 보다

전자기파 스펙트럼은 빛을 다른 파장을 가지는 연속되는 복사의 형태로 나타낸다. 가시광선은 파장에 따라 각기 다른 색으로 볼 수 있지만 눈에 보이지 않는 전파와 엑스선도 있다. 이들은 빛의 속도로 공간을 이동한다.

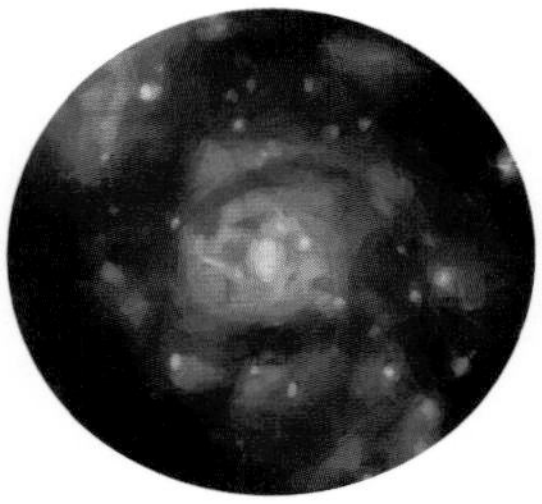

엑스선

블랙홀, 중성자별, 연성계 별 및 초신성 잔해물에서 엑스선이 방출된다. 태양과 일부 항성 및 일부 혜성으로부터 나오기도 한다. 지구 대기권이 대부분 막는다.

감마선

가장 작고 에너지가 풍부한 파동인 감마선은 중성자별, 펄서(pulsar), 폭발하는 초신성 또는 블랙홀 근처에서 방출된다.

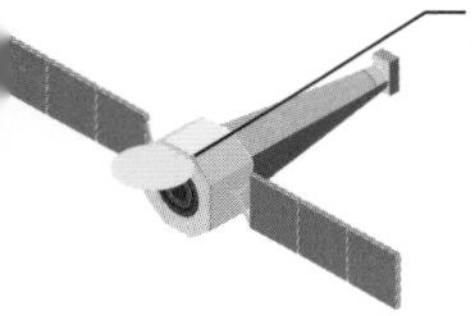
찬드라 엑스선 관측기에 장착된 8개의 거울은 도달하는 엑스선을 한 점에 모아 선명한 이미지를 만든다

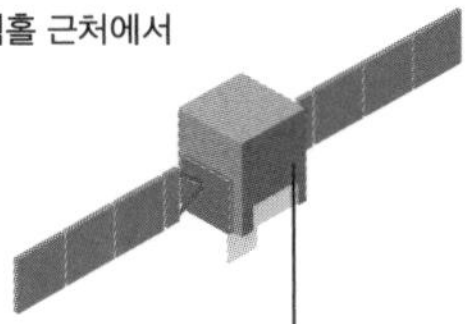
페르미 망원경은 금속탑과 규소판으로 감마선을 감지한다

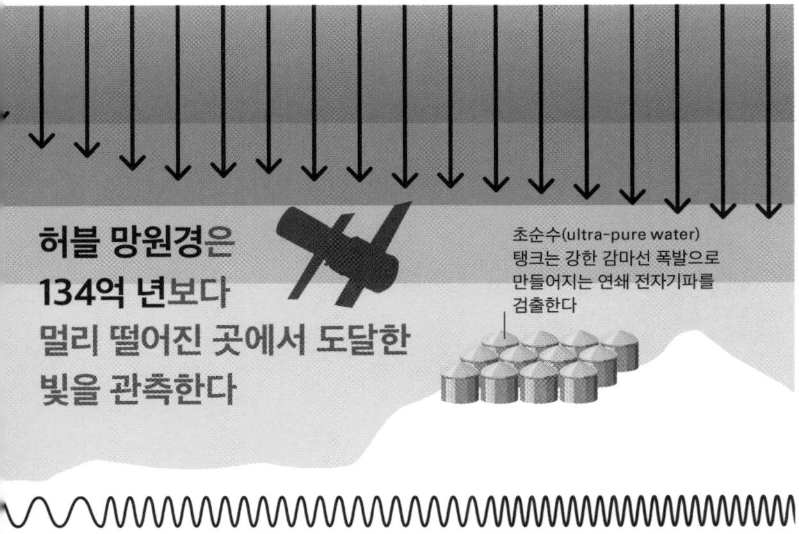
허블 망원경은 134억 년보다 멀리 떨어진 곳에서 도달한 빛을 관측한다
초순수(ultra-pure water) 탱크는 강한 감마선 폭발으로 만들어지는 연쇄 전자기파를 검출한다
엑스선
감마선

분광학

어떤 물질을 구성하는 원자를 가열하면 이들은 특정한 파장의 빛을 방출한다. 분광학(spectroscopy)이라고 하는 이 방법은 물체에서 출발한 빛을 프리즘에서 분리한 다음 파장의 유형을 스펙트럼으로 얻는다. 그렇게 물체 안에 어떤 원자가 있는지 알 수 있다. 과학자들은 이 방법을 통해 멀리 있는 물체가 무엇으로 만들어졌는지 알 수 있다.

네온에서 나온 방출 스펙트럼

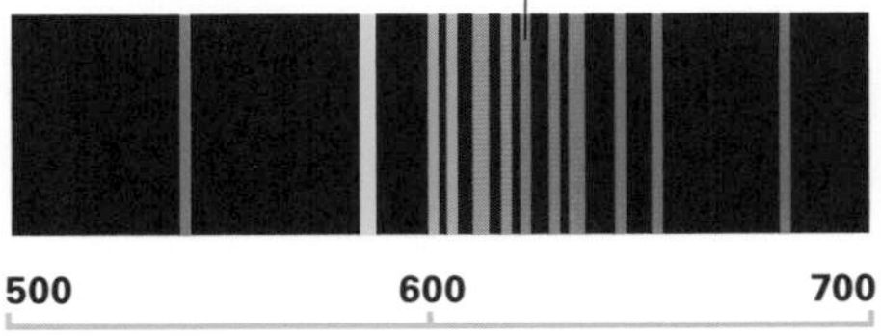
선은 네온 원자에서 방출된 각기 다른 파장의 빛을 의미한다
500
600
700
파장(나노미터)

가색상 이미지

우리 눈이 볼 수 있는 파장의 빛은 스펙트럼의 아주 좁은 영역에 걸쳐 있다. 천문학자들은 이 영역을 벗어나는 복사선에서 얻은 이미지에 복사선의 강도를 의미하는 빛을 첨가해 가시성을 높인다. 이것이 가색상 이미지이다.

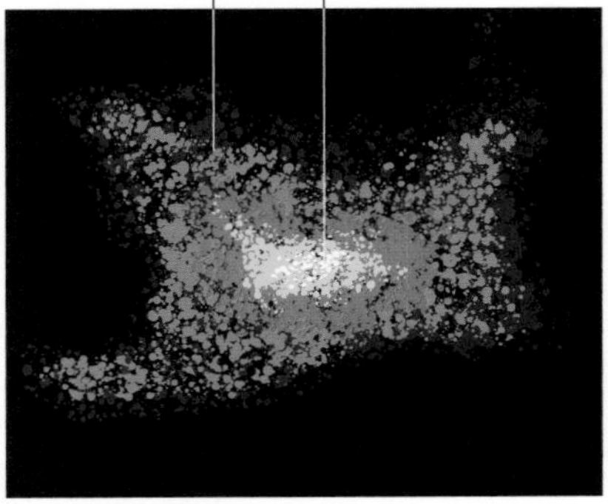
낮은 에너지의 자외선
높은 에너지의 자외선

성운에서 검출한 자외선

우주엔 우리뿐일까?

우리는 태양계 밖에 있는 수천 개 이상의 외계 행성을 찾아냈다. 우리 은하에는 생명체가 살 수 있는 행성이 100억 개는 될 것이라고 계산하기도 한다. 우리는 과연 생명체가 살고 있는 세계를 찾을 수 있을까?

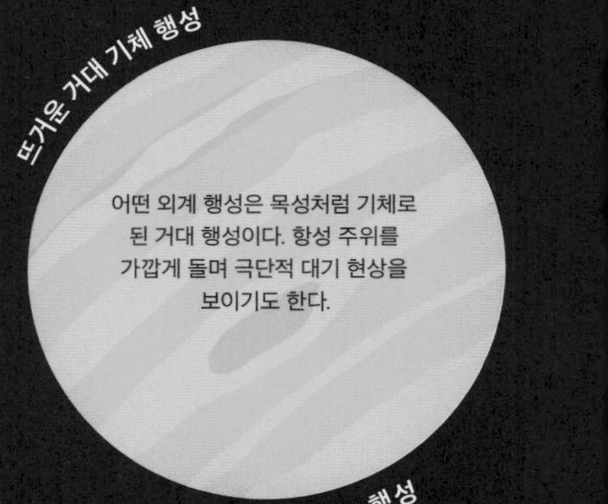
뜨거운 거대 기체 행성
어떤 외계 행성은 목성처럼 기체로 된 거대 행성이다. 항성 주위를 가깝게 돌며 극단적 대기 현상을 보이기도 한다.

또 다른 지구의 발견

천문학자들이 외계 행성을 찾는 과정에는 항성에 미치는 효과가 적은 행성을 찾는 것도 포함된다. 만일 지구와 크기 및 항성과 떨어진 거리가 비슷한 어떤 행성이 발견되면 그곳의 대기를 분석하고 생명체가 살아가는 데에 필요한 원소가 있는지 확인한다. 다수의 외계 행성은 지구와 현저하게 다르다.

골디락스 영역

생명체가 살 수 있는 장소는 골디락스 영역이라고도 부른다. 골디락스라는 이름은 우화에서 유래한 것으로 뜨겁지도 차갑지도 않은, 먹기에 '딱 맞는' 죽을 선호하는 인물의 이름이다. 골디락스 행성은 표면에 액체 상태의 물을 가질 정도로 적당한 온도를 갖는다. 그러나 생명이 진화하기 위해서는 또 다른 조건도 맞아야 한다.(아래쪽 참조) 골디락스 영역 밖에서도 표면에 물이 있는 행성은 많은 것으로 알려져 있다.

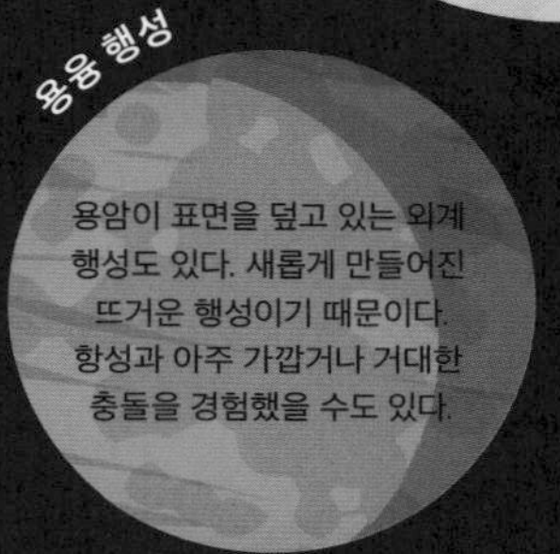
용융 행성
용암이 표면을 덮고 있는 외계 행성도 있다. 새롭게 만들어진 뜨거운 행성이기 때문이다. 항성과 아주 가깝거나 거대한 충돌을 경험했을 수도 있다.

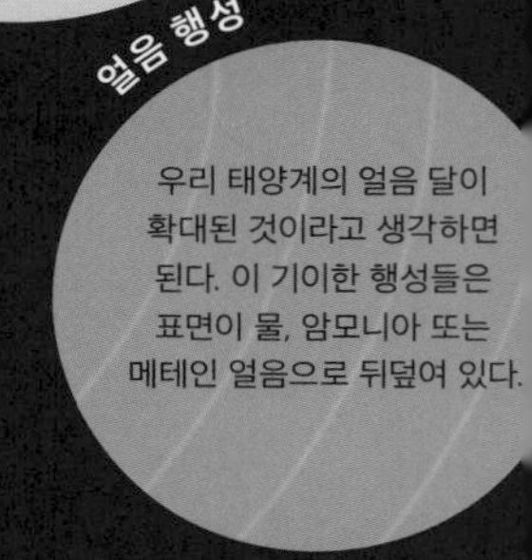
얼음 행성
우리 태양계의 얼음 달이 확대된 것이라고 생각하면 된다. 이 기이한 행성들은 표면이 물, 암모니아 또는 메테인 얼음으로 뒤덮여 있다.

거주 가능 영역

생명체가 살 수 있는 곳은 항성에 너무 가깝지도 멀지도 않아야 한다. 적당한 항성이 있고 그와 적당한 거리에 있는 지구와 비슷한 장소를 천문학자들은 찾고 있다.

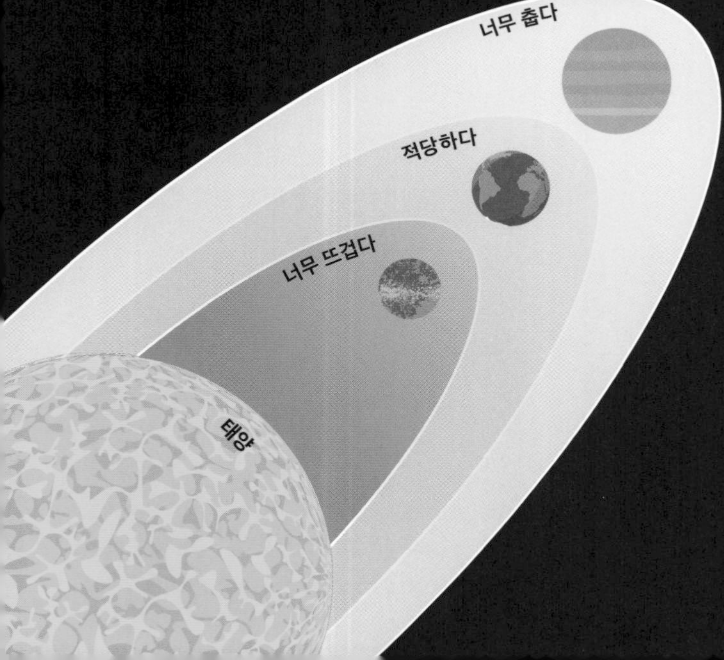
너무 춥다
적당하다
너무 뜨겁다
태양

살기에 적합한 행성은 어떤 조건을 갖추어야 할까?

생명이 발생하기에 적당한 기준이 몇 가지 있다. 온도와 물이 핵심 요소다.

적당한 온도
중간 정도의 표면 온도가 필요하다. 항성과 너무 가까우면 행성이 끓을 것이고 너무 멀면 얼어 버린다.

표면의 물
표면에 액상의 물 혹은 충분한 습기(혹은 비슷한 기능을 할 수 있는 액체)가 있어야 한다.

믿을 만한 태양
가까이에 있는 항성은 안정해야 하고 지구와 같은 바위 행성에서 생명이 탄생하기에 충분한 빛을 발해야 한다.

원소
탄소와 황, 수소 같은 생명체의 필수 구성 요소가 있어야 한다.

비스듬히 자전한다
비스듬히 회전하는 행성은 밤과 낮, 계절을 만든다. 특정한 지역이 극한의 온도에 다다르지 않는다.

대기
복사선을 차단하는 두터운 대기권이 있어서 기체의 탈출을 막고 온기를 유지해야 한다.

중심핵이 녹아 있다
녹아 있는 중심핵의 물질이 만든 자기장은 우주 복사선으로부터 생명을 보호한다.

충분한 질량
기체를 잡고 있을 정도로 충분한 질량을 가져야 한다.

지적 생명체를 찾아서

지적 생명체를 찾는 한 가지 방법은 소리를 듣는 것이다. 외계 지적 생명 탐사대(Search for Extraterrestrial Intelligence, SETI)는 외계 생명체가 진화했음을 나타내는 라디오 혹은 광학 신호를 찾으려 한다. 전파 망원경은 인공적인 음원에서 나올지도 모를 좁은 띠의 전파 신호를 찾고 있다. 또 나노초 정도 지속되는 섬광의 빛을 추적하기도 한다. 하지만 지금까지 외계 지적 생명체의 증거가 밝혀진 적은 없다.

외계 지적 생명 탐사대

캘리포니아에 있는 탐사대의 알렌 망원경은 케플러 우주 망원경에서 얻은 데이터에 바탕을 두고 외계 행성을 찾기 위해 하늘의 특별한 장소를 지켜보고 있다.

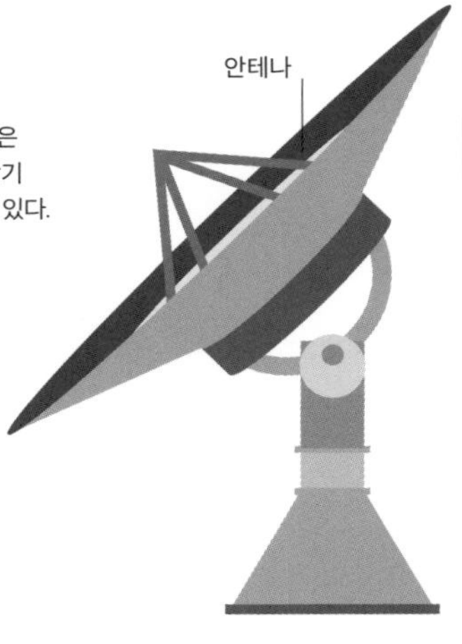
안테나

드레이크 방정식

1961년 천문학자 프랭크 드레이크가 제안했다. 이 방정식은 우리 은하계에 통신이 가능한 문명이 몇 개나 되는지를 예측한다.

일러두기

- 1961년 드레이크의 예측
- 최근의 예측

$$N = R \times f_p \times n_e \times f_1 \times f_i \times f_c \times L$$

항	설명	1961년 드레이크의 예측	최근의 예측
N	교신이 가능한 외계 문명의 수	500	2,100
R	은하 안에서 1년 동안 탄생하는 항성의 수	10	7
f_p	이 항성들이 행성계를 가질 확률	0.5	1
n_e	행성계 중에서 생명체가 살 수 있는 행성의 평균 수	1	3
f_1	생명체가 등장할 확률	0.1	0.1
f_i	지적 생명체가 진화할 확률	0.1	0.1
f_c	지적 생명체가 통신 기술을 가질 확률	1.0	1.0
L	통신 기술을 가진 생명체의 평균 수명(년)	10,000	10,000

모두 어디 있는가?

생명체가 살기에 적합한 행성은 수억 개가 넘는다. 은하수가 만들어지고 충분한 시간이 지나면 진보된 문명이 등장할 수 있다. 그렇다면 왜 우리는 아직 그들을 만나지 못하는 것일까? 어쩌면 생명체는 무척 드문 것이라 우주에 우리가 유일한지도 모른다.

페르미의 역설

물리학자 엔리코 페르미는 외계 생명체가 이룩한 문명이 존재할 가능성이 매우 높은 데에 비해 그들의 존재에 관한 증거는 너무나 부족한 역설의 이유를 설명했다.

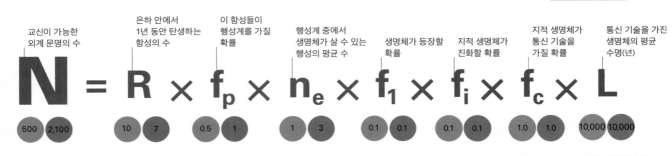

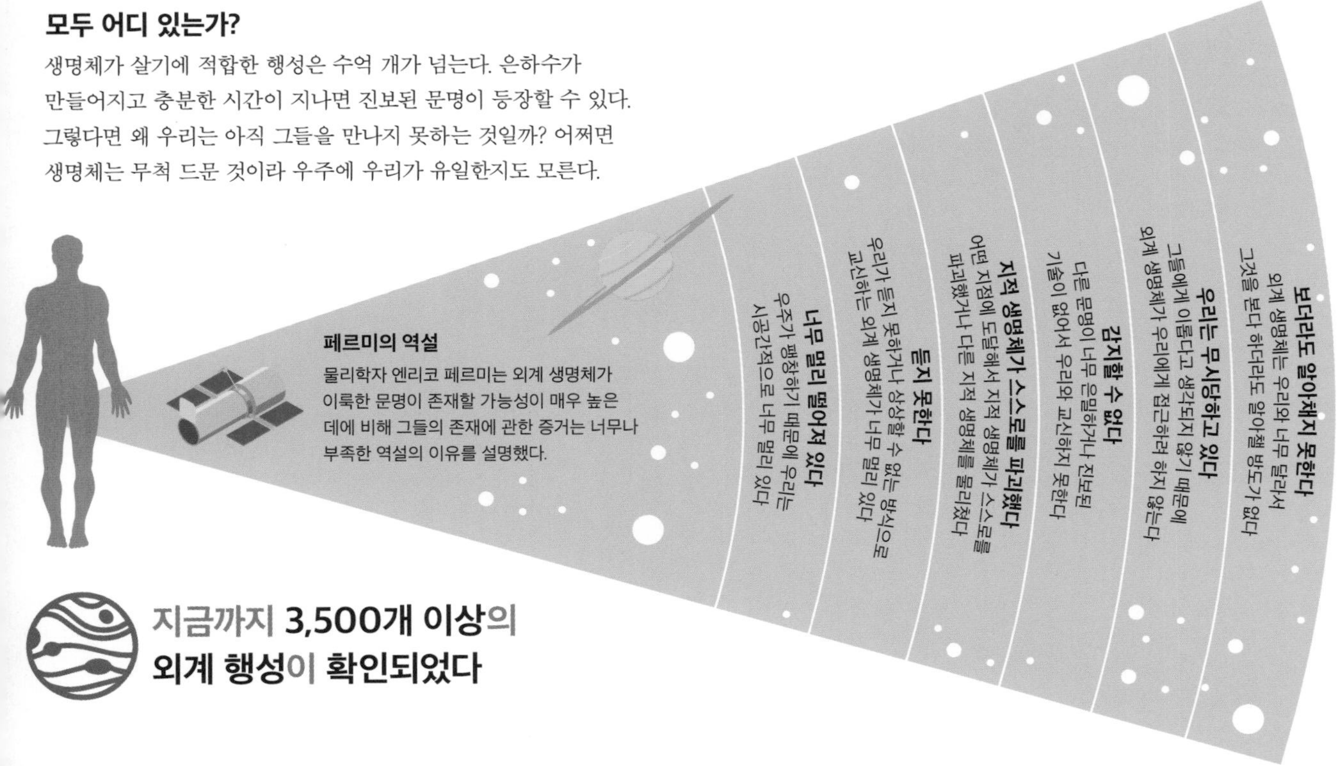
너무 멀리 떨어져 있다
우주가 팽창하기 때문에 우리는 시공간적으로 너무 멀리 있다
듣지 못한다
우리가 듣지 못하거나 상상할 수 없는 방식으로 교신하는 외계 생명체가 너무 멀리 있다
지적 생명체가 스스로를 파괴했다
어떤 지점에 도달해서 지적 생명체가 스스로를 파괴했거나 다른 지적 생명체를 물리쳤다
감지할 수 없다
다른 문명이 너무 은밀하거나 진보된 기술이 없어서 우리와 교신하지 못한다
우리는 무시당하고 있다
그들에게 이롭다고 생각되지 않기 때문에 외계 생명체가 우리에게 접근하려 하지 않는다
보더라도 알아채지 못한다
외계 생명체는 우리와 너무 달라서 그것을 보다 하더라도 알아챌 방도가 없다

지금까지 3,500개 이상의 외계 행성이 확인되었다

우주 비행

모든 우주선은 초기 연료 폭발에 의한 탄도식 발사체이다. 이들은 커다란 천체의 중력에 의해 자유 낙하할 수 있다. 일부는 작은 조정 로켓으로 경로를 수정할 수도 있다.

탈출 속도

충분한 속도로 발사된 물체는 지구의 중력을 벗어나 우주 공간의 다른 천체의 주위로 떨어지는 열린 곡선 궤도로 진입할 수 있다. 우주선이 출발할 때 초기 경로와 속도가 중요한 요소이다. 예를 들어 달에 착륙하기로 한 우주선이 너무 빠른 속도로 출발하면 달의 약한 중력 때문에 속도를 줄이기 어려워 지나칠 수도 있다.

우주 공간에서의 자유 낙하

지구에서 발사된 우주선은 사실 날고 있다기보다는 추락하고 있다. 우주 공간에서 우주 비행사는 여전히 지구 혹은 태양 중력의 영향 아래 있지만 떨어질 때 그들은 무중력 상태를 경험한다. 궤도에 접어든 우주선은 지구 주변으로 떨어지지만 진행 방향의 속도 때문에 결코 지구와 충돌하지는 않는다. 중력과 함께 이 속도는 지구의 곡률을 따르는 곡선 또는 포물선 경로를 만들어 낸다.

화성 여행

직관에 반하는 듯하지만 지구와 가장 멀리 떨어져 있을 때 혹은 태양의 정반대편에서 지구와 나란히 있을 때 화성에 가는 게 가장 효율적이다. 한쪽 끝은 지구이고 다른 쪽 끝은 화성인, 지구 궤도의 곡면을 따르는 타원을 따라 이동하는 일이 가장 쉬운 까닭이다.

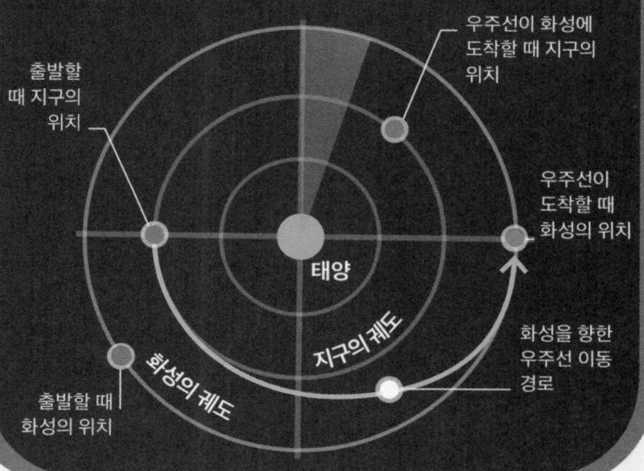

우주선이 화성에 도착할 때 지구의 위치
출발할 때 지구의 위치
우주선이 도착할 때 화성의 위치
태양
지구의 궤도
화성의 궤도
화성을 향한 우주선 이동 경로
출발할 때 화성의 위치

지구의 궤도를 떠나다
실패한 경로

1 지구를 떠나는 데 실패하다

초기 속도가 충분하지 않아 우주선이 궤도로 진입하는 데 실패했다. 지구의 중력을 벗어나지 못하고 다시 지구로 떨어진다.

보이저 2호는 해왕성 중력을 이용해 속도를 줄이고 해왕성의 달인 트리톤의 사진을 찍었다

3 지구의 궤도를 떠나다

이륙할 때 적당한 속도를 가져 지구의 중력이 잡아당기는 힘을 벗어난 우주선은 달에 접근하도록 경로를 조절할 수 있게 되었다.

2 지구의 궤도에 접어들다

지구의 궤도에 접어들 만큼의 속도로 발사되었다. 지구의 중력과 균형을 맞춰 지구 궤도를 회전한다.

새총 효과

우주를 여행하는 우주선은 방향을 바꾸기 위해 행성의 궤도를 이용함으로써 시간과 연료를 절약할 수 있다. 행성의 중력은 우주선을 잡아당긴다. 우주선이 행성 표면에 근접했을 때 속도가 훨씬 더 빨라진다. 이런 식의 전략을 새총 효과 혹은 중력 도움이라고 한다.

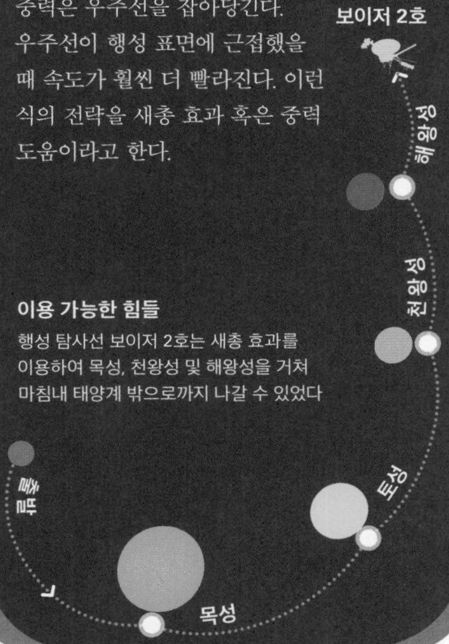

이용 가능한 힘들

행성 탐사선 보이저 2호는 새총 효과를 이용하여 목성, 천왕성 및 해왕성을 거쳐 마침내 태양계 밖으로까지 나갈 수 있었다

주차 장소

5개의 라그랑주 점(L1~L5)은 커다란 두 천체의 중력에 편승해 두 천체 사이에서 안정된 위치를 유지할 수 있는 장소이다. 예를 들어 L1에 있는 물체는 지구와 태양이 끄는 힘이 동일한 곳이다. 여기에 위성이 안착하기 좋다.

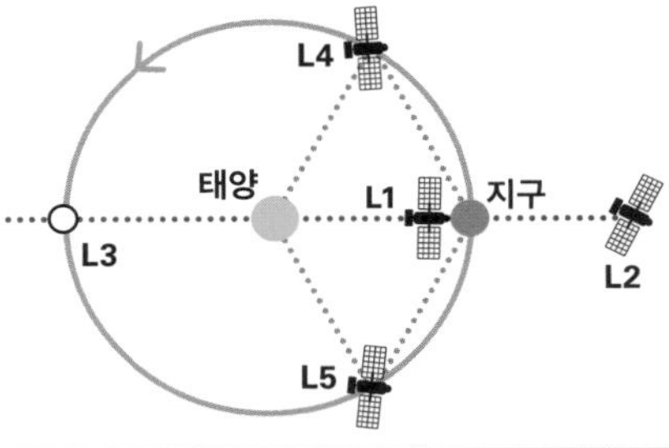

우주에서 살기

우주는 매우 적대적이고 기이한 환경이다. 복사선 보호 장치인 대기권이 없이 진공 속을 여행하는 우주 비행사는 자유 낙하의 무중력 상태와도 싸워야 한다. 시간의 일정한 흐름도 어찌 될지 장담할 수 없는 곳이다.

불

따뜻한 공기가 위로 솟지 않기 때문에 타는 불은 둥그런 모양이다. 불이 나면 우주 비행사는 빨리 환기하고 소화기를 써서 불을 꺼야 한다.

무중력의 세계

우주선 안에서는 비행사를 포함한 모든 물체가 일정한 자유 낙하 상태에 있다. 지구로 떨어지는 궤도나 태양 주위로 떨어지는 커다란 궤도를 도는 것이다. 무중력 상태라곤 하지만 우리 신체는 상당한 스트레스를 받는다.(218~219쪽 참조) 물질들도 매우 다르게 움직인다. 예를 들어 물은 흐르지 않고 따뜻한 공기도 위로 솟지 않는다. 따라서 우주선에서 비행사들이 안전하고 건강하게 지내기 위해서는 매우 세심하게 준비해야 할 뿐 아니라 그러한 환경과 물체의 행동 방식에 적응해야만 한다.

약한 중력

비행사들은 가볍게 표면을 밀면서 스스로 움직인다. 국제 우주 정거장에는 우주 비행사들이 쉴 수 있도록 발판과 밧줄이 있는 휴식 공간이 있다.

우주 안에서의 삶

우주선 안에서 매일매일의 삶을 영위하는 일은 복잡하다. 우주 비행사들은 지구에서와 마찬가지로 일상적인 일을 수행하면서 육체적으로나 정신적으로 적응해야 한다.

우주 화장실

우주 공간에서 화장실은 흡입 컵을 사용하고 오줌은 음료수로 재활용한다. 똥은 버리지 않고 보관한다. 우주 쓰레기가 되지 않게 하기 위함이다.

쌍둥이 역설

쌍둥이 중 하나가 지구를 떠나 강한 중력장의 영향 아래 빛에 가까운 속도로 여행한 뒤 집으로 돌아와 자신의 쌍둥이 형제가 더 빨리 늙었다는 사실을 발견한다. 특수 상대성 이론(140~141쪽 참조)은 우주 여행자가 경험한 시간이 지구의 형제에 비해 더디게 흘렀다는 사실을 설명한다.

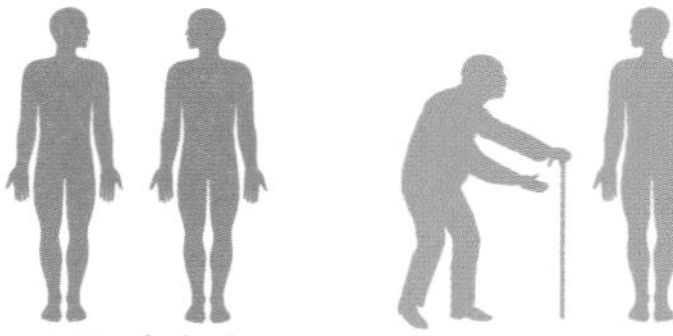

우주 여행 전

우주 여행 후

수면

중력이 없기 때문에 드러눕는 일은 없다. 우주 비행사는 슬리핑 백 속에 들어가 팔을 고정시킨다. 머리도 잘 고정해서 목의 긴장을 줄인다.

움직이지 않는 공기

따로 환기하지 않으면 공기는 순환하지 않는다. 이산화 탄소가 머리 주변을 맴돌고 따뜻한 공기가 신체 주변에 머물러 있다는 뜻이다. 땀도 증발하지 않는다.

물

우주에서 물은 흐르지 않지만 표면 장력 때문에 공처럼 응축된다. 건식 목욕을 해야 하고 세수할 때도 적신 면을 사용한다. 빨대를 이용해 물을 마시거나 특별히 제작된 컵을 쓴다.

우주에서 우리는 얼마나 오래 살 수 있을까?

아직도 최대 한계는 모른다. 기록에 따르면 러시아 우주 비행사 발레리 폴야코프는 1994~1995년 미르 우주 정거장에서 437일을 살았다.

음식물

탈수된 음식물에 물을 넣어 먹는다. 접시나 식사 도구 등은 랩으로 고정한다. 음식물은 표면 장력 때문에 접시에 달라붙어 떠다니지 않는다.

우주에 사는 동안 비행사의 **키**는 3퍼센트까지 자랄 수 있다

우주 복사선

복사선은 대전된 입자 혹은 전자기파 형태로 우주를 여행한다. 지구에서 우리는 대부분 이 복사선으로부터 보호를 받지만 지구 저궤도 너머를 돌고 있는 우주 비행사들에게 복사선은 커다란 위험이 될 수 있다. 복사선은 이온을 만들거나 없앨 수 있다. 이온화 복사선은 원자로부터 전자를 빼앗아 세포를 죽게 하거나 재생 능력을 잃게 하거나 돌연변이를 유발하기도 한다.

지구에 붙들린 복사선

대전된 입자에 의해 생성되는 이온화 형태의 복사선은 지구 자기장에 의해 차폐된다. 지구의 저궤도 위에 포획된 복사선이 있는 장소를 반 알렌 복사대(Van Allen radiation belt)라고 부른다.

태양 입자 복사선

이온화 복사선은 태양 표면에서 나오는 에너지가 풍부한 입자에서 비롯되었다. 우주 비행사의 옷과 장비가 이 복사선을 차단할 수 있게 설계되었다.

자외선 복사

자외선 복사는 이온화 능력이 없다. 원자에 에너지를 주기는 하지만 전자를 앗아가지는 못한다. 우주선 밖에서 마스크를 쓰거나 불투명한 옷을 입으면 자외선을 쉽게 차단할 수 있다.

은하 우주 복사선

이온화 능력이 있는 이 복사선은 초신성에서 오는 고에너지 우주선 혹은 중성자별에서 유래한 전자기파 혹은 고에너지 엑스선에서 비롯된다. 두꺼운 차폐 장치가 필요하다.

우주 여행

우주 여행은 인간의 신체와 정신에 커다란 충격을 준다. 우주 비행사들은 우주 공간에서 겪는 다양한 물리적 불편함과 건강의 위험성을 견딘다. 새로운 행성을 여행하기 위해서는 철저한 준비를 통해 위험을 최소화할 수 있는 다양한 수단을 마련해야 한다.

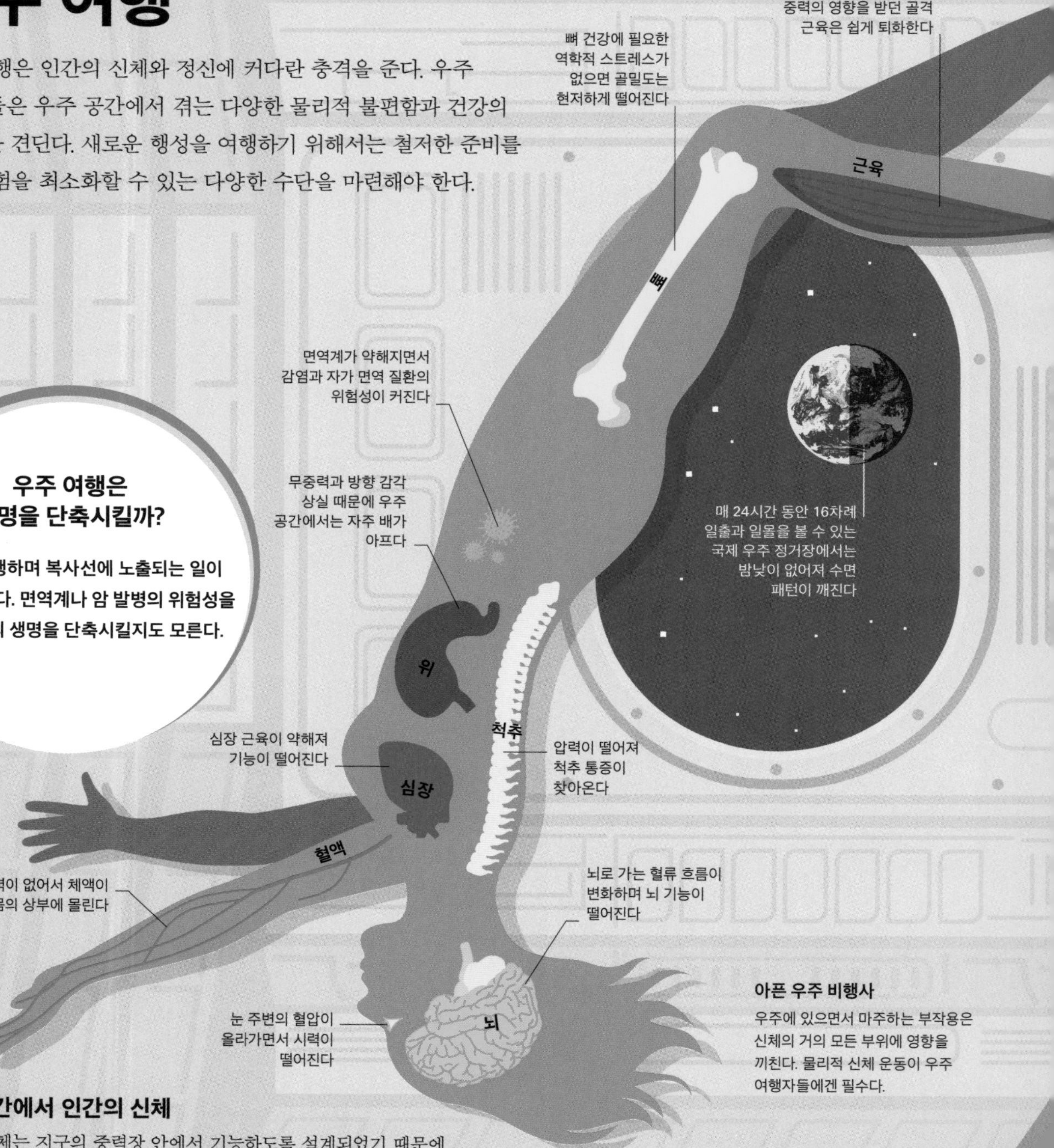

운동하지 않으면 일상적인 중력의 영향을 받던 골격 근육은 쉽게 퇴화한다
뼈 건강에 필요한 역학적 스트레스가 없으면 골밀도는 현저하게 떨어진다
근육
뼈
면역계가 약해지면서 감염과 자가 면역 질환의 위험성이 커진다
무중력과 방향 감각 상실 때문에 우주 공간에서는 자주 배가 아프다
매 24시간 동안 16차례 일출과 일몰을 볼 수 있는 국제 우주 정거장에서는 밤낮이 없어져 수면 패턴이 깨진다
위
척추
압력이 떨어져 척추 통증이 찾아온다
심장 근육이 약해져 기능이 떨어진다
심장
혈액
중력이 없어서 체액이 몸의 상부에 몰린다
뇌로 가는 혈류 흐름이 변화하며 뇌 기능이 떨어진다
눈 주변의 혈압이 올라가면서 시력이 떨어진다
뇌

우주 여행은 수명을 단축시킬까?

우주를 여행하며 복사선에 노출되는 일이 가장 위험하다. 면역계나 암 발병의 위험성을 높여 인간의 생명을 단축시킬지도 모른다.

아픈 우주 비행사

우주에 있으면서 마주하는 부작용은 신체의 거의 모든 부위에 영향을 끼친다. 물리적 신체 운동이 우주 여행자들에겐 필수다.

우주 공간에서 인간의 신체

인간의 신체는 지구의 중력장 안에서 기능하도록 설계되었기 때문에 무중력 상태는 우리 몸에 커다란 영향을 끼친다. 물리적인 스트레스가 사라지고 운동이 부족해지면 뼈가 빠르게 소실되고 근육 양이 줄어 심장의 능력이 떨어진다. 중력이 없으면 체액은 신체의 위쪽에 머물며 눈에 문제를 일으키고 혈압에도 영향을 끼친다.

부정적 효과의 최소화

골밀도와 근육의 양을 유지하기 위한 운동은 절대적으로 필요하다. 우주 비행사는 우주선 안에서 최소한 하루 2시간 이상 운동한다. 탄력성 있는 밴드로 몸을 묶은 채 사이클링 혹은 러닝을 해 심장 혈관의 능력을 유지한다. 우주 비행사는 주로 하체 운동을 한다. 중력이 떨어진 상태에서 하체가 더욱 빨리 손상되기 때문이다.

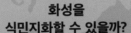

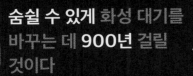

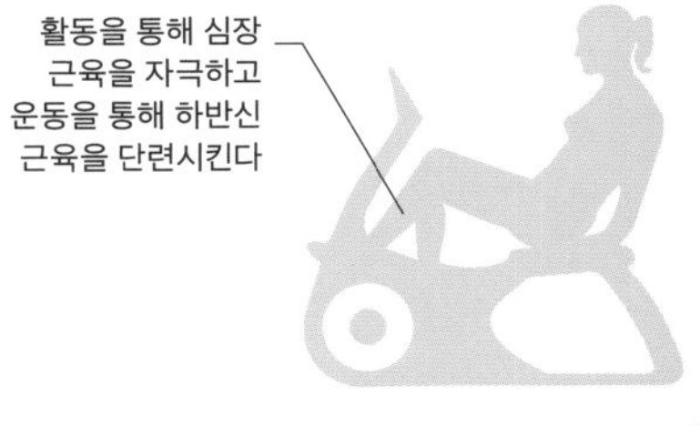
활동을 통해 심장 근육을 자극하고 운동을 통해 하반신 근육을 단련시킨다

화성을 식민지화할 수 있을까?

화성은 가시거리 안에 있다. 달에 갈 때 쓰던 기술로 비교적 작은 우주선을 타고 화성에 도달할 수 있다. 화성이 완전히 자족적인 장소가 되는 데에 그렇게 긴 시간이 필요할 것 같지 않다. 초기 개척자들은 큰 규모로 땅을 일구어 살 수 있을 것이다. 나중에는 공산품을 만들어 지구와 교역할 수 있을지도 모른다.

물을 캐내야 한다

화성에 물은 많지만 얼음 상태로 땅속에 묻혀 있다. 화성의 물은 땅에 열을 가해 추출할 수 있지만 땅 아래 이미 식염수나 지열에 의해 가열된 물이 있을 가능성이 크다.

식물 키우기

화성의 흙은 꽤 비옥하다. 반구형 덮개가 있는 공간에서 물과 이산화 탄소를 공급하면서 식물을 재배할 수 있을 것이다. 식물은 산소를 만들고 먹을 수 없는 부위는 비료로 사용할 수 있다.

벽돌 쌓기

우주선에 싣고 지구에서 가져간 금속과 플라스틱 부속으로 최초의 건물을 지을 수 있을 것이다. 그 뒤에는 벽돌과 회반죽에 적합한 화성의 토양으로 건물을 올리면 된다.

화성의 생태계 조성

화성은 춥고 건조하지만 생명체가 살기에 필요한 원소가 있다. 처음에는 화성 대기 중 이산화 탄소의 양을 늘려 온실 효과에 의한 온도 상승을 꾀해야 한다.

도착하다

가장 짧은 길로 화성에 가는 데 180일이 걸린다. 승무원들은 돌아오는 여정을 위한 발사 가능 시간대가 준비될 때까지 화성에서 1년 반을 머물 것이다. 우주선은 물이 있는 땅 근처에 착륙할 것이다.

길을 트다

무인 우주선을 화성에 보내 핵 반응기를 설치하고 화성 대기의 이산화 탄소를 지구에서 싣고 간 수소와 반응시켜 메테인 연료를 만들 수 있다. 반응 부산물인 물은 저장하거나 쪼개서 물과 산소를 만들 수도 있다.

숨쉴 수 있게 화성 대기를 바꾸는 데 **900년** 걸릴 것이다

지구

지구의 안쪽

지구는 태양 주위를 가깝게 돌고 있는 4개의 작은 바위 행성 중 하나이다. 중력에 의해 생성된 지구는 타는 듯이 뜨거운 내부와 차가운 암석 지각, 넓디넓은 바다의 물 그리고 공기로 이루어진 대기권 등 다양한 층위를 가지는 역동적인 세계이다.

어떻게 뜨거운 암석이 고체 상태를 유지할 수 있는가?

지구 안쪽의 암석은 화산이 폭발할 때 흘러나오는 용암보다 훨씬 뜨겁다. 하지만 압력이 높기 때문에 대부분 고체 상태로 존재한다. 압력이 줄어들면 암석은 녹아 버릴 것이다.

지구는 어떻게 만들어졌나?

46억 년 전 태양이 만들어졌을 당시 태양 주위에는 판 모양의 바위 혹은 얼음 덩어리가 구름처럼 돌고 있었다. 중력에 의해 이들이 서로 끌어당기면서 조각들이 한데 뭉쳐(유입, accretion) 거대한 질량 덩어리를 만들었다. 이것들이 자라 궁극적으로 지구와 나머지 행성으로 이루어진 태양계가 되었다. 이 과정에서 생성된 강한 열이 지구의 층 구조를 만들었다.

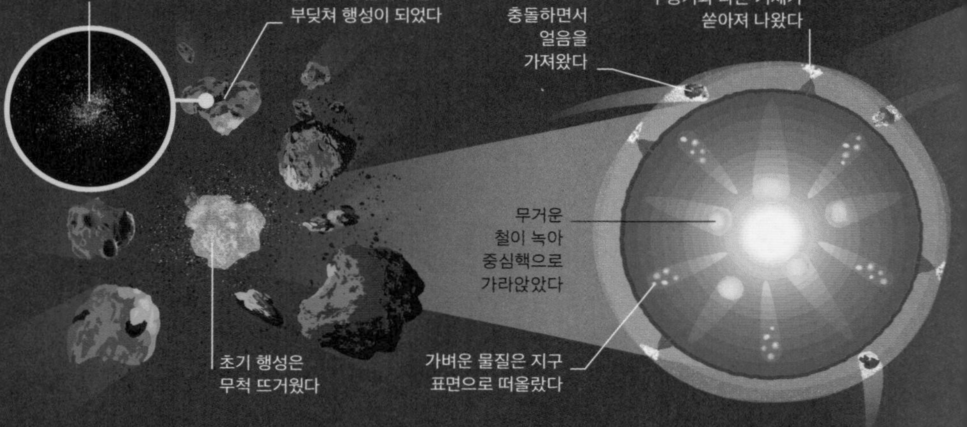

조각 암석들이 커다란 물체 주변으로 유입되다
달 크기의 물체가 함께 부딪쳐 행성이 되었다
혜성이 충돌하면서 얼음을 가져왔다
거대 화산이 폭발하면서 수증기와 다른 기체가 쏟아져 나왔다
무거운 철이 녹아 중심핵으로 가라앉았다
초기 행성은 무척 뜨거웠다
가벼운 물질은 지구 표면으로 떠올랐다

1 행성의 성장

모든 물체는 중력을 가지고 다른 물체를 끌어당긴다. 지구를 만들었던 커다란 물체도 이런 힘에 의해 충돌했다. 열로 전환된 이 충돌 에너지가 그 물체를 녹여 용접하듯 붙였다.

2 녹아내리며 층을 이루었다

물체가 유입되며 지구가 커졌고 충격 에너지가 열로 전환되면서 전체 행성을 녹여 버렸다. 가장 무거운 물체는 중앙으로 가라앉아 금속 중심핵이 되었다. 그 주위를 가벼운 암석층이 둘러싸고 있다.

바다와 대륙

바다 아래 지각(해양 지각)은 맨틀을 구성하는 암석보다 더 밀도가 높고 철이 풍부한 현무암(basalt)과 반려암(gabbro)로 구성된다. 하지만 시간이 흐르면서 화산 활동과 지질학적 과정을 통해 두껍고 규소가 풍부한 화강암(granite) 암석이 대륙을 형성한다. 이렇게 두꺼운 대륙 지각은 맨틀 바위보다 훨씬 가벼워서 극지방 바다에 빙산이 떠 있는 것과 비슷하게 솟아 있다. 그래서 대륙이 해양 침상보다 높이 솟아올라 있는 것이다.

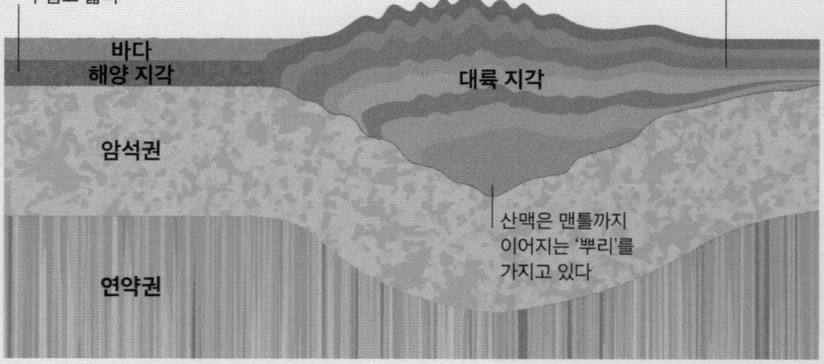

해양 지각은 대륙 지각보다 무겁고 얇다
대륙 지각은 해양 지각보다 가볍고 두껍다
바다
해양 지각
대륙 지각
암석권
산맥은 맨틀까지 이어지는 '뿌리'를 가지고 있다
연약권

3 오늘날의 지구

초기의 '녹아내림'이 끝난 후 층을 이룬 지구는 식어서 바다에 액체 상태의 물을 저장할 수 있게 되었다. 대부분의 암석은 고형화되었지만 중심핵의 바깥쪽은 아직도 녹아 있다.

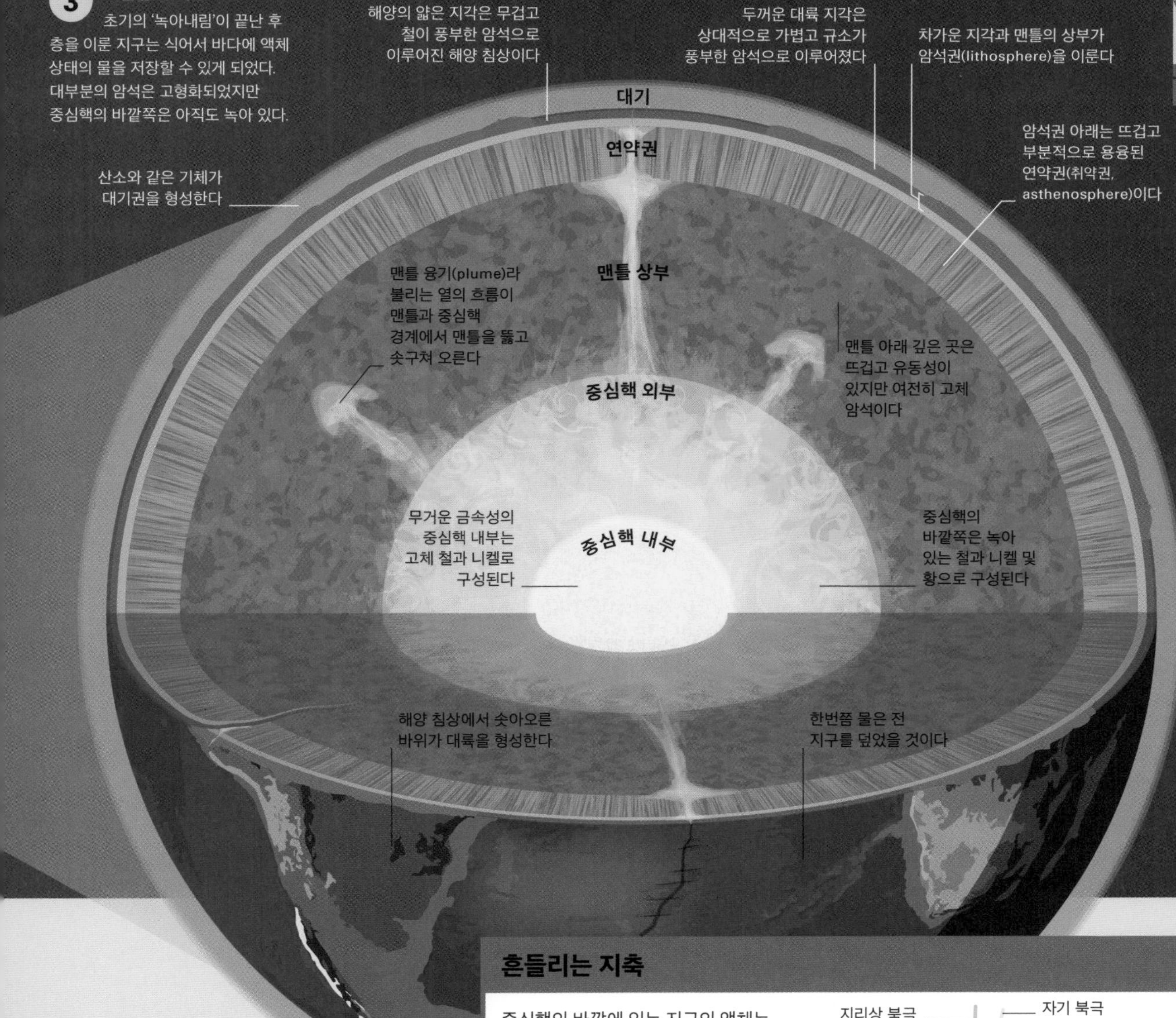
해양의 얇은 지각은 무겁고 철이 풍부한 암석으로 이루어진 해양 침상이다
두꺼운 대륙 지각은 상대적으로 가볍고 규소가 풍부한 암석으로 이루어졌다
차가운 지각과 맨틀의 상부가 암석권(lithosphere)을 이룬다
대기
연약권
암석권 아래는 뜨겁고 부분적으로 용융된 연약권(취약권, asthenosphere)이다
산소와 같은 기체가 대기권을 형성한다
맨틀 상부
맨틀 융기(plume)라 불리는 열의 흐름이 맨틀과 중심핵 경계에서 맨틀을 뚫고 솟구쳐 오른다
맨틀 아래 깊은 곳은 뜨겁고 유동성이 있지만 여전히 고체 암석이다
중심핵 외부
무거운 금속성의 중심핵 내부는 고체 철과 니켈로 구성된다
중심핵 내부
중심핵의 바깥쪽은 녹아 있는 철과 니켈 및 황으로 구성된다
해양 침상에서 솟아오른 바위가 대륙을 형성한다
한번쯤 물은 전 지구를 덮었을 것이다

5,500도

지구 중심핵 내부 온도로 태양 표면 온도와 비슷하다

흔들리는 지축

중심핵의 바깥에 있는 지구의 액체는 열 흐름과 지구 자전에 의해 계속 움직인다. 그에 따라 형성된 전류에 의해 행성 주변의 자기장이 만들어진다. 자기장은 지축과 약간 어긋나게 형성되기 때문에 자기장의 북극이 진짜 북에 가깝다. 하지만 매년 50킬로미터(30마일) 정도씩 그 위치가 움직인다.

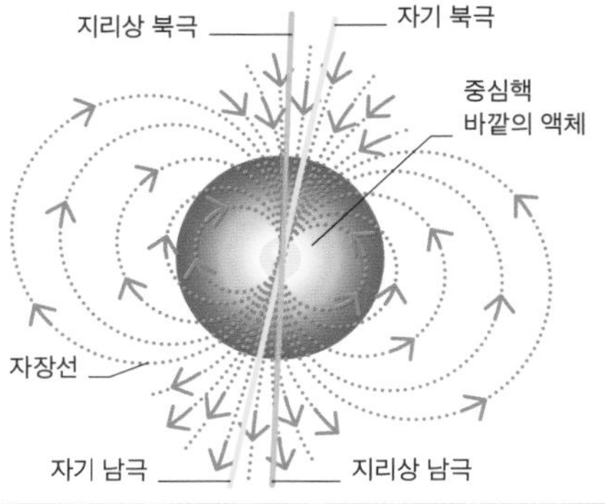
지리상 북극
자기 북극
중심핵 바깥의 액체
자장선
자기 남극
지리상 남극

판 구조론

지구의 암석권은 판(tectonic plate)이라 불리는 여러 부위로 나눠져 있다. 지구 중심핵에서 올라오는 열 때문에 이들 판은 끊임없이 움직이고 서로 멀어지거나 서로를 끌어당기며 대륙을 움직이고 산맥을 형성하며 화산을 만들어 낸다.

판은 얼마나 빨리 움직이는가?

평균적으로 판은 우리 손톱이 자라는 속도로 움직인다. 빠르게 확장하는 열구인 동태평양 해령(海嶺)은 1년에 16센티미터(6.5인치)를 움직인다.

해구, 열구, 산맥

행성의 깊은 곳에 있는 방사능 물질이 열을 만든다.(36~37쪽 참조) 이것은 지구 핵을 탈출하려는 열과 함께 매우 느린 대류 기류(convection current)를 만들어 낸다. 이런 움직임은 어떤 장소로부터 판을 당겨 멀어지게 하면서 기다란 열곡(rift)을 만든다. 판을 서로 끌어 당겨서 섭입(subduction) 지역을 만드는 움직임도 있다. 여기서는 한쪽 판의 끝이 맨틀 안으로 가라앉는다. 대부분의 열곡과 섭입은 해양 침상에서 일어난다. 판의 움직임에 따라 일부 대양은 확장하지만 움츠러드는 바다도 있고 대륙이 충돌하기도 한다.

대서양 중앙 해령 길이는 1만 6000킬로미터이다

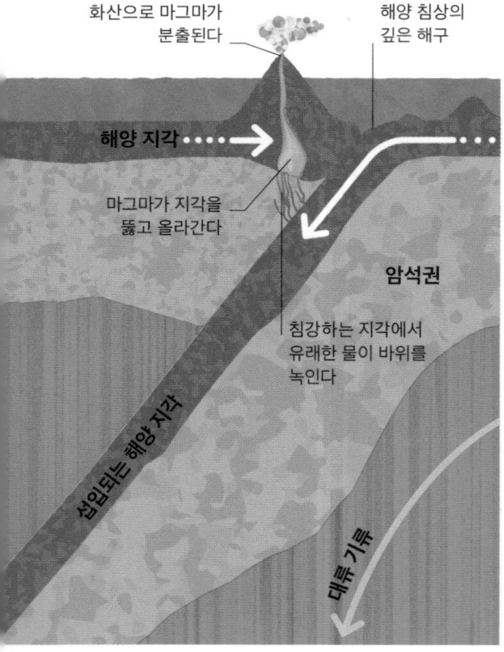

해양 섭입 지역

해양 지각을 끌고 오는 판들이 만나면 무거운 판이 다른 판 아래로 들어가면서 맨틀로 녹아든다. 태평양 마리아나 해구처럼 깊은 해구가 바다 아래에서 형성된다.

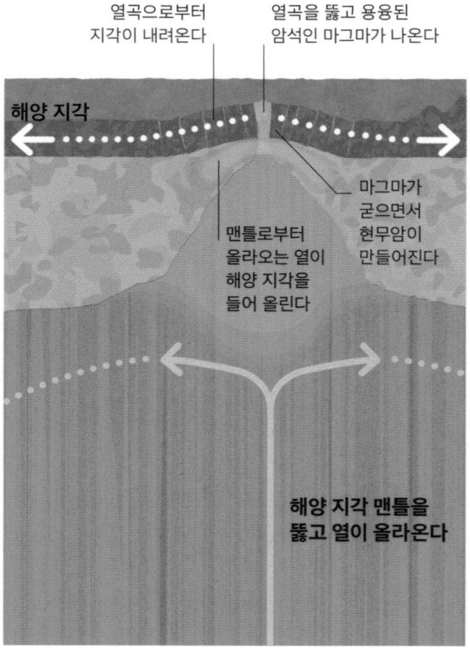

바다 중앙 해령

두 판이 서로 멀어지고 있는 해양 바닥에 기다란 열곡이 형성된다. 그에 따라 아래쪽에 가해지는 압력이 줄면서 뜨거운 바위가 녹아 위로 솟아올라 새로운 해양 지각을 형성한다. 대서양의 중앙 해령이 그 예이다.

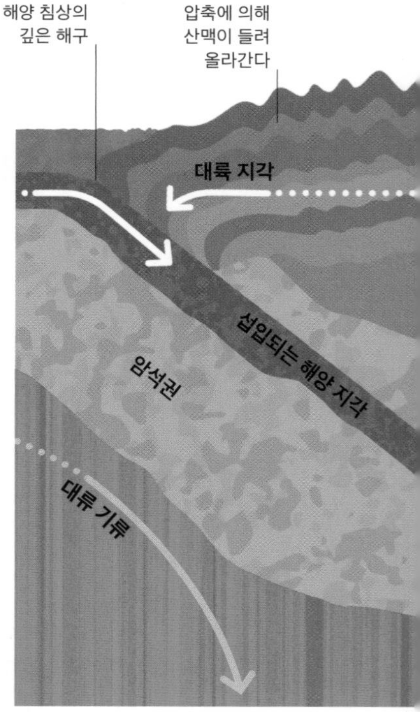

해양 지각 섭입

해양 지각과 대륙 지각을 운반하는 판이 서로를 향해 움직이면 더 무거운 해양 지각이 아래로 끌려 내려간다. 대륙 지각은 압축되어 안데스와 같은 산맥이 된다.

움직이는 대륙

움직이는 지각 판으로부터 만들어졌기에 대륙은 판이 움직이는 대로 하릴없이 떠돌 수밖에 없다. 대륙이 갈라졌다가 다시 다른 방식으로 합쳐진다는 뜻이다. 과거의 한 시점에는 초대륙인 판게아(Pangaea)가 존재했다. 3억 년 전에 생긴 초대륙은 약 1억 3000만 년이 지난 다음 나뉘어졌다. 대륙은 계속 움직이고 다시 형성될 것이다.

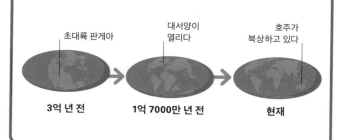

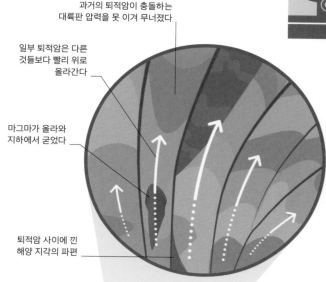

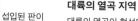

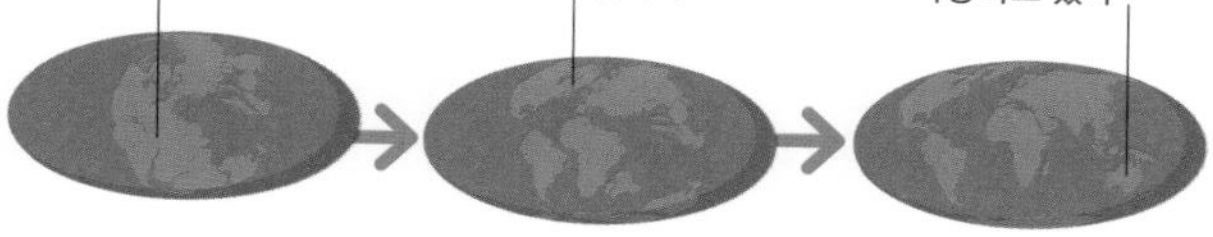
초대륙 판게아
대서양이
열리다
호주가
북상하고 있다
3억 년 전
1억 7000만 년 전
현재

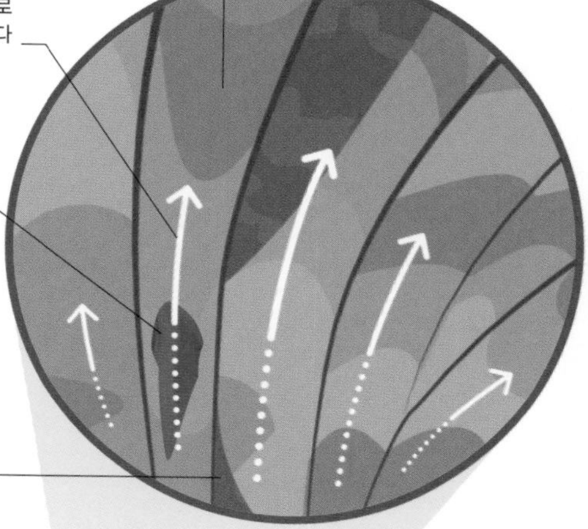
과거의 퇴적암이 충돌하는
대륙판 압력을 못 이겨 무너졌다
일부 퇴적암은 다른
것들보다 빨리 위로
올라간다
마그마가 올라와
지하에서 굳었다
퇴적암 사이에 낀
해양 지각의 파편

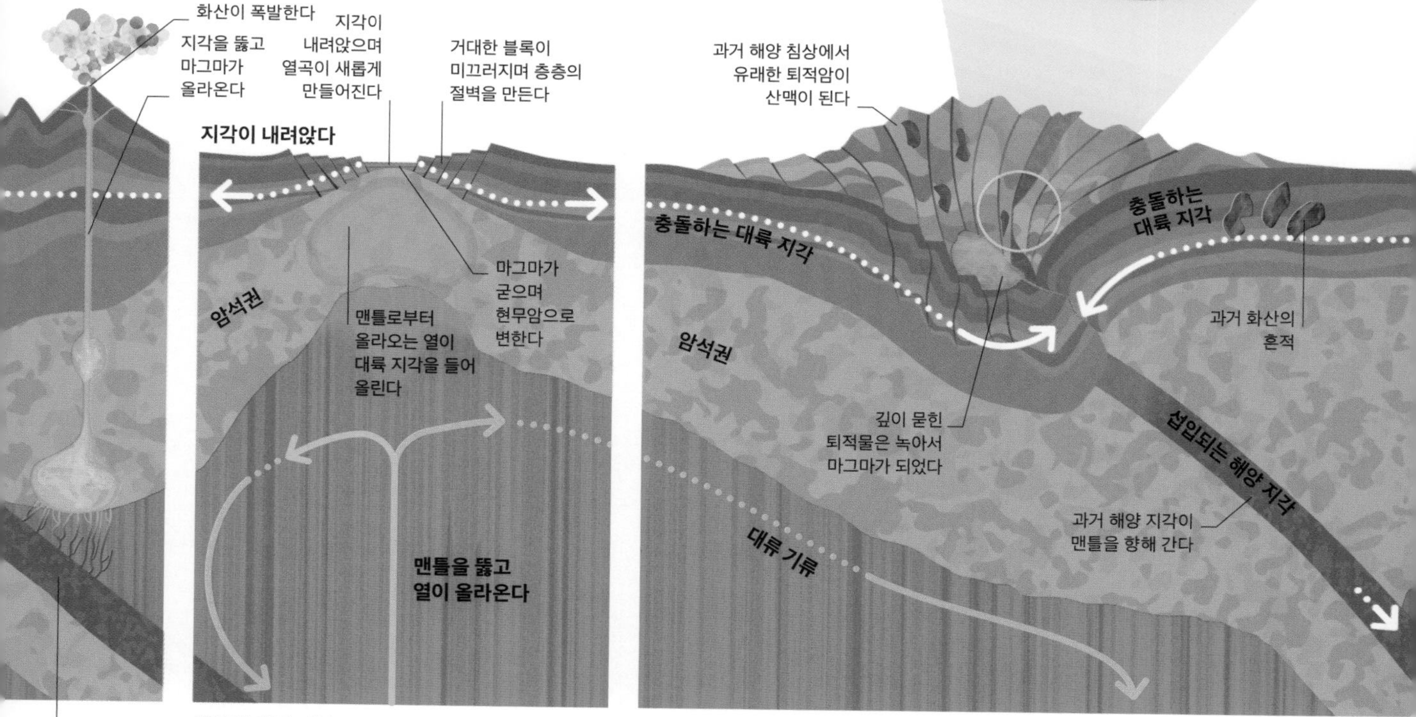
화산이 폭발한다
지각을 뚫고
마그마가
올라온다
지각이
내려앉으며
열곡이 새롭게
만들어진다
거대한 블록이
미끄러지며 층층의
절벽을 만든다
지각이 내려앉다
암석권
맨틀로부터
올라오는 열이
대륙 지각을 들어
올린다
마그마가
굳으며
현무암으로
변한다
맨틀을 뚫고
열이 올라온다
과거 해양 침상에서
유래한 퇴적암이
산맥이 된다
충돌하는 대륙 지각
충돌하는
대륙 지각
과거 화산의
흔적
암석권
깊이 묻힌
퇴적물은 녹아서
마그마가 되었다
섭입되는 해양 지각
과거 해양 지각이
맨틀을 향해 간다
대류 기류
섭입된 판이
녹는다

대륙의 열곡 지역

대륙의 열곡이 형성되는 지질학적 과정은 해령의 형성 과정과 같다. 지각 암석판이 내려앉아 경사 깊은 절벽이 양쪽에 늘어선 긴 열곡이 생긴다. 동아프리카 지구대(Lift Valley)가 그 예이다.

충돌 지역

해양과 대륙의 지각 섭입이 두 지각의 암석판을 끌어당기면 고대의 바다 혹은 화산이 압착되어 사라지고 해양 침상 퇴적물이 압축되고 구부러져 산맥이 된다. 히말라야 산맥은 바로 이 경계에서 만들어졌다.

지진

지각 판은 끊임없이 움직인다. 판의 가장자리는 서로 맞물려 있는데 변형력이 판을 서로 떼어놓을 수 있을 만큼 충분히 축적되면 충격파가 생기면서 지진이 일어난다.

지진은 무엇인가?

판이 서로 밀치거나 엇갈려 지나갈 때 단층 주변에 압력이 고조된다. 두 판의 경계면에서 암반이 자리를 내주고 긴장이 풀릴 때까지 뒤틀림이 계속된다. 이런 일이 자주 벌어지면 원래대로 되돌아가려는 힘은 줄어들고 판의 흔들림도 미약해진다. 하지만 단층이 맞물린 채 1세기를 더 머물면 암반은 1초에 수 미터를 움직이면서 파괴적인 지진을 일으킬 수 있다.

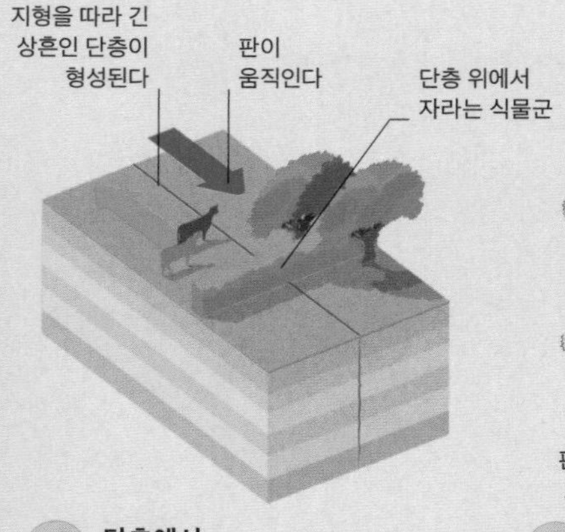
지형을 따라 긴 상흔인 단층이 형성된다
판이 움직인다
단층 위에서 자라는 식물군

1 단층에서

변형 단층(transformation fault)은 서로 엇갈려 미끄러지는 두 판의 경계를 말한다. 각 판은 1년에 약 2.5센티미터(1인치)씩 움직인다.

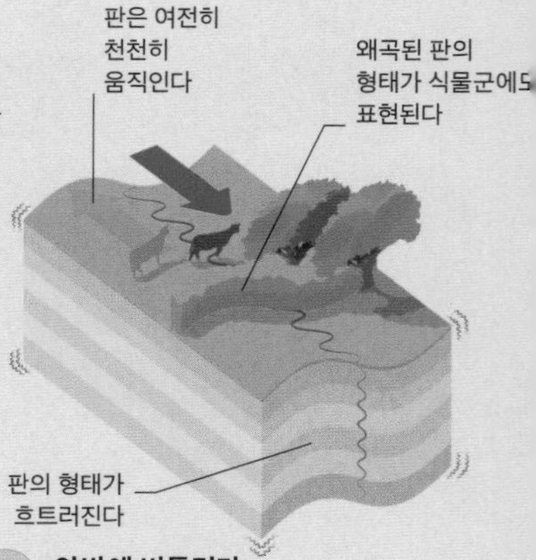
판은 여전히 천천히 움직인다
왜곡된 판의 형태가 식물군에도 표현된다
판의 형태가 흐트러진다

2 암반에 비틀린다

수십 년 뒤에도 판은 서로 엇갈려 이동하지만 단층은 서로 맞물려 고정되어 있다. 따라서 판이 뒤틀리면서 변형력이 커진다.

가장 강력한 지진으로 기록된 것은 무엇인가?

지금까지 기록된 가장 강력한 지진은 1960년 5월 22일 칠레에서 일어났다. 리히터 지진계로 9.5를 기록한 이 지진의 여파로 생긴 쓰나미는 하와이와 일본을 거쳐 필리핀에 도착했다.

쓰나미의 시작

해양 침상에서 지각 판 하나가 다른 판 아래로 말려 들어가면 위에 놓인 판이 변형되면서 그 끝이 아래로 끌어당겨진다. 암반이 자리를 내 주면 변형된 판이 갑자기 위로 솟구치며 커다란 파도를 밀어내고 이 파도가 대양으로 물밀듯 밀려 나간다. 바다에서 그 파도는 길고도 낮지만, 수면이 얕은 연안에 도착하면 말리면서 파괴적인 쓰나미로 변한다.

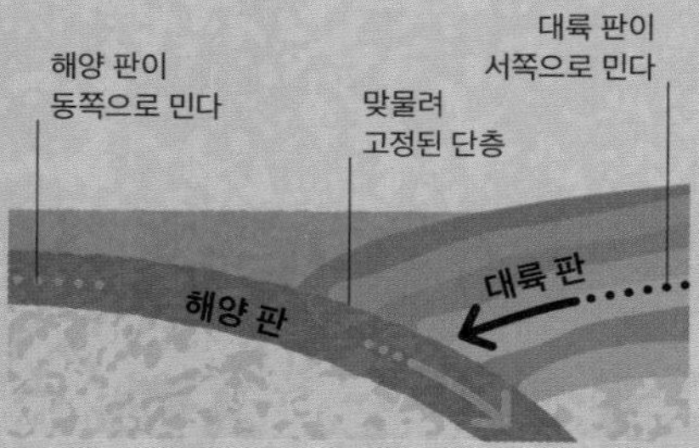
해양 판이 동쪽으로 민다
맞물려 고정된 단층
대륙 판이 서쪽으로 민다
해양 판
대륙 판

1 단층이 맞물려 있다

깊은 바다의 해구 섭입 지역에서 해양 침상은 대륙 지각 아래로 미끄러져 내려간다. 하지만 두 층 사이의 단층은 맞물려 고정되어 있다.

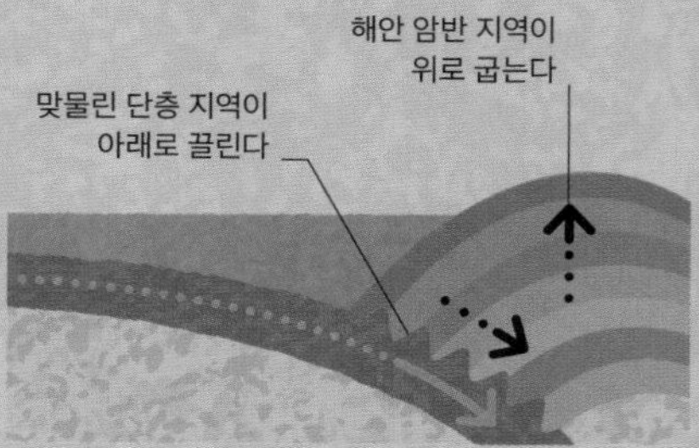
맞물린 단층 지역이 아래로 끌린다
해안 암반 지역이 위로 굽는다

2 판이 뒤틀린다

고정된 단층에 붙잡힌 대륙판의 가장자리가 아래쪽 방향으로 끌린다. 판이 변형되면서 해안 지역은 위로 볼록 솟아오른다.

3 터진 후 복원된다

1세기가 지나면 단층은 밀려나 어긋난다. 불과 몇 분 안에 두 판은 각기 2.5미터(8.25피트)를 움직인다. 이때 생긴 충격파가 진원지(focus)와 진앙(epicenter)으로부터 사방으로 퍼져 나간다.

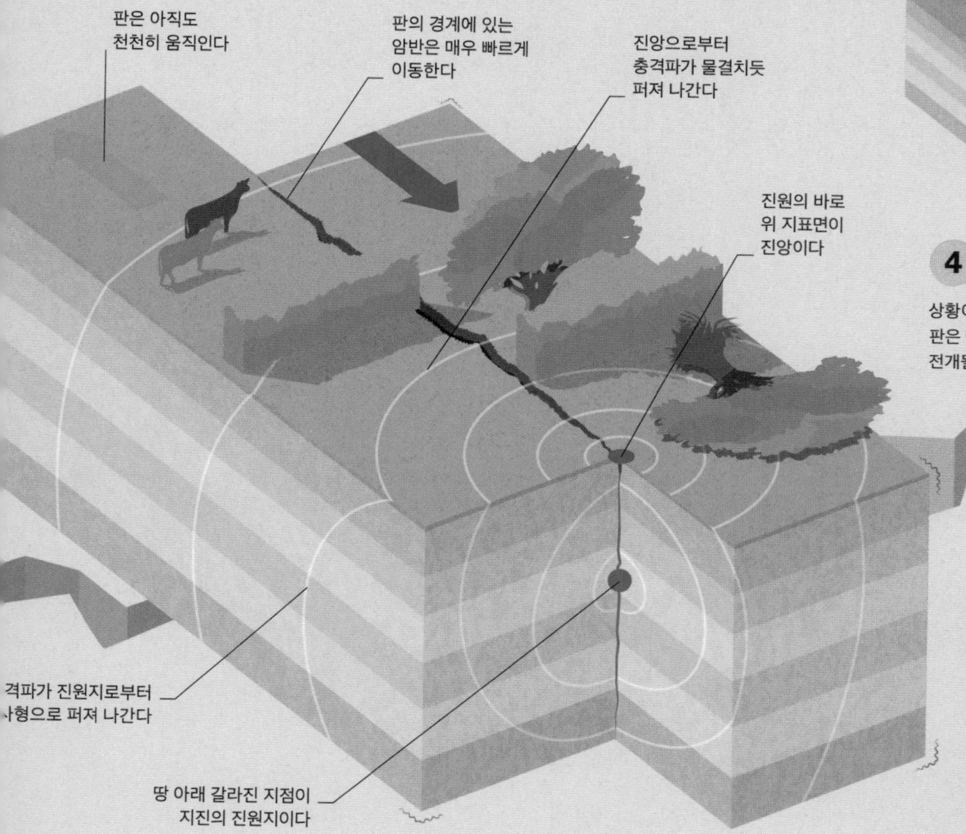
판은 아직도
천천히 움직인다
판의 경계에 있는
암반은 매우 빠르게
이동한다
진앙으로부터
충격파가 물결치듯
퍼져 나간다
진원의 바로
위 지표면이
진앙이다
격파가 진원지로부터
ㅏ형으로 퍼져 나간다
땅 아래 갈라진 지점이
지진의 진원지이다

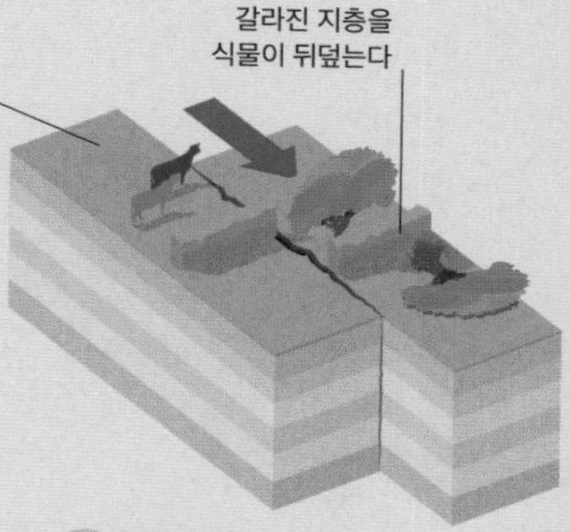
이전처럼 판이 계속해서
움직인다
갈라진 지층을
식물이 뒤덮는다

4 지진 후

주 지진(main earthquake)과 여진이 끝나고 상황이 진정되면 암반의 변형력은 소실된다. 하지만 판은 여전히 움직이기 때문에 앞으로도 동일한 상황이 전개될 수 있다.

50만 건

연간 지진 발생 횟수.

손상이 발생하는 지진은 100건 안팎이다

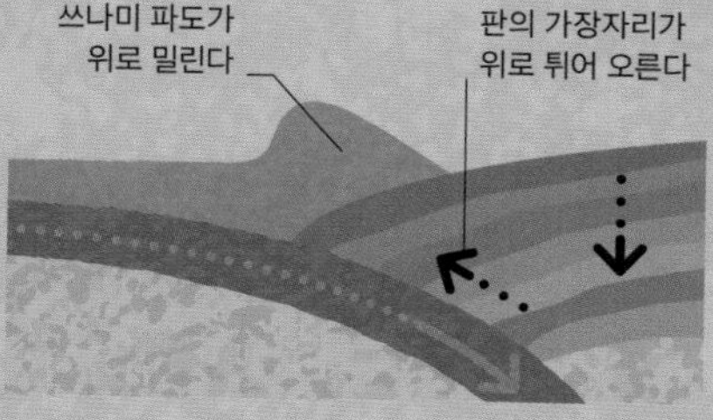
쓰나미 파도가
위로 밀린다
판의 가장자리가
위로 튀어 오른다

3 해제 및 거대한 파도

단층이 부서지면 대륙판이 위로 튀어 오르면서 쓰나미가 시작된다. 이 파도는 판이 편평해지면서 낮아진 해안가로 빠르게 밀려든다.

지진의 측정

파괴적인 지진은 모멘트 규모로 측정된다. 이전에는 리히터 규모가 사용되었지만 강력한 지진에서 방출되는 에너지를 측정하는 데에 보다 정확을 기하기 위해서 바꾼 것이다. 지진 관측기라 불리는 기기를 사용해 얻은 지진계(seismograph)에는 판이 움직인 정도가 기록된다.

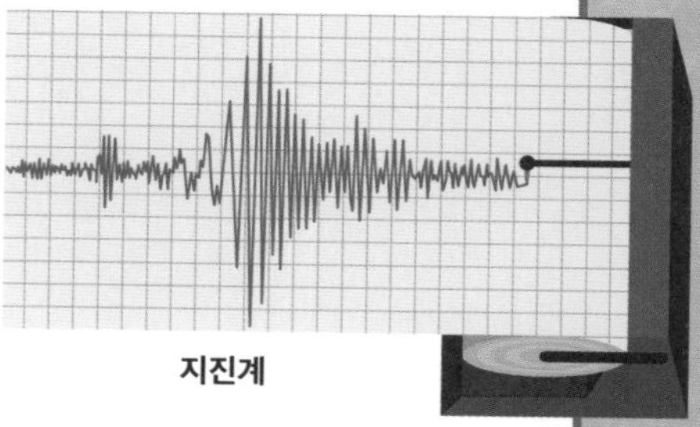

지진계

화산

밥그릇 모양의 화구로 둘러싸인 지구 표면의 화산 분출구를 통해 녹은 바위와 기체가 폭발해 나온다. 화산은 대부분 판이 멀어지거나 밀려 서로 가까워지는 지각 판 경계 주위에서 발생한다.

미세한 유리 혹은 바위 입자의 거대한 구름이 하늘 높이 솟아오른다
구름에서 화산재가 떨어지고 무거운 입자들은 분화구 근처에 머무른다
화산의 측면에서도 가끔 용암이 분출된다

왜 화산이 형성되는가?

3가지 유형의 화산이 있다. 어떤 것은 대륙과 해양판의 경계에 있는 갈라진 틈에서 분출한다. 두 번째 유형의 화산은 판이 다른 판 아래로 미끄러지는 섭입 지역에서 분출하는데, 용암 형태도 다르다. 세 번째 유형의 화산은 맨틀의 약한 열점(hotspot)에서 일어난다. 국지적으로 녹은 바위가 판의 경계가 아니라 지각을 뚫고 나오는 것이다.

어떤 화산이 가장 위험한가?

활동적인 화산보다 좀체 분출하려 하지 않는 화산이 더 위험하다. 내부에 거대한 압력이 쌓이고 있어서 파괴적인 폭발이 일어날 수 있기 때문이다.

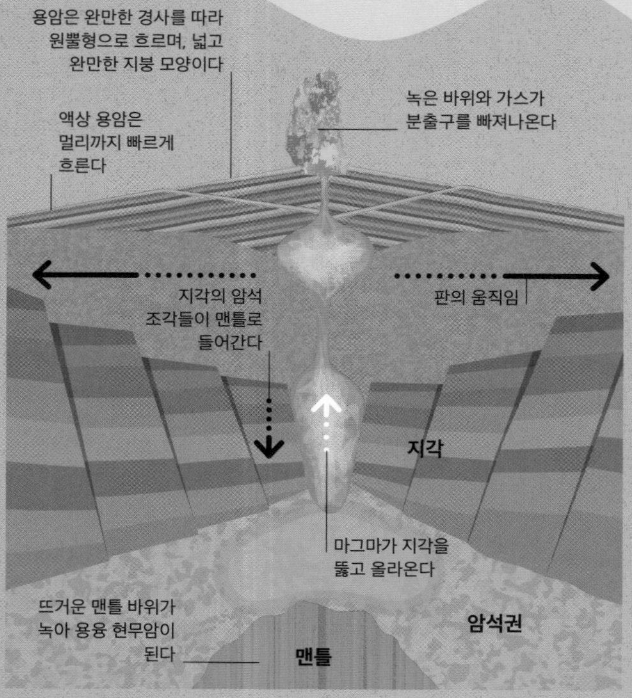
용암은 완만한 경사를 따라 원뿔형으로 흐르며, 넓고 완만한 지붕 모양이다
녹은 바위와 가스가 분출구를 빠져나온다
액상 용암은 멀리까지 빠르게 흐른다
지각의 암석 조각들이 맨틀로 들어간다
판의 움직임
지각
마그마가 지각을 뚫고 올라온다
뜨거운 맨틀 바위가 녹아 용융 현무암이 된다
암석권
맨틀

화산 분화구

판이 멀어져 가는 곳에서는 아래쪽 맨틀의 압력이 쉽게 느슨해지며 뜨거운 바위가 녹는다. 현무암 용암이 분출하고 퍼져 나가 순상 화산(broad shield volcano, 楯狀火山)이 형성된다.

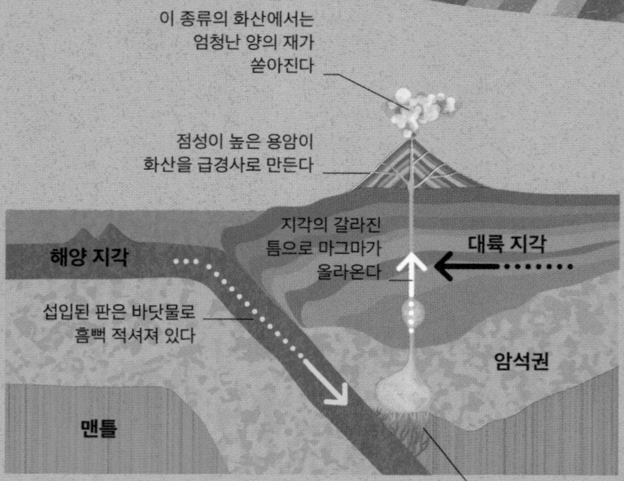
이 종류의 화산에서는 엄청난 양의 재가 쏟아진다
점성이 높은 용암이 화산을 급경사로 만든다
지각의 갈라진 틈으로 마그마가 올라온다
대륙 지각
해양 지각
섭입된 판은 바닷물로 흠뻑 적셔져 있다
암석권
맨틀
틈새로 들어간 끓는 물이 바위를 녹인다

섭입 지역 화산

섭입 지역으로 몰려드는 해양 지각과 함께 들어온 물이 뜨거운 암석의 본성을 변형시켜 녹게 만든다. 이런 화산에서 녹은 바위는 점성이 높고 톱톱한 용암으로 분출된다.

화산의 내부

섭입 지역 화산은 측면의 경사가 심한 원뿔 모양의 성층화산(成層火山, stratovolacno)으로 용암층과 화산재가 풍부하다. 점성이 높은 용암은 가끔 분화구를 막아 폭발적인 분출로 이어지곤 한다. 터져 나오는 바위와 재가 공기로 솟아 화산 경사면으로 떨어진다.

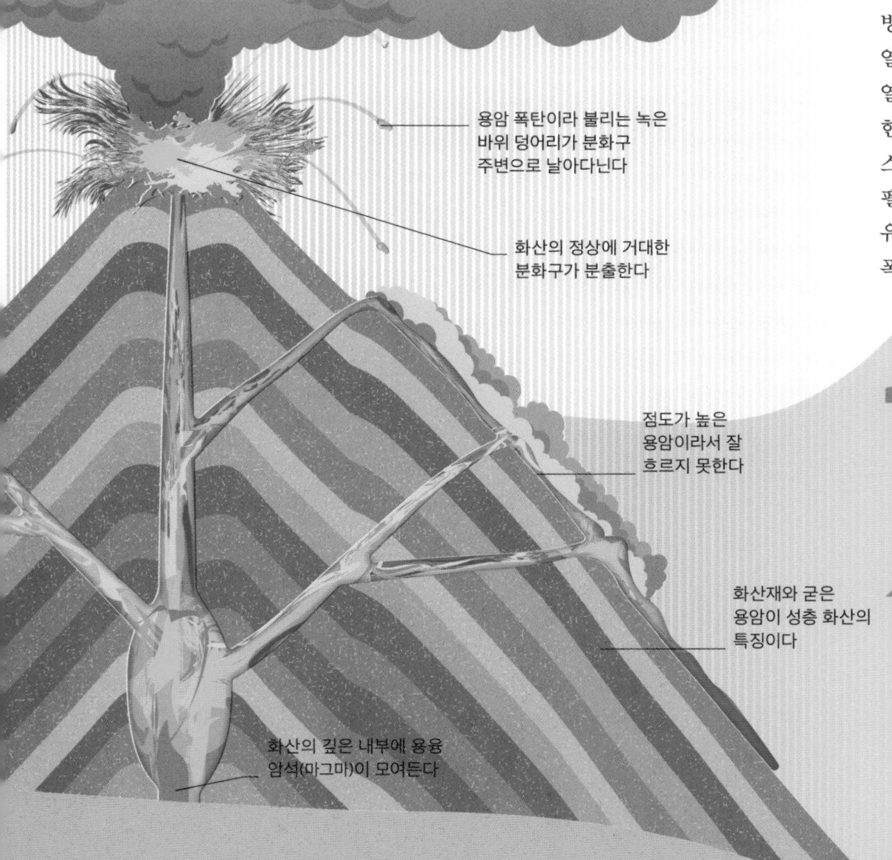
용암 폭탄이라 불리는 녹은 바위 덩어리가 분화구 주변으로 날아다닌다
화산의 정상에 거대한 분화구가 분출한다
점도가 높은 용암이라서 잘 흐르지 못한다
화산재와 굳은 용암이 성층 화산의 특징이다
화산의 깊은 내부에 용융 암석(마그마)이 모여든다

화산 분출의 유형

화산은 용암의 특성에 따라 각기 다른 방식으로 분출한다. 열곡 화산이나 열점 화산의 액상 용암은 상대적으로 온화한 열구식(fissure)과 하와이식(Hawaiian)의 분출을 한다. 점도가 높은 용암은 보다 폭발적이며 스트롬볼리식(Strombolian), 불카노식(Vulcanian), 펠레식(Peléan), 플리니식(Plinian) 분출을 유도한다. 용암의 점성이 클수록 분출 시 폭발성이 크다.

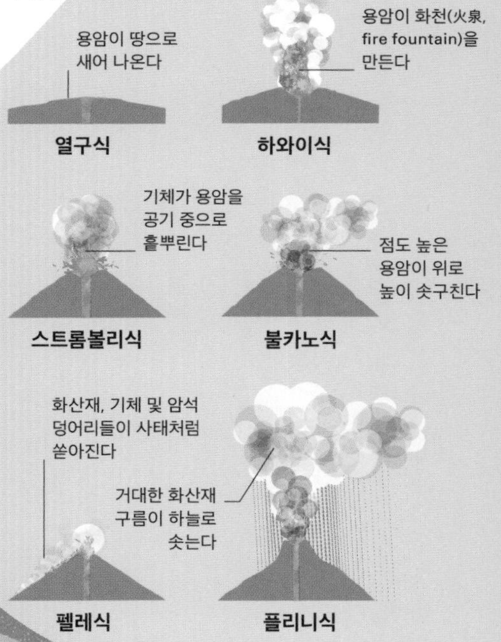
용암이 땅으로 새어 나온다
열구식
용암이 화천(火泉, fire fountain)을 만든다
하와이식
기체가 용암을 공기 중으로 흩뿌린다
스트롬볼리식
점도 높은 용암이 위로 높이 솟구친다
불카노식
화산재, 기체 및 암석 덩어리들이 사태처럼 쏟아진다
펠레식
거대한 화산재 구름이 하늘로 솟는다
플리니식

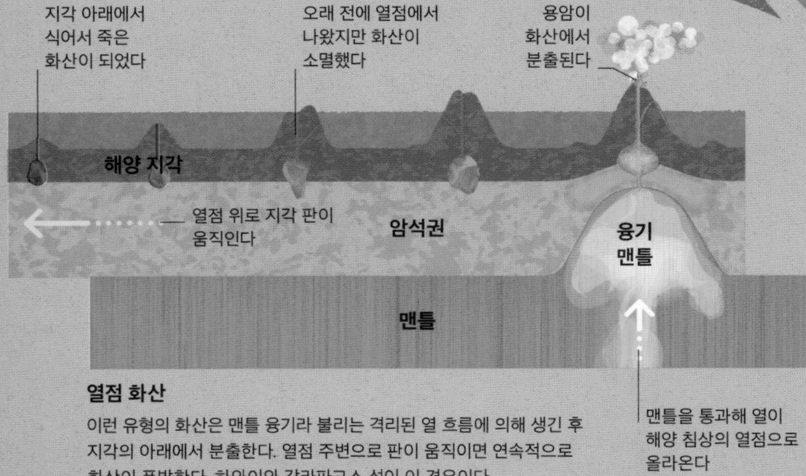
지각 아래에서 식어서 죽은 화산이 되었다
오래 전에 열점에서 나왔지만 화산이 소멸했다
용암이 화산에서 분출된다
해양 지각
열점 위로 지각 판이 움직인다
암석권
융기 맨틀
맨틀
맨틀을 통과해 열이 해양 침상의 열점으로 올라온다

열점 화산

이런 유형의 화산은 맨틀 융기라 불리는 격리된 열 흐름에 의해 생긴 후 지각의 아래에서 분출한다. 열점 주변으로 판이 움직이면 연속적으로 화산이 폭발한다. 하와이와 갈라파고스 섬이 이 경우이다.

화산 활동의 90퍼센트는 바다 아래에서 진행된다

암석 연대기

일부 화성암은 그 안에 들어 있는 무거운 방사성 원소를 분석해 나이를 파악할 수 있다. 알려져 있는 일정한 속도(37쪽 참조)로 이들 원소가 붕괴하면서 가벼운 원소로 변하기 때문에 두 원소의 비율을 알면 언제 결정이 형성되었는지 알 수 있다. 만일 결정이 퇴적암의 일부라면 이 방법으로 결정의 나이는 알 수 있지만 암석의 나이는 알 수 없다. 운이 좋다면 그 안에 포함된 화석의 연대를 파악할 수도 있다.

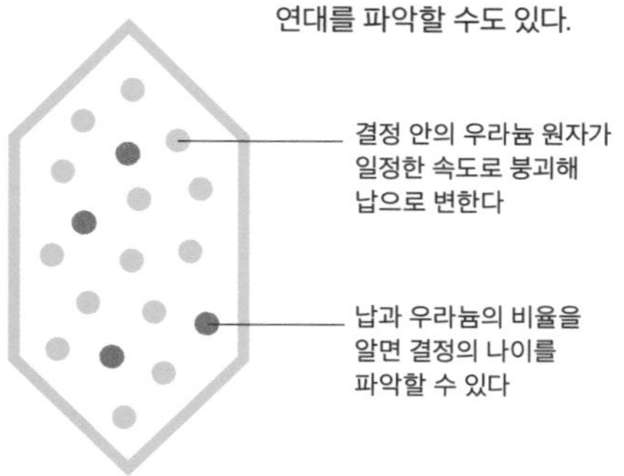
결정 안의 우라늄 원자가 일정한 속도로 붕괴해 납으로 변한다
납과 우라늄의 비율을 알면 결정의 나이를 파악할 수 있다

지르콘 결정

암석의 순환

바위는 석영이나 방해석 등의 광물로 이루어진 혼합물이다. 강한 바위가 있는 반면 무른 바위도 있다. 하지만 시간이 지나면 바위는 침식하고 암석의 순환 과정을 거쳐서 다른 유형의 바위로 변한다.

끊임없는 변환

용암이 식으면 그 안에 포함된 광물은 결정화(고형화)해 다양한 모양의 고체의 혼합물인 화성암(granite)이 된다. 시간이 흘러 풍화 과정을 거쳐 깨진 조각들이 쌓이고 쌓여 층을 이룬 퇴적암으로 변한다. 이들 바위는 열이나 압력의 영향을 받아 보다 강한 변성암이 된다. 이들이 땅속 깊이 묻혀 있다면 녹을 수 있지만 궁극적으로 다시 식어서 화성암이 된다.

지구에서 가장 오래된 암석은 무엇일까?

호주 서부 잭 힐스에서 발견된 지르콘 결정은 44억 년이나 되었다. 지구 나이(45억 년)와 얼추 비슷하다.

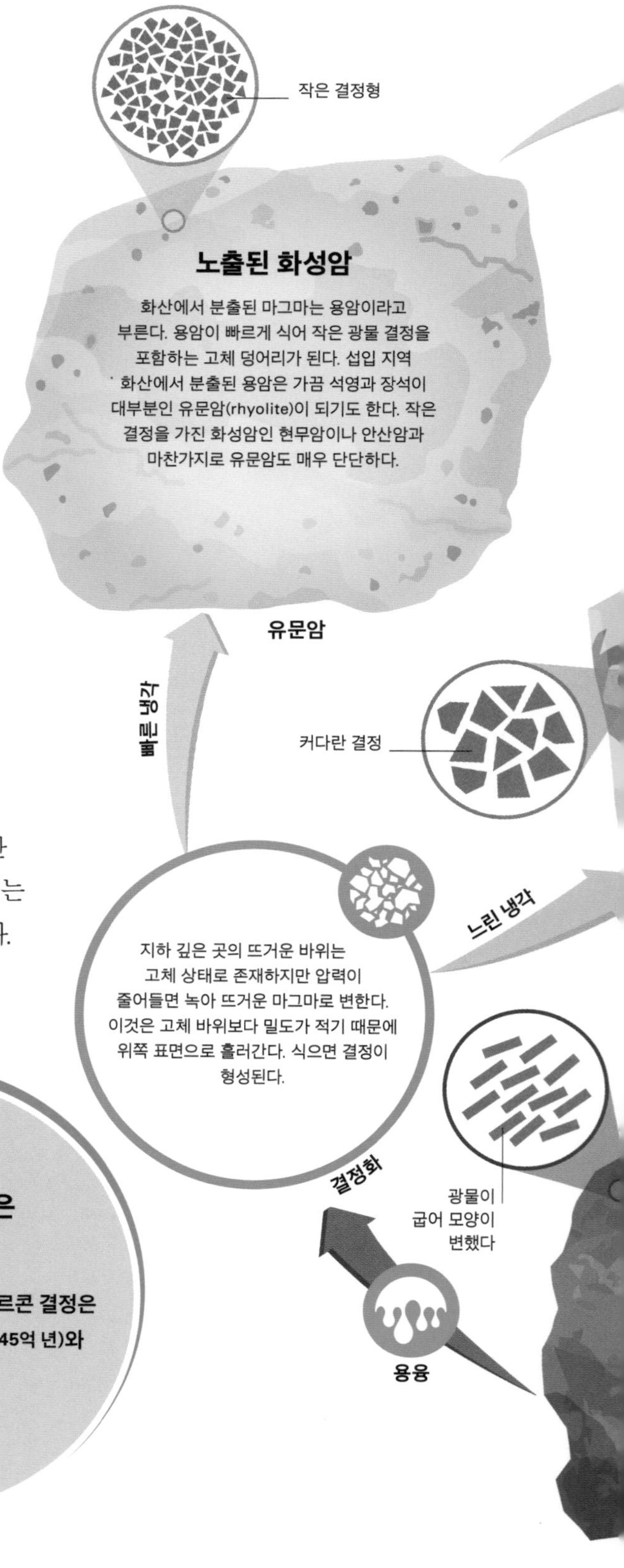
작은 결정형
노출된 화성암
화산에서 분출된 마그마는 용암이라고 부른다. 용암이 빠르게 식어 작은 광물 결정을 포함하는 고체 덩어리가 된다. 섭입 지역 화산에서 분출된 용암은 가끔 석영과 장석이 대부분인 유문암(rhyolite)이 되기도 한다. 작은 결정을 가진 화성암인 현무암이나 안산암과 마찬가지로 유문암도 매우 단단하다.
유문암
빠른 냉각
커다란 결정
느린 냉각
지하 깊은 곳의 뜨거운 바위는 고체 상태로 존재하지만 압력이 줄어들면 녹아 뜨거운 마그마로 변한다. 이것은 고체 바위보다 밀도가 적기 때문에 위쪽 표면으로 흘러간다. 식으면 결정이 형성된다.
결정화
광물이 굽어 모양이 변했다
용융

산맥을 형성하는 판의 힘에 의해 암석이 깨지고 위로 접혀 공기 중에 노출된다. 그러면 풍화(작은 입자로 깨지는 현상)와 침식(강이나 빙하 혹은 바람에 의해 제거되는 현상)이 일어나기 쉽다.

융기

압력

동결 융해

비

바람

빙하

강

바위틈의 물이 얼어 팽창하면 바위가 깨진다. 빗물에 이산화 탄소가 녹아 약한 산성을 띠게 되면 다양한 광물을 공격한다. 부드러운 바위는 바람에 의해서도 닳는다. 크기가 줄어든 바위는 강이나 빙하에 의해 멀리까지 운반된다.

침식과 풍화

퇴적

압축

강이나 빙하에 의해 운반된 퇴적물(풍화되어 크기가 줄어든 암석 입자)이 모이고 한데 묻힌다. 위에 몰려든 퇴적물에 눌리면서 퇴적층을 형성한다. 물에 녹은 광물은 결정이 되고 퇴적물들을 한데 붙든다. 이런 과정을 암석화 작용(lithification)이라고 한다.

암석화 작용

접착

땅 아래 화성암

표면으로 분출되지 않은 마그마는 땅 아래에서 천천히 식어 커다란 광물 결정을 만든다. 수백만 년이 걸리는 과정이다. 거대한 무게의 화성암인 화강암이 이런 식으로 형성된다. 유문암과 조성이 같지만 화성암은 더 큰 결정을 갖고 있다.

화성암

압력

압력

사암의 모래 퇴적층

퇴적암

바위 조각이 서로 접착해 사암과 같은 퇴적암이 된다. 사암은 모래가 층을 이뤄 서로 단단하게 달라붙은 암석이다. 작은 점토 입자, 점토와 모래의 중간 크기 입자(silt) 또는 미시적 크기의 해양 플랑크톤으로 이루어진 암석도 있다. 오래되고 더 많이 압착될수록 단단한 암석이 된다.

사암

변성암

갈은 변성암의 한 종류인 매우 단단한 석영으로 환된다. 퇴적층 암석은 압착되어 점판암, 결정 편암 또는 편마암으로 변한다. 광물 결정이 구부러지면서 형태가 변한 것들이다. 녹아서 결정화하는 과정에서 새로운 광물이 생기기도 한다.

압력

열

깊이 묻혀 있는 바위가 강한 압력과 열에 노출되면 암석의 특성이 변한다. 이런 과정을 변성(metamorphism)이라고 한다. 지각 판이 대륙에 부딪혀 산맥을 형성할 때 자주 일어나는 일이다.

변성

규암

바다

지구는 표면의 대부분이 바다인 푸른 행성이다. 태평양, 대서양, 인도양, 북극해, 남극해의 다섯 개의 대양이 있다. 물은 이들 모든 바다를 천천히 순환한다.

왜 바닷물은 짤까?

수백만 년간 육지를 쓸며 흘러내려간 빗물이 소금기가 있는 무기 염류와 함께 바다로 들어간다. 바닷물이 짠 맛을 내는 이유이다.

태평양의 마리아나 해구는 에베레스트 산보다 2,000미터 더 깊다

외해

바다는 무엇일까?

바다는 단순히 거대한 물웅덩이는 아니다. 바다는 지각 판의 힘에 의해 형성된다.(224~225쪽 참조) 지각 판이 서로 멀어지면 새로운 지각이 형성된다. 더 두껍지만 가벼운 대륙 지각(222쪽 참조) 아래 놓인 해양 지각이 해양 침상을 이룬다. 지각 판이 바다 밑에서 만나면 하나가 다른 하나 아래에 놓이면서 깊은 해구를 형성한다. 대륙 지각의 가장자리도 마찬가지로 바닷물 아래 놓이며 해안 침식에 의해 깎여 나간다. 대륙붕 바다는 대륙붕 위의 바다로 실제 바다보다 훨씬 얕다.

바닥인 심해저는 바다 표면으로부터 3,000~6,000미터(1만~2만 피트) 아래에 있다

대륙에서 쓸려온 암석 조각과 입자들이 심해저를 따라 대륙 지각 앞발치에 쌓인다

심해저

해수의 움직임

바람은 출렁이는 표면 흐름을 일으켜 차가운 물을 적도 지역으로, 따뜻한 물을 극지방으로 운반한다. 표면의 흐름은 차고 염분이 높은 물이 바다 아래로 가라앉는 심해수의 성질에 따라 결정된다. 이런 물의 흐름은 대양대 순환 해류를 따라 전 세계 바닷물을 운반한다.

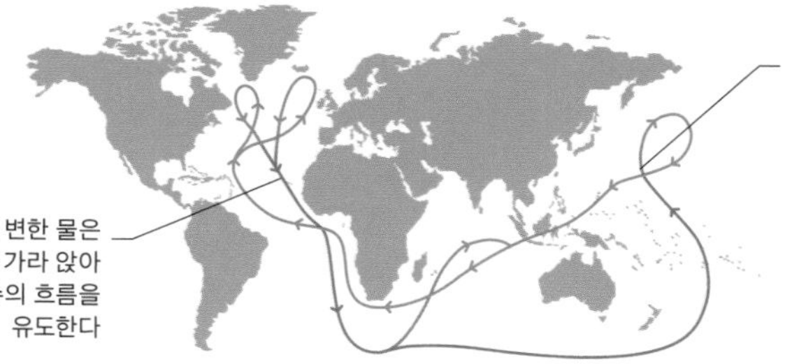
깊은 곳의 차가운 물이 표면으로 올라와 따뜻한 표면 흐름과 만난다
차고 짜게 변한 물은 아래로 가라 앉아 심해수의 흐름을 유도한다

해수의 흐름

조수는 왜 오르락내리락하는가?

달의 중력이 바닷물을 끌어 계란 모양으로 파도를 돌출시킨다. 지구가 자전함에 따라 해안이 돌출했다 들어갔다 하면서 밀물과 썰물 사이를 오간다. 만 또는 삭일 때 달은 태양과 직선상에 있고 중력이 중첩되기 때문에 조수간만의 차가 가장 커진다. 반달일 때 달의 중력은 태양의 그것과 수직 상태에 있고 조수간만의 차가 줄어든다.

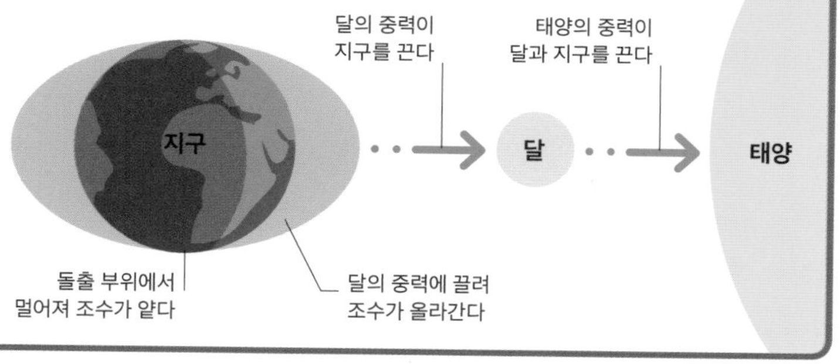
달의 중력이
지구를 끈다
태양의 중력이
달과 지구를 끈다
지구
달
태양
돌출 부위에서
멀어져 조수가 얕다
달의 중력에 끌려
조수가 올라간다

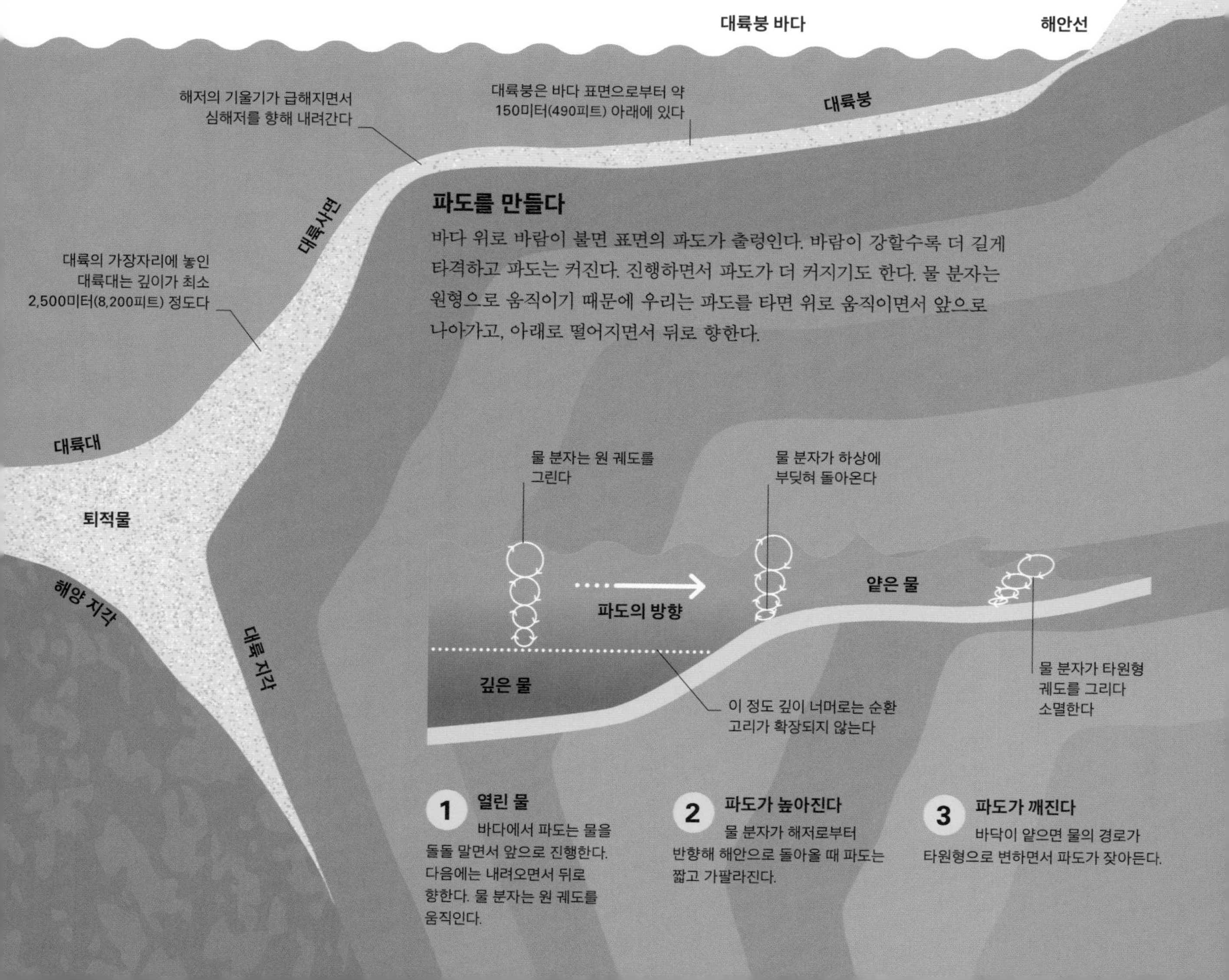
대륙붕 바다
해안선
해저의 기울기가 급해지면서
심해저를 향해 내려간다
대륙붕은 바다 표면으로부터 약
150미터(490피트) 아래에 있다
대륙붕
대륙사면
대륙의 가장자리에 놓인
대륙대는 깊이가 최소
2,500미터(8,200피트) 정도다
대륙대
퇴적물
해양 지각
대륙 지각
물 분자는 원 궤도를
그린다
물 분자가 하상에
부딪혀 돌아온다
파도의 방향
얕은 물
깊은 물
이 정도 깊이 너머로는 순환
고리가 확장되지 않는다
물 분자가 타원형
궤도를 그리다
소멸한다

파도를 만들다

바다 위로 바람이 불면 표면의 파도가 출렁인다. 바람이 강할수록 더 길게 타격하고 파도는 커진다. 진행하면서 파도가 더 커지기도 한다. 물 분자는 원형으로 움직이기 때문에 우리는 파도를 타면 위로 움직이면서 앞으로 나아가고, 아래로 떨어지면서 뒤로 향한다.

1 열린 물
바다에서 파도는 물을 돌돌 말면서 앞으로 진행한다. 다음에는 내려오면서 뒤로 향한다. 물 분자는 원 궤도를 움직인다.

2 파도가 높아진다
물 분자가 해저로부터 반향해 해안으로 돌아올 때 파도는 짧고 가팔라진다.

3 파도가 깨진다
바닥이 얕으면 물의 경로가 타원형으로 변하면서 파도가 잦아든다.

대기권

지구를 둘러싼 기체는 위험한 태양 복사로부터 행성의 표면을 막아 줄 뿐만 아니라 밤에 열을 보존해 생명체가 살 수 있게 한다. 대기권의 아래쪽에서 공기의 흐름은 우리가 날씨라고 부르는 현상을 일으킨다.

대기권은 무엇인가?

대기권(atmosphere)은 기체로 구성된다. 주로 질소, 산소, 아르곤 그리고 이산화 탄소다. 온도에 따라 대기권은 몇 개의 층으로 나뉜다. 고도가 높아질수록 차가워지는 층이 있는가 하면, 태양에서 오는 빛을 흡수하는 기체의 유무에 따라 온도가 올라가는 층도 있다. 대부분의 기체가 지구와 가까운 대류권에 있지만 고도가 올라갈수록 밀도가 떨어진다. 해발 10킬로미터(6마일)가 넘어가면 인간이 살기에 충분한 양의 공기가 없다.

왜 우리 대기권은 우주로 떠내려가지 않는가?

지구 표면 근처의 기체 입자는 중력에 의해 붙들려 있다. 달은 중력이 훨씬 약하기 때문에 대기권을 갖지 못한다.

지구 주변의 대기권은 상대적으로 얇은 편이다
지구 대기권

대기의 층

600~1만 킬로미터

외기권

외기권은 명확한 경계가 없이 우주 공간으로 이어진다. 기체 입자들은 너무 멀리 떨어져서 상호 작용하지 않는다.

외기권은 밤에 춥고 낮에는 더우며 일교차가 매우 크다

80~600킬로미터

열권

중간권 위의 열권은 멀리까지 뻗어 나간다. 높이 올라감에 따라 온도가 상승해 섭씨 2,000도(화씨 3,630도)에 이르기도 한다. 열권의 기체가 태양에서 오는 엑스선과 자외선을 흡수하기 때문이다.

열권은 엑스선과 자외선을 흡수하고 열을 방출한다

태양 복사선에 의해 활성화된 산소와 질소 원자가 불타며 오로라 현상을 일으킨다

온도

열권의 온도는 섭씨 2,000도까지 올라간다

지구 자전과 공기 순환

대류권에서 따뜻해진 공기는 위로 오른 다음 옆으로 흘러가며 식고 다시 가라앉는다. 이러한 환류(circulation cell, 240~241쪽 참조)가 지구 주변에 열을 공급한다. 지구의 자전은 순환하는 공기의 경로를 변경시키기도 한다. 북반구에서 공기의 흐름은 오른쪽으로 치우치지만 남반구에서는 왼쪽으로 치우친다. 이런 코리올리 효과(Coriolis effect) 때문에 각 환류에서 기류는 나선 모양으로 움직인다.

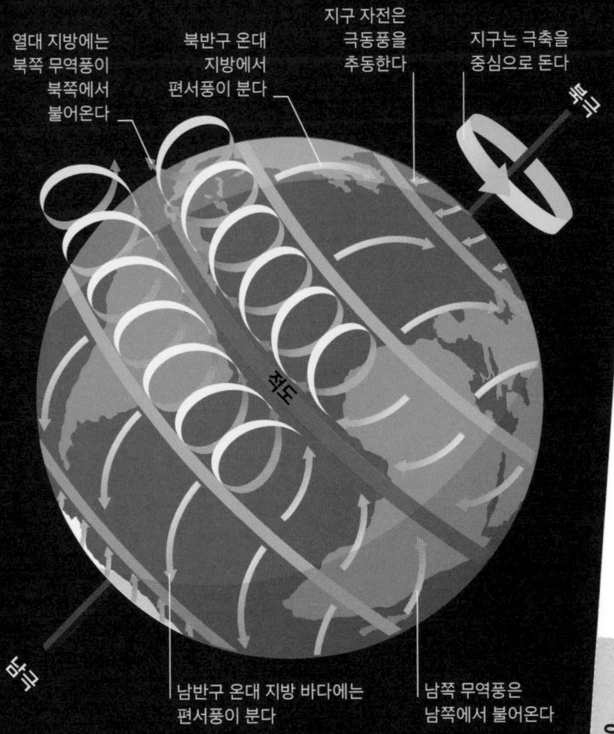

열대 지방에는 북쪽 무역풍이 북쪽에서 불어온다
북반구 온대 지방에서 편서풍이 분다
지구 자전은 극동풍을 추동한다
지구는 극축을 중심으로 돈다
북극
적도
남극
남반구 온대 지방 바다에는 편서풍이 분다
남쪽 무역풍은 남쪽에서 불어온다

지구에서 바람의 움직임

환류의 나선형 공기 흐름을 통해 우세풍(탁월풍, prevailing wind)이 지표면에 가깝게 불어온다. 이런 바람은 바다에서 가장 꾸준히 분다.

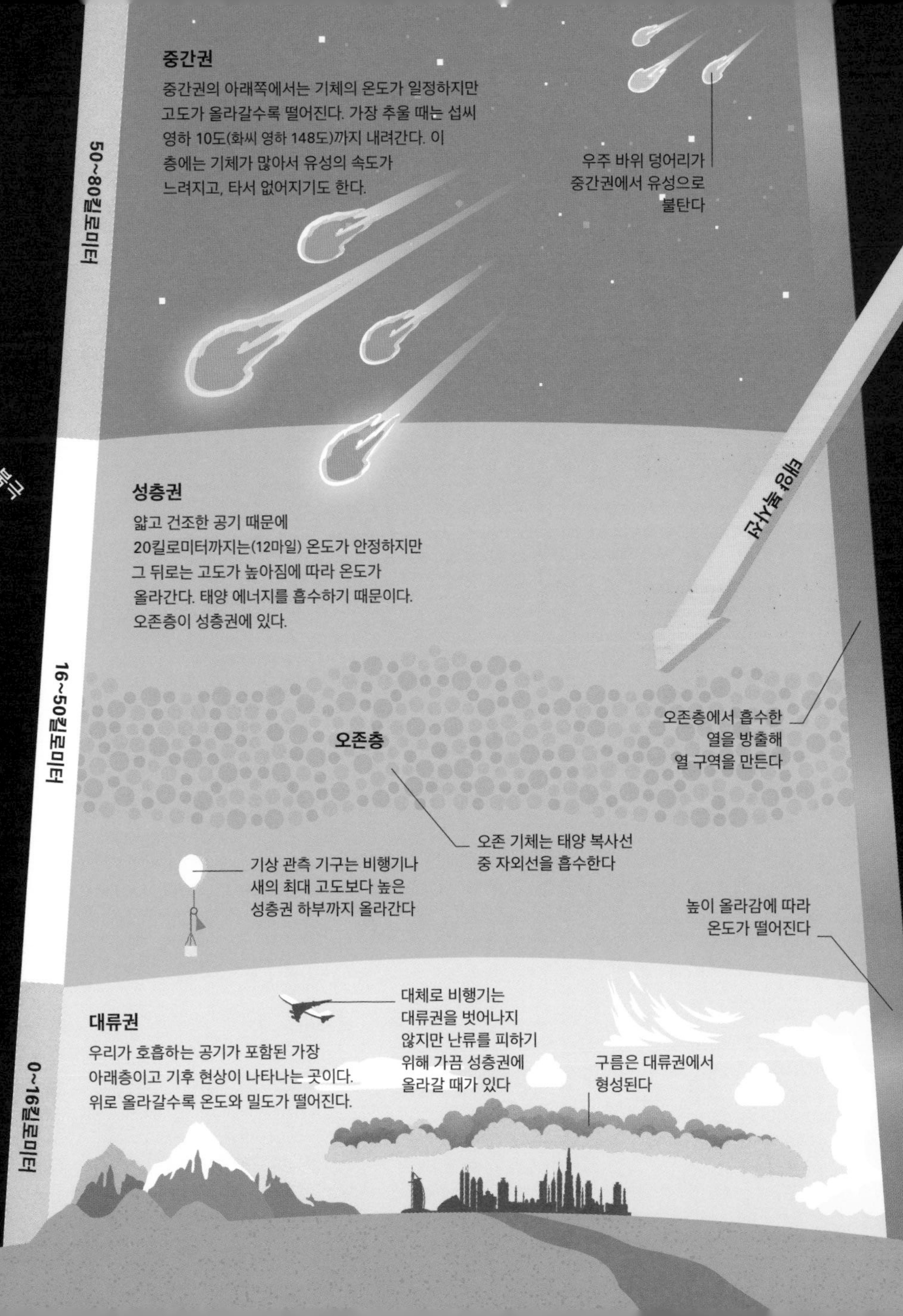

50~80킬로미터
중간권
중간권의 아래쪽에서는 기체의 온도가 일정하지만 고도가 올라갈수록 떨어진다. 가장 추울 때는 섭씨 영하 10도(화씨 영하 148도)까지 내려간다. 이 층에는 기체가 많아서 유성의 속도가 느려지고, 타서 없어지기도 한다.
우주 바위 덩어리가 중간권에서 유성으로 불탄다
태양 복사선
16~50킬로미터
성층권
얇고 건조한 공기 때문에 20킬로미터까지는(12마일) 온도가 안정하지만 그 뒤로는 고도가 높아짐에 따라 온도가 올라간다. 태양 에너지를 흡수하기 때문이다. 오존층이 성층권에 있다.
오존층에서 흡수한 열을 방출해 열 구역을 만든다
오존층
오존 기체는 태양 복사선 중 자외선을 흡수한다
기상 관측 기구는 비행기나 새의 최대 고도보다 높은 성층권 하부까지 올라간다
높이 올라감에 따라 온도가 떨어진다
0~16킬로미터
대류권
우리가 호흡하는 공기가 포함된 가장 아래층이고 기후 현상이 나타나는 곳이다. 위로 올라갈수록 온도와 밀도가 떨어진다.
대체로 비행기는 대류권을 벗어나지 않지만 난류를 피하기 위해 가끔 성층권에 올라갈 때가 있다
구름은 대류권에서 형성된다

날씨의 원리

날씨는 특정한 시간 및 장소에서 대기의 상태를 가리키는 용어이다. 태양이 습기를 증발시키고 따뜻한 공기가 솟아올라 구름으로 변하듯이 날씨는 끊임없이 변한다. 이 과정에서 사이클론 혹은 열대성 저기압이 찾아와 많은 바람과 비를 흩뿌린다. 이것은 고기압 상태의 고요함과 균형을 이룬다.

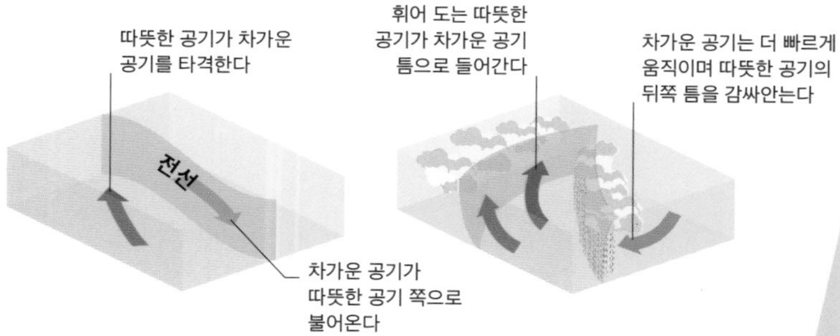

따뜻한 공기가 차가운 공기를 타격한다
전선
차가운 공기가 따뜻한 공기 쪽으로 불어온다
휘어 도는 따뜻한 공기가 차가운 공기 틈으로 들어간다
차가운 공기는 더 빠르게 움직이며 따뜻한 공기의 뒤쪽 틈을 감싸안는다

1 차가운 것이 따뜻한 것을 만나다

저기압이 온대 지방의 바다에서 형성된다. 따뜻하고 습한 적도의 공기 덩어리(기단)가 차가운 극지방 공기 쪽으로 밀려온다. 전선은 두 공기 덩어리가 만나는 곳이다.

2 회전 시작

움직이기 시작하면 이 두 공기 덩어리는 지구 자전 때문에 생기는 코리올리 효과로 인한 회전 경로를 따른다. 휘어진 경로가 회전 패턴이 되면 공기 덩어리가 나선을 그린다.

저기압의 형성

습하고 따뜻한 공기가 위로 오르면 공기의 압력이 낮아지고 사이클론(cyclone)이라 불리는 소용돌이 흐름이 주변의 공기를 끌어들인다. 따뜻하고 습한 공기는 위로 향하는데 거기에서 차갑고 무거운 공기를 응결시켜 구름과 비를 만든다. 우리가 바람이라고 느끼는 공기의 흐름은 위로 솟구치는 따뜻한 공기가 많은 에너지를 지닐수록 세다. 적도 지방에서는 강력한 폭풍우를 동반한 열대성 저기압, 허리케인 또는 태풍이 만들어진다.

눈

구름 물방울이 충분히 높이 올라가면 6개의 가지를 가진 미시적 구조의 얼음 결정이 형성된다. 이들 결정은 서로 달라붙어 육각형 모양의 눈 결정을 만든다. 이것이 다시 뭉쳐서 커다란 눈송이가 되면 눈으로 떨어진다.

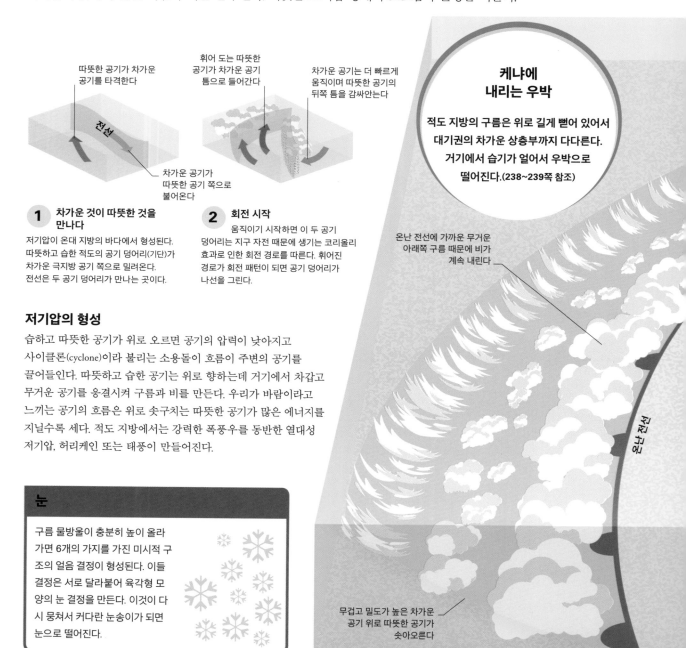

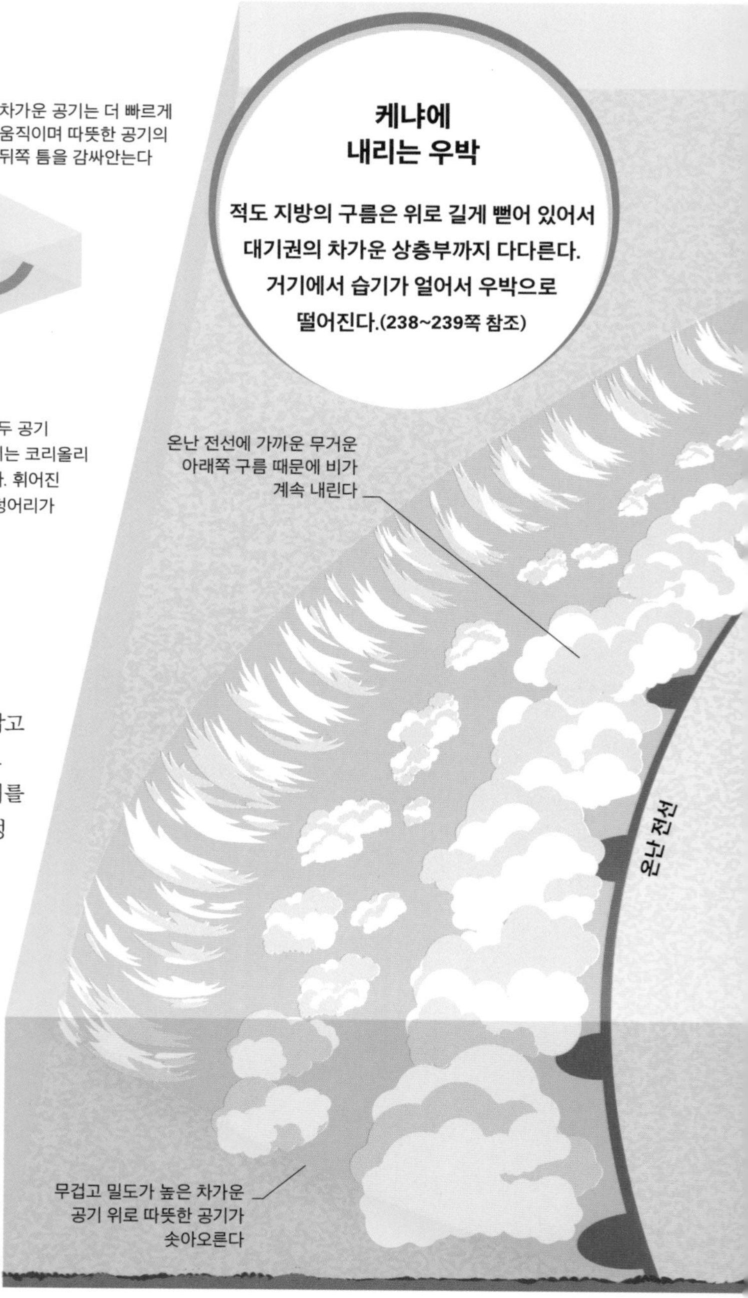

케냐에 내리는 우박
적도 지방의 구름은 위로 길게 뻗어 있어서 대기권의 차가운 상층부까지 다다른다. 거기에서 습기가 얼어서 우박으로 떨어진다.(238~239쪽 참조)
온난 전선에 가까운 무거운 아래쪽 구름 때문에 비가 계속 내린다
온난 전선
무겁고 밀도가 높은 차가운 공기 위로 따뜻한 공기가 솟아오른다

적도 지방이 아닌 곳의 비는 대부분 눈으로 시작했다가 떨어지면서 녹은 것이다

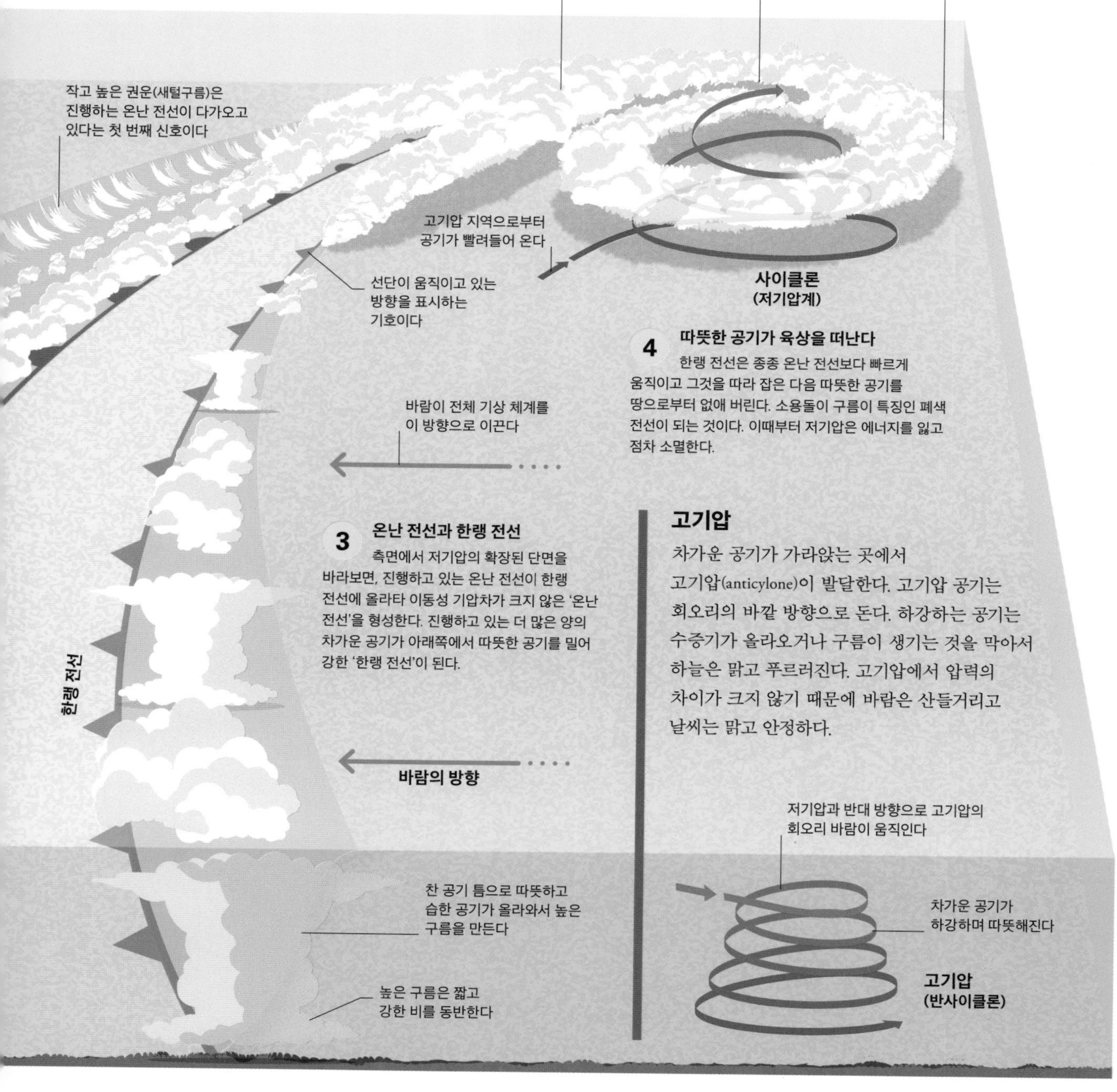
두 선단이 만나 폐색 전선을 이루고 따뜻한 공기가 위로 오르면서 땅에서 멀어진다
북반구에서는 저기압이 시계 방향으로 회전한다(남반구에서는 반시계 방향)
공기는 소용돌이 모양으로 오른다
작고 높은 권운(새털구름)은 진행하는 온난 전선이 다가오고 있다는 첫 번째 신호이다
고기압 지역으로부터 공기가 빨려들어 온다
선단이 움직이고 있는 방향을 표시하는 기호이다
사이클론 (저기압계)
바람이 전체 기상 체계를 이 방향으로 이끈다
한랭 전선
바람의 방향
저기압과 반대 방향으로 고기압의 회오리 바람이 움직인다
찬 공기 틈으로 따뜻하고 습한 공기가 올라와서 높은 구름을 만든다
차가운 공기가 하강하며 따뜻해진다
고기압 (반사이클론)
높은 구름은 짧고 강한 비를 동반한다

4 따뜻한 공기가 육상을 떠난다

한랭 전선은 종종 온난 전선보다 빠르게 움직이고 그것을 따라 잡은 다음 따뜻한 공기를 땅으로부터 없애 버린다. 소용돌이 구름이 특징인 폐색 전선이 되는 것이다. 이때부터 저기압은 에너지를 잃고 점차 소멸한다.

3 온난 전선과 한랭 전선

측면에서 저기압의 확장된 단면을 바라보면, 진행하고 있는 온난 전선이 한랭 전선에 올라타 이동성 기압차가 크지 않은 '온난 전선'을 형성한다. 진행하고 있는 더 많은 양의 차가운 공기가 아래쪽에서 따뜻한 공기를 밀어 강한 '한랭 전선'이 된다.

고기압

차가운 공기가 가라앉는 곳에서 고기압(anticylone)이 발달한다. 고기압 공기는 회오리의 바깥 방향으로 돈다. 하강하는 공기는 수증기가 올라오거나 구름이 생기는 것을 막아서 하늘은 맑고 푸르러진다. 고기압에서 압력의 차이가 크지 않기 때문에 바람은 산들거리고 날씨는 맑고 안정하다.

격렬한 상승 기류는 구름을
대류권까지 끌어올린다

대부분의 구름은 더 이상 올라가지 않고
바람에 의해 옆으로 퍼진다

기상 이변

대부분의 극한 기후는 탑처럼 수직으로 발달한 적란운에 수증기가 쌓일 때 발생한다. 이 구름 안에서의 강한 공기 흐름이 번개와 우박 및 토네이도라 불리는 용오름 현상을 일으킨다.

초강력 구름

적란운(cumulonimbus cloud)은 다른 구름보다 훨씬 크다. 육상에서 시작해서 대류권(235쪽 참조)에 걸쳐 형성되기도 한다. 적란운은 대륙이나 해양에서 증발된 강력한 수증기에 의해 만들어진다. 수증기가 오르고 차가워지면서 물방울로 응결되어 거대 구름이 형성되며 열(117쪽 참조)의 형태로 에너지를 방출한다. 열은 다시 공기를 덥히고 더 높이 솟구치며 더 많은 양의 수증기를 끌고 올라가 다시 응결하고 더 많은 에너지를 낸다. 이런 주기가 반복되면서 궁극적으로 구름은 10킬로미터(6마일) 높이까지 자란다.

구름에서 전기가
방전되어 공기 중에
번개가 친다

차가운 공기가 내려온다

1 전하량의 증가

구름 내부의 강력한 상승 기류는 가라앉는 차가운 공기와 함께 물방울과 얼음 결정들을 위아래로 이동시키며 정전기(78~79쪽 참조)를 발생시킨다. 전하량이 증가하면서 구름 자체가 거대한 배터리가 되는 것이다.

위로 올라가는 따뜻한
상승 기류가 떨어지는 얼음
결정을 잡아 다시 공기
중으로 올린다

번개 칠 때 발생한 열은
공기를 폭발적으로 부풀리고
그 충격파가 천둥 소리로
나타난다

높은 고도에서
더 많은 수증기가
다시 언다

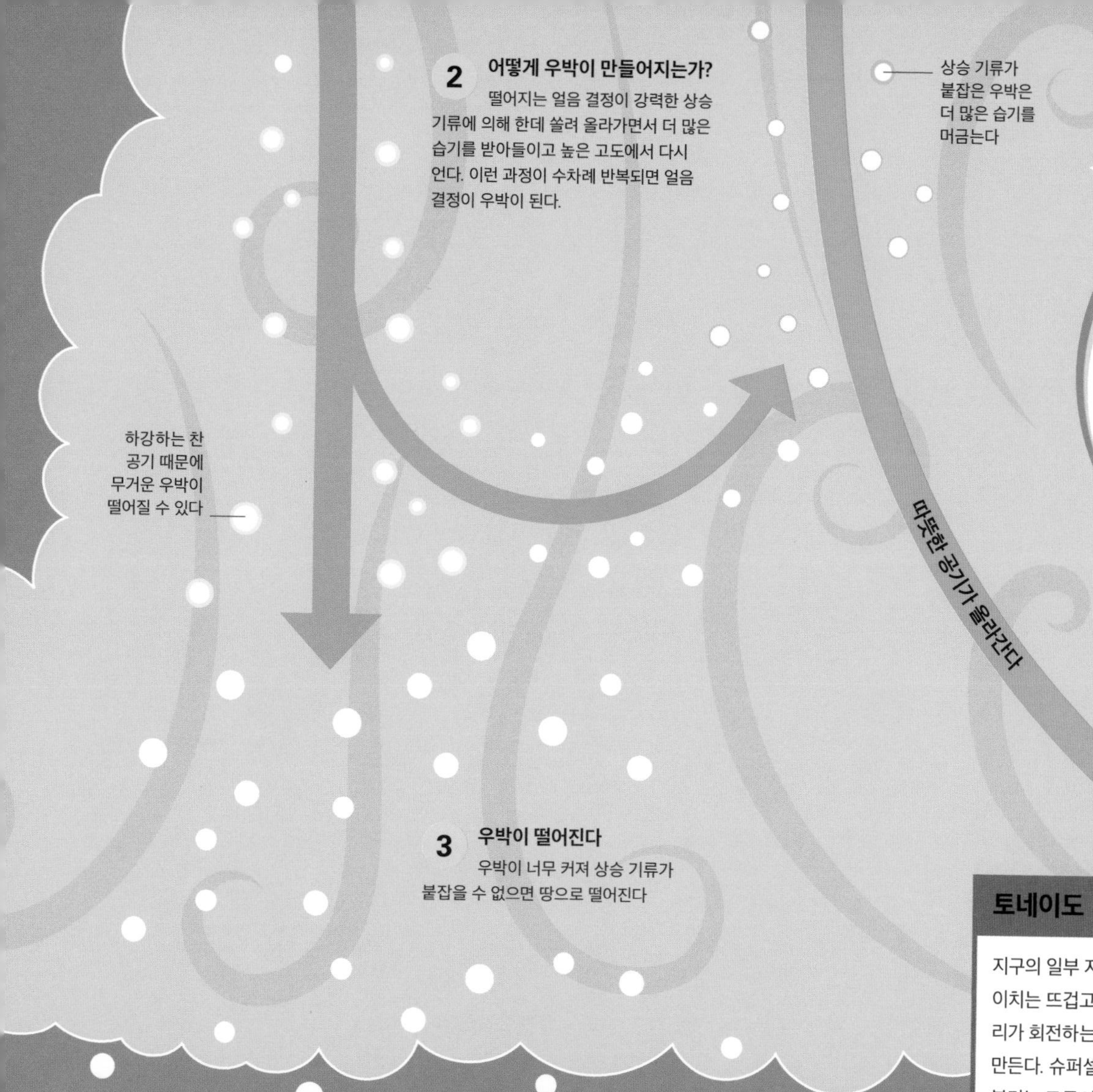

상승 기류가 붙잡은 우박은 더 많은 습기를 머금는다
하강하는 찬 공기 때문에 무거운 우박이 떨어질 수 있다
따뜻한 공기가 올라간다

2 어떻게 우박이 만들어지는가?

떨어지는 얼음 결정이 강력한 상승 기류에 의해 한데 쓸려 올라가면서 더 많은 습기를 받아들이고 높은 고도에서 다시 언다. 이런 과정이 수차례 반복되면 얼음 결정이 우박이 된다.

3 우박이 떨어진다

우박이 너무 커져 상승 기류가 붙잡을 수 없으면 땅으로 떨어진다

허리케인은 무엇일까?

적도의 바다에서 일어난 강력한 증발에 의해 저기압 지역(236쪽 참조)에 거대한 구름이 형성된다. 공기는 매우 빠른 속도로 소용돌이치기 때문에 허리케인은 강한 바람을 동반한다.

우박은 우리 주먹만큼 커질 수 있다

토네이도

지구의 일부 지역에서는 소용돌이치는 뜨겁고 차가운 공기 덩어리가 회전하는 거대한 적란운을 만든다. 슈퍼셀(supercell)이라 불리는 구름이다. 회전하며 빠르게 위로 솟는 공기가 토네이도라는 소용돌이 흐름을 만들어 낸다. 그 바람은 집을 날려 버릴 정도로 강력하다.

기후와 계절

햇빛과 태양열은 적도 지역에 집중되고 극지방으로 퍼진다. 그 열 때문에 대기권에서 공기의 흐름이 생기고 지구 기후대가 형성된다.

환류

적도에서는 강한 열이 해양의 물을 증발시킨다. 따뜻하고 습한 공기가 적도 수렴대라는 저기압대를 형성하며 위로 오르면, 곧 식는다. 응결된 수증기가 거대한 구름을 만들면 폭우가 내린다. 아열대 지방에서는 건조하고 차가운 공기가 가라앉으며 고기압대를 형성해 비가 내리지 않는다. 이것이 해들리 순환대(Hadley's circulation cell)이다. 페렐 순환(Ferrel cell)과 폴라 순환(Polar cell) 두 가지는 좀 더 차가운 극지방에서 비슷한 효과를 나타낸다.

경계 설정

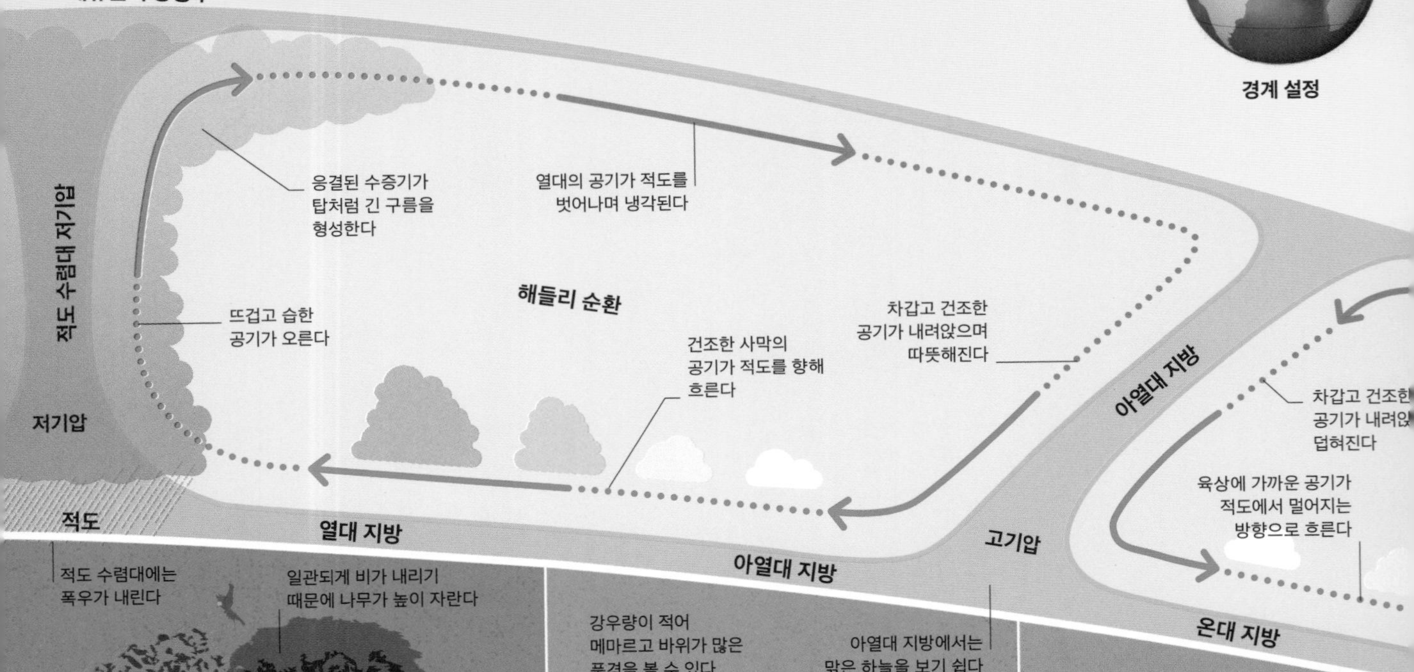
대류권의 상층부
적도 수렴대 저기압
응결된 수증기가 탑처럼 긴 구름을 형성한다
열대의 공기가 적도를 벗어나며 냉각된다
해들리 순환
뜨겁고 습한 공기가 오른다
건조한 사막의 공기가 적도를 향해 흐른다
차갑고 건조한 공기가 내려앉으며 따뜻해진다
아열대 지방
차갑고 건조한 공기가 내려앉 덥혀진다
육상에 가까운 공기가 적도에서 멀어지는 방향으로 흐른다
저기압
적도
열대 지방
아열대 지방
고기압
온대 지방

적도 수렴대에는 폭우가 내린다

일관되게 비가 내리기 때문에 나무가 높이 자란다

열대 지방

적도 지방의 습한 공기는 솟아올라 거대한 폭풍 구름을 형성하며 매일 비를 뿌린다. 열대 우림이 유지되는 까닭이다. 나무는 수증기를 내놓는다. 나무들은 어느 정도 기후를 스스로 만들어 낸다.

강우량이 적어 메마르고 바위가 많은 풍경을 볼 수 있다

아열대 지방에서는 맑은 하늘을 보기 쉽다

선인장은 건조한 기후에 적응했다

아열대 지방

적도 지역의 솟아오르는 공기가 대류권 상층부에 도달하면 차가워질 때까지 수평으로 흐르다 아열대 지방에서 아래로 내려온다. 하강 기류가 구름 형성을 막기 때문에 비가 거의 내리지 않는다. 사하라 사막이 존재하는 까닭이다.

위성에서 측정한 이란 루트 사막의 온도 섭씨 70.7도는 지구 최고 기록이다

계절의 순환

지구가 태양 주위를 돌 때 기울어진 자전축은 항상 북극성을 향한다. 극지방과 온대 지방의 위도에서는 태양에 가까워졌다가 다시 멀어지며 여름과 겨울이 생긴다. 극지방의 계절은 가장 극단적이다. 적도 수렴대도 북과 남으로 움직이며 건기와 우기를 만들어 낸다. 바람의 방향이 바뀌어 바다의 습한 공기를 몰고 오는 몬순기에는 많은 비가 내린다.

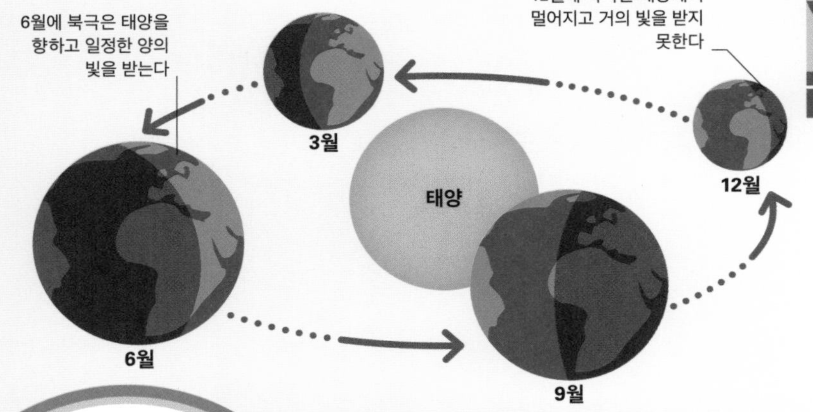
6월에 북극은 태양을 향하고 일정한 양의 빛을 받는다
12월에 북극은 태양에서 멀어지고 거의 빛을 받지 못한다
3월
태양
12월
6월
9월

지구에서 가장 건조한 지역은 어디일까?

남극의 맥머도 드라이 밸리는 200만 년간 전혀 비나 눈이 오지 않았다. 이곳의 풍경은 대부분 벌거벗은 바위와 자갈이다.

한대 전선대 주변 지역에는 구름이 잦다
차갑고 건조한 공기가 적도를 향한다
페렐 순환
따뜻하고 습한 공기가 상승한다
한대 전선대
따뜻하고 습한 공기가 상승한다
저기압
폴라 순환
차가운 공기가 내려앉고 극지방에서 멀어지는 쪽으로 흐른다
고기압
북극권

극지방

차고 건조한 공기가 극지방에 내려앉아 차가운 사막을 형성한다. 이 차가운 공기는 북극에서 멀리 떨어져 낮게 흐르다가, 다시 따뜻해진 다음 위로 올라가면서 습기를 획득한다. 온대 지방에서 상승하는 아열대 공기와 함께 상승하다가 다시 극지방으로 돌아와 고위도에서 흐른다.

온대 지방

아열대 지방에서 온 따뜻한 공기는 낮게 흐르다 극지방의 차가운 공기를 만나 상승하며 구름을 만들고 비를 내린다. 특히 바다 근처에서 더욱 그렇다. 비가 내리며 숲과 초지가 형성된다.

1,870밀리미터
1952년 레위니옹 섬에 내린 일일 최대 강우량

물의 순환

물은 행성의 생명력이다. 생명체는 물 없이 존재하지 못한다. 살고 번식하기 위한 모든 생화학적 과정에 물이 필수적이기 때문이다. 육지에 물을 공급하는 물의 순환이 없다면 대륙은 사막으로 변했을 것이다. 물은 또한 표면을 침식시켜 지구의 형상을 빚었다.

지구 순환계

태양이 물의 순환을 추동한다. 바닷물이 가열되면 표면에서 끊임없이 증발이 일어난다. 바람을 따라온 구름에 의해 육지 위로 물이 이동한다. 구름은 비를 뿌리고 대지를 적신다. 식물은 물의 일부를 흡수하고 다시 공기 중으로 내보내 구름을 형성한다. 나머지 대부분은 땅을 흘러 강에 이르고 다시 바다로 돌아간다. 이런 순환은 계속된다.

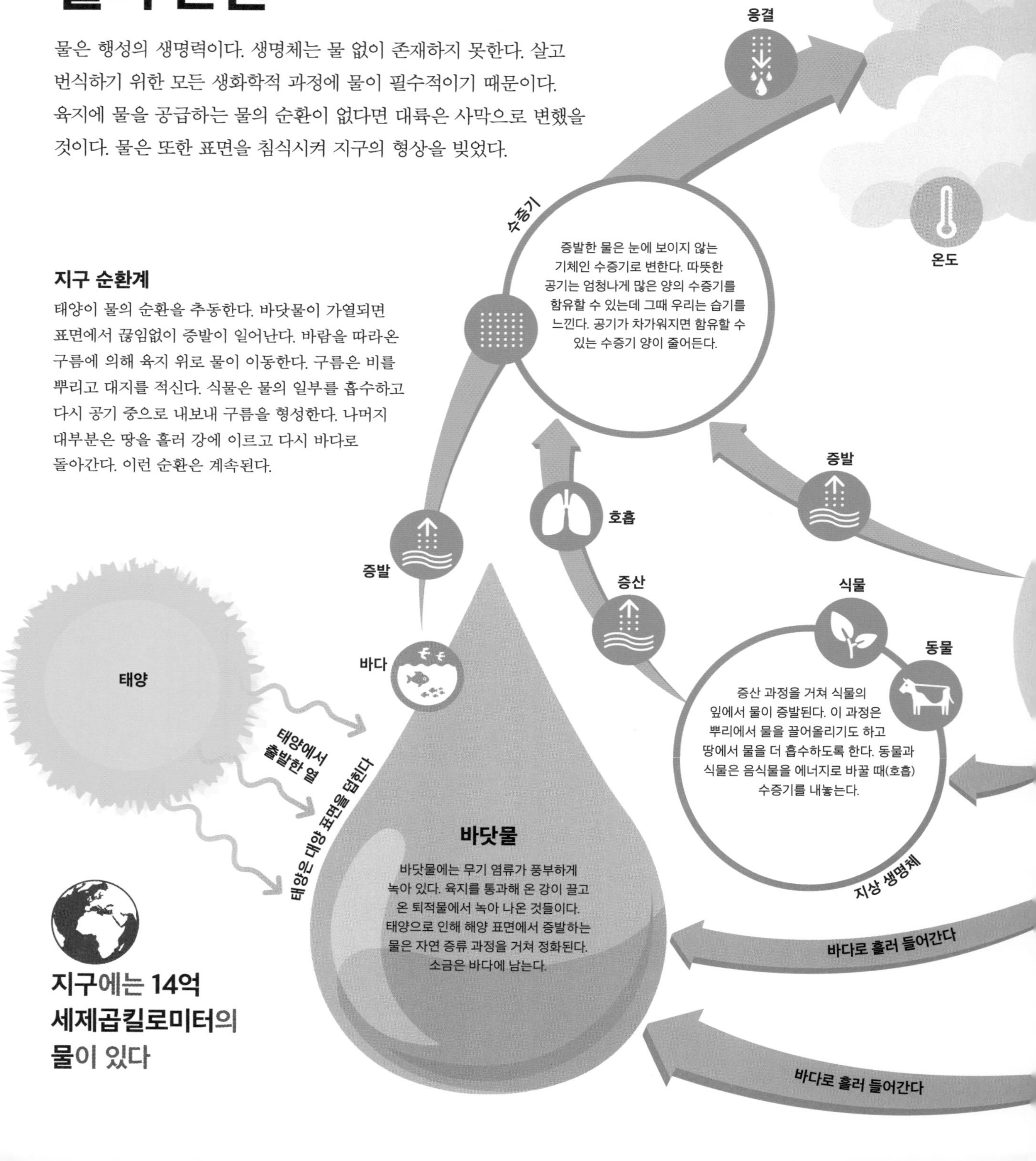

응결
온도
수증기
증발한 물은 눈에 보이지 않는 기체인 수증기로 변한다. 따뜻한 공기는 엄청나게 많은 양의 수증기를 함유할 수 있는데 그때 우리는 습기를 느낀다. 공기가 차가워지면 함유할 수 있는 수증기 양이 줄어든다.
증발
호흡
증발
증산
식물
동물
증산 과정을 거쳐 식물의 잎에서 물이 증발된다. 이 과정은 뿌리에서 물을 끌어올리기도 하고 땅에서 물을 더 흡수하도록 한다. 동물과 식물은 음식물을 에너지로 바꿀 때(호흡) 수증기를 내놓는다.
지상 생명체
바다
태양
태양에서 출발한 열
태양은 대양 표면을 덥힌다
바닷물
바닷물에는 무기 염류가 풍부하게 녹아 있다. 육지를 통과해 온 강이 끌고 온 퇴적물에서 녹아 나온 것들이다. 태양으로 인해 해양 표면에서 증발하는 물은 자연 증류 과정을 거쳐 정화된다. 소금은 바다에 남는다.
바다로 흘러 들어간다
바다로 흘러 들어간다

지구에는 14억 세제곱킬로미터의 물이 있다

구름

위로 솟은 따뜻한 공기에는 수증기가 많다. 하지만 고도가 높으면 온도가 떨어지기 때문에 수증기가 응결해 미시적 크기의 물방울과 얼음 결정으로 변한다. 이런 물방울과 결정은 구름의 형태로 나타나며 바람을 따라 먼 거리를 이동한다.

고도

바람

남극 얼음 층 일부는 250만 년도 전에 형성되었다

강수

눈

구름의 온도가 떨어지면 물방울과 얼음 결정이 자라나 결합하고 점점 커지면서 물방울이나 눈송이가 된다. 무거워진 이들은 구름에서 떨어진다. 눈송이는 더 크게 뭉쳐지지만 가볍다.

비

얼음

찬 기후에서 눈이 내리면 녹지 않는다. 쌓이면서 눌리고 압축되면 눈은 얼음으로 변한다. 산비탈에서 얼음은 빙하 형태로 천천히 흘러내리고 마침내 녹는다. 하지만 극지방에서 얼음층은 절대 녹지 않는다. 수천 년이 지나면 빙하도 깊은 계곡으로 파인다.

강

호수

빙하

유출수

융해

유출수

민물

지표면에 머물러 있거나 눈이 녹아내린 물을 유출수라고 한다. 이들은 강이나 호수에 모이지만 궁극적으로 바다로 돌아간다. 이산화 탄소와 반응한 물은 탄산수가 되어 바위를 침식하고 무기 염류를 녹여 낸다.

지하로 스며들다

물은 전부 어디에 있는가?

지구 행성 3분의 2는 바다로 둘러싸여 있으며 약 97.5퍼센트의 물을 함유하고 있다. 나머지 2.5퍼센트가 민물이다. 이들 대부분은 극지방이나 고산 지대에 얼음으로 존재하며 아주 적은 양이 강이나 호수에 저장된다.

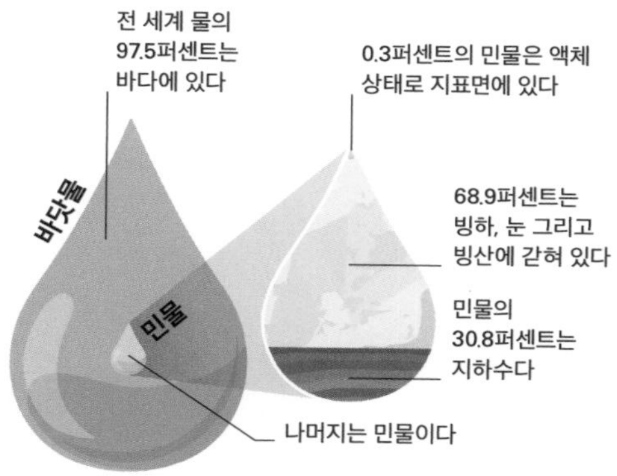
전 세계 물의 97.5퍼센트는 바다에 있다
0.3퍼센트의 민물은 액체 상태로 지표면에 있다
바닷물
68.9퍼센트는 빙하, 눈 그리고 빙산에 갇혀 있다
민물
민물의 30.8퍼센트는 지하수다
나머지는 민물이다

지구 전체의 물

비나 녹은 눈은 지표면 아래로 모여 지하수로 흐른다. 낮은 곳에서 바위가 막아 저장소가 형성되기도 하는데 이 지하 저수지를 함수층(aquifer)이라 부른다. 석회암은 녹아서 동굴이 된다. 지하수도 궁극적으로 바다로 간다.

동굴

지하수

온실 효과

지구 생명체는 온실 효과의 영향을 받는다. 이산화 탄소와 메테인 같은 대기의 기체들이 적외선 복사를 흡수해 다시 지구 표면으로 내뿜는다. 온실 속의 유리처럼 이 기체들은 열을 붙잡는다.

지구 에너지 예산

지구 역사에서 온실 효과는 바람직한 현상이었다. 대기권 이불이 없었더라면 지구의 평균 온도는 섭씨 영하 18도(화씨 0도)였을 것이다. 지구를 빠져나가는 열을 붙잡는 일은 과거에 필수적이었지만 들어오는 복사 에너지가 나가는 것보다 훨씬 많으면 지구의 온도는 올라갈 수밖에 없다.

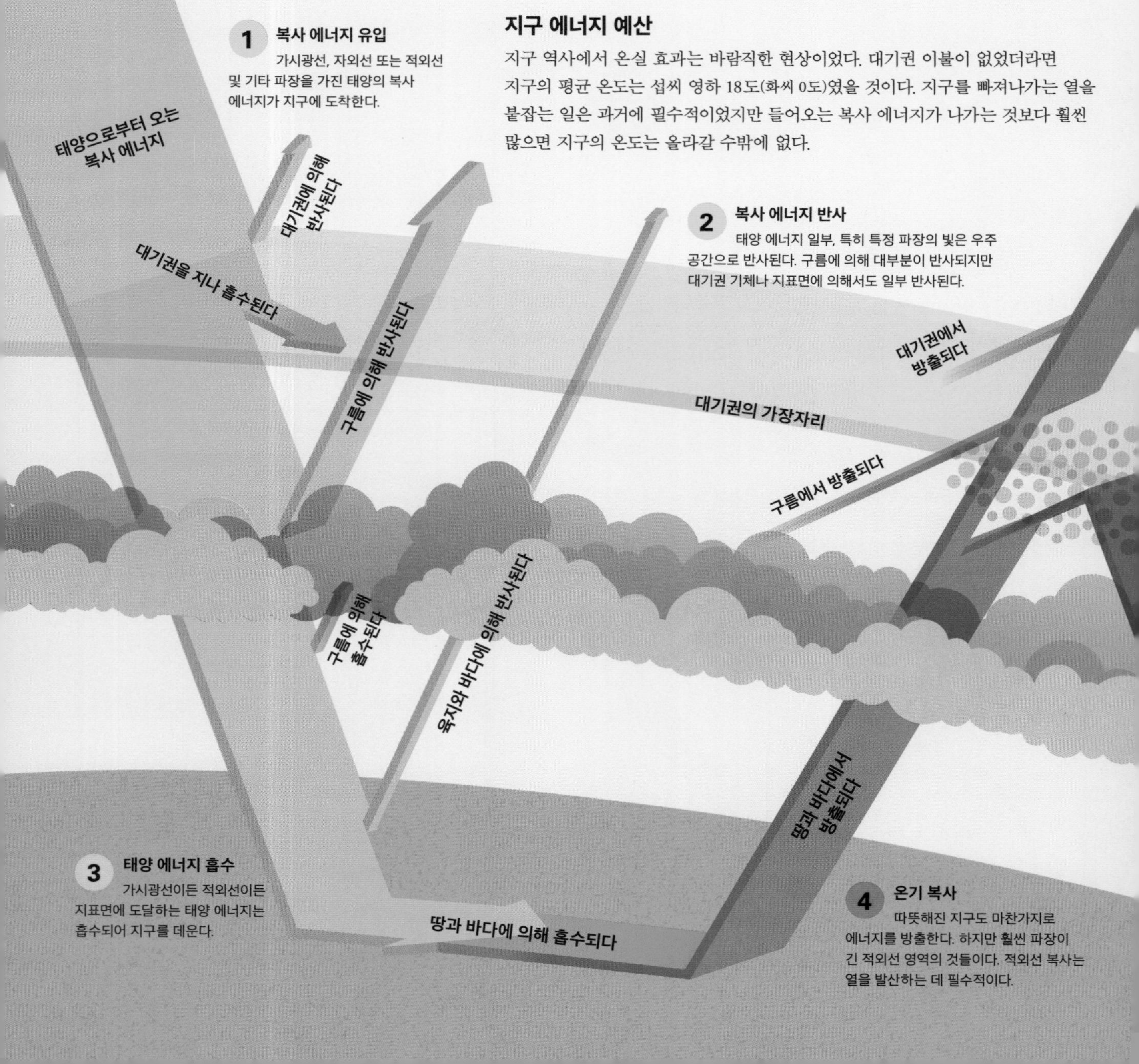

태양으로부터 오는 복사 에너지
대기권에 의해 반사된다
대기권을 지나 흡수된다
구름에 의해 반사된다
대기권에서 방출되다
대기권의 가장자리
구름에서 방출되다
구름에 의해 흡수된다
육지와 바다에 의해 반사된다
땅과 바다에서 방출되다
땅과 바다에 의해 흡수되다

1 복사 에너지 유입
가시광선, 자외선 또는 적외선 및 기타 파장을 가진 태양의 복사 에너지가 지구에 도착한다.

2 복사 에너지 반사
태양 에너지 일부, 특히 특정 파장의 빛은 우주 공간으로 반사된다. 구름에 의해 대부분이 반사되지만 대기권 기체나 지표면에 의해서도 일부 반사된다.

3 태양 에너지 흡수
가시광선이든 적외선이든 지표면에 도달하는 태양 에너지는 흡수되어 지구를 데운다.

4 온기 복사
따뜻해진 지구도 마찬가지로 에너지를 방출한다. 하지만 훨씬 파장이 긴 적외선 영역의 것들이다. 적외선 복사는 열을 발산하는 데 필수적이다.

지구에서 우주로 방출되는 복사 에너지

5 복사 에너지 탈출
흡수된 복사 에너지의 많은 부분은 지구 대기권, 구름 혹은 지표면에서 우주로 재방출된다.

지구가 현재보다 더 더웠던 적이 있었을까?

중생대 말기(공룡이 있었던 시절) 지구는 여름에 극지방의 얼음이 없을 정도로 따뜻했고 해수면의 높이도 지금보다 170미터(560 피트) 높았다.

온실 기체들

6 지표면으로 재방출
일부 적외선 에너지는 다시 지구로 방출된다. 온실 기체에 붙들리기 때문이다. 따스해진 기체들은 지구 표면으로 열을 방출한다. 지구의 온도가 올라간다.

따뜻한 온실 기체에 의해 재방출된다

다른 행성의 온실 효과

금성은 지구보다 온실 효과가 훨씬 강력하다. 대기권에 두터운 이산화 탄소 층이 있어서 금성 표면에 도달하는 대부분의 에너지를 간직하기 때문이다. 금성은 납을 녹일 수 있을 정도로 뜨겁다. 반대로 토성의 가장 큰 달인 타이탄에는 항온실 효과를 갖는 안개가 태양빛의 90퍼센트를 차단한다. 이와 비슷하지만 정도는 매우 약한 항온실 효과를 갖는 먼지와 기체가 지구의 화산에서도 분출된다.

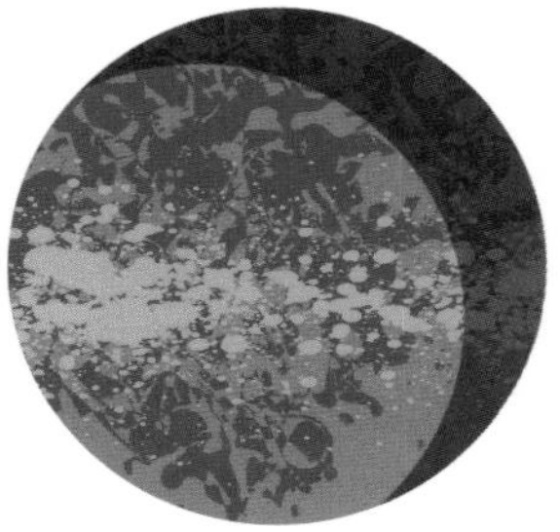

금성

2013년 대기권에서 관측된 온실 기체(입자 10억 개 당 기체의 수, ppb)

누가 범인인가?

지구 대기에서 주요한 온실 기체는 수증기, 이산화 탄소, 메테인, 산화 질소, 오존이다. 이들의 분자 구조는 적외선 복사를 흡수하고 뜨거워진 다음 다시 열을 방출해 지구의 온도를 높이기 적당하다. 열복사와 상호 작용하는 방식에 따라 어떤 기체는 다른 것보다 특히 열을 잘 흡수할 수 있다. 물질의 양이 적더라도 보다 강력한 온실 효과를 가질 수 있다는 뜻이다.

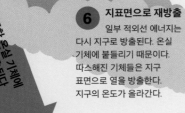

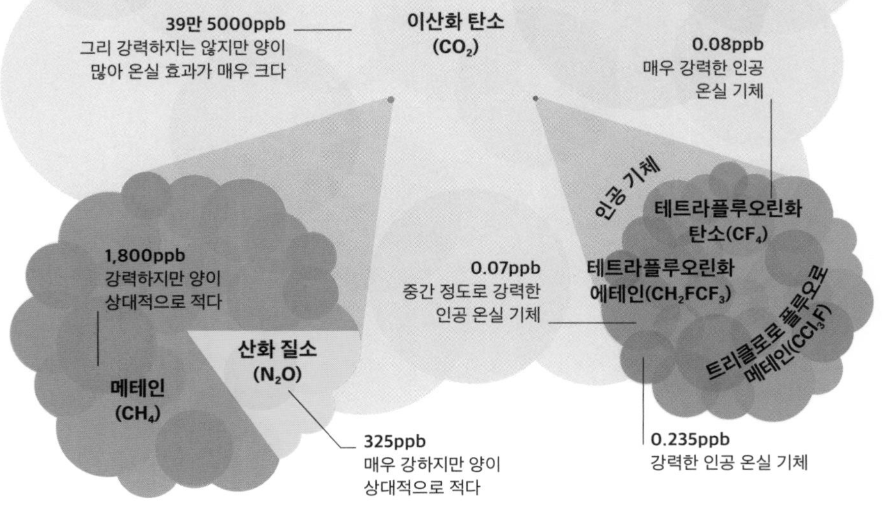
이산화 탄소 (CO_2)
39만 5000ppb
그리 강력하지는 않지만 양이 많아 온실 효과가 매우 크다
0.08ppb
매우 강력한 인공 온실 기체
인공 기체
테트라플루오린화 탄소(CF_4)
1,800ppb
강력하지만 양이 상대적으로 적다
0.07ppb
중간 정도로 강력한 인공 온실 기체
테트라플루오린화 에테인(CH_2FCF_3)
트리클로로플루오로 메테인(CCl_3F)
산화 질소 (N_2O)
메테인 (CH_4)
325ppb
매우 강하지만 양이 상대적으로 적다
0.235ppb
강력한 인공 온실 기체

기후 변화

자연적인 이유로 기후는 끊임없이 변한다. 이런 변화는 수천 년에서 수백만 년에 이르기까지 천천히 일어나지만 오늘날 우리는 기후가 급변하는 세상에 살고 있다. 대기권이 많이 오염되어 온실 효과(244~245쪽 참조)를 일으키는 기체가 늘어났기 때문이다.

해수면은 얼마나 올라갈 수 있을까?

극지방의 얼음 층이 녹아 무너지면 해수면은 25미터(80피트) 높아질 수 있다. 해안 도시인 런던, 뉴욕, 도쿄, 상하이는 가라앉을 수도 있다.

무슨 일이 벌어진 걸까?

세계는 점점 따뜻해지고 있다. 1910년 이래 기온은 상승하고 있고 가장 따뜻했던 17년 중 16년이 2001년 이후에 기록된 것이다. 1958년 이후 지구의 대기를 분석한 결과 가장 중요한 온실 기체인 이산화 탄소의 농도가 꾸준히 증가했다. 이런 이산화 탄소의 증가는 현대의 에너지 소모적인 생활 방식에서 초래된 것이다.

여분의 온실 기체들

석탄이나 석유가 타면서 발생하는 이산화 탄소가 가장 큰 문제지만 우리는 또 다른 온실 기체를 생산한다. 현대적인 농업 방식에서 메테인이나 산화 질소가 나온다. 에어로졸이나 냉장고에서 나오는, 불소가 포함된 인공 기체들도 만만치 않다.

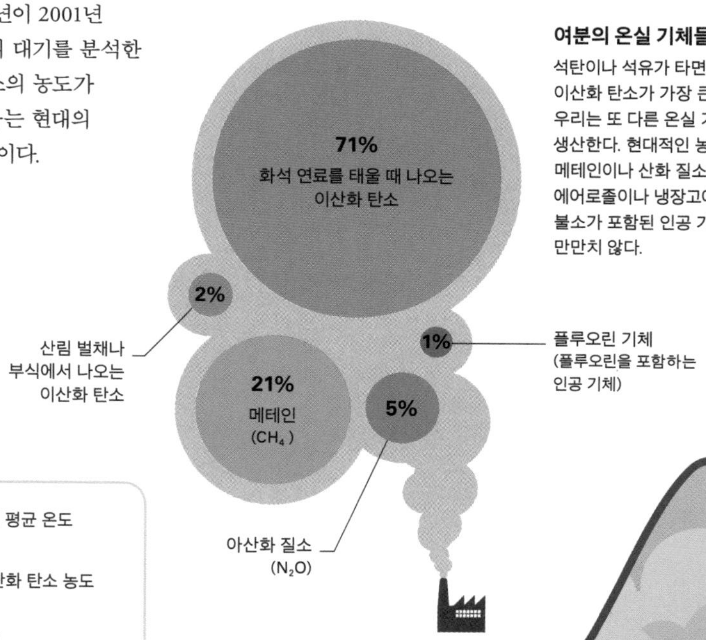

71%
화석 연료를 태울 때 나오는 이산화 탄소
2%
산림 벌채나 부식에서 나오는 이산화 탄소
21%
메테인 (CH_4)
5%
아산화 질소 (N_2O)
1%
플루오린 기체 (플루오린을 포함하는 인공 기체)

올라가는 중

19세기 후반부터 지구의 평균 기온이 기록되기 시작했다. 오르락내리락했지만 전반적으로 오르는 추세였다. 그 기울기는 대기권의 이산화 탄소 농도와 긴밀하게 맞아 떨어진다.

일러두기

1880년 이후 인류는 지구의 평균 온도를 기록하기 시작했다. 이산화 탄소의 농도는 나이테 혹은 얼음의 중심을 조사해 측정할 수 있었다.

- 지구 표면의 평균 온도
- 대기 중 이산화 탄소 농도
- 예측 데이터

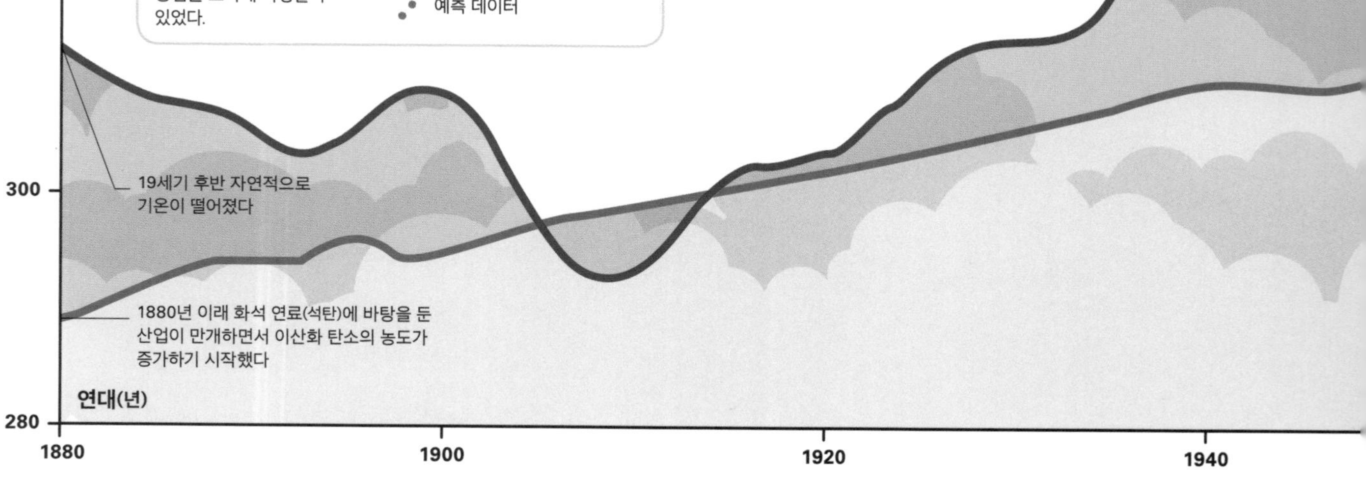

대기 중 이산화 탄소 농도(ppm)
400
380
360
340
320
300
280
19세기 후반 자연적으로 기온이 떨어졌다
1880년 이래 화석 연료(석탄)에 바탕을 둔 산업이 만개하면서 이산화 탄소의 농도가 증가하기 시작했다
연대(년)
1880
1900
1920
1940

악순환

기온이 계속 오르면 상황을 악화시키는 되먹임 작용이 일어난다. 예를 들어 열대 우림의 산림이 황폐화하면 대기 중 이산화 탄소를 제거하는 속도가 줄어들 것이다. 대기 중 이산화 탄소의 농도가 늘어나면 지구 순환계가 영향을 받아 기후가 따뜻해지면서 가뭄이 길어지고 열대 우림도 피폐해진다. 해양 침상의 메테인이 유출된다든지 극지방의 해상 얼음이 녹는 것도 큰 문제다.

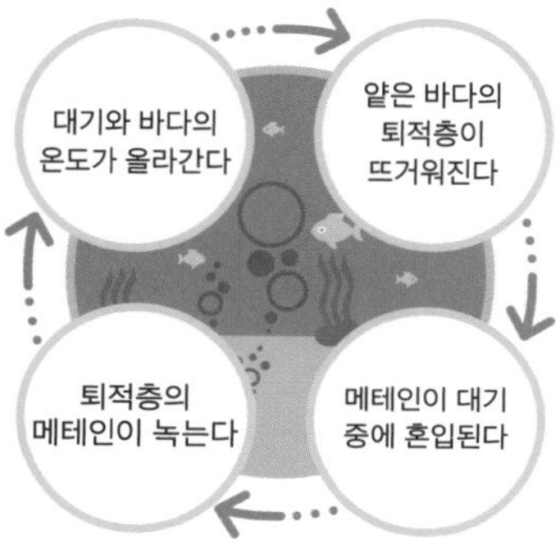
대기와 바다의 온도가 올라간다
얕은 바다의 퇴적층이 뜨거워진다
메테인이 대기 중에 혼입된다
퇴적층의 메테인이 녹는다

해양 침상 메테인 유출

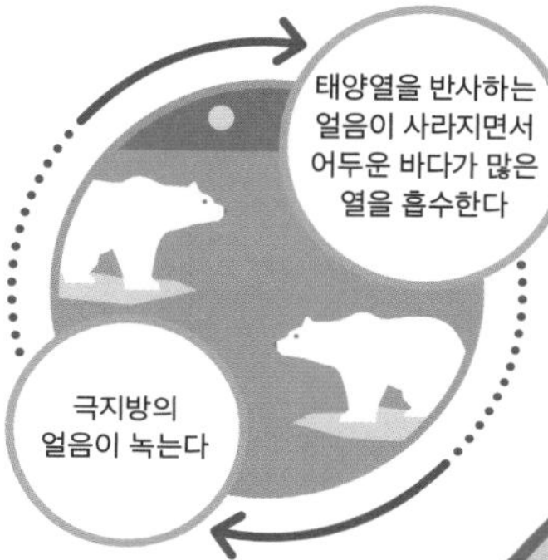
태양열을 반사하는 얼음이 사라지면서 어두운 바다가 많은 열을 흡수한다
극지방의 얼음이 녹는다

북극 해빙 융해

기록상 2016년이 가장 따뜻한 해였다

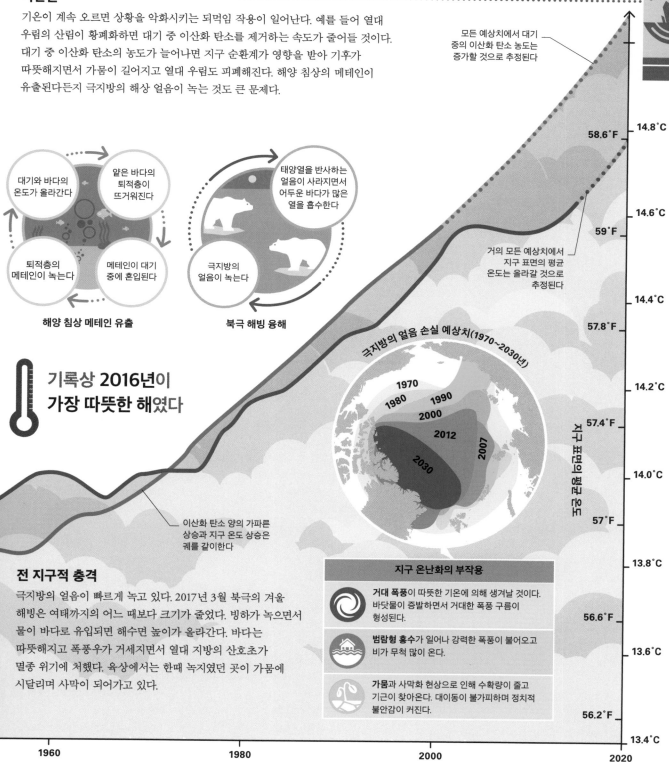

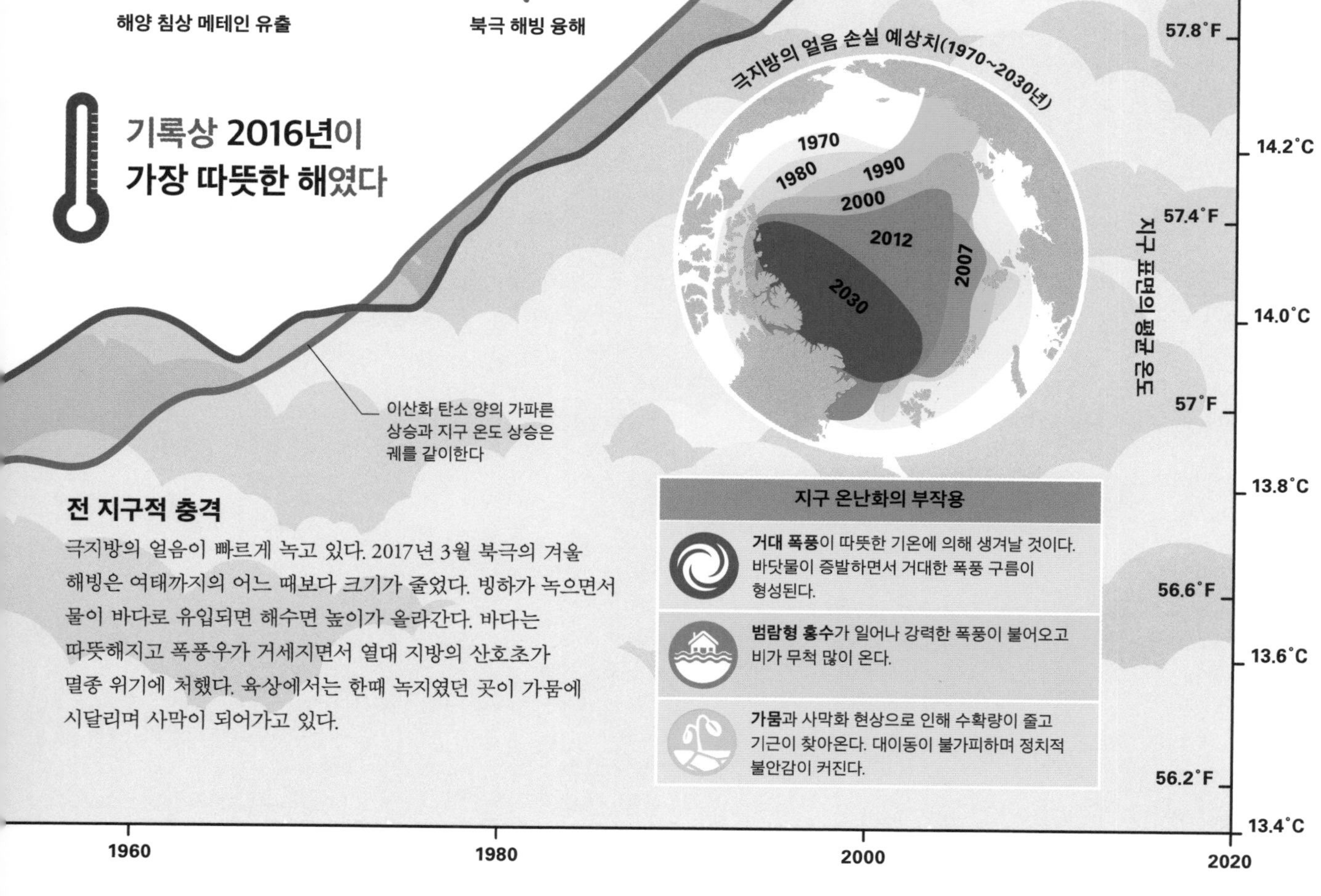
모든 예상치에서 대기 중의 이산화 탄소 농도는 증가할 것으로 추정된다
거의 모든 예상치에서 지구 표면의 평균 온도는 올라갈 것으로 추정된다
이산화 탄소 양의 가파른 상승과 지구 온도 상승은 궤를 같이한다
지구 표면의 평균 온도
14.8˚C
58.6˚F
14.6˚C
59˚F
14.4˚C
57.8˚F
14.2˚C
57.4˚F
14.0˚C
57˚F
13.8˚C
56.6˚F
13.6˚C
56.2˚F
13.4˚C
1960
1980
2000
2020
극지방의 얼음 손실 예상치(1970~2030년)
1970
1980
1990
2000
2012
2007
2030

전 지구적 충격

극지방의 얼음이 빠르게 녹고 있다. 2017년 3월 북극의 겨울 해빙은 여태까지의 어느 때보다 크기가 줄었다. 빙하가 녹으면서 물이 바다로 유입되면 해수면 높이가 올라간다. 바다는 따뜻해지고 폭풍우가 거세지면서 열대 지방의 산호초가 멸종 위기에 처했다. 육상에서는 한때 녹지였던 곳이 가뭄에 시달리며 사막이 되어가고 있다.

지구 온난화의 부작용
거대 폭풍이 따뜻한 기온에 의해 생겨날 것이다. 바닷물이 증발하면서 거대한 폭풍 구름이 형성된다.
범람형 홍수가 일어나 강력한 폭풍이 불어오고 비가 무척 많이 온다.
가뭄과 사막화 현상으로 인해 수확량이 줄고 기근이 찾아온다. 대이동이 불가피하며 정치적 불안감이 커진다.

찾아보기

가

나

다

라

마

바

사

아

자

차

하

감사의 글

이 책을 만드는 데 도움을 주신 분들께 감사를 표합니다.

일러스트레이션 | 마이클 파킨, **편집** | 수헬 아흐메드, 데이비드 서머스
디자인 | 브라리어니 코르벳, **색인 작업** | 헬렌 피터스, **교정** | 케이티 존